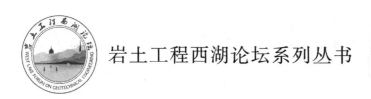

岩土工程西湖论坛系列丛书

U0173514

岩土工程地下水控制理论、技术及工程实践

龚晓南　沈小克　主编

中国建筑工业出版社

图书在版编目（CIP）数据

岩土工程地下水控制理论、技术及工程实践/龚晓南，沈小克主编. —北京：中国建筑工业出版社，2020.10（2024.11重印）
（岩土工程西湖论坛系列丛书）
ISBN 978-7-112-25558-0

Ⅰ．①岩…　Ⅱ．①龚…②沈…　Ⅲ．①岩土工程-地下工程-建筑防水-研究　Ⅳ．①TU4

中国版本图书馆CIP数据核字（2020）第185872号

本书为"岩土工程西湖论坛系列丛书"第4册，介绍岩土工程地下水控制理论、技术及工程实践。全书分11章，主要内容为：概论；地下水成因、分布及渗流规律；地下水控制理论；地下水控制技术；隧道工程地下水控制；基坑工程地下水控制；堤坝工程地下水控制；边坡排水工程；高承压水控制技术；地下水回灌技术；工程案例。

本书可供土木工程设计、施工、监测、研究、工程管理单位技术人员和大专院校土木工程及其相关专业师生参考。

责任编辑：辛海丽　王　梅
责任校对：赵　菲

岩土工程西湖论坛系列丛书
岩土工程地下水控制理论、技术及工程实践
龚晓南　沈小克　主编

*

中国建筑工业出版社出版、发行（北京海淀三里河路9号）
各地新华书店、建筑书店经销
霸州市顺浩图文科技发展有限公司制版
建工社（河北）印刷有限公司印刷

*

开本：787×1092毫米　1/16　印张：28¼　字数：702千字
2020年10月第一版　2024年11月第四次印刷
定价：**98.00**元
ISBN 978-7-112-25558-0
（36424）

岩土工程西湖论坛理事会

前　言

岩土工程西湖论坛是由中国工程院院士、浙江大学教授龚晓南发起，由中国工程院土木、水利与建筑工程学部，中国土木工程学会土力学及岩土工程分会，浙江省科学技术协会以及浙江大学滨海和城市岩土工程研究中心共同主办的一年一个主题的系列学术讨论会。自2017年起，2020年是第四届。2017年岩土工程西湖论坛的主题是"岩土工程测试技术"，2018年论坛的主题是"岩土工程变形控制设计理论与实践"，2019年论坛的主题是"地基处理新技术、新进展"，2020年论坛的主题是"岩土工程地下水控制理论、技术及工程实践"。每次论坛召开前，由浙江大学滨海和城市岩土工程研究中心邀请全国有关专家编著"岩土工程西湖论坛系列丛书"，并由中国建筑工业出版社出版发行。

2020年丛书分册《岩土工程地下水控制理论、技术及工程实践》由龚晓南院士和北京市勘察设计研究院有限公司沈小克研究员担任主编。全书共11章，编写分工如下：1概论，浙江大学滨海和城市岩土工程研究中心龚晓南编写；2地下水成因、分布及渗流规律，北京市水文地质工程地质大队李志萍和叶超编写；3地下水控制理论，北京市勘察设计研究院有限公司孙保卫和沈小克编写；4地下水控制技术，北京市勘察设计研究院有限公司杨素春、周子舟、程剑和张龙编写；5隧道工程地下水控制，山东大学岩土与结构工程研究中心李术才、杨磊和刘人太编写；6基坑工程地下水控制，浙江大学滨海和城市岩土工程研究中心俞建霖编写；7堤坝工程地下水控制，南京水利科学研究院魏匡民、吉恩跃和李国英编写；8边坡排水工程，浙江大学港口海岸与近海工程研究所孙红月编写；9高承压水控制技术，中国电建集团华东勘测设计研究院有限公司汪明元、赵留园、王宽君、周力沛和长江水利委员会长江科学院崔皓东编写；10地下水回灌技术，俞建霖编写；11工程案例，11.1黄土高填方工程地下水控制技术——以延安新区为例，机械工业勘察设计研究院有限公司郑建国、曹杰、梁小龙和延安新区管理委员会高建中编写，11.2外海人工岛水位控制技术与实践，中交天津港湾工程研究院有限公司李斌、侯晋芳和刘爱民编写；11.3地下水处治的典型工程案例，中科院广州化灌工程有限公司薛炜、张文超、彭海华和古伟斌编写；11.4临湖高水头地下室盲沟排水抗浮与渗流分析，深圳市工勘岩土集团有限公司左人宇和张成武编写；11.5武汉长江Ⅰ级阶地某地铁深基坑工程实施案例，武汉市市政建设集团有限公司李忠超、肖铭钊和中国地质大学（武汉）梁荣柱编写；11.6复杂地基深基坑的渗流分析和防渗体设计，北京远通达科技有限责任公司丛蔼森编写；11.7岩溶地区工程案例，中铁二院工程集团有限责任公司蒋良文和杜宇本编写；11.8地质雷达法预报岩溶地下水关键技术研究与工程实践，中国电建集团华东勘测设计研究院有限公司陈文华和黄世强编写。

书中引用了许多科研、高校、工程单位及研究生的研究成果和工程实例。在成书过程中浙江大学滨海和城市岩土工程研究中心宋秀英女士在组稿联系以及汇集、校稿等方面做了大量工作。在此一并表示感谢。

由于作者水平有限，书中难免有错误和不当之处，敬请读者批评指正。

目　　录

1　概论 ……………………………………………………………… 1

  1.1　岩土工程地下水控制的重要性 ……………………………… 1

  1.2　地下水控制技术 …………………………………………… 2

  1.3　地下水控制技术在岩土工程中的应用 …………………… 4

  1.4　发展展望 …………………………………………………… 5

2　地下水成因、分布及渗流规律 …………………………………… 7

  2.1　概述 ………………………………………………………… 7

    2.1.1　渗流的基本概念 …………………………………… 7

    2.1.2　地下水类型及其特征 ……………………………… 8

  2.2　不同含水层的宏观分布规律 ……………………………… 12

    2.2.1　冲洪积扇 …………………………………………… 12

    2.2.2　冲积平原 …………………………………………… 13

    2.2.3　滨海平原及三角洲 ………………………………… 14

    2.2.4　岩溶区地下水 ……………………………………… 15

  2.3　地下水渗流分析 …………………………………………… 15

    2.3.1　渗流基本定律 ……………………………………… 15

    2.3.2　含水层的水文地质参数与确定 …………………… 16

    2.3.3　地下水渗流分析方法 ……………………………… 19

  2.4　地下水对岩土工程的影响 ………………………………… 22

3　地下水控制理论 ………………………………………………… 25

  3.1　地下水控制概念及目的 …………………………………… 25

    3.1.1　地下水控制的理念 ………………………………… 25

    3.1.2　地下水控制概念和目的 …………………………… 26

  3.2　地下水控制方法选择 ……………………………………… 29

    3.2.1　地下水控制方法 …………………………………… 29

    3.2.2　地下水控制方法选择 ……………………………… 36

  3.3　降水工程 …………………………………………………… 42

    3.3.1　抽水井与回灌井水力学 …………………………… 42

    3.3.2　基坑涌水量计算 …………………………………… 52

    3.3.3　隧道涌水量计算 …………………………………… 58

    3.3.4　水平集水建筑物渗流计算 ………………………… 65

    3.3.5　工程降水对周边环境的影响 ……………………… 67

  3.4　帷幕工程 …………………………………………………… 73

3.4.1 帷幕及类型 ································· 73
3.4.2 垂直隔水帷幕深度和厚度 ················· 75
3.4.3 水平隔水帷幕深度和厚度 ················· 78
3.4.4 悬挂式帷幕基坑涌水量计算 ··············· 80
3.4.5 帷幕隔水的环境安全预测 ················· 81
3.5 注浆工程 ····································· 82
3.5.1 注浆及工程作用 ······················· 82
3.5.2 注浆扩散机理 ························· 83
3.5.3 隧道全断面注浆 ······················· 89

4 地下水控制技术 ································· 94
4.1 地下水控制技术发展现状 ····················· 94
4.2 工程降水技术 ································· 96
4.2.1 概述 ······························· 96
4.2.2 集水明排降水 ························· 97
4.2.3 轻型井点降水 ························· 98
4.2.4 喷射井点降水 ························· 100
4.2.5 电渗井点降水 ························· 101
4.2.6 管井（深井）井点降水 ··················· 102
4.2.7 自渗井点降水 ························· 103
4.2.8 辐射井降水 ························· 104
4.3 帷幕工程技术 ································· 105
4.3.1 概述 ······························· 105
4.3.2 地下连续墙技术 ······················· 106
4.3.3 拉森钢板桩技术 ······················· 113
4.3.4 排桩帷幕技术 ························· 119
4.3.5 旋喷桩帷幕技术 ······················· 123
4.3.6 水泥土搅拌桩帷幕技术 ··················· 128
4.3.7 TRD等厚水泥土搅拌墙技术 ··············· 133
4.3.8 CSM工法帷幕技术 ····················· 140
4.3.9 注浆技术 ··························· 148
4.3.10 冻结法技术 ························· 155
4.3.11 土工膜复合防渗墙技术 ··················· 159
4.3.12 塑性混凝土防渗墙技术 ··················· 167

5 隧道工程地下水控制 ····························· 175
5.1 隧道工程地下水灾害与控制方法概述 ············· 175
5.1.1 隧道工程地下水灾害 ··················· 175
5.1.2 隧道工程地下水控制方法 ················· 180
5.2 隧道工程突涌水灾害注浆治理理论与设计方法 ······· 183
5.2.1 动水注浆理论 ························· 183

5.2.2 富水软弱地层注浆加固理论 ·············· 185
5.2.3 突涌水灾害治理的全寿命周期设计方法 ·············· 188
5.3 隧道工程突涌水灾害治理材料与关键技术 ·············· 190
5.3.1 突涌水灾害治理材料 ·············· 190
5.3.2 突涌水灾害治理关键技术 ·············· 194
5.4 典型工程案例 ·············· 201
5.4.1 广西岑溪—水汶高速公路均昌隧道突水突泥灾害治理 ·············· 201
5.4.2 湖南省龙永高速公路大坝隧道突涌水灾害治理 ·············· 203
5.4.3 青岛地铁石老人浴场站地下横通道注浆加固 ·············· 206
6 基坑工程地下水控制 ·············· 211
6.1 概述 ·············· 211
6.2 基坑止水帷幕的设计与施工 ·············· 212
6.2.1 止水帷幕设计计算 ·············· 212
6.2.2 止水帷幕施工 ·············· 214
6.2.3 止水帷幕的选型和质量检验 ·············· 224
6.3 基坑降（排）水的设计与施工 ·············· 225
6.3.1 集水明排法设计与施工 ·············· 226
6.3.2 轻型井点降水设计与施工 ·············· 227
6.3.3 管井降水设计与施工 ·············· 228
6.3.4 深井降水设计与施工 ·············· 232
6.3.5 喷射井点降水设计与施工 ·············· 233
6.3.6 真空管井降水设计与施工 ·············· 235
6.3.7 电渗井点降水设计与施工 ·············· 235
6.4 基坑降水环境影响的防治措施 ·············· 237
7 堤坝工程地下水控制 ·············· 239
7.1 概述 ·············· 239
7.1.1 堤防工程 ·············· 239
7.1.2 土石坝工程 ·············· 240
7.1.3 混凝土坝工程 ·············· 241
7.2 堤坝工程地下水危害类型 ·············· 241
7.2.1 堤防工程地下水危害类型 ·············· 241
7.2.2 土石坝工程地下水危害类型 ·············· 246
7.2.3 混凝土坝工程地下水危害类型 ·············· 248
7.3 堤坝工程地下水处理的原则和方法 ·············· 249
7.3.1 堤坝工程地下水处理原则 ·············· 249
7.3.2 堤坝工程地下水处理方法 ·············· 251
7.4 堤坝工程地下水控制设计与计算 ·············· 257
7.4.1 堤防工程地下水控制设计 ·············· 257
7.4.2 土石坝工程地下水控制设计 ·············· 258

7.4.3 混凝土坝工程地下水控制设计 ……………………………………… 260

7.4.4 堤坝工程地下水控制计算 ……………………………………… 261

8 边坡排水工程 …………………………………………………………… 268

8.1 控制坡体地下水防治滑坡灾害 ……………………………………… 268

8.1.1 地下水影响边坡稳定性 ……………………………………… 268

8.1.2 边坡工程建设应做好排水设计 ……………………………… 268

8.1.3 边坡排水技术措施 ………………………………………… 269

8.2 地表排水沟 …………………………………………………………… 270

8.3 地下排水渗沟 ………………………………………………………… 270

8.3.1 排水渗沟基本要求 ………………………………………… 271

8.3.2 截水渗沟设计 ……………………………………………… 272

8.3.3 支撑渗沟设计 ……………………………………………… 273

8.3.4 盲沟设计 …………………………………………………… 274

8.3.5 渗沟水文水力计算 ………………………………………… 274

8.4 仰斜排水孔 …………………………………………………………… 276

8.4.1 仰斜排水孔基本要求 ……………………………………… 276

8.4.2 仰斜排水孔布设 …………………………………………… 277

8.4.3 仰斜排水孔的回渗与淤堵问题 …………………………… 277

8.4.4 仰斜排水孔与集水井等联合使用 ………………………… 280

8.5 虹吸排水孔 …………………………………………………………… 280

8.5.1 虹吸原理 …………………………………………………… 280

8.5.2 虹吸排水孔基本要求 ……………………………………… 282

8.5.3 虹吸排水方案 ……………………………………………… 283

8.5.4 虹吸排水孔设计要求 ……………………………………… 284

8.5.5 虹吸排水孔布置 …………………………………………… 285

8.5.6 虹吸排水拦截比计算 ……………………………………… 286

8.6 排水洞 ………………………………………………………………… 288

8.6.1 排水洞的基本要求 ………………………………………… 288

8.6.2 排水洞系统的结构形式 …………………………………… 289

8.6.3 排水洞的设计 ……………………………………………… 289

9 高承压水控制技术 ……………………………………………………… 292

9.1 高承压水的危害及其机理 …………………………………………… 292

9.2 基坑工程高承压水防治技术 ………………………………………… 295

9.2.1 背景介绍 …………………………………………………… 295

9.2.2 基坑工程高承压水突涌原因 ……………………………… 296

9.2.3 基坑工程高承压水控制技术 ……………………………… 297

9.3 轨道交通与地下工程高承压水防治技术 …………………………… 299

9.3.1 承压水减压降水技术 ……………………………………… 299

9.3.2 地层冻结技术 ……………………………………………… 300

9.3.3 注浆堵漏技术 ····················· 300

9.3.4 区间隧道盾构施工防渗技术 ················· 300

9.3.5 基于沉降控制的承压水层抽灌一体化技术 ············ 301

9.4 山体隧洞工程高承压水防治技术 ················ 302

9.4.1 山体隧洞防排水设计原则 ················· 302

9.4.2 隧洞突水超前预报技术 ·················· 303

9.4.3 山体隧洞防水设计方法 ·················· 303

9.4.4 山体隧洞排水设计方法 ·················· 304

9.4.5 岩溶地区隧洞的防排水设计 ················ 305

9.5 采场和井巷高承压水防治技术 ················· 305

9.5.1 概述 ··························· 305

9.5.2 采场和井巷高承压水防治技术 ··············· 306

9.6 堤坝工程高承压水防治技术 ·················· 308

9.6.1 概述 ··························· 308

9.6.2 堤防工程中常见的承压水危害类型及成因 ·········· 308

9.6.3 堤防工程中常见的承压水危害治理对策 ··········· 309

10 地下水回灌技术 ························· 314

10.1 概述 ····························· 314

10.2 地下水位降低引起地面沉降的分析方法 ············ 314

10.3 基坑工程中常用的地下水回灌方法 ·············· 319

10.4 回灌系统设计方法 ······················ 320

10.5 工程应用实例 ························· 322

11 工程案例 ···························· 327

11.1 黄土高填方工程地下水控制技术——以延安新区为例 ······ 327

11.1.1 工程概况 ························· 327

11.1.2 高填方工程对地下水影响预测分析 ············· 330

11.1.3 地下水控制设计与施工 ·················· 333

11.1.4 黄土高填方工程地下水监测结果 ·············· 341

11.1.5 结论 ··························· 346

11.2 外海人工岛水位控制技术与实践 ··············· 347

11.2.1 概述 ··························· 347

11.2.2 大超载比降水预压关键技术 ················ 350

11.2.3 地基处理现场监测 ····················· 358

11.2.4 问题探讨 ························· 363

11.2.5 结论 ··························· 364

11.3 地下水处治的典型工程案例 ·················· 365

11.3.1 概述 ··························· 365

11.3.2 化学灌浆联合地下水回灌法处治基坑侧壁渗漏水工程案例 ··· 365

11.3.3 灌浆法处治基坑底部岩溶地下水工程案例 ········· 368

　　11.3.4　灌浆法封堵隧道涌水工程案例 ………………………………… 370

　　11.3.5　排水固结法处理软土地基工程案例 …………………………… 371

　　11.3.6　降水卸压法处理地下室结构抗浮工程案例 …………………… 374

11.4　临湖高水头地下室盲沟排水抗浮与渗流分析 …………………… 378

　　11.4.1　引言 ……………………………………………………………… 378

　　11.4.2　盲沟排水设计与施工 …………………………………………… 379

　　11.4.3　工程案例 ………………………………………………………… 379

　　11.4.4　工程水文地质情况 ……………………………………………… 380

　　11.4.5　工艺流程及操作要点 …………………………………………… 380

　　11.4.6　计算模型的建立 ………………………………………………… 381

　　11.4.7　结论 ……………………………………………………………… 384

11.5　武汉长江Ⅰ级阶地某地铁深基坑工程实施案例 ……………… 385

　　11.5.1　工程简介及特点 ………………………………………………… 385

　　11.5.2　工程地质条件 …………………………………………………… 386

　　11.5.3　基坑周边环境情况 ……………………………………………… 387

　　11.5.4　基坑围护平面图 ………………………………………………… 388

　　11.5.5　基坑围护典型剖面图 …………………………………………… 388

　　11.5.6　简要实测资料 …………………………………………………… 388

　　11.5.7　点评 ……………………………………………………………… 395

11.6　复杂地基深基坑的渗流分析和防渗体设计 ……………………… 396

　　11.6.1　引言 ……………………………………………………………… 396

　　11.6.2　对基坑支护设计的基本要求 …………………………………… 397

　　11.6.3　基坑渗透稳定的基本要求 ……………………………………… 397

　　11.6.4　深基坑抗渗设计要点 …………………………………………… 398

　　11.6.5　渗流计算 ………………………………………………………… 400

　　11.6.6　深基坑防渗体设计 ……………………………………………… 406

　　11.6.7　结语 ……………………………………………………………… 408

11.7　岩溶地区工程案例 …………………………………………………… 408

　　11.7.1　岩溶地表水危害 ………………………………………………… 408

　　11.7.2　岩溶地下水危害 ………………………………………………… 411

　　11.7.3　地质环境破坏 …………………………………………………… 418

11.8　地质雷达法预报岩溶地下水关键技术研究与工程实践 ……… 423

　　11.8.1　引言 ……………………………………………………………… 423

　　11.8.2　工程概况 ………………………………………………………… 424

　　11.8.3　地质雷达探测基本理论与工作原理 …………………………… 427

　　11.8.4　现场参数测定与分析 …………………………………………… 429

　　11.8.5　隧洞中地质雷达测线布置 ……………………………………… 432

　　11.8.6　岩溶地下水的雷达图像特征分析 ……………………………… 432

　　11.8.7　引水隧洞预报典型实例分析 …………………………………… 436

　　11.8.8　结语 ……………………………………………………………… 439

1 概论

龚晓南[1,2]

(1. 浙江大学滨海和城市岩土工程研究中心，浙江 杭州 310058；2. 浙江省城市地下空间开发工程技术研究中心，浙江 杭州 310058)

1.1 岩土工程地下水控制的重要性

岩土工程事故原因调查分析表明：地下水控制失效引起的岩土工程事故占较大的比例。2015 年，在上海召开全国土力学与岩土工程学术大会，笔者在大会的"城市地下空间开发利用岩土工程论坛"上明确指出："地下水控制"和"地下工程施工对周围环境影响"是城市地下空间开发利用岩土工程中最重要的两个问题，也是比较困难的两个问题。2018 年，岩土工程西湖论坛主题"岩土工程变形控制设计理论与实践"主要结合地下工程施工对周围环境影响。2020 年，岩土工程西湖论坛主题"岩土工程地下水控制理论、技术及工程实践"主要围绕"地下水控制"。

土是三相体，一般由固相、液相和气相组成。土中水可以处于液态、固态和气态，其存在形态主要有如图 1.1-1 所示几种。

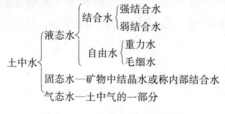

图 1.1-1　土中水的存在形态

土中固态水又称矿物内部结晶水或内部结合水，是指存在于土粒矿物的晶体格架内部或是参与矿物构造的水。从对土的工程性质的影响角度分析，可以把矿物内部结合水当作土体矿物颗粒的一部分。矿物内部结合水为结晶水，呈固态。结晶水只有在比较高的温度下（80～680℃），才能化为气态水而与颗粒分离。

土中液态水分为结合水和自由水两大类。结合水是指受电分子吸引力作用吸附于土粒表面的土中水。这种电分子吸引力高达几千到几万个大气压，使水分子和土粒表面牢固地粘结在一起。结合水不能传递静水压力。结合水又可分为强结合水和弱结合水两种。强结合水极其牢固地结合在填土粒表面上，其性质接近于固体，密度约为 $1.2\sim2.4\mathrm{g/cm^3}$，冰点为 $-78℃$。强结合水没有溶解盐类的能力，只有吸热变成蒸汽才能移动。在强结合水外围的结合水膜称为弱结合水。自由水是存在于土粒表面电场影响范围以外的土中水。自由水的性质与普通水一样，能够传递静水压力，冰点为0℃（标准大气压下），有溶解盐类的能力。自由水又可分为重力水和毛细水两种。

重力水是存在于地下水位以下的透水土层中的地下水。重力水对土颗粒有浮力作用。处在地下水位以下的土体，土体中孔隙被水充满，土体处于饱和状态。饱和土是二相体，土体中孔隙是相互连通的，孔隙中重力水在水头差作用下可以产生流动。

毛细水是受到水与空气交界面处表面张力作用的自由水，存在于地下水位以上的透水层中。毛细水按其与地下水面是否联系可分为毛细悬挂水（与地下水无直接联系）和毛细上升水（与地下水相连）两种。

岩土工程地下水控制主要对象是土中自由水，或者说是土中自由水中的重力水。

土是自然历史的产物，其形成的地质年代、形成环境、土体结构千差万别。土中水，特别是土中重力水与土的形成环境、过程、成分、结构、构造密切相关。岩土工程场地土层的水文地质和工程地质条件在宏观上受形成的地质年代、地貌单元、地层组合控制。地貌单元、地层形成年代和地层组合关系决定场地地下水的类型、分布、水力特征和水量大小等重要特征。不同地区、同一地区不同地段地下水工程特性差异很大。如：武汉、北京、上海、天津和杭州城区的承压水特性差异很大，对地下工程建设的影响有很大差别。又如：历史上钱塘江多次改道，由钱塘江古河道造成的高承压水层在杭州地区分布复杂、不同地段高承压水特性差异很大。

地下水对岩土工程施工有重要影响。以基坑工程为例：基坑工程土方开挖一般需要干作业，需要将坑中地下水位降至坑底以下，否则难以进行土方开挖；基坑外地基中地下水位高，则作用在围护结构上的水土压力大；基坑工程施工过程中抽（排）水降低地下水位会引起地层不均匀沉降与地表沉降，并对基坑周围建（构）筑物产生不良影响。若基坑围护体系发生渗流破坏（流土、管涌、坑底突涌等），则酿成基坑工程事故，造成灾难性后果。岩土工程地下水控制应根据场地的工程地质和水文地质条件，结合具体工程特点，精心设计、精心施工。岩土工程施工要努力做到"边观察、边施工"。要自始至终地重视做好岩土工程地下水控制。

1.2 地下水控制技术

简要地讲，地下水控制技术可分为三大类：降低地下水位，简称降排水；隔断地下水的渗流，简称截水；恢复（或提高）地下水位，简称回灌。综合应用降排水技术、截水技术和回灌技术，就可以有效地控制地下水。

（1）降排水技术

降排水是通过各种技术和工程措施，降低地基中的地下水位，以满足岩土工程施工的需要。常用的降排水技术主要有：

1）集水明排降水技术

在开挖面上开挖集水沟和集水井，通过集水沟集水并汇流入集水井，用水泵从集水井排水达到降排水的目的。

2）轻型井点降水技术

把土体中的重力水与空气混合，利用真空泵将混合液体抽进水气分离器中，然后通过离心泵再把混合液体分离，使地下水和空气分别排出，达到降低地下水位的目的。按抽水设备种类，轻型井点降水可分为干式真空泵轻型井点、射流泵轻型井点、隔膜泵轻型井点和空压机式轻型井点四类。按降水深度要求，轻型井点降水方法也可分为一级轻型井点、二级轻型井点以及多级轻型井点。一般，一级井点降水深度为 3～6m，二级井点降水深度为 6～9m，多级可至 12m 以上。

3）管井（深井）井点降水技术

管井（深井）井点系统由井管、过滤器、沉淀管及潜水泵或深井泵组成。井管可用钢管井管和混凝土井管等。管井（深井）井点降水是将潜水泵或深井泵沉入过滤器中抽取地下水达到降低地下水位的目的。管井（深井）井点降水具有适用地层范围广、设备较简单、工程成本较低、排水量大、降水较深等诸多优点，在基坑降水工程中得到广泛应用。

真空深井降水：如要求降水深度较大，在管井井点内采用一般离心泵或潜水泵不能满足要求时，可采用特制的深井泵，其降水深度可达 50m。应用较多的是带真空的深井泵，每一个深井泵由井管和滤管组成，单独配备一台电动机和一台真空泵，可达到深层降水的目的，在渗透系数较小的淤泥质黏土中亦能降水。

真空深井降水技术是一种新技术，近年来在我国南方地区得到推广应用。目前应用较多的真空深井降水系统有三种：深井泵＋真空泵降水系统、潜水泵＋真空泵降水系统和喷射器置入深井降水系统。

4）喷射井点降水技术

喷射井点根据使用的喷射介质，可分为喷水井点和喷气井点两种。以喷水井点为例，喷射井点由喷射井管、滤管、供水总管、排水总管和抽水设备组成。在工作时，由地面高压离心泵供应的高压工作水，经过内外管之间的环形空间直达底端，通过特制内管的两侧进水孔进入喷嘴喷出，从而在喷口附近造成负压，因此将地下水经滤水管吸出，经排水管道系统排出。

5）电渗井点降水技术

电渗井点一般与轻型井点或喷射井点结合使用，是利用轻型井点或喷射井点管本身作为阴极，埋设在井点管环圈内侧的钢管或钢筋作为阳极。在电渗与井点管内的真空双重作用下，强制黏土中的水由井点管快速排出，井点管连续抽水达到逐渐降低地下水位的目的。电渗井点降水技术适用于饱和黏土，特别是淤泥和淤泥质土地基。

（2）截水技术

通过在地基中设置不透水帷幕，或不透水层来隔断相邻地基土体中地下水的渗流的技术，称为截水技术，或称为止水技术。竖向设置的称为不透水帷幕，或称为止水墙、隔水墙等；水平向设置的称为不透水层。

在地基中设置不透水帷幕一般采用下述方法：在地基中设置钢筋混凝土地下连续墙，拉森钢板桩墙，钢筋混凝土桩排桩墙，钢筋混凝土桩与水泥土桩组合排桩墙，水泥土桩排桩墙，以及由 TRD 工法和 CSM 工法形成的水泥土地下连续墙，还有由冻结法形成的冻结土墙等。其中，钢筋混凝土桩与水泥土桩组合排桩墙中，水泥土桩可采用水泥搅拌桩，也可采用水泥旋喷桩；水泥土桩排桩墙可采用水泥搅拌桩，也可采用水泥旋喷桩。

采用在地基中设置止水墙止水时，需要重视止水墙的止水可靠性。采用地下连续墙止水和采用拉森钢板桩墙止水时，要重视各段止水墙连接处的止水措施的可靠性，要保证连接处不渗水。如不重视，则在地下连续墙各段连接处，在拉森钢板桩的连接处产生渗流并不鲜见。采用钢筋混凝土桩加水泥土桩形成的止水墙止水时，要重视止水墙的完整性。由于工程地质条件复杂，或施工能力不足，或设计不合理，采用钢筋混凝土桩加水泥土桩形成的止水墙止水失败的案例时有发生。采用 TRD 施工水泥土连续墙止水效果较好，但在改变方向的连接处也要保证施工质量，保证连接处不渗水。由冻结法形成的冻结土墙既要重视形成的冻结土墙的可靠性，还要重视冻结土的维护。

在地基中水平向设置不透水层，一般采用旋喷法形成水泥土不透水层。在地基中有钢筋混凝土桩或其他构筑物时，要重视水泥土与构筑物连接处止水的可靠性。

采用一般注浆法形成止水墙和水泥土不透水层，笔者认为要慎用。理由是采用注浆法形成完整的不透水体比较困难。地基稳定性加固、封堵渗流，采用注浆法是有效的。封堵渗流时，往往需要添加速凝剂。

（3）回灌技术

在地下工程施工中，由于降排水不当，有时将不应该降低地下水位的区域中地下水位降低了。地下水位下降将会引起地表沉降，特别是引起的地表不均匀沉降将对已有建（构）筑物产生不良影响，无法正常使用，甚至发生破坏。为了提高地基中的地下水位，在地基中设置回灌水井，向地基中有计划地注入水。通过补充地下水，达到提高地基中地下水位的目的。

1.3　地下水控制技术在岩土工程中的应用

地下水控制不仅对岩土工程施工有重要影响，而且与岩土工程结构能否安全使用密切相关。下面按工程类别作简要介绍。

先介绍基坑工程。在基坑工程土方开挖过程和地下结构施工过程中要保证干作业，而且不能因为基坑工程施工造成地基中地下水位变化对周围环境造成不良影响。当基坑工程影响范围内存在承压水层，或地基土体渗透性好且地下水位高的情况下，处理好地下水控制往往是基坑工程施工能否顺利的关键。控制地下水主要有两种思路：止水和降水，有时也可以采用止水和降水相结合的方式。在控制地下水时，采用止水还是降水需要因地制宜、综合分析。采用止水时，需要重视止水墙的止水可靠性；采用降水时，需要重视降水对周围环境的影响。降水形成的地下水位变化可能对基坑周围的道路、地下管线和建筑物产生不良影响，严重的可能导致破坏。设计者应对降水形成的地下水位变化可能造成的地表沉降给出认真的分析，并给出监测方案和应急措施。采用降水时，还应根据场地的工程地质和水文地质条件，因地制宜地采用合理的降水措施。

再谈谈堤坝工程。堤坝工程为挡水工程，堤坝工程地下水控制主要是渗流控制。在堤坝工程破坏案例中渗透破坏非常普遍，在堤坝工程设计和抢险加固中要重视地下水控制，形成有效的渗控体系。

堤坝工程运行期间，上下游会出现稳定渗流，浸润线是坝体向下游渗透所形成的自由水面和坝体横剖面的相交线。由于汛期地下水位上涨或防渗措施的失效，坝体浸润线上抬，浸润线以下的筑坝料抗剪强度降低，从而导致坝坡稳定性降低，严重的会引起滑坡事故。

混凝土坝的坝基渗透破坏同样会危害大坝安全。如果混凝土坝坝基地质条件复杂，剪切带发育多且渗透性较强，在上下游高水头差的作用下，可能导致坝基出现强渗漏，则会影响蓄水效果甚至工程安全。

堤坝工程地下水控制应遵循防渗与排渗相结合的原则。

下面，介绍道路工程。在道路工程中，不仅在施工时需要考虑地下水控制问题，还需要在运行期间重视地下水控制问题。在道路工程施工时，需要具有干作业的施工环境，在运行期间道路不能产生冒浆渗水现象。道路涵洞一般情况下不存在运行期地下水控制问题。下穿 U 形槽道路工程既要重视施工期降水问题，也要重视运行期间地下水位控制问题。

与道路工程类似，在隧道施工中，不仅在施工时需要考虑地下水控制问题，还需要在运行期间重视地下水控制问题。隧道工程中，地下水控制方法主要有压注法、导水法、堵水法和降水法。

最后，谈谈地下水控制技术在边坡工程中的应用。边坡和滑坡治理工程实践表明，地下水控制对于提高边坡的稳定性具有十分重要的作用。对边坡工程，地下水控制主要是边坡排水，在边坡工程建设和滑坡治理工程中积极应用排水技术。

雨水下渗到坡体中使岩土体抗剪强度降低，地下水位上升减小滑动面的有效法向应力而减小抗滑力，地下水渗流会增大坡体的下滑力。

边坡工程排水一般包括排除坡面水和地下水，减少坡面水下渗等。坡面排水应做到水流顺畅，地下排水应做到有效控制坡体地下水位上升，以免影响边坡的稳定性。

坡面排水、地下排水与减少坡面雨水下渗措施宜统一考虑，形成相辅相成的排水、防渗体系。

坡面排水由各种沟渠组成，以排除地表径流为主。坡面排水应考虑表层岩土的渗透性和地表水体分布。在岩土透水性特别强的滑坡区域应做防渗工程。对于浅层和渗水严重的黏土滑坡，可通过在滑坡体上植树、种草、造林等措施来稳定滑坡。

常用地下排水工程措施有：地下排水渗沟、仰斜排水孔、虹吸排水孔和地下排水洞等。

1.4　发展展望

随着现代社会发展、工程建设发展和人民生活水平不断提高的需要，要求不断提高在工程建设和运营全过程中地下水控制重要性的认识，确保工程建设进展和运营管理顺利。通过科学普及，不仅工程建设者和工程运营管理者要提高对地下水控制重要性的认识，还需要全社会提高对地下水控制重要性的认识。

在提高对地下水控制重要性的认识的基础上，要努力提高地下水控制能力。首先，要详细掌握本地区的工程地质和水文地质条件，掌握本地区地下水成因、分布及渗流规律。然后，努力发展适合本地区应用的各种地下水控制技术。最后，通过精心设计、精心施工和精心管理，因地制宜、合理地进行地下水控制。

如前面所述，地下水控制的主要手段有：通过采用排水和降水措施，降低地基中的地下水位；通过设置止水帷幕，隔断地下水的渗流；通过向地基中回灌水，恢复（或提高）

地下水位。综合应用降排水技术、截水技术和回灌技术，就可有效控制地下水。提高地下水控制能力需要我们不断提高降排水技术、截水技术和回灌技术的水平。改革开放以来，特别是近年我国地下空间开发利用发展的推动，我国地下水控制能力提高很快。为了满足社会和工程建设的快速发展，需要不断发展、提高、完善各种地下水控制技术。以基坑工程为例，设置止水帷幕技术、降水技术和回灌技术都需要进一步提高。特别是处在工程地质条件和水文地质条件复杂场地中的基坑工程，是否成功设置止水帷幕是基坑工程能否进展顺利的关键。设置止水帷幕的技术很多，一定要重视因地制宜，合理采用；一定要重视止水帷幕止水的可靠性。采用钢筋混凝土地下连续墙止水时，一定要重视各段止水墙连接处的止水措施的可靠性，要保证连接处不渗水。采用深层搅拌、高压喷射技术设置水泥土止水帷幕时，一定要重视止水帷幕的连续完整，要保证水泥土止水帷幕不渗水。在钢筋混凝土桩间采用深层搅拌、高压喷射技术设置水泥土联合形成止水帷幕时，保证止水帷幕的连续完整特别重要，要保证联合形成的止水帷幕不渗水。采用 TRD 施工水泥土连续墙止水效果较好。采用注浆法在地基中形成连续、完整的水泥土止水帷幕较困难，建议慎用。

提高地下水控制设计水平对提高地下水控制能力非常重要。还是以基坑工程中设置止水帷幕为例，因为止水帷幕渗漏水酿成基坑工程事故大多与设计不当有关。笔者常说，画一根线容易，形成连续、完整的止水帷幕还是比较难的。设计人员一定要根据场地工程地质和水文地质条件、施工能力，因地制宜地合理选用止水帷幕形式，精心设计和精心施工相结合。

研发新设备、新材料，发展新技术，对提高地下水控制能力非常重要。近年来，新设备和新材料发展很快。

发展原位勘察技术也很重要。精心设计和精心施工都需要详细掌握场地工程地质和水文地质条件，而获得场地的工程地质和水文地质资料离不开原位勘察。地基中地下水分布和流动规律十分复杂，发展原位勘察新技术，有助于提高地下水分布和流动规律的勘察水平。详细掌握场地中地下水分布和流动规律，才能做好地下水控制。

除了如何综合应用降排水技术、截水技术和回灌技术，有效控制地下水位外，还要加强对地下水位变化对环境的影响研究。是否可以说，地下水位变化对环境的影响的评估和防治是地下水控制中最难的领域。也可以说，地下水控制就是控制地下水位变化对环境的影响。要加强工程建设对周围地基中地下水位变化规律的研究，更要加强地下水位变化对环境的影响，特别是对既有建（构）筑物的影响的研究。

2 地下水成因、分布及渗流规律

李志萍，叶超

［北京市水文地质工程地质大队（北京市地质环境监测总站），北京 100195］

2.1 概述

地下水泛指一切存在于地表以下的水，其渗入和补给与邻近的江、河、湖、海有密切联系，受大气降水的影响，并随着季节变化。浅层地下水指埋藏相对较浅、与当地大气降水或地表水体有直接补排关系的潜水或微承压水，主要是地表以下 50m 内的地下水。浅层地下水是影响基坑工程施工的主要因素之一。

2.1.1 渗流的基本概念

（1）渗透

渗透是地下水在岩石空隙或多孔介质中的运动，这种运动是在弯曲的通道中，运动轨迹在各点处不等。

（2）渗流

为了研究地下水的整体运动特征，引入渗流的概念。渗流是指具有实际水流的运动特点（流量、水头、压力、渗透阻力），并连续充满整个含水层空间的一种虚拟水流，是用以代替真实地下水流的一种假想水流（图 2.1-1）。其特点是：

1）假想水流的性质与真实地下水流相同；

2）充满含水层空隙和岩石颗粒所占据的空间；

3）运动时所受的阻力与实际水流所受阻力相等；

4）通过任一断面的流量及任一点的压力或水头与实际水流相同。

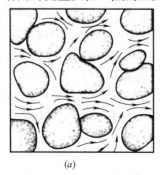
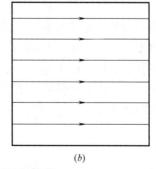

(a)   (b)

图 2.1-1 岩石中的渗流

（a）实际渗透；（b）假想渗流

（3）渗流场

假想水流所占据的空间区域，包括空隙和岩石颗粒所占的全部空间。

1）过水断面是渗流场中垂直于渗流方向的任意一个岩石截面，包括空隙面积 A_v 和固体颗粒所占据的面积 A_s，$A = A_v + A_s$。渗流平行流动时为平面，弯曲流动时为曲面（图 2.1-2）。

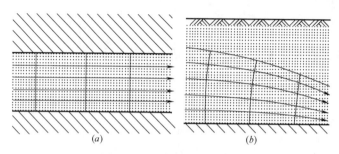

图 2.1-2 渗流过水断面
（a）平面；（b）曲面

2）渗流量是单位时间内通过过水断面的水体积，用 Q 表示（单位：m^3/d）。

3）渗流速度又称渗透速度、比流量，是渗流在过水断面上的平均流速。它不代表任何真实水流的速度，只是一种假想速度。它描述的是渗流具有的平均速度，是渗流场空间坐标的连续函数，是一个虚拟的矢量（单位：m/d），表示为：

$$v = \frac{Q}{A} \tag{2.1-1}$$

4）实际平均流速是多孔介质中地下水通过空隙面积的平均速度。地下水流通过含水层过水断面的平均流速，其值等于流量除以过水断面上的空隙面积，量纲为 L/T。记为 $\bar{u}$。它描述地下水锋面在单位时间内运移的距离，是渗流场空间坐标的离散函数。表示为：

$$\bar{u} = \frac{Q}{A \cdot n} \tag{2.1-2}$$

v 与 $\bar{u}$ 之间存在以下关系：

$$v = n\bar{u} \tag{2.1-3}$$

2.1.2 地下水类型及其特征

地下水的运动和聚集，必须具有一定的岩性和构造条件。空隙多而大的岩层能使水流通过（渗透系数大于 $0.001m/d$），称为透水层。储存有地下水的透水岩层，称为含水层。空隙少而小的致密岩土是相对的不透水土层（渗透系数小于 $0.001m/d$），称为隔水层。

常用的地下水分类方法有两种：①根据地下水的埋藏条件，可分为包气带水、潜水和承压水；②按含水层介质特征，分为孔隙水、裂隙水和岩溶水。地下水的类型和若干特征见表 2.1-1。

（1）包气带水

位于潜水面以上未被水饱和的岩土中的水，称为包气带水。包气带水主要是土壤水和上层滞水，如图 2.1-3 所示。

地下水的类型及特征   表 2.1-1

类型		分布	水力特征	补给区与分布区的关系	动态特征	含水层状态	水量	污染情况	成因
包气带水	孔隙水	松散层	无压	一致	随季节变化，一般为暂时性水	层状	水量不大，且随季节性变化很大	易受污染	基本上为渗入形成
	裂隙水	裂隙黏土、基岩裂隙风化区				脉状或带状			
	岩溶水	可溶岩垂直渗入区				脉状或局部含水			
潜水	孔隙水	松散层	无压或局部低压	一致	因素影响变化明显	层状	受颗粒级配影响	较易受污染	渗入形成
	裂隙水	基岩裂隙破碎带				带状层状	一般水量较小		
	岩溶水	碳酸岩溶蚀区				层状脉状	一般水量较大		
承压水	孔隙水	松散层	承压	不一致	受当地气象影响不明显，稳定	层状	受颗粒级配影响	不易受污染	渗入和构造形成
	裂隙水	基岩构造盆地、向斜、单斜、断裂				脉状、带状	一般水量不大		
	岩溶水	向斜、单斜、岩溶层或构造盆地岩溶				层状、脉状	一般水量较大		

1) 土壤水

埋藏于包气带土壤层中的水，称为土壤水。主要包括气态水、吸着水、薄膜水和毛管水。靠大气降水的渗入、水汽的凝结及潜水由下而上的毛细作用补给。大气降水向下渗入，必须通过土壤层，这时渗入的水一部分保持在土壤层中，成为所谓的田间持水量（即土壤层中最大悬着毛管水含水量），多余的部分呈重力水下渗补给潜水。

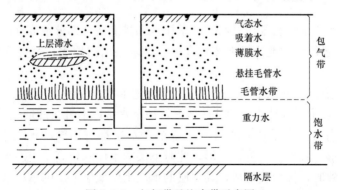

图 2.1-3 包气带及饱水带示意图

2）上层滞水

上层滞水是存在于包气带中、局部隔水层之上的重力水。上层滞水接近地表，补给区和分布区一致，接受当地大气降水或地表水的补给，以蒸发的形式排泄。雨期获得补充，积存一定水量，旱期水量逐渐消耗，甚至干涸。上层滞水一般含盐量低，但易受污染。在松散沉积层中不仅埋藏有上层滞水，裂隙岩层和可溶岩层中同样也可以埋藏有上层滞水。

（2）潜水

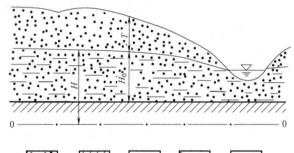

图 2.1-4　潜水埋藏示意图

1—砂层；2—隔水层；3—含水层；4—潜水层；5—基准面；

T—潜水埋藏深度；H_0—含水层厚度；H—潜水位

潜水是埋藏于地面以下第一个稳定隔水层之上的具有自由水面的重力水，如图 2.1-4 所示。潜水一般多储存在第四系松散沉积物中，也可以形成于裂隙或可溶性基岩中，形成裂隙潜水和岩溶潜水。

潜水面任意一点的高程，称为该点的潜水位（H）；潜水面至地面的距离为潜水埋藏深度（T）；自潜水面至隔水底板之间的垂直距离为含水层厚度（H_0）。

（3）承压水

承压水是充满于两个隔水层（或弱透水层）之间具有静水压力的重力水（图 2.1-5）。承压水含水层上部的隔水层，称为隔水顶板；下部的隔水层，称为隔水底板；顶板、底板之间的垂直距离，称为承压含水层的厚度（M）。工程勘察钻孔和工程桩桩孔若未穿透隔水顶板则见不到承压水，当钻（桩）孔穿透隔水顶板后才能见到水面，此时的水面高程为初见水位；以后水位不断上升，达到一定高度后稳定，该水面高程称稳定水位，即该点处承压含水层的承压水位（测压水位）。当两个隔水层之间的含水层未被水充满时，则称为层间无压水。

承压水的形成主要决定于地质构造。在适宜的地质构造条件下，无论是孔隙水、裂隙水或岩溶水，均能构成承压水。适宜形成承压水的蓄水构造（是指在地下水不断交替过程中能积蓄地下水的一种构造）大体可分为两类：一类是盆地或向斜蓄水构造，称为承压（或自流）盆地；另一类是单斜蓄水构造，称为承压（或自流）斜地。

1）承压盆地

承压盆地按水文地质特征由补给区、承压区和排泄区 3 部分组成（图 2.1-5）。

① 补给区一般位于盆地边缘地势较高处，含水层出露地表，可直接接受大气降水和地表水的入渗补给。

② 承压区一般位于盆地中部，分布范围广，地下水承受静水压力。

③ 排泄区一般位于盆地边缘的低洼地区，地下水常以上升泉的形式排泄于地表。

当承压盆地内有几层承压含水层时，各个含水层都有不同的承压水位（图 2.1-6）。若蓄水构造与地形一致时，称为正地形，此时下层的承压水位高于上层承压水位；若蓄水构造与地形不一致时，称为负地形，其下层的承压水位低于上层的承压水位。水位高低不同，可造成含水层之间通过弱透水层或断层发生水力联系，形成含水层之间的补给排泄关

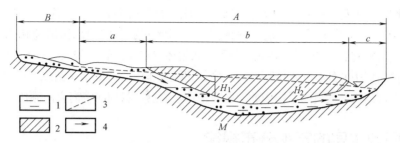

图 2.1-5 承压盆地剖面示意图

A—承压水分布范围；*B*—潜水分布范围；*a*—补给区；*b*—承压区；*c*—排泄区；H_1—正水头；

H_2—负水头；*M*—承压水厚度；1—含水层；2—隔水层；3—承压水位；4—承压水流向

系。承压盆地的规模差异很大，四川盆地是典型的承压盆地。小型的承压盆地一般只有几平方公里。

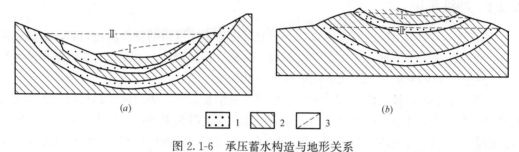

图 2.1-6 承压蓄水构造与地形关系

（*a*）正地形；（*b*）负地形

1—含水层；2—隔水层；3—承压水位；Ⅰ—上层承压水位；Ⅱ—下层承压水位

2）承压斜地

承压斜地的形成有 3 种情况：

① 含水层被断层所截而形成的承压斜地。单斜含水层的上部出露地表成为补给区。下部被断层切割，若断层不导水，则向深部循环的地下水受阻，在补给区能形成泉排泄。此时，补给区与排泄区在相邻地段。若断层是导水的，断层出露的位置又较低时，承压水可通过断层排泄于地表。此时，补给区与排泄区位于承压区的两侧与承压盆地相似（图 2.1-7）。

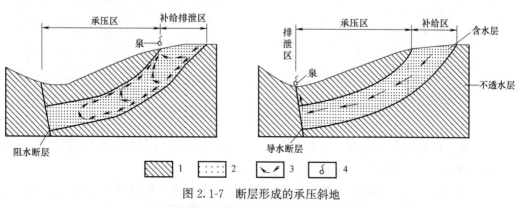

图 2.1-7 断层形成的承压斜地

1—阻水层；2—含水层；3—地下水流向；4—泉

② 含水层岩性发生相变和尖灭、裂隙随深度增加而闭合，使其透水性在某一深度变弱（成为不透水层）形成承压斜地。此种情况与阻水断层形成的承压斜地相似。

③ 侵入岩体阻截形成的承压斜地。各种侵入岩体（如花岗岩、闪长岩等），当它们侵入到透水性很强的岩层中并处于含水层下游时，便起到阻水作用而形成承压斜地。如山东济南的承压斜地，济南市南为寒武奥陶系构成的山区，地形与岩层产状均向济南方向倾伏。

2.2 不同含水层的宏观分布规律

土层分布区的水文地质和工程地质条件在宏观上受地貌单元、地层时代、地层组合控制。地貌单元、地层时代和地层组合关系也决定着地下水的类型、分布、水力特征和水量大小等重要特征。

2.2.1 冲洪积扇

当干旱、半干旱山区的河流出口处或暂时性山地水流携带的物质出山口后，形成延伸很广、坡度较缓的扇形地。在洪水期扇形地上又常堆积洪积物，以及具有二元结构的冲积物，这种由冲积物和洪积物组成的扇形地为冲洪积扇。

例如华北平原，具有代表性的北京市平原区是由永定河、潮白河、温榆河等主要河流冲洪积作用形成的冲洪积扇组成的，河流由西北山区流向东南平原，河流出山后堆积粗大岩性的颗粒，向下游物质逐渐变细，层次增多，形成广大的冲洪积平原。山前到平原含水层主要有如下分布规律（图 2.2-1）：

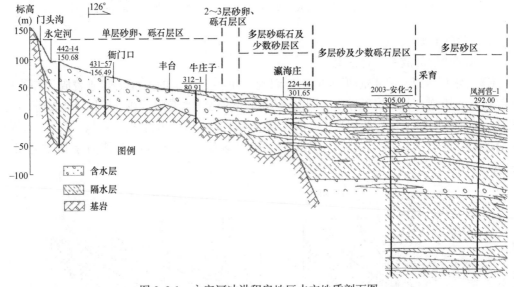

图 2.2-1　永定河冲洪积扇地区水文地质剖面图

（1）无良好含水层的地区：分布在山前的坡积、洪积、冰碛物，岩性为黏性土含碎石，分选磨圆差。在局部地区含水，但水量不大。

（2）单一结构的砂卵砾石含水层：主要分布在各河流冲洪积扇顶部，面积以永定河、潮白河地区最大。砂卵砾石埋藏浅，一般 3～5m 或直接裸露地表。

（3）二～三层结构的砂卵砾石含水层：分布在各个冲洪积扇的中上部，砂卵砾石与黏性土互层，地下水由潜水过渡到承压水。

（4）多层结构的砂砾石夹少量砂含水层：分布在各冲洪积扇的中部地区，面积较大，地下水类型为承压水。

（5）多层结构的砂层夹少量砂砾石含水层：分布面积最大，如北京平原的东南部，分布在永定河及潮白河冲洪积扇下部及冲积、冲洪积平原地区，沉积物较细，含水层层次增多。

（6）多层结构的砂含水层：如北京平原南部及东南部，分布在冲积、冲洪积平原地区，岩性为砂土层，渗透性差，含水层层次多但不厚。

2.2.2 冲积平原

冲积平原包括山前平原、中部平原和滨海平原。大江大河的中部冲洪积平原通常由不同地质时期形成的多级堆积阶地构成。其中，常有河湖相淤积沼泽或河道沉积等（图2.2-2），这类冲积平原的构成有广泛的代表性。平原中的各级阶地由不同时代地层组合构成。由于地层时代和地层组合类型不同，其中地下水的埋深类型、含水性及水量和水力性质差别很大，对基坑工程选择地下水控制的方法至关重要。

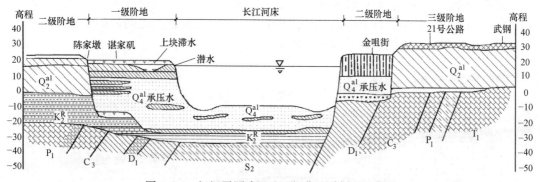

图 2.2-2　江汉平原武汉地区概化地质剖面示意图

（1）河流的一级阶地。分布在现代江河河床两岸的狭长地带上，冲刷岸一侧阶地较窄，堆积岸一侧很宽，是江河冲积平原中最近形成的一部分。一级阶地的地层组合呈典型的二元结构特征，即上部以黏性土为主，下部为砂土、砾石和卵石组成的下粗上细的一套地层。其基底多为基岩，近地表部分常分布有湖沼相软土层或粉土层。上部黏性土与下部砂土层之间，通常都存在厚度不等的黏性土与粉砂互层，与下层砂土均为连续含水层。

一级阶地常有多层地下水埋藏。浅部有上层滞水（分布于人工填土、淤泥和淤泥质土中）或潜水（分布于临江一带或支流故道中），下部砂层及砾卵石层中有承压水埋藏。该含水层紧邻现今江河，含水层中水与江河水有直接的水力联系，具有较高的承压水头，且承压水渗流方向有垂直向上渗的特点，是造成深基坑坑底突涌的根本原因。

（2）河流的二级阶地。分布在近河一级阶地外侧，是江河冲积平原早期形成的组成部分。与一级阶地地层截然不连续，呈陡坎式接触。

二级阶地地层也具有典型的二元结构组合特征，即上部为黏性土，下部为砂、卵砾石层，其基底有的为基岩，有的为中更新世老土层。由于古气候等原因，包括江汉平原、江淮平原、华北平原及松辽平原在内的二级阶地的上部黏性土普遍具有黄土状土特征，其下的砂卵砾石层一般厚度不大,密实度较高。

二级阶地的水文地质条件较一级阶地简单,地下水埋藏类型多为潜水,赋存于粉土质土中,但水位较深。局部存在砂、卵砾石层层间水时,具有承压性。因密实度高和黏粒含量多,其透水性均小于一级阶地。因其与现代河床无直接水力联系,承压水头不会很高。

(3)河流的三级阶地。分布于一、二级阶地之外,与二级阶地或一级阶地地层截然不连续,呈陡坎式接触。三级阶地多被长期剥蚀成隆岗或波状平原。

三级阶地的水文地质条件相对简单,老黏性土属不透水非含水层,底部的碎石土夹黏性土中相对富水。三级阶地中下部的砂、卵石层具有承压含水性,容易发生基坑涌水、管涌及坑底突涌。

2.2.3 滨海平原及三角洲

滨海平原处于大江河下游河口部分,属于冲积海积平原,海侵形成海相沉积,与河口三角洲冲积层交互沉积而成。滨海平原在垂向地层上由新至老顺序向下排列,水平方向则只有相变之分,即河口三角洲以江河冲积层为主,间夹海相层;海湾带则以泄湖相、沼泽相淤积层为主。

滨海平原及三角洲沉积层的最大特点是存在深厚软土和由多层黏性土、软土与砂土、粉土的频繁互层。砂土和粉土作为含水层夹于软土和一般黏性土之间,形成多层层间水,其厚度不大,具弱承压性,如图2.2-3所示。

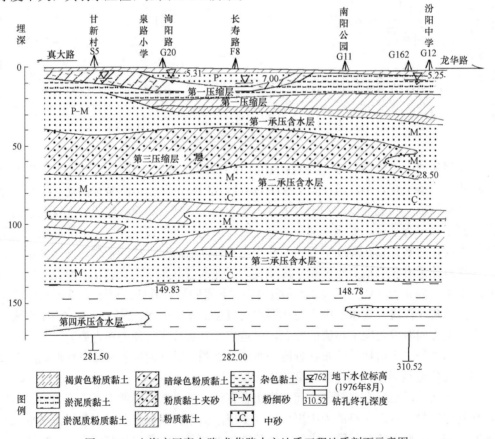

图 2.2-3 上海市区真大路-龙华路水文地质工程地质剖面示意图

基坑工程由浅入深，将分别遇到深厚软土中的上层滞水和下部多层砂、粉土组成的层间弱承压含水层。含水层具有承压性，易发生管涌、突涌或流砂。由于浅部十几米地层大部分为欠固结地层，多层欠固结土在排水后易产生较大的固结沉降。

2.2.4 岩溶区地下水

岩溶地下水的埋藏和运动非常复杂，基坑工程一般只涉及岩溶发育带的上部垂直循环带，岩溶水的危害一般可控。为掌握岩溶地下水的宏观规律，首先应查明岩溶水的垂直分带性，即由浅部至深部顺序分为垂直循环带、季节变化带、全饱和带（上部水平循环亚带和下部虹吸管式循环亚带）和深循环带（图 2.2-4）。其中的垂直循环带厚度可达数十米，在山区有 100m 以上，基坑工程都在垂直循环带中。

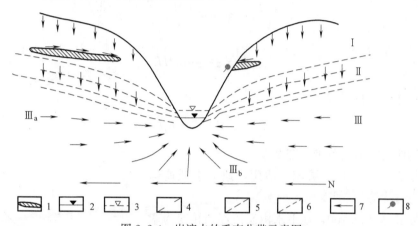

图 2.2-4 岩溶水的垂直分带示意图

1—隔水层；2—平水位；3—洪水位；4—最高岩溶水位；5—最低岩溶水位；6—上层滞水；7—水流方向；8—悬挂泉
Ⅰ—充气带；Ⅱ—季节变化带；Ⅲ—全饱和带；Ⅲ$_a$—水平循环亚带；Ⅲ$_b$—虹吸管式循环亚带；N—深循环带

2.3 地下水渗流分析

2.3.1 渗流基本定律

（1）达西定律（Darcy's Law）

达西定律是反映水在岩土孔隙中渗流规律的实验定律。由法国水力学家达西（Henry Philibert Gaspard Darcy）在 1852～1855 年通过大量实验得出。假设地下水做一维均匀运动，渗流速度与水力坡度的大小和方向沿流程不变。其表达式为：

$$Q = KAJ = KA\frac{H_1 - H_2}{L} \tag{2.3-1}$$

$$V = \frac{Q}{A} = KJ \tag{2.3-2}$$

式中　Q——渗透流量（出口处流量），亦即通过过水断面（砂柱各断面）A 的流量（m^3/d）；

K——多孔介质的渗透系数（m/d）；

A——过水断面面积（m²）；

H_1、H_2——上、下游过水断面的水头（m）；

L——渗透途径（m）；

J——水力梯度，$J=(H_1-H_2)/L$，等于两个计算断面之间的水头差除以渗透途径，亦即渗透路径中单位长度上的水头损失。

达西定律的微分形式：

$$v=KJ=-K\frac{\mathrm{d}H}{\mathrm{d}n} \tag{2.3-3}$$

$$v_x=-K\frac{\mathrm{d}H}{\mathrm{d}x},v_y=-K\frac{\mathrm{d}H}{\mathrm{d}y},v_z=-K\frac{\mathrm{d}H}{\mathrm{d}z} \tag{2.3-4}$$

$$J=\frac{\mathrm{d}H}{\mathrm{d}n}=-\mathrm{grad}H$$

达西定律的矢量形式：

$$\vec{v}=v_x\vec{i}+v_y\vec{j}+v_z\vec{k} \tag{2.3-5}$$

（2）达西公式适用范围（图 2.3-1）

雷诺数 $Re<1\sim10$，层流，适用，地下水低速运动，黏滞力占优势；

雷诺数 $Re>10\sim100$，地下水由层流逐渐转变为紊流，为过渡带，不适用；

雷诺数 $Re>100$，紊流，不适用。

达西定律的下限：地下水在黏性土中运动时存在一个起始水力坡度 J_0。当水力坡度 $J<J_0$ 时，几乎不发生运动。

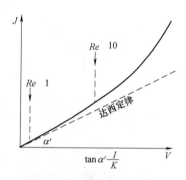

图 2.3-1 渗透系数与水力坡度的实验关系（J. Bear）

2.3.2 含水层的水文地质参数与确定

岩土体中存在着各种形状和大小的孔隙，地下水通过孔隙产生渗流。孔隙的形状、体积、数量和连通情况等直接影响到地下水的运动和分布。水文地质参数宏观表征了岩土体中孔隙的性状，是研究地下水渗流的重要指标，直接影响工程降（排）水设计和施工等的可靠性、安全性和经济。根据场地的水文地质条件、基坑维护结构、降水目的等因素的不同，对所需掌握的水文地质参数的种类和精度要求也不相同。

1. 水文地质参数

基坑降水时所涉及的水文地质参数分为两类：

（1）含水层自身水力特性的参数，如渗透系数 k、导水系数 T 和储水系数 S 等；

（2）降水后含水层间相互作用或地下水位变化程度的参数，如越流因数 B 和影响半径 R 等。工程所涉及的常用水文地质参数见表 2.3-1。

岩土的主要水文参数表 表 2.3-1

水文参数	物理意义	影响因素和说明	量纲
渗透系数 k	表示流体通过孔隙骨架的难易程度；在各向同性介质中为单位水力梯度下流体的流速	岩土体的孔隙性质、介质结构，地下水的黏滞性和密度	LT^{-1}
导水系数 T	单位水力坡度下通过单位宽度含水层整个饱和厚度的地下水量，表示岩土层通过地下水的能力	只适用于平面二维流，在一维流、三维流中无意义	L^2T^{-1}
越流因数 B	越流条件下地下水由弱透水层渗流到含水层的能力	弱透水层的厚度、渗透性等	L
导压系数 a	表示水压力从一点传递到另一点的速率	含水层并非绝对均质，所以 a 值实际是变量	L^2T^{-1}
储水系数 S	单位水压力变化时含水层从水平面积为单位面积、高度等于含水层厚度的土体单元中释放或储存的水量	土体和地下水的压缩性、含水层的厚度等	无量纲
储水率 S_s	单位水压力变化时从表征单元中释放或储存的水的体积	土体和地下水的压缩性	L^{-1}
给水度 μ	饱和的潜水面中下降一个单位时，单位面积含水层释放出来的水的最大体积	土体的孔隙率等	无量纲
孔隙率 n	孔隙体积与包括孔隙在内岩土体总体积之比	土颗粒的形状、级配、排列及胶结充填特性，土的结构性	无量纲
含水量 w	岩土中所含水的重量与岩体干重量之比	孔隙率，饱水程度等	无量纲

2. 水文地质参数的经验值

（1）影响半径的经验值

根据单位出水量和单位水位降深，可分别确定影响半径的经验值（表 2.3-2、表 2.3-3）。亦可根据含水层土的粒径确定影响半径的经验值（表 2.3-4）。

根据单位出水量确定影响半径经验值 表 2.3-2

单位出水量 $q=Q/s_w$ [(m³/h)/m]	影响半径 R(m)	单位出水量 $q=Q/s_w$ [(m³/h)/m]	影响半径 R(m)
<0.7	<10	1.8~3.6	50~100
0.7~1.2	10~25	3.6~7.2	100~300
1.2~1.8	25~50	>7.2	300~500

根据单位水位下降确定影响半径经验值 表 2.3-3

单位水位降低 s_w/Q [m/(L/s)]	影响半径 R(m)	单位水位降低 s_w/Q [m/(L/s)]	影响半径 R(m)
≤0.5	300~500	2.0~3.0	25~50
0.5~1.0	100~300	3.0~5.0	10~25
1.0~2.0	50~100	≥5.0	<10

根据含水层土的粒径确定影响半径的经验值　　表 2.3-4

地层	地层颗粒粒径(mm)	所占比重(%)	影响半径 R(m)
粉砂	0.05～0.10	<70	25～50
细砂	0.10～0.25	>70	50～100
中砂	0.25～0.5	>50	100～300
粗砂	0.5～1.0	>50	300～400
砾砂	1～2	>50	400～500
圆砾	2～3		500～600
砾石	3～5		600～1500
卵石	5～10		1500～3000

（2）给水度的经验值

给水度与包气带的岩性、潜水水位埋深、水位变幅等因素有关。各种岩性土体的给水度经验值见表 2.3-5。

给水度的经验值　　表 2.3-5

岩性	给水度经验值	岩性	给水度经验值	岩性	给水度经验值
黏土	0.02～0.035	粉砂	0.06～0.08	中粗砂	0.10～0.15
粉质黏土	0.03～0.045	粉细砂	0.07～0.10	粗砂	0.11～0.15
粉土	0.035～0.06	细砂	0.08～0.11	黏土胶结的砂岩	0.02～0.03
黄土状粉质黏土	0.02～0.05	中细砂	0.085～0.12	裂隙灰岩	0.008～0.10
黄土状粉土	0.03～0.06	中砂	0.09～0.13		

（3）渗透系数的经验值

渗透系数是表示岩土体透水性的重要指标之一。估算渗透系数的经验公式列于表 2.3-6。这些经验公式虽然简单实用，但都有各自的适用条件，仅可用于粗略估算。无实测资料时，可以根据有关规范和工程经验来取值，渗透系数 k 的经验值如表 2.3-7 所示。

渗透系数的经验公式　　表 2.3-6

建议经验公式	建议者	适用条件	符号说明
$k=C(0.7+0.003T)d_{10}^2$	哈赞 (Hazen)	中等密实砂土	k——渗透系数(cm/s)； e——孔隙比； C——哈赞常数，50～150； T——温度(℃)； d_{10}——有效粒径(mm)； d_{20}——占总土重 20% 的土颗 　　　粒粒径(mm)； C_u——不均匀系数
$k=d_{10}^2$		有效粒径为 0.1～3mm C_u<5 时的松砂	
$k=2d_{10}^2 \cdot e^2$	太沙基 (Terzaghi)	砂土	
$k=6.3C_u^{-3/8}d_{10}^2$	《水利发电工程 地质勘察规范》 GB 50287—2016	砂土和黏性土	

渗透系数经验值   表 2.3-7

土的类别	渗透系数 k(cm/s)	土的类别	渗透系数 k(cm/s)
黏土	$<10^{-7}$	中砂	$1.0×10^{-2}\sim1.5×10^{-2}$
粉质黏土	$10^{-6}\sim10^{-5}$	中粗砂	$1.5×10^{-2}\sim3.0×10^{-2}$
粉土	$10^{-5}\sim10^{-4}$	粗砂	$2.0×10^{-2}\sim5.0×10^{-2}$
粉砂	$10^{-3}\sim10^{-4}$	砾砂	10^{-1}
细砂	$2.0×10^{-3}\sim5.0×10^{-3}$	砾石	$>10^{-1}$

2.3.3 地下水渗流分析方法

地下水按含水层的性质，可分为孔隙水、裂隙水和岩溶水。其中，裂隙水的渗流分析一般采用三类数学模型，如表 2.3-8 所示。工程中一般应用最多的是孔隙水的渗流理论，对其的研究相对完整。土体中孔隙水的渗流分析方法可分为流网分析法、解析法和数值分析法等，其中以数值分析法适用性最强，应用越来越广泛。

岩石裂隙水力学的数学模型   表 2.3-8

模型分类	主要内容	特点	备注
等效连续介质模型	把裂隙透水性按流量均化到岩石中,得到以渗透张量表示的等效连续介质模型	采用孔隙介质渗流学解决问题,使用方便	有局限,在特定情况下会得到错误结果
裂隙网络模型	忽略岩石的透水性,认为水只在裂隙中流动	比连续介质模型更接近实际	需要建立裂隙网络样本,再作统计分析和计算
裂隙孔隙介质模型	考虑岩石裂隙和孔隙之间的水交换	最切合实际的模型	涉及参数多,实施难度大

1. 流网分析法

流网是由流线和等势线两组垂直交织的曲线组成，可以形象地表示出整个渗流场内各点的渗流方向，是研究渗流问题的最有效工具。流线是一根处处与渗流速度矢量相切的曲线，代表渗流区域内各点的水流方向，水流不能穿越流线，在稳定渗流情况下表示水质点的运动路线。

流网可以通过数值求解绘出。工程中常采用图示法绘制流网（图 2.3-2），步骤如下：

（1）按一定比例尺绘出结构物和土层的剖面图；

（2）判定边界条件，如 $a'a$ 和 $b'b$ 为等势线（透水面）；acb 和 ss' 为流线（不透水面）；

（3）先绘制若干条流线，一般是相互平行不交叉的缓和曲线，流线应与进水面和出水面（等势面）正交，并与不透水面（流线）平行；

（4）添加若干等势线，与流线正交；重复以上步骤反复调整，直到满足上述条件为止。

流网在计算渗流问题中具有很大的实用价值，利用流网可以计算得到如下渗流分析参数：

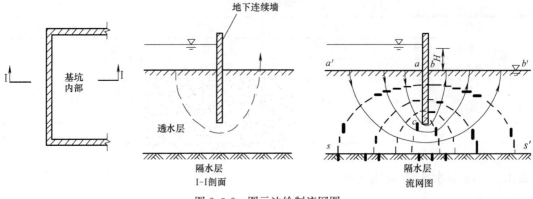

图 2.3-2　图示法绘制流网图

（1）水头和渗透压强。渗流区任意点的水头 H 可以由等水头线或可采用两水头线间水头内插法确定水头；由水头可以计算渗透压强：

$$\frac{p}{I_w}=H\pm z \text{ 或 } p=\gamma_w(H\pm z) \tag{2.3-6}$$

式中　　p——渗透压强；

　　　　z——该点到基准面的距离。

（2）水力梯度和渗流速度。流网中某一点的相邻等水头间的距离为 Δs，等水头线间的水头差为 ΔH，则该点的水力梯度和渗流速度分别为 $J=\dfrac{\Delta H}{\Delta s}$，$q=KJ$。

（3）渗流量。在各向同性渗流场中，若相邻势函数差值相等，则每个网格的流量相等，所以整个渗流区的单宽流量 Q 等于各流线间所夹区域的渗流量之和，即：

$$Q=K\Delta H\sum_{i=1}^{n}\frac{\Delta l_i}{\Delta s_i} \tag{2.3-7}$$

式中　　$\dfrac{\Delta l_i}{\Delta s_i}$——第 i 条与第 $i+1$ 流线间所夹网格的长宽比；

　　　　n——相邻流线所夹流带的数目。

2. 解析法

裴布依（Jules Dupuit）以达西定律为基础，于 1863 年根据试验观测结果建立假设：在大多数地下水流中，潜水面坡度很小，常为 $1/1000\sim1/10000$，因此可假定水是水平流动而等势面铅直，以 $\tan\theta=\mathrm{d}h/\mathrm{d}x$ 代替 $\sin\theta$。图 2.3-3 的二维 xz 平面上，潜水面为一根流线，在潜水面上 $q=0$，$\varphi=z$。假设土体渗透系数 k，沿着这条流线方向，根据达西定律得到：

$$q=-k\frac{\mathrm{d}\varphi}{\mathrm{d}s}=-k\frac{\mathrm{d}z}{\mathrm{d}s}=-k\sin\theta \tag{2.3-8}$$

对于土体中稳定的非承压水流渗流问题，按照裴布依假设和式（2.3-8），在 x 方向上经过高为 $h(x)$ 的垂直截面上的单宽流量为：

$$Q=k\frac{h_0^2-h(x)^2}{2} \tag{2.3-9}$$

当潜水面向接近某个流域的外部边界时，它总是在流域外地表水体的水面以上 B 点

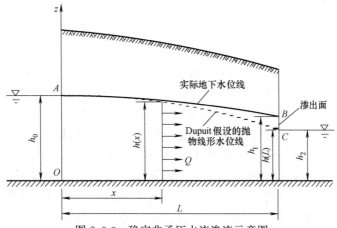

图 2.3-3　稳定非承压水流渗流示意图

到达潜水面下游边界，这段敞开边界上由地下水渗出点到下游边界点的边界 BC 称为渗出面。使用裘布依假设，认为水位线是抛物线形的，忽略渗出面 BC，使得潜水面在 $x=L$ 处 C 点到达下游边界，得到 Dupuit-Forchhemer 流量公式：

$$Q = k\frac{h_0^2 - h(L)^2}{2} \tag{2.3-10}$$

裘布依假设适用于 θ 很小和水流基本水平流动的区域。在实际工程中与下游端点 C 的距离大于 $1.5 \sim 2$ 倍的地方，可以认为地下水沿水平向流动，等势面铅直，使用裘布依假设求解结果是足够精确的。

工程中设计基坑降水系统需要选用渗流公式，确定井的数目、间距、深度、井径和流量等参数。选用渗流公式时要考虑基坑的深度、场地的水文地质条件和降水井的结构等。

3. 数值分析法

基坑降水将引起地下水的三维渗流，往往具有复杂的边界和渗透各向异性等问题，较难有解析解。可应用于求解渗流问题的数值方法有：有限差分法（FDM）、有限单元法（FEM）和边界单元法（BEM）等。其中，有限单元法因为能够适应复杂的边界和多种介质情况，更适用于基坑工程的渗流分析。

（1）有限差分法

有限差分法是数值方法中的早期方法，用于求解近似解，对于各种工程边界条件都适用，但也有其局限性。例如，二维差分法计算中，对于每一个具体的工程地下水问题，就有一个与之对应的先行方程组、系数矩阵和常数矩阵，要给出各矩阵的赋值，就需要编写一个对应的程序，较烦琐。若为不等距差分，这一过程将更烦琐。

（2）有限单元法

有限单元法是把流动区域离散成数目有限的小单元，用单元函数逼近总体函数，适用于多种边界、非均质地层、各向异性介质、移动的边界（用连续变化的网格）、自由表面、分界面、变形介质和多相流等问题的地下水计算，大多数工程地下水问题都可以用有限单元法求解。采用有限单元法时，先决条件是被研究区域必须有边界，且要已知若干边界条件，很多工程问题发生在无边界含水层，求解这类渗流场就可能需要采用势函数等其他方法。

（3）边界单元法

边界单元法是 20 世纪 70 年代发展起来的一种新的数值计算方法，广泛应用于地下水的计算。应用 Green 公式和把原始问题中的区域积分转化成边界积分，使得 n 维问题转化成 $n-1$ 维问题。它只需要对计算区域的边界进行离散化，当边界上的未知量求出后，计算区域内的任何一点的物理量都可以通过边界上的已知量用简单的公式求出。

边界单元法需要准备的原始数据较简单，只需要对区域的边界进行剖分和数值计算等，具有降维、可解决奇异性问题、特别适合解决无限域问题以及远场精度高等优点。一旦求得边界值，可以由积分表达式解析求出域内解，处处连续，精度较高。边界元法的主要缺点是它的应用范围以存在相应微分算子的基本解为前提，对于非均匀介质等问题难以应用，故其适用范围远不如有限单元法广泛，而且通常由它建立的求解代数方程组的系数阵是非对称满阵，对解题规模产生较大限制。对一般的非线性问题，由于在方程中会出现域内积分项，从而部分抵消了边界元法只要离散边界的优点。

对于不同水力条件下的基坑渗流场进行数值分析表明，渗流作用的存在对于工程安全是很不利的。通过设置防渗体，可以改善渗流场的分布。但由于各种原因造成渗流场的变化，也很有可能成为安全隐患。采用数值分析的方法进行不同工况下的渗流场的计算分析，对于基坑的设计和施工具有一定的指导意义。在工程设计和施工阶段中，针对基坑渗流影响工程安全的环节，应采取相应的工程措施，预防工程事故的发生。

2.4 地下水对岩土工程的影响

地下水对基坑工程的危害，包括增加支护结构上的水土压力作用，引起土的抗剪强度降低，抽（排）水也会引起地层不均匀沉降与地面沉降、基坑涌水、渗流破坏（流土、管涌、坑底突涌）等。基坑工程地下水控制应根据场地的工程地质条件、水文地质条件和岩土工程特性，采取可靠措施，规避因地下水引起的基坑失稳、地基破坏及其对周边环境的影响。

渗透压力也称动水压力，是指在渗流方向上水对单位体积土的压力。渗透压力对岩、土体稳定性的影响随渗流方向不同而异。地下水渗透压力对基坑工程的不良影响及基坑降水的作用列于表 2.4-1。

地下水对基坑的不良作用与基坑降水的作用

表 2.4-1

分类	地下水的不良作用	基坑降水的作用
静水压力对基坑的影响	静水压力作用增加了土体及支护结构的荷载；对其水位以下的岩石、土体、建筑物的基础等产生浮托力，不利于基坑支护的稳定	保持基坑内部干燥，方便施工；降低坑内土体含水量，提高土体强度；减小挡土板和支撑上的压力；增加基坑结构抗浮稳定性
动水压力下的潜蚀、流砂和管涌	潜蚀会降低土体的强度，产生大幅地表沉降；流砂多是突发性的，影响工程安全；管涌使得细小颗粒被冲走，形成穿越地基的细管状渗流通道，会掏空地基	截住基坑坡面及基底的渗水；降低渗透的水力坡度，减小动水压力；提高边坡稳定性，防止滑坡，加固地基
承压水使基坑产生突涌	突涌会顶裂甚至冲毁基坑底板，破坏性极大	及时减小承压水水头；防止产生突涌、基底隆起与破坏，确保坑底稳定性

（1）潜蚀

在黄土和岩溶等地区，渗透水流在较大的水力坡度下容易发生潜蚀。当土层的不均匀系数即 $d_{60}/d_{10}>10$ 时，易产生潜蚀；两种互相接触的土层，当两者的渗透系数之比 $k_1/k_2>2$ 时，易产生潜蚀；当水力坡度 >5 时，水流呈紊流状态，即产生潜蚀。潜蚀的防治措施有加固土层如灌浆、人工降低地下水的水力坡度和设置反滤层等。

（2）流砂

流砂是指土体中松散颗粒被地下水饱和后，由于水头差的存在，动水压力会使这些松散颗粒产生悬浮流动的现象，如图 2.4-1 所示。克服流砂常采取如下措施：进行人工降水，使地下水水位降至可能产生流砂的地层以下；设置止水帷幕，如板桩或冻结法，用来阻止或延长地下水的渗流路径等。

（3）管涌

管涌是地基土在动水作用下形成细小的渗流通道，土颗粒不断流失而引起地基变形和失稳的现象，如图 2.4-2 所示。发生管涌的条件为：土中粗细颗粒粒径比 $D/d>10$；土体的不均匀系数 $d_{60}/d_{10}>10$；两种互相接触的土层渗透系数之比 $k_1/k_2>2\sim3$；渗流梯度大于土体的临界梯度。防治管涌的措施有：增加基坑围护结构的入土深度以延长地下水的流线降低水力梯度；人工降低地下水位，改变地下渗流方向；在水流溢出处设置反滤层等。流砂和管涌的区别是：流砂发生在土体表面渗流溢出处，不发生于土体内部，而管涌既可发生在渗流溢出处，也可发生于土体内部。

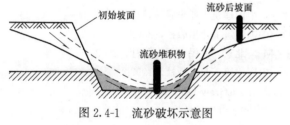

图 2.4-1　流砂破坏示意图

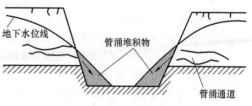

图 2.4-2　管涌破坏示意图

（4）突涌

突涌是指在基坑底部存在承压水开挖基坑时，将减小含水层上覆不透水层的厚度，当它减小到临界值时，承压水的水头压力能顶裂或冲毁基坑底板的现象。其表现形式为：基坑顶裂，形成网状或树枝状裂缝，地下水从裂缝中涌出，并带出下部的土颗粒；基坑底部发生流砂，从而造成边坡失稳；基坑发生类似"沸腾"的喷水现象，使基坑积水、地基土扰动。

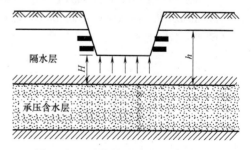

图 2.4-3　基坑抗承压水稳定性示意图

如图 2.4-3 所示的基坑可采用下式验算降低承压水水头，以保证基坑底板稳定性。

$$F=\frac{\gamma \cdot H}{\gamma_w h}\geq F_s \tag{2.4-1}$$

式中　H——基坑开挖后不透水层的厚度（m）；

　γ、γ_w——分别为土和水的重度（kN/m^3）；

　　h——承压水头高于含水层顶板的高度（m）；

　　F——安全系数；

　　F_s——临界安全系数，取 1.1～1.3。

若基坑底部的不透水层较薄，且存在有较大承压水头时，基坑底部可能会产生隆起破坏，引起墙体失稳。所以在基坑设计和施工前必须查明承压水水头，验算基坑抗突涌的稳定安全系数，保证其至少为 1.1～1.3。若不满足稳定安全要求，可以采取以下措施：设置隔水挡墙隔断承压水层；用深井井点降低承压水头；因环境条件等不允许采用降水法时，可进行坑底地基加固，如化学注浆法和高压旋喷法等。

参考文献

［1］ 王大纯，张人权，史毅虹. 水文地质学基础［M］. 北京：地质出版社，1998.

［2］ 高宗军，郭健斌，魏久传. 水文地质学［M］. 北京：中国矿业大学出版社，2000.

［3］ 王俊杰，陈亮，梁越. 地下水渗流力学［M］. 北京：中国水利水电出版社，2013.

［4］ 北京市地质矿产勘查开发局，北京市水文地质工程地质大队. 北京地下水［M］. 北京：中国大地出版社，2008.

［5］ 中国土木工程学会土力学及岩土工程分会. 深基坑支护技术指南［M］. 北京：中国建筑工业出版社，2012.

［6］ 龚晓南. 深基坑工程设计施工手册［M］. 北京：中国建筑工业出版社，1998.

［7］ 姚天强，石振华. 基坑降水手册［M］. 北京：中国建筑工业出版社，2006.

［8］ 吴林高. 工程降水设计施工与基坑渗流理论［M］. 北京：人民交通出版社，2003.

［9］ 刘健航，侯学渊. 基坑工程手册［M］. 北京：中国建筑工业出版社，1997.

［10］ Bear J. Hydraulics of Groundwater［M］. London：McGraw-Hill，Inc，1979.

［11］ 张有天. 岩石水力学与工程［M］. 北京：中国水利水电出版社，2005.

［12］ Dupuit J. Etudes Theoriques et Pratiques sur le Mouvement des Eaux dans les Canaux decouverts et a Travers les Terràins Permeables［M］. Dunod，Paris，Second edition，1863.

［13］ Forchhemer P. Wasserbewegung durch Bodem［J］. Zeitz Vereines Deutsch Ingenieure，1901，45（1782）：1781-1788.

3 地下水控制理论

孙保卫，沈小克

（北京市勘察设计研究院有限公司，北京，100038）

  岩土工程地下水控制理论并不系统。地下水控制主要解决岩土工程中的三大不良作用：一是强透水含水层的大量涌水；二是地下水下降引起的地层固结沉降，影响工程周边环境安全；三是地下水渗流引起的流砂流土、管涌和突涌，造成工程灾难性后果。解决这三大不良作用，最低限度应具备一些土力学和水文地质学的相关知识。因此，岩土工程地下水控制主要是两个学科的理论，即水文地质学和土力学。

3.1 地下水控制概念及目的

3.1.1 地下水控制的理念

  随着社会经济的发展，工业化和都市化程度的提高，城市人口的增长和人类活动的增加，地面空间显得越来越紧张。为了充分利用有限的土地资源，人们不得不将视角转向高层空间和地下空间。近年来，大量高层建筑的涌现，地下工程如地铁、地下商业街、地下电厂、地下泵房、地下车库等纷纷上马，正是这种发展趋势的必然结果。在高层建筑和地下工程的构筑中，深基坑工程和隧道工程占了极大的比例，但在深基坑和隧道工程施工中，几乎每年都有因流砂、管涌、坑底失稳、坑壁坍塌而引起的工程事故。采用施工降水法虽然可以防范这类工程事故，也是目前许多岩土工程施工中最常用的方法，但是，随着基坑开挖深度的增加，隧道工程所遇岩土工程条件越来越复杂，所涉及的地下水随之增多，且地下水对岩土工程施工的影响也越来越明显。尤其是随着地下工程的发展和技术进步，很多传统的施工理念也应随之发生改变，以适应社会发展的要求和技术的进步。

  现行行业标准《建筑基坑支护技术规程》JGJ 120 中提出的地下水控制概念，是社会发展和技术进步的结果。在规范中提出的地下水控制，更多的是指为避免施工降水而产生环境问题可采用的地下水控制措施。施工降水的环境问题，主要是指降水过程中由于流砂、管涌、坑底失稳、坑壁坍塌以及基坑周边地区地面沉降等造成的基坑周围一定范围内地下管线和建筑物不同程度的破坏，在人员和经济上造成不可估量的损失，而没有考虑地下水控制与地下水资源和地下水环境的关系。

  在工程施工中的地下水控制主要是为了保证干燥的施工环境，不出现对工程施工和地下水环境的负面作用。地下水控制不当，可对工程施工产生的负面作用主要为：

  （1）潜蚀。包括机械潜蚀和化学潜蚀。机械潜蚀是指在动水压力作用下，土颗粒受到冲刷，将细颗粒冲走，使土的结构破坏；化学潜蚀是指水溶解土中易溶盐分，使土颗粒间的胶结破坏，削弱了结合力，松动了土的结构。一般情况下，机械潜蚀和化学潜蚀同时发生，产生的后果是降低了地基土的强度甚至出现洞穴，以致产生地表塌陷，影响建筑物的稳定。

（2）基坑突涌。当基坑之下有承压水存在，开挖基坑减小了含水层上覆不透水层的厚度，当减小到一定程度时，承压水的水头压力能顶裂或冲毁基坑底板，造成突涌。一旦发生突涌，可造成地基土严重扰动，并可能产生坑壁坍塌、地下管线断裂等严重的工程事故。突涌可表现为三种形式：基坑顶裂，出现网状或树枝状裂缝，地下水从裂缝中涌出，并带出含水层中的土颗粒；基坑底发生流砂现象；基坑发生类似于"沸腾"的喷水现象，使基坑积水，地基土扰动。

（3）流砂现象。通常发生在粉细砂和粉土地层中，即土被水饱和后，在动水压力作用下，土颗粒产生流动现象。一般出现在基坑侧壁，会对基坑支护稳定性产生不利影响。发生在基坑底部的流砂一般与基坑突涌相伴发生。

（4）管涌。当基坑地面以下或周围的土层为疏松的砂土层时，地基土在具有一定渗透速度（或水力坡度）的水流作用下，其细小颗粒被冲走，土中的孔隙逐渐增大，慢慢形成一种能穿越地基的细管状渗流通路，并使地基土变形、失稳，此现象即为管涌。管涌也多发生在基坑侧壁的砂土层中，对基坑稳定性产生不利影响。

（5）地面沉降。抽取地下水，降低含水层的水位或水头产生的沉降表现在两个方面，一是使含水层的孔隙水压力减小，增加了土的有效应力，使含水层压缩；二是造成含水层上下弱透水地层孔隙水压力减小，相应引起土的有效应力增加，产生压缩。地面沉降可对周边的地下管线和邻近建筑物产生影响，严重时可造成巨大损失。

上述的地下水控制对工程施工的负面影响在以往的工程建设中已经熟知，只要有经验的单位一般不会出现上述问题。但每年中总有一些工程由于地下水控制不当出现工程事故，以致造成非常大的损失。因此，必须在充分了解场区水文地质条件基础上进行地下水控制设计，保证所设计的方案科学合理，避免发生工程事故。

地下水控制不当除了对工程施工产生负面作用外，也可对地下水环境产生负面作用。其主要负面作用如下：

（1）抽取地下水会减少地下水资源。不论抽取哪一层地下水都会对地下水资源产生影响，尤其是深大基坑，涉及多个含水层。当含水层为砂卵石地层，渗透性较大，降低这类地层的地下水位往往会抽取大量的地下水，直接或间接造成地下水资源的损失。

（2）多含水层相互连通，使上层水渗入下层水，造成地下水水质的变化。在许多地区经常遇到采用渗井或抽水井连通上下层水的情况，而浅层水的水质往往不是很好，这样做会造成上下层水的连通，导致下层水水质恶化，从而影响地下水资源。

（3）过多抽取地下水在造成地下水资源损失的同时，也造成污水处理量的增加，相应增加了社会负担。

因此，地下水控制理念不仅应保证岩土工程施工的顺利实施，避免出现工程事故，同时还应考虑社会效益和环境效益。

3.1.2　地下水控制概念和目的

地下水控制的概念并不是一成不变的，随着建筑规模和复杂程度增加、环境保护要求不断提高，采用单一的降水工程所引起的一些问题促使地下水控制理念的变化和方法的进步，地下水控制概念的内涵发生了很大的变化。

1. 工程降水

工程（人工）降水是指应用水文地质学原理，通过各种技术方法和工程措施，降低上层滞水、潜水、承压水等水位，以满足降水设计一定降深和时间的技术要求，并无不良工程环境影响。

纵观岩土工程地下水控制历史，20世纪80年代以前，都是以工程降水为主，那时的地下工程较少，即使开展的一些地下工程，多埋藏较浅，主要采用工程降水或排水。而建筑基坑工程更是如此，基坑深度一般情况下都是小于10m，也多采用工程降水方法。现在，岩土工程施工采用工程降水方法也非常多。

工程降水的目的主要为：

（1）防止基坑和隧道侧壁、基底和掌子面渗水，保持开挖无水作业，便于施工。

（2）消除地下水渗透压力的影响，防止地层颗粒流失，保证隧道围岩或基坑侧壁的稳定性。

（3）降低基底下部承压水水头，减少承压水头对基底土层的顶托力，防止基底和隧道底板突涌。

（4）减少土体中孔隙水压力，增加土中有效应力，防止隧道塌方发生。

2. 地下水控制

地下水控制：为保证支护结构、基坑开挖、地下结构的正常施工，防止地下水变化对基坑周边环境产生影响所采用的截水、降水、排水、回灌等措施。

我国改革开放以来，城市化进入一个快速发展的时期，城市数量、规模和城市人口都在不断增加。作为城市化的产物，地下工程随着城市化发展需要越来越多，高层建筑不仅数量上越来越多，高度上越来越高，建筑面积越来越大，而且基坑深度越来越深。在地下工程和基坑开挖过程中，遇到含水层成了常事。

在影响基坑和隧道等稳定性的诸多因素中，地下水的作用占有突出位置。历数各地曾发生的工程事故，多数都与地下水的作用有关。因此，妥善解决岩土工程施工中地下水控制问题就成为岩土工程勘察、设计、施工、监测的重大课题。地下水对岩土工程施工的危害，除了水压力对支护结构的作用之外，更严重的是基坑涌水、渗流破坏（流砂、管涌、坑底突涌）引起地面沉陷和抽（排）水引起地层不均匀固结沉降。如何避免地下水对岩土工程施工的影响，行业标准《建筑基坑支护技术规程》JGJ 120给出了地下水控制概念。

地下水控制的目的主要为：

（1）保护支护结构的安全

基坑开挖、降水将引起土的性状、地下水的天然状态以及土的有效应力的改变，这些变化对作用在支护结构上的侧压力产生一定的影响。当基坑开挖至地下水位以下时，周围地下水会向坑内渗流，产生渗透力，对边坡和基底稳定产生不利影响，而更严重的是会造成边坡坍塌和地基承载能力下降。采用降低地下水位的降水方法，可以保持坑底干燥，便于施工。隧道工程若位于含水地层中，降低地下水位同样保证隧道侧壁和顶底的无水作业，也能保证掌子面的安全开挖。当然，不采用降低地下水位的降水方法，而采用止水方法控制地下水作用，在设计和施工阶段考虑地下水压力和渗流影响，同样对支护结构安全至关重要。

不论是降水方法还是止水的方法，都能消除地下水渗透压力的影响，防止地层颗粒流失，保证隧道围岩或基坑侧壁的稳定性。

（2）满足挖土施工的要求

在土方开挖过程中，地下水渗入坑内，不但会使施工条件恶化，而且对地基承载力和边坡稳定产生影响。所以，岩土工程施工中必须严格控制地下水，通过控制地下水获得基坑开挖的作业空间。同时，应对基底下部承压水进行关注，必要时控制基底下部承压水水头，减少承压水对开挖面以下土层的顶托力，防止基底和隧道底板突涌，影响挖土施工顺利进行，避免造成更大的工程事故。

（3）避免对工程周围环境和设施带来危害

采用降水方法控制地下水位时，有可能造成工程周围的地面沉降，从而引起周围建（构）筑物、地下管线等破坏。因此，地下水控制应评估控制地下水位方法可能对周边环境的影响及对各类设施的危害程度，应保证开挖边坡、底板的稳定性以及基坑环境的安全和正常使用。

3. 延伸地下水控制概念

伴随着中国城市化进程的加快和各类超大规模工程的开工建设，深大基坑和人工切坡的边坡工程越来越多，工程建设对地下水环境的干扰越来越严重。而随着时代的进步，城市发展和环境生态对水资源的愈发依赖，人们在越来越重视地下水控制对基坑周边环境的影响外，开始关注地下水控制对地下水资源和地下水水质的影响。如何兼顾工程建设和地下水保护工作，避免顾此失彼，让二者兼顾，成为行业技术人员思考的问题。在此背景下，形成了新的地下水控制概念，进一步扩充了内涵。

地下水控制：为保证地下工程、基础工程的正常施工和既有建筑物的正常使用，减少对周边环境影响，保护地下水资源，通过采取工程技术方法，对建设场区地下水进行管理控制的工程活动。

地下水控制应满足下列要求：

（1）基坑支护、土方开挖、地下结构正常施工

保证工程正常施工，不仅要保证支护体系的安全，而且要保证土方开挖和结构施工过程中的无水作业。采用的地下水控制可以是帷幕、注浆、降水等方法，但需要确定地下水压力及渗透力对地层及支护体系的作用，不产生渗透破坏和变形破坏，并采取措施控制地下水对基坑或掌子面等施工作业面的影响，满足正常施工的基本要求。

（2）基坑或地下工程周边环境不受损害

随着城市建设的发展，基坑或地下工程建设周边环境条件越来越复杂，地下水控制工程措施不当，有可能造成基坑或地下工程事故的发生，这不仅对本身的工程建设产生重大影响和损失，而且可能危害周边临近建（构）筑物、地下管线等。采用降水工程措施，且存在周边工程地质条件较差的情况，即使本身的工程建设正常施工，也可能因为水位降低引起周边的地面沉降造成既有建（构）筑物或管线的损坏。因此，岩土工程施工前，需要研究地下水控制措施可能带来的问题，并加以解决，以确保周边环境不受损害。

（3）符合地下水资源保护政策规定

《中华人民共和国水法》第三十一条规定"从事水资源开发、利用、节约、保护和防

治水害等水事活动,应当遵守经批准的规划;因违反规划造成江河和湖泊水域使用功能降低、地下水超采、地面沉降、水体污染的,应当承担治理责任。开采矿藏或者建设地下工程,因疏干排水导致地下水水位下降、水源枯竭或者地面塌陷,采矿单位或者建设单位应当采取补救措施;对他人生活和生产造成损失的,依法给予补偿。"

《中华人民共和国水污染防治法》第三十七条规定"多层地下水的含水层水质差异大的,应当分层开采;对已受污染的潜水和承压水,不得混合开采。"第三十八条规定"兴建地下工程设施或者进行地下勘探、采矿等活动,应当采取防护性措施,防止地下水污染。"第三十九条规定"人工回灌补给地下水,不得恶化地下水质。"

《中华人民共和国水污染防治法实施细则》(国务院令第284号)第三十四条规定"开采多层地下水时,对下列含水层应当分层开采,不得混合开采:(一)半咸水、咸水、卤水层;(二)已受到污染的含水层;(三)含有毒有害元素并超过生活饮用水卫生标准的水层;(四)有医疗价值和特殊经济价值的地下热水、温泉水和矿泉水。"第三十五条规定"揭露和穿透含水层的勘探工程,必须按照有关规范要求,严格做好分层止水和封孔工作。"第三十七条规定"人工回灌补给地下饮用水的水质,应当符合生活饮用水水源的水质标准,并经县级以上地方人民政府卫生行政主管部门批准。"

现有的国家法律法规针对建设工程中干扰地下水的工程活动是存在一些约束条件的,只是在具体执行过程中并没有严格执行。

3.2 地下水控制方法选择

我国地域辽阔,大城市所处地质单元不同,各有特点。例如,北京等城市坐落在山前冲洪积扇上,上海等坐落在三角洲或冲积洲或冲积平原之上,而山城重庆则处在河流侵蚀作用强烈的山地。不同城市的地下工程或基坑工程采用的地下水控制方案有着很大差别,甚至截然不同。有时,由于地下工程结构施工方法的不同,也会造成地下水控制方案的差异。

由于各地的水文地质条件千变万化,使得地下水控制方法选择千变万化。三角洲或冲积平原下部地下含水层颗粒细,含水层多而薄,地下水水位高而不丰富,黏性土隔水层的孔隙比大,固结程度低,抽取地下水会引起严重的地面沉降,则修建地下工程和基础工程大多要采用地下连续墙或隔水帷幕把外围地下水隔开,然后在槽内降水,或同时在槽内或槽外降压,排水量往往不大。而山前冲洪积扇地下含水层颗粒粗,透水性强,水量大,黏性土隔水层孔隙比小,固结程度高,降水施工一般不会产生大的环境问题,在基坑或隧道外围实施封闭降水后采用浅埋暗挖方法,或护坡桩、土钉墙支护即可安全进行结构施工,但排水量往往很大,例如,北方许多城市的地铁车站的日排水量超过$10\times10^4\,m^3$。而这些位置的地下水丰富,且水质较好,往往成为城市水资源重要的组成,工程抽排水浪费巨大,且增加城市污水处理量。因此,地下水控制方法选择不仅考虑工程地质、水文地质、周边环境条件,还应考虑所采取的地下水控制方法对地下水资源和水环境的影响。

3.2.1 地下水控制方法

地下水控制方法可分为两类:帷幕止水、降排水。两种方法可以独立使用,也可以组合使用。地下水回灌不能作为独立的地下水控制方法，可与其他方法结合，用于控制基坑周边的地下水位，保护周边环境安全。当然，为保护地下水资源，也可以对降水工程开展地下水回灌，此时，需要考虑回灌场地位置及其对工程降水的影响。

不同类型的工程，采取的主要地下水控制方法会存在差异。基坑工程是为确保工程施工期间安全而进行地下水控制；隧道工程和道路工程除了考虑施工期间地下水控制，还应考虑工程运行期间的地下水控制；边坡工程主要采用排水方法控制地下水位，保证边坡长期稳定安全。下面根据不同类型的工程简要阐述地下水控制方法。

1. 基坑工程地下水控制方法

基坑工程为保证地面向下开挖形成的地下空间在地下结构施工期间的安全稳定所需的挡土结构及地下水控制、环境保护等措施，因此，地下水控制是为保证地下结构施工期间安全而采取的一些临时性工程措施。地下水控制方法可分为三类，即：帷幕隔水方法、降水方法和帷幕隔水与降水结合方法。明排、回灌、渗井作为辅助措施，不宜作为独立的地下水控制方法选用。

（1）隔水帷幕

隔水帷幕形式可按以下方法进行分类：

1）按布置方式分类，可分为悬挂式竖向隔水帷幕、落底式竖向隔水帷幕、水平向隔水帷幕；

2）按施工方法分类，可分为地下连续墙、搅拌桩、旋喷桩、旋喷搅拌桩、冲击旋喷桩、咬合桩、注浆法、冻结法等隔水帷幕。

概括起来，常用的隔水帷幕大类主要为地下连续墙、排桩帷幕、钢板桩、稀浆槽、冻结法和水平防渗帷幕。

1）地下连续墙。在深基础施工中，采用地下连续墙施工方法还是很多的。地下连续墙可以分为两类：兼做支护结构的地下连续墙和用于临时防渗隔水的地下连续墙。钢筋混凝土结构地下连续墙既能承受较大的侧土压力，也能防止地下水入侵。地下连续墙作为防渗墙时，可根据工程规模和地质条件，采用普通混凝土、黏土混凝土、塑性混凝土、固化灰浆、自凝灰浆等墙体材料，形成薄壁防渗墙、塑性混凝土防渗墙、自硬泥浆防渗墙和固化灰浆防渗墙。

2）排桩帷幕。桩式帷幕可采用搅拌桩、旋喷桩、旋喷搅拌桩、冲击旋喷桩、注浆桩等形成一道连续的墙幕，既可以起到很好的防渗阻水效果，又能有效地支撑边坡。该方法适用范围很广，目前在国内特别是在沿海城市得到了广泛应用。

3）钢板桩。在挖方工程开始前，把钢板桩打入地下，能就地有效地堵截地下水，且对边坡起支撑护坡的作用。为了充分发挥钢板桩的阻水作用，需将其打入基坑下部的隔水层中，并将它们联结成一体。

4）稀浆槽。在基坑四周挖一槽沟，于槽中灌入膨润液，并用不透水物质回填，使膨润液在槽壁上形成一层滤饼，可以防止或减少地下水向坑内渗流，达到治理地下水的目的。该方法具有很好的阻水作用，但对边坡不起支撑作用。它适用于各种地层，但在大卵石和岩石中使用时造价太高，一般用于施工场地的浅基础施工。

5）冻结法。采用冷冻技术，将基坑四周的土层冻结，达到阻水和支撑边坡的目的。可适用于淤泥质土和砂土及砂卵石土，但由于施工技术和设备要求较高，使用较少。

6) 水平防渗帷幕。在基坑底部或隧道工程采用高压注浆、搅拌方法，形成一道地下水平连续帷幕，用于隧道的止水和基坑底的防渗和抗隆起、变形等。一般只用于不允许降水的隧道工程和基坑工程中，尤其是基坑工程防渗垂直帷幕也不能解决问题的工程中。

（2）降水

当地下水位高于基坑底面时，可以进行基坑降水。通常采用的方法有明沟排水和井点降水两种。

1) 明沟排水。在基坑内（或外）设置排水沟、集水井，并用抽水设备把地下水从集水井中不断抽走，保持基坑干燥。明沟排水（简称明排）一般适用于土层比较密实，坑壁较稳定，基坑较浅，降水深度不大，坑底不会产生流砂和管涌等的降水工程。但需要注意地下水沿基坑坡面、坡脚或坑底涌出，以避免基坑的土方开挖受到影响，产生地下水潜蚀、边坡失稳以及地面沉降等危害。由于地下水位降至基坑底下的距离较小，容易发生水位回升而浸泡基坑，因此必须备有双套电力供应和备用水泵，由专人严格管理。

2) 井点降水。井点降水一般又有轻型井点、喷射井点、电渗井点、管井井点、深井井点以及降压（自渗）井点等方法。应注意各类井点的适用范围。井点降水法是在拟建工程的基坑四周埋设能渗水的井点管，配置一定的抽水设备，不间断地将地下水抽走，使基坑范围内的地下水位降至设计深度。井点法降水适用于具有不同几何形状的基坑，它有克服流砂、稳定边坡的作用。由于井点降水可以保证基坑内土方干燥，有利于机械化施工，缩短工期，确保工程质量与安全，因此，井点降水是一种行之有效的施工方法，应用广泛。

（3）隔水帷幕＋降水

帷幕隔水与降水结合方法主要分为两种形式：悬挂式帷幕＋坑内降水，落底式帷幕＋降低承压水头。

1) 对于隔水层埋置较深且含水层较厚或存在巨厚含水层，采用落底式隔水帷幕技术难度大，或不经济，或减小基坑出水量，或减小基坑降水对周边环境的影响时，可采用悬挂式隔水帷幕与基坑内降水相结合的地下水控制方法。

2) 对于基底坐落于含水层中，常用落地式隔水帷幕的地下水控制方法，但基底以下存在承压水含水层，有突涌的风险，对基坑工程施工产生较大安全隐患，可以采用降低承压水头的降水方法，以消除承压水突涌的发生。采用降水方法控制承压水水头，需要考虑两个因素，一是降低承压水头不会引起周边环境安全，一旦存在影响周边环境安全的隐患，应采取回灌或隔水帷幕的工程措施；二是控制承压水头时间与整个地下水控制时间要求相比较短，其对周边环境影响和地下水资源的影响相对较小，在可接受范围内。

2. 隧道工程地下水控制方法

在公路、铁路建设过程中，为了缩短行车里程、更好地保护生态环境，一般在山岭路段和丘陵路段都会采用隧道方案。在城市交通领域，为了提高交通资源利用率、缓解交通拥堵、降低交通污染、节约土地资源和能源，城市轨道交通是重要的手段。为了增强城市功能、统筹城乡发展、促进城乡共同繁荣，发展城市轨道交通具有十分重要的作用。城市公共交通对城市政治经济、文化教育、科学技术等方面的发展影响极大。一般情况下，城市轨道交通在城市中心区都位于地下，隧道施工时都面临地下水控制问题。

在隧道施工过程中，如果不妥善处理地下水对工程施工的影响，不仅造成地下水资源浪费和地下水环境破坏现象，而且可能出现的涌水、涌砂现象，对隧道施工带来极大危害。因此，有必要在确定地下水控制方法前探讨隧道施工对地下水的影响。

（1）对地下水的影响

隧道施工对地下水的影响主要表现在水量和水质两个方面。

在水量方面，在山岭隧道施工过程中，隧道开挖会形成新的排泄通道，这就可能造成以下几个问题：一是造成地下水位下降，破坏到地下水出露点（泉），会导致泉水干涸不再出水，地表水减流；二是改变地下水渗流场，加之隧道往往会破坏隔水层，使得径流区和排泄区不具备独立性；三是隧道所形成新的排泄通道，可引发涌水现象和灾害。在平原隧道施工过程中，也存在几个问题：一是采用降水方法，因为施工历时较长，地下水资源浪费较大；二是地下水位下降可以引起周边地层固结沉降，造成周边环境安全风险；三是采用注浆法、帷幕法等施工，有可能造成地下水渗流场的改变，对地下水赋存和渗流造成不可逆的影响；四是采用注浆法、帷幕法等施工，一旦出现施工质量问题，可能造成局部的涌水涌砂或地形隆起现象，引发局部坍塌，造成工程事故。

在水质方面，山岭隧道开挖后，一般为了更好地排水会在沿线分散设置施工支洞，同时还要设置弃渣场，避免施工排水随意排放。然而，施工支洞在施工过程中会产生污染物，这些污染物会和涌水一起排入洼地、落水洞等地下水体，对地下水造成污染。另外，砂石料加工时的污水、注浆废水、机械保养的含油废水、生活废水等向支洞附近排放，对地下水水质带来污染。尤其是隧洞施工采用化学灌浆方法，对护壁和堵漏均具有一定毒性的化学注浆材料，对地下水水质的危害较大。此外，隧洞施工后的弃渣场经常受日晒和雨淋，废渣中的炸药残余、油液残余等也成了地下水的污染源，造成次生污染。在平原隧道施工中，不合理的降水井结构可能长期存在上下层水连通，对地下水水质产生影响。注浆材料若存在毒性也会影响地下水水质。

（2）地下水控制方法

隧道施工中，地下水控制方法主要有压注法、导水法、堵水法和降水法。

1）压注法：原理就是向土层灌浆，强化土壤土层密实度，提高地层防水性。主要采用注浆设备把压注材料注入填料层中，沿层理或裂隙劈裂式注入，使受注层得到加固和填充，起到防水抗渗的作用。

2）导水法：也叫排水法。当施工可能发生涌水、突水时，可以采用导水法进行排水，降低地下水压力，降低施工风险。当出现一定渗漏时，可在渗漏严重的地方安装导流管，把地下水引流到不影响施工作业的隧洞外。

3）堵水法：其原理是控制地下渗漏水，改变水在地层中的渗流规律，把含水地层按照隔水层处理，降低其渗透性，便于隧洞施工的顺利进行。

4）降水法：利用管井主动降低地下水位，确保隧洞施工的顺利进行。降水法可有效提高掌子面的施工安全，对隧洞初支和二衬施工提供较大便利。

3. 道路工程地下水控制方法

道路工程中，如隧道、涵洞、下穿U形槽等道路工程，许多都涉及地下水控制，这类工程中，一方面在施工时需要考虑地下水控制问题，另一方面还需要考虑工程运行期间的地下水控制问题。隧道部分施工与隧道工程地下水控制方法雷同，不在此赘述。涵洞一般情况下不存在运行期地下水控制问题。下穿U形槽道路工程既涉及施工期降水问题，也可能涉及运行期地下水位控制问题。涵洞和下穿 U 形槽道路工程施工期地下水控制与基坑工程地下水控制方法相当，可参阅之。本部分主要讨论下穿 U 形槽道路运行期地下水控制方法。

（1）盲沟排水

盲沟指的是在路基或地基内设置的充填碎、砾石等粗粒材料并铺以倒滤层（有的其中埋设透水管）的排水、截水暗沟。盲沟又叫暗沟，是一种地下排水渠道，用以排除地下水，降低地下水位。随着技术的发展，目前采用塑料盲沟越来越多。塑料盲沟是将热塑性合成树脂加热熔化后通过喷嘴挤压出纤维丝叠置在一起，并将其相接点熔结而成的三维立体多孔材料。在主体外包裹土工布作为滤网，有多孔矩形、中空矩形、多孔圆形和中空圆形四种结构形式。

另外也可以采用渗沟排水控制地下水位。渗沟排水是采用渗透方式将路基工作区或以下较浅的大面积地下水汇集于沟内，并沿沟把水排到指定地点，此种地下排水设施统称为渗沟。由于渗沟具有汇集水流的功能，渗沟沿程必须是"开放的"。

（2）地下连续墙内盲沟排水

下挖路基可将排水盲沟设置在墙内路基下（图 3.2-1），主要考虑的是盲沟的设计流量能否将地下水水面稳定控制在设计路基的特定高程之下。地下水经地下连续墙绕渗后，渗入盲沟，以降低盲沟排水量。

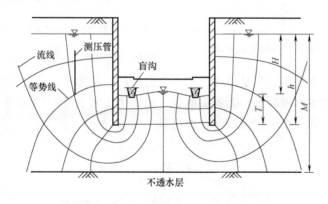

图 3.2-1　地下连续墙内盲沟排水示意图

应注意的是，由于设置了竖向防渗体的地下连续墙使渗流路径增加，所以盲沟设计流量实测结果和计算结果都比无防渗结构时盲沟直接降低地下水求得的流量小很多。当场地水文地质条件允许，竖向隔水帷幕宜插入隔水层中，对控制盲沟排水量更有意义。

（3）地下连续墙内设置水平防渗体系

地下连续墙深度若达到不透水层，在封闭条件下可以不考虑设置水平防渗体系，但必要的盲沟排水系统仍有必要。如果地下不透水层埋深较大，由于墙体造价原因或地下水富水性较好，则可考虑设置水平防渗体系（图 3.2-2）。与渗流条件（内设排水盲沟）不同，设置了水平防渗体系相当于增加了一个隔水层，减少地下水的涌入量。对于潜水来说，水平防渗体系的扬压力水头为水平防渗结构底面至自由水面的水头差。当承压水层埋置较浅，存在地下水突涌问题，但地下连续墙埋入承压水层而未穿透该水层时，水平防渗体系的设置可以有效阻挡承压水所形成的水力劈裂面，继续向基坑表面发展，或增加上覆土重，以抵御上浮水压力的作用，为 U 形槽的安全提供了保证。

4. 堤坝工程地下水控制方法

堤坝是堤和坝的总称，也泛指防水拦水的建筑物和构筑物。堤可用于防御洪水泛滥，保护居民、田庐和各种建设，限制分洪区（蓄洪区）、行洪区的淹没范围，围垦洪泛区或海滩，增加土地开发利用的面积，抵挡风浪或抗御海潮。坝指截河拦水的堤堰，水库、江河等的拦水大堤。

堤坝的基础常为透水地基，而对这种透水地基未进行专门的渗透技术处理时，在汛期常会发生管涌、渗漏等（图 3.2-3）。尤其是土石坝的筑坝土与坝基土渗透系数较大，如果不采取正确的地下水控制措施，堤坝渗透失稳也会发生。

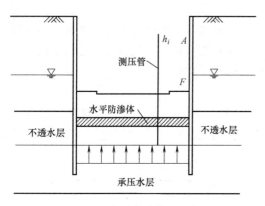

图 3.2-2　水平防渗体系示意图

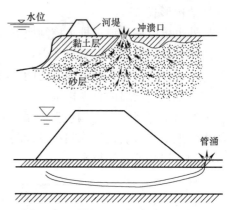

图 3.2-3　堤坝地基管涌破坏示意图

堤坝工程地下水控制主要是对地下水渗流的控制。在坝体、堤身及地基上利用弱透水材料（黏土、水泥土、混凝土、沥青混凝土、防渗土工塑膜等）做成防渗体（图 3.2-4），以消除部分水头，同时减小渗透坡降和渗透量。

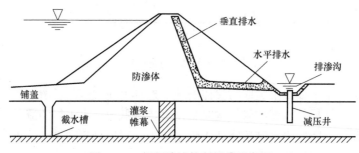

图 3.2-4　堤坝渗流控制概貌示意图

堤基、坝基的透水堤基可以采用垂直防渗处理和水平防渗处理。垂直防渗处理可采用截水槽、截渗墙等作为防渗体，主要采用黏性土、土工膜、固化灰浆、水泥、水泥砂浆、混凝土、塑性混凝土墙、沥青混凝土和化学材料等材料。水平防渗可采用防渗铺盖，其厚度和设置方式应满足材料允许渗透坡降要求，其防渗性能、效果应符合防渗要求和适应防渗体的布置。

堤身主要采用截渗墙（薄防渗墙、定摆喷、板桩墙）、劈裂灌浆等防渗体。在防渗体不能和地基防渗措施统筹实施时，可采用截渗墙方案。

采用控制水力条件的排渗也可以达到控制堤坝安全的目的。排渗是将强透水材料设置在堤坝内部与地基的一些渗流坡降较大的部位做排水体，使渗透压力提前释放，并通过排水体自由地排向下游，以保证建筑物的稳定性。

排渗形式可分为垂直排渗和水平排渗。垂直排渗方法主要有直立式排水、贴坡排水、深入地基的减压沟与减压井。水平排渗方法主要有坝体内的褥垫排水、管式排水以及下游坝址导渗排水。水平排渗方法只有在堤坝加高培厚和增设压渗台时才可能应用，水平排渗不但可以降低堤身的浸润线，对于透水堤基还可以有效降低堤基的出逸比降，但会使堤基的渗流量有所增加。水平排渗的长度、厚度应根据渗流计算来确定。

5. 边坡工程地下水控制方法

为满足工程需要而对自然边坡和人工边坡进行改造，称为边坡工程。大量实例表明，水在边坡的变形破坏中起着举足轻重的作用。据资料统计，90%左右的边坡破坏（滑坡）均发生在雨期，尤其是暴雨、连续雨或是地下水的参与，这充分说明了水是影响边坡稳定性的重要因素。水对边坡稳定性的影响有很多方式，但降雨、地表水的作用大都通过入渗转化成为地下水对坡体的作用来影响边坡的稳定性。

边坡中的地下水对岩土体及滑动面有以下影响：

（1）增加岩土体重量。

坡体中地下水位的高低，表现出坡体内的含水量的多少，它直接影响坡体的重量。地下水位升高，坡体中含水量增大，重度增大。从常规的坡体稳定性计算分析可知，坡体重量的增大会产生两方面影响：一方面，增加滑动面的下滑力，致使下滑力力矩增大；另一方面，增加法向作用力，增加抗滑力矩，但下滑力矩的增加比抗滑力矩增加的大，最终的结果仍然使边坡的稳定系数降低。

（2）地下水对岩土体产生物理作用。

主要表现为润滑作用、软化作用、泥化作用以及结合水的强化作用等。地下水的润滑作用使岩土体的内摩擦角减小。滑带在地下水作用下摩擦力减小，剪应力效应增强，导致滑体沿滑面产生剪切运动。

（3）地下水对岩土体产生化学作用。

主要是通过地下水与岩土体之间的离子交换、溶解作用、溶蚀作用、水化作用、水解作用、氧化还原作用、沉淀作用等产生的。地下水的化学作用在一定程度上会使边坡岩土体强度衰减，结构面 c、φ 值降低，甚至会使有节理的岩体逐渐碎裂变得松散，同时导致坡体中地下水径流交替及渗透潜蚀加剧，对边坡稳定性产生不利的影响。

（4）地下水压力改变边坡岩土体的应力状态和力学形状。

地下水压力主要通过地下水静水压力和动水压力对岩土体产生作用。由有效应力原理，地下水静水压力通过减小岩土体的有效应力而降低岩土体的强度，减小变形体潜在滑动面上的正应力，降低抗滑力。在裂隙岩体中的静水压力的"水楔"作用，可使裂隙产生扩容变形，边坡产生渐进性破坏。当岩土体透水性相对较弱，潜在滑动面有地下水活动时，地下水压力作为一种面力对边坡产生浮托力和侧面静水压力。当水位迅速上升时，静水压力急剧增大，潜在滑动面上的抗剪强度减小，有效正应力大幅降低，边坡破坏。当岩土体透水性较好，并且有地下水渗流时，地下水作为一种体力，对边坡产生浮托力和渗透力。地下水水位以下的岩土体受静水压力和动水压力共同作用。此时，静水压力使潜在滑动面上的有效正应力降低，动水压力沿渗流方向使下滑力增大，边坡稳定性降低，发生变形破坏。因此，地下水压力的改变直接影响边坡的稳定状态。

鉴于地下水对边坡稳定性产生直接影响，边坡工程中除了对降雨和地表水进行治理外，也经常采用地下水控制方法控制边坡地下水。边坡工程地下水控制方法一般采用地下排水措施。地下排水措施应根据边坡所处的位置、边坡与建筑关系、工程地质与水文地质条件，确定地下截排水系统的整体布置设计方案，可选用盲沟、排水孔、排水井、排水洞、大口径管井、水平排水管和排水廊道等。对于重要的边坡工程，宜设多层排水洞形成立体地下排水系统。必要时，在各层排水洞之间形成排水帷幕，各层排水洞高差不宜超过40m。

3.2.2 地下水控制方法选择

1. 选择原则

地下水控制方案是基坑工程方案设计的重要组成部分，需要统一考虑。根据不同地区的政策和技术标准，选择施工降水方案、帷幕隔水方案、施工降水＋回灌地下水控制方案等。不论哪种地下水控制方案，都需要满足技术可行和经济合理，并能满足基坑工程施工对周边环境安全的要求。

地下水控制方案选择应遵循以下原则：

（1）保护周边环境的地下水控制方法选择应根据地下水位降低后对周边环境的影响程度和可能采取的措施综合考虑，本着基坑工程安全和周边环境安全至上的原则选择帷幕隔水、施工降水＋回灌、施工降水等地下水控制方法。

（2）从保护地下水资源和地下水环境角度，以最大程度地减少地下水抽排水量为前提，同时兼顾经济效益、环境效益，使基坑工程地下水控制符合"保护优先、合理抽取、抽水有偿、综合利用"的原则。在地下水控制方案中应优先选择帷幕隔水，其次选择施工降水＋帷幕隔水，再次选择施工降水。

（3）地下水控制方案的选择必须符合当地的政策和要求，同时符合技术的可行性和经济的合理性。

因此，基坑工程或地下工程应根据"保护优先、合理抽取、抽水有偿、综合利用"的原则，优先选择帷幕隔水，其次选择施工降水＋帷幕隔水，再次选择施工降水；隧道工程应根据"安全优先、合理抽取、保护环境"的原则，优先采用压注法和堵水法，其次选用导水法和降水法；道路工程应根据"保护地下水资源和周边生态环境、保证工程长期安全运行"的原则，尽量减少直接采用盲沟排水方法；堤坝工程应根据"保护周边环境安全、避免堤坝体渗流破坏"为原则，综合选择地下水控制方法；边坡工程应根据"保护周边生态环境、增强边坡稳定性"为原则，选择相应的地下水控制方法。

2. 选择因素

选择地下水控制方法应考虑下列因素：

（1）工程地质与水文地质条件

场地工程地质与水文地质条件影响着基坑及地下工程的支护体系的选择和地下水控制方法。一般的岩土工程勘察成果仅针对基坑或地下工程范围内的地层和地下水，提供各种物理力学参数和地下水位，对基坑支护和地下工程施工相关的周边一定范围内的地质和水文地质条件关注较少。因此，当地层空间分布不稳定、跨越工程地质单元或需查明专门问题时，勘探范围还是应根据工程施工需要扩大，查明工程施工影响范围内的不利岩土层的分布。物理力学参数不仅影响支护体系计算，还影响地下水控制方案对周边环境影响的评价。

考虑降水场地的水文地质条件时，要确定地下水含水层和隔水层的层位、埋深和分布情况，查明各含水层（包括上层滞水、潜水、承压水）的补给条件和水力联系，要注意含水层与隔水层的组合与分布，各含水层的水位埋深与补给特征，含水层的透水性以及含水层的厚度。

（2）基坑或地下工程支护方案

基坑或地下工程支护方案与地下水控制方法密切相关，通常情况下应先选择地下水控制方法后确定支护方案。如果先有支护方案，则在选择地下水控制方法时应充分考虑支护方案的特点。

（3）基坑或地下工程周边环境条件

在基坑周围环境复杂时，地下水控制方案的确定应充分论证和预测地下水位降低对环境的影响和变化，防止发生因地下水位的改变而引起的地面下沉、道路开裂、管线错位、建筑物偏斜、损坏等危害。如果存在上述危害的可能性，宜采用有效工程措施，以使基坑外地下水位不产生大的变化。

不仅如此，还应根据地质与水文地质条件，分析施工过程中可能产生流砂、流土、管涌及整体失稳等现象的可能性，并评价基坑工程或地下工程与周边环境的相互影响，从而优化地下水控制方法。

（4）施工条件

场地施工条件与支护体系和地下水控制方法选择密切相关。开阔的施工条件不会对此选择产生影响，但促狭的施工条件影响着施工机械设备的选择，也可能影响着支护体系的选择，同样也影响着地下水控制方法的选择。

（5）市政排水条件

市政排水条件是采用降水方法时需要考虑的因素。当工程周边无市政排水设施或排水能力不足时，降水方法可行性就大大降低，除非增设排水设施，或有地表水体且允许抽取的地下水排入地表水体中。受限于市政排水条件，降水方法不论有多么经济可行，都不宜作为地下水控制方法的选择。

（6）政策法规要求

当地的政策法规对地下水控制方法选择影响重大。如北京市建设工程施工中，不抽水或少抽水，以及抽取的地下水交纳水资源税，对地下水控制方法的选择影响很大。

3. 选择方法

以保护地下水资源为前提的地下水控制方法选择，必须符合以下条件：

（1）尽可能减少地下水资源的损失；

（2）尽可能减小地下水环境的改变；

（3）考虑工程投资和上述条件下设计方案达到最优化。

下面针对基坑工程和地下工程的地下水控制，详细阐述选择方法。

（1）帷幕隔水

有几种原因需选择帷幕隔水方案。一是工程地质条件较差，采用工程施工降水方案后，基坑工程仍存在边坡失稳等较大的安全风险；二是基坑周边环境复杂，建（构）筑物对地面沉降较敏感，采用工程施工降水易引起建（构）筑物损坏等，并可能进一步引发其他灾害；三是周边临近建（构）筑物离基坑较近，不具备施工降水条件；四是地下水资源和水环境保护需要，不允许工程施工降水；五是经济对比后，帷幕隔水方案较施工降水方案有明显的优势，等等。

是否选择帷幕隔水方法是由各种因素综合决定的，但基坑工程和地下工程施工安全、地区政策和周边环境条件是主要的因素。

符合下列条件之一时，宜选择帷幕隔水方法：

1）降水所产生的附加沉降或造成的细颗粒流失可能导致周边环境损害的。保护工程周边环境安全是工程建设优先考虑的问题。降水对工程周边环境影响主要体现在两个方面：一是地下水位降低引起的地面沉降对周边既有建构筑物和管线等的损害；二是降水井抽水含砂量过大，引起地层损失，造成局部塌陷或基坑侧壁坍塌，引发工程事故和威胁周边环境安全。

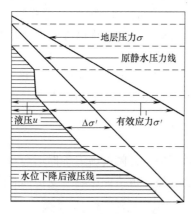

图 3.2-5 孔隙水压力曲线

在主要有各含水层（粉土层和砂层）及其相对隔水的黏性土层相叠组成的地层中，各层的地下水存在着水力联系。降水使含水层的水头（或水位）下降，并引起相对隔水层孔隙水压力的降低，有效应力增加（图 3.2-5）。而有效应力的增加，将引发地层固结沉降，其压缩变形量受应力大小和压缩层厚度及其工程性质控制。

基坑开挖过程中隔水帷幕和回灌对周围环境都有很好的保护作用。隔水帷幕基本不会引起工程周边的地面沉降，也就不会造成工程周边环境安全问题的产生。而采用回灌虽然能够一定程度地控制工程周边的地面沉降，但限于场地条件和控制回灌要求，不能保证工程具有实施性和可控制性。对于巨厚含水层，增加止水帷幕的打设深度对周围土体的沉降和水位变化有重要影响，帷幕打设深度的增加，其环境保护效果能够得到提高；但一味地增加打设深度，并不能有效提高环境保护效果，需要综合分析计算确定。

2）潜水或承压水含水层底板位于基底标高之上的。这种情况下，采用施工降水方法控制地下水位，往往存在"疏不干"问题（图 3.2-6）。"疏不干"是指只要有补给水源，无论垂直降水井点如何布置，抽水强度如何大，含水层底界面处总存在一定的地下水的现象。造成"疏不干"现象是与抽水井本身在抽水过程中所存在的"水跃"或"井损"有关。

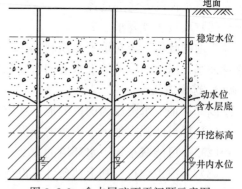

图 3.2-6 含水层疏不干问题示意图

　　"井损"是指抽水井中水流通过滤水管和在井管内运动的水流所引起的水头损失。而"水跃"现象表明井壁水位比井中水位高，这也意味着，除井内水位可以低至或低于含水层底板外，其余任何部位的地下水位均高出隔水层底板。

　　在基坑工程中，具有工程意义的贮水介质为卵砾石层、砂土层和粉土层。砂土和粉土层在地下动水作用下自稳能力很弱，而基坑壁往往又陡直，从而易导致地下水渗出处发生管涌、流砂或坍塌。因此，面对此类情况，应优先采用具有堵水、挡水等功能的如旋喷桩、深层搅拌排桩或地下连续墙等帷幕来消除地下水的影响，避开"疏不干"问题对基坑工程或地下工程施工的影响。

　　3）潜水或承压水水位高于基底标高，含水层底板位于基底标高之下深度不大的。场地工程地质条件较好的情况下，基坑支护结构都会有 5m 左右的嵌固深度，而地铁车站等明挖基坑的嵌固深度可达到 8～10m。在场地工程条件相对较差情况下，基坑支护结构嵌固深度可达到 10 余米。因此，如果含水层底板位于基底标高之下深度不大，支护体系已经深入含水层底板内，此时采用桩间止水解决地下水流入工作面，与降水方法比较并不增加过多成本，且能够取得很好的地下水控制效果。

　　4）潜水或承压水水位高于基底标高，且含水层底板位于基底标高之下有一定深度，但可以通过工程手段在合理的造价和工期内实现帷幕隔水的。许多情况下，按照规范计算的支护结构嵌固深度没有进入含水层底板，且存在有一定深度，采用隔水帷幕方案不见得就不合理。尤其是从保护地下水资源角度看，采用隔水帷幕可能更经济。这需要进行多方案比选，尤其是对地下水管理严格的城市建设工程，更应该通过工程造价和工期要求，合理选定地下水控制方案。如果工程成本相差不大，工期不受影响，应尽可能选择隔水帷幕方案。

　　5）地下工程位于含水层中，可以通过工程手段在合理的造价和工期内实现帷幕隔水的（图 3.2-7）。当前，地下工程埋深越来越大，一般情况下都会涉及地下水对地下工程建设的影响。对于地下水压力不大、能够疏干的地下工程，采用降水方法解决工程施工也是可行的；但对地下水压力较大且不易疏干的含水层，采用降水方法存在着巨大的风险。

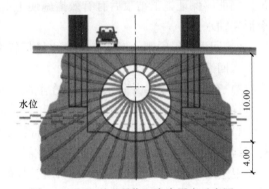

图 3.2-7　地下工程位于含水层中示意图

　　从地下水资源保护的角度看，地下工程工期一般较长，采用降水的方法所浪费的地下水资源是非常大的。如果再涉及交纳水资源税，则降水方法的成本更是巨大。从水资源保护和工程成本考虑采用帷幕方案可能更合理。

　　从施工风险来说，一方面，长期大降深抽取地下水对工程周边环境影响不可忽视，一旦存在敏感建构筑物和地下管线等，势必要采取工程措施进行保护，其代价和场地条件都必须考虑；另一方面，地下工程施工因地下水处理不当确实造成了许多的工程事故，许多城市的地面塌陷与地下工程建设存在一定关系。产生地面塌陷很大一部分原因与降水过程中的地层损失有关，也与降水井处理不当有关。

从施工条件来说，许多地下工程不具备明挖施工条件，也可能不具备施工降水井的布设条件。

从施工技术来说，诸多的施工工法可以解决地下工程施工的无水（有水但无害）作业要求，可以通过隔水帷幕、注浆、堵水等技术解决地下水对工程施工的影响。

因此，对于有地下水影响的地下工程施工，通过经济分析和工期计算，只要在相对合理的情况下，应优先选择帷幕方案。

6）地下水中含有对人体健康和环境危害或具有潜在风险的有害物质，且无配套水处理措施的。事实上，一旦地下水中含有对人体健康和环境危害或具有潜在风险的有害物质，就意味着工程所在场地属于污染场地。除非对污染场地按照使用用途进行了污染治理，否则一个单体工程不适宜采用施工降水方法控制地下水位，尤其是无污染水处理设施情况下，更不能采用降水方法。要解决地下水对人体健康和环境安全的危害，还是应该采用帷幕方案，把污染土和污染地下水处理量降至最低量，降低工程成本。

7）按照现行法规规定，不符合降水条件的。一些城市存在工程建设地下水管控要求，在这些城市中进行工程建设必须符合相应的法规政策规定。

（2）施工降水

施工降水方法主要分为集水明排、井点降水、管井降水、辐射井降水等类型，适用于各类含水层。施工降水主要的控制要求是基坑内的地下水位降低至基底以下不小于 0.5m。

为避免施工降水过量抽取地下水资源或影响地下水环境，施工降水应遵循以下原则：

1）分层抽水的原则。其重要前提是必须查清场地的水文地质条件，查清影响建设工程的场地各层地下水的分布和水质状况，有针对性地布置降水井，控制各层地下水的水位。当能够保证施工结束后有有效措施使上下层不连通或各层水水质差别很小，才可以考虑混层抽水。

2）回灌补偿原则。对于工程排水量仍较大的情况，且具备地下水回灌条件，应制定地下水回灌计划。

3）有条件使用渗井降水原则。在上层水水质较好或施工结束后能够有有效措施保证上下层不连通，则可以使用渗井降水。

4）抽排水综合利用的原则。对抽排的地下水应进行综合利用，可以利用施工降水进行工地车辆的洗刷、冲厕、降尘、钢筋混凝土的养护等，也可以利用施工降水满足绿地、环境卫生用水。施工降水剩余水在水质较好的情况下，经允许可以排入河湖等地表水体。排入城市雨水管道等是最后的选择。

5）动态管理的原则。根据工程开挖的需要和工程降水的水位情况，对降水设施进行动态管理，达到按需降水，减少抽排水量。

符合下列条件时，可选择施工降水方法：

1）从技术角度和工程成本角度，不适宜采用帷幕方案的。以现有的帷幕施工技术，许多工程采用隔水帷幕地下水控制方法不具备技术可行性，如排桩帷幕，涉及施工机械设备能力，垂直度难以保证，超过一定深度的帷幕，其质量难以满足土方开挖需要。而采用地下连续墙等工法，虽然能够满足施工开挖的需要，但从工程成本上投入太大。出现这些情况，可以选择施工降水方法。

2）长度与断面宽度比大于100且埋深不大的市政管线等线状工程。市政管线等线状工程通常埋深较浅，分段施工，工期短，抽水量少，抽出的地下水能较好利用；而如果做帷幕，对含水层进行隔断，由于管线短则几百米，长则几公里，则帷幕对地下水环境必定造成影响，这种影响会产生什么后果难以评估，为慎重起见，这类线状工程宜选择降水方法。

地下工程（指地铁、热力、电力等暗挖工程），通常位于城市中心区的主干道之下，交通繁忙，地上地下环境条件复杂，地下水控制方法受多种因素的制约，应当因地制宜，科学对待。因此，对于地下工程，如果实施帷幕隔水的难度大，或造价过高，或工期过长等，可选择降水方法。但对于如何判定帷幕隔水"难度大""造价过高""工期过长"，应当经过科学、严格的论证。

3）隔水帷幕可能导致区域地下水流场的长期改变。地下水控制设计的原则主要是在保证工程安全、环境保护要求前提下，应采取各种技术措施减少地下水的抽取量，采用合理的地下水控制方法降低对地下水环境的影响。在城市建设中大型工程、线状工程较多，当线状工程与地下水流向呈大角度相交时，若采用帷幕措施，尤其是落底式帷幕时，会对地下水渗流场产生阻隔作用，有可能引起一系列的环境与工程问题，主要表现在如下三点：

① 隔水帷幕将导致位于上游地下水水位升高，对位于上游设防水位考虑不充分的建筑物产生浮起问题，势必会影响这些建筑的安全。

② 隔水帷幕背水面以下的水位降低，水资源枯竭，并且由此造成生态和环境问题，例如下游植物的枯死等。

③ 如果地下水水位升高且到达浅部的污染源，例如垃圾场等，将会造成地下水的污染。

因此，地下水控制设计时，应分析地下水控制方法对区域地下水流场是否存在长期改变，如果出现长期改变地下水流场的情况，应重新确定地下水控制方法或增加工程措施，避免地下水流场长期改变的情况发生。

（3）施工降水+帷幕隔水

有许多情况不是单用隔水帷幕或施工降水方法就能解决地下水控制问题。例如，巨厚含水层有一定降深的地下水控制，采用落地式帷幕从施工技术选择和工程成本存在不可行和不合理，但由于工程周边环境敏感复杂，单用施工降水方法存在工程环境安全风险。此时，可能需要帷幕隔水和施工降水联合方法（图3.2-8）。再如，场地存在多层水影响工程施工，对直接影响工程开挖的含水层，根据各种因素综合分析后采用帷幕隔水；但间接影响基坑工程的含水层（承压水含水层）需要降低水位，以避免承压水突涌对开挖面的影响，则可以采用帷幕隔水和施工降水方案（图3.2-9）。因此，灵活合理地采用施工降水+帷幕隔水方案，可有效地降低基坑工程安全风险，少抽取地下水量，同时也能够降低工程建设造价。

（4）施工降水+回灌

当地下水位降低引起的地面沉降对周边环境安全产生影响时，可以考虑采用回灌的方法，控制对地面沉降敏感的建（构）筑物附近含水层的地下水位，以避免施工降水对周边敏感的建（构）筑物的影响。需要注意的是，一是敏感建（构）筑物附近含水层的地下水位应保持在一定高度（最好处于施工降水前的状态），不能使含水层的水位过高；二是施工降水井停抽后，对回灌井的水位控制仍能保持一段时间，避免基坑周边地下水位恢复时，被保护敏感建（构）筑物附近含水层的地下水位降低。

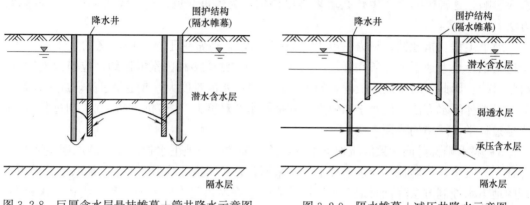

图 3.2-8　巨厚含水层悬挂帷幕＋管井降水示意图　　　图 3.2-9　隔水帷幕＋减压井降水示意图

3.3　降水工程

　　管井是降水工程最常用的取水建筑物。根据水井揭露的地下水类型，水井分为潜水井和承压水井两类（图 3.3-1）。无论潜水井还是承压水井，根据揭露含水层的程度和进水条件不同，都可分为完整井和不完整井两类。凡是贯穿整个含水地层，在全部含水层厚度上都安装有过滤器，并能全面进水的井称为完整井；如果水井没有贯穿整个含水层，只有井底和含水层的部分厚度上能进水，则称为不完整井。

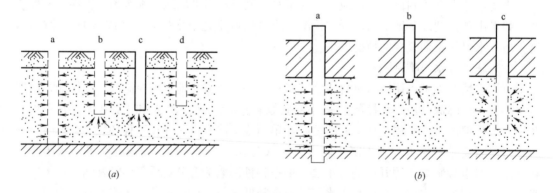

图 3.3-1　完整井和非完整井
（a）潜水井；（b）承压水井

3.3.1　抽水井与回灌井水力学

　　从潜水含水层中，抽水乃来自于孔隙空间排出的水，而孔隙空间还有由于克服重力作用而残留一定数量的水。潜水含水层中每点的水位低于它的初始位置的垂直距离称为降深。抽水井周围的水位降落面，也称降落漏斗，显示降深与到抽水井距离的变化关系。抽水井抽水排出的水的体积则是整个降落漏斗体积与给水度的乘积。

从承压含水层中，抽水乃是由于含水层的压缩性引起水的释放和水的膨胀来提供的，侧压水面因抽水而降低。水位降深是某点的初始侧压水位与该点经某时间 t 之后的侧压水位间的垂直距离。从承压含水层排出的水的总体积等于含水层的释水系数与降落漏斗体积的乘积。

因此，在分布面积很广的含水层中，不论是承压含水层或潜水含水层，都不可能存在稳定流动，直至发展的降落漏斗达到补给区（源），水流才能稳定。在距离抽水井足够远的点上要观测到可量测的降深，只能是在长时间抽水之后。从实用的观点看，水流达到了似稳定状态。从抽水井到实际上测不到降深的点的这段距离，称为井的影响半径。

在下列水文地质条件下，可能形成稳定运动：

（1）在有侧向补给的有限含水层中，当降落漏斗扩展至补给边界后，侧向补给量与抽水量平衡时，地下水向井的运动便可达到稳定状态。

（2）在有垂直补给的无限含水层中，随着降落漏斗的扩大，垂直补给量不断增大。当增大到与抽水量相等时，将形成稳定的降落漏斗，地下水向井的运动也进入稳定状态。

为了便于实际应用，仍有相当多的似稳定状态采用稳定流进行计算。下面所列的计算，除了特别提到的以外，一般都采用了以下假设：

（1）含水层均质各向同性且面积无限延伸；

（2）含水层底板水平，厚度稳定；

（3）含水层水流服从达西定律，当水头下降时，水从含水层中瞬时排出；

（4）弱含水层中的储水量可忽略不计。

3.3.1.1 稳定的完整井流

1. 承压完整井流

根据裴布依（Dupuit）的稳定流理论，把在无限含水层中的抽水情况设想为一半径为 R 的圆形岛状含水层的情况，岛边界的水头 H_0 保持不变（图 3.3-2）。抽水井位于岛的中心，从井中定流量抽水，经过一定时间的非稳定运动后，降落漏斗扩展到岛的边界，周围的补给量等于抽水量，则地下水运动出现稳定状态。此时，水流具有如下特征：①水流为水平径向流，即流线为指向井轴的径向直线，等水头面为以井为共轴的圆柱面，并与过水断面一致；②通过各过水断面的流量处处相等，并等于井的流量。

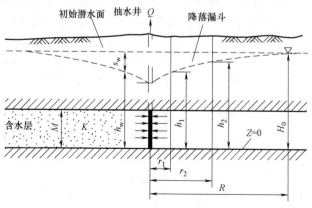

图 3.3-2　承压完整井的径向流

上述径向流的水头分布满足 Laplace 方程。把它转换为柱坐标形式，并考虑水流是水平对称的，则方程可简化为：

$$\frac{\mathrm{d}}{\mathrm{d}r}\left(r\frac{\mathrm{d}H}{\mathrm{d}r}\right)=0$$

其边界条件是：

$$H=H_0，当\ r=R\ 时$$
$$H=h_w，当\ r=r_w\ 时$$

对上式积分，根据不同过水断面的流量相等，并等于井的流量，可得：

$$H_0-h_w=s_w=\frac{Q}{2\pi KM}\ln\frac{R}{r_w}$$

或

$$Q=\frac{2.73KMs_w}{\lg\dfrac{R}{r_w}}$$

式中 s_w——井中水位降深；

  Q——抽水井流量；

  M——含水层厚度；

  K——渗透系数；

  r_w——井的半径；

  R——影响半径。

在抽水井附近有任意两距井 r_1 和 r_2（$>r_1$）处，相应的水位值为 h_1 和 h_2，或者相应的水位降深值为 s_1 和 s_2，采用 $r_1\sim r_2$ 区间积分，可得到：

$$Q=2.73\frac{KM(s_1-s_2)}{\lg\dfrac{r_2}{r_1}}$$

该式也称为蒂姆公式，可利用抽水时的水位观测孔的水位降深值计算含水层的渗透系数或井的流量。

2. 潜水完整井流

图 3.3-3 表示一各向同性潜水含水层中抽水流量为 Q 的单井周围的降落漏斗。可以看到，降落漏斗是在潜水含水层中发展，存在着垂向分速度，等水头面不是圆柱形，而是共轴的旋转曲面，为空间径向流，所以，与承压水径流不同，这类问题解析解很难求取。

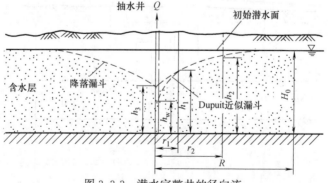

图 3.3-3 潜水完整井的径向流

为使用目的，对潜水井应用 Dupuit 假设：认为流向井的潜水流是近似水平的，在圆形等水头边界 $r=R$ 和 $r=r_w$ 间水流是径向对称的，并且通过不同过水断面的流量处处相等，等于井的流量。因此，以潜水含水层的底板作基准面，$h=H$，并用柱坐标形式表示，则方程可简化为：

$$\frac{\mathrm{d}}{\mathrm{d}r}\left(r\,\frac{\mathrm{d}h^2}{\mathrm{d}r}\right)=0$$

其边界条件与承压水井相似，为：

$$h=H_0,当 r=R 时$$
$$h=h_w,当 r=r_w 时$$

对上式积分，根据不同过水断面的流量相等，并等于井的流量，可得：

$$H_0^2-h_w^2=(2H_0-s_w)s_w=\frac{Q}{\pi K}\ln\frac{R}{r_w}$$

或

$$Q=1.366K\,\frac{(2H_0-s_w)s_w}{\lg\dfrac{R}{r_w}}$$

式中　R——潜水井的影响半径，其含义同承压水井。

同理，可以分别给出有两个观测孔的计算式（Thiem 公式）：

$$Q=1.366K\,\frac{h_2^2-h_1^2}{\lg\dfrac{r_2}{r_1}}$$

3. 承压转无压完整井流

承压转无压井流（图 3.3-4）遵循着在承压水头降至含水层顶板以前为承压水，在承压水头降至含水层顶板之后，在无压区遵循潜水的规律，在承压区遵循承压水的规律。而井的流量的计算也不同于单纯的承压水公式或潜水公式，在同样降深情况下，承压转无压井流量比潜水井流量大，比承压水井流量小。

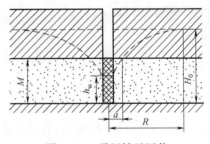

图 3.3-4　承压转无压井

可用分段法计算流向井的流量。设距井 $r=a$ 处为由承压水转变为无压水处。含水层厚度为 M，则：

$$M^2-h_w^2=\frac{Q}{\pi K}\ln\frac{a}{r}$$

$$H_0-M=\frac{Q}{2\pi KM}\ln\frac{R}{a}$$

从两式中消去 $\ln a$，即得承压转无压井流量公式：

$$Q=1.366K\,\frac{2H_0M-M^2-h_w^2}{\lg\dfrac{R}{r_w}}$$

3.3.1.2 非稳定的完整井流

对于无界均质各向同性、厚度稳定含水层的完整井抽水，地下水运动总是在不断变化的。稳定井流理论所描述的仅仅在一定条件下，地下水运动所达到的一种平衡状态，而实际上，这种平衡并不存在。稳定井流公式最大的缺陷在于没有时间这个变量，非稳定流理论解决了这个问题。

1. 承压含水层中单井的不稳定流动

承压含水层中单井定流量抽水的数学模型是在下列假设条件下建立的：

(1) 含水层均质各向同性，等厚，侧向无限延伸，产状水平；

(2) 抽水前天然状态下水力坡度为零；

(3) 完整井定流量抽水，井径无限小；

(4) 含水层中水流服从达西定律；

(5) 水头下降引起的地下水从贮存量中的释放是瞬时完成的。

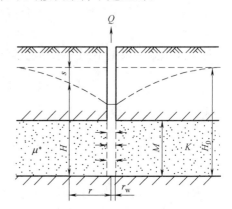

图 3.3-5 承压水完整井流

在上述假设条件下，抽水后将形成以井轴为对称轴的下降漏斗，将坐标原点放在含水层底板抽水井的井轴处，井轴为 Z 轴，如图 3.3-5 所示。此时，单井定流量的承压完整井流，可归纳为如下的数学模型：

$$\begin{cases} \dfrac{\partial^2 s}{\partial r^2} + \dfrac{1}{r}\dfrac{\partial s}{\partial r} = \dfrac{\mu^*}{T}\dfrac{\partial s}{\partial t} & t>0, 0<r<\infty \\[2mm] s(r,0)=0, & 0<r<\infty \\[2mm] s(\infty,t)=0, \quad \dfrac{\partial s}{\partial r}\bigg|_{r\to\infty}=0 & t>0 \\[2mm] \lim\limits_{r\to 0} r\dfrac{\partial s}{\partial r} = -\dfrac{Q}{2\pi T} \end{cases}$$

式中，$s = H_0 - H$。利用 Hankel 变换，可求得降深函数 $s(r, t)$。

$$s = \frac{Q}{4\pi T}\int_{\frac{r^2}{4at}}^{\infty} \frac{\mathrm{e}^{-y}}{\dfrac{r^2}{4ay}}\frac{r^2}{4ay^2}\mathrm{d}y = \frac{Q}{4\pi T}\int_u^{\infty}\frac{\mathrm{e}^{-y}}{y}\mathrm{d}y$$

其中：

$$u = \frac{r^2}{4at} = \frac{r^2\mu^*}{4Tt}$$

在地下水动力学中，采用井函数 $W(u)$ 代替上式中的指数积分式：

$$s = \frac{Q}{4\pi T}W(u)$$

$$W(u) = -E_t(-u) = \int_u^{\infty}\frac{\mathrm{e}^{-y}}{y}\mathrm{d}y$$

式中　s——抽水影响范围内，任一点任一时刻的水位降深；

Q——抽水井的流量；

T——导水系数；

t——自抽水开始到计算时刻的时间；

r——计算点到抽水井的距离；

μ^*——含水层的释水系数。

上式为无补给的承压水完整井定流量非稳定流计算公式，也就是著名的泰斯（Theis）公式。为了计算方便，通常将井函数 $W(u)$ 展开成为级数形式：

$$W(u)=\int_u^\infty \frac{1}{y}\mathrm{e}^y\mathrm{d}y=-0.577216-\ln u+u-\sum_{n=2}^\infty (-1)^n\frac{u^n}{n\cdot n!}$$

前三项之后的级数是一个交错级数，根据交错级数的性质可知，这个级数之和不超过 u。也就是说，当 u 很小，井函数 $W(u)$ 用级数前两项代替时，其舍掉部分不超过 $2u$。因此，当 $u\leqslant 0.01$（即 $t\geqslant 25\frac{r^2\mu^*}{T}$），井函数用级数前两项代替时，其相对误差不超过 0.25%；当 $u\leqslant 0.05$（即 $t\geqslant 5\frac{r^2\mu^*}{T}$），井函数用级数前两项代替时，其相对误差不超过 2%；当 $u\leqslant 0.1$（即 $t\geqslant 2.5\frac{r^2\mu^*}{T}$），井函数用级数前两项代替时，其相对误差不超过 5%。

一般生产上允许相对误差在 2% 左右，因此当 $u\leqslant 0.01$ 或 $u\leqslant 0.05$ 时，井函数可用级数的前两项代替，于是，Theis 公式可近似地表示为下列形式：

$$s=\frac{Q}{4\pi T}\ln\frac{2.25Tt}{r^2\mu^*}=\frac{0.183Q}{T}\lg\frac{2.25Tt}{r^2\mu^*}$$

该式也称为 Jacob 公式。

2. 潜水含水层中单井的不稳定流动

由于潜水含水层的上界面是一个自由面（图 3.3-6），因此潜水井流与承压水井流不同，主要表现在以下几点：

（1）潜水井流的导水系数 $T=Kh$ 随时间 t 和距离 r 而变化，而承压水井流 $T=KM$，和 r、t 无关。

（2）当潜水井流降深较大时，垂直分速度不可忽略，在井附近为三维流。而水平含水层中的承压

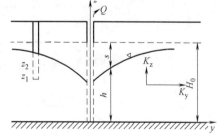

图 3.3-6 潜水非稳定井流

水井流垂直分速度可忽略，一般为二维流或可近似地当作二维流来处理。

（3）从潜水井抽取的水主要来自含水层的重力疏干。重力疏干不能瞬时完成，而是逐渐被排放出来，因而出现明显地迟后于水位下降的现象。潜水面虽然下降了，但潜水面以上的非饱和带内的水继续向下不断地补给潜水。因此，测出的给水度在抽水期间是以一个递减的速率逐渐增大的，只有抽水时间足够长时，给水度才趋于一个常数值。承压水井流则不同，抽出的水来自含水层贮存量的释放，接近于瞬时完成，释水系数是常数。

同时考虑上述三种情况的潜水井流的公式到目前为止还没出现。为满足生产需要，在一定条件下，可将承压水完整井流公式应用于潜水完整井流的近似计算。当抽水时间相

当长后，迟后排水现象已不明显，可近似地认为已满足承压水井流的假设条件。因此，潜水完整井在降深不大的情况下，即 $s \leqslant 0.1H$（H 为抽水前潜水流的厚度），可用承压水井流公式近似计算。潜水流厚度可近似地用 $H_m = 0.5(H+h)$ 来代替，则有：

$$H^2 - h^2 = \frac{Q}{2\pi K}W(u), u = \frac{r^2\mu}{4T't}(T' = KH_m)$$

早在 1954 年，布尔顿（Boulton）提出考虑垂向流速的理论之后，又在一维径向流基础上，用经验式建立了"延迟给水"的理论。1970 年，纽曼在分析已有的理论基础上，提出了考虑潜水弹性释放和重力给水、垂向分速度和均质的各向异性等因素的潜水井流理论。根据水均衡原理建立有关潜水面移动的连续性方程，进而得到潜水面边界条件的近似表达式。这类理论和计算公式可以参考相关教科书的内容。

3.3.1.3 不完整井流

不完整井是指过滤器的长度（或进水部分长度）小于整个含水层厚度的井。含水层很厚或埋藏较深，受经济技术条件限制或需要，常采用不完整井开采地下水。不完整井在供水或人工降低水位时都有应用。按过滤器在含水层中的进水部位不同，不完整井分为井底进水、井壁进水和井底井壁同时进水三类（图3.3-7）。以承压水为例，地下水向不完整井运动，由于井的不完整性影响，流线在井附近发生很大的弯曲和加长，出现不可忽视的垂直分速度，因此，不完整井流实质是轴对称的三维流。

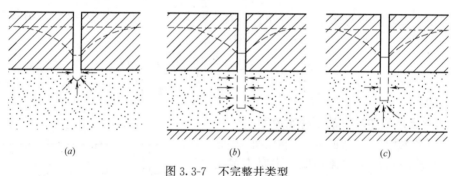

图 3.3-7 不完整井类型

（a）井底进水；（b）井壁进水；（c）井底井壁同时进水

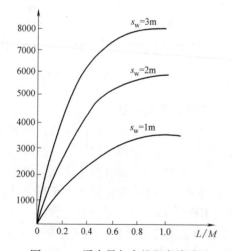

图 3.3-8 涌水量与完整程度关系图

1. 承压水不完整井

承压水含水层厚度较大时，建造的管井往往为不完整井。所谓含水层厚度较大是相对于管井过滤器长度而言。根据前冶金部勘察院在北京南苑试验场开展的大量试验所得结果（图3.3-8）来看，当井的完整程度 $L/M \geqslant 60\%$ 时，井的涌水量减少不显著，只损失10%左右。由井的完整性引起的涌水量的损失，在大降深时，要比小降深时的小。

考虑到工程降水不完整井结构一般为井壁进水，且过滤器位于上部，因此，本节只介绍此类不完整井的涌水量计算公式。

不完整井因进水段没有贯穿含水层，在轴向剖面上，流线由原来均匀分布于整个含水层的平行线，变为在井管附近逐渐扭曲、聚集于滤水段上，而在无滤水管段的局部地带形成无渗流运动区（图 3.3-9），造成渗流场在井管附近的阻抗比完整井的正规阻抗增大，这增大的阻抗称为非完整井的局部阻抗，用 F 表示。通常与补给边界达到一定距离时（如 $R-r > M$ 时），局部阻抗只受 l/M 和 M/r 的影响，因而不完整井流量表达式为：

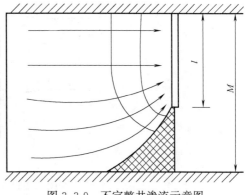

图 3.3-9　不完整井渗流示意图

$$Q = \frac{2\pi KM(H-h)}{\ln\frac{R}{r} + F\left(\frac{l}{M}, \frac{M}{r}\right)}$$

考虑到在不完整井附近存在流线扭曲区，而距井管稍远的广大轴向渗流场内，流线仍均匀分布于整个含水层，因此在运算时可以权宜地借用平面上两个相套的，其厚度分别为 M 和 l，而总阻抗恰好相当于不完整井实际渗流场阻抗的运算图形来代替无法用普通数学函数表达和求解的实际渗流场图形。可以得出不完整井流量的运算式：

$$Q = \frac{2\pi KM(H-h)}{\ln\frac{R}{r} + \frac{M-l}{l}\ln\left(1+\frac{\xi M}{r}\right)}$$

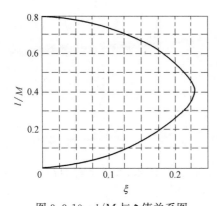

图 3.3-10　l/M 与 ξ 值关系图

式中，ξ 值并不确定。为了确定该值，可以再通过由不完整沟的局部阻抗关系反推不完整井的局部阻抗。通过在不同的 l/M 条件下对 ξ 值的计算得出如图 3.3-10 所示关系图，ξ 值的变化范围为 0～0.23，而在常用的 $0.7 \geq l/M \geq 0.16$ 范围内，ξ 值的变化范围为 0.17～0.23，可取 0.2，这样不完整井流计算公式可简化为：

$$Q = \frac{2\pi KM(H-h)}{\ln\frac{R}{r} + \frac{M-l}{l}\ln\left(1+\frac{0.2M}{r}\right)}$$

本计算公式在 $0.7 \geq l/M \geq 0.16$ 条件下使用，误差不会太大。

2. 潜水不完整井

研究潜水不完整井的流线发现，过滤器上下两端的流线弯曲很大，从上端向中部流线弯曲程度逐渐变缓，从中部向下端有朝相反的方向弯曲。在中部流线近于平面径向流动，因此可以用通过过滤器中部的平面把水流分成上下两段，上段可以看成是潜水完整井，下段则为承压不完整井，这样潜水不完整井的流量可以近似地看作上下两段流量之和。这样的计算所得流量值，上段流量偏大些，下段流量偏小些，但两段之和可适当抵消部分误差（图 3.3-11）。

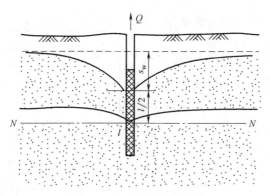

图 3.3-11　潜水不完整井

$$Q=\frac{\pi K(H^2-h^2)}{\ln\dfrac{R}{r}+\dfrac{h-l}{l}\ln\left(1+\dfrac{0.2\overline{h}}{r}\right)}$$

式中　$\overline{h}=(H+h)/2$。

3.3.1.4　边界附近井流计算

鉴于理论公式种类繁多，公式的选择与地下水运动状态、含水层水力性质、地下水补给条件与管井构造形式有关，因此，公式选择可参考有关的教材、水文地质手册等。在此主要介绍两种理论公式：

稳定井流公式：

$$Q=\frac{2\pi(\varphi_R-\varphi_{r_w})}{R_\Lambda}$$

非稳定井流公式：

$$Q=\frac{4\pi KU}{R_n}$$

式中　　Q——井的出水量（m^3/d）；

K——渗透系数（m/d）；

R——影响半径（m）；

r_w——井半径（m）；

φ_R——补给边界处的势函数，潜水，$\varphi_R=\dfrac{1}{2}KH^2$；承压水，$\varphi_R=KMH$；

φ_{r_w}——井壁处的势函数，潜水，$\varphi_{r_w}=\dfrac{1}{2}Kh_w^2$；承压水，$\varphi_{r_w}=KMh_w$；

$U(r,t)$——渗流场内 t 时刻任意点 r 的水头函数，潜水为 $U=\dfrac{1}{2}(H^2-h^2)$，承压水为 $U=M(H-h)$，计算出水量时，$r=r_w$；

H——无压或承压含水层的天然水位（m）；

M——承压含水层厚度（m）；

$h、h_w$——与 r 和 r_w 相应的动水位（m）；

$R_\Lambda、R_n$——稳定流和非稳定流的边界类型条件系数。各种理想化的边界类型条件系数见表 3.3-1。

理想化的边界类型条件系数 表 3.3-1

边界类型	图示	R_Λ [$Q=2\pi(\varphi_R-\varphi_{r_w})/R_\Lambda$]	R_n ($Q=4\pi KU/R_n$)
直线隔水		$\ln\dfrac{R^2}{2br_w}$	$2\ln\dfrac{1.12at}{r_wb}$
直线供水		$\ln\dfrac{2b}{r_w}$	$\ln\dfrac{2b}{r_w}$
直交隔水		$\ln\dfrac{R^2}{8r_wb_1b_2\sqrt{b_1^2+b_2^2}}$	$\ln\dfrac{(2.25at)^2}{8r_wb_1b_2\sqrt{b_1^2+b_2^2}}$
直交供水		$\ln\dfrac{2b_1b_2}{r_w\sqrt{b_1^2+b_2^2}}$	$\ln\dfrac{2b_1b_2}{r_w\sqrt{b_1^2+b_2^2}}$
直交隔水供水		$\ln\dfrac{2b_2\sqrt{b_1^2+b_2^2}}{r_wb_1}$	$\ln\dfrac{2b_2\sqrt{b_1^2+b_2^2}}{r_wb_1}$
平行隔水		$\ln\left(\dfrac{b}{\pi r_w}+\dfrac{\pi R}{2B}\right)$	$\dfrac{7.1\sqrt{at}}{B}+2\ln\left(\dfrac{0.16B}{r_w\sin\frac{\pi b}{B}}\right)$
平行供水		$\ln\left(\dfrac{2B}{\pi r_w}\sin\dfrac{\pi b}{B}\right)$	$\ln\left(\dfrac{2B}{\pi r_w}\sin\dfrac{\pi b}{B}\right)$
平行隔水供水		$\ln\left(\dfrac{4B}{\pi r_w}\cot\dfrac{\pi b}{B}\right)$	$\ln\left(\dfrac{4B}{\pi r_w}\cot\dfrac{\pi b}{B}\right)$

3.3.1.5 回灌井水力学

注水井或回灌井的工作情况和抽水井相反，井水位最高，周围水位逐渐降低，成锥体状，如图 3.3-12 所示。地下水的运动为发散的径向流。其注水量或回灌量可以采用以下公式粗略估算。

承压水注水井：

$$Q=2.73\frac{KM(h_w-H_0)}{\lg\dfrac{R}{r_w}}$$

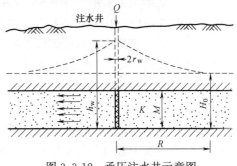

图 3.3-12 承压注水井示意图

潜水注水井：

$$Q=1.366K\frac{h_w^2-H_0^2}{\lg\dfrac{R}{r_w}}$$

3.3.2 基坑涌水量计算

3.3.2.1 基坑总涌水量计算

基坑总涌水量是基坑施工降水方案设计的重要数据，其大小不仅关系到井点数量的多少，更关系到施工降水方案的不合理而可能导致的基坑安全问题。因此，基坑涌水量的计算准确性很重要。目前基坑涌水量计算可按照基坑长宽比确定的基坑形状（圆形基坑、条形基坑或线状基坑）选择相应的公式。基坑长宽比≤20时，可采用圆形基坑大井公式计算基坑涌水量；20＜基坑长宽比≤50时，可采用条形基坑涌水量公式计算基坑涌水量；基坑长宽比＞50时，可采用线状基坑涌水量公式计算基坑涌水量。

1. 潜水的基坑涌水量计算

潜水含水层在基坑施工降水中经常遇到。管井降水系统的基坑涌水量计算主要是依据裘布依公式推导出来的。潜水完整井和非完整井的基坑涌水量计算可采用以下公式。

（1）群井按大井简化的均质含水层潜水完整井的基坑涌水量可按下列公式计算（图 3.3-13）

1）基坑远离边界时（图 3.3-13a），涌水量可按下式计算：

$$Q = 1.366k \frac{H^2 - h^2}{\lg \frac{R + r_0}{r_0}} = 1.366k \frac{(2H - s)s}{\lg \frac{R + r_0}{r_0}}$$

式中　Q——基坑计算涌水量（m^3/d）；

$\qquad k$——含水层的渗透系数（m/d）；

$\qquad H$——潜水含水层厚度（m）；

$\qquad s$——设计降水深度（m）；

$\qquad R$——影响半径（m）；

$\qquad h$——基坑动水位至含水层底板的深度（m）；

$\qquad r_0$——基坑等效半径（m）。当基坑为圆形、不规则形状或长宽比≤2.5时，基坑等

$\qquad\qquad$效半径可采用 $r_0 = 0.565 \sqrt{A}$ 的圆形基坑公式计算；当基坑为条形基坑，且

$\qquad\qquad$长宽比≤10时，基坑等效半径可采用长方形公式计算；当基坑长宽比＞10

$\qquad\qquad$时，可按线状基坑等效半径公式计算。

2）岸边基坑降水时（图 3.3-13b），涌水量可按下式计算：

$$Q = 1.366k \frac{(2H - s)s}{\lg \frac{2b'}{r_0}} \qquad b' < 0.5R$$

式中　b'——基坑中心点至补水边界的距离（m）；其他符号同前。

3）基坑位于两地表水体之间降水时（图 3.3-13c），涌水量可按下式计算：

$$Q = 1.366k \frac{(2H - s)s}{\lg \left[\frac{2(b_1 + b_2)}{\pi r_0} \cos \frac{\pi(b_1 - b_2)}{2(b_1 + b_2)} \right]}$$

式中　b_1、b_2——基坑中心点至补水边界的距离（m）；其他符号同前。

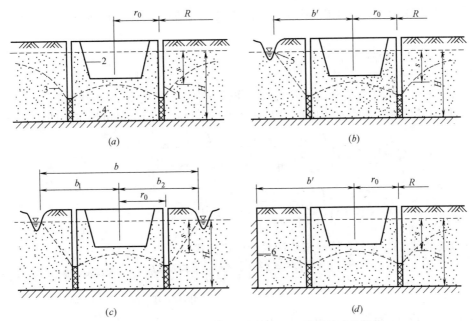

图 3.3-13 均质含水层潜水完整井基坑涌水量计算简图

（a）基坑远离边界；（b）岸边基坑降水；（c）基坑位于两地表水体之间；（d）基坑靠近隔水边界

1—降水井；2—基坑；3—降水后水位线；4—含水层底板；5—地表水体；6—隔水边界

4）基坑靠近隔水边界时（图 3.3-13d），涌水量可按下式计算：

$$Q = 1.366k \frac{(2H-s)s}{2\lg(R+r_0) - \lg 2b'r_0} \qquad b' < 0.5R$$

式中 b'——基坑中心点至隔水边界的距离（m）；其他符号同前。

（2）群井按大井简化的均质含水层潜水非完整井的基坑涌水量可按下列公式计算（图 3.3-14）

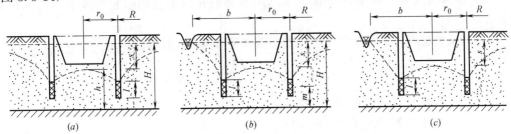

图 3.3-14 均质含水层潜水非完整井基坑涌水量计算简图

（a）基坑远离边界；（b）近河基坑含水层厚度不大；（c）近河基坑含水层厚度很大

1）当基坑远离边界时（图 3.3-14a），涌水量可按下式计算：

$$Q = \frac{1.366k(H^2 - h^2)}{\lg[(R+r_0)/r_0] + \frac{h-l}{l}\lg(1 + 0.2h_m/r_0)}$$

式中 $h_m = \dfrac{H+h}{2}$；

l——过滤管有效工作部分长度（m）；其他符号同前。

2）近河基坑降水，含水层厚度不大时（图3.3-14b），涌水量可按下式计算：

$$Q=1.366ks\left(\frac{l+s}{\lg\frac{2b}{r_0}}+\frac{l}{\lg\frac{0.66l}{r_0}+0.25\frac{l}{m}\lg\frac{b^2}{m^2-0.14l^2}}\right)\qquad b>\frac{m}{2}$$

式中　m——由含水层底板到滤水管有效工作部分中点的长度（m）；其他符号同前。

3）近河基坑降水，含水层厚度很大时（图3.3-14c），涌水量可按下式计算：

$$Q=1.366ks\left(\frac{l+s}{\lg\frac{2b}{r_0}}+\frac{l}{\lg\frac{0.66l}{r_0}-0.22\text{arsh}\frac{0.44l}{b}}\right)\qquad b\geqslant l$$

$$Q=1.366ks\left(\frac{l+s}{\lg\frac{2b}{r_0}}+\frac{l}{\lg\frac{0.66l}{r_0}-0.11\frac{l}{b}}\right)\qquad b<l$$

（3）条形基坑的潜水完整井基坑涌水量计算公式

$$Q=kL\frac{H^2-h^2}{R}+1.366k\frac{H^2-h^2}{\lg R-\lg\frac{B}{2}}$$

式中　B——基坑宽度（m）；其他符号同前。

（4）线性基坑的潜水完整井基坑涌水量计算公式

$$Q=\frac{kL(H^2-h^2)}{R}$$

式中　L——基坑长度（m）；其他符号同前。

2. 承压水的基坑涌水量计算

承压水含水层在基坑施工降水中也能够遇到，多是用于防止突涌而进行的施工降水。管井降水系统对于降低承压水水头是有效的方法，也是最常用的方法。承压水完整井和非完整井的基坑涌水量计算可按照以下公式进行。

（1）群井按大井简化的均质含水层承压水完整井的基坑涌水量可按下列公式计算（图3.3-15）

1）当基坑远离边界时（图3.3-15a），涌水量可按下式计算：

$$Q=\frac{2.73kMs}{\lg[(R+r_0)/r_0]}$$

式中　Q——基坑计算涌水量（m³/d）；

　　　k——含水层的渗透系数（m/d）；

　　　M——承压水含水层厚度（m）；

　　　s——设计降水深度（m）；

　　　R——影响半径（m）；

　　　r_0——基坑等效半径（m）。

2）当基坑位于河岸边时（图3.3-15b），涌水量可按下式计算：

$$Q=2.73k\frac{Ms}{\lg\frac{2b}{r_0}}\qquad b<0.5R$$

式中　b——基坑中心点至补水边界的距离（m）；其他符号同前。

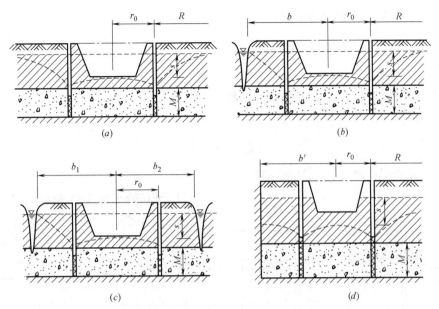

图 3.3-15　均质含水层承压水完整井基坑涌水量计算简图

（a）基坑远离边界；（b）基坑位于岸边；（c）基坑位于两地表水体间；（d）基坑靠近隔水边界

3）基坑位于两地表水体之间时（图 3.3-15c），涌水量可按下式计算：

$$Q=2.73k\dfrac{Ms}{\lg\left[\dfrac{2(b_1+b_2)}{\pi r_0}\cos\dfrac{\pi(b_1-b_2)}{2(b_1+b_2)}\right]}$$

式中　b_1、b_2——基坑中心点至补水边界的距离（m）；其他符号同前。

4）当基坑靠近隔水边界时（图 3.3-15d），涌水量可按下式计算：

$$Q=2.73k\dfrac{Ms}{\lg(R+r_0)^2-\lg r_0(2b')}$$

式中　b'——基坑中心点至隔水边界的距离（m）；其他符号同前。

（2）群井按大井简化的均质含水层承压水非完整井的基坑涌水量可按下式计算
（图 3.3-16）

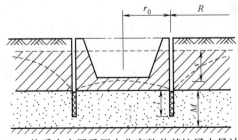

图 3.3-16　均质含水层承压水非完整井基坑涌水量计算简图

$$Q=\dfrac{2.73kMs}{\lg[(R+r_0)/r_0]+\dfrac{M-l}{l}\lg(1+0.2M/r_0)}$$

式中　l——过滤管有效工作部分长度（m）；其他符号同前。

（3）条形基坑涌水量可按下列式计算

$$Q = \frac{2kMsL}{R} + \frac{2.73kMs}{\lg R - \lg \frac{B}{2}}$$

式中　B——降水宽度（m）；其他符号同前。

（4）线型基坑涌水量可按下列公式计算

$$Q = \frac{2kMsL}{R}$$

式中　L——基坑长度（m）；其他符号同前。

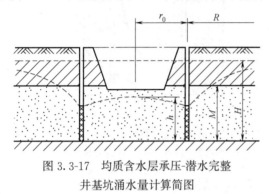

图 3.3-17　均质含水层承压-潜水完整
井基坑涌水量计算简图

3. 承压转无压水的基坑涌水量计算

许多基坑位于承压水含水层中，此时就需要把承压水头降低至含水层中，在基坑附近，承压水就转变为无压水。承压变无压对基坑涌水量是有影响的，其计算公式也与承压水完整井的涌水量公式有差异。群井按大井简化的均质含水层承压-潜水完整井的基坑涌水量可按下式计算（图 3.3-17）：

$$Q = 1.366k \frac{2HM - M^2 - h^2}{\lg \frac{R + r_0}{r_0}}$$

4. 多层水的基坑涌水量计算

对于具有不同渗透系数 k_1，……，k_i 的多层土组合成的含水层的渗流特性，用一个综合的渗透系数代表的，由此而得出的降深曲线自然是一条平滑的曲线，这和实际情况有一定的出入，当各层土的渗透系数差别较大时，更是如此。

对于一个基坑工程涉及多个含水层时，应根据每个含水层的性质分别应用相应的涌水量公式计算。即使采用一井多层抽水方式，也应根据每层水的水位降低值和相应含水层的参数分别计算涌水量。对于基底以上的含水层，采用疏干含水层，即水位降低至含水层底板计算涌水量。

3.3.2.2　干扰单井出水量

对于基坑工程降水来说，多是由许多降水井构成降水系统，在抽水过程中，这些井之间将会产生干扰，井内水位降增加，有可能单井的出水量减少。由于基坑形状的不规则，降水井一般都不是圆周等距布置，此时，各单井的出水量可以用下式计算。

承压井：

$$q_i = \frac{2\pi kMs}{\lg \frac{R^n}{r_{1i} \cdot r_{2i} \cdots r_{iw} \cdots r_{ni}}}$$

潜水井：

$$q_i = \frac{\pi k(H_0^2 - h^2)}{\lg \frac{R^n}{r_{1i} \cdot r_{2i} \cdots r_{iw} \cdots r_{ni}}}$$

式中 q_i——第 i 眼降水井出水量（m^3/d）；

r_{iw}——第 i 眼降水井半径（m）；

r_{1i}，$r_{2i}\cdots r_{ni}$——各井离第 i 眼降水井的距离（m）；

s——抽水井的计算降深值（m），$s > s_0$；

n——降水井点数。

为便于研究，把降水井系统按圆周等距布置（按照面积相等原则，把几何形状的基坑概化为圆形基坑），则单井的出水量可简化为以下公式。

承压井：

$$q = \frac{2\pi kMs}{\ln\dfrac{R^n}{n \cdot r_w \cdot r_0^{\,n-1}}}$$

潜水井：

$$q = \frac{\pi k(H_0^2 - h^2)}{\ln\dfrac{R^n}{n \cdot r_w \cdot r_0^{\,n-1}}}$$

式中 q——单井出水量（m^3/d）；

r_w——各降水井半径（m）；

r_0——大井等效半径（m）；

其他符号同前。

进一步变换上述两式，在右侧分子分母各乘以 $1/\ln(R/r_w)$，并假设 $2\pi kMs/\ln(R/r_w)=q_0$，以上两式则变为：

$$\frac{q}{q_0} = \frac{\ln\dfrac{R}{r_w}}{\ln\dfrac{R^n}{n \cdot r_w \cdot r^{\,n-1}}}$$

当对于特定的基坑（面积确定，大井等效半径就可以确定），特定的地层（影响半径就是确定的），特定的降水井（井的半径就知道了），则干扰的单井出水量与无干扰的单井出水量之比就与降水井的井数有关。随着井数的增加，则比值相应减小，即降水井受干扰程度增加。

3.3.2.3 公式计算问题说明

基坑施工降水出现问题，往往不完全在于公式是否正确，而在于其他的几个问题是否清楚。

（1）公式中所用的参数取值是否正确。不仅渗透系数不能简单地靠经验值确定（北京南站很典型，抽水试验结果比试验值大了很多），就连淹没过滤器长度也很有讲究。通常情况，在确定基坑最小降深后（一般位于基坑的中部），降水井中的水位可以根据井与基坑中点的距离乘以一定的水力坡度计算出来，这个水力坡度对于建筑基坑来说一般取 1/10。这也就是说，降水井的水位降深要大于基坑设计的水位降深。如果降水要求急，需要最短时间水位降低至设计深度，则水力坡度还应增加。

（2）是否考虑了井损和水跃。降水井中的实际水位降深往往比（1）中确定的水位降深要大很多。如果井损很大，设计降水井水位降深＋井损（水跃）大于含水层厚度，实际施工中降水很难降到基坑设计水位要求。

（3）基坑的总涌水量计算也是基坑施工降水方案设计的重要内容。一般情况下，依据初始状态计算的基坑总涌水量在施工降水方案设计中是能够满足要求的。关键的问题是各参数的取值的准确性。

（4）基坑施工降水速度也是施工降水方案设计必须考虑的因素，如果要求在较短时间内把地下水位降至要求深度，则井数必须要多一些。

（5）水文地质条件是否清楚。如果在降水影响范围内存在补给边界，则基坑施工降水量会相应增加，按照无界含水层的施工降水方案就有可能出现问题。

（6）水位降低程度也影响着设计的考虑。如果水位降低至含水层底板附近，则情况有很大不同。

因此，施工降水方案设计是一项严谨的工作，不能完全根据经验确定施工降水方案，而应该遵循着系统化分析的方法，并应考虑施工降水中可能出现的诸如井结构质量等问题造成的施工降水达不到要求，影响工程进度。许多工程施工降水出现问题，不能完全归结为计算结果的不正确、不适用，出现施工降水达不到要求有可能正好反映了施工降水方案设计中参数不准确、降水井施工中井结构达不到高质量（这个问题经常出现，也是不能完全克服的）等方面的问题。

3.3.3　隧道涌水量计算

隧道在铁路、公路以及其他各个领域都具有至关重要的作用，但隧道施工和运营都可能存在着程度不等的涌水或渗漏水。尤其是在施工掘进期间，有时还遇到特大涌水或突然涌水，不仅延误工期，人员也有伤亡。

预测隧道涌水量，需要掌握气象、地质（岩性、构造等）、含水层（带）、地形地貌、河流水文以及一定比例尺的地形图（含卫星、航摄照片等）、地质图等配套资料。重要的是选择适合于工程地段的预测方法。据统计在我国 10 多座有名隧道中，预测的可能最大涌水量，接近实际情况的仅占 10% 左右；预测的正常涌水量，接近实际情况的仅占 20%～30%。

隧道涌水量，无论施工中的可能最大涌水量，还是运营中的正常涌水量，都是依季节变化的。枯水期和丰水期的变化幅度，目前尚无典型工程地段的长期观测资料，但一般情况下可达 1～2 倍。因此在预测隧道涌水量中，应给出涌水量的范围。预测隧道涌水量的方法较多，一般情况下对于长大隧道要选择 3 种或 3 种以上方法。在预测中，要根据含水体的富水性对隧道进行分区（平面图）、分段（纵断面），要给出各区（段）的正常涌水量和可能最大涌水量，然后综合成整体隧道的正常涌水量和可能最大涌水量。

在早期，隧道涌水量研究是从定性研究开始，通过调查了解隧道地下水的分布情况、赋存条件，隧道地下水水文地质条件、工程地质条件，工程区的断裂构造带、地层岩性，采用定性方法确定隧道涌水量。随着隧道涌水量研究的进展，发展到了定量阶段，并形成了其他计算方法。归纳起来，隧道涌水量预测方法可见图 3.3-18。

一般，把隧道的地下水分为非岩溶岩类和岩溶岩类。按岩溶含水介质类型及其径流形式、接受降雨补给方式及岩溶发育强度级别，分为两个类型：Ⅰ类和Ⅱ类岩溶隧道（对应

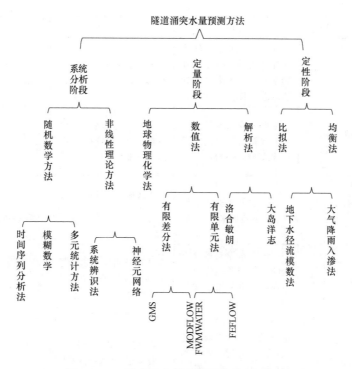

图 3.3-18 隧道涌水量预测计算的主要方法

垂直径流入渗带和水平径流带）。对于不同的含水层介质类型应采用不同的计算公式，高精度计算方法通常采用地下水动力学法和数理统计法。一般，隧道涌水量估算精度可分为五级：A、B、C、D、E 级。隧道涌水量计算的允许误差（δ）与隧道涌水量计算精度级别相对应，分为五级：

1）验证的〔A 级〕隧道涌水量允许误差为小于 20%；

2）查明的〔B 级〕隧道涌水量允许误差为 20%～40%；

3）控制的〔C 级〕隧道涌水量允许误差为 40%～60%；

4）推断的〔D 级〕隧道涌水量允许误差为 60%～80%；

5）估算的〔E 级〕隧道涌水量允许误差为 80%～90%。

隧道涌水量计算方法的适用条件和限制条件见表 3.3-2。

隧道涌水量计算方法分类 　　　　　　　　　　　　　　　　　　表 3.3-2

类型	方法名称	原理	应用条件	限制条件
确定性数学模型方法	水均衡法	根据水平衡法计算隧道涌水量	独立的地表水文地质单元内有较丰富的水文地质参数	参数难以准确确定,计算结果偏差较大
	水文地质比拟法	由既有隧道及开挖段隧道涌水量计算拟建隧道和未开挖段隧道涌水量	研究区域与被研究区域水文地质条件相似且简单	同一区域必须有类似工程

类型	方法名称	原理	应用条件	限制条件
确定性数学模型方法	降雨入渗法	地下水主要由大气降水补给,根据多年平均降雨量及降雨入渗系数计算隧道涌水量	地势平缓、地表径流较小的区域	不适用于地下径流丰富的地区
	地下径流模数法	依据下降泉流量或由地下水补给的河流流量计算地下径流模数	有较完整的水文地质资料地区(如泉眼流量、地下河排水量)	随季节变迁,预测结果差异性较大
	地下水动力学法	利用地下水动力学原理计算隧道涌水量	水文地质条件不复杂,含水层介质较均匀的区域	地下水位高度、含水层厚度等参数精确界定困难
	数值计算法	把地下水渗流微分方程的定解问题转化成以系列线性方程组求解的问题	具有较明确的边界条件,水文地质条件复杂的非均质各向异性区域	水文地质边界条件确定困难,影响计算精度
随机性数学模型分析方法	黑箱理论	将地下水系统视为"黑箱"模型,通过提取隧道涌水量历时观测数据本身蕴涵的变化规律,建立隧道涌水的黑箱预测模型	水文地质条件复杂、地质资料相对欠缺,特别是岩溶水地区	相对实际应用较少,系统性不强,且需要丰富、可靠的水文地质资料
	灰色关联度理论	首先确定与隧道涌水有关重要因子及其关联度,然后根据数量化判别方法的评判标准进行评分,确定隧道涌水严重程度及涌水量	外部研究区域水文地质综合资料要丰富	
	时间序列分析法	根据涌水量历时观测数据,通过统计分析研究其变化规律,建立数学模型,据此外推预测隧道涌水量	地下水有集中排泄特点,有较长时间的地下水动态观测资料	

3.3.3.1 简易水均衡法

水均衡法指在一定范围内,水在循环过程中保持平衡状态,收入和支出相等,通过查明隧道施工段水的补给、排泄之间的关系,从而获得隧道的涌水量。水均衡法可宏观地、近似地预测隧道的正常涌水量和最大涌水量,是其他计算方法的基础。

1. 降水入渗法

此法适用于埋藏深度较浅的越岭隧道,亦适用于岩溶区。根据隧道通过地段的年均降水量、集水面积并考虑地形地貌、植被、地质和水文地质条件选取合适的降水入渗系数经验值,可宏观、概略预测隧道正常涌水量。计算公式如下:

$$Q_s = 2.74\alpha WA$$

式中 Q_s——隧道通过含水体地段的涌水量（m³/d）；

　　α——降水入渗系数，根据经验数据、试验数据或计算确定；

　　W——年降水量（mm）；

　　A——隧道通过含水体的集水面积（km²）。

降水入渗法适用条件较为宽松，但必须是潜水，且埋藏深度较浅，其参数获得的难易程度一般，α 多为经验性，A 的划分易存在争议，计算精度只能是宏观控制的大概范围，但是其结果往往是其他计算方法的标杆，尤其在涌水量结果的数量级方面。适用阶段为工程可行性、初勘阶段、详勘阶段宏观计算。

2. 地下径流模数法

此法适用于越岭隧道通过一个或多个地表水流域地区，亦适用于岩溶区。本法假设地下径流模数等于地表径流模数，即根据大气降水入渗补给的下降泉流量或由地下水补给的河流流量，求出隧道通过地段的地表径流模数，作为隧道流域的地下径流模数，再确定隧道的集水面积，便可宏观、概略地预测隧道的正常涌水量。计算公式如下：

$$Q_s = MA, \quad M = Q'/F$$

式中 Q_s——隧道通过含水体地段的正常涌水量（m³/d）；

　　M——地下径流模数 [m³/(d·km²)]；

　　Q'——地下水补给的河流流量或下降泉流量（m³/d），宜采用枯水期流量计算；

　　F——与 Q' 的地表水、下降泉流量相当的地表流域面积（km²）；

其他符号同前。

3. 地下径流深度法

适用条件同地下径流模数法。本法的基本原理属于水均衡法，即某一范围内，水在循环过程中，基本保持平衡状态，遵守总收入等于总支出的法则。由于各项参数难以取得精确数据，故预测的隧道正常涌水量，只能是宏观的、近似的数量。计算公式如下：

$$Q_s = 2.74hA$$
$$h = W - H - E - SS$$
$$A = LB$$

式中 h——年地下径流深度（mm）；

　　H——年地表径流深度（mm）；

　　E——年蒸散量（mm）；

　　SS——年地表滞水深度（mm）；

　　A——隧道通过含水体地段的集水面积（km²）；

　　W——年降水量（m）；

　　L——隧道通过含水体地段的长度（km）；

　　B——隧道涌水地段 L 长度内对两侧的影响宽度（km）；

其他符号同前。

4. 断面法

隧道结构范围内地下水类型为潜水，根据结构出水特点，区间隧道可采用断面法进行涌水量计算，其计算公式：

$$Q_s = KIF$$

式中　K——渗透系数（m/d）；

$\quad\quad I$——水力坡度，潜水 $I=S/R$；

$\quad\quad F$——过水面积（m^2）；

其他符号同前。

3.3.3.2　地下水动力学方法

地下水动力学法又称解析法，是依据介质中地下水动力学的基本理论，建立地下水运动规律的基本方程，通过数学解析的方法求解这些基本方程，从而获得在给定边界和初值条件下的涌水量。地下水动力学法预测隧道涌水量主要有两个方面：预测正常涌水量和最大涌水量。

预测正常涌水量有日本人提出的佐藤邦明公式、落合敏郎公式，苏联人提出的科斯嘉可夫公式、吉林斯基公式、福希海默公式，还有我国学者朱大力提出的经验公式。预测最大涌水量主要有日本人提出的大岛洋志公式、佐藤邦明公式和我国学者朱大力提出的经验公式。

这些公式一般都需要地层的渗透系数 K、水位埋深、隧道影响宽度等一系列相关的参数。地下水动力学方法适合范围较广，但计算时需求的参数众多，且参数也存在一定的经验性。若参数一旦确定，其计算精度较为精细，相反若参数存在不确定性，其获得的结果也是值得商榷的。适用阶段为初勘阶段、详勘阶段具体计算。

1. 裘布依公式

（1）当隧道通过潜水含水体时（图3.3-19），可采用下列公式预测隧道涌水量：

$$Q_s = LK \frac{H^2 - h_0^2}{R_y - r_0}$$

式中　H——洞底以上潜水含水体厚度（m）；

$\quad\quad h_0$——洞内排水沟假设水深（一般考虑水跃值）（m）；

$\quad\quad R_y$——隧道涌水地段的引用补给半径（m），$R_y = 251.5 + 510.5K$（经验式）；

$\quad\quad L$——隧道通过含水体的长度（m）；

$\quad\quad r_0$——洞身引用半径（m）；由隧道截面等效变换成圆形截面，等效半径 $r_0 = \sqrt{ab/2}$，a 为洞体开挖宽度；b 为洞体开挖高度。

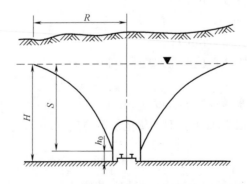

图3.3-19　无限补给有限厚度潜水（完整式）计算图

此法适用于隧道通过无限补给有限厚度潜水含水体（完整式）时，预测隧道涌水量。

（2）当隧道通过承压水含水层，含水层为无限补给有限厚度，从两侧流入时，可利用下式计算：

$$Q_s = LK \frac{M(2H-M)-h_0^2}{R}$$

式中　H——隔水底板到水面的高度（m）；

　　　M——承压含水层厚度（m）；

　　　其他符号同前。

2. 古德曼经验公式

古德曼公式适用于隧道通过潜水含水体时，预测隧道最大涌水量。

$$Q_0 = L \frac{2\pi KH}{\ln \frac{4H}{d}}$$

式中　Q_0——隧道通过含水体地段的最大涌水量（m^3/d）；

　　　K——含水体渗透系数（m/d）；

　　　H——静止水位至洞身横断面等价圆中心的距离（m）；

　　　d——洞身横断面等价直径（m）；

　　　L——隧道通过含水体的长度（m）。

3. 大岛洋志公式（图 3.3-20）

$$q_0 = \frac{2\pi K(H-r_0)m}{\ln[4(H-r_0)/d]}$$

式中　q_0——隧道单位长度可能最大涌水量 $[m^3/(d\cdot m)]$；

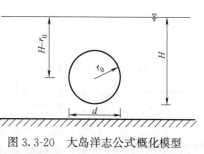

图 3.3-20　大岛洋志公式概化模型

　　　H——静止水位至洞底距离（m）；

　　　m——换算系数，一般取 0.86；

　　　其他符号同前。

4. 佐藤邦明公式

$$q_0 = \frac{2\pi \cdot m \cdot K \cdot h_2}{\ln\left[\tan\dfrac{\pi(2h_2-r_0)}{4h_c}\cot\dfrac{\pi \cdot r_0}{4h_c}\right]}$$

式中　h_2——静止水位至洞身横断面等价圆中心的距离（m）；

　　　r_0——洞身横断面等价圆半径（m）；

　　　h_c——含水体厚度（m）；

　　　其他符号同前。

$$q_s = q_0 - 0.584\varepsilon K r_0$$

式中　q_s——单位长度正常涌水量（m^2/d）；

　　　q_0——单位长度最大涌水量（m^2/d）；

　　　ε——试验系数，一般取 12.8；

　　　其他符号同前。

5. 落合敏郎公式

$$q_s = K\left[\frac{H^2-h_0^2}{R-B/2}+\frac{\pi(H-h_0)}{\ln(4R/B)}\right]$$

式中　H——静止水位至洞底的距离（m）；

　　　R——隧道一侧的影响宽度（m）；

　　　B——衬砌前洞身宽度（m）；

其他符号同前。

地下水动力学法不适用于预测位于地下水垂直渗流带（包气带）、地下水位季节交替带（季节变动带）、水文网排泄作用范围内的水平径流带（完全饱和带）内岩溶隧道的涌水量，因为层流理论对管道流是不适用的，以达西定律（或泰斯非稳定流理论）为基础的地下水动力学计算公式对此也是失效的。但对位于不受附近水文网直接影响的深部缓流带内的隧道涌水量的预测和计算，则可按其水文地质概念模型及相应的水文地质数学模型进行预测和计算。

3.3.3.3　其他方法

1. 比拟法

此法适用于拟建隧道附近有类似工程，其水文地质条件相似，可近似地预测拟建隧道的正常涌水量和最大涌水量。

$$Q=Q'\frac{FS}{F'S'}$$

$$F=BL,F'=B'L'$$

式中　Q、Q'——拟建、既有隧道的正常涌水量或最大涌水量（m^3/d）；

　　　F、F'——拟建、既有隧道的集水面积（m^2）；

　　　S、S'——拟建、既有隧道含水体中自静止水位计起的水位降深（m）；

　　　L、L'——拟建、既有隧道通过含水体的长度（m）。

该法适用条件苛刻，必须附近有类似工程且水文地质条件相近。其参数相对易于获得，计算精度可能很高，主要依赖于对相似隧道的判断。适用阶段为工程可行性、初勘阶段或部分隧道详勘阶段。

2. 同位素氚法

本法适用于越岭隧道和傍山隧道。放射性元素氚（3H）是氢（H）的同位素，其半衰期为12.26年。根据含水体的地下水流向，沿水平方向或垂直方向，在较短距离内采取水样测定氚的含量，求出相对时间差，据此可求出地下水实际运动速度和大概涌水量。

$$Q_s=LAn/(366t)$$

$$t=40.727\lg(N_0/N_t)$$

式中　L——N_0与N_t两样品间的距离（m）；

　　　n——含水体的孔隙度（裂隙度）；

　　　t——N_0与N_t两样品间的时间差（年）；

　　　N_0——样品中氚含量的起始值（TR）；

　　　N_t——与N_0比较的样品中的氚含量（TR）；

其他符号同前。

3. 朱大力经验公式

$$q_0=0.0255+1.9224KH$$

式中，符号同前。

3.3.3.4 数值法

数值（模拟）法就是在计算机上采用离散化的方法求解数学模型，它的解是数学模型的近似解。由于这种方法能较好地反映复杂地质条件下地下水流的状态，具有较高的仿真度，因此发展较快，特别是 20 世纪 70 年代以来，随着电子计算机的出现和快速发展，数值法的应用越来越广泛。有限单元法、有限差分法、边界单元法、有限分析法等都是属于数值（模拟）法中经常使用的方法。其中，有限单元法、有限差分法是最常用的数值（模拟）法。

数值（模拟）法适合处理解决非一般条件下的水文地质问题，将复杂的问题条件用模型表达，得出相应的解。准确率较高，使用非常广泛，与其他预测计算方法结合起来使用，可较大地提升隧道涌水量预测的准确性。

3.3.4 水平集水建筑物渗流计算

水平集水建筑物就其工作性质可分为单独的和系统的两种。前一类主要布置在疏干地区的边缘或岸边附近，其任务是用来截获由一侧流入疏干区的地下水流。系统的排水渠主要布置在疏干区范围内，主要用来降低地下水位。

按照埋藏条件，水平集水建筑物又分为完整的和不完整的（图 3.3-21）。所谓完整的，是指水平集水建筑物揭露到含水层底部，整个集水工作面上是透水的。不完整的水平集水建筑物，它可以埋藏在含水层的中部，或者是集水工作面上完全透水的。

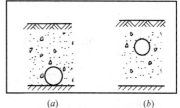

图 3.3-21　渗渠分类
（a）完整式渗渠；（b）非完整式渗渠

1. 单独集水建筑物（排水渠、管，集水管，廊道）计算

地下水向完整的和不完整的水平集水建筑物，如排水渠、管、廊道等运动，可以认为是潜水平面流，其流量计算模型和计算公式见表 3.3-3。

2. 系统排水渠（管）计算

在含水层中如果平行而又等距布置两条或许多条排水渠，就构成排水渠系统（图 3.3-22）。在地下径流很弱的情况下，完整排水渠系统的流量主要依靠降水或灌溉水入渗补给，因此，每个排水渠单位长度上的流量为：

$$q = W \cdot l$$

式中　W——大气降水的入渗量；

　　　l——排水渠间距。

排水地段的降落曲线可根据河间地块潜水运动方程，当两边渠内水位确定时，有下列形式：

$$h^2 - h_w^2 = \frac{W}{K}(L - x)x$$

由此可以看出，当 $x = 1/2$ 时，h 有最大值，即排水渠中间断面的水位最高。如果这个断面的水位在排水渠作用下下降到要求的标高，则排水渠间距就是合理的。由此，排水渠的合理间距为：

$$L = 2\sqrt{\frac{K}{W}(h_{max}^2 - h_w^2)}$$

渗渠出水量计算公式　　　　　　　　　　　　　表 3.3-3

集水形式	类型	图示	公式	符号说明	适用条件
集取地下水或潜流水	完整式		$Q=LK\dfrac{H^2-h^2}{R}$	Q—渗渠出水量(m^3/d); L—渗渠长度(m); K—渗透系数(m/d); H—含水层厚度(m); h—动水位至含水层底板的高度(m); R—影响半径(m); S—水位降落(m); H_1—渗渠底至静水位的距离(m); C—渗渠宽度之半(m); T—渗渠底至含水层底板的距离(m)	$L>50m$。双侧进水,若单侧进水应除以 2
			$Q=1.37K\dfrac{H^2-h^2}{\lg\dfrac{R}{0.25L}}$		$L<50m$。双侧进水,若单侧进水应除以 2
	非完整式		$Q=2LK\left[\dfrac{H_1^2-h^2}{2R}+Sq_r\right]$ q_r—根据 α 及 β 值查得: $\alpha=\dfrac{R}{R+C}$ $\beta=\dfrac{R}{T}$ 当 β 大于 3 时, $q_r=\dfrac{q_r'}{(\beta-3)q_r'+1}$ q_r'—从 $q_r'=f(\alpha_0)$ 曲线查得: $\alpha_0=\dfrac{T}{T+\dfrac{1}{3}C}$		双侧进水,若单侧进水应除以 2
	完整式		$Q=\dfrac{2a}{1+a}\left[Q_1+\dfrac{LKT(H-h)}{l}\right]$ $Q_1=LKHl$ $a=\dfrac{1}{1+\dfrac{h}{l}A}$ $A=1.47\lg\dfrac{1}{\sin\dfrac{\pi d}{2h}}$ $T=\dfrac{H+h}{2}$	Q、L、K、H、h 同前; l—渗渠中心至河水边线的距离(m); Q_1—从分水岭来的地下水流量(m^3/d); A—系数; d—渗渠直径或宽度(m); I—地下水的水力坡降; a—系数	靠近地表水体。地下水从远方流向渗渠一边集取河床潜流水,一边集取岸边地下水
	非完整式		$Q=KL\left[\dfrac{H_1^2-h^2}{2l}+S_1q_{r1}+\dfrac{H_2^2-h^2}{2R}+S_2q_{r2}\right]$ $S_1=H_1-h$　$S_2=H_2-h$ q_{r1}—α_1、β_1 的函数; $\alpha_1=\dfrac{l}{l+C}$　$\beta_1=\dfrac{1}{T}$		

许多情况下，渠区水深 h_w 很小，可以忽略，同时设计水位降深 s 是已知的，若令 $s = H_0 - h_{max}$，则得：

$$L = 2(H_0 - s)\sqrt{\frac{K}{W}}$$

从此式可以看出，要求的水位降深越大，地层渗透性越弱，排水渠的间距就应越小。其他条件一定时，入渗量越大，排水渠越密。

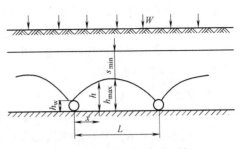

图 3.3-22　系统完整渠（管）

当潜水主要依靠渗入补给时，不完整排水管的流量同完整排水管一样，也主要来源于渗入量。但因在不完整排水管的情况下，潜水不仅从两侧流入排水管，而且也从下部向上流入排水管。当含水层厚度相当大时，可以形成许多圆柱等势面，并与排水管共轴，如图 3.3-23。根据这种特点，柯斯加科夫导出了浸润曲线方程：

$$h - h_w = \frac{1}{\alpha K}\left[\frac{WL}{2}\ln\frac{r}{r_w} - W(r - r_w)\right]$$

式中　r_w——排水管半径；

　　　h_w——从 N-N 线算起的排水管水位，在一般情况下，$h_w \ll h$，可以忽略不计。

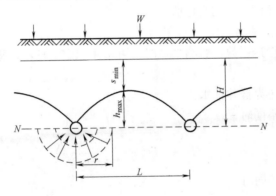

图 3.3-23　系统不完整渠（管）

如果忽略 h_w，则可得浸润曲线方程为：

$$h = \frac{1}{\alpha K}\left[\frac{WL}{2}\ln\frac{r}{r_w} - W(r - r_w)\right]$$

并可推导出不完整排水管合理间距的计算公式如下：

$$L = \frac{\pi K h_{max}}{W\left(\ln\dfrac{L}{2r_w} - 1 - \dfrac{2r_w}{L}\right)} \approx \frac{\pi K(H - s_{min})}{W\left(\ln\dfrac{L}{d} - 1\right)}$$

3.3.5　工程降水对周边环境的影响

周边环境是指地下水控制工程影响范围内既有建（构）筑物、基础设施（包括道路、地下设施、地下管线）、岩土体及地下水体等的统称。工程降水会引起一定区域内的地面沉降，可能造成既有建构筑物的破坏；会干扰一定范围内的地下水流场，可能影响临近水源井的开采能力；工程降水排水增加市政排水压力，可能影响汛期抽水排洪能力。因此，当施工降水区邻近已有建（构）筑物、地下管线，已有地下水开采井、生态环境保护区等情况时，施工降水可能对周边环境产生影响，应对周边环境影响程度进行预测评价。预测评价项目应包括下列内容：

(1) 地面沉降；

(2) 建（构）筑物、地下管线开裂、位移、沉降变形；

(3) 已有地下水开采井出水能力减少或枯竭；

(4) 地下水水环境恶化；

(5) 生态环境恶化；

(6) 道路交通影响；

(7) 居民生活环境影响。

3.3.5.1 工程降水引起周边地下水位降低值的计算

在预测评价工程降水对周边环境影响前，需要确定工程降水的排水量，工程降水引起的周边范围内的地下水位降低值和各地层的孔隙水压力变化值。针对工程降水量的计算可见 3.3.1～3.3.4 节。本部分主要讨论含水层的水位降低值计算。

地下水流解析法适用于含水层几何形状较规则，边界条件较单一的情况，可以计算出基坑降水影响范围内任何一点的水位值。

1. 稳定流地下水位预测

当已知含水层的渗透系数、影响半径时，可采用稳定流理论，根据含水层类型选择相应公式计算。

潜水含水层无限边界群井抽水：

当降水井抽水量不同时

$$s_j = H - \sqrt{H^2 - \sum_{i=1}^{n} \frac{q_i}{\pi k} \ln \frac{R}{r_{ij}}}$$

当降水井抽水量相同时

$$s_j = H - \sqrt{H^2 - \frac{Q}{1.366k}\left(\lg R - \frac{1}{n}\lg r_{1j}r_{2j}\cdots r_{nj}\right)}$$

式中　s_j——预测点 j 处的地下水位降深（m）；

　　　H——潜水含水层厚度（m）；

　　　k——含水层渗透系数（m/d）；

　　　Q——总涌水量（m^3/d）；

　　　q_i——第 i 眼井的抽水量（m^3/d）；

　　　i——降水井编号，$i=1，2，\cdots，n$；

　　　r_{ij}——第 i 抽水井到预测点 j 的距离（m）；

　　　R——影响半径（m）。

承压含水层无限边界群井抽水：

当降水井抽水量不同时

$$s_j = \sum_{i=1}^{n} \frac{q_i}{2\pi kM} \ln \frac{R}{r_{ij}}$$

当降水井抽水量相同时

$$s_j = \frac{0.366Q}{kM}\left(\lg R - \frac{1}{n}\lg r_{1j}r_{2j}\cdots r_{nj}\right)$$

式中　M——承压含水层厚度（m）；
　　　其他符号同前。

2. 非稳定流地下水位预测

当已知含水层的渗透系数、释水系数（或给水度）时，可采用非稳定流理论，根据含水层类型选择公式计算。

潜水含水层无限边界群井抽水：

当降水井抽水量不同时

$$s_{j,t} = H - \sqrt{H^2 - \sum_{i=1}^{n}\frac{q_i}{2\pi k}W(u_{ij})}$$

$$u_{ij} = \frac{r_{ij}^2\mu}{4kHt}$$

当降水井抽水量相同时

$$s_{j,t} = H - \sqrt{H^2 - \frac{Q\ln\frac{2.25at}{\sqrt[n]{r_{1j}^2 \cdot r_{2j}^2 \cdots r_{nj}^2}}}{2\pi k}}$$

式中　$W(u_{ij})$——井函数，可通过查表方式获取值；
　　　a——压力传导系数（m^2/d）；
　　　μ——给水度；
　　　t——降水时间（d）；
　　　其他符号同前。

承压含水层无限边界群井抽水：

当降水井抽水量不同时

$$s_{j,t} = \sum_{i=1}^{n}\frac{q_i}{4\pi kM}W(u_{ij})$$

$$u_{ij} = \frac{r_{ij}^2 S}{4kMt}$$

当降水井抽水量相同时

$$s_{j,t} = \frac{Q\ln\frac{2.25at}{\sqrt[n]{r_{1j}^2 \cdot r_{2j}^2 \cdots r_{nj}^2}}}{4\pi kM}$$

式中　S——含水层的弹性释水系数；
　　　其他符号同前。

目前，在降水设计中采用井点或辐射井技术的水位预测还是不够准确的。井点降水中，由于井点数量很多，井点间距较小，一方面计算工作量很大，另一方面每个井点的出水量很难控制，因此，用管井理论计算结果与实际情况还是有一定差异。辐射井降水的水位预测，尤其是两个以上辐射井同时干扰抽水情况下的水位预测计算，目前还没有合适的计算公式。

3.3.5.2 地面沉降的计算

随着城市建设越来越密集，施工降水引起的地面沉降对临近建（构）筑物及各类管线等的影响越来越不能忽视，如何评价这种影响成为施工降水设计的重要内容。目前比较常用的方法是采用线性变形体计算模型，用分层总和法计算地面沉降量。采用分层总和法计算评价地面沉降应先计算基坑及其周边地下水位降低值，并确定基坑及周边的孔隙水压力变化，然后通过确定有效应力增量计算地面沉降增量。由于分层总和法的理论假定条件遵循胡克定律，应力-应变呈直线关系，土体任何一点都不能产生塑性变形等，与土体的实际应力-应变状态不一致，同时公式中采用的计算参数系室内有侧限固结试验测得的压缩模量，试验条件与基础底面压缩层不同深度处的实际侧限条件不同等，因此计算值与实际值有些出入，考虑到工程的安全性，采用分层总和法计算结果偏于安全，因此，规范中一般都规定可以用分层总和法计算结果评价地面沉降的影响。

在我国现行的所有有关的国家标准、行业标准和地方标准中，计算地基变形时都采用"分层总和法"，计算公式如下：

$$s = \frac{\Delta p}{E_{0.1\sim0.2}} H = \sum_{i=1}^{n} \frac{\Delta p_i \Delta h_i}{E_{si}}$$

式中　H——降水影响深度范围内土层的原始厚度（m）；

Δp——水位变化施加于土层上的平均荷载（kPa）；

$E_{0.1\sim0.2}$——降水影响深度范围内土层的平均压缩模量（kPa）；

Δp_i——计算点因水位变化施加于第 i 层土的平均附加应力（kPa）；

Δh_i——计算点第 i 层土的厚度（m）；

E_{si}——第 i 层土的压缩模量（kPa），应取土的自重应力至自重应力与附加应力之和的压力段的压缩模量值。

现有的国家标准、行业标准和地方标准中，采用"分层总和法"计算的地面沉降值，有经验的情况下，可以采用修正系数进行修正，以更符合当地的工程降水实际情况。

3.3.5.3 工程降水对既有建构筑物、地下管线的影响评价

工程降水过程中，地下水位影响范围内的地基土因孔隙水压力减小，有效应力增加会引起土层压缩、地面沉降。同时在某些情况下，基坑周边土层在渗透力作用下细颗粒土产生移动，使土体进一步产生压缩变形和沉陷，地面沉降将可能加剧，影响周边环境的已有建（构）筑物、管线等的安全。

针对施工降水可能引起的周边环境安全、工程降水引起的地面沉降需要严格控制等进行了规定，并提出了控制指标。

（1）工程降水影响范围内有易燃、易爆、易漏的地下管线，预测工程降水引起的累积沉降值大于 10mm 或该管线的允许沉降值时，需要采取措施控制工程降水的影响。表 3.3-4 的沉降控制值不仅是针对工程降水的影响，还包括开挖引起的地层变形。

（2）施工降水影响范围内有建（构）筑物，预测施工降水引起的累积沉降值大于 10mm 或该建筑物的允许沉降值，或倾斜值大于 0.2%，或该建筑的允许倾斜值，都需要控制工程降水规模和影响。必要时，应采用其他有效工程措施保护建（构）筑物安全。

管道类型		累计沉降值(mm)
刚性管道	压力	10～30
	非压力	10～40
柔性管线		10～40

各类管道沉降控制值   表3.3-4

3.3.5.4 工程降水对既有地下水开采井的影响

工程降水必然造成地下水位下降。如果工程降水历时长，地下水位降低大，且在降水场地周边一定范围内存在既有开采井，则需要关注降水对开采井出水量的影响。因此，针对此方面，需要完成以下工作：

（1）调查收集施工降水影响范围内的既有开采井情况。包括井深、取水层位、与降水工程的距离、潜水泵放置深度、取水量及井内水位降深等信息。

（2）在工程降水条件下，计算开采井处地下水位的降深值。可以采用解析解方法预测开采井处的地下水位影响程度。

（3）重新计算既有水源井的单井出水量。根据现有的水源井信息，在含水层厚度和水位降深减小的情况下，计算水源井的出水量。

（4）对比分析工程降水前后的已有水源井的出水量，评估基坑降水影响范围内已有地下水开采井的影响程度。根据上面的调查信息和预测数据，分析工程降水对开采井的影响程度，且通过计算结果，确定水源井的出水量变化，以评价其对水源井的影响程度。

3.3.5.5 工程降水引起地下水环境变化评价

需要考虑两类问题：一是混合抽水井对地下水环境的影响；二是工程周边一定范围内存在污染场地，工程降水诱发的污染范围扩大。

1. 混合抽水井降水

涉及多个含水层工程降水，如果降水井穿透多个含水层，形成混合井抽水，则降水井在多个含水层间将起到连通器的作用，即使降水结束后封填了降水井，也不能完全消除其影响。

许多城市中，工程施工影响范围内都存在多层水，且一般情况下，浅层地下水的水质劣于深层地下水的水质。如果降水井使用完毕后，封井时不能做到上下层地下水隔离，将会产生上层水对下层水水环境的持续恶化影响。

《中华人民共和国水污染防治法》第三十七条规定"多层地下水的含水层水质差异大的，应当分层开采；对已受污染的潜水和承压水，不得混合开采"。第三十八条规定"兴建地下工程设施或者进行地下勘探、采矿等活动，应当采取防护性措施，防止地下水污染。"

因此，工程降水应评价地下水环境现状，确定影响含水层水质状况，并评价降水活动对地下水环境的影响。如果存在降水井结构不合理可能造成地下水环境的恶化，则应采取以下措施：

（1）成井时分层止水，确保封井回填后不会形成上下层水的直接连通。

（2）当各含水层水质存在明显差异时，可分层进行降水，避免各含水层间的地下水因混层而造成间接污染。

（3）采用非工程降水的地下水控制措施。

2. 对污染场地的影响

建设工程周边可能存在着没有修复的污染场地，但建设工程仍会进行下去。污染场地是指因堆积、储存、处理、处置或其他方式（如迁移）承载了有害物质的，对人体健康和环境产生危害或具有潜在风险的场地。这类场地地下水中的污染物会随着地下水渗流产生弥散和对流扩散，形成污染羽。工程降水会加剧工程周边一定范围内的地下水渗流速度，会诱发地下水污染羽的加速扩大，形成更大范围的地下水污染。因此，建设工程周边一定范围内存在污染场地时，应评价工程降水对加速污染场地地下水污染物运移的影响。可按下列步骤预测：

（1）确定施工降水可能引发地下水水质变化的区域及受到施工降水影响的各层地下水水质背景值。

（2）确定污染场地位置和地下水污染的主要物质。

（3）建立包括建设工程和污染场地的水文地质模型、确定地层的水文地质参数和边界条件。

（4）计算建设工程降水的影响范围和地下水渗流场。计算污染场地中地下水污染物的运移发展，确定施工期的地下水污染发展的范围及计算含水层中污染物浓度变化。

（5）评估因工程降水诱发的污染场地地下水污染物的运移对地下水环境的影响程度，以评价建设工程采用工程降水方法的可行性。必要时，评价采取其他工程措施对控制污染场地地下水污染物运移的控制能力。

3.3.5.6　工程降水引起生态环境变化预测

利用北京市地下水位观测孔的水位观测资料，绘制了不同埋深地下水位变化幅度（图3.3-24），图中 A 线表明地下水位埋深小于8m时，地下水位变化幅度随着埋藏深度的增大而增大，即包气带厚度增大，地下水位变化幅度也增大，表明降水入渗补给和蒸发排泄在8m深度内相互作用最明显。B 线表明地下水位埋深大于8m时，地下水位变化幅度基本不受埋藏深度影响，表明地下水的补给不再随着降雨的多少而增减，基本上是均匀进行补给，这也反映了地下水位埋深大于8m以后，基本不存在蒸发排泄。因此，可以归纳出以下两点：

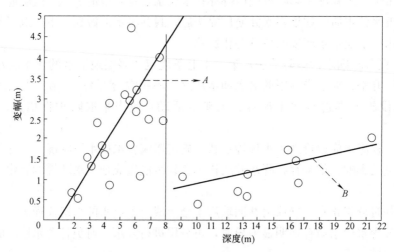

图 3.3-24　不同埋深地下水位变化幅度图

（1）地下水位深度达到 8m 以下，地下水位继续降低不会对浅表层土层含水量产生影响，即使进行施工降水，也不至于对生态环境产生影响。

（2）当地下水位深度小于 8m 时，则分两种情况：一是浅表层（深度为 3m 以内）为黏性土，则短期降低地下水位不会影响这类地层的含水量，也即不会影响生态环境；长期降低地下水位，则可能对影响范围内的土壤层含水量产生影响；二是浅表层（深度为 3m 以内）为砂类土，则施工降水引起地下水位降低时，可能会影响土层含水量，也就有可能影响生态环境。

因此，应根据降水前地下水位与周边生态环境的水力联系，分析地下水位变化对生态环境的影响程度。

工程降水对生态环境影响评价应包括下列内容：①天然环境水文地质条件；②主要环境水文地质条件问题；③主要施工、运营对周围环境和生态的影响。

尤其要重视以下几个方面：

（1）对干旱、半干旱等水文地质条件较差地区，需要评价长期降低地下水位后土壤层的含水量的变化。

（2）对于裸露型或覆盖型岩溶地区，需要评价工程降水引起的地面塌陷等生态环境问题。

（3）对深路堑地下水地段，存在长期排水时，应评价对周边环境的影响。

（4）应评价工程降水对周边湿地或地表水体的影响。

（5）边坡工程长期排水对环境的影响。

3.3.5.7　工程降水对人居环境影响分析

工程降水或隧道排水都可能对人居环境产生影响。

工程降水排放可能产生两个问题，一是在汛期，可能影响城市排洪，造成局部的洪涝灾害，影响居民的活动和安全出行。因此，工程降水前应评估降水抽排量的排水条件是否能够满足要求。二是在冬期，可能出现排水能力不足或排水口溢出，造成道路结冰，影响人车出行安全。

隧道排水量有时很大，尤其是在山岭地区，其排放可能影响下游村庄的安全，需要评价。同时，隧道排水不能有效组织，也可能诱发所在地的地质灾害，必须慎重对待。另外，隧道排水可能极大地改变地下水渗流场，阻断上下游地下水的水力联系，也可能造成下游的取水建筑物不能使用，影响人居生活。

3.4　帷幕工程

隔水帷幕是工程主体外围隔水系列的总称，用于阻止或减少基坑侧壁及基坑底地下水流入基坑而采取的连续止水体。隔水帷幕是控制地下水的重要方法。隔水帷幕的主要问题是帷幕体深度、厚度的确定和渗透破坏分析。

3.4.1　帷幕及类型

隔水帷幕结构形式与布置应根据工程地质条件、水文地质条件、周边环境条件和基坑开挖深度、施工工艺等综合确定，并可按表 3.4-1 选择。同一工程可采用多种帷幕形式，并应与基坑支护结构形式相协调。

帷幕结构选型表

表 3.4-1

序号	帷幕支护类型	应考虑的因素			注意事项与说明
		施工及场地条件	土层条件	开挖深度（m）	
1	地下连续墙	1. 基坑侧壁安全等级一、二、三级；2. 基坑周围施工宽度狭小，邻近基坑边有建筑物或地下管线需要保护	除岩溶外的各种地层条件	不限	优点：墙体刚度大、整体性好，地层适用性强，振动少，噪声低，环境影响小；缺点：工程造价较高，施工技术环节要求高，泥浆容易造成现场泥泞和污染
2	桩锚＋旋喷桩帷幕	1. 基坑侧壁安全等级一、二、三级；2. 基坑较深，临近有建筑物不允许放坡，不允许附近地基有较大下沉和位移等条件	黏性土、粉土、砂土、砾石等各种地层条件	不限	优点：刚度大，抗弯强度高，变形较小，整体性好，安全度好，设备简单，施工方便，适用于各种地层条件；缺点：工程造价较高，当土层含较多的大粒径块石、坚硬黏性土和较多有机质时，旋喷注浆效果较差
3	桩锚＋搅拌桩帷幕	1. 基坑侧壁安全等级一、二、三级；2. 基坑较深，临近有建筑物不允许放坡，不允许附近地基有较大下沉和位移等条件	黏性土、粉土等地层条件，搅拌桩不适用砂、卵石等地层	不限	优点：桩刚度大，抗弯强度高，变形较小，整体性好，安全度好，设备简单，施工方便，搅拌桩在软土中的施工效果较好；缺点：工程造价较高，不适用于砂卵石等地层
4	重力式挡墙	1. 基坑侧壁安全等级宜为二、三级；2. 水泥土墙施工范围内地基土承载力不宜大于150kPa；3. 基坑周围具备水泥土墙的施工宽度；4. 对周围变形要求较严格时慎用	淤泥、淤泥质土、黏性土、粉土	不宜超过7m	优点：兼具支护、帷幕双重功能，采取自立式，不加支撑，开挖方便，工程造价低；缺点：水泥土墙体强度低，刚度小，基坑的位移量比较大，水泥土墙体施工质量不宜控制
5	土钉墙＋搅拌桩帷幕	1. 基坑侧壁安全等级宜为二、三级的非软土场地；2. 基坑周围有放坡条件，临近基坑无对位移控制严格的建筑物和管线等	填土、黏性土、粉土、砂土、卵砾石等土层	不宜大于12m	优点：结构简单承载力较高，安全可靠，适用性强，施工机具简单，施工灵活，污染小，噪声低，对周边环境影响小，支护费用低；缺点：需要场地周围有一定放坡条件
6	钻孔咬合桩	1. 基坑侧壁安全等级宜为二、三级；2. 基坑较深，临近有建筑物不允许放坡，不允许附近地基有较大下沉和位移等条件	各种土层，尤其适用于淤泥、流砂、地下水富集等不良条件的沿海地区软土地层	不限	优点：支护结构强度和刚度均较大，桩互相咬合，防渗效果好；缺点：对施工精度、工艺和混凝土配合比均有严格要求

序号	帷幕支护类型	应考虑的因素			注意事项与说明
		施工及场地条件	土层条件	开挖深度（m）	
7	SMW工法	基坑侧壁安全等级宜为二、三级	黏性土和粉土为主的软土地区	一般适用于开挖深度6～10m，采用较大尺寸型钢和多排支点时深度可加大	优点：占用场地小；施工速度快；对环境污染小，无废弃泥浆；施工方法简单，施工过程中对周边建筑物及下管线影响小；耗用水泥钢材少，造价低，型钢能够回收，降低成本。缺点：对土层岩性适用性较小，主要应用于软土地层
8	冷冻墙	大体积深基础开挖施工、含水量高地层，25～50m的大型和特大型基坑更具有造价与工期优势	黏性土、粉土、砂、卵石等各种地层，砾石层中效果不好	不限	优点：安全可靠，隔水效果好；适应面广，灵活性好；冻结可控性好；污染小。缺点：冻融过程对周边有一定影响；电源不能中断
9	袖阀管注浆法	在支护结构外形成止水帷幕，与桩锚、土钉墙等支护结构组合使用	各种地层条件	不限	优点：可对不同地层采用不同的注浆方案进行针对性注浆，并可通过二次注浆弥补注浆缺陷
10	长螺旋旋喷搅拌水泥土桩	适用于在已施工护坡桩间做止水帷幕，能够克服砂卵石等硬地层条件	适用于各种土层条件	不限	优点：帷幕桩与护坡桩结合紧密，止水效果好；水泥用量较小，施工速度快，返浆少，现场文明施工

3.4.2 垂直隔水帷幕深度和厚度

1. 竖向隔水帷幕深度

竖向隔水帷幕的形式有两种：一种是插入隔水层；另一种是含水层相对较厚，帷幕悬挂在透水层中。前者须进行基底渗流稳定、隆起验算，必要时可加深竖向截水帷幕深度或采用降压井保证施工安全；后者需要考虑绕过帷幕涌入基坑的水量，评价基坑内降水井数量和布置及其可能造成的周边环境问题，必要时进行封底或采用其他方法。

（1）落底式隔水帷幕

落底式隔水帷幕（图3.4-1）进入下卧隔水层的深度应满足下式要求，且不宜小于1.5m。当帷幕进入下卧隔水层较深，隔水层之下承压水头较高时，应验算帷幕底以下薄层隔水层 t_r 的渗透稳定。

$$l \geqslant 0.2\Delta h - 0.5b$$

式中 l ——帷幕进入隔水层的深度（m）；

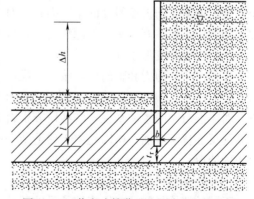

图3.4-1 落底式帷幕进入隔水层深度验算

Δh——基坑内外的水头差值（m）；

b——帷幕的厚度（m）。

（2）悬挂式隔水帷幕

当潜水含水层采用悬挂式帷幕时（图 3.4-2），应核算地下水沿着帷幕边界最短的渗透路径上的渗流稳定性。采用悬挂式帷幕时，应按下式验算帷幕体的入土深度 h_d：

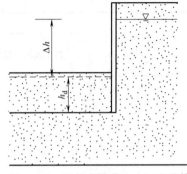

$$i = \Delta h / L = \Delta h / (\Delta h + 2h_d) \leqslant [i]$$

$$h_d \geqslant \frac{\Delta h}{2}\left(\frac{1}{[i]} - 1\right)$$

图 3.4-2　悬挂式帷幕入土深度验算

式中　Δh——基坑内外的水头差值（m）；

$[i]$——允许渗透坡降，对于砂土、中砂、粗砂、砾砂和级配良好的砂砾石层，可取 0.3～0.4；级配不良的砾石或粉细砂地层，可取 0.1～0.2。

注意此公式只适用于潜水条件下的均匀砂或砂砾石地层；对于多层地层、岩石地层不适用；对于承压水条件下的基坑也不适用。

上述计算的帷幕体的入土深度只是保证在此条件下不会发生渗透破坏。对于隔水帷幕能够降低基坑地下水的涌水量和帷幕外侧的地下水位，则需要根据基坑内降水情况下的地下水渗流公式计算。

2. 竖向帷幕或防渗墙厚度

影响防渗墙厚度的因素是墙体材料、抗渗性及耐久性要求、防渗结构应力应变要求、地质条件、施工条件、环境水质以及类似工程经验等。主要影响因素有以下几个：

（1）渗透稳定条件

目前用两种方法来选择和核算防渗墙的厚度，即允许水力梯度（坡降）法和抗化学溶蚀法这两种方法。

（2）抗渗性及耐久性要求

防渗墙的主要功能是防止水大量渗漏和由此引起的渗水会危及堤坝或基坑安全。因此，防渗墙必须满足抗渗性和耐久性要求。防渗墙的抗渗性由抗渗指标控制。混凝土结构的耐久性是指其在长期使用过程中抵御内外侵蚀或破坏的能力和安全使用性能，它直接与工程建筑使用寿命相联系，使结构在使用期内能保持正常功能，因此，抗渗性和耐久性要求是确定混凝土防渗墙厚度的重要因素。对于如基坑等临时性工程的隔水帷幕，耐久性可以不用考虑，但在高水头大降深情况下，抗渗性需要考虑。

（3）强度和变形条件

根据弯矩、剪力和轴向力，按偏心受压构件核算断面拉压应力是否能满足要求。当然这是针对刚性（塑性）防渗墙来说的，对于柔性防渗墙尚应注意它的变形是否能满足要求。对于混凝土防渗墙来说，有些研究资料表明墙的厚度增大，并不一定有利，薄墙的受力状况反而优于厚墙，所以趋向于建造薄一些的防渗墙。根据上面两个条件求出的墙厚是最小的墙厚。

（4）墙体材料

不同的墙体材料，它们能够承受的荷载以及抵抗变形和渗透的能力是各不相同的；在承受相同水头情况下，墙体厚度也是不同的。

（5）施工条件

就像各种机器一样，地下防渗墙施工机械也都有它自己工作效率最高的运行状态。这就要求我们在设计防渗墙厚度的时候，必须考虑现有的造孔机械在厚度和深度方面的适用范围。此外，各种钻机在造孔过程中，都会出现偏斜，并且随着孔深增大而加大，那会使墙底有效厚度变薄，而不能满足设计要求。

（6）地质条件

地质条件对墙体厚度的影响，主要在以下几个方面：

1）防渗墙受到土压力和水压力的作用，此时地基的颗粒组成以及它们的物理力学特性指标对防渗墙的厚度肯定是有影响的。

2）当地基中大漂石或弧石的含量太多时，太薄的防渗墙是极难施工的，太厚的防渗墙则会消耗大量的动力，也是很难施工的。在软土地基中墙可薄些，太厚的防渗墙可能出现槽孔坍塌。

3）当需要处理的地基很深时，太薄的墙则无法保证底部墙体连续。

（7）墙体薄弱部位

由于防渗墙是在地面下建造，容易在墙体中或其周边造成一些薄弱部位，会使墙的有效厚度减少。

1）墙体接缝。在浇筑过程中，孔底的淤积物或槽孔混凝土顶面上的淤泥被推挤到两端接缝部位，使墙体的抗渗能力大为降低。

2）使用冲击钻机造孔时，两侧孔壁上易出现梅花孔和探头石等，侵占了墙体设计厚度。另外，泥浆质量不好时，在孔壁上形成很厚的泥皮，也使墙的有效厚度变小。

目前针对基坑工程的帷幕厚度尚没有更多研究，主要原因在于基坑工程中地下水头相对较低，坑内外的水头差相对不大。但随着基坑越来越深，基坑工程所需控制的水头越来越大，帷幕厚度对基坑工程施工安全的影响越来越不可忽视。

堤坝工程防渗墙厚度研究较多，室内试验、数值分析及工程实践成果较多。其对帷幕厚度的观点和认识都值得基坑工程借鉴。以下为水利工程的防渗墙厚度的确定方法。

防渗墙在渗透压力作用下，其耐久性取决于机械力侵蚀和化学溶蚀作用，由于侵蚀破坏作用都与水力坡降密切相关，因此，防渗墙的厚度首先根据其破坏时的水力梯度来计算，即：

$$B = \frac{H}{J_p}$$

$$J_p = \frac{J_{max}}{K}$$

式中 J_p——防渗墙的允许水力梯度；

H——防渗墙承受的最大水头；

J_{max}——防渗墙破坏时的极限水力梯度；

K——安全系数，国内一般采用 $K = 5$。

按抗渗性和耐久性计算的墙体厚度是防渗最小要求的厚度，也是初选墙体厚度。引用允许水力梯度的概念计算防渗墙厚度，由于简单实用，而且已建工程运行情况也证明未出现问题，因此根据水力梯度计算进行初选墙厚是可行的。但防渗墙的厚度问题涉及因素较多，墙厚的确定还要对其他因素作全面的分析与论证。

3.4.3 水平隔水帷幕深度和厚度

许多研究成果表明，当基底下部的地层为分选性较好的砂卵石层时，或垂向渗透系数与水平向渗透系数相差不大时，悬挂式止水帷幕对坑内涌水量影响较小。如果含水层厚度较小，则可采用落底式隔水帷幕，形成全封闭式坑内疏干降水；如果含水层厚度大，采用落底式隔水帷幕施工难度大、成本高时，也可考虑在基底以下一定深度设置水平封底（水平隔水帷幕），人为减小地层的垂向渗透系数 K_z，从而降低坑内涌水量。

根据地下水动力学原理，渗透系数不同的成层地层（图3.4-3），渗流方向垂直于层面时，平均渗透系数计算公式如下：

$$K_\alpha = \frac{\sum_{i=1}^{n} M_i}{\sum_{i=1}^{n} \frac{M_i}{K_i}}$$

可以看出，平均渗透系数更偏向于渗透系数小的地层。因此，水平封底的渗透系数越小，对控制基坑涌水量越有利。正常情况下，水平封底与基底之间应该预留一定厚度的原状地层，确保可布设降水井抽排由水平封底渗漏至基坑内的地下水（图3.4-4）。

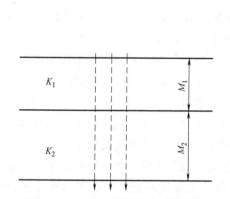

图3.4-3 多层土平均渗透系数计算

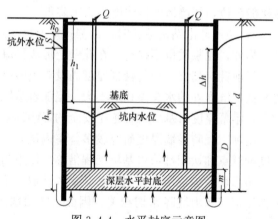

图3.4-4 水平封底示意图

1. 水平封底深度计算

进行水平封底，相当于在基底以下人为改造了一个相对弱的透水层。基坑开挖过程中，需要防止水平封底下部地下水造成渗流破坏。因此，深度设置需要满足一定的条件，除了使其上部有一定厚度的原状地层外，还要使得水平封底下部的地下水位可以不降低或者少降低。可借助基底抗突涌稳定性公式进行分析（图3.4-4）：

$$\frac{p_s}{p_w} = \frac{(D-m)\gamma_0 + m\gamma_1}{h_w \gamma_w} \geqslant K_s$$

$$h_w = d - h_0 - S$$

$$D = d - h_1$$

式中 p_s——水平封底及上覆土层的压重（kN）；

$\quad p_w$——水平封底底部地下水的顶托力（kN）；

$\quad K_s$——安全系数；

$\quad D$——水平封底底面至基底的土层厚度（m）；

$\quad m$——水平封底厚度（m）；

$\quad h_w$——水平封底底面的压力水头高度（m）；

$\quad h_0$——初始地下水位埋深（m）；

$\quad \gamma_0$——水平封底顶面至基底土层的加权天然重度（kN/m³）；

$\quad \gamma_1$——水平封底的重度（kN/m³）；

$\quad \gamma_w$——水的重度（kN/m³）；

$\quad d$——水平封底底面埋深（m）；

$\quad h_1$——基坑开挖深度（m）；

$\quad S$——坑外水位降深（m）。

变换上式可得到水平封底深度计算公式：

$$d \geqslant \frac{(h_1+m)\gamma_0 - m\gamma_1 - K_s(h_0+S)\gamma_w}{\gamma_0 - K_s\gamma_w}$$

一般情况下，采用水平封底后，基坑内涌水量会小很多，其在垂直帷幕外引起的水位降深有限，且此水位在设计阶段不易取得，因此，上式中的坑外水位降深可以忽略，其计算的水平封底深度相对更安全。则上式可以简化为：

$$d \geqslant \frac{(h_1+m)\gamma_0 - m\gamma_1 - K_s h_0 \gamma_w}{\gamma_0 - K_s\gamma_w}$$

式中符号同上。从该式中可以看出，水平封底深度与安全系数之间有极大的关系，根据《建筑地基基础设计规范》GB 50007，可取安全系数为 1.1。

2. 水平封底厚度计算

深层水平封底后，墙底嵌固深度范围内土体的垂向等效渗透系数 K_v（图 3.4-16）可根据成层地层垂向平均渗透系数计算公式确定：

$$K_v = \frac{D}{\dfrac{m}{K_{1z}} - \dfrac{D-m}{K_z}}$$

则水平封底厚度 m 为：

$$m = \frac{\dfrac{K_z}{K_v}+1}{\dfrac{K_z}{K_{1z}}+1}D = \frac{\dfrac{K_z}{K_v}+1}{\dfrac{K_z}{K_{1z}}+1}(d-h_1)$$

式中 K_z——原地层垂向渗透系数（m/d），当不能确定含水层垂直渗透系数时，可用水平渗透系数代替；

$\quad K_{1z}$——水平封底垂向渗透系数（m/d）；

其他符号同前。

从上式中可看出，封底厚度与封底止水效果成正比，当封底止水效果越好，垂向渗透系数越小，则封底厚度设置也可以越小。但受施工工艺、地层条件等影响，与垂直隔水帷幕相比，水平向隔水帷幕施工难度大，实际工程中，无法做到深层水平封底滴水不漏，因此，不建议封底厚度过小。

3.4.4 悬挂式帷幕基坑涌水量计算

悬挂式帷幕降水的渗流场非常复杂，解析解计算基坑涌水量尚没有可靠的计算公式。

悬挂式帷幕情况下（图 3.4-5），地下水流线在帷幕底端至含水层底板处处于水平状态，假设该位置处的水力梯度为 i，则根据达西定律，可确定基坑涌水量为：

$$Q=KB(M-h) \cdot i$$

式中　Q——基坑绕流涌水量（m³/d）；

　　　K——渗透系数（m/d）；

　　　B——帷幕长度（m）；

　　　H——降水深度（m）；

　　　M——含水层厚度（m）；

　　　i——水力梯度。

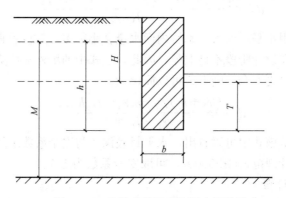

图 3.4-5　悬挂式帷幕基坑涌水量计算

该处的水力梯度 i 的确定存在困难。为了简化计算，取沿帷幕底的最短渗流路径和沿帷幕内外侧至含水层底板的渗流路径的平均值作为该处的渗流路径长度，则渗流路径长度 L 为：

$$L=\frac{b+M+(M-h)+T+b+h+T}{2}=b+M+T$$

式中　h——静止水位到帷幕底深度（m）；

　　　b——帷幕厚度（m）；

　　　T——设计降水水位到帷幕底深度（m）；

其他符号同前。

忽略帷幕外侧的水位降低值，则帷幕底部以下的水力梯度为：

$$i=\frac{H}{b+M+T}$$

由此可得到有止水帷幕的基坑涌水量计算式：

$$Q=\frac{KBH(M-h)}{b+M+T}$$

式中，符号同前。

从工程实践中发现，该式计算出的基坑涌水量远大于实际基坑涌水量。主要原因在于有效含水层厚度的取值。通常情况下，帷幕底至含水层底板之间各点的渗流速度存在较大差异，在帷幕底位置，渗流速度很大，至含水层底板处近乎为 0。因此，悬挂式帷幕的过水断面厚度 $M-h$ 在固定水力梯度值下不能采用全断面厚度，需要进行一定的折减。

鉴于悬挂式帷幕渗流计算的复杂性，建议采用数值法计算此类情况的地下水渗流场，确定基坑的涌水量和帷幕外的水位降深情况。

3.4.5　帷幕隔水的环境安全预测

1. 帷幕底管涌

土是否发生管涌，首先决定于土的性质。一般黏性土（分散性土例外）只会发生流土而不会发生管涌，故属于非管涌土；无黏性土中产生管涌必须具备下列两个条件：

（1）几何条件。土中粗颗粒所构成的孔隙直径必须大于细颗粒的直径，才可能让细颗粒在其中移动，这是管涌产生的必要条件。

（2）水力条件。渗透力能够带动细颗粒在孔隙间滚动或移动是发生管涌的水力条件，可用管涌的水力坡降来表示。即从水力学的观点看，防渗帷幕两侧的动水坡度 i 大于土体的极限动水坡度 i_c。

要防止管涌现象的产生，必须保证防渗帷幕两侧的动水坡度 i 小于土层的极限动水坡度 i_c，且须留有一定的安全余量，即：

$$i \leqslant K_c i_c$$
$$i=h_w/l$$
$$i_c=(\rho_s-\rho_w)/(1+e)$$

式中　K_c——管涌安全系数，一般取 0.6～0.8；

　　　h_w——防渗帷幕内外的水头差（m）；

　　　l——产生水头损失的最短流线长度（m），$l=h_w+2H_p$；

　　　ρ_s、ρ_w——土颗粒和水的密度（kg/m³）；

　　　e——土体孔隙比。

根据上式也可确定防渗帷幕的合理深度。反过来，若已确定防渗帷幕的深度，则可校核基坑底抗管涌稳定性。

2. 坑底突涌

当基坑底为隔水层且层底作用有承压水时（图 3.4-6），应依据下式进行坑底抗突涌验算，必要时可采取封底隔渗或降压井抽水措施保证坑底土层稳定。

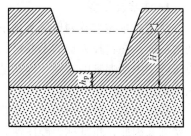

图 3.4-6　坑底突涌验算

$$h_p \geqslant 1.1\frac{\gamma_w}{\gamma}H$$

式中 h_p——基坑底至承压含水层顶板的距离（m）；

     H——承压水头高于含水层顶板的高度（m）；

     γ_w——水的重度（kN/m³）；

     γ——土的重度（kN/m³）。

3. 帷幕渗漏

近年来，高层建筑越来越多，地下室也越建越深。在地下室基坑开挖过程中，对于含水丰富的场地，越来越多地采用隔水帷幕。不管采用何种形式止水，在施工过程中，由于场地的地质条件各异，虽然施工技术参数相同，但施工质量和效果也会不相同，在基坑开挖过程中，可能会出现局部地方漏水的现象，还可能出现大量夹泥漏、夹砂漏。漏水对围护本身和周围环境造成损害，以及可能带来其他不可预料的损失，从而造成安全隐患。

在施工中一旦发生漏水则应采取果断措施进行治理。

局部的渗漏或水量较小的渗漏，可在现场随土方开挖进行处理，一般可采用堵漏灵、快凝水泥等封堵，或在渗漏点外侧支简易模板，灌注速凝混凝土等措施进行封堵。

当简易处理有困难时，渗漏问题也可采用灌浆方法解决。根据渗漏、地层及地下水的实际情况，注浆浆液可选用水泥浆或化学浆液，如水玻璃，或水玻璃与水泥浆的混合液。

3.5 注浆工程

随着地下隧道工程及井巷工程技术的迅猛发展，越来越多的工程实践证明，注浆技术在工程地质和水文地质较复杂的地下工程中，已成为保证工程质量和安全的经济而有效的新型技术。由于地层内部构造复杂多变，浆液在地层中流动的隐蔽性以及浆液自身性质的多样性，给地下工程注浆理论的研究带来了很大的困难。近几十年来，国内外许多学者根据流变学和地下水动力学原理对注浆法进行了大量理论研究，发展了一些注浆理论。但总体来说，与注浆材料、注浆工艺、注浆设备的快速发展呈鲜明对比的是注浆理论的研究相对还比较落后，进展缓慢，其主要原因是被注介质的不均匀性和不确定性以及浆液本身的多变性，增加了理论分析的困难。

3.5.1 注浆及工程作用

1. 注浆及类型

注浆技术是与软弱地层和地下水作斗争的一门关键技术，其主要作用在于加固和堵水两大功能。在科技人员的不断努力下，注浆技术已渗透到地下工程的各个角落，较好地解决了施工中所遇到的难题。注浆的分类较多，根据注浆压力分为静压注浆和高压喷射注浆两大类：

静压注浆一般压力较低，注浆压力随着浆流遇到的阻力增大而升高，浆液注入后为流动状态。因此，将其称为静压注浆，通常所说的注浆泛指静压注浆。根据地质条件、注浆压力、浆液对土体的作用机理、浆液的运动形式和替代方式可将静压注浆分为四种：渗透注浆、劈裂注浆、裂隙填充注浆、压密注浆。浆液在地层中的四种扩散机理模式如图 3.5-1 所示。

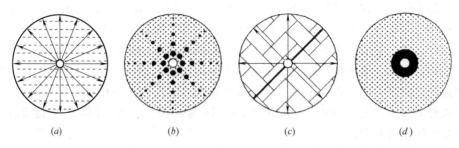

图 3.5-1　浆液在地层中扩散机理模式图

（a）渗透注浆；（b）劈裂注浆；（c）裂隙填充注浆；（d）压密注浆

高压喷射注浆一般压力（20～70MPa）较高，流体在喷嘴外呈射流状，根据喷射管的类型将高压喷射注浆分类如图 3.5-2 所示。

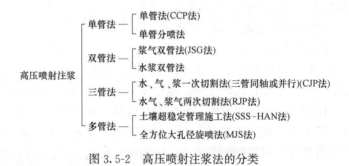

图 3.5-2　高压喷射注浆法的分类

2. 注浆的作用

注浆工程应用范围广泛，主要包括软岩加固、注浆堵水、回填防沉、竖井下沉控制、房屋下沉控制、桥台沉降控制、滑坡防治、变形控制、坍方处理、基坑截水帷幕、TBM 软岩加固支护、渗漏水治理、大坝防渗、瓦斯防溢、古树木保护、混凝土结构裂缝整治、路面整治、工程抢险等。

在地下工程中，注浆在地下结构防渗、基坑加固、防止地面沉降、已建构筑物地基处理、顶管减摩顶进等方面起着重要的作用。

在隧道工程中，注浆具有充填作用、加固作用和减渗作用。①充填作用：注浆可以对坍方体、空洞等进行填充从而保证围岩的完整性，防止小的空洞和坍方诱发大的坍方；可以对初衬和二衬进行背后注浆，从而保证衬砌受力均匀，减小结构应力集中，并控制地层变形。②加固作用：注浆改变了围岩结构、微孔隙和围岩的物质组成成分，使围岩的宏观孔隙降低，致密程度增强，并且提高了围岩的弹性模量、黏聚力和内摩擦角。③减渗作用：浆液在岩层裂隙内流动扩散、充填、固结，成为具有一定强度和低透水性的结石体，充塞岩层裂隙，截断水流通道，固结破碎岩石，减小了围岩渗透系数，从而减小隧道的涌水量并和衬砌承受水荷载。

3.5.2　注浆扩散机理

1. 浆液流变性及分类

注浆理论是在水力学、流体力学、固体力学等的理论发展而来，对浆液的流动形式和固结方式进行分析，建立扩散半径、压力、流量、注浆胶凝时间等之间的关系。浆液在地层中的运动规律和地下水的运动规律非常相似，不同之处在于浆液具有黏度。实际上浆液在地层中的流动是复杂多变的，它不仅受地质条件的影响，而且受注浆材料、注浆参数等因素的影响。因此，浆液在地层中的流变学特性取决于浆液的结构特性。同一种砂层，注浆加固过程中浆液在上述因素作用下，伴随有渗透、劈裂等流动形式，但在一定条件下，总是以某种单一形式流动为主。浆液的类型不同，浆液流变性也不同，一般将浆液分为牛顿体和非牛顿体两大类。

流动性较好的化学浆液属于牛顿体，它的特点是在浆液凝胶前符合一般牛顿流体的流动特性，当达到凝胶时间后，瞬时凝胶。牛顿流体的切应力和应变速度呈线性关系，其流动曲线是通过坐标原点的直线，本构方程如下式：

$$\tau = \mu\gamma$$

式中　τ——剪切应力（单位面积上的内摩擦力）（Pa）；

　　　μ——牛顿黏度或动力黏度系数（MPa·s）；

　　　γ——剪切速率或流速梯度。

水泥浆等粒状材料，从结构上看，属于两相流体，应符合两相流动理论。一般将其看成具有平均性质的准流体考察其流动性质，应用非牛顿流体力学的方法研究浆液的两相流动特性。非牛顿流体包括剪切稀化流体、剪切稠化流体、宾汉姆流体等多种类型，水泥浆等粒状注浆材料可当作宾汉姆流体考虑。由于多相流体中，作为分散相的颗粒分散在连续相中，分散的颗粒间强烈的相互作用形成了一定的网状结构。为破坏网状结构，使得对宾汉姆流体只有施加超过屈服值的切应力才能产生流动。宾汉姆流体切应力与变形速度呈线性关系。本构方程如下式：

$$\tau = \tau_0 + \mu\gamma$$

式中　τ_0——屈服值（Pa）。

由于固相颗粒的不均匀性，在表面引力与斥力作用下易于形成结构，在低剪切速率下其流变曲线往往偏离直线形成曲线变化。在剪切速率 γ 增加至层流段时才成直线变化。这种流体称为黏塑性流体。仍可用方程表示：

$$\tau = \tau_0 + \mu_p\gamma$$

式中　τ_0——动切力，也叫屈服值（Pa）；

　　　μ_p——塑性黏度。

黏塑性流体的表观黏度由塑性黏度 μ_p 和结构黏度 τ_0/γ_0 组成。即：

$$\mu_n = \mu_p + \tau_0/\gamma_0$$

τ_0/γ_0 代表颗粒形成结构的趋势引起的剪切阻力。剪切速率越高，τ_0/γ_0 越小，μ_n 也越小，这种表观黏度随剪切速率升高而降低的现象，称为剪切稀释作用。反映剪切稀释作用大小的指标是动塑比（τ_0/μ_p），动塑比越大，剪切稀释作用越强。

流体的黏性与温度、剪切速率 γ 等有关外，还与切变运动时间（剪切持续时间）相关，如图 3.5-3 所示，在剪切速率不变的条件下，曲线 a 随着时间 t 的延长，剪切力 τ 逐步降低到稳定为止，称为触变流体，触变流体属于剪切稀释液；曲线 b 随着时间 t 的延长，剪切力逐步上升到稳定为止，称为振凝流体，振凝流体属于剪切稠化液。

泥浆是典型的触变流体,特别是膨润土泥浆,具有较好的触变性。

水泥和水拌成水泥浆液后随着时间的延长,浆液越来越稠,其流变曲线也表现出振凝性。

黏时变流体的黏度随时间而增大。试验表明,许多黏度渐变型浆液,其凝胶过程中,黏度变化都符合下列规律:

$$\mu(t) = K e^{At}$$

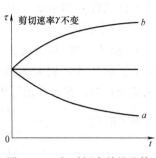

图 3.5-3 与时间有关的流体
a—触变流体;b—振凝流体

式中 μ——浆液的黏度;

t——浆液混合的时间;

K、A——待定常数,由各种不同浆液本身的性能所决定。

水玻璃-磷酸浆液黏度变化曲线方程为:

$$\mu(t) = 2.54 e^{0.355t}$$

2. 渗透扩散

土体是由土颗粒、水和空气组成。土颗粒构成了土的骨架,骨架间有孔隙,孔隙中充填水和空气,孔隙是连通的。渗透扩散是指浆液在压力条件下,在不改变土体结构和颗粒排列的原则下,挤走颗粒间的游离水和空气,达到填充土体孔隙的目的,浆液凝结后,起到加固土体与堵水作用。通过增大注浆压力,浆液向地层孔隙的更远处渗透。对砂层采用化学浆液注浆,以及采用水泥浆灌注孔隙较大的粗砂层、砂卵石层、砂砾石层都属于渗透扩散。

历史上,国内外许多学者对渗透注浆进行了理论研究,代表性的有球形扩散 Magg (1938)公式、Raffle—Greenwood (1961)公式、柱形扩散公式、袖套管法计算公式、宾汉流体扩散公式、黏时变流体在地层中的渗透公式等。这些计算公式和理论都是在特定的物理模型基础上得到的,它们总结了注浆中的一些规律,具有一定的理论价值。但由于复杂的地层条件和注浆工程的隐蔽性,现有的任何一个公式都不能真正准确地反映出地下工程中浆液的流动规律,即这些公式都存在缺陷,甚至与实际情况相差很大。

目前渗透注浆理论仍然存在着许多问题,有待深入研究:

1)现有渗透注浆理论都没有考虑被注介质的非均质性和各向异性,应建立一种适用于各向异性的渗透注浆理论;

2)渗透注浆施工过程的监控及注浆效果的检测技术目前还不成熟,仍然是注浆技术的一个薄弱环节,对注浆效果也没有一个明确的判别标准,往往凭经验定性判断;

3)渗透注浆工程的注浆效果与被注介质的工程地质、水文地质有相当密切的关系,而目前的注浆理论仅对注浆技术本身进行研究,缺乏对被注介质的研究。

(1)牛顿流体在砂层中的渗透理论

浆液具有易流动性,静止时不能承受切力抵抗剪切变形,但在运动状态下,浆液就具有抵抗剪切变形的能力即黏滞性。在剪切变形过程中,浆体质点之间存在着相对运动,使浆体内部出现成对的切力,其作用是抗拒浆体内部的相对运动,从而影响着浆体的运动状态。由于这种黏滞性的存在,浆液在运动中要克服内摩擦力而做功。牛顿于1686年提出并验证了此规律,因此称为牛顿流体。牛顿流体的本质即是在温度不变的条件下,流体的

动力黏滞系数 μ 值不变，为一固定斜率的直线。

1）球形扩散

Magg 于 1938 年首先推导出牛顿体浆液在砂层中的渗透扩散公式，假定浆液从钻杆底部孔注入土体，注浆源为点源，浆液在地层中呈球状扩散（图 3.5-4）。

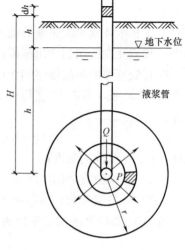

灌浆时间 $$t=\frac{R^3\beta n}{3Kh_1 r_0}$$

浆液扩散半径 $R=\sqrt[3]{\dfrac{3Kh_1 r_0 t}{\beta n}}$

式中 R——浆液的渗透能力（cm）；

K——地层的渗透系数（cm/s）；

h_1——注浆压力（水头压力高度，cm）；

r_0——注浆孔半径（cm）；

t——注浆时间（s）；

β——浆液黏度与水的黏度比值；

n——地层空隙率。

图 3.5-4 浆液球形扩散图

2）柱形扩散

牛顿体浆液在地层中柱形扩散公式（图 3.5-5）如下式：

灌浆时间 $$t=\sqrt{\frac{n\beta R\ln R/r_0}{2Kh_1}}$$

浆液扩散半径 $$R=\sqrt{\frac{2Kh_1 t}{n\beta\ln R/r_0}}$$

式中，符号同前。

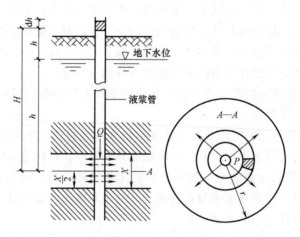

图 3.5-5 浆液柱形扩散图

（2）宾汉姆流体在饱水砂层中的渗透理论

一般情况下，饱水砂层在注浆过程中，虽然温度不变，但实际上当切应力达到某一值时，开始发生剪切变形，但变形率也是常数，这种情况属于宾汉姆流体。宾汉姆流体的柱形扩散公式如下：

$$R=\sqrt{\dfrac{\left[\dfrac{E(p_0-p_R)}{A\mu}-BCR\right]2T}{n\ln\left(\dfrac{R}{r_0}\right)}}\leqslant\dfrac{2.66n^{0.4}}{A}d_0\left[\dfrac{p_0-p_R}{\tau_0}\right]$$

式中　d_0——孔隙直径；

　　　n——体积孔隙率；

　　　A——试验常数；

　　　B——τ_0/μ；

　　　τ_0——极限剪切力；

　　　μ——塑性黏度；

　　　C——介质几何参数决定的常数，$C=d_0^3/3.2n^{0.3}D_0^2$；

　　　D_0——砂粒直径；

　　　R——浆液扩散半径；

　　　p_0——孔底最大压力；

　　　p_R——扩散半径处的浆液压力；

　　　T——注浆时间。

（3）黏时变流体的渗透公式

注浆时，浆液的黏度随时间发生变化，从而引起渗透系数发生变化。设浆液的渗透系数随时间的变化规律为：

$$K_g=\dfrac{K_w}{\beta}e^{-\alpha t}$$

式中　β——与介质渗透系数有关的参数，$\beta=\mu_g/\mu_w$；

　　　α——与浆液、介质的孔隙率有关：

$$\alpha=A\dfrac{\tau_0}{\mu}\cdot\dfrac{d_m}{d_0}$$

　　　d_m——浆液中固体颗粒的平均直径；

　　　d_0——孔隙的平均直径；

　　　τ_0——浆液的极限剪切力。

已知注浆时间及压力差（p_0-p_R）时，可计算 T 时的半径：

$$R=\sqrt{\dfrac{2(p_0-p_R)}{n_{平均}}\dfrac{K}{\ln(R/r)}\dfrac{K}{\beta}e^{-aT}T}$$

式中　p_0——管底压力（kPa）；

　　　p_R——注浆半径为 R 处的压力（kPa）；

　　　r_0——注浆孔半径（cm）；

　　　a——注浆层的厚度（线源长度）（cm）。

被注介质极限渗透系数相对应的注浆时间：

$$T_0=\dfrac{\lg\left(\dfrac{\beta\gamma_w\mu}{K\mu_w}\right)}{0.434\alpha}$$

在纯压式注浆时，最大注浆半径：

$$R_{max} = \sqrt{\frac{Q}{\pi a n_{平均}} T_0}$$

（4）饱水砂层渗透注浆的极限压力

现场试验表明，在圆柱体内进行饱和砂层渗透注浆，如果注浆压力在一定条件下，浆液就会均匀渗透，超过某一极限注浆压力，浆液将由渗透转化为劈裂。只有当注浆压力小于 p_{max} 时，才能保证浆液在砂层中均匀渗透。试验证实，饱水砂层渗透注浆的极限压力为：

$$p_{max} = \frac{2(1-\nu)(\sigma_0 + 2K_0\gamma H)}{2 + \frac{(1-2\nu)}{\ln R - \ln r_0}}$$

式中　σ_0——饱和砂土的抗压强度；

　　　γ——饱和砂土的重度；

　　　H——注浆孔长度；

　　　ν——泊松比；

　　　K_0——静止侧压力系数；

　　　R——浆液扩散半径；

　　　r_0——注浆孔半径。

（5）粒状材料渗透扩散时粒径

对于粒状材料，如果想取得渗透扩散，应对材料粒径进行计算、选择。计算采用 J. C. King 判式确定，如下式：

$$N = \frac{D_{15}}{G_{85}} \geq 10 \sim 15 \text{ 或 } N = \frac{D_{10}}{G_{95}} \geq 10$$

式中　N——注浆比；

D_{15}、D_{10}——土的粒径累积曲线的 15%、10% 的直径（μm）；

C_{85}、C_{95}——注浆材料的粒径累积曲线的 85%、95% 的直径（μm）。

3. 劈裂扩散

劈裂扩散是在对于弱透水性地层中，当注浆压力超过劈裂压力（渗透注浆和挤压注浆的极限压力）时土体产生水力劈裂，也就是在土体内突然出现裂缝，于是地层吸浆量突然增加，浆液呈脉状进行渗透。劈裂面发生在阻力最小主应力面，劈裂压力与土体中的最小主应力及抗拉强度成正比。

劈裂注浆的全过程从力学上说有两方面的机制：

1）浆液传导作用，即浆液顺着裂隙及土体颗粒间隙流动充填，使岩土体的密度和压力都增加，这是一组传导方程控制的过程；

2）劈裂注浆的效果，表现为裂隙的张开、压力能量的耗散及裂隙的压力残存，这是一组能量方程控制的过程。

应该指出，在裂隙岩石中注浆时，控制水力劈裂发生和发展的主要因素为岩土体中已经存在的软弱构造，现场研究结果也证明，多数劈裂裂缝并不受主应力方向的控制，而取决于裂隙和软弱夹泥的存在及其产状。

当地层埋深较浅时，应防止劈裂作用导致地表隆起而危及注浆周边构筑物的安全。因此，在注浆过程中应随时进行地表变形监测，以防止地表发生有害的变形。

采用袖阀管注浆时，劈裂扩散采用下式计算：

$$R = 2\sqrt{\frac{t}{n}\sqrt{\frac{K\upsilon h r_0}{d_e}}}$$

式中　υ——浆液的运动黏滞系数；

　　　d_e——孔隙的有效粒径（cm）。

4. 裂隙填充

裂隙岩体的帷幕注浆和固结注浆，都是将一定的浆液注入岩体裂隙内。帷幕注浆的浆材主要是防渗材料；固结注浆的浆材主要是高强度材料。裂隙岩体内存在大量的节理裂隙，尤其是多次构造作用形成的节理分布相当复杂。研究浆液在岩体裂隙内流动规律只能利用裂隙岩体的一些渗流模型，且是在较为简单的裂隙模型内的流动规律。

在残积层、断层破碎带、富水溶槽溶隙中进行注浆施工时，一般当注浆材料粒径能满足小于裂隙宽度的 1/5～1/3 时，均能产生裂隙填充。根据施工经验，在这种地层中，一般采用普通水泥浆、普通水泥-水玻璃双液浆基本能满足裂隙填充的要求。

裂隙填充扩散距离计算时，可假定裂隙为二维光滑裂隙，张开度一定；忽略注浆压力引起的裂隙张开度的变化；浆液按牛顿体或宾汉姆体考虑在裂隙中呈圆盘状扩散。

5. 压密注浆

压密注浆是用极稠的浆液（坍落度<25mm），通过钻孔挤向土体，在注浆处形成球形浆泡，浆体的扩散靠对周围土体的压缩。钻杆自下而上注浆时，将形成桩式柱体。浆体完全取代了注浆范围的土体，在注浆邻近区存在大的塑性变形带；离浆泡较远的区域土体发生弹性变形，因而土的密度明显增加。压密注浆的浆液极稠，浆液在土体中运动是挤走周围的土，起置换作用，而不向土内渗透。压密注浆的注浆压力对土体产生挤压作用，只使浆体周围土体发生塑性变形，远区土体发生弹性变形，而不使土体发生水力劈裂。

压密注浆最适用的土体是渗透注浆所不能进行的细砂层、粉砂层、黏土层等，也可用于有充分排水条件的黏土和非饱和黏土，在大开挖或隧道开挖时对邻近土进行加固，特别是对已建成的建筑物软基，进行压密注浆加固是提高地基承载力的一种良好手段。

3.5.3　隧道全断面注浆

全断面注浆中主要的注浆设计参数包括：止浆墙厚度、帷幕厚度、注浆段落长度、扩散半径、终孔间距、总注浆量。

1. 止浆墙厚度

止浆墙厚度的设计通常可以采用抗压、抗剪计算，以及经验法确定。

1）抗压计算

按抗压计算，止浆墙厚度计算公式如下：

$$B = \frac{D}{2\tan\alpha}\left(\sqrt{\frac{mR_\sigma}{mR_\sigma - \lambda P_z}} - 1\right)$$

式中　B——止浆墙厚度（m）；

D——开挖断面直径（m）；

α——止浆墙侧面与垂直轴之间的斜角；

m——工作条件系数；

R_σ——混凝土计算强度（MPa）；

P_z——注浆最大压力（MPa）；

λ——超载系数。

$$B = \frac{100 P_z}{A\gamma}$$

式中 A——注浆断面面积（m²）；

γ——混凝土密度（t/m³）。

2）抗剪计算

按抗剪计算，止浆墙厚度计算公式如下：

$$B = \frac{\lambda P_z D}{4m\tau_0}$$

$$\tau_0 = kR_\sigma$$

式中 τ_0——混凝土抗剪强度（MPa）；

k——转换系数。

除了上述公式计算外，也可以根据规范、手册等工程经验数据取值。

2. 帷幕厚度

注浆加固模式如图 3.5-6 所示。图中 D 为隧道开挖等效直径（m）。B 为注浆加固范围（m），B_1 为帷幕厚度（m）。当采取全断面超前帷幕注浆时，为保证掌子面稳定，应对掌子面进行加固。

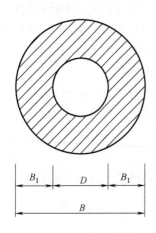

注浆帷幕固结体主要承受外部静水压力，因此，帷幕厚度可按厚壁筒公式，按第四强度理论计算：

$$B_1 = \left(\sqrt{\frac{\sigma}{\sigma - \sqrt{3}\,P_w}} - 1 \right) \cdot \frac{D}{2}$$

式中 B_1——帷幕厚度（m）；

σ——围岩固结体允许抗压强度（MPa）；

P_w——最大静水压力（MPa）；

D——隧道开挖等效直径（m）。

根据以往隧道工程注浆加固和堵水施工经验，可按下式计算加固范围和帷幕厚度：

$$B = (2 \sim 3)D$$

$$B_1 = (B - D)/2 = (0.5 \sim 1)D$$

图 3.5-6 注浆加固范围

计算时，当水量和水压力较大时，取高限；当水量和水压力较小时，取低限。

3. 注浆段落长度

注浆段落长度是指注浆加固的纵向范围（图 3.5-7）。注浆段落长度与地质条件、钻机能力、注浆工艺有关。地质条件越差，注浆效果会受到一定的影响，则注浆段落长度应适当缩短。根据大量的注浆工程实践表明，注浆存在"楔形效应"，即越向前浆液越难以扩散，注浆效果越差，因此，注浆段落宜取合理的范围。

对于注浆段落长度的选取可按经验公式计算：

$$L_注=(3\sim5)B_1$$

式中　$L_注$——注浆段落长度（m）；

　　　B_1——帷幕厚度（m）。

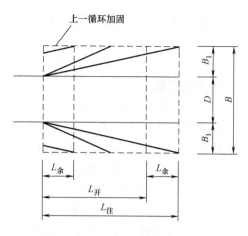

图 3.5-7　注浆径向加固范围示意图

根据目前国内外施工机械水平现状，结合工程施工经验，注浆段落长度一般宜选择 $20\sim30$m。

对于注浆完成后开挖段落长度和余留段落长度可按经验公式进行计算确定：

$$L_开=(0.7\sim0.8)L_注$$
$$L_余=(0.2\sim0.3)L_注$$

4. 扩散半径

注浆扩散半径并不是指浆液在地层中扩散的最远距离，而是指浆液能符合设计要求的扩散半径。因此，在扩散半径选取时，要选择多数条件下可达到的数值，而不是平均值。

对粒状注浆材料的扩散能力，主要取决于材料的颗粒粒径、浆液的流动性和稳定性。粒状注浆材料渗透性采用下式计算：

$$R=\frac{\rho_w \cdot g \cdot h \cdot r_0}{2S}+r$$

式中　R——浆液的渗透能力（cm）；

　　　p——水的密度（g/cm）；

　　　g——重力加速度（cm/s^2）；

　　　h——注浆压力（水头压力高度，cm）；

　　　r_0——孔隙的等效半径（cm）；

　　　S——注浆材料的凝强度（dyn/cm^2，1dyn=10^{-5}N）；

　　　r——注浆孔半径（cm）。

对化学注浆材料扩散能力，主要由浆液的流动性决定。化学注浆材料渗透性采用 Magg 公式进行计算。

5. 终孔间距

当采取单排（圈）孔注浆设计时，注浆孔间距按以下公式计算：

$$a=1.5R$$

式中　a——注浆孔布孔间距（m）；

　　　R——扩散半径（m）。

对多排（圈）孔注浆设计，应充分发挥注浆孔的扩散潜能，以获得最大的注浆体厚度，减少钻孔数量。设计时，应注意不允许出现孔与孔之间的搭接不紧密的"窗口"，也称"注浆盲区"。多排（圈）孔的最佳搭接为等边三角形梅花形布置，如图 3.5-8 所示。

由孔排间的最优搭接图计算，注浆终孔间距与扩散半径间的关系为：$a=\sqrt{3}R$。因此，对于多排（圈）孔进行终孔设计时，注浆孔间距应满足下式：

$$a \leqslant \sqrt{3}R$$

6. 总注浆量

（1）三系数计算法

按地层空隙率（裂隙度）、地层空隙或裂隙充填率、浆液损失率三个系数进行总注浆量计算：

$$\sum Q = Vn\alpha(1+\beta)$$

式中　$\sum Q$——总注浆量（m^3）；

　　　V——注浆加固体体积（m^3）；

　　　n——地层空隙率（裂隙度），裂隙带为 2%～5%，断层破碎带为 10%～20%，砂层及充填型溶洞和岩溶发育带为 30%～40%，冲积中砂、粗砂、砾砂层为 33%～46%，粉砂、黏性土层为 33%～49%、砂卵石层为 50%～60%；

　　　α——地层空隙或裂隙充填率，为 70%～80%；

　　　β——浆液损失率，裂隙带和断层破碎带为 5%～20%，砂层及充填型溶洞和岩溶发育带为 10%～20%。

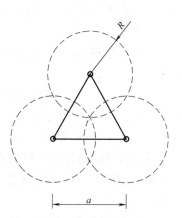

图 3.5-8　孔排间的最优搭接图

（2）二系数计算法

按地层空隙率（裂隙度）、地层空隙或裂隙注入系数两个系数进行总注浆量计算：

$$\sum Q = Vnk$$

式中　k——地层空隙或裂隙注入系数，粉质黏性土为 0.15～0.2，软土和细砂为 0.3～0.5，中粗砂为 0.5～0.7，砾砂和卵石及断层破碎带为 0.7～0.9，湿陷性黄土为 0.5～0.8；

其他符号同前。

参考文献

［1］　北京市勘察设计研究院有限公司，等. 城市建设工程地下水控制技术规范 DB 11/1115—2014 [S]. 北京市规划委员会与北京市质量技术监督局联合发布，2014.

［2］　北京市勘察设计研究院有限公司，北京地区城市建设工程地下水控制技术导则 [M]. 北京：中国计划出版社，2010.

［3］　水利部水利水电规划设计总院，等. 水利水电工程地质勘察规范 GB 50487—2008 [S]. 北京：中国计划出版社，2009.

［4］　薛禹群，等. 地下水动力学 [M]. 北京：地质出版社，1997.

［5］　雅·贝尔. 地下水水力学 [M]. 北京：地质出版社，1985.

［6］　苑连菊，等. 工程渗流力学及应用 [M]. 北京：中国建材工业出版社，2001.

［7］　邝建政，等. 岩土注浆理论与工程实例 [M]. 北京：科学出版社，2001.

［8］　张民庆，等. 地下工程注浆技术 [M]. 北京：地质出版社，2008.

［9］　铁道第一勘察设计院. 铁路工程水文地质勘察规程 TB 10049—2004 [S]. 北京：中国铁道出版社，2004.

[10] 顾博渊，等. 山岭隧道涌水量预测方法分类及相关因素分析 [J]. 隧道建设，2015，35（12）：1258-1263.

[11] 刘佳，等. 隧道涌水量预测计算方法总结探讨 [J]. 甘肃水利水电技术，2018，054（002）：33-37.

[12] 耿冬青，等. 关于降水引起地面沉降问题的探讨 [J]. 施工技术，2005，增刊：55-56.

[13] 顾宝和. 基坑开挖中含水层的疏不干 [J]. 工程勘察，1996，5：11-12.

[14] 黎翔，张思海. 公路拉槽段地下水控制措施 [J]. 道路与交通工程，2013，1：29-31.

[15] 王春艳，孙立祥. 深基坑水平防渗帷幕厚度的分析计算 [J]. 山东水利，2004，6：44-45.

[16] 陈雨孙. 单井水力学 [M]. 北京：中国建筑工业出版社，1977.

[17] 朱大力，李秋枫. 预测隧道涌水量的方法 [J]. 工程勘察，2000，4：20-24＋34.

[18] 杨宇友，等. 岸坡地下水控制技术的试验研究 [J]. 岩土力学，2009，30（8）：2281-2285.

[19] 陆建生. 悬挂式帷幕基坑地下水控制中的尺度效应 [J]. 工程勘察，2015，43（1）：51-58.

[20] 邱树杭. 大厚度含水层中钻孔涌水量与滤水管长度关系的初步研究 [J]. 地质学报，1965，4：115-126.

[21] 汪国华，周红，唐兆宇. TYC 基坑悬挂帷幕绕流计算 [J]. 中国新技术新产品，2012，6：100-101.

[22] 芮茂刚. 隧洞施工对地下水的影响探讨 [J]. 中国水运，2018，05：75-76.

[23] 曹树辉，等. 深层水平封底在巨厚砂卵石层基坑地下水控制中的应用 [J]. 隧道建设，2019，39（10）：1657-1665.

[24] 姚文秀，等. 混凝土防渗墙厚度的确定方法 [J]. 电力学报，2007，22（4）：31-32.

[25] 李迎春. 试论确定防渗墙厚度的相关因素 [J]. 城市建设理论研究，2012，24：101.

[26] 卓越. 饱水砂层渗透注浆加固理论探讨 [J]. 西部探矿工程，2003，3（15）：98-101.

[27] 潘志强，张彬. 均匀砂层渗透注浆计算方法的研究 [J]. 矿产勘查，2004，7（5）：34-37.

[28] 谢猛，等. 地下工程注浆理论研究现状 [J]. 云南冶金，2007，36（1）：15-17.

[29] 秦鹏飞. 砂砾石土渗透注浆浆液扩散规律及扩散半径影响因素试验研究 [J]. 中国水利水电科学研究院学报，2015，13（5）：368-374.

[30] 李广信. 土的渗透破坏及其工程问题 [J]. 工程勘察，2004，5：10-13.

4 地下水控制技术

杨素春，周子舟，程剑，张龙

（北京市勘察设计研究院有限公司，北京 100038）

4.1 地下水控制技术发展现状

地下水作为地质构成的一部分而广泛分布，与人们的生产生活关系密切。一直以来，在工程建设过程中，出于实现工程建造目的而进行的对地下水的控制始终是一个重要并且疑难的问题，地下水控制逐渐成为岩土地质工程的一个重要分支，且随着人民生产生活水平的不断提高，在实现可持续发展、保护环境基本国策的指引下，工程建设中地下水控制的技术含量和技术要求越来越高。

工程中地下水控制的方法多种多样，主要可以用"排、降、截、堵"四个字来概括："排"就是集水明排，既适用于地下水，也适用于地表水；"降"即采用各种方法对地下水进行抽排，从而达到降低地下水位的目的；"截"就是设置止水帷幕，通过不（弱）透水体（即止水帷幕）的物理阻隔作用将地下水控制区域内与区域外分开，切断控制区域内地下水的补给来源，然后对帷幕内地下水进行抽排疏干，从而实现干燥作业；"堵"可理解为点状或较小范围内，通过封堵措施，组织地下水进入控制区域。在基坑工程、边坡工程、道路工程、隧道工程、矿山工程、堤坝工程等诸多类型的工程中均涉及地下水控制的问题。

各种地下水控制技术中，最常用到的显然是降水技术。第一个有记录的工程降水实例是百余年以前英国伦敦到伯明翰铁路的基尔斯比隧道施工中布置的竖井降水。降、排水主要方法有明排降水、井点抽降、自渗降水，井点降水可根据基坑范围、开挖深度、工程地质条件、环境条件等合理选择井点类型。常用井点类型有单（多）层轻型井点、喷射井点、深井井点和电渗法。为了使基坑开挖过程中基坑周围地下水位下降较小，以避免地下水位下降影响邻近建筑物及地下管线的正常使用，有时还需设置回灌井点，对地下水进行回灌，以减小保护区域内的地下水位受降水作用的影响。

由于降水会对场地周边环境造成较大影响，且部分工程受到条件限制无法实施降水作业，需要使用止（截）水帷幕技术进行地下水控制。深基坑地下水的隔离控制技术在国外起步较早，20 世纪 50 年代就逐渐发展起来。1950 年，意大利开始在水库大坝中修建了地下连续墙；20 世纪 50 年代初，在美国得克萨斯州某基坑工程中打设钢板桩阻止地下水渗入基坑取得成功。在我国相应技术的应用以引用国外技术为主，例如地下连续墙技术是 20 世纪 50 年代末引入国内的。

我国对基坑地下水控制的研究始于 20 世纪 80 年代初，早期的地下水处理措施主要是通过降、排水降低地下水位。地下水位降低可有利于基坑围护结构的稳定性，防止流土、管涌、坑底隆起引起破坏。到了 90 年代，无论切实落实环境保护的需求还是国民环境保护意识均越发强烈，各地逐渐开始限制工程中对地下水的大量抽排。例如北京地区于 2007 年 11 月 12 日发布《北京市建设工程施工降水管理办法》，明确了对建设工程施工降水的限制要求。基于此类情况，进一步促进了深基坑地下水控制技术，尤其是止水帷幕技术的研究与发展，并产生了许多先进的设计、计算方法，众多新的施工工艺也不断付诸实施，出现了许多技术先进的成功工程实例。

止水帷幕技术根据实现的工艺，可大致做如下分类：地下连续墙技术、水泥土搅拌墙技术、排桩帷幕技术、全断面注浆技术、冷冻法帷幕技术、钢板桩技术等，每个大类以下还可做若干细分，实施工艺也多种多样。上述各种支护体系对地下水控制都有其局限性，因此在安全、经济、方便施工的选用原则下，在高水位地区如何降低地下水位，如何设置好止水帷幕，成为当今基坑设计施工的关键。

当然，在同一个工程中，为了达到预期的地下水控制效果，可能使用到上述若干种止水方法的组合。对于基坑工程，实际上支护结构可分为挡土（挡水）构件及支点（支撑、拉结）两部分，而挡土部分因地质水文情况不同又可分为透水部分及不透水部分。不透水部分挡土结构自身即可作为止水结构，不使基坑外地下水进入坑内，如地下连续墙、钢板桩等；联合基坑不透水支挡结构设置专用的止水结构，可以使其共同组成止水帷幕体系，比如排桩围护技术。另外，当工程条件决定了止水帷幕必须同时结合降排水措施以达到地下水处理要求时，止水与降水技术可同时应用，比如对于悬挂式止水帷幕，就必须结合降水措施综合形成地下水控制体系。因此，止水的实现方法种类繁多，需要根据不同工程的具体情况灵活选用。就不同的止水帷幕技术而言，在水利行业，帷幕隔渗已较早地形成了一套完整有效的治理技术体系。近年来，随着基坑深度的不断增加，基坑规模的不断增大，地下水对基坑工程的影响也越来越大，因此已经形成将水利工程中防渗墙的工法引入到基坑工程中的趋势。

高压喷射注浆法在水库大坝防渗已得到广泛应用。该止水帷幕适用于黏土、淤泥质土、粉土、砂土及碎石土等地基，优点是适用范围广，特别是有的基坑工程需封堵坑底以下的地下水，防止地下水冲破基坑底部土层涌入基坑或出于抗浮问题的考虑，就需设置水平向止水帷幕。水平向止水帷幕常采用高压喷射注浆法或深层搅拌法形成，若基坑内已有工程桩，因深层搅拌无法与工程桩密贴，只能采用高压喷射注浆法，根据坑底浮力或承压水的顶托力、整体稳定、抗坑底隆起分析确定封底水泥土厚度。

我国于 20 世纪 70 年代初期，从日本引进了三重管喷射注浆技术。由于三重管施工时存在众多不便之处，山东省水利科学研究院将其改进为三列管，该技术被列为"八五"期间水利部十大推广项目之一，大量用于水利工程，如堤防、土坝、水闸、围堰的防渗处理，在黄河小浪底、白浪河、哈尔滨松花江大堤、东风水电站以及后来的三峡围堰等工程中都取得了良好的效果。很快这种工艺又被应用到铁路、公路、矿山等工程领域。80 年代末该项技术开始用于城市高层建筑深基坑地下水控制，处理了多项复杂程度很高的深基坑防渗工程。武汉广场深基坑止水帷幕的高压旋喷深度达到了 57m，工程实践证明，从细颗粒的淤泥质地层、粉质黏土层到粗颗粒的砂性土及卵石地层，只要设计合理，均可获得较好的防渗效果。

　　人工地层冻结和冰冻墙方法首先在日本北海道出现了成功的工程实例，我国煤矿的井筒建设大量采用了冷冻法，已有 300 多个井筒用冷冻法进行施工，最大冷冻深度达 500m，在国际上也属先进，但规模相对较小，且价格昂贵。

　　近年来，国家、行业、地方、协会团体为规范各行业工程中对地下水控制的技术标准，陆续出台并不断修订了相关的规范、规程及标准。比如在建筑工程行业建设标准《建筑基坑支护技术规程》JBJ 120 以及各地方基坑工程技术标准、《建筑与市政工程地下水控制技术规范》JGJ 111、地方标准《城市建设工程地下水控制技术规范》DB 11/1115、《深基坑工程降水与回灌一体化技术规程》DB31/T 1026 等规范规程中，对地下水控制的方法、设计、施工、监测等均作出了明确的规定。对于具体的地下水处理工艺工法，也出台了一系列专门的规范规程，如《型钢水泥土搅拌墙技术规程》JGJ/T 199、《建筑工程水泥-水玻璃双液注浆技术规程》JGJ/T 211 等。另外，在具体工艺工法规范标准的制定方面，相对发达的地区处于先行地位，起到了一定的引领作用，如《等厚度水泥土搅拌墙技术规程》DG/T J08-2248、《旁通道冻结法技术规程》DG/T J08-902、《地下连续墙施工规程》DG/T J08-2073 等。

　　对于当前主流的地下水控制技术，在环境友好性方面仍有进一步研究的空间。在降排水工程中，通常可采用回灌技术控制降水对周边环境的影响程度，但回灌对水质要求较为严格，且由于相比抽水而言存在一定实施难度，在一些区域不能很好地执行。对于降排水工程而言，所谓绿色施工技术除了配以回灌措施，多为将抽出的地下水回收再利用。对于止水帷幕工程，若无法在抗浮问题中考虑帷幕的作用，其作为地下水控制措施的使命完成后，将永久地存在于地下，似乎也不那么"绿色"，而对于面积较大或者长距离线型分布的基坑，若设置止水帷幕，可能改变小区域内地下水流动分布特征，造成永久性的影响。如何更好地实现地下水控制的绿色技术，可能是未来的一个有意义的研究方向。

4.2　工程降水技术

4.2.1　概述

　　国外降水工程技术发展较早，始于 19 世纪，英国到伯明翰铁路的基尔期比隧道是世界上第一个有记录的降水工程，在隧道竖井施工中进行了降水工程。该工程的竖井降水过程中抽水量达到了 430m³/h。1896 年，德国柏林在地铁建设中第一次使用了深井降水。1907 年，埃及建造了尼罗河上的埃斯纳（Esna）堰工程，曾采用了底部开口并具有套管的深井。1928～1931 年，德国在不来梅港建造两座水闸，工程中采用了 58 口减压井来降低承压水头，承压水头降低了 15m，总抽水量达到了 340m³/h。1939 年德国 Salzg-itter 铁路项目的一段长距离挖方工程中，首次使用了电渗技术进行排水以稳定边坡。当时欧洲所用的降水深井，直径通常采用 20cm，井间距采用 6～12m，滤管外部采用砾砂填充，用离心泵、涡轮泵或者潜水泵与总管连接。而美国则是采用小井点连接在一起的井点系统，小井点的直径约 5cm。到了 20 世纪 50 年代，井点技术得到了新的发展，工程人员引入了冲吸两用的水泵设备、转盘钻和冲孔器进行井点沉设。1950 年，苏联在卡霍夫水电站工程中应用了喷射井点，20 世纪 50 年代末，真空降水法才得到应用。

发展到现代，单独井点系统不足以满足工程的需要，由于工程常需要机械化连续挖土施工，井点系统、喷射井点系统和深井常被结合使用，以满足日益复杂的工程需要。

我国基坑降水技术发展的比较晚，最早是在 20 世纪 50 年代，喷射井点、轻型井点降水技术在东北重工业基地等重大工程项目建设中得到了广泛的应用。20 世纪 60 年代期间，喷射井点降水技术应用于太原钢铁厂和武汉船坞工程中，最大降水深度达到 14m。

到了 20 世纪 70 年代，射流泵和隔膜泵抽水装置研究工作有了新的进展，促进了抽水装置向高效、节能、经济、环保的方向发展，极大地促进了降水技术的发展。

20 世纪 90 年代，我国加快城市旧区改造工程进程，在城市中心区域进行施工时，出现了基坑降水和土方开挖对周边建（构）筑物和地下管线的损害问题。通过了数年的工程实践积累，工程技术人员开始引入基坑封闭施工方法和地下水回灌技术。同期，北京和天津还采用了水平井点降水，丰富了井点降水技术的内容，增加了一种新的技术方法。

近 20 年来我国降水技术已有长足发展，如轻型井点从单一的真空泵式抽水发展到射流泵式抽水，应用喷射技术而发展起来的喷射井点，有效地解决了降水深度较大、弱透水的黏土地层的排水工程；管井与轻型井点、轻型井点和喷射井点以及管井与砂（砾）井点相结合的降水方法，成功地应用于渗透性强弱相间土层的降水工程；砂（砾）井自渗排除上层滞水的应用、深基坑降水的成功；因受施工现场条件等限制而发展起来的辐射井和水平集水管降水等。

各种降水方法都有其各自的适用范围，如表 4.2-1 所示。

各种降水方法适用范围（根据花仁荣、常士骤） 表 4.2-1

方法名称	土类	渗透系数（m/d）	降水深度（m）	水文地质特征
明排井（沟）	黏性土、砂土	<0.5	<2	上层滞水或水量不大的潜水
轻型井点	填土、黏性土、粉土、砂土	0.1～20.0	单级<6,多级<20	上层滞水或水量不大的潜水
喷射井点	填土、黏性土、粉土、砂土	0.1～20.0	<20	上层滞水或水量不大的潜水
电渗井点	黏性土	<0.1	由井类型而定	
引渗井	黏性土、砂土	0.1～20.0	由含水层埋藏条件、水头、渗透性而定	弱透水下有厚强导水含水层
管井	粉土、砂土、碎石土、可溶岩、破碎带	>0.1	>5	含水丰富的潜水、承压水、裂隙水
辐射井	黏性土、砂土	>0.1	<20	含水丰富的潜水、承压水、裂隙水
大口井	砂土、碎石土	>20.0	<20	含水丰富的潜水、承压水、裂隙水
潜埋井	黏性土、砂土	0.1～20.0	<2	残留水体

4.2.2 集水明排降水

集水明排是指在分层挖土时，随着挖土面的下移，在新的开挖面上开挖集水井和集水沟。集水沟的布置可根据场地地下水出露的情况确定，应向集水井方向设缓坡，方便沟内地下水流入集水井；集水井的位置根据场地排水条件确定，最终结合场地排水网的设置，将集水井内的地下水抽排汇流至场地排水口。集水明排系统示意图见图 4.2-1。该方法适合于弱透水地层中的浅基坑，尤其适用于环境简单、含水层较薄，降水深度较小的情况。

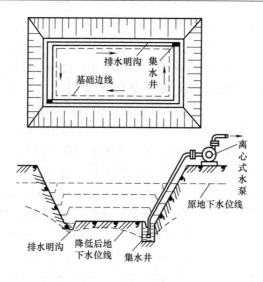

图 4.2-1　集水明排系统示意图

4.2.3　轻型井点降水

4.2.3.1　轻型井点降水的原理

轻型井点降水技术以真空原理为基础，把土体中的地下水与空气混合成液体，利用真空泵将混合液体经管路抽进水气分离器中，然后通过离心泵再把混合液体分离，使地下水和空气分别排出管路系统，最终达到降低地下水位的目的。轻型井点降水法的井点间距较小，凭借其真空压力能改变地下水的流向。

4.2.3.2　轻型井点降水系统的构造

轻型井点系统由井点管、连接管、集水总管及抽水设备组成如图 4.2-2、图 4.2-3 所示。其降水系统主要形式是沿控制区域（如基坑）周围埋设井点管，一般距基坑边 0.8～1.0m，在地面上铺设集水总管（并有一定坡度）。将各井点管与总管用软管（或钢管）连接，在总管中段适当位置安装抽水水泵或抽水装置。

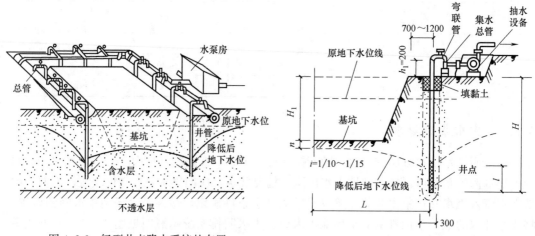

图 4.2-2　轻型井点降水系统的布置　　　　图 4.2-3　轻型井点降水装置

井点系统装置组装完成之后，经检查合格即可启动抽水装置。这时，井点管、总管及贮水箱内空气被吸走，形成一定的真空度（即负压）。由于管路系统外部地下水承受大气压力的作用，为了保持平衡状态，由高压区向低压区方向流动。所以，地下水被压入至井点管内，经总管至贮水箱，然后用水泵抽走（或自流）。这现象称为抽水（实为吸水），其实质是压入水现象。目前，受限于抽水装置自身能力，以及施工过程中降水系统整体搭建水平及精度控制等因素，所产生的真空度不可能达到绝对真空（0.1MPa）。依据抽水设备性能及管路系统施工质量具有一定的真空度状态，保证降水控制要求即可。

4.2.3.3 轻型井点降水的类型

轻型井点降水按抽水设备种类可分干式真空泵轻型井点、射流泵轻型井点、隔膜泵轻型井点、空压机式轻型井点四种。干式真空泵井点原理如图 4.2-4 所示，是利用机械真空泵在集水箱内产生真空，将地下水通过滤管、井管、集水总管和过滤室等部件吸入集水箱。箱内呈低压状态，当箱内浮筒上升到一定高度时，离心泵开动将水排出箱外。水射泵井点原理如图 4.2-5 所示，是采用离心泵驱动工作水运转，当水流通过喷嘴时，由于流速

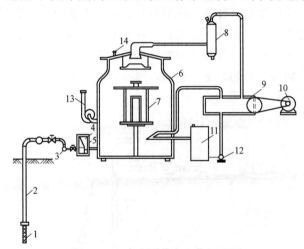

图 4.2-4 真空泵井点工作原理图

1—过滤器；2—井管；3—集水总管；4—滤网；5—过滤室；6—集水箱；7—浮筒；8—分水室；
9—真空泵；10—电动机；11—冷却水箱；12—冷却循环水泵；13—离心泵；14—真空计

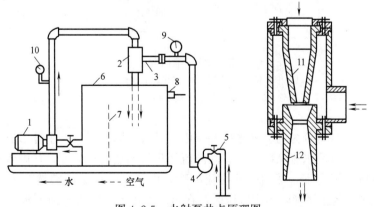

图 4.2-5 水射泵井点原理图

1—离心泵；2—射流器；3—进水管；4—总管；5—井点管；6—循环水箱；7—隔板；
8—泄水口；9—真空表；10—压力表；11—喷嘴；12—喉管

突然增大而在周围产生真空，把地下水吸出。

轻型井点降水法分为一级轻型井点、二级轻型井点以及多级轻型井点，一般一级井点降水深度为3～6m，二级井点降水深度为6～9m，多级可至12m以上。

4.2.3.4　轻型井点降水的应用

在渗透系数偏小的土层中应用轻型井点降水，需采用砂砾滤料对井口进行密封处理，使管路系统连接部位气密性完好，同时使整个井点系统具有极好的真空度。相对于其他井点系统，轻型井点降水技术具有操作简单、技术安全性强和成本较低等优点，降水效果也较为突出。但对于施工面积狭窄的大、深基坑工程，其占地大、设备多、效率低的缺点也尤为明显，施工单位往往难以接受此方法；特别是在降水量较大的工程中，较长的降水周期对电力和抽水设备有更高的要求。

4.2.4　喷射井点降水

喷射井点根据其工作时使用的喷射介质的不同，分为喷水井点和喷气井点两种。其主要设备由喷射井点、高压水泵（或空气压缩机）和管路系统组成。以喷水井点为例，喷射井点由喷射井管、滤管、供水总管、排水总管和抽水设备组成，在工作时，由地面高压离心泵供应的高压工作水，经过内外管之间的环形空间直达底端，通过特制内管的两侧进水孔进入喷嘴喷出，从而在喷口附近造成负压，因此将地下水经滤水管吸出，经排水管道系统排出，如图4.2-6、图4.2-7所示。

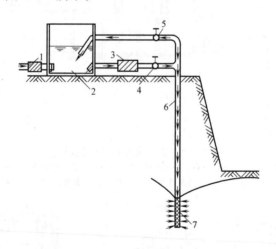

图 4.2-6　喷射井点

1—排水泵；2—水箱；3—高压离心水泵；4—供水
总管；5—排水总管；6—喷射井点管；7—过滤器

喷射井点的井点管分为内、外管，井点内、外管之间会形成一个环形通道。先将高压离心泵输出的高压循环水流从内、外管间隙流经环形通道送至井底，从内管四周的进水孔流入，再经喷嘴到混合室。然后打开射流喷嘴，由于喷嘴处断面突然变小，流速可高达60m/s，快速的水流会使管内形成负压区，在负压作用下，空气与地下水混合的水溶液会有上涌的趋势，四周的地下水经滤管被吸入，经混合、扩散后随循环水流从内管回到水箱，最终降低地下水位。

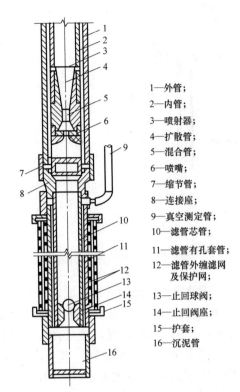

1—外管；
2—内管；
3—喷射器；
4—扩散管；
5—混合管；
6—喷嘴；
7—缩节管；
8—连接座；
9—真空测定管；
10—滤管芯管；
11—滤管有孔套管；
12—滤管外缠滤网
　　及保护网；
13—止回球阀；
14—止回阀座；
15—护套；
16—沉泥管

ϕ100mm(ϕ75mm)喷射井点主要技术性能

项目	规格、性能	项目	规格、性能
外管直径	100mm (75)	喷嘴至喉管始端距离	25mm
滤管直径	100mm (75)	喉管长与喷嘴直径比	2
内管直径	38mm	扩散管锥角	8°、6°(8°)
芯管直径	38mm	工作水量	6m³/h
喷嘴直径	7mm	吸入水量	45m³/h
喉管直径	14mm	工作水压力	0.8MPa
喉管长	45mm	降水深度	24m

注：1. 适用土层：粉细砂层、粉砂土(K=1～10m/d)；
　　　粉质黏土(K=0.1～1m/d)；
　　2. 过滤管长1.5m，外包一层70目铜纱网和一层塑料纱网，供水回水总管150mm。

图 4.2-7　喷嘴图示

值得注意的是，喷嘴面积直接影响喷射水流的速度，面积越小，喷射水速越快。此法可以在很多种情况下应用，特别是细颗粒地层，降水效果尤为明显；但其也有效率低、成本较高、操作难度大的缺点。

4.2.5　电渗井点降水

电渗井点，一般与轻型井点或喷射井点结合使用，是利用轻型井点或喷射井点管本身作为阴极，以用钢管（直径 50～70mm）或钢筋（直径 25mm 以上）作为阳极。埋设在井点管环圈内侧，阴、阳极分别用 BX 型铜芯橡皮线或扁钢、钢筋等连成通路，并分别接到直流电焊机的相应电极上。通入直流电后，带有负电荷的土粒即向阳极移动（即电泳作用），而带有正电荷的水则向阴极方向移动集中，产生电渗现象。在电渗与井点管内的真空双重作用下，强制黏土中的水由井点管快速排出，井点管连续抽水，从而地下水位逐渐降低。而电极间的土层则形成电帷幕，由于电场作用而阻止地下水从四周流入坑内。通过电渗产生的电泳作用，能使阳极周围的土体加密，并可防止黏土颗粒堵塞井点管的过滤网，保证井点正常抽水。

电渗井点的原理可参见图 4.2-8。电渗井点适用于饱和黏土，特别是淤泥和淤泥质土。

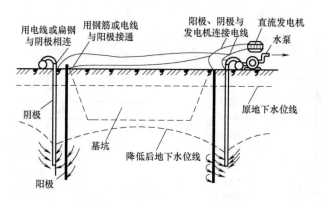

图 4.2-8　电渗井点工作原理示意图

4.2.6　管井（深井）井点降水

4.2.6.1　常规管井（深井）井点降水

管井（深井）井点系统由井管、过滤器、沉淀管及潜水泵或深井泵组成，将潜水泵或深井泵沉入过滤器中抽取地下水，达到降低地下水位的目的。适用于黏性土以外的各类土、地下水丰富、降水深（大于 10m 以上）、面积大、时间长的情况，对在有流砂和重复挖填土方区使用效果尤佳。管井井点设备较简单，排水量大，降水较深，水泵设在地面，易维护。管井埋设的深度和距离根据需降水面积、深度及渗透系数确定，一般间距 10～50m，最大埋深可达 100m。

管井可用钢管管井和混凝土管管井等。钢管管井的管身采用直径 150～250mm 的钢管，其过滤部分采用钢筋焊接骨架外包孔眼为 1～2mm 的滤网，长度 2～3m。混凝土管管井的内径为 400mm，分实管与过滤管两种，过滤管的孔隙率为 20%～25%，吸水管可采用直径为 50～100mm 的钢管或胶皮管，其下端应沉入管井抽吸时的最低水位以下。水泵可采用 2～4in 潜水泵或单级离心泵。管井的间距，一般为 20～50m，管井的深度为 8～15m。井内水位降低，可达 6～10m，两井中间水位则为 3～5m。管井井点构造示意图见图 4.2-9。

4.2.6.2　真空深井降水

如要求降水深度较大，在管井井点内采用一般离心泵或潜水泵不能满足要求时，可采用特制的深井泵，其降水深度可达 50m。在上海等地区应用较多的是带真空的深井泵，每一个深井泵由井管和滤管组成，单独配备一台电动机和一台真空泵，可达到深层降水的目的，在渗透系数较小的淤泥质黏土中亦能降水。

真空深井降水方法有三种：深井泵＋真空泵降水系统、潜水泵＋真空泵降水系统和喷射器置入深井降水系统。深井泵＋真空泵降水系统采用长轴深井水泵和真空泵联合作用，井管采用钢管，根据降水目的层设置滤管，井孔上部一定深度进行密封处理，井口与深井水泵泵体接触处进行密封处理，根据含水层特性井管周围填合适滤料。

潜水泵＋真空泵降水系统采用潜水泵和真空泵联合作用，井管采用钢管，根据降水目的层设置滤管，井孔上部一定深度进行密封处理，根据含水层特性井管周围填合适滤料。

喷射器置入深井降水系统采用喷射井点和深井联合作用，喷射器放入大口径井管下部

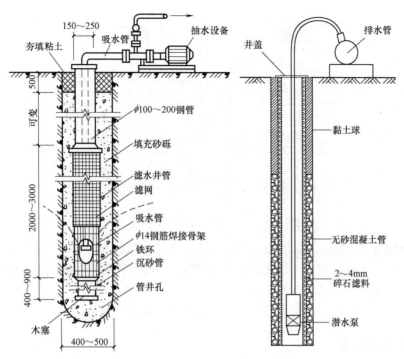

图 4.2-9　两种管井井点构造示意

的滤网位置。喷射器上端用无缝钢管接出井口，然后对井管上口进行密封，进行真空抽水。因此喷射器既可造成很高的真空又可水气并抽。

在已使用的真空深井降水技术中，潜水泵＋真空泵这种类型的真空管井降水系统技术由于它的施工设备简单、经济从而得到了广泛的应用。真空深井降水方法适用降深范围大，一般为 5～50m，可适用各类地下工程、深基坑开挖等工程。与常规降水方法比较具有以下优点：抽水效果好、安装与管理方便、经济效益好（比其他降水法节约成本 30％～50％）。

4.2.7　自渗井点降水

自渗井点降水是近年来发展起来的一类新型井点降水方法，其工作原理也十分简单。如图 4.2-10 所示，在待降水施工场地内，基坑底部以下地层必须有不少于两层的含水层，且上层的渗透能力小于下层；在水位降深高于下层水头时，人为地打通两级含水层，由于水位差的作用，上层地下水将通过井孔自然汇入下部含水层；最后地下水位会逐渐稳定到一个平衡位置，较之前水位有所降低。该种降水方法具有"四不四优"的特点："四不"即不排水、不耗能、不用抽水设备、不占用场地；"四优"即施工优、速度优、管理优、成本优。

自渗井点降水法的适用范围如下：

（1）待降水区域内具有三层以上地层结构，其中含水层不少于两层，各含水层之间为隔水层或相对隔水层，隔水层以黏性土为主，相对隔水层以粉质黏土为主。下层含水层最好距坑底有一定距离（5～20m）；

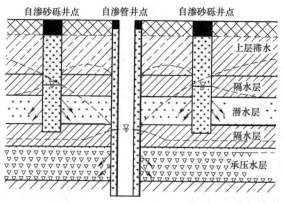

图 4.2-10　自渗井点工作原理示意图

（2）下层含水层水位须同时低于上部含水层水位和降水方案的设计水位；

（3）下层含水层需有一定厚度（不低于 2m），且渗透系数大于上层含水层，其水容量不小于降水深度内的基坑总涌水量；

（4）两水层连通前，确保上层地下水未受污染，满足引入条件。

4.2.8　辐射井降水

4.2.8.1　辐射井的概念

辐射井是由一口大直径的集水井和自集水井内的任一高程和水平方向向含水层打进具有一定长度的多层、数根至数十根水平辐射管所组成的。集水井又称竖井，是水平辐射管施工、集水和安装水泵将水排出井外的场所，目前国内外的辐射井集水井井径一般为 2.5～6.0m。水平辐射管是用来汇集含水层地下水至竖井内，又称为水平辐射管，简称辐射管，由于这些水平辐射管分布成辐射状，故这种井称为辐射井。一般辐射井结构如图 4.2-11 所示。辐射井出水情况见图 4.2-12。

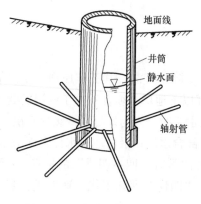

图 4.2-11　辐射井结构示意图

图 4.2-12　辐射井出水情况示意图

4.2.8.2　辐射井的构造及分类

辐射井分为竖井和水平管两个部分，竖井是水平辐射管施工、集水和安装抽水泵将水排至井外的场所，开挖竖井的主要目的是为了给辐射管施工提供空间和场地，并把从辐射孔中流出的水汇集起来,再用水泵抽取,因此也把竖井称为集水井。

水平辐射管是用来汇集含水层中地下水至竖井内的集水通道,是辐射井发挥其集水功能的主要部位。水平辐射管一般是用水平钻机打成的,在水平方向上辐射管一般均匀分布,也可以朝着地下水水头方向加长或加密。在某些地层中,为增大出水量,水平辐射管可打一层或几层。根据含水层的情况,辐射管的孔隙率可以相应调整。

4.2.8.3 辐射井的特点

辐射井与常规管井相比,有以下特点:

(1)占用场地面积小,井位布置灵活。例如边长小于100m的深基坑,一般只在四个角上,各设一个竖井,即可满足降水要求,不受周边环境和设施的影响。

(2)出水量大,降水范围大。因为土体的渗透系数水平方向要比垂直方向大5~10倍,辐射井的水平辐射管是呈辐射状,近似水平地被放置在含水层中,所以将会增大出水量,扩大降水范围,由于在含水层中设置多根辐射管,与相同深度的管井相比较,一般相当于8~10个管井的出水量。

(3)成井效率高,井的寿命长。随着设备和施工方法的改进,由于辐射井水平管周围在运行中很快形成天然反滤层,使得井的出水量随着时间延长,不但不会衰减,还有增加趋势;地下水进入水平辐射管要比进入管井滤水管产生的水跃值小得多,不易淤堵,井的寿命长。

(4)管理运行费用低,维护方便。单位水量的管理费用较管井低。渗透系数小的地区,一旦井有问题,可以关闭全部水平辐射管,抽干竖井内的水,人下到竖井内进行检修即可。水平辐射管可以冲洗,也可以更换。

4.2.8.4 辐射井的应用

中华人民共和国成立初期,我国辐射井主要用于农田灌溉。鞍钢首山水源地就采用辐射井供水,当时成井深30.5m,井径5m,人工锤击打入小中50水平辐射管,共设6排每排6~8根水平管,成井后出水量达7000m³/d,供水效果相当不错。进入20世纪60~70年代,辐射井已在农田水利和工矿企业供水方面大量应用。如宝鸡自来水公司在1967年投产的供水辐射井,井深9.27m,井径6m,设1排共7根小200水平管,出水量1800m³/d;包兰线中卫站辐射井深15.15m,井径6m,采用千斤顶顶入8根长15.0m、直径小中100水平管,投产后出水量为1500m³/d。

改革开放以后,随着经济建设的飞速发展,国家对基础设施建设大力投入,基础工程特别是在施工地下管线及地铁隧道需跨越铁路、高速公路、繁华市区、群房等遇地层中有上层滞水或潜水等地下水时,工程降水日益突显出重要性。一些工程施工项目处于繁华地段,为了在施工过程中减少对地面设施的影响,减少建筑物的拆迁移动,降低成本,往往采用辐射井降水方案,加之其本身在降水工程中的优越性能,目前辐射井降水已在许多大型基础工程施工中得到很好的应用。

4.3 帷幕工程技术

4.3.1 概述

工程建设时,采用降水方法对地下水进行处理,抽出的地下水往往不能得到充分的利用，所谓的地下水回灌实施起来困难较大，对保护水资源起到的作用有限，因此降水过程中抽出的地下水往往直接排出场外，这显然与国家生态文明建设中强调的环境保护、资源节约等理念不符。另外，有时受到项目本身条件的影响，比如没有符合要求的排水条件，或周边存在对沉降变形较为敏感的建构筑物等，无法实施降水的地下水处理措施。在上述情况下，就需要考虑采用隔水帷幕技术对地下水进行控制。

隔水帷幕技术的原理，就是设置能够阻挡地下水流通的结构，将工程控制范围与其外部的区域分隔开，使得外部的地下水无法流入控制范围，从而提供干燥的施工工作面。隔水帷幕按照布置方式，可分为悬挂式竖向隔水帷幕、落底式竖向隔水帷幕、水平向隔水帷幕。所谓落底式竖向隔水帷幕，即隔水帷幕结构深入下卧隔水层一定深度，从而与下卧隔水层形成一个不透水（或相对不透水）的盆式结构，将控制范围与外部环境隔离，保证隔水效果；悬挂式竖向隔水帷幕，是指在某些情况下，开挖范围下部没有合适的下卧隔水层可以利用，如此只能让隔水帷幕底部仍处于含水层内，此种情况需在设置了隔水帷幕的同时与降水方法相结合进行地下水处理，虽然需要降水，但抽水量相对没有设置隔水帷幕的情况会小一些。在地铁、地下公路隧道、热力、电力及人行过街地道等隧道工程中，会用到水平向隔水帷幕，可采用注浆隔水、水平旋喷桩等施工方法实现。

按照施工方法，隔水帷幕分为地下连续墙、搅拌桩、旋喷桩、旋喷搅拌桩、排桩帷幕、拉森钢板桩、注浆法、冻结法等，其中一些工法还可按照具体工艺进一步细分，如搅拌桩可分为单轴、双轴、多轴、干法、湿法施工等，排桩帷幕可分为咬合桩、护坡桩间结合止水帷幕等多种形式。另外，还有预制连锁管柱桩防渗墙、预填骨料压浆混凝土防渗墙、黏土桩防渗墙等。

4.3.2 地下连续墙技术

利用各种挖槽机械，借助于泥浆的护壁作用，在地下挖出窄而深的沟槽，并在其内浇注适当的材料而形成一道具有防渗（水）、挡土和承重功能的连续的地下墙体，称为地下连续墙。这种地下连续墙在欧美国家称为"混凝土地下墙"（Continuous Diaphragm Wall）或泥浆墙（Slurry Wall）；在日本则称为"地下连续壁"或"连续地中壁"或"地中连续壁"等；在我国则称为"地下连续墙"或"地下防渗墙"。

目前，欧洲以德国、意大利和法国在这个行业中实力最雄厚且竞争能力最强，现在最先进的挖槽机械（液压抓斗和双轮铣）产自德国和意大利。加拿大则致力于在水电开发中大量使用地下防渗墙，建成了目前世界上仍保持第一位的地下防渗墙，深达131m。美国盛行泥浆槽法地下连续墙（Slurry wall），他们用开挖料与水泥混合物来建造临时的或永久的防渗墙，有独到之处。英国则把预应力技术引入了地下连续墙工程中。值得一提的是，经济不甚发达的墨西哥，采用地下连续墙施工技术，在20世纪60年代中期（1967～1968年）以惊人的速度，在16个月内建成了墨西哥城的41.5km长的地下铁道工程。

日本地下连续墙技术是从欧洲引进的。之后在地下连续墙施工机械和配套设备的开发上也下了大力气。以抓斗为例，1959年开始引进，1971年M型抓斗问世，1977年大型液压抓斗（MHL，CON）面世；1978年电液操作的MEH抓斗问世。1966年左右研制成功了垂直多轴回转BW型钻机（多头钻）。水平多轴挖槽机（EM）也已经在20世纪80年代中期用于施工。到了20世纪90年代，随着大型水平轴挖槽机（双轮铣）的出现，已经建成了厚 2.8m、深 136m 的地下连续墙（到 1993 年底）。墙身混凝土强度已经超过了 70MPa（实测 83.8MPa）

我国先在水利水电工程中使用了地下连续墙施工技术，而后推广到城市建设、交通航运等部门。上海在 20 世纪 70 年代中期（上海隧道公司自 1974 年，上海基础公司自 1977 年）开始自行研制挖槽机械建造地下连续墙。航运部门先后在天津港和江阴以及上海等地也建造了试验性的地下连续墙工程。

4.3.2.1　地下连续墙的特点

1. 地下连续墙的优点

（1）施工时振动小、噪声低，非常适合在城市的中心区昼夜施工。

（2）墙体刚度大，用于基坑开挖时，可承受很大的土压力，极少发生地基沉降或塌方事故，已经成为深基坑支护工程中必不可少的挡土结构。

（3）防渗性能好。由于墙体接头形式和施工方法的改进，使地下连续墙几乎不透水。如果把墙底伸入隔水层中，那么由它围成的基坑内的降水费用就可大大减少，对周边建筑物或管道的影响也变得很少。

（4）可以贴近施工。由于具有上述几项优点，我们可以紧贴原有建（构）筑建造地下连续墙。目前，我们已经在距离楼房外 10cm 的地方建成了地下连续墙。

（5）可用于逆作法施工。地下连续墙刚度大，易于设置埋件，很适合于逆作法施工。比如法国巴黎某百货商店采用地下连续墙作为地下停车场（共 9 层，深 23.5m）的挡土墙和承重墙。在停车场的第一层楼板浇筑完成之后，即同时进行上部和下部结构施工，使整个工程的工期缩短了 1/3。

（6）适用于多种地基条件。地下连续墙对地基的施工范围很广，从软弱的冲积地层到中硬的地层、密实的砂砾层，各种软岩和硬岩等所有的地基都可以建造地下连续墙。

（7）可用作刚性基础。目前的地下连续墙不再单纯作为深基坑围护墙，而是越来越多用地下连续墙代替桩基础、沉井，承受更大荷载。

（8）占地少，可以充分利用建筑红线以内有限的地面和空间，充分发挥投资效益。

（9）功效高，工期短，质量可靠，经济效益高。

2. 地下连续墙的主要缺点

（1）在复杂的地基条件下施工，即使事先进行过地质勘查，也难以预测地下异常的变故。因此，要求施工队伍具有较高的技术水平与应变能力，在发生异常变故时能及时采取补救措施。

（2）施工地下连续墙的每一个单元槽段，都关系整个工程施工的成败问题，一旦施工失败，就要花很大的费用和很长的工期来修补或返工，甚至会因无法挽回败局而不得不废弃在建工程。

（3）地下连续墙施工需要很多重型设备，进退场和施工准备工作耗时费工，工程量太小时经济效益不高。

（4）在市区施工时，挖槽土方外运和劣化泥浆废弃是个难题，为了不污染环境，往往要花昂贵的费用和很大的精力来进行处理。

4.3.2.2　地下连续墙的平面结构形式

目前在工程中应用的地下连续墙的结构形式主要有壁板式、T 形和 Ⅱ 形地下连续墙、格形地下连续墙、预应力或非预应力 U 形折板地下连续墙等。

1. 壁板式

该形式又可分为直线壁板式（图 4.3-1a）和折线壁板式（图 4.3-1b），折线壁板式多用于模拟弧形段和转角位置。壁板式在地下连续墙工程中应用得最多，适用于各种直线段和圆弧段墙段。

2. T 形和 Π 形地下连续墙

T 形（图 4.3-1c）和 Π 形地下连续墙（图 4.3-1d）适用于基坑开挖深度较大、支撑竖向间距较大、受到条件限制墙厚无法增加的情况下，采用加肋的方式增加墙体的抗弯刚度。

3. 格形地下连续墙

格形地下连续墙（图 4.3-1e）是一种将壁板式和 T 形两种形式地下连续墙组合在一起的结构形式，格形地下连续墙结构形式的构思出自格形钢板桩岸壁的概念，是靠其自身重量稳定的半重力式结构，是一种用于建（构）筑物地基开挖的无支撑空间坑壁结构。格形地下连续墙多用于船坞及特殊条件下无法设置水平支撑的基坑工程，目前也有应用于大型的工业基坑，如上海耀华—皮尔金顿二期熔窑坑工程，熔窑建成后坑内不允许有任何永久性支撑和隔墙结构，而且要保护邻近一期工程的正常使用。该工程采用了重力式格形地下连续墙方案，利用格形地下连续墙作为基坑支护结构，同时作为永久结构。

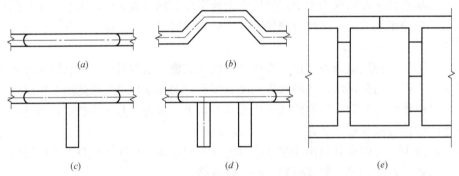

图 4.3-1　地下连续墙的平面结构形式

（a）壁板式；（b）U 形折板；（c）T 形；（d）Π 形；（e）格形

4.3.2.3　地下连续墙的接头形式

对于已完工的地下连续墙，其结构组成部分一般包括墙顶冠梁、钢筋笼、墙体材料（如混凝土等）。连接地下连续墙每个槽段（每幅）的接头的选择和施工质量，对地下连续墙的防渗性能有重要影响。

1. 接头类型与形式

施工接头是指地下连续墙单元槽段之间的连接接头。根据受力特性地下连续墙施工接头可分为柔性接头和刚性接头。能够承受弯矩、剪力和水平拉力的施工接头称为刚性接头，反之不能承受弯矩和水平拉力的接头称为柔性接头。

2. 柔性接头

工程中常用的柔性接头主要有圆形（或半圆形）锁口管接头、波形管（双波管、三波管）接头、楔形接头、钢筋混凝土预制接头和橡胶止水带接头，接头平面形式如图 4.3-2 所示。

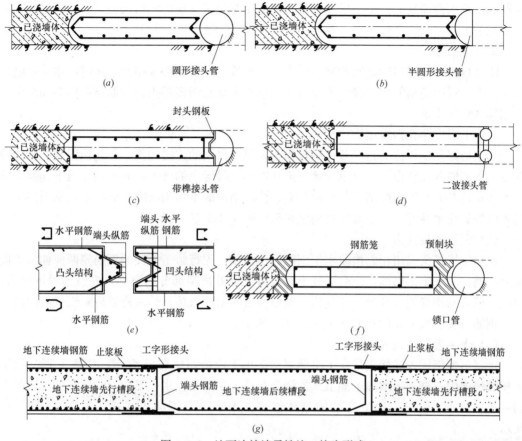

图 4.3-2　地下连续墙柔性施工接头形式

（a）圆形锁口管接头；（b）半圆形锁口管接头；（c）带榫锁口管接头；（d）波形锁口管接头；
（e）楔形接头；（f）钢筋混凝土预制接头；（g）工字形型钢接头

柔性接头抗剪、抗弯能力较差，一般适用于对槽段施工接头抗剪、抗弯能力要求不高的基坑工程中。

（1）锁口管接头

圆形（或半圆形）锁口管接头、波形管（双波管、三波管）接头统称为锁口管接头，锁口管接头是地下连续墙中最常用的接头形式，锁口管在地下连续墙混凝土浇筑时作为侧模，可防止混凝土的绕流，同时在槽段端头形成半圆形或波形面，增加了槽段接缝位置地下水的渗流路径。锁口管接头构造简单，施工适应性较强，止水效果可满足一般工程的需要。

（2）钢筋混凝土预制接头

钢筋混凝土预制接头可在工厂进行预制加工后运至现场，也可现场预制。预制接头一般采用近似工字形截面，在地下连续墙施工流程中取代锁口管的位置和作用，沉放后无需顶拔，作为地下连续墙的一部分，特别适用于顶拔锁口管困难的超深地下连续墙工程。

（3）工字形型钢接头

该接头形式是采用钢板拼接的工字形型钢作为施工接头，型钢翼缘钢板与先行槽段水平钢筋焊接，后续槽段可设置接头钢筋深入到接头的拼接钢板区。该接头不存在无筋区，形成的地下连续墙整体性好。先后浇筑的混凝土之间由钢板隔开，加长了地下水渗透的绕流路径，止水性能良好。工字形型钢接头的施工避免了常规槽段接头施工中锁口管或接头箱拔除的过程，大大降低了施工难度，提高了施工效率。

3. 刚性接头

刚性接头可传递槽段之间的竖向剪力，当槽段之间需要形成刚性连接时，常采用刚性接头。在工程中应用的刚性接头主要有一字或十字穿孔钢板接头、钢筋搭接接头和十字形型钢插入式接头。

（1）十字形穿孔钢板接头

十字形穿孔钢板接头是以开孔钢板作为相邻槽段间的连接构件，开孔钢板与两侧槽段混凝土形成嵌固咬合作用，可承受地下连续墙垂直接缝上的剪力，并使相邻地下连续墙槽段形成整体共同承担上部结构的竖向荷载，协调槽段的不均匀沉降；同时穿孔钢板接头亦具备较好的止水性能。十字形穿孔钢板接头如图 4.3-3（a）所示。

（2）钢筋搭接接头

钢筋搭接接头采用相邻槽段水平钢筋凹凸搭接，先行施工槽段的钢筋笼两面伸出搭接部分，通过采取施工措施，浇灌混凝土时可留下钢筋搭接部分的空间，先行槽段形成后，后施工槽段的钢筋笼一部分与先行施工槽段伸出的钢筋搭接，然后浇灌后施工槽段的混凝土。钢筋搭接接头平面形式如图 4.3-3（b）所示。

（3）十字形型钢插入式接头

十字形型钢插入式接头是在工字形型钢接头上焊接两块 T 形型钢，并且 T 形型钢锚入相邻槽段中，进一步增加了地下水的绕流路径，在增强止水效果的同时，增加了墙段之间的抗剪性能，形成的地下连续墙整体性好。十字形型钢插入式接头如图 4.3-3（c）所示。

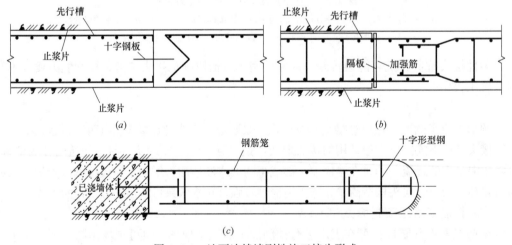

图 4.3-3　地下连续墙刚性施工接头形式
（a）十字形穿孔钢板刚性接头；（b）钢筋搭接刚性接头；（c）十字形型钢插入式接头

4. 施工接头选用原则

应结合地区经验尽量选用施工简便、工艺成熟的施工接头，以确保接头的施工质量：

1）由于锁口管柔性施工接头施工方便，构造简单，一般工程中在满足受力和止水要求的条件下地下连续墙槽段施工接头宜优先采用锁口管柔性接头；当地下连续墙超深顶拔锁口管困难时建议采用钢筋混凝土预制接头或工字形型钢接头。

2）当根据结构受力要求需形成整体或当多幅墙段共同承受竖向荷载，墙段间需传递竖向剪力时，槽段间宜采用刚性接头，并应根据实际受力状态验算槽段接头的承载力。

4.3.2.4 地下连续墙施工工艺

地下连续墙的施工，是在地面上先构筑导墙，采用专门的成槽设备，沿着支护或深开挖工程的周边，在特制泥浆护壁条件下，每次开挖一定长度的沟槽至指定深度，清槽后，向槽内吊放钢筋笼，然后用导管法浇筑水下混凝土，混凝土自下而上充满槽内并把泥浆从槽内置换出来，筑成一个单元槽段，并依此逐段进行，这些相互邻接的槽段在地下筑成一道连续的钢筋混凝土墙体。液压抓斗式成槽机施工流程如图 4.3-4 所示。

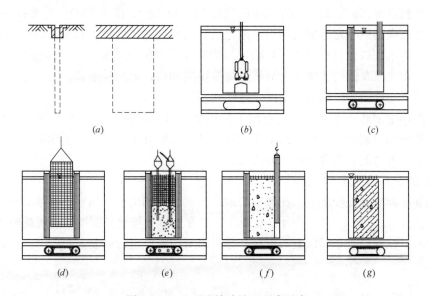

图 4.3-4　地下连续墙施工程序示意

（a）准备开挖的地下连续墙沟槽；（b）用液压成槽机进行沟槽开挖；（c）安放锁口管；
（d）吊放钢筋笼；（e）水下混凝土浇筑；（f）拔除锁口管；（g）已完工的槽段

4.3.2.5　工程问题的处理

1. 地下连续墙防渗漏措施

地下连续墙由于施工工艺原因，其槽段接头位置是最容易发生渗漏的部分，同时由于施工工序多，每个环节的控制都相关成墙质量。有必要对渗漏情况作针对性专门处理。

（1）地下连续墙接缝渗漏

地下连续墙接缝的渗水可采取双快水泥结合化学注浆的方式处理。

（2）地下连续墙接缝严重漏水

由于锁口管拔断或浇筑水下混凝土时夹泥等原因引起的严重漏水，先按地下连续墙渗漏作临时封堵、引流。根据现场情况进行处理：

1）如是锁口管拔断引起，按地下连续墙渗漏作临时封堵、引流后，可将先行槽钢筋笼的水平筋和拔断的锁口管凿出，水平向焊接中 ϕ16@50mm 以封闭接缝。

2）如是导管拔空等引起的地下连续墙墙缝或墙体夹泥，则将夹泥充分清除后再作修补。再在严重渗漏处的坑外进行双液注浆填充、速凝，深度比渗漏处深不小于 3m。

（3）墙身有大面积湿渍

针对墙身有大面积湿渍的部位，采用水泥基型抗渗微晶涂料涂抹。

2. 地下连续墙的墙身缺陷的处理措施

（1）地下连续墙表面露筋及孔洞的修补

首先将露筋处墙体表面的疏松物质清除，并采取清洗、凿毛和接浆等处于措施，然后用硫铝酸盐超早强膨胀水泥和一定量的中粗砂配制成的水泥砂浆来进行修补。如在槽段接缝位置或墙身出现较大的孔洞，在采用上述措施后，可采用微膨胀混凝土进行修补，混凝土应较墙身混凝土至少高一级。

（2）地下连续墙的局部渗漏水的修补

首先找到渗漏来源，将渗漏点周围的夹泥和杂质去除，凿出沟槽，并清水冲洗干净；其次在接缝表面两侧一定范围内凿毛，凿毛后在沟槽处埋入塑料管对漏水进行引流，并用封缝材料（即水泥掺合材料）进行封堵，封堵完成并达到一定强度后，再选用水溶性聚氨酯堵漏剂，用注浆泵进行化学压力灌浆，待浆液凝固后，拆除注浆管。

（3）地下连续墙槽段钢筋被切割导致结构损伤

实际工程中如遇到成槽范围内有地下障碍物，又无法清除时，为了保证钢筋笼的下放，需将钢筋笼切割掉一部分，再下放钢筋笼并浇筑混凝土，这使得连续墙结构局部受到损伤。对于这种情况，通常的修复方法是：

1）增加一幅地下连续墙槽段

如地下连续墙破损较严重，在破损的地下连续墙外侧增加一幅地下连续墙槽段（或增加钻孔灌注桩），如图 4.3-5、图 4.3-6 所示，并在连续墙接缝位置增加高压旋喷桩等止水措施。如破损位置位于基底以上，可在开挖后再对切割处进行修复。

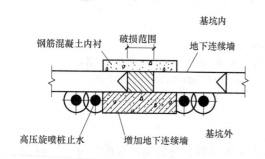

图 4.3-5 外侧增加地下连续墙补强   图 4.3-6 外侧增加钻孔灌注桩补强

2）外侧增加钻孔灌注桩的修复方法

如果地下连续墙的破损情况不是很严重，可在地下连续墙外侧增做几根钻孔灌注桩进行加固，如图 4.3-6 所示。钻孔灌注桩做好后也需要在其两侧和桩间进行高压旋喷注浆，以形成隔水帷幕。

3）在地下连续墙外侧注浆加固

如地下连续墙破损位置出现在基底以下受力较小位置，且破损情况不严重，不影响地下连续墙的整体受力性能，可在破损位置仅施工旋喷桩，以确保地下连续墙的止水性能，如图 4.3-7 所示。

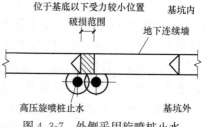

图 4.3-7 外侧采用旋喷桩止水

4.3.3 拉森钢板桩技术

1. 拉森钢板桩的应用概况

拉森钢板桩又叫 U 型钢板桩，不仅绿色、环保而且施工速度快、施工费用低，具有很好的防水功能。

拉森钢板桩于 1902 年问世至今已有一百多年历史。国内首次使用拉森钢板桩是在 1957 年建设武汉长江大桥时，由铁道部大桥局从苏联引进，这是首次将 U 型钢板桩引入国内，从 2003 年起，国内的热轧型拉森钢板桩租赁服务企业开始逐步兴起，这为拉森钢板桩在国内的推广普及奠定了基础，拉森钢板桩在越来越多的项目中得到了应用。随着中国高速铁路建设的开始，越来越多的桥梁涉及深基础基坑支护问题。在 2007 年，由中国钢铁工业协会牵头，制定了国内热轧 U 型钢板桩标准《热轧 U 型钢板桩》GB/T 20933—2007，为大力推广国产钢板桩的生产和应用打下了良好的基础。

近年来钢板桩朝着宽、深、薄的方向发展，使得钢板桩的效率（截面模量/重量之比率）不断提高，此外还可采用高强度钢材代替传统的低碳钢或是采用大截面模量的组合型钢板桩，这都极大地拓展了钢板桩的应用领域。

2. 拉森钢板桩的形状和种类

钢板桩有各种各样的形状类型、尺寸、重量和钢材种类。钢板桩可以分为热轧板桩和冷轧板桩两类（图 4.3-8）。热轧板桩与其锁口是在钢处于熔融状态时被轧制成最终的形状。而冷轧板桩与其锁口是由平板钢在常温下直接轧制成最终的形状。热轧板桩的锁口比冷轧板桩的锁口更强，并且在强力打桩条件下更易直接嵌入，并且只有较少的土体能够进入到锁口中间。通常情况下，热轧板桩锁口的密封性较好，所以渗漏较少。

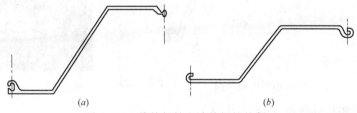

图 4.3-8 热轧板桩和冷轧板桩的断面
(a) 热轧 Z 形板桩；(b) 冷轧 Z 形板桩

（1）Z 形板桩

剖面为 Z 字形的板桩被称为 Z 形板桩，这是因为单桩的形状大致像一个水平拉伸开来的 Z 字（图 4.3-9～图 4.3-11）。Z 形板桩是通过腹板连续的，并且通过腹板在板桩墙的

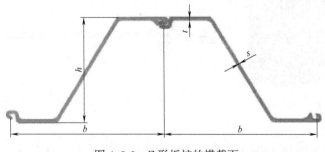

图 4.3-9 Z 形板桩的横截面

压缩面和拉伸面之间提供完全的剪切传递。Z 形的板桩的锁口位于远离中性轴的对称的两侧,其能提高材料的使用效率,并且可以提高截面模量。Z 形板桩在施工上习惯用双桩驱动打桩,使得每次打桩都能够获得更大的板桩墙的成墙宽度。

图 4.3-10　热轧 Z 形板桩

图 4.3-11　冷轧 Z 形板桩

（2）U 形板桩

U 形板桩的应用范围广泛,并且可以适用于不同的打桩施工方法（图 4.3-12 和图 4.3-13）。U 形板桩系列中的刚性强而较窄的断面形式适用于强锤击驱动的打桩条件,而较宽的断面形式适用于较易驱动的高效打桩条件。在澳大利亚、新西兰和亚洲的大部分国家,U 形板桩在施工中通常是单桩驱动打桩,有时也可以双桩或三桩驱动打入地基。

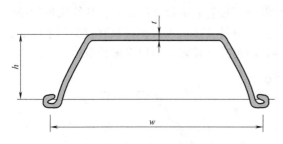

图 4.3-12　U 形板桩的横截面

图 4.3-13　热轧 U 形板桩

（3）一字形幅板式板桩

一字形幅板式板桩及横截面如图 4.3-14 和图 4.3-15 所示。大多数的板桩依靠它们本身的抗弯曲强度和刚度来挡土或挡水,而一字形幅板式板桩被设计组成圆桶形的结构,而且圆桶通常是封闭的,能够容纳回填土。

图 4.3-14　一字形幅板式板桩

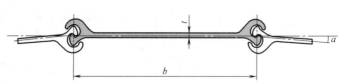

图 4.3-15　一字形幅板式板桩的横截面

（4）Ω 形板桩

Ω 形板桩（图 4.3-16 和图 4.3-17）主要用于中国和亚洲,所有的 Ω 形板桩均为轻型板桩，具有比其他类板桩尺寸和规格更小的特性。Ω形板桩有帽子形状的横截面，具有相对较薄但较大的截面面积，这使得可以实施高效打桩施工工作，也可以确保结构的可靠性和提高经济性。

图 4.3-16 Ω形冷轧钢板桩

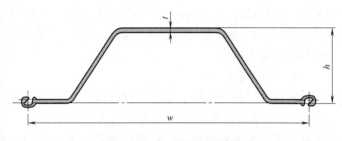

图 4.3-17 Ω形板桩的横截面

Ω形板桩的锁口位于截面的最远端，每个板桩的中性轴线与整个板桩墙的轴线在同一条线上。有时 Ω 形板桩可以使用小型锤击机、钻机或打桩机进行操作和安装。

（5）组合板桩墙

根据不同工程项目的要求，可以将几种类型的钢板桩组合在一起构成组合板桩墙。组合板桩墙通常由一对板桩截面与其他类型的钢桩（如 H 钢桩或管钢桩）焊接在一起形成。组合板桩墙经常被应用于海洋工程项目中，与常规板桩墙组合可以增加结构刚度。

组合钢板桩被用于许多类型的临时工程和永久结构中。组合钢板桩的横截面被设计成能够提供最大的强度和耐久性。组合板桩锁口的设计要有利于打桩，通过一系列紧密配合的锁口连接在一起形成一道连续墙。不同类型的桩之间需要特殊的锁口。永久性的组合板桩墙需要有防腐蚀措施。

图 4.3-18 是 Ω＋H 组合板桩的横截面，图 4.3-19 是 U＋管桩组合桩和 Ω＋管桩组合桩的横截面。

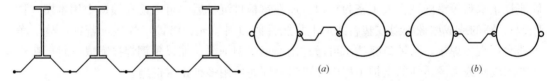

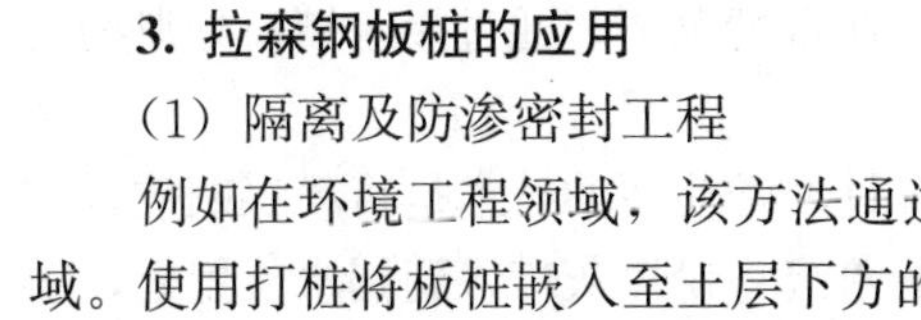

图 4.3-18 Ω＋H 组合板桩横截面

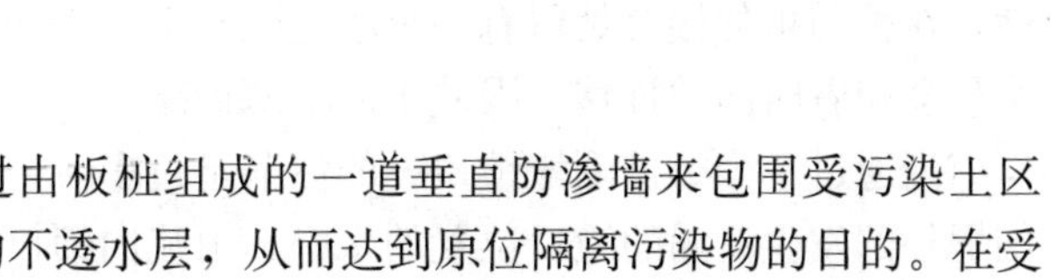

图 4.3-19 U＋管桩组合桩和 Ω＋管桩组合桩的横截面
（a）U＋管桩；（b）Ω＋管桩

3. 拉森钢板桩的应用

（1）隔离及防渗密封工程

例如在环境工程领域，该方法通过由板桩组成的一道垂直防渗墙来包围受污染土区域。使用打桩将板桩嵌入至土层下方的不透水层，从而达到原位隔离污染物的目的。在受污染的地下水具有水力梯度的情况下，拉森钢板桩可作为垂直防渗墙建造在场地的边界线处。

（2）防洪工程

使用横截面呈锯齿凹凸状的板桩防洪墙系统是最安全且最具成本效益的解决方案。在建筑和加固堤坝、沟渠等防洪结构中使用板桩是最佳解决方案。板桩墙的高密封性系数是众所周知的，并且已经在实践中得到检验。可以使用自走式高频振动打桩机和液压式打桩机进行打桩施工安装，这两种施工方式不会对环境造成影响和破坏。

（3）水控制工程

水控制工程结构是改变水在溪流、排水沟或调蓄池中流量的建筑物。在许多水控制工程项目中，使用板桩已被证实是一个可持续的、持久耐用的解决方案。板桩经常被应用于以下水控制工程项目中：①挡水板墙；②堰；③粉煤灰池；④蓄水池；⑤引水导流墙；⑥酸性矿井排水通道。

（4）海洋工程结构

板桩已被广泛地应用于海洋工程结构中。20多年前，大量受损的海堤需要修复，这给了人们一个启示：应开发耐用的、持久的海洋工程结构材料。此后，许多新的板桩产品安装在数千千米的海岸线上。这些板桩产品通常在以下海洋工程结构中得到应用：①驳岸；②海堤；③潮汐墙；④防波墙和挡浪板；⑤码头；⑥侵蚀控制和冲刷保护；⑦挡土墙。

4. 桩间锁口渗漏的防治

钢板桩锁口止水密封效果与多方面因素有关，如自身锁口形状（阴阳连接、环形、套型等）及咬合程度、钢板桩施打后的弯曲变形、倾斜旋转、水土的腐蚀、地质条件等。钢板桩锁口的止水密封不外乎天然密封及人工密封两种方式。天然密封是指依靠钢板桩背侧的浮游物或者土砂等细颗粒物质堵塞锁口间隙，起到止水的效果。一般，粒径分布越好，止水效果越好。但当钢板桩背侧是水或是土粒较粗时，一般需要很长时间才能体现堵塞效果。

人工密封可以在钢板桩沉桩之前或是之后采取密封措施。在钢板桩沉桩前，可以通过预先焊接锁口；在钢板桩锁口内预先涂上止水材料，止水材料主要是膨润性的溶剂、弹性密封料、树脂类溶剂及膨胀性橡胶等构成；可以预先在钢板桩沉桩位置成槽以水泥膨润土替换原状土；在钢板桩锁口位置预先钻孔换填水泥膨润土；在锁口附近预先或沉桩后换填膨胀性止水料等措施进行人工密封锁口。而在钢板桩沉桩后，可考虑在锁口中用木楔（膨胀型）、圆的或成型橡胶绳或塑料绳加上膨胀性的填料填充；将锁口焊接，若锁口缝干净不透水可直接焊接，若锁口缝透水可通过用扁钢或型钢覆盖加以角钢焊接完成密封。在止水要求较高或强渗透性的支护工程中亦可考虑同时使用多种止水措施。

（1）锁口的水密性

钢板桩是由连续钢材组成的，而且钢材本身是不透水的。然而，考虑到打桩的便利性，在桩与桩的接合处留有一个小缝隙。众所周知，通常情况下，通过接合锁口处泄漏的水量会随着时间的推移，因砂土的堵塞而减少。

当通过一个板桩围堰锁口处的渗漏量过多时，一种经常使用的技术是将粉煤灰放置在围堰外部发生泄漏的锁口位置的水中，由流向锁口的水流将粉煤灰带入到漏水位置处，粉煤灰就会将漏洞堵塞起来。另一种方法是在发生泄漏的锁口位置的外侧钻孔，并向孔中灌浆。如果根据工程项目的要求，项目在完工的早期也不能有泄漏（一般的环境保护项目都有这样的要求），则有必要采取措施，阻止在板桩接合锁口处发生任何泄漏。最流行的方法是在一开始施工打桩时就将膨胀止水材料放入到接合锁口处。

解决热轧板桩锁口泄漏问题的方法是在打桩前先将板桩水平放置在地面上，并用沥青和油脂混合物填充凹形锁口，这种密封剂的高黏度限制了打桩时侵入锁口的土的体积，而当打桩驱动凸形锁口嵌入凹形锁口时，密封剂受挤压变形，从而使锁口形成密封（图 4.3-20）。

止水材料

● 应用型　　　　● 流动型　　　膨胀型止水材料

图 4.3-20　钢板桩锁口止水材料的应用

（2）密封胶的相容性

用于板桩防渗墙锁口的密封剂种类的选择取决于场地特定的环境情况，并且必须与预期的地下环境条件相容。可选用的密封剂材料包括黏土基灌浆（如膨润土）、水泥基灌浆、环氧聚合物、聚氨酯聚合物等。如果现场情况需要，可以根据板桩的不同高度，在锁口内使用不同的密封剂。选择的密封剂也必须与所承受的水头相容，必须可泵送，一旦填充后就要具有令人满意的低渗透性，并且还必须具有与锁口相容的热膨胀特性。选择的密封胶材料可能会影响项目的成本；然而，由于密封腔的体积相对于板桩防渗墙的整个尺寸来说还是较小的，因此，相比于其他种类的防渗墙，用于板桩防渗墙的密封剂成本将是可以接受的。

（3）滑铁卢屏障的密封锁口

滑铁卢屏障是一种钢板桩墙，在每个锁口的接头处都有一个密封腔（图 4.3-21）。它是在 20 世纪 80 年代末由加拿大滑铁卢大学（University of Waterloo）的研究人员开发的，目的是为了在加拿大安大略省（Ontario）艾里斯顿（Alliston）附近的基地建造安全的试验池，以控制高密度非水相液体化学物质释放入浅含水砂层。

密封胶

图 4.3-21　带有密封腔的滑铁卢屏障锁口

（4）"J"式接插型水密性板桩

"J"式接插型板桩是专门为控制污染废弃物的最终处置场中使用的新型钢板桩垂直防渗墙而设计的。该板桩在制造时就在两端锁口内的底部轧制成一条大约 10mm 的凹槽。该凹槽可以被用于放置不透水材料、注入填充材料，以及安装用于防漏观察的监控管（图 4.3-22）。

两种密封板桩防渗墙板桩间连接锁口的方法：

1）密封橡胶法。在打桩之前，将膨胀型密封橡胶分别放入连接两根桩的"J"式锁口

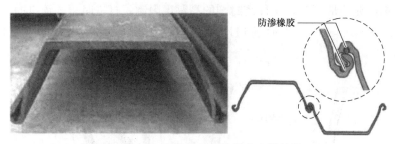

图 4.3-22 "J" 式接插型板桩带有凹槽的锁口

的凹槽中。密封橡胶吸水膨胀后，通过膨胀压力来密封锁口。密封橡胶法一般适用于水位以下较软的土层。

2）填料注射法。在打桩之前，将膨胀型密封橡胶放入连接的两根桩中的一根桩的"J"式锁口的凹槽中。完成打桩之后将填料注射管放入另一根桩锁口的凹槽中。通过此管将硅树脂注入锁口的凹槽中，填料注射法一般适用于地下水位以上较硬的土层。

5. 拉森钢板桩的腐蚀和抗腐蚀

无论土壤的类型是什么，钢板桩在没有受过干扰的原状土中的腐蚀是可以忽略不计的。这是由于原状土中的含氧量很低，即使是从侵蚀性环境中拔取的钢板桩也表明腐蚀是微不足道的。然而，由于钢板桩长时间暴露在大气中会造成大量的腐蚀，就如位于地面以上的钢板桩挡土墙，另外，长时间浸泡在海水中的作为海洋结构的钢板桩也会受到大量的腐蚀。

（1）钢板桩表面的腐蚀率

钢板桩被广泛地用于挡土墙和建筑物的基础结构工程中。对于大多数情况，往往只考虑钢材在一种环境情况下的特有的腐蚀率。然而，在工程实践中，一个钢板桩相对的两侧可能会暴露于不同的环境条件下。例如，港口工程中的钢板桩的一边可能暴露在海洋环境中，而另一边可能与土壤接触。钢板桩在最近填埋的废弃物或工业废弃土壤的特殊情况下，腐蚀率可能会较高，可能需要有保护系统。这些都应该在个案的基础上作专门的考虑。

以下列出的方法可以用于防止钢板桩的腐蚀：

1）进行钢板桩设计时，应考虑留有腐蚀余量。

2）使用混凝土作为钢板桩外面的包层，以防止钢板桩被侵蚀。

3）将钢板桩表面进行涂层，以防止腐蚀，包括刷漆、使用有机涂层、用凡士林涂层或使用无机涂层 4 种涂层类型。

4）电解保护法。该方法有两种类型，从外部提供保护电源，以防止腐蚀；或将诸如铝和镁的合金附接到钢材上作为牺牲阳极。

在实际工程中，有必要根据设计和现场条件来选择最合适的防腐蚀方法。

（2）抗腐蚀措施

延长埋设在地下的钢板桩设计寿命的三种方法：①使用较厚的断面；②使用高强度钢；③使用有机涂层。

钢板桩通常在可控环境条件下（如在制造车间）进行涂料，并且施加的涂层应当能够抵抗在运输和操作过程中可能产生的损害。简单的煤焦油沥青混合物已作为涂料使用了一段时间，但该涂层柔软、很薄，很容易损坏。现在已将合成树脂加入到煤焦油（coal-tar）中以获得较厚和较硬的涂层。

4.3.4 排桩帷幕技术

4.3.4.1 排桩帷幕的一般形式

排桩围护体是指利用常规的各种桩体，例如钻孔灌注桩、挖孔桩、预制桩及混合式桩等并排连续起来形成的地下挡土结构。除了由排桩咬合形成咬合桩帷幕外，排桩还可以与旋喷、搅拌桩等组合形成止水帷幕。

如图 4.3-23（a）所示，利用先后施工的灌注桩的混凝土咬合，达到止水的目的。图 4.3-23（b）所示的方式，是在两根桩体之间设置旋喷桩，将两桩间土体加固，形成止水的加固体。图 4.3-23（c）中，先施工水泥土搅拌桩，在其硬结之前，在每两组搅拌桩之间施工钻孔灌注桩，因灌注桩直径大于相邻两组搅拌桩之间净距，因此可实现灌注桩与搅拌桩之间的咬合，达到止水的效果。

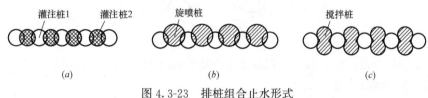

图 4.3-23　排桩组合止水形式
（a）咬合型止水形式；（b）排桩旋喷桩止水；（c）排桩搅拌桩止水

由上述内容可见，排桩结合帷幕桩形成止水帷幕体系的搭配方式十分灵活。本节介绍的"排桩帷幕技术"，主要是指咬合桩技术以及排桩与旋喷等工艺组合形成帷幕的情况。

4.3.4.2 咬合桩

1. 咬合桩的发展概况

钻孔咬合桩支护结构是指分离式排列的钢筋混凝土桩（俗称荤桩）和素混凝土桩（俗称素桩）交错布设、互相咬合构成的连续支护桩墙，其桩间咬合具有密闭的特点，不仅可以形成连续受力体（在环形布桩时具备良好的承载性能），更可以有效地阻隔地下水。

国外对钻孔咬合桩支护结构研究发展较早，已比较成熟。对于钻孔咬合桩支护结构的研究多集中在桩体的变形计算、基坑监测以及变形约束措施上，而对于咬合桩施工流程方面的研究却不多。

我国最早的应用是在深圳地铁的隧道工程中。起初对于钻孔咬合桩支护结构的研究主要集中于咬合桩的施工工艺、模型试验和素混凝土桩所用超缓凝混凝土的配置等方面，随后学者们对钻孔咬合桩支护结构进行了深入研究，其中包括对钻孔咬合桩咬合面受力分析、咬合桩受力变形分析、咬合桩抗弯承载特性、咬合桩插入比等的研究。

2018 年 3 月 19 日，住房城乡建设部批准了《咬合式排桩技术标准》JGJ/T 396—2018 为行业标准，为咬合桩技术在设计、施工、质量检查和验收等方面应用的标准化、规范化提供了依据和保障。

2. 咬合桩的结构形式

根据钻孔咬合桩的特点可分为两类咬合类型：

1）钢筋混凝土桩之间相互咬合，具体咬合类型有如下三种，即钢筋混凝土桩与型钢桩咬合、钢筋混凝土桩与矩形钢筋笼桩咬合、钢筋混凝土桩与异形钢筋笼桩咬合（图 4.3-24）；

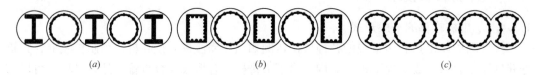

（a）   *（b）*   *（c）*

图 4.3-24　钢筋混凝土桩咬合桩

（a）与型钢桩咬合；（b）与矩形钢筋笼桩咬合；（c）与异形钢筋笼桩咬合

2）素混凝土桩与钢筋混凝土桩间隔放置，即素混凝土桩与不均匀钢筋笼桩咬合（图 4.3-25）。

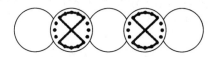

图 4.3-25　素混凝土桩与不均匀钢筋笼桩咬合

上述各种咬合形式中，以钢筋混凝土桩与素混凝土桩间隔放置的结构较为常用。

3. 咬合桩的施工工艺

钻孔咬合桩是采用全套管灌注桩机（磨桩机）施工形成的桩与桩之间相互咬合排列的一种基坑支护结构。施工时，通常采用全混凝土桩排列（俗称全荤桩）及混凝土与素混凝土交叉排列（俗称荤素搭配桩）两种形式，其中荤素搭配桩的应用较为普遍。素桩采用超缓凝型混凝土先期浇筑；在素桩桩混凝土初凝前利用套管钻机的切割能力切割掉相邻素混凝土桩相交部分的混凝土，然后浇筑荤桩，实现相邻桩的咬合（图 4.3-26、图 4.3-27）。

图 4.3-26　咬合桩导墙及素桩施工　　　　　　图 4.3-27　全套管灌注桩机

单根咬合桩施工工艺流程如下：

1）护筒钻机就位。当定位导墙有足够的强度后，用吊车移动钻机就位，并使主机抱管器中心对应定位于导墙孔位中心。

2）单桩成孔。步骤为随着第一节护筒的压入（深度为 1.5～2.5m），冲弧斗从护筒内取土，一边抓土一边继续下压护筒，待第一节全部压入后（一般地面上留 1～2m，以便于接筒）检测垂直度，合格后，接第二节护筒，如此循环至压到设计桩底标高。

3）吊放钢筋笼。对于 B 桩，成孔检查合格后进行安放钢筋笼工作，此时应保证钢筋笼标高正确。

4）灌注混凝土。如孔内有水，需采用水下混凝土灌注法施工；如孔内无水，则采用干孔灌注法施工并注意振捣。

5）拔筒成桩。一边浇筑混凝土一边拔护筒，应注意保持护筒底低于混凝土面≥2.5m。

如图 4.3-28 所示，对一排咬合桩，其施工流程为 $A_1 \rightarrow A_2 \rightarrow B_1 \rightarrow A_3 \rightarrow B_2 \rightarrow A_4 \rightarrow B_3$，如此类推。

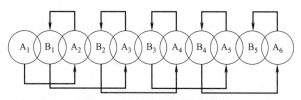

图 4.3-28　咬合桩施工顺序

为控制咬合桩的成孔精度，采用成孔精度全过程控制的措施，可在成桩机具上悬挂两个线柱控制南北、东西向护筒外壁垂直度并用两台测斜仪进行孔内垂直度检查，发现有偏差时及时进行纠偏调整。

A 桩混凝土缓凝时间的确定需要在测定出 A、B 桩单桩成桩所需时间后，计算 A 桩混凝土缓凝时间。在 B 桩成孔过程中，由于 A 桩混凝土未完全凝固，还处于流动状态，因此其有可能从 A、B 桩相交处涌入 B 桩孔内，形成"管涌"。

类似于地下连续墙施工，对于全套管咬合桩的施工，也需要在进行钻孔成桩之前施做导墙，已满足钻孔咬合桩的平面位置的控制和作为施工机具的一个平台，防止孔口坍塌，确保咬合桩护筒的竖直，并确保全套管钻机平整作业。

4.3.4.3　排桩与旋喷桩结合

护坡桩作为主要支护结构时，常在护坡桩间搭接设置高压旋喷桩（或摆喷、定喷）而形成连续的不透水帷幕。

（1）护坡桩间高压旋喷桩帷幕结构

此类型排桩帷幕为在护坡桩间设置圆形高压旋喷桩。单个护坡桩桩间的高压旋喷桩数量，根据工程所在场地地质条件确定。护坡桩与高压旋喷桩之间必须保证有一定的搭接宽度，若受限于地质条件的因素，高压旋喷桩无法施工至需要的桩径，可在单个护坡桩桩间设置 2 根高压旋喷桩，以保证各桩之间的搭接宽度满足要求。常见的护坡桩间高压旋喷桩帷幕结构形式见图 4.3-29。

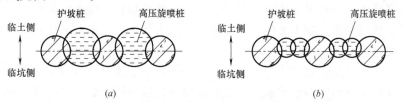

图 4.3-29　两种护坡桩间高压旋喷桩帷幕结构形式

（a）单个护坡桩间布置 1 根高压旋喷桩；（b）单个护坡桩间布置 2 根高压旋喷桩

（2）护坡桩间高压摆喷桩帷幕结构

此类型排桩帷幕为在护坡桩间设置半圆形或扇形的高压旋喷桩，及进行高压喷射桩施工时，喷射钻头并非做 360°旋转，而是在一个固定的角度范围内往复摆动进行喷射，故形成的喷射桩体也非圆形桩。相较桩间高压旋喷桩的帷幕工艺，此工艺显然在成本、施工效率等方面均占有一定优势，但由于同样必须保证摆喷桩体与护坡桩形成一定宽度的搭接，对其施工精度的要求更高。

常见的护坡桩间高压摆喷桩帷幕结构形式见图 4.3-30。

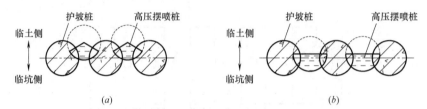

图 4.3-30　两种护坡桩间高压摆喷桩帷幕结构形式

（a）单个护坡桩间为 120°高压摆喷桩；（b）单个护坡桩间为 180°高压摆喷桩

（3）护坡桩间高压定喷桩帷幕结构

此类型排桩帷幕为在护坡桩之间用改装的定喷钻机钻孔，待钻孔达到设计的钻孔深度时，使钻具停止转动，调整喷嘴的方向，保证其垂直于护坡桩体，然后开始喷射水泥浆，并控制好喷嘴的定喷压力和钻杆的提升速度。在整个喷射期间，喷嘴不做水平方向上的摆动，因此称为"定喷"帷幕。

常见的护坡桩间高压定喷（桩）帷幕结构形式见图 4.3-31。

4.3.4.4　排桩与搅拌桩结合

搅拌桩具有施工质量易控制、适用土层广泛、隔水性能良好等优点，作为隔水帷幕的工艺广受欢迎，因此在实际应用时，常将其与排桩结合使用，其中排桩主要发挥挡土作用，搅拌桩主要作为隔水帷幕构件。排桩与搅拌桩间隔布置，可形成图 4.3-32 的帷幕形式。

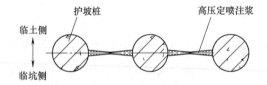

图 4.3-31　护坡桩间高压定喷（桩）帷幕结构形式

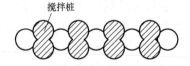

图 4.3-32　排桩与搅拌桩结合帷幕结构形式

4.3.4.5　排桩与桩间搅喷桩结合

长螺旋搅喷水泥土帷幕桩施工工艺是一种与护坡桩联合的排桩帷幕技术，由于其施工机械改装自长螺旋钻机，施工方便，操作便利，成本低廉，止水效果良好，近年来在北京地区得到广泛应用。

此种工法主要适用于黏性土、粉土、砂土细颗粒松散地层。具体实施方法为：首先用常规方法形成间隔分布的多根护坡桩，然后使用改装后的长螺旋钻机在两根护坡桩间（位置稍向临土方向偏移）依次进行成桩。所用的长螺旋钻机经过改装，其钻头部位形成注浆喷头，成桩过程中注入的水泥浆在长螺旋钻杆叶片的搅拌下与土体形成水泥土，最终形成水泥土桩。水泥土桩直径与注浆压力有关，可经过改装实现较大压力的喷浆，从而使水泥土桩与护坡桩的搭接更加有保障。

根据长螺旋喷搅拌水泥土桩桩型的不同、帷幕组成方式的不同及桩体布置形式的不同，长螺旋喷搅水泥土桩帷幕可具有多种类型，见图 4.3-33、图图 4.3-34。

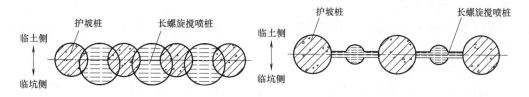
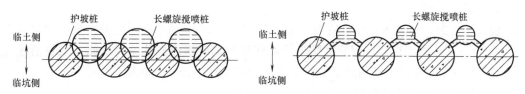

图 4.3-33　长螺旋搅喷水泥土帷幕桩结构形式

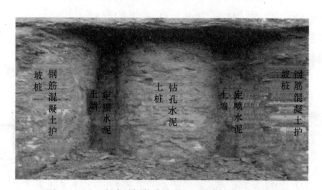

图 4.3-34　长螺旋搅喷水泥土帷幕桩成桩情况

4.3.5　旋喷桩帷幕技术

旋喷法又称喷射注浆法，就是利用钻机把带有喷嘴的注浆管钻进至土层的预定位置后，以高压设备使浆液或水成为高压流从喷嘴中喷射出来，冲击破坏土体。当能量大、速度快和呈脉动状的喷射流的动压超过土体结构强度时，土粒便从土体剥落下来。一部分细小的土粒随着浆液冒出水面，其余土粒在喷射流的冲击力、离心力和重力等作用下，与浆液搅拌混合，并按一定的浆土比例和质量大小有规律的重新排列。浆液凝固后，便在土中形成一个固结体。

我国自 20 世纪 70 年代末起在建筑物基础托换、工业建筑的基坑工程，以及水利建设工程中应用此方法。20 世纪 90 年代起随着我国大规模建设工程的发展，以及在上海、广州、北京等大城市的地下工程建设中及长江三峡等重大水利工程中的应用，这种技术在我国的应用范围迅速扩大，也使我国成为世界上喷射注浆法应用工程量最大的国家之一。

二重管法直径通常为 0.8～1.0m，而三重管法为 1.0～1.5m。2004 年由于工程需要进一步加大桩径，开始采用类似于 RJP 工法的双高压旋喷法，即高压水和高压水泥浆均采用 25MPa 以上的压力，桩的直径达到 1.8～2.3m。起初旋喷桩长度一般小于 20m，由于地下工程深度的不断加深，加固深度逐步延伸到 30m、40m、50m，目前最大加固深度达到 55m。

4.3.5.1 旋喷桩的特点

以高压喷射流直接冲击破坏土体，浆液与土以半置换或全置换凝固为固结体的高压喷射注浆法，主要特征如下：

（1）适用的范围较广

旋喷注浆法以高压喷射流直接破坏并加固土体，固结体的质量明显提高。它既可用于工程新建之前，也可用于工程修建之中，特别是用于工程落成之后。

（2）施工简便

旋喷施工时，只需在土层中钻一个孔径为 50～300mm 的小孔，便可在土中喷射成直径为 0.4～4.0m 的固结体，因而能贴近已有建筑物基础建设新建筑物。此外能灵活地成型，它既可在钻孔的全长成柱形固结体，也可仅作其中一段，如在钻孔的中间任何部位。

（3）固结体形状可以控制

为满足工程的需要，在旋喷过程中，可调整旋喷速度和提升速度、增减喷射压力，可更换喷嘴孔径改变流量，使固结体成为设计所需要的形状。

高压喷射注浆法所形成的固结体形状与喷射流移动方向有关，分为旋转喷射（简称旋喷）、定向喷射（简称定喷）和摆动喷射（简称摆喷）三种形式，如图 4.3-35 所示。

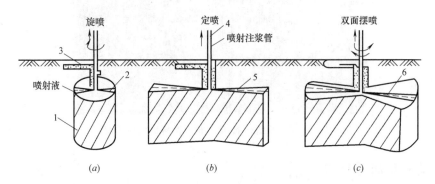

图 4.3-35　高压喷射注浆的三种形式

1—桩；2—射流；3—冒浆；4—喷射注浆；5—板；6—墙

（a）圆柱形；（b）壁板形；（c）扇形

旋喷法施工时，喷嘴一面喷射、一面旋转并提升，固结体呈圆柱状；定喷法施工时，喷嘴一面喷射、一面提升，喷射方向固定不变，固结体形如板状或壁状；摆喷法施工时喷嘴一面喷射、一面提升，喷射的方向呈较小角度来回摆动，固结体形如较厚墙状。

（4）既可垂直喷射，亦可倾斜和水平喷射

一般情况下，采用在地面进行垂直喷射注浆，而在隧道、矿山井巷工程、地下铁道等建设中，亦可采用倾斜和水平喷射注浆。

（5）有较好的耐久性

在一般的软弱地基加固中，能预期得到稳定的加固效果并有较好的耐久性能用于永久性工程。

（6）料源广阔，价格低廉

喷射的浆液是以水泥为主，化学材料为辅。除了在要求速凝超早强时使用化学材料以外，一般的地基工程的使用材料广阔，一般使用价格低廉的 32.5 级普通硅酸盐水泥。若处于地下水流速快或含有腐蚀性元素、土含水量大或固结强度要求高的场合，则可根据工程需要，在水泥中掺入适量的外加剂，以达到速凝、高强、抗冻、耐蚀和浆液不沉淀等效果。

（7）浆液集中，流失较少

喷浆时，除一小部分浆液由于采用的喷射参数不适用等原因，沿着管壁冒出地面，大部分浆液均聚集在喷射流的破坏范围内，很少出现在土中流窜到很远地方的现象。

（8）设备简单，管理方便

高压喷射注浆全套设备结构紧凑、体积小、机动性强、占地少，能在狭窄和低矮的现场施工。

施工管理简便，在单管、二重管、三重管喷射过程中，通过对喷射的压力、吸浆量和冒浆情况的量测，即可间接地了解旋喷的效果和存在的问题，以便及时调整旋喷参数或改变工艺，保证固结质量。在多重管喷射时，更可以从屏幕上了解空间形状和尺寸后再以浆材填充之，施工管理十分有效。

（9）生产安全

高压设备上有安全阀门或自动停机装置，当压力超过规定时，阀门便自动开启泄浆降压或自动停机，不会因堵孔升压造成爆破事故。此外高压胶管是不易损坏的，只要按规定进行维护管理，可以说是安全的。

（10）无公害

施工时机具的振动很小，噪声也较低，不会对周围建筑物带来振动影响及噪声、公害，更不存在污染水域、毒化饮用水源的问题。

4.3.5.2　旋喷桩的分类

高压喷射注浆法的基本种类有：单管法、二重管法、三重管法、多重管法及双高压三重管法等方法（图 4.3-36）。

（1）单管法

单管喷射注浆是利用钻机等设备，把安装在注浆管（单管）底部侧面的特殊喷嘴，置入土层预定深度后，用高压泥浆泵等装置，以 20MPa 左右的压力，把浆液从喷嘴中喷射出去冲击破坏土体，同时借助注浆管的旋转和提升运动，使浆液与从土体上崩落下来的土搅拌混合，经过一定时间凝固，便在土中形成圆柱状的固结体。

（2）二重管法

二重管法使用双通道的二重注浆管，当二重注浆管钻进到土层的预定深度后，通过在管底部侧面的一个同轴双重喷嘴，同时喷射出高压浆液和空气两种介质的喷射流冲击破坏土体，即以高压泥浆泵等高压发生装置喷射出 20MPa 左右压力的浆液，从内喷嘴中高速喷出，并用 0.7MPa 左右压力把压缩空气从外喷嘴中喷出。在高压浆液流和它外圈环绕气流的共同作用下，破坏土体的能量显著增大，喷嘴一面喷射一面旋转和提升，最后在土中形成圆柱状固结体，固结体的直径明显增加。

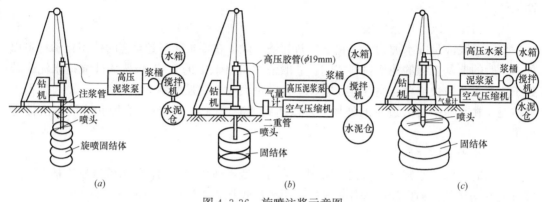

图 4.3-36　旋喷注浆示意图

(a) 单管法；(b) 二重管法；(c) 三重管法

（3）三重管法

三重管法使用分别输送水、气、浆三种介质的三重注浆管，在以高压泵等高压发生装置产生 20MPa 左右的高压水喷射流的周围，环绕一股 0.7MPa 左右的圆筒状气流进行高压水喷射流和气流同轴喷射冲切土体，形成较大的空隙，再另由泥浆泵注入压力为 2～5MPa 的浆液填充，喷嘴作旋转和提升运动，最后便在土中凝固为直径较大的圆柱状固结体。

（4）多重管法

这种方法首先需要在地面钻一个导孔，然后置入多重管，用逐渐向下运动的旋转超高压水射流（压力约 40MPa）切削破坏四周的土体，经高压水冲击下来的土和石，随着泥浆立即用真空泵从多重管中抽出。如此反复的冲和抽，便在地层中形成一个较大的空间。

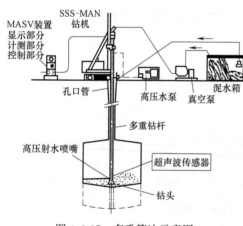

图 4.3-37　多重管法示意图

装在喷嘴附近的超声波传感器及时测出空间的直径和形状，最后根据工程要求选用浆液、砂浆、砾石等材料填充之。于是在地层中形成一个大直径的柱状固结体，在砂土中最大直径可达 4m，如图 4.3-37 所示。

以上四种高压喷射注浆法中，前三种属于半置换法，即高压水（浆）携带一部分土颗粒流出地面，余下的土和浆液搅拌混合凝固，成为置换状态；后一种属于全置换法，即高压水冲击下来的土全部被抽出地面而在地层中形成一个空洞（空间），以其他材料充填之，成为全置换状态。

（5）双高压旋喷法

双高压三重管旋喷桩施工工艺是指放弃能承受水压力不小于 30MPa 的喷水管，把喷水管改作喷水泥浆管。由一根喷空气管、一根喷水管及一根喷水泥浆管组成的常规三重管旋喷桩机变成由一根喷空气管、两根喷水泥浆管组成的三重管旋喷钻机。作业时水泥浆压力不小于 30MPa。

双高压旋喷法由于有两根喷水泥浆管，使土层中水泥浆量增加，提高了高压旋喷工艺在中密～密实、富水性、连通性及透水性良好的砂层等地层中形成止水帷幕的性能。

4.3.5.3　水平旋喷桩

1. 概念

水平旋喷是由垂直旋喷发展起来的，主要用于地下铁道、隧道、矿山井巷、人防工事等地下工程的暗挖及其塌方事故的处理。

一般情况所谓的旋喷，都是指垂直旋喷，即将钻机竖立在地面上，往地层中钻进置入注浆管进行旋喷，所筑造出来的旋喷桩为垂直的柱状体。水平旋喷，就是在土层中水平钻进成孔，亦可作小角度的俯、仰和外斜钻进，注浆管呈水平状，喷嘴由里向外移动进行旋喷、注浆。喷射压力根据设计旋喷直径和土质情况而定，一般在 20MPa 左右。压力越大旋喷直径越大，固结体为水平状的圆柱体，如图 4.3-38 所示。

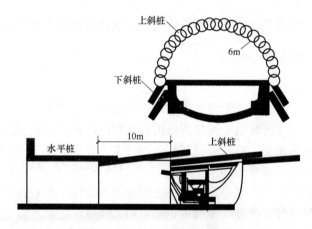

图 4.3-38　水平旋喷示意图

2. 水平旋喷施工顺序及工艺

（1）水平旋喷施工顺序

水平旋喷的特点在于水平施工，钻机作水平钻进，主要为：

1）钻机定位

钻机移到新孔位后，钻杆须正对孔心，钻机要固定牢靠，不得在钻进过程中晃动移位。

2）钻孔

一般以注浆管（单管、二重管或三重管）兼作钻杆进行钻孔。钻孔要直，其倾斜度以钻孔底的偏差距离小于旋喷桩半径和相邻旋喷桩能搭接为准。为防止钻孔时钻杆出现下垂现象，钻孔时可上抬一定角度。

3）旋喷注浆

当钻杆（注浆管）钻进到规定的深度后，立即进行高压喷射注浆，注浆管由里向外缓缓拔出。

4）结束

当旋喷注浆作业完毕，迅速拔出注浆管。立即在孔位上打入一木桩，既止浆又是完工的标志。若浆液收缩较大，可适时补充一些浆液。

（2）水平旋喷施工工艺

水平旋喷的工艺和施工精度，均高于垂直旋喷，其工艺为：

1）一根钻孔法。在加固深度范围内，宜用一根长度相当的钻杆（注浆管）一次钻进，中途不接、不卸钻杆，当深度过大需分段旋喷时，每分段亦宜用一根钻杆法。

2）每孔旋喷桩一次或分段旋喷时，中途不接、不卸钻杆（注浆管）。

3）由里向外旋喷。在一般情况下注浆管外拔速度应保持均匀。

4）为增大旋喷直径，宜采用复喷（先喷水后喷浆）或加大喷射压力，亦可适当放慢外拔速度。

5）回灌浆液：在旋喷浆液流失较大的情况下，可用流出的浆液在孔口进行回灌。浆液收缩较大时，可适时补浆，以消除旋喷桩的凹陷。

6）分段水平旋喷

当水平旋喷的长度过长，一根钻杆不能进行一次钻进和旋喷时，采用分段旋喷。

4.3.6 水泥土搅拌桩帷幕技术

4.3.6.1 搅拌桩的定义

由固化剂（水泥）与土搅拌形成的固结体在我国称为水泥土搅拌桩。又由于历史上的原因和使用习惯，将用水泥浆与土搅拌形成的柱状固结体称为深层搅拌桩。

水泥土搅拌法利用水泥、石灰等材料作为固化剂的主剂，通过特制的深层搅拌机械，在地基中就地将土和固化剂强制搅拌，利用固化剂和土之间所产生的一系列物理化学反应，使土硬结成具有整体性、水稳定性和一定强度的固结体。本章所介绍的水泥土搅拌法则是利用特制的机械在地基深处就地加固土层，而无需将土挖出，陆上最大加固深度也达到30m，海上最大的加固深度已达60m。

4.3.6.2 搅拌桩的发展概况

1. 起源

搅拌桩最初起源于20世纪60年代，日本和瑞典分别开发研究成功一种用于加固深层软土的方法：深层搅拌法。该方法可以用于处理地下深部的河流冲积软土、湖沼及海底极软的沉积土、疏浚航道堆于两岸的超软吹填土，甚至新近沉积的淤泥等，它一般采用水泥或石灰作为固化剂。

2. 石灰系深层搅拌法技术发展概况

由于粉体喷射搅拌法采用石灰粉作为固化剂，拌入软土后能吸收周围的水分，因此加固体的初期强度高，对于含水量高的软土加效果良好。

1967年瑞典Kjeld Paus提出使用石灰搅拌桩加固15m深度范围内的软土地基的设想，并于1971年在现场制成一根用生石灰和软土拌制成的搅拌桩。日本于1974年开始在软土地基加固工程中应用，并研制成两类石灰搅拌机械，形成两种施工方法。一类为使用颗粒状生石灰的深层石灰搅拌法（DLM法）；另一类为使用生石灰粉末的粉体喷射搅拌法（DJM法）。

国内由铁道部第四勘测设计院于1983年初开始石灰粉搅拌法加固软土的试验研究，并于1984年7月在广东云浮硫铁矿铁路专用线上单孔4.5m盖板箱涵软土地基加固工程中首次使用，打设 8m 长的石灰搅拌桩 321 根，但由于国内粉状石灰产量不多，加之运输、保管也较困难，因此近年来基本上均改用水泥粉作为固化剂进行搅拌加固施工，石灰粉体喷搅法已很少使用。

3. 水泥系深层搅拌法发展概况

（1）喷浆型搅拌法

喷浆型搅拌法指以水泥浆状态拌入土层中的水泥土搅拌法。美国在第二次世界大战后曾研制开发成功一种就地搅拌桩——MIP 工法，即从不断回转的、中空轴的端部向四周已被搅松的土中喷出水泥浆，经翼片的搅拌而形成水泥土桩，桩径 0.3～0.4m，长度 10～12m。1953 年日本清水建设株式会社从美国引入这种施工方法。1967 年日本港湾技术研究所参照 MIP 法的特点，开始研制石灰搅拌施工机械。1974 年开发研制成功水泥搅拌固化法（CMC 法），加固深度达 32m。

国内由冶金部建筑研究总院地基所和交通部水运规划设计院于 1977 年 10 月开始进行深层搅拌法的室内试验和施工机械的研制工作。1984 年国内已能批量生产 SJB 型成套深层搅拌机械。

（2）喷粉型搅拌法

通过专用的粉体搅拌机械，用压缩空气将水泥粉均匀地喷入所需加固的土层中，凭借钻头翼片的旋转搅拌使水泥粉和软土充分混合，形成水泥土搅拌桩。我国铁道部第四勘测设计院于 1985 年开发成功石灰粉体喷射搅拌法，之后铁道部武汉工程机械研究所和上海华杰科技开发公司也先后制造出既能喷粉、又能喷浆，全液压步履式的 PH5 和 GPY-16 型单轴粉喷桩机，使国内粉喷桩的施工长度达到 20m。1999 年由铁四院和武汉空军雷达学院研制成功 GS-1 型气固两相粉体流量计，从而使粉体搅拌技术的计量更趋完善。

4.3.6.3　水泥土搅拌桩的分类

1. 按材料喷射状态分类

水泥土搅拌桩按材料喷射状态可分为湿法和干法两种。湿法以水泥浆为主，搅拌均匀，易于复搅，水泥土硬化时间较长；干法以水泥干粉为主，水泥土硬化时间较短，能提高桩间的强度。但搅拌均匀性欠佳，很难全程复搅。

2. 按机械设备分类

水泥土搅拌桩可采用单轴、双轴、多轴搅拌或连续成槽搅拌设备形成柱状、壁状、格栅状或块状水泥土加固体。鉴于在帷幕工程中最常用的是三轴或五轴的搅拌桩，因此下面仅介绍多轴搅拌桩的施工工艺。

4.3.6.4　多轴搅拌桩施工技术

近年来在基坑工程中，多轴搅拌桩止水帷幕运用较广，以下重点介绍三轴和五轴水泥土搅拌桩止水帷幕。

1. 三轴水泥土搅拌桩止水帷幕

（1）概念

① 三轴搅拌桩施工时，两轴同向旋转喷浆与土拌合，中轴逆向高压喷气在孔内与水泥充分翻搅拌合，而且由于中轴高压喷出的气体在土中逆向翻转，使原来已拌合的土体更加均匀，成桩直径更加有效，加固效果更优。

② 三轴搅拌机械施工效率高，相对单轴或双轴搅拌机械施工工期大大缩短，对于施

工工期要求紧的工程，此法施工特别有效。

③ 三轴搅拌桩施工前，需开挖沟槽，储存置换出的部分泥浆。

（2）平面布置方式

三轴水泥土搅拌桩平面布置时，若作为隔水帷幕及内插芯材时，应采用套接一孔法施工：即后施工的搅拌桩与先施工的搅拌桩有一孔重复搅拌搭接的施工方式（图 4.3-39）。

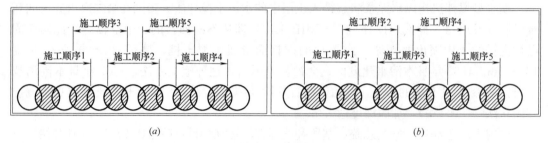

图 4.3-39　三轴水泥土搅拌桩连接方式图

（a）跳槽式双孔全套复搅；（b）单侧挤压式连接

（3）施工流程（图 4.3-40）

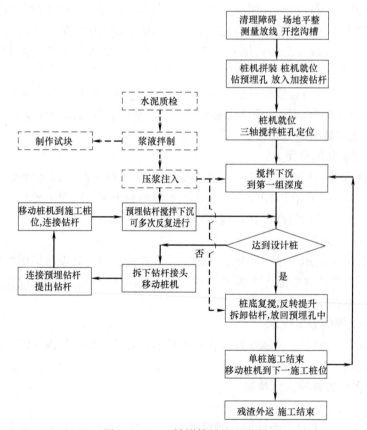

图 4.3-40　三轴搅拌桩施工流程

（4）施工速率

桩身采用一次搅拌工艺，水泥和原状土须均匀拌合，下沉及提升均为喷浆搅拌，为保证水泥土搅拌均匀，必须控制好钻具下沉及提升速度，钻机钻进搅拌速度一般在 0.8m/min，提升搅拌速度一般在 1m/min，钻进时注浆量一般为额定浆量的 70%～80%，在桩底 2m 部分重复搅拌注浆，提升速度不宜过快，避免出现真空负压、孔壁塌方等引起周边地基沉降。

（5）其他规定

1）严格按照设计要求配制浆液。

2）土体应充分搅拌，严格控制下沉速度，使原状土充分破碎以有利于同水泥浆液均匀拌合。同时为了加速和减少对周边地层影响，搅拌时可接入压缩空气进行充分搅拌。

3）浆液不能发生离析，水泥浆液应严格按预定配合比制作，为防止灰浆离析，放浆前必须搅拌 30s 再倒入存浆桶。

4）水泥土搅拌桩施工时，不得冲水下沉，钻头提升速度控制在 1.0m/min，其垂直度偏差不得超过 0.5%，相邻两桩施工间隔不得超过 12h。

5）压浆阶段不允许发生断浆现象，输浆管道不能堵塞，全桩须注浆均匀，不得发生夹心层。发现管道堵塞，立即停泵进行处理。待处理结束后立即把搅拌钻具上提或下沉 1.0m 后方能注浆，等 10～20s 后恢复正常搅拌，以防断桩。

6）对溢出的泥土及时采用内驳车运到施工现场集土坑内，临时集中堆放，待达到一定强度后方能再组织土方外运。

2. 五轴水泥土搅拌桩止水帷幕

（1）概念

根据施工机械，五轴水泥土搅拌桩分为以下两种：

1）置换式五轴水泥土搅拌桩。采用置换式五轴设备，将固化剂和地基土进行置换式搅拌，使地基土硬化成具有连续性、抗渗性和一定强度的桩体。

2）强制搅拌式五轴水泥土搅拌桩。采用强制搅拌式五轴设备，将固化剂和地基土进行强制搅拌，使地基土硬化成具有连续性、抗渗性和一定强度的桩体。

（2）平面布置方式

五轴水泥土搅拌桩平面布置时，若作为隔水帷幕及内插芯材时，应采用套接一孔法施工：即后施工的搅拌桩与先施工的搅拌桩有一孔重复搅拌搭接的施工方式。

（3）施工流程（图 4.3-41）

（4）施工速率

1）置换式五轴水泥土搅拌桩

喷浆搅拌下沉速度宜控制在 0.5～1.0m/min，提升搅拌速度宜控制在 1.0～2.0m/min，并保持匀速下沉或提升，提升时不应在孔内产生负压造成周边土体的过大扰动，搅拌次数和搅拌时间应能保证水泥土搅拌桩的成桩质量。

浆液泵送量应与搅拌下沉或提升速度相匹配，保证搅拌桩中水泥掺量的均匀性。启动空气机送气，开启动力头驱动全螺旋掘进钻头，边搅拌、边喷气、边喷水泥浆，正传下沉喷浆 70% 到设计桩底标高；在桩底标高 0.5～1.0m 区间内进行复搅；反转边喷浆边提钻，反转喷浆 30% 至桩顶标高。

搅拌桩搭接施工的间隔时间不宜大于 24h；当超过 24h，处理方式可采用放慢搅拌速度搭接施工或者采取其他补救措施。

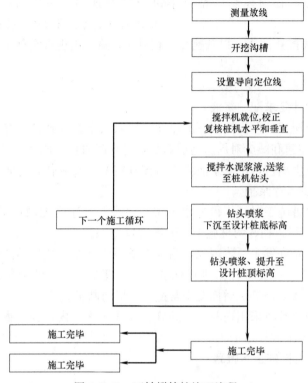

图 4.3-41 五轴搅拌桩施工流程

2）强制搅拌式五轴水泥土搅拌桩

喷浆搅拌下沉速度宜控制在 0.5～1.5m/min，提升搅拌速度宜控制在 1.0～1.5m/min，并保持匀速下沉或提升，提升时不应在孔内产生负压造成周边土体的过大扰动，搅拌次数和搅拌时间应能保证水泥土搅拌桩的成桩质量。

强制搅拌式机头应向下正传掘进同时喷浆至设计桩底标高，喷浆量控制为总量的70%，在设计桩底标高区间进行复搅，之后钻杆反转提升搅拌，并喷浆 30%。对含砂量大的土层宜在搅拌桩底部 2～3m 范围内上下重复喷浆搅拌 1 次。

搅拌桩搭接施工的间隔时间不宜大于 16h；当超过 16h 时，应作为冷缝记录在案，并在搭接处采取其他补救措施。

（5）其他规定

五轴水泥土搅拌桩单轴搅拌直径宜取 700～950mm，水泥土搅拌桩宜采用强度等级不低于 P.O42.5 级的普通硅酸盐水泥，设计前宜进行拟加固土的室内水泥土配比试验，明确固化剂及掺入量，提供各龄期的强度参数。水泥用量和水灰比应结合土质条件和采用的机械设备等指标通过现场试验确定。

五轴水泥土搅拌桩用于基坑工程时，桩入土深度不宜大于 45m；作为隔水帷幕或搅拌桩内插芯材时，28d 龄期无侧限抗压强度不应小于设计要求，且不宜小于 0.5MPa，渗透系数不应大于 1×10^{-7} cm/s。

作为隔水帷幕时，水泥土搅拌桩与灌注桩排桩的净距宜取 150mm。当环境保护要求较高时，在粉性土及沙土中，宜在灌注桩与隔水帷幕之间采取注浆等措施。

搅拌机械的机头直径不应小于搅拌桩的设计直径，五轴水泥土搅拌桩施工过程中，搅拌机头直径允许偏差不应大于 10mm。

4.3.7 TRD 等厚水泥土搅拌墙技术

4.3.7.1 TRD 工法的定义

等厚度水泥土搅拌墙技术也叫 TRD 工法（Trench Cutting Re-Mixing Deep Wall Method），其原理是通过将链锯型刀具插入地基至设计深度后，在全深度范围内对成层地基土整体上下回转切割喷浆搅拌，并持续横向推进，构筑成上下强度均一的等厚连续水泥土搅拌墙。从施工工艺角度，TRD 工法构建的水泥土墙体连续无搭接，整个墙深范围水泥土均匀质量高，抗渗性能好。

4.3.7.2 TRD 工法的发展概况

TRD 工法是日本神钢集团于 1993 年开发的一种新型水泥土搅拌墙施工技术，该工法机具有自行掘削和混合喷浆搅拌的功能，施工工艺与传统三轴水泥土搅拌桩采用的垂直轴纵向切削和搅拌方式明显不同，TRD 工法通过链锯型刀具对全深度范围内的成层地基土整体切割喷浆搅拌并持续横向推进形成等厚度连续水泥土搅拌墙。2009 年，该工法被引进国内，并在长三角地区率先开展了应用。随着等厚度水泥土搅拌墙技术的不断发展和完善，该工法施工设备已形成系列化的产品，其中进口设备中由日本神钢集团研发生产的 TRD-III 型工法机最具代表性，也是最先引进国内的设备。2012 年，上海工程机械厂有限公司自主研制了国产化 TRD-D 型，并批量生产，进一步推动了 TRD 工法等厚度水泥土搅拌墙技术在国内的应用。

在日本和美国，TRD 工法等厚度水泥土搅拌墙技术已在基坑工程、水利工程、大型储水设施和垃圾填埋场隔水工程中得到较广泛的应用（H. Akagi，F. Gularte，T. Katsumi，E. Garbin），发挥了极好的工效，得到了业界的高度认可，并取得了良好的经济和社会效益。

等厚度水泥土搅拌墙施工设备高度低，垂直度偏差可控制在 1/250 内，相比常规单轴、双轴以及三轴搅拌桩设备的垂直度控制精度高，施工深度更深，适用性更广。其以较低的成本解决了沿江沿海地区深大地下空间开发深层承压含水层的隔断问题以及超深水泥土搅拌体在复杂地层（穿过密实砂层、卵砾石层、嵌入软岩地层等）中的施工可行性问题，有效地避免了深大地下空间开发过程中大面积抽降承压水对周边建筑、地铁隧道、地铁车站、市政管线等建（构）筑物的影响，取得良好的社会经济效益。如在武汉长江航运中心大厦工程中水泥土墙体嵌入岩石饱和单轴抗压强度为 9.5MPa 的中风化岩层，在江苏南京河西生态公园工程中墙体穿过 40m 厚密实砂层。

TRD 工法等厚度水泥土搅拌墙技术目前已形成了行业标准《渠式切割水泥土搅拌墙技术规程》JGJ/T 303—2013，相关的设计方法、施工技术也纳入了多项国家和地方标准，为 TRD 工法在国内的推广应用提供了很好的技术指南。

4.3.7.3 TRD 工法的特点

与传统工法相比，TRD 工法有如下优点：

1. 稳定性高

机械的高度和施工深度没有关联（约为 10m），稳定性高、通过性好；施工过程中切割箱一直插在地下，绝对不会发生倾倒。

2. 成墙质量好

搅拌更均匀，连续性施工，不存在咬合不良，确保墙体高连续性和高止水性；成墙连续、等厚度，可在任意间隔插入 H 型钢等芯材，可节省施工材料，提高施工效率。

3. 施工精度高

施工精度不受深度影响。通过施工管理系统，实时监测切削箱体各深度 X、Y 方向数据，实时操纵调节，确保成墙精度。

4. 适应性强

适应地层范围更广，可在砂、粉砂、黏土、砾石等一般土层及标贯值超过 50 击的硬质地层（鹅卵石、黏性淤泥、砂岩、油母页岩、石灰岩、花岗岩等）施工。

5. 成墙品质均一

连续性刀锯向垂直方向一次性地挖掘，混合搅拌及横向推进，在复杂地层也可以保证均一质量的地下连续墙。

4.3.7.4　TRD工法施工流程

TRD工法等厚度水泥土搅拌墙施工流程主要包括前期的施工准备、主机及配套设备拼装就位、主机推进成墙、退避挖掘养生等环节。场地整平后需施工硬化道路或铺设钢板确保施工设备平稳行走，以保证成墙垂直度。TRD工法链锯式切割箱需逐节接长并掘削至设计深度，在施工准备阶段应预先开挖放置切割箱的预埋穴沟槽，并放置预埋箱，以便切割箱拼接。为了避免切割箱反复插拔，完成每段墙体后的间歇时间里，一般不将切割箱拔出，而是将切割箱继续向前推进一段距离，推进过程中注入膨润土泥浆，形成与已施工墙体具有一定安全距离的静置养生区，以防止水泥浆凝固抱死切割箱。图4.3-42为等厚度水泥土搅拌墙施工工艺流程图，当仅作为隔水帷幕无须插入型钢时，则可略去工艺流程

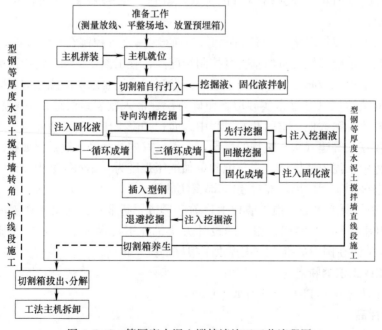

图 4.3-42　等厚度水泥土搅拌墙施工工艺流程图

图中的插入型钢工序。

1. 施工准备

等厚度水泥土搅拌墙施工前的准备主要包括施工场地的探障与清障、施工道路修筑、钢板铺设、测量放线定位等。TRD工法施工设备对地基承载力有一定的要求（如设备在切割箱启动切边和切割箱拔出作业时前侧单边履带的最大接地压力可达 426kPa），需要预先对施工道路地基承载力进行验算，并采取相应措施。若地基承载力不满足要求，应结合计算采取修筑施工道路、铺设钢板或路基箱等措施扩散压力。对于特别软弱的地基也可对施工道路范围地基土采取适当的加固措施，以满足履带主机平稳行进和吊车安全作业要求，确保成墙的垂直度。

（1）测量放线

根据设定好的坐标基准点和水准点，按施工图测放每段墙体的轴线位置及高程，并做好稳固的标识。

（2）平整场地

施工设备进场前应对场地进行平整，为施工操作提供良好的作业面和作业环境。TRD工法主机施工过程中会对地面产生一定的压力，为确保地基承载力满足要求，施工时可以在主机作业范围设置钢筋混凝土硬地坪，或在平整场地后铺设双层钢板，一般采用下层钢板长边垂直于主机行走方向铺设、上层钢板平行于主机行走方向铺设的方法，以充分扩散施工设备压力，确保TRD工法机平稳行进，防止发生偏斜。施工前需在TRD工法机对面的沟槽边设置定位型钢为施工设备行进提供导向参照，定位型钢内侧与墙体外边净距一般控制在 200～300mm 之间。当需要内插型钢等劲性构件时，可在定位型钢上做好构件插入位置标记，以便控制型钢位置。

（3）开挖沟槽、放置预埋箱

成墙施工前需沿等厚度水泥土搅拌墙内边控制线开挖预埋穴及导向沟槽，预埋箱吊放入穴后，箱体四周用素土回填密实。当对墙体平面位置及竖向垂直度偏差要求较高时，可沿成墙位置设置钢筋混凝土导墙，以更好地控制墙体的平面位置和墙体的竖向垂直度。

（4）浆液拌制

等厚度搅拌墙在挖掘过程中注入挖掘液，挖掘液主要为膨润土泥浆。在搅拌成墙过程中注入固化液，固化液主要为水泥浆液。固化液和挖掘液的配置是成墙施工的关键环节，直接关系到槽壁稳定和成墙质量。浆液拌制应采用电脑计量自动拌浆设备，浆液拌制好后，停滞时间不得超过 2h，随拌随用。挖掘过程中槽内混合泥浆的流动度，需采用专业流动度测试仪测定。挖掘液水灰比一般控制在 5～20，槽内挖掘液混合泥浆流动度一般控制在 135～240mm；固化液水灰比一般控制在 1.0～1.5，固化液混合泥浆流动度一般控制在 150～280mm。

（5）主机就位

主机施工行走时内侧履带或步履底盘沿钢板上设定的定位线移位，同时控制定位型钢外侧至履带或步履底盘的距离，用经纬仪和水准仪分别测量主机垂直度，钢板的路面标高。主机就位复核：定位偏差值 <20mm，标高偏差不大于 100mm，主机垂直度偏差 <1/250。

2. 施工工艺

（1）切割箱沉入

TRD工法机链锯式切割箱是分段拼装的，随着切割箱链锯式刀具对地层的切削下沉逐段沉入至设计墙底标高。在切割箱切削下沉过程中注入膨润土挖掘液，以稳定槽壁。切割箱侧面链条上的刀具长度一般为550～900mm，切割箱宽度为1.7m。单节切割箱长度规格有1.2m、2.4m、3.6m、4.8m等几种尺寸，需根据设计墙深对切割箱进行组合拼装，根据设计墙厚对不同尺寸的刀具进行排列组合。切割箱沉入环节关键是控制平面定位、竖向标高和平面内、外的垂直度。平面定位可通过精准的防线定位进行控制，竖向标高可通过预先测量、切割箱上标记控制下沉进尺深度。切割箱体内置多段式测斜仪，切割箱沉入过程中测斜仪将切割箱体（即墙体）垂直度实时显示在驾驶室操控屏幕。垂直度偏差较大时，可采用机身斜支撑调整墙体面外垂直度，竖向油缸调整墙体面内垂直度，将切割箱的垂直度偏差控制在1/250以内。切割箱自行打入挖掘工序如图4.3-43所示。

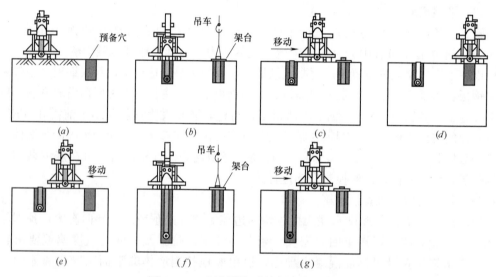

图4.3-43　切割箱打入挖掘工序示意图

（a）连接准备完毕；（b）切割箱放置预备穴；（c）主机移动；（d）连接后将切割箱提起；（e）主机移动；

（f）连接后向下切削，预备穴放置下一节切割箱；（g）重复操作3～6次，切割箱切削下沉至设计深度

（2）成墙工序

等厚度水泥土搅拌墙有一工序成墙和三工序成墙两种成墙施工工艺。三工序成墙对地层进行预先松动切削，成墙推进速度稳定，利于水泥土均匀搅拌，对深度和地层的适用性相比一工序成墙更加广泛。目前国内实施的等厚度水泥土搅拌墙多用于超深隔水帷幕工程和复杂地层条件，成墙施工难度较大，为确保成墙质量多采用了三工序成墙工艺。

① 三工序成墙包括先行挖掘、回撤挖掘、成墙搅拌三个工序。当主机就位，链锯式切割箱分段拼接并挖掘至设计墙底标高后，沿墙体轴线水平横向挖掘，并在挖掘过程中注入挖掘液。当沿墙体轴线水平横向挖掘一段设定距离（一般8～15m），再向起点方向回撤挖掘，并将已施工的墙体切削掉一定长度（一般不宜小于500mm），然后注入固化液再次向前推进并与土体混合搅拌，形成连续的等厚度水泥土搅拌墙。图4.3-44为三工序水泥土搅拌墙成墙示意图。

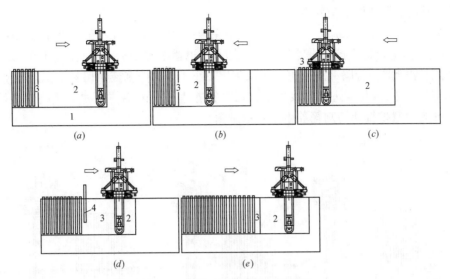

图 4.3-44 三工序施工工序示意

1—原状土；2—挖掘液混合泥浆；3—搅拌墙；4—构件

（a）先行挖掘；（b）回撤挖掘；（c）切入已成型墙体 50cm 以上；

（d）成墙搅拌、插入构件；（e）退避挖掘、切割箱养生

② 一工序成墙省去了三工序成墙中的回撤挖掘工序，将先行挖掘与喷浆搅拌成墙合二为一，即链锯式切割箱向前掘进过程中直接注入固化液搅拌成墙。图 4.3-45 为一工序水泥土搅拌墙成墙示意图。

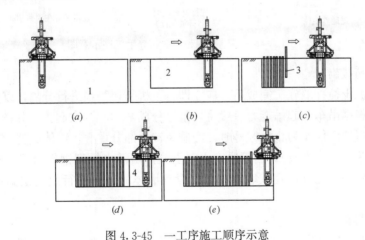

图 4.3-45 一工序施工顺序示意

1—原状土；2—搅拌墙；3—构件；4—养生区

（a）切割箱自行打入挖掘；（b）横向挖掘、搅拌、成墙；（c）搅拌、成墙、构件插入；

（d）切割箱养生；（e）搭接及后续墙体施工

三工序成墙和一工序成墙各有特点，在复杂地层中及超深墙体施工时采用三工序成墙更易于确保墙体施工质量。当墙体深度不大，地层以软土为主且土层分布比较均匀时，可考虑采用一工序成墙。由于国内地质情况复杂多样，建议通过现场成墙试验选用合理的成墙工序。

（3）退避挖掘和切割箱养生

搅拌墙成墙工序在采用一工序或三工序完成一段墙体后（一般每天施工 10～20 延米），切割箱需进行退避挖掘、养生作业。切割箱退避挖掘 1m，同时注入 1.0～2.0m³ 的清水冲洗注浆管路，管路冲洗后再注入水灰比不小于 5 的挖掘液，切割箱再退避挖掘 1m，在距离成墙区域 2m 位置进行泥浆护壁、切割箱养生 30min 后方可进入下一段成墙工序。图 4.3-46 为退避挖掘和切割箱养生工序示意图。

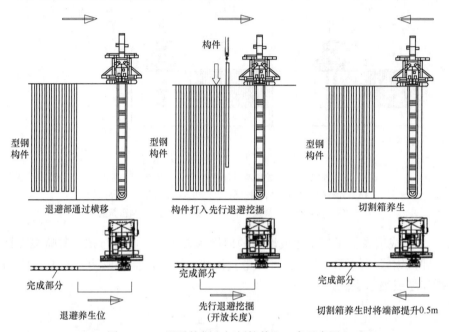

图 4.3-46　退避挖掘和切割箱养生工序示意图

（4）切割箱拔出

等厚度水泥土搅拌墙施工完成后，应立即将主机与切割箱进行分离，以免被凝固的水泥浆液抱住。根据吊车的起吊能力一般将切割箱分成 2～3 节/次起拔，如图 4.3-47 所示。等厚度水泥土搅拌墙仅作为止水帷幕时，为避免转角部分重叠，墙体成型后在墙体成型面内侧拔出切割箱（简称内拔）；当等厚度水泥土搅拌墙需内插型钢作为挡土止水复合围护结构时，若场地条件允许，宜从墙体施工位置到墙体的外面进行退避挖掘再拔出切割箱（简称外拔）。

3. 施工与控制

等厚度水泥土搅拌墙施工属于深入地下的隐蔽工程，其施工过程控制是确保成墙质量的关键，下面系统地阐述水泥土搅拌墙施工过程中墙体垂直度和切割行进控制、切割箱刀具选用和优化组合。

（1）墙体垂直度和切割行进控制

等厚度水泥土搅拌墙作为超深隔水帷幕或地下连续墙槽壁加固施工过程中需严格控制墙体平面外垂直度和墙体平面内行进方向的偏差，防止水泥土搅拌墙体垂直度或行进方向偏差过大侵入后续围护结构施工的范围，影响围护桩或地下连续墙的施工。

1）墙体垂直度实时监控

(a)   (b)

图 4.3-47 切割箱拔出实景

TRD 工法机施工过程中可对水泥土搅拌墙体施工参数实时监控，包括水平油缸和垂直油缸压力、切割箱横行速度、挖掘液（固化液）流量，特别是在切割箱箱体内设置的多段式测斜仪。施工前应校正或更换切割箱内的倾斜计，确保倾斜计能实时准确监测搅拌墙的垂直度。垂直度偏差较大时，可采用机身斜支撑调整墙体面外垂直度，竖向油缸调整体面内垂直度。墙体施工的实时监控技术为超深水泥土搅拌墙墙体隔水性能提供了可靠的技术保障，目前所施工项目的墙体垂直度可控制在 1/250 以内。

2）墙体切割行进轴线控制

TRD 工法等厚度水泥土搅拌墙施工过程中通过激光束引导主机行进，进行成墙轴线及墙体位置的实时控制与校正。在主机施工过程中采用激光经纬仪射出的光束照射到安装在 TRD 工法机主机与墙体轴线平行的一对透明丙烯树脂板基准点上（图 4.3-48），有效实现了对主机挖掘和搅拌成墙移位时墙体位置的控制，可确保墙体轴线偏差在 20mm 以内。

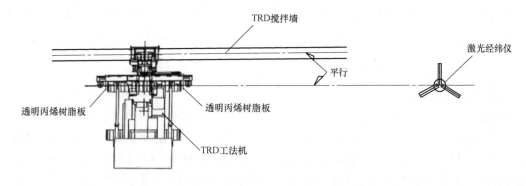

图 4.3-48 墙体位置控制示意图

3）施工作业范围应力扩散措施

TRD工法机自重一般在1180～1540kN之间，重量大，对地基承载力要求高。在复杂地层和敏感环境中超深等厚度水泥土搅拌墙施工时，由于施工深度大且采用"三工序"成墙，主机多次重复移动，对地基承载力要求非常高；施工过程中即使采取铺设路基箱、钢板等措施，由于靠近沟槽侧的主机履带、步履底盘由于承受了绝大部分重量，行走路面下沉塌陷、沟槽坍塌情况时有发生，严重影响了设备安全及切割箱的平面、垂直度控制。为确保满足桩机承载力要求，控制墙体平面位置及垂直度，结合工程实践，当地表土承载力较低、土性较差时，可在TRD工法机作业范围内采用铺设钢筋混凝土路面或设置钢筋混凝土导墙的方案，扩散基底压力，确保地基承载力和槽壁稳定满足要求。混凝土路面及导墙可有效避免设备行走及切割过程中路面塌陷、控制线偏移、沟槽边土体塌陷的情况，使得切割箱在"三工序"作业过程中始终在一条线上，从而控制切割箱的平面位置，提高墙体的垂直度。

（2）切割箱刀具选用和优化组合

TRD工法机锯链式切割箱刀具由长短不同的刀头板及刀头组合而成，刀头形式及刀头板的组合形式直接决定了在不同地层中的适用性以及掘进过程中的切削能力与工效。切割箱锯链刀头的选用总体可采用如下原则：对于标贯值小于30击的土层可采用标准刀头，标贯值大于30击的硬质土层采用圆锥形刀头，对卵砾石层宜使用齿形刀头（TRD-120LS型、TRD-120LSK型刀具）。

切割箱刀具组合的规格因墙体厚度不同而异，刀具组合呈菱形布置，错位排列。刀具标准排列一般以8种刀头板为1个组合，如图4.3-49所示。在不同的地层中主要是通过调整刀头板的布置和刀头的数量达到提高切削能力和工效的目的。在深厚的密实砂层和软岩地层中，由于地层坚硬，刀具切削时阻力较大，根据工程实践，将组合刀头板的基本排列方式调整为5～6种刀头板为1个组合，适当减少刀头板数量，一方面减小了锯链在运转过程中的阻力，将更多的动力分配给切削刀具，另一方面使有限的功率分配给少量的刀具，以增加单片刀具的切削能力，可提高切割刀具对地层的破碎、挖掘效率。

此外，对于复杂地层条件也可以通过对现有刀具的改进增加切削工效。例如在武汉长江航运中心大厦工程中，通过对1号刀具加长改进，使其优先去破碎地层，有利于提高切削工效，虽1号刀具磨损速度加快，同时链条受力增大，但同时显著降低了其他刀排的磨损程度。实施表明，通过对刀具的改进，成墙施工工效提高近5倍，平均4延米/d。

4.3.8　CSM工法帷幕技术

4.3.8.1　CSM的定义

CSM是Cutter Soil Mixing（铣削深层搅拌技术）的缩写，现已成为了一种工法的名称，它是应用原有的液压铣槽机的设备结合深层搅拌技术进行创新的地下连续墙或防渗墙施工设备，结合了液压铣槽机的设备技术特点和深层搅拌技术的应用领域，将设备应用到更为复杂的地质条件中，通过对施工现场原位土体与水泥浆进行搅拌，形成防渗墙、挡土墙、地基加固等工程。

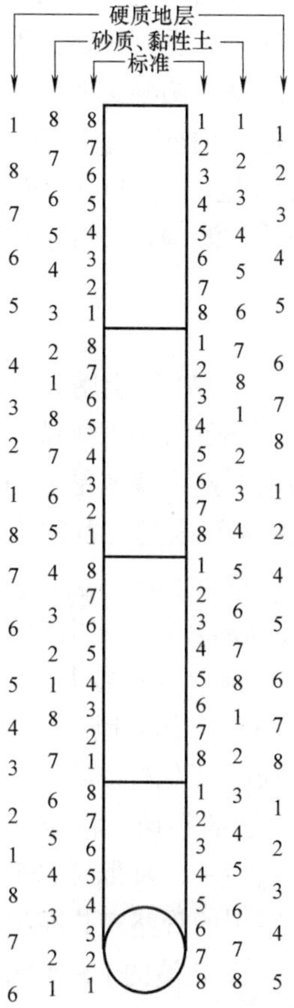

刀头板型号	刀头板宽度(mm)
1	250
2	550
3	450
4	500
5	500
6	550
7	300
8	500
9	600
10	650
11	700
12	750
13	800
14	850

(a)　　　　　　　　　　　　　(b)

图 4.3-49　刀头板、刀具组合排列图

（a）不同地层条件下 550mm 厚水泥土墙体施工刀具排列图；（b）标准刀具尺寸对应表

4.3.8.2　CSM 的发展概况

1. 起源

CSM 工法是一种创新性深层搅拌施工方法（图 4.3-50），与其他深层搅拌工艺比较，CSM 工法对地层的适应性更高，可以切削坚硬地层（卵砾石地层、岩层）。

图 4.3-50　CSM 工艺来源

双轮铣深层搅拌工法与传统深层搅拌工法的相异之处在于使用两组铣轮以水平轴向旋转搅拌方式，形成矩形槽段的改良土体，而非以单轴或多轴搅拌钻具垂直旋转，形成圆形的改良柱体。该工法经过近几年的应用发展，形成了导杆式、悬吊式两种机型，施工深度已达到65m。该工法的原理是在钻具底端配置两个在防水齿轮箱内的马达驱动的铣轮，并经由特制机架与凯氏钻杆连接或钢丝绳悬挂。当铣轮旋转深入地层削掘与破坏土体时，注入固化剂，强制性搅拌已松化的土体。其不仅可以作为单一的防渗墙，且可以在其内插入型钢，形成集挡土和止水于一体的墙体。

2. 机械设备发展概况

液压铣槽机（俗称双轮铣）是由法国地基建筑公司发明，于1973年应用于法国里昂市的一个地铁车站的地下连续墙施工，是迄今为止技术最为先进的地下连续墙施工设备。国内至今也在十多个工程项目中使用液压铣槽机。国内最厚的地下连续墙就是采用液压铣槽机施工完成的，厚度达到1.5m。但液压铣槽机施工存在的主要问题是设备的施工成本高，配套设备多，只适用于大型的工程项目。

多头深层搅拌设备由日本发明，分为三头和五头的深层搅拌设备居多，在软土地基中应用非常多，主要用于地基加固、防渗墙施工，临时基坑支护等。在江南地区采用多头深层搅拌插入H型钢作为浅基坑的临时支护的实例非常多。但多适用于松软地基，如果地质条件比较复杂，则难以施工。同时，钻杆的旋转动力来源顶部，钻杆承受的扭矩大，钻杆损耗多。

CSM设备则是将液压铣槽机的技术加以引申，应用于更广泛的领域。将液压铣槽机的铣轮与凯式方形导杆相连接，将该设备加装在适当改造的旋挖钻机、履带式起重机或履带式深层搅拌钻机等设备上。将铣轮驱动所需的液压系统和注浆用的管路安装在凯式方形导杆内。采用履带底盘获取动力或安装独立动力站的方式形成一套完整的CSM地下连续墙或防渗墙成槽施工设备。可以以较低的价格完成设备的配置（图4.3-51）。当然，也可以采用全新的CSM成槽设备，而不是附加在其他设备上。

图4.3-51　安装在旋挖钻机上的CSM地连墙成槽机

CSM地连墙成槽设备的主要工作部分是位于下部的铣轮和与其相连的方形导杆，由液压马达通过减速器驱动，可以同步旋转也可以单独旋转，转速可调整（图4.3-52、图4.3-53）。

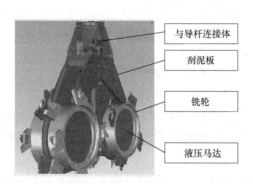

图 4.3-52　CSM 成槽机的铣轮

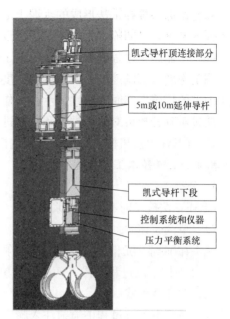

图 4.3-53　导杆部分图示

4.3.8.3　CSM 工法的性能特点

CGM 工法的性能特点如下：

（1）具有高削掘性能，地层适应性强

双轮铣深层搅拌铣头具有高达 100kN/m 的扭矩，导杆采用卷扬加压系统，铣头的刀具采用合金材料，因此铣头可以削掘密实的粉土、粉砂等硬质地层，可以在砂卵砾石层中切削掘进。

（2）高搅拌性能

双轮铣深层搅拌铣头由多排刀具组成，土体通过铣轮高速旋转被削掘，同时削掘过程中注入高压空气，使其具有非常优良的搅拌混合性能。

（3）高削掘精度

双轮铣深层搅拌铣头内部安装垂直度监测装置，可以实时采集数据并输出至操作室的监视器上，操作人员通过对其分析可以进行实时修正。

（4）可完成较大深度的施工

目前，导杆式双轮铣深层搅拌设备可以削掘搅拌深度达 45m，悬吊式双轮铣深层搅拌设备削掘搅拌深度可达 65m。

（5）设备高稳定性

双轮铣深层搅拌设备重量较大的铣头驱动装置和铣头均设置在钻具底端，因此设备整体重心较低，稳定性高。

（6）低噪声和振动

因为双轮铣深层搅拌设备铣头驱动装置切削掘进过程中全部进入削掘沟内，因此使噪声和振动大幅度降低。

（7）可任意设定插入劲性材料的间距

双轮铣深层搅拌工法形成的水泥土地下连续墙为等厚连续墙，作为挡土墙应根据应力需要插入型钢，其间隔可根据需要任意设置。

（8）可靠施工过程数据和高效的施工管理系统

掘削深度、掘削速度、铣轮旋转速度、水泥浆液的注入量和压力、垂直度等数据通过铣头内部的传感器实时采集，显示在操作室的监视面板上，且采集的数据可以存储在电脑内。通过对其分析可对施工过程和参数进行控制和管理，确保施工质量，提高管理效率。

（9）CSM工法机械均采用履带式主机，占地面积小，移动灵活。

4.3.8.4 CSM技术工艺流程

1. 分类

CSM工法施工时有两种注浆模式，分别为单注浆模式和双注浆模式。

（1）单注浆模式

铣头在削掘下沉和上提过程中均喷射注入水泥浆液。采用单注浆模式时设计水泥掺量的70%在削掘下沉过程中掺入。适合简单地层和水泥土地下连续墙深度小于20m的工况。

（2）双注浆模式

铣头在削掘下沉过程中喷射注入膨润土浆液或者自来水（黏性土地层或可自造泥浆地层），提升时喷射注入水泥浆液并搅拌。适用于复杂地层和水泥土地下连续墙深度大于20m的工况。

2. 设备

CSM工法主要由履带式主机、钻具、辅助设备组成。

主机的大小根据钻进深度、铣头不同有不同配置。钻具主要由钻杆和铣头构成，分别有两种形式，矩形钻杆和圆形钻杆。铣头按扭矩、成墙尺寸也划分为两类，可根据不同的地层进行配置（表4.3-1）。

BCM铣轮类型

表4.3-1

型号	3-1型（每排有4个铣齿座）	3-2型（每排有3个铣齿座）
图片		
特点	松散到致密的非黏性土； 含石头的砾石土，黏性土； 拌合能力强	密实的非黏性土，含卵砾石土层； 坚硬的黏性土； 切削能力强

辅助设备主要有：浆液拌合站、注浆泵、储浆罐、水泥筒仓、空气压缩机、挖掘机等。

3. 施工流程

CSM 工法施工流程如图 4.3-54 所示。

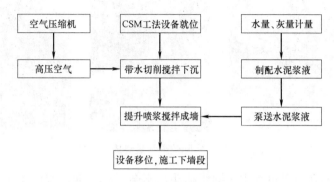

图 4.3-54　CSM 施工流程

双轮铣深搅连续墙由一系列的一期槽段墙和二期槽段墙相互间隔组成，所谓一期槽段墙是指成墙时间相对较早的一个批次墙体，二期槽段墙是指成墙相对较晚的批次。如图 4.3-55 所示，图中头字母为"P"的系列为一期槽段墙，头字母为"S"的系列为二期槽段墙。当一期槽段墙达到一定硬度后再施工二期槽段墙，这种施工方式被称为"硬铣工法"。

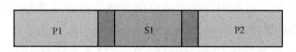

图 4.3-55　"硬铣工法"槽段示意图

CSM 成槽机的施工工艺过程与深层搅拌技术非常相似，主要分为下钻成槽和上提成墙两个部分。在下钻成槽的过程中，两个铣轮相对旋转，铣削地层。同时通过凯式方形导杆施加向下的推进力，向下深入切削。在这个过程中，通过注浆管路系统同时向槽内注入膨润土泥浆或水泥（或水泥-膨润土）浆液，直至要求的深度。成槽的过程到此完成。

在上提成墙的过程中，两个铣轮依然旋转，通过凯式方形导杆向上慢慢提起铣轮。在上提过程中，通过注浆管路系统向槽内注入水泥（或水泥-膨润土）浆液，并与槽内的渣土混合。CSM 成槽机的施工工艺如图 4.3-56 所示。

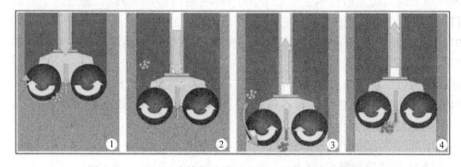

图 4.3-56　CSM 成槽机的施工工艺（下钻成槽上提成墙）

CSM 成槽技术施工过程中的实际效果和最终成型的墙体可以参考图 4.3-57。

图 4.3-57　实际效果和最终成型墙体

CSM 成槽技术在成槽过程中不同于抓斗，不会形成抓取出来的渣土，最终渣土会在槽内和注入的水泥浆液混合，共同构成地下连续墙墙体。但 CSM 成槽设备在下钻成槽过程中会产生一定的废浆，主要是注入的膨润土泥浆和槽内的渣土混合而成，产生的废浆量约为成槽方量的 10%～20%，需要对这一部分的废浆进行处理。通常可以采用泥浆净化机进行筛分分离，达到净化膨润土泥浆的目的，或是用沉淀池进行沉淀，也可以加入固化剂进行固化以方便处理。

4. CSM 成槽技术的墙体材料

CSM 成槽设备在施工过程中，在下钻成槽中通常通过注浆系统注入膨润土泥浆，泥浆主要起到护壁、防止槽壁坍塌的作用。膨润土泥浆的配合比通常为 70～90kg/m³（取决于膨润土的质量），泥浆密度约为 1.05kg/cm³，黏度要超过 40s（马氏漏斗黏度）。当膨润土泥浆和渣土在槽内混合后，其密度则升至 1.5～2kg/cm³。

在上提成墙中，则要通过注浆系统注入水泥（水泥-膨润土）浆液。可根据需要调配配比，通常是采用水泥浆液中加入少量的膨润土和缓凝剂。密度控制在 1.7～1.8 kg/cm³。黏度在 100s 左右。在槽内与渣土混合后则密度会有所升高。最终成墙墙体的 28d 抗压强度可以达到 4～12MPa。这主要是应用在以支护为目的的墙体中。如果是作为以防渗为目的的防渗墙，则需要提高膨润土的添加量，降低水泥的添加量。墙体强度可以控制在 1～2 MPa，渗透系数可以达到 1×10^{-8} m/s。

4.3.8.5　CSM 技术的主要应用

CSM 地下连续墙成槽技术主要是结合了深层搅拌技术的特点，完成地下连续墙的施工。可以作为支护结构保护基坑开挖，CSM 成墙后，在槽段内插入 H 型钢，来承受开挖过程的弯矩。待基坑内部结构施工完成后，再将 H 型钢用振动锤拔取出来，H 型钢可以重复使用，降低工程造价。

CSM 设备可以直接施工防渗墙，由于采用了铣轮铣削，可以将防渗墙直接嵌入基岩，达到整体防渗要求；采用的墙体材料和施工的手段都可以有效降低施工的成本，节约工程投资，并达到很高的防渗指标。

CSM 也可以在成槽后插入钢筋笼，形成条形桩基础。

4.3.8.6　CSM 质量控制要点

CSM 成槽机都配备了先进的 LCD 监视器，实时显示施工过程中的多项技术参数（垂直度，注浆量，当前成墙深度，铣轮的转数，铣削钻速等）；特别是可以实时显示成槽过程中的垂直精度（包括前后和左右的偏差），能够有效地保障施工质量，也可实时显示向上铣削成墙过程中注入水泥浆液的总量和泵量，可控制成墙过程中注浆的质量。

1. 做好向下铣削垂直度的控制

双轮铣头定位于画好墙体中心线的槽段上，利用激光经纬仪进行墙的中心线的监控，偏差控制在±5cm以内；成槽过程中监视器显示偏斜量即垂直度（包括前后和左右的偏差），及时了解成墙垂直度偏差和调整情况，通过控制调整铣头的姿态，从而有效地控制成槽的垂直度，使其墙体垂直度可控制在3%以内。防止由于搅拌墙垂直度控制不好，造成相邻两墙前后出现较大偏差，使下部出现"踢脚"；也可能由于相邻两墙左右出现较大偏差，使下部出现"开叉"，从而影响搅拌墙的止水效果。因此控制好搅拌墙的垂直度，保证墙与墙有足够的搭接长度，才可确保搅拌墙的墙体有好的止水效果。

2. 水泥浆掺入量和水灰比的控制

水泥土搅拌墙的强度随水泥掺入量增加而提高，设计的水泥掺入量一般在12%～20%范围内。采取两次注浆，即向下铣削和向上铣削时都注水泥浆，水泥掺入量要符合设计值。如果向上铣削一次完成注浆施工时（即一次注浆），水泥掺入量不应小于设计值。因为一次注浆施工，在向下铣削时已注入泥浆（或水）与土拌合，如果水泥掺入量过少会影响搅拌墙强度。

3. 向下铣削成槽和向上铣削喷浆搅拌成墙的施工质量控制

采取一次注浆施工时，双轮铣头对好槽段的位置下放到墙顶的标高后，开动主机双轮铣头正转向下铣削，同时注泥浆（或水）和气。要控制好注泥浆（或水）量，避免过大，影响向上铣削注水泥浆搅拌后成墙的强度。向下铣削全程供气不得间断，气体压力控制在0.3～0.6MPa。向下铣削时铣轮的转数为20～27r/min，根据勘察资料槽段各层中的软硬土层情况，软地层转数可取大值，硬地层取小值。向下铣削钻速控制在0.5～1.0m/min。向下铣削达到设计深度后，对墙底深度以上2～3m范围，重复向上铣削和向下铣削1～2次。搅拌均匀后，反转双轮向上铣削进行喷浆施工，控制铣轮转数在27r/min，钻速控制在1.0～1.5m/min。在墙底和淤泥层位置控制向上铣削喷浆速度，钻速宜控制在1.0m/min左右。在墙底位置向上铣削速度过快局部会产生真空，造成搅拌墙的墙壁坍塌，影响成墙质量。

4. 注浆的流量和总量的控制

根据钻速与铣削量情况，注浆的流量在80～320L/min内调整。注浆压力一般控制在2.0～3.0MPa。由于CSM成槽机的LCD监视器可显示一次注浆（或二次注浆）过程中注浆液的流量和总量，注浆的质量是可控的。

采取二次注浆施工，向下铣削注水泥浆占总量的70%～80%，向上铣削占总量的30%～20%，要控制好向下铣削和向上铣削注浆的比例和注浆总量。向上铣削一次完成注水泥浆施工时，要确保注水泥浆均匀，并控制好注水泥浆的总量不少于理论总量。

5. 搭接长度的控制

双轮铣头沿墙体中心线平行移动到新的槽段定位后，要控制好搭接长度，顺铣槽段间的搭接长度大于200mm；跳铣时与相邻两侧槽段的搭接长度都应大于200mm。搭接长度太小，会影响搅拌墙的止水效果。

基坑存在多处拐角要与已施工完成的搅拌墙搭接时，转角位置的搅拌墙可采取"T"

字搭接的施工方法，搭接的长度应适当地加长，以保证止水效果。

4.3.9　注浆技术

4.3.9.1　注浆技术的定义

在地下工程施工中，可以预测到或者遇到裂隙含水层、灰岩溶洞、断层破碎带、软岩、松软土层、淤泥地层、流砂层，以及透水陷落柱等极为复杂地层，这些地层含水丰富、涌水量大，容易引起突水、坍塌、冒落等事故，给施工带来困难，影响工程进度与质量，增加工程成本，严重的还会造成人员伤亡。注浆技术是将一种或几种材料配制成浆液，用压送设备将其压入裂隙性含水层或软弱松散地层中凝固胶结，起堵水或加固作用的技术。

注浆技术可用于防渗堵漏、提高地基土的强度和变形模量、充填空隙、进行既有建筑物基础加固和控制变形，包括堵水、截流、帷幕和岩土加固等诸多技术，是预防和治理水害的重要技术之一。

4.3.9.2　注浆技术的发展状况

法国于19世纪中叶应用注浆技术对建筑物地基进行加固，当时的注浆技术处于原始阶段，注浆材料主要是黏土、火山灰、生石灰等简单材料，可称为黏土注浆时代。1862年英国的阿斯普丁研制成功硅酸盐水泥，1864年阿里因普瑞贝硬煤矿井的一个井筒第一次使用水泥注浆技术，开启了水泥注浆时代。1885年，铁琴斯成功地采用地面预注浆技术开凿井筒并获得专利。此后，相继出现了压缩空气和类似目前的压力注浆泵等注浆设备，为注浆技术的广泛应用创造了条件。1920年，荷兰工程师尤斯登首次应用水玻璃、氯化钙双液双系统压注法，被认为是应用化学注浆技术的开始。

我国的注浆技术起步于20世纪50年代初期。在煤炭行业，东北的鹤岗矿区、鸡西矿区和山东淄博煤矿首先采用井壁注浆封堵井筒漏水，山东新汶矿区的张庄立井采用工作面预注浆，取得了良好的堵水效果。截至目前，除煤矿行业外，在水电工程等其他行业，注浆技术也取得了长足进步。2008年，由刘文永、王新刚、冯春喜、刘洪波主编的《注浆材料与施工工艺》出版，该书介绍了注浆材料、理论、注浆工艺等方面的内容；2010年1月，由杨晓东主编的《锚固与注浆技术手册（第二版）》出版，书中第二篇论述了注浆技术。在建筑行业则制定了《建筑工程水泥-水玻璃双液注浆技术规程》《地铁暗挖隧道注浆施工技术规程》《公路路基与基层地聚合物注浆加固技术规程》等。

注浆法在基坑工程中的用途目前主要有地层加固、周围环境保护跟踪注浆、抢险堵漏等。很久以来，注浆法是基坑周边地层大面积加固的主要施工方法，但随着基坑工程的不断发展，基坑平面尺寸和深度不断加大，周边环境保护要求不断提高，注浆法在基坑周边地层大面积加固方面逐渐被加固强度更高、加固性能更稳定的深层搅拌法、高压喷射注浆法代替。目前在基坑工程中，注浆法更多地发挥着其灵活机动的优点，而被广泛应用大局部地层加固、周围环境保护跟踪注浆、抢险堵漏等。

4.3.9.3　注浆技术的分类

1. 按照含水层揭露前后分类

预注浆：在地下工程施工前或开凿到含水层之前所进行的注浆，叫作预注浆。

后注浆：在工程开挖之后，采用注浆法治理水害或加固地层的，称为后注浆。

2. 按注浆采用的材料分类

采用水泥浆液注浆法：浆液材料以水泥为主，包括单液水泥浆、超细水泥浆、粉煤灰水泥浆、粉煤灰加速凝剂浆液、水泥水玻璃浆液等。

采用黏土浆液注浆法：浆液材料以黏土为主，包括黏土水泥浆、黏土粉煤灰水泥浆、黏土膨润土水泥浆等。

采用化学浆液注浆法：注浆浆液以化学材料为主，包括以丙烯酰胺为主剂的 MG-646、ZH-656、TKH-946、丙凝，以及丙烯酸盐等；以高分子聚合物为主剂的化学浆，包括聚氨酯类的 PU、WPU、LW、HW 水溶性聚氨酯、氰凝、堵漏王以及类似聚氨酯的马丽散（聚亚胺胶脂）等；以环氧树脂为主剂的中化-798、CW 环氧、CH 环氧、HK-G 系列浆液、改性聚丙烯酰胺、无溶剂聚氨酯、一代丙烯酸盐、二代丙烯酸盐；以脲醛树脂为主剂的 HB-689、脲丙（NB）浆液、木胺浆液等；以亚硫酸盐纸浆废液为主剂的硫木素、糠木素、酚木素等；以甲基丙烯酸甲酯为主剂的甲凝注浆浆液材料，以及以水玻璃为主剂的化学注浆浆液材料等。

3. 按浆液注入工艺分类

单液注浆：利用一台注浆泵和一套输浆系统完成注浆工作的，叫作单液注浆。

双液注浆：利用两台注浆泵或一台双缸（两个独立的泵缸）和两套输浆管路同时注浆，两种浆液在混合器中混合后注入含水地层或需要加固的软弱地层，叫作双液注浆。

4. 按注浆工程地质条件分类

充填注浆：在具有大裂隙、溶洞、洞穴等需要封堵的地质条件下的注浆，称为充填注浆。其注浆材料多为砂石料、黏土以及高水速凝材料等。

裂隙注浆：在具有裂隙的砂岩、砂质页岩、裂隙性石灰岩等中的注浆，称为裂隙注浆。工作面预注浆属于裂隙注浆。

渗透注浆：固结含水砂层（俗称流砂层）的注浆是渗透注浆的典型代表，其基本原理是浆液渗透到砂粒的空隙中将砂粒固结成整体，为地下工程顺利通过流砂层创造条件。国内有固结浅薄流砂层成功的经验。该法使用的注浆材料大多为化学注浆材料，价格较高，且有些化学注浆材料对人体有害，因此现已较少使用。有时用高压喷射注浆法过流砂层。

挤压注浆：该法主要用于松软表土层的加固，有压密注浆和劈裂注浆两种方法。压密注浆：注入极稠的浆液，使土体产生塑性变形，形成球形或圆柱状的浆液结石体，结石体压密周围土体，增强土体强度，但不使土体产生劈裂破坏。劈裂注浆：浆液在注浆压力下压裂地层，形成脉状或条带状结石体，对地层岩体进行加固和防渗。

4.3.9.4 注浆技术的常用类型

1. 袖阀管注浆

（1）袖阀管注浆的由来

法国 Soletanche 公司于 20 世纪 50 年代发明索列坦休斯工法，是一种比较先进的注浆施工工艺，国内 20 世纪 80 年代末引进并广泛运用于砂砾层渗透注浆、软土层劈裂注浆和深层土体劈裂注浆。

（2）袖阀管注浆施工方法

袖阀管注浆法通过孔内封闭泥浆、单向密封阀管、注浆芯管上的上下双向密封装置减小了不同注浆段之间的相互干扰，降低了注浆时冒浆、串浆的可能性。袖阀管注浆法特殊的注浆孔结构使注浆施工时可根据需要灌注任一注浆段，还可进行同一注浆段的重复施工（图 4.3-58、图 4.3-59）。

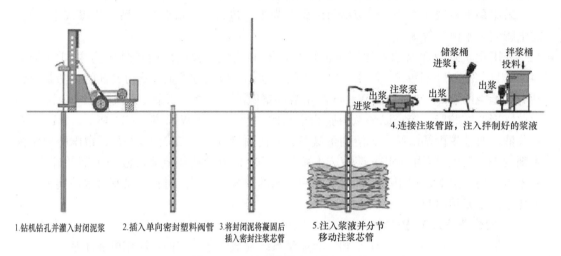

储浆桶 进浆　拌浆桶 投料

出浆　出浆　出浆

注浆泵

出浆 进浆

4.连接注浆管路，注入拌制好的浆液

1.钻机钻孔并灌入封闭泥浆　2.插入单向密封塑料阀管　3.将封闭泥将凝固后插入密封注浆芯管　5.注入浆液并分节移动注浆芯管

图 4.3-58　袖阀管注浆法施工流程

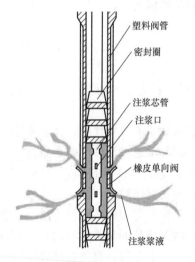

塑料阀管
密封圈
注浆芯管
注浆口
橡皮单向阀
注浆浆液

图 4.3-59　袖阀管注浆法工作原理图

袖阀管注浆法采用的单向密封阀管除特殊情况下采用钢管外，一般采用的是钙塑聚丙烯制造的塑料单向阀管，其内壁光滑，接头有螺扣，端部有斜口，在阀管首尾相接时保证接头部位光滑，使注浆芯管在管内上下移动方便无阻，其外壁有加强筋以提高抗折能力。塑料阀管分有孔、无孔两种，在加固范围内设置的是有孔塑料单向阀管，在其有孔部位外部，紧套着根据测定爆破压力为 4.5MPa 的橡胶套覆盖住注浆孔，这样就可保证浆液的单方向运动。

单向密封阀管作为袖阀管注浆法中的一个重要部件，其作用是：

1）保证浆液按规定的要求分清层次，形成劈裂；

2）保证浆液只从阀管中喷出，而防止逆流入阀管中，为二次甚至多次注浆创造条件；

3）在注浆加固的同时，单向阀管也对土体起到一定稳定作用。

袖阀管注浆法采用的双向密封注浆芯管一般有以下两种：

1）PRC 型自行密封式双向密封芯管

PRC 型自行密封式双向密封芯管是依靠配置在注浆芯管出浆段两侧的聚氨酯密封环与阀管内壁形成密封，主要用于以水泥、粉煤灰、膨润土为主的浆液，该种浆液较稠，呈悬浊液状，所以在注浆过程中稍有压力，其聚氨酯密封环就有效地起到密封作用。

2）RBH 型膨胀密封式双向密封芯管

RBH 型膨胀密封式双向密封芯管是由膨胀胶管、固定接头、注浆芯管和注水管组成，在水压作用下，膨胀胶管与塑料阀管管壁紧密接触，起到良好的密封作用，主要用于化学浆液。化学浆液黏度低，呈溶液状，如果采用 PRC 型注浆芯管，其密封环与塑料阀管内壁间隙较大，注浆时浆液会有较多渗漏，无法维持压力，效果不甚理想。

以上两种型号注浆芯管的操作情况如下：

1）PRC 型双向密封芯管

① 将 PRC 注浆芯管插入塑料阀管至预定深度；

② 用注浆软管将 PRC 注浆芯管与注浆泵连接；

③ 按设计要求，注浆一段，拔出一段。

2）RBH 型双向密封芯管

① 将 RBH 注浆芯管插入塑料阀管至预定深度；

② 用注浆软管连接芯管和注浆泵（浆泵）；

③ 用软管连接注水接头与注浆泵（水泵）；

④ 开动注浆泵（水泵），维持压力在 0.6MPa；

⑤ 按设计要求，注浆一段，然后释放水压，拔出一段，再注水至压力为 0.6MPa，继续注浆。

袖阀管注浆法中使用的封闭泥浆的基本功能为封闭单向密封阀管与钻孔壁之间的空间，在橡皮套和双向密封芯管的配合下，迫使浆液只在一个注浆段范围进入土体。根据施工经验，封闭泥浆的 7d 立方体抗压强度宜为 0.3～0.5MPa，浆液黏度为 80～90s。

（3）袖阀管注浆的特点

袖阀管注浆具有以下特点：

1）一般适用于 50m 以内的注浆，垂直和水平注浆均可。

2）袖阀管注浆具有上下 2 个阻塞器，能将浆液限定在注浆区域的任一段范围内进行灌注，达到分段注浆的目的。

3）阻塞器在光滑的袖阀管中可以自由移动，可根据需要在注浆区域内某一段反复注浆。

4）注浆前，不必设较厚的混凝土止浆岩墙；采取较大的注浆压力时，发生冒浆和串浆的可能性小。

5）根据地层特点，可在一根袖阀管注浆管内采用不同的注浆材料，选用不同的注浆参数进行注浆施工。

6）钻孔、注浆可采取平行作业方式，工作效率较高。

2. 直接注浆法

所谓直接注浆法是指采用振入或钻孔放入的方式直接将注浆管置入土体中进行注浆的方法。根据采用注浆管形式的不同，直接注浆法可分为注浆管注浆法、花管注浆法、钻杆注浆法、止浆塞注浆法等。

注浆管注浆法指直接通过注浆管下部的管口进行注浆的方法；花管注浆法是通过在侧壁设置多层注浆孔的注浆管（花管）进行注浆的方法；钻杆注浆法是指直接通过钻孔用的钻杆进行注浆的方法。

这几种注浆方式的施工步骤基本一致：

（1）下管

注浆管注浆法和花管注浆法一般采用振入的方式将注浆管置入土体预定深度，在深度较大的情况下也可采用预钻一定深度后振入的方法。钻杆注浆法则直接依靠钻孔方法将注浆管（钻杆）置入土体。

（2）注浆

将制浆设备、注浆泵和下放的注浆管进行连接，按照要求进行制浆，通过注浆泵将浆液注入土体中。在完成一个注浆段施工后根据要求向上或继续向下移动注浆管，进行下一个注浆段的施工。

注浆管注浆法、花管注浆法和钻杆注浆法与袖阀管注浆法相比较，其共同的缺点在于注浆时容易延管壁冒浆、注浆分层效果较差，这些缺点在采用流动性较好、初凝时间较长的浆液时尤为突出；其优点在于设备和工艺简单、灵活机动性好、施工速度快，更适应需要快速反应的情况。

3. 止浆塞注浆法

一般用于岩石裂隙注浆，其注浆管上带有止浆塞，可将注浆段上部封闭，其主要施工步骤如下。

（1）注浆孔成孔

一般采用旋转钻机进行钻孔。要求岩层内的注浆孔全部取芯钻进，以便查明岩层裂隙的发育及其分布情况，取芯率在坚硬的岩层中应达到 80%～90%，在破碎岩层中应为70%。钻孔清洗液以清水为主，如岩石破碎，塌孔严重，也可采用稀泥浆作循环液。

注浆孔在开口处一般安设 6～10m 长的孔口管，以防止可能出现的塌孔，同时在钻孔时起到导向作用，注浆时用以安设孔口封闭装置、防止跑浆。

注浆孔钻进结束后安装并下放注浆管、止浆塞以及混合器等孔内设施。

（2）压水试验

压水试验是利用注浆泵向注浆区段压注清水，其主要目的是：

1）检查止浆管头特别是止浆塞的止浆效果。

2）把未冲洗净、残留在孔底，或黏滞在孔壁的岩粉、杂物推挤到注浆范围以外，以提高浆液结石体与裂隙面的结合强度及抗渗能力。

3）根据测定钻孔的吸水量，核实岩层的透水性，以确定注浆的压力、流量，并确定注浆浆液及其初始浓度。

（3）注浆

注浆根据沿地层深度分段施工的顺序可分为分段下行式、分段上行式和一次全深注浆方式。分段下行式是从地面开始，自上而下钻一段孔，注一段浆，每注一段后继续下行钻孔与注浆，如此交替进行直至达到设计的最终注浆深度，然后再由下而上进行复注；分段上行式是注浆孔一次钻到注浆终深，使用止浆塞进行自下而上的分段注浆；一次全深注浆方式是注浆孔一次钻到注浆终深，然后对全深进行一次注浆。

止浆塞注浆法采用的止浆塞是封隔注浆钻孔，实现分段注浆的关键装置，良好的止浆塞应保证在 10MPa 以上的注浆压力作用下正常工作。目前使用的止浆塞根据其结构和作用原理可分为机械式和水力膨胀式两种，其中机械式止浆塞较为简单可靠，得到较多使用（图 4.3-60）。

4. 埋管注浆法

埋管注浆法是指通过埋设或预埋于结构内的密封管进行注浆的方法，主要用于需穿透

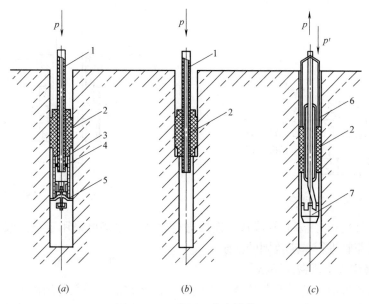

图 4.3-60　常用止浆塞结构

1—钻杆注浆管；2—止浆胶塞；3—下托盘；4—密封；5—三爪；6—外注浆管；

7—混合室；p、p'—使止浆塞发挥作用而施加的力

（a）三爪式止浆塞；（b）异径式止浆塞；（c）双管式止浆塞

结构对其外部进行注浆处理的情况。一般结构埋管注浆的工艺流程如下。

（1）密封管埋设

1）钻孔埋管

① 首先利用钻机在设计孔位上钻孔，钻孔直径宜为密封管外径的 1.5～1.8 倍。在钻穿结构前退出钻头，安装密封管套管，在结构与套管间隙中灌入特速硬水泥，以密实缝隙。

② 待密封管套管安装完毕后，改用小直径钻头，穿过套管继续钻进，直至钻穿结构。随后退出钻头并安装闷盖，待注浆时再开盖使用。

2）预埋密封管

如果在结构施工前已经设计采用埋管注浆，可将密封管作为预埋件，直接浇筑在钢筋混凝土中。预埋时应注意下列事宜：

① 注意固定密封管，最好能与结构钢筋连接固定。

② 密封管套管端部应设有丙纶薄膜。

（2）注浆

根据不同施工要求，可以选择直接将注浆设备与密封管连接，用密封管作为注浆管进行近距离注浆的方式；或是将注浆芯管或花管通过密封管置入结构外土体中进行注浆的方式（图 4.3-61、图 4.3-62）。后一种注浆方式的一般施工流程如下：

1）卸下密封管上的闷盖，在密封管上安装球阀和防喷装置。

2）将注浆芯管或花管安装入防喷装置，并将防喷装置上的压盖拧紧，然后开启球阀，将注浆芯管或花管通过球阀、密封管置入土体，一般采用振动压入方式。

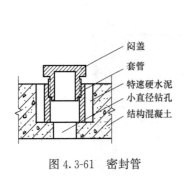

图 4.3-61 密封管

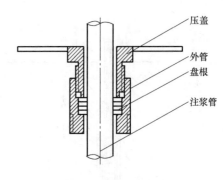

图 4.3-62 放喷装置

3）将注浆设备与注浆芯管或花管连接进行注浆，注浆可采用定点注浆，也可通过移动注浆芯管或花管进行一定范围的注浆。

5. 低坍落度砂浆压密注浆法

压密注浆效果形成的重要条件就是采用低坍落度浆液，一般低坍落度的水泥砂浆，由水泥、砂、粉煤灰、膨润土、水和外加剂等组成，根据实际工程需要，其无侧限抗压强度可在 3～15MPa 范围内选择。目前比较成功地采用低坍落度砂浆进行压密注浆的工艺是由上海隧道工程股份有限公司和上海申通集团有限公司联合开发的可控制压实注浆工法（简称 CCG 注浆工法），该工法通过对设备、材料和工艺的研究，实现了采用坍落度小于50mm 的水泥砂浆进行压密注浆，在上海地区饱和软黏土中得到了成功应用。

CCG 注浆工法主要是利用特殊的高压、低流量注浆设备，将高黏度、坍落度较小的砂浆，按设计要求压入加固区域的地基土中，砂浆在泵压下不与土体混合或向阻力小的土体方向以脉状渗透或劈入，而是在原位扩展形成浆泡挤压注浆点周围的土体，随着注浆管的提升，形成早期强度可控制的葫芦状或圆柱状的固结砂浆桩体，达到增强土体强度和密度、提高地基承载力、纠偏、基础托换等目的（图 4.3-63）。

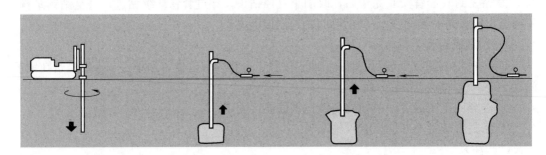

图 4.3-63 CCG 注浆工法施工流程图

CCG 工法属于压密注浆工艺，是否有良好的排水通道对加固土体的效果有直接影响，因此一般而言，CCG 工法在砂土中的加固效果要优于在黏性土中的加固效果，在黏性土中进行施工时可考虑设置辅助排水措施，例如降水井点、砂井等。

6. 柱状布袋注浆法

柱状布袋注浆法是以土工织物袋和注浆浆液形成似圆柱状硬化体来加固土体的软土地

基注浆施工工艺，其功用如下：

（1）排水作用

布袋可以形成排水通道，当土体中存在超孔隙水压力时，土中的水会沿着织物排出土体，从而加速了土体的固结，更有利于相邻布袋注浆对土体的压密。此外，由于注浆布袋的渗水性，使浆液在一定压力下部分水分通过布袋排出，降低了布袋内浆液的水灰比，从而能够加速浆液凝固，并得到高密度、高强度的硬化体。

（2）隔水作用

浆液在布袋内的压力大于布袋周围的被动土压力，布袋的隔离作用使浆液体得以通过膨胀布袋达到压密土体的目的，并形成较规则的注浆体。

（3）加筋作用

即使采用强度较低的浆液，由于布袋的抗拉强度高，也能起到加筋土体的作用，可以增加土体的稳定性。

柱状布袋注浆法加固土体的机理包括对土体的压密，因此其在砂土中的加固效果更为显著（图4.3-64）。其工序如下：

1）将符合设计注浆深度的尼龙袋套在塑料阀管外，两端用钢丝扎紧，以保证注入袋内的浆液不从两端溢出。

2）每隔50cm用扎绳将尼龙袋扎牢，然后连同塑料阀管一并放入已钻好的孔内。

3）按照与袖阀管注浆法相同的工艺自下而上逐节压入搅拌好的浆液，注浆量应大于布袋套体积。随着浆液逐节压入，形成以塑料阀管为轴心的圆柱状或类似圆柱状的长桩。

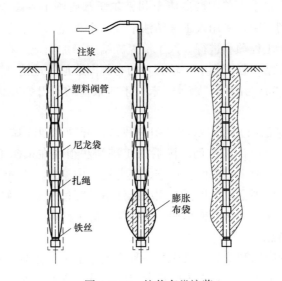

图4.3-64 柱状布袋注浆

4.3.10 冻结法技术

4.3.10.1 概念及原理

具有负温或零温并含有冰的土类和岩石称为冻土，人工冻结的土岩称为人工冻土。在工程建设的某些施工环节，当遇到技术等方面的困难时，常常利用冻土在物理力学方面的某些特性,如不透水性、强度高与变形小等特点,创造施工阶段的有利条件,快速、安全而经济地进行施工。人工冻结法是指在复杂水文地质条件下掘进各类地下工程时,在其四周建造起临时冻结壁,以保证不稳定的饱水土体在掘进施工中稳定性的方法。适用于开挖竖井筒和地铁隧道、建造地下洞室以及各类建筑物下的深基坑等。

地层冻结法加固地层的原理是利用人工制冷的方法,将低温冷媒送入开挖体周围的含水地层中,使地层中的水在低于其冰点的温度场内不断冻结成冰而把地层中的土颗粒用冰胶结形成一个不透水的整体结构,而这种冻土结构的整体强度和弹性模量远比非冻土的大,会把开挖体周围的地层冻结成封闭的连续体(冻土墙),以抵抗地压并隔绝地下水和开挖体之间的联系,然后可以在封闭的连续冻土墙的保护下,进行开挖和施工支护。该法适用于松散的不稳定的冲积层、裂隙性含水岩层、松软泥岩、含水率和水压特大的岩层。

基于冻结法的上述特性,其应用时除形成具备很大强度的冻土层以抵抗侧向土压力外,同时因冻土层自身的不透水性而解决了地下水控制的问题。

4.3.10.2 冻结法的发展概况

苏联、德国、丹麦、法国、日本、美国、西班牙等国研究和应用人工土冻结技术起步较早,相继应用人工冻结法完成了许多地下工程施工,积累了大量成功经验。

20世纪60~80年代苏联采用人工冻结法对地铁、矿井和其他工业建筑施工达200余例,日本从1962年开始使用人工冻结法,随后将该项技术推广到通过河流、铁路及其他构筑物下的隧道工程,支撑明挖的墙体工程和其他地下工程。

1991年西班牙瓦伦西亚修建地铁时,为保证干燥的施工环境,经人工冻结法处理地下水,有效避免了涌水发生;美国威斯康星州密尔沃基市施工一段50m深竖井,开挖深度大,加之地下水不利影响,采用人工冻结法形成一个直径6.1m的冻土围堰和三个相邻的柱状冻土槽,确保了工程顺利进行。人工液氮冻结用于加固地层在国外始于20世纪60年代,已报道的液氮冻结工程实例中,较著名的有德国慕尼黑地铁、美国肯塔基州大型机械经过 Green River 700m 的冲积平原等;未见正式报道的有巴黎塞纳河地铁、意大利比萨斜塔纠斜等。

1955年,立井冻结法凿井技术从波兰引进我国,开滦林西煤矿风井建成的第一口立井开创了我国人工地层冻结法的先河。随后人工冻结法很快在采矿工程中得到推广,河北、安徽、江苏、山东、河南、山西、辽宁、黑龙江、内蒙古、吉林等多省区均有工程采用了这种技术。目前,中国已成为世界上用冻结法凿井穿过表土层较厚的国家之一,成功解决了700多米冲积层深井冻结的冻结壁、井壁设计等关键技术问题。

4.3.10.3 冻结法的特点

冻结法经过多年的应用和发展,已成为一种成熟的工法。冻结法之所以用在一些困难地层、复杂地下结构施工中,而且作为困难地层中地下工程施工的最后一种工法,说明它与其他工法相比,具有很多的独特优点。人工冻结法有如下特点:

1)可有效隔绝地下水,其抗渗透性能是其他任何方法不能相比的,对于含水率大于10%的任何含水、松散、不稳定地层均可采用冻结法施工技术;可在极其复杂的工程地质和水文地质条件下使用,几乎不受地质条件的限制;可用于地下水流速小于40m/d的条件下。

2)冻结壁是典型黏弹塑性材料,其强度与土质、重度、含水率、含盐量及温度等因素有关，土冻结后强度可提高几十到一百多倍，一般可达 2～10MPa。

3）可形成任意深度、任意形状的冻结壁；可根据结构尺寸及围岩地质条件灵活布置冻结孔和调节盐水温度、改变和控制冻结壁厚度和强度，不受形状和尺寸限制。

4）冻结法是一种环境友好的施工方法，用电能换取冷能，对周围环境无污染，无有害物质排放，对地下水无污染，无异物进入土壤；噪声小，冻结结束后，不影响建筑物周围地下结构。冻结只是临时改变岩土的承载、密封性能，为构筑新的地下空间服务，施工完成后，根据需要可拔除冻结管，冻土将解冻融化；因此不污染环境，是"绿色"施工方法。

5）人工冻结法存在冻胀融沉的危害。实践证明，在含粗粒成分特别是砂砾土中，几乎无冻胀和冻融沉陷现象。在黏土等细粒土中，冻胀融沉可通过理论计算对其预测，并采取有关措施，抑制冻胀，减小融沉，达到工程要求。

6）冻结法是相对昂贵、需要精细施工管理、需要较多施工经验的方法，但在工程规模大、地质条件较为复杂的情况下，人工冻结法可一次加固成功，相比先进行化学加固再进行冻结补充加固的方法，经济性较好。

4.3.10.4　冻结法应用的注意事项

1. 冻结法要素

冻结法的核心是通过人工降温把地层中水的温度降到冰点以下使其结冰。因此，要想成功应用冻结工法，需要仔细把握下列要素：

1）土层里含水率不宜低于 5%，或者给地层加水，否则难以冻结形成冻土墙。

2）土层里水的冰点不能太低（如含盐），否则会导致结冰困难或者无法冻结。

3）土层内水的流速不能太大，否则会导致冷量被带走而冻结时间长，或者无法冻结。地下水流速 1～2m/d 时采用盐水冻结是经济可行的，虽然流速在 50m/d 时也能用液氮冻结形成冻土，但是非常不经济。

4）土层内的水位变化，因河川或海水涨落差过高，也会导致冷量损失过多而冻结效果不好，甚至无法形成冻土墙，或者无法（与其他结构）形成封闭体。

5）要具备可以进行冻结孔施工的条件，尤其是水平冻结孔的施工条件更加重要。在承压水条件下施工冻结孔，钻进设备和孔口密封装置极为重要。

6）同样负温情况下冻结砂性土（非过饱和）的强度（无侧限抗压、直接剪切或三轴剪切、抗拉强度等）大于冻结黏性土的强度。

7）一般情况下冻土墙的平均温度为 $-8～-20℃$，并取决于所承受外载，温度过低会增加成本，不经济。

8）单排冻结管可以形成 1～4m 的冻土墙。如果需要更厚的冻土墙，就需更低温度或者双排甚至 3 排或 4 排辅助冻结管。

9）形成隔水封闭体的关联结构（隔水地层、已有结构或其他工法即将形成的结构）与冻土之间的结合要紧密，并保证其可靠性。

10）开挖体内的水文观测孔、相关的测温孔布置要事先周密地考虑并设计好，冻结孔的精度对最终结果极为重要。

11）土冻结因其内部液体水变成固体冰而体积要增大 9%，导致直接冻胀；如果是冻敏性土，在冻结过程中水分还要迁移到冻结封面上来，不断形成冰镜体而导致水分迁移冻胀。反之，冻土融化时因固体冰要变成液体水，其体积要缩小而产生融沉。

12）冻土发展和冻土封闭体形成的检测和监控是冻结法成功的关键因素之一，因此，信息化系统在冻结工法中极为重要。

2. 冻结法成功的因素

冻结法的成功主要取决于以下若干因素：

1）全面了解地层物理力学性质，热物理参数（热容量、导温系数、导热系数等）、渗透系数、含盐量、含水率、水温、土颗粒组成和土质分类、常温下的 c 和 φ 值等。

2）全面掌握所在地层的工程地质和水文地质情况，其中含水层与其他水源关系、流速流向、是否承压水、各含水层之间的水力联系、隔水层的厚度及相关力学性质等尤为重要。

3）充分认知所要冻结地层的冻土物理力学性质，主要是冻土的抗压强度、三轴剪切强度、单轴/三轴蠕变强度（根据需要）、抗拉强度、抗弯强度、土的冻胀（土壤的冻敏性）和融沉特性等，且前提是要采用正确的试验研究方法。

4）选取最恰当冻土结构的设计模型（充分掌握边界条件、冻土结构受力体系、最合适力学模型、编制计算说明、估算积极冻结期等）。

5）使用最合适钻机和钻孔纠偏与测斜仪，从而满足冻土结构的钻孔精度；选择最佳冻结器布置方式，确保本身的密闭性（冻结管打压检验、循环系统密闭性检验等）；选取全方位的信息化检测监控系统，确保冷媒系统可靠性、制冷系统运转的可靠性等（尤其是冷却水、冷媒、制冷剂三大系统的监测监控）。

6）信息化检测监控系统，必须包含全方位的冻土结构形成的检测（温度场）和冻土结构形成的密闭性检验（地下水压力变化、温度场变化）等。

7）务必进行全过程的信息化施工，包括开挖过程变形控制和衬砌过程控制，以及由此建立与冷冻站运转（温度、流量、流速等）的关联关系。

8）涉及重大财产和人身安全的冻结工程，应具备应急措施（如液氮槽车等抢险设备）。

9）在信息化施工基础上，对融化过程进行跟踪，通过注浆弥补地层融沉量。

10）进行冻融地层工后变形和永久结构稳定性跟踪。

4.3.10.5 常用的人工制冷方法

制冷作为一门科学是指用人工的方法在一定时间和一定空间内将某物体或流体冷却，使其温度降到环境温度以下，并保持这个低温的过程。目前获得低温方法很多，可分为物理方法和化学方法，绝大多数制冷方法属于物理方法，其中应用最广泛的有相变制冷、气体绝热膨胀制冷、温差电制冷及固体升华制冷等方法。

1. 相变制冷

物质集态的改变称为相变，指物质固态、液态、气态三者之间变化过程，相变制冷利用了物质相变时的热效应-物质分子重新排列和分子热运动速度的改变，会吸收或放出热量，这种热量称作潜热。物质发生从质密态到质稀态的相变时，将吸收潜热；反之，当它发生由质稀态向质密态的相变时，放出潜热。相变制冷分为液体汽化制冷与固体升华制冷。为了使其连续不断地工作，可以成为一个循环，使制冷剂在低压下蒸发汽化、蒸气升压、高压气体液化和高压液体降压。利用固体液化或升华的吸热效应制冷时，将一定数量的固体物质做制冷剂，作用于被冷却对象，实现冷却降温，一旦固体全部相变，冷却过程即告终止。

（1）干冰制冷

干冰是固态的二氧化碳（CO_2），是一种良好的制冷剂。

（2）液氮制冷

液氮也常被用作制冷剂，因此可以利用液氮的潜热实现地层冻结。液氮在冻结管内直接汽化，利用液氮汽化吸收地层中的热量，实现快速冻结，液氮制冷使土体冻结发展速度是普通盐水制冷土体冻结速度的5～10倍。

（3）液化天然气制冷

液化天然气（LNG）不仅是一种清洁能源，还蕴藏着大量的冷能。低温的LNG液体与制冷系统的冷媒在低温换热器中进行热交换，释放大量冷能给冷媒，被LNG低温液体冷却后的冷媒温度降低，经制冷管路系统进入冷冻冷藏库的蒸发器，低温冷媒释放冷量，吸收冷库中空气或物体的热量，使被冷却介质或物体的温度降低，实现制冷目的。

（4）冰盐制冷

冰盐的相变温度随浓度变化，相变温度不恒定，且相变潜热小于冰的潜热。

2. 吸收制冷

吸收制冷是利用溶液对其低沸点组分的蒸气具有强烈的吸收作用这个特点达到制冷目的，而在加热状态下，低沸点组分较容易挥发出来。这种制冷方法可用热能替代机械能来完成冷冻循环，还可用天然气、液化石油气、蒸气或电加热器作为能源。

3. 热电制冷

热电制冷又称温差电效应、电子制冷等，它是建立在珀尔帖效应原理上的，在热电制冷装置的应用中，热电装置常称为热电块，一个热电块由多个冷接头、热接头串接而成。

4. 蒸气压缩制冷

蒸气压缩制冷和气体压缩制冷同属于压缩式制冷循环，它是以消耗一定量的机械能为代价的制冷方法。蒸气压缩式制冷采用在常温下及普通低温下即可液化的物质为制冷剂（如氨、氟利昂等）。制冷剂在循环过程中周期性地以蒸气和液体形式存在。

5. 人工冻结工程中常见的制冷方法对比

表4.3-2给出了不同制冷方法的对比情况，应特别关注其对地下水特征的适应性。

人工冻结工程中不同制冷方法对比　　　　　　　　　　　表4.3-2

项目说明	盐水制冷系统	液氮制冷系统	干冰制冷系统	混合制冷系统
制冷温度	$-10\sim-35℃$	$-60\sim-150℃$	$-20\sim-70℃$	$-40\sim-70℃$
地下水流速	$v\leqslant5.7\times10^{-5}$ m/s	不限	不能有动水	少量动水
冷量估算	$Q=1.3\pi dHK$	$460kg/m^3$	$600kg/m^3$	$Q=1.3\pi dHK$
制冷效率	30%～50%	50%	70%	60%
冻土速度	2cm/d	1520cm/d	10cm/d	3cm/d

注：表中 d 为冻结管直径，单位为m；H 为冻结总长度，单位为m；K 为冻结管散热系数，单位为 $W/(m^2\cdot K)$。

4.3.11　土工膜复合防渗墙技术

土工膜复合防渗墙是通过结合使用土工合成材料与常规的泥浆沟垂直屏障技术建造

的，将土工膜插入土-膨润土或者水泥-膨润土等组成的防渗墙沟槽中，也可以把单个土工膜插入地面以下形成土工膜防渗墙。土工膜防渗墙主要在软土或松土地基中建造，而土工膜复合防渗墙在所有的地基类型中均可建造。在常规的泥浆沟防渗墙中使用土工膜，其主要目的是形成止水帷幕结构，阻隔地下水流通。在环境工程中，常用此技术达到建立阻滞污染物运移与控制可能产生气体迁移的低渗透性屏障的目的。图 4.3-65 中的复合防渗墙是在土-膨润土防渗墙的沟槽中垂直插入土工膜，然后回填土-膨润土混合料形成。

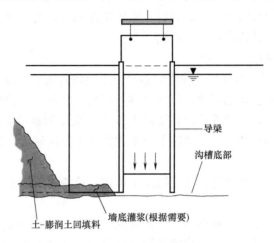

图 4.3-65　土工膜复合防渗墙（USEPA，1998）

4.3.11.1　概述

土工膜被用作垂直屏障，或单独使用，或与其他相对不渗透的材料结合使用，已经有近 20 年的历史了。土工膜的技术应用包括以下几种（Koerner and Guglielmetti，1995）：

（1）土工膜单独使用；

（2）土工膜与土-膨润土、水泥-膨润土或土-水泥-膨润土回填料组合成复合垂直屏障；

（3）双层土工膜中间夹砂层作为渗漏检测层。

使用土工膜作为垂直屏障的重要原因是通过采用极低的渗透性材料来确保防渗屏障的完全连续性，垂直防渗墙的土工膜最常使用的是 HDPE 土工膜。土工膜片材是连续的，但是使用时通常通过多种可能的连接互锁制成有限长度的膜片，其设计深度受施工工艺限制。现阶段有多种不同的施工方法可供选择。

如图 4.3-66（a）所示，垂直防渗墙中土工膜的顶部可与围封区域的覆盖中的土工膜

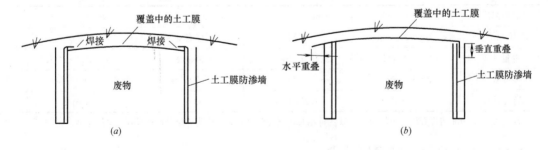

图 4.3-66　土工膜垂直防渗墙的顶部处理（Koerner and Guglielmetti，1995）

（a）垂直防渗墙与覆盖中的土工膜进行焊接；（b）垂直防渗墙与覆盖中的土工膜的水平重叠或垂直重叠

连接起来。或者，覆盖层中的土工膜可以水平延伸或垂直下垂，从而与垂直防渗墙中的土工膜形成重叠密封，如图 4.3-66（b）所示。

与其他止水帷幕技术相同，土工膜的底部应该嵌入弱透水层中，如图 4.3-67（a）所示，或者对于悬挂式止水帷幕，土工膜的深度也应达到足够深，如图 4.3-67（b）所示。

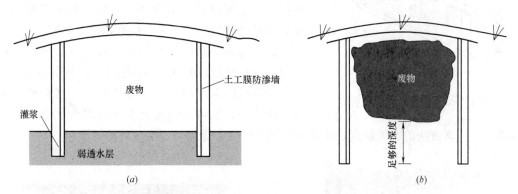

图 4.3-67　土工膜垂直防渗墙的底部处理（Koerner and Guglielmetti，1995）

(a) 嵌入（或灌浆）进弱透水层；(b) 废物下的深层（悬挂）防渗墙

4.3.11.2　HDPE 土工膜的特性

采用土工膜建造的垂直防渗屏障基本上由 HDPE 土工膜组成。HDPE 能成为最适合的聚合物材料，主要是由于以下原因（Koerner and Guglielmetti，1995）：

（1）HDPE 对很多种类的化学物质具有耐腐蚀性，包括有机溶剂；

（2）HDPE 挤压成片材和接插件，用于将片材连接在一起；

（3）土工膜片材和接插件可以在工厂或施工现场使用现成的焊接设备进行焊接，然后称其为"膜片"；

（4）可根据需要定制不同的土工膜厚度、膜片宽度和长度；

（5）目前，HDPE 的成本很低，传统上是所有聚合物土工膜种类中最便宜的；

（6）具有足够数量的商业系统可供选择，并且已经形成通用的土工膜行业规范。

HDPE 土工膜具有极低的"渗透性"。需要注意的是，土工膜的渗透性的概念并非与各类垂直防渗墙的水力渗透系数完全相同，而是与扩散（diflusion）有关的迁移特性。测定土工膜渗透性的标准试验是参照美国 ASTME96 进行的水蒸气扩散试验。

（Koerner，1994，2012）USEPA（1988）确定了一系列可对比的溶剂蒸气透过率值，这些值都取决于土工膜的厚度和溶剂蒸气的种类。它们与渗透液体的溶解度有关，在这些情况下，渗透液体都是 100% 的纯有机溶剂。虽然这些蒸气透过率值比任何其他可用的聚合物屏障系统更低，但这些值仅适用于 HDPE 土工膜本身，而不适用于连接土工膜膜片的锁口（interlock），用于连接土工膜膜片的锁口主要有水膨型止水锁口（hydrophilic gasket）、灌浆型锁口、焊接型锁口三种类型。

4.3.11.3　土工膜复合防渗墙的施工方法

1. 挖沟放置法

图 4.3-68 为使用挖沟放置法安放垂直土工膜的示意图。使用大型铲斗挖沟机或地面切割机在地面上进行无支护沟槽开挖。然后，将一卷土工膜垂直放入沟槽中，并逐渐展

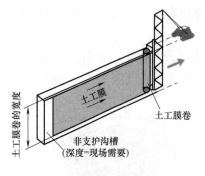

图 4.3-68 挖沟放置法示意图

开。土工膜也可以在地表展开，不过必须折叠成 S 形，以便能到达最终位置。土工膜在泥浆支护沟槽中展开（图 4.3-69），或在干燥无支护沟槽中插入（图 4.3-70），随后采用砂、当地土料或排水材料进行回填，也可以采用组合回填方法，如土工膜的一侧回填低渗透性材料，另一侧回填排水砂石。

该方法的主要优点是不需要接缝（直到该卷膜完成），可以将从沟槽中开挖出的天然土作为回填材料，至少可以对沟槽内水位以上施工完成的墙体进行目测检查；也可以将配有渗漏监测管的砂料作为回填材料。该方法的主要缺点是非支护沟槽的深度会受到特定场地环境的限制。

图 4.3-69 泥浆支护沟槽

图 4.3-70 干燥无支护沟槽

2. 振动插入法

在振动插入法中，钢制插板用来支撑宽度约为 3m 的土工膜，并将土工膜插入到天然土或沟槽的回填土中（图 4.3-71），土工膜固定在带有突出销钉的钢插板底部。土工膜膜片的底部将通过销钉固定在钢插板的底部。振动锤迫使整个组件（钢插板和土工膜膜片）插入到所需的深度。然后，撤出钢插板，将土工膜膜片留在地下。利用膜间锁口将相邻的两个土工膜膜片连接起来。这种相对快速的方法既不需要沟槽支撑，也不需要特殊的回填。该方法也可以在流砂地层中使用。

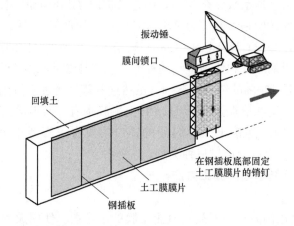

图 4.3-71 附有土工膜膜片的振动插入法（Koerner and Guglielmetti，1995）

振动式安装法的优点是根据土的类型与强度，振动土工膜钢插板，具备黏性土和无黏性或松散砂砾土的安装条件，仅需较小的工作空间，几乎没有开挖土需要堆放，施工价格适中，安装速度快，安装插入的速度最快可达每分钟 9m，其缺点是插入板只有在特定的土层或软土层中才可以插入到一定的深度。同时，在特定土层中，由于插入而对土工膜的损坏是需要关注的。

3. 泥浆护壁沟槽法

泥浆护壁沟槽法采用传统的泥浆沟防渗墙施工方法开挖泥浆护壁沟槽，如图 4.3-72 所示。然后通过使用钢框架、机械滚筒或其他方法，将土工膜膜片插入泥浆至所需要的深度。通过使用重物把土工膜膜片保持在它们的最终位置，或者把土工膜膜片嵌入底土层中，并且膜片之间相互连锁，以形成连续的垂直屏障。

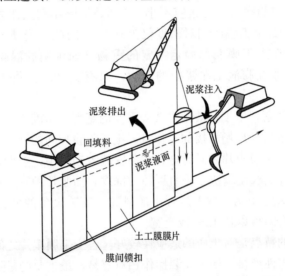

图 4.3-72　采用泥浆护壁沟槽法垂直放置土工膜膜片 (Daniel and Koerner，2000)

当使用钢框架来放置土工膜膜片时，先要将土工膜膜片展开，并固定在钢框架上（图 4.3-73）。由于钢框架本身的自重，所以可以免除使用砾石或其他重物加重辅助土工膜插入泥浆中。在施工期间，通常是两个钢框架交替使用。首先，将第一块 HDPE 土工膜膜片附着于钢框架上，并通过吊车插入沟槽中。然后，将第二块 HDPE 土工膜膜片附着于第二个钢框架上，并且提升相应的位置，使得两个 HDPE 膜片的锁口可以插接起来。一旦两个 HDPE 膜片的锁口对准，并在下降钢框架插入第二块 HDPE 膜片之前，则将两个膜片之间的锁

图 4.3-73　把土工膜固定在钢框架上准备插入沟槽中（图片来源：Zakladani Staved）

口进行密封。再次，下降固定第二块 HDPE 膜片的钢框架，同时在锁口中插入水膨型止水条（hydrophilic cord），随着第二块 HDPE 膜片沿着锁口逐渐下降到沟槽的底部，不断

163

地跟进止水条。最后，将 HDPE 膜片从钢框架上解除下来，从沟槽中撤回钢框架并重新使用。重复该安装过程，直至完成所有土工膜膜片的安装（Owaidat and Day, 1998）。

在土工膜安装中，可以用特殊设计的机械碾（滚筒）代替金属框架。机械碾（滚筒）的使用简化了 HDPE 板的放置和连接，减少了在施工中风对土工膜的影响，并且能够使 HDPE 的一次放置长度大于 20m（Michelangeli, 2007）。在进行 HDPE 土工膜插入作业时，需要把装有土工膜膜片的机械碾（滚筒）设置在沟槽的边缘。HDPE 土工膜可以连续地展开，并下降到由浆料支撑的沟槽中。把焊接在土工膜膜片边缘处的锁口对准已经安放在沟槽内的相邻土工膜膜片的锁口，并在相邻膜片的锁口中向沟槽底部滑移。当开挖的沟槽较深和现场的土质或岩体较松散时，为了避免沟槽塌方，必须使用膨润土泥浆护壁。膨润土泥浆由膨润土与水形成的稳定的胶态悬浮体组成。向沟槽中浇筑的膨润土泥浆中的膨润土含量应不小于 5％。护壁膨润土泥浆的相对密度一般为 1.10～1.25，而 HDPE 土工膜的相对密度仅为 0.94。因此，当使用滚筒方法向沟槽内放置土工膜时，必须在土工膜底部固定一定的重物（如预制的混凝土条块）或施加外力，克服 HDPE 土工膜在膨润土泥浆中的浮力，只有这样才能将土工膜插入和固定在沟底的不透水层。

根据施工步骤和计划，土工膜被预先裁成需要的宽度和深度的膜片，并在膜片边缘预先焊接好锁口，以尽量减少现场焊接的工作量。土工膜膜片间的锁口可以用带有水膨型止水条的锁口，在放置土工膜膜片时同时把止水条安放入锁口中，然后止水条在与水接触时膨胀密封。土工膜膜片的长度取决于垂直屏障的深度，而膜片的宽度和锁口的数量取决于现场情况，如沟槽的深度变化、施工过程中的风速、安装设备的能力和可用工作区的面积。每幅膜片的宽度有时可以达 12m 或更宽。

泥浆护壁沟槽法的特点是对土质的适应性较好，各土工膜膜片之间可以用锁口互锁来保证膜片间的相互水密性连接，施工安装操作相对容易，最重要的是形成了复合的垂直防渗墙。土工膜安装深度仅受到沟槽稳定性的限制，至今最大的土工膜安装深度已达 30m，并在考虑更深的深度。泥浆护壁施工法已成为安装土工膜复合防渗墙采用最多的施工方法。目前，该方法在国内已经有了较为成熟的施工经验。

4. 分段式沟槽框架法

分段式沟槽框架法是使用经过改进的钢制沟槽框架箱（trench box），在沟槽挖掘之后立即支撑沟槽的侧壁，然后向沟槽内放置土工膜，如图 4.3-74 所示。钢制的沟槽框架箱可以随着沟槽的开挖而向前侧向移动，或者在刚开挖的沟槽段放入新的沟槽框架箱来支撑沟槽侧壁。土工膜在沟槽内放置完毕后，回填入沟槽的通常是土壤，但是也可以使用其他材料。该技术的施工深度有一定限制，并且深受场地工况

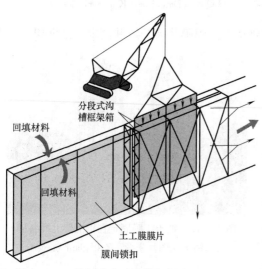

图 4.3-74　使用分段式沟槽框架施工方法放置
土工膜（Koerner and Guglielmetti, 1995）

的影响（图 4.3-75）。

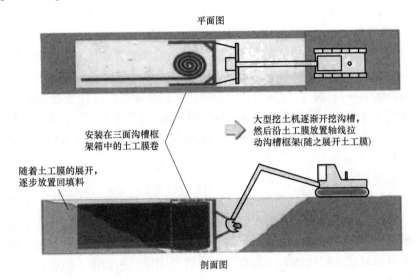

平面图

安装在三面沟槽框
架箱中的土工膜卷

大型挖土机逐渐开挖沟槽，
然后沿土工膜放置轴线拉
动沟槽框架(随之展开土工膜)

随着土工膜的展开，
逐步放置回填料

剖面图

图 4.3-75　沟槽框架法中使用垂直滚筒进行土工膜放置（图片来源：Geosyntec）

5. 振动梁法

振动梁法结合了振动梁泥浆沟防渗墙方法（"薄止水墙"）和振动插板方法两种技术。振动梁法使用了改进的泥浆护壁沟槽开挖技术，如图 4.3-76 所示。首先，当振动梁被振动到地面以下时，形成了一个薄的浆料壁。在振动梁振动插入地下时，同时也引入了膨润土泥浆或其他形式的浆料。在一段有浆料填充的沟槽建成之后，以类似于振动插入方法的方式插入土工膜膜片。该技术应用比较普遍，但在某种程度上取决于施工场地特定的土质条件。

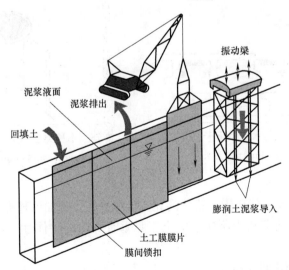

振动梁

泥浆液面

泥浆排出

回填土

膨润土泥浆导入

土工膜膜片

膜间锁扣

图 4.3-76　使用振动梁法在泥浆支撑的沟槽中插入土工膜（Koerner and Guglielmetti，1995）

4.3.11.4　土工膜膜片间锁口

在使用土工膜作为单独的垂直防渗屏障，或者把土工膜和传统的泥浆沟防渗墙结合在一起组成土工膜复合防渗墙时，主要考虑的技术问题涉及土工膜膜片间的连接和安装，即膜片间锁口的设计、锁口的密封性和带有锁口的土工膜膜片的施工。

1. 锁口的种类

锁口连接的目的是使锁口处的各种性能（如强度和防渗性能）能够达到和正常土工膜一样的效果。为实现这样的目标，需要采用正确的施工安装步骤，特别是要测试连接处的完整性（Bouazza，et al.，2002）。目前，用于土工膜膜片间接插连接的共有 3 种类型的锁口：水膨型止水锁口、灌浆型锁口和焊接型锁口。土工膜锁口由 HDPE 材料制成，分为阴、阳两个种类。这种锁口非常紧密，通过使用水膨型密封剂或锁口腔室内的各种灌浆产生机械密封。

（1）水膨型止水锁口

图 4.3-77 显示了 4 种不同类型的水膨型止水锁口。为确保安装的土工膜膜片之间的水密性，每种锁口中均需插入一根水膨型止水条，以保证止水效果。止水条的横截面形状可以为圆形或矩形。在现场连接期间，将止水条插入锁口的凹槽部位。插入锁口凹槽内的止水条长度必须保证能够从地表一直穿到已经放置完毕的相邻土工膜膜片的底部。

（2）灌浆型锁口

对于某些类型的锁口，可以使用各种浆料代替止水条，通过在锁口腔室内进行灌浆密封来达到膜片之间水密性连接的目的，如图 4.3-78 所示。用于密封的浆料由泵加压，沿着阴、阳锁口之间的腔室通道向下流动，在到达锁口底部之后分流入相邻的腔室，并且回流到锁口的顶面。用于密封的浆料可以是任何易流动的材料。

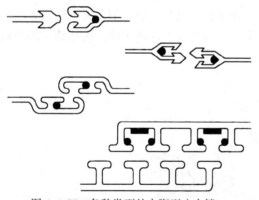

图 4.3-77 各种类型的水膨型止水锁口
（Koerner and Guglielmetti，1995）

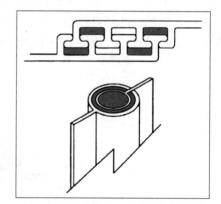

图 4.3-78 不种类型的土工膜膜片间的灌浆型锁口
（Koerner and Guglieimetti，1995）

（3）焊接型锁口

土工膜膜片之间现场焊接形成连续的完美接缝系统，添加该种类型的锁口是因为焊接型锁口的使用将极大地有利于所建造的土工膜垂直屏障的整体性（Koerner and Gugliel-metti，1995）。

2. 锁口焊接和膜片间连接安装

锁口边缘通常附有一段一定长度的 HDPE 膜，方便待安装土工膜膜片和锁口之间的焊接，如同锁和钥匙成双成对一样，也需要在连接的相邻膜片的边缘分别焊接成对的阴、阳锁口。锁口的焊接一般会在制造工厂预先使用楔焊（wedge welding）完成。图 4.3-79

是 HDPE 土工膜边缘与锁口的两种焊接方法的示意图。

图 4.3-79 HDPE 土工膜边缘与锁口的焊接方法示意图（图片来源：BGE）
(a) 热压焊接；(b) 双轨融合焊

安装结束后，将土工膜从安装设备上取下，并固定在沟槽边缘的支架上，直至在沟槽中完成回填。

4.3.11.5 与覆盖和衬垫的连接

垂直防渗墙必须先施工，然后在被围封的污染物上进行顶部覆盖。根据具体的设计构造细节，特别是覆盖层中土工合成材料的分层设置，可以有几种连接的可能性。

由于在覆盖层中通常会采用土工膜材料，因此覆盖层中土工膜与垂直防渗墙中土工膜的直接连接应该是优先考虑的。考虑两个土工膜的焊接，这两个土工膜必须能够兼容。用于覆盖的土工膜通常设计为具有柔性性质，可以承受较大的不均匀沉降；因此，通常使用非常柔性的聚乙烯、柔性的聚丙烯或聚氯乙烯土工膜。尽管难以实现，HDPE 材料的土工膜还是可以焊接到聚乙烯和聚丙烯材料的土工膜上去的，不过 HDPE 土工膜不能焊接到 PVC 土工膜上。对于聚烯烃材料的土工膜，需要采用热压焊接的焊接方法，要焊接到锁口上是一个困难的过程，但也还是可以做到。覆盖中的土工膜可以水平延伸，或垂直下降到土工膜垂直屏障的外侧。

土工膜垂直屏障的底部终端，特别是土工膜底部与下部弱透水层或不透水层的连接是非常重要的，因为底部的连接是无法目测检查的。如果下卧地层有弱透水层。则必须规定要有足够深度的土工膜插入到弱透水层中。土工膜底部的回填材料是非常重要的，应考虑采用低渗透性材料。如果下卧地层没有弱透水层存在，则可以采用悬挂式防渗墙。悬挂式防渗墙的深度是根据对由限制绕过土工膜底部而流出的渗流量的分析来决定的。这个深度的决定带有一定的主观性，实质上是一个根据设计需要或由环境保护监督管理做出的决定（Koerner and Guglielmetti，1995）。

土工膜垂直屏障底部也可以嵌入人工设置的层面中，如人工衬垫。一般来说，人工设置的层面应在土工膜垂直屏障施工前就建造完成。

4.3.12 塑性混凝土防渗墙技术

塑性混凝土（plastic concrete）由骨料、水泥、水和膨润土组成，是以高水灰比混合而成的塑性材料。塑性混凝土防渗墙通常以板块的形式，分段开挖沟槽和分段浇筑来建造，如图 4.3-80 所示。在开挖过程中，板块沟槽由膨润土-水或水泥-膨润土浆料支护。在施工时，通常使用导管法（tremie method）浇筑塑性混凝土，以避免塑性混凝土回填料的分离和护壁膨润土浆料被包裹滞留在回填料中。具有高单位重量的塑性混凝土混合料在建造大深度防渗屏障系统的深沟槽回填时特别有优势。在回填料凝固以后，塑性混凝土防渗墙的刚度和强度要明显高于水泥-膨润土防渗墙（Filz and Mitchell，1995）。

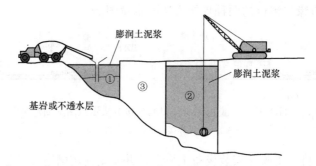

① 号板块段：塑性混凝土导管回填；② 号板块段：在膨润土泥浆支护下开挖；
③ 号板块段：不开挖

图 4.3-80　塑性混凝土防渗墙板块式分段施工程序（Filz and Mitchell，1995）

4.3.12.1　塑性混凝土防渗墙的应用

随着各种方便和经济的地下连续墙建造技术的发展，塑性混凝土防渗墙的使用已经有 30 多年的历史了。塑性混凝土包含由水泥、水、骨料和膨润土组成的混合物，与传统混凝土相比，具有低渗透系数和优异的破坏延展性。塑性混凝土防渗墙通常以板块的形式分段开挖沟槽，并由膨润土泥浆支护板块沟槽。有关塑性混凝土应用的第一次报道是 1959 年意大利 Santa Luce 水坝的塑性混凝土防渗墙（Xanthakos，et al.，1994）。这个防渗墙的长度为 354m，宽度为 1.2m，最大深度为 20m（Mirghasemi，et al.，2005）。

渗流控制对于土坝和许多场地修复屏障的安全运行至关重要。虽然使用刚性混凝土防渗墙可以实现补救性渗流控制，但是由于外部负载和地震而引起的变形可能导致混凝土防渗墙的破裂。因此，建造防渗墙的材料必须具有强度高和渗透性低的性质，并且具有与周围堤坝土体相当的刚度。满足防渗墙墙体和周围土体之间的应变相容性将会减少墙体遭受过大应力的可能性，并且允许墙体和土体发生变形而不分离。塑性混凝土显示出了可以很好地满足防渗墙构造的强度、刚度和渗透性的要求。

4.3.12.2　施工工艺简述

塑性混凝土防渗墙的施工包括很多方面，如施工前塑性混凝土混合料的配比设计、导墙施工、板块沟槽开挖、沟槽泥浆支护和沟槽稳定、混凝土混合与浇筑以及板块或沟槽中的泥浆滤失。

在塑性混凝土防渗墙施工之前，准确理解和执行施工规范与施工前塑性混凝土配比试验计划，对于确保塑性混凝土防渗墙达到设计要求是至关重要的。

在施工开始之前，需要先在试验室进行塑性混凝土配比的混合试验。混合料的配比需要满足以下要求（O'Brien，et al.，2009）。

1）新混合的塑性混凝土应该有充分的和易性（workability），以便使用导管法浇筑，塑性混凝土混合料必须能替代膨润土泥浆，并且需确保混合料能够靠自重流动平整和靠自重压实。

2）新拌塑性混凝土混合料的稳定与泌水（bleeding of water）和离析有关。

3）塑性混凝土混合料应该具有抵抗土压力和侵蚀的足够强度。

4）塑性混凝土混合料应该具有足够的韧性，以适应后续施工和结构荷载产生的变形和应力。

塑性混凝土的技术要求通常如下（O'Brien，et al.，2009）。

1）养护 28d 的无侧限抗压强度（如 2.0～4.0MPa）。

2）不均匀应力和不均匀变形下不产生开裂的塑性应力-应变特性（如在最大抗压强度下的轴向应变大于 0.6%）。

3）低渗透性（如 $<1.0\times10^{-7}$ cm/s）。

4）通过改变骨料的比例、最大骨料粒径、骨料体积、水灰比、膨润土用量和胶粘剂来分批进行不同的混合试验。最终的混合料配比将取决于性能标准、现场条件和可用的材料。

在现场施工正式开始之前，还将进行现场试验以确认以下内容（O'Brien，et al.，2009）。

1）符合设计要求的混合料的最有效配料生产程序。

2）所选定的混合料的试验配比可以在现场条件下生产。

3）使用由试验确定的配比进行现场混合与在试验室配制的材料具有相似的特性。

4）新拌塑性混凝土的性质要能够适用于使用导管方法进行板块式分段浇筑的施工工艺。

5）每辆搅拌车都应该把混合料彻底搅拌均匀，没有任何结块。

生产的塑性混凝土混合料应该具有足够的和易性，使得其在放置 10h 以内还能够浇筑。在现场试验中，需要关注的主要问题是生产出来的塑性混凝土混合料的均匀性。在一些现场试验中会发生从搅拌车的起始到末端出来的混凝土搅拌不均匀，以及搅拌车中倒出的最后的混凝土通常混合不良的情况，因此配料程序需要多次修改和试验，以确保程序合适和混合均匀。

1. 导墙的功能和建造

导墙是沿着沟槽走向建造在沟槽两侧顶端的两道平行钢筋混凝土梁。导墙的功能是控制沟槽走向和提供沟槽水准面，使开挖可以在导墙的水准面下进行，并为重型设备提供稳定的基础，并为施工机械在靠近泥浆沟槽的边缘进行作业提供条件。导墙也可以为放置于连续沟槽或板块沟槽中的封端管（stop-end pipe）或封端挡板的定位提供支撑。位于沟槽开挖面与地面相交处的导墙为泥浆沟槽的侧壁提供支撑，并且可以避免过度开挖。处于泥浆沟槽与地标面相交处的钢筋混凝土导墙可以减少在挖掘期间意外进入沟槽的弃土量。导墙间距应该等于塑性混凝土防渗墙的宽度，应在墙的每一侧加上 50mm 的额外间隙，以便挖掘设备的挖斗进入。导墙的基座应该建造在坚固、压实的材料上，截面的典型尺寸为30cm 宽和 90cm 高（Bruce et al.，2006；BOR，2014）。

2. 沟槽开挖

塑性混凝土防渗墙一般采用板块分段的形式建造，板块段的两端应该是垂直截面。通常，采用主、次板块的程序进行施工。在特殊情况下，塑性混凝土防渗墙也可以使用连续开挖沟槽的形式来建造，但这不是优先推荐的方法，主要是由于混凝土浇筑之间的连续性问题。在这样的情况下，混凝土的连续浇筑是很重要的，连续浇筑就意味着必须始终保证在先前浇筑的混凝土固结之前把新的混凝土浇筑在其上面。否则，在新老混凝土的接合处可能会产生缺陷。对于板块施工方法，蛤壳式挖掘机或碎石机相对于挖斗式挖掘机或牵引式挖掘机是更适用的开挖设备，挖斗式挖掘机和牵引式挖掘机都存在开挖深度的限制，并且不能产生干净的垂直接缝，这是塑性混凝土防渗墙的一个关键因素，因为板块之间的不良连接会引起不容忽视的集中渗漏。

3. 板块接缝

塑性混凝土防渗墙通常采用主板块和次板块的交替分段施工顺序进行建造。在挖掘次板块沟槽时，相邻主板块的塑性混凝土表面会形成一层膨润土泥饼，需要在浇筑次板块的混凝土之前对其进行清洗，以确保塑性混凝土防渗墙的连续性。

在板块沟槽开挖完成后，用更黏稠的膨润土浆料替代沟槽内的膨润土浆料。

在主板块端面的清洗工作完成以后，使用沟槽开挖机械清理掉入次板块沟槽底部的任何松散材料，随后向次板块沟槽中浇筑塑性混凝土，以替代沟槽中的膨润土泥浆。然后，就完成了次板块的混凝土浇筑工作。

相邻板块之间的连接也可以使用封端管或通过使用井下挖掘设备清除相邻的主板块端部的混凝土来实现。在浇筑主板块的混凝土之前，先把封端管插在主板块沟槽的两端位置。在主板块混凝土已经达到足够的强度可以保持封端管的形状，并且不会因为封端管的移除产生的空隙而导致混凝土塌陷时，通常先旋转封端管，使得封端管脱离与混凝土的黏结，然后将封端管从主板块端部处拔出，在主板块的端部留下一个混凝土面，以备浇筑邻近的次板块。在开挖次板块沟槽时，将暴露出主板块混凝土的端部形成一个和封端管一样大小的半圆形槽面，以供浇筑混凝土。在一些情况下，开挖机能够在次板块沟槽的任何一端将连接部分挖掘到相邻的主板块混凝土中。另外，在一些工程项目中，在主板块浇筑时，使用染色混凝土可以更加容易辨别和确认次板块沟槽的开挖是否已经嵌入到主板块的混凝土中，以便形成主次板块之间完好的连接。

构成相邻板块之间连接的另一种施工方法是使用井下挖掘设备（downhole excavating equipment）。在次板块沟槽开挖时，使用井下挖掘设备，从主板块的两端去除 15～20cm 的混凝土，暴露出次板块沟槽两端主板块的混凝土端部表面。两个板块之间的接缝是通过混凝土从次板块流向主板块来完成的。连接处的膨润土和连接处附近被膨润土泥浆浸渍形成的低渗透性使得这些连接处很少会出现明显的渗漏。使用岩石碾磨机时配置底部旋转切割机具可以使其切入相邻板块。由此产生的新的、干净的混凝土表面可以与浇筑在次板块内的混凝土结合形成紧密的接缝（BOR，2014）。

4. 混凝土配比

对于建造在堤坝内的塑性混凝土防渗墙项目，防渗墙的主要期望性质是有非常低的渗透性。虽然墙体混凝土的强度可能是次要的设计性质，但是将防渗墙墙体也作为堤坝内的结构单元来处理时，墙体的强度可能仍然很重要。此外，配制的塑性混凝土材料的柔性和抗开裂性也可能是需要考虑的重要的设计性质。

塑性混凝土是传统混凝土的一种变体，除了砾石、砂、水泥和水这些通常的混凝土混合材料之外，还包含膨润土作为部分水泥的替代物。由于预期的沉降或挠曲变形需要材料具有更大的柔性（抵抗破坏的应变），而强度可能不是首要的设计特性。塑性混凝土通常被认为是含膨润土的混凝土，其极限无侧限抗压强度小于 10MPa。由于强度降低和具有更大的柔性，塑性混凝土的模量比传统混凝土要低得多。

当考虑使用塑性混凝土建造防渗墙时，应完成周密的试验室测试计划，评估各种混合配比设计方案，以优化防渗墙所期望的特性。在考虑一种塑性混凝土的混合配比时，通常使用以下参数：①水泥含量；②膨润土含量；③水灰比；④粗细骨料比。

水泥含量，定义为每单位体积塑性混凝土中的水泥和膨润土的总重量。根据所需的塑性混凝土性质，该参数可以有很大的变化。该含量中还包括了火山灰替代物，如粉煤灰或高炉炉渣。膨润土含量，指的是膨润土在水泥含量（包括火山灰替代材料）中的重量百分比。

5. 混凝土浇筑

塑性混凝土通常在现场的配料车间进行混合，并通过搅拌混合车辆运输到防渗墙施工工地。通过计量的水泥、骨料和水，首先在混凝土配料车间中配料和混合，然后将其放入搅拌混合车辆中与定量的膨润土浆料混合。膨润土浆料应在生产塑性混凝土混合料之前，至少经过24h的水化。当膨润土尚未完全水化时，向干燥水泥和膨润土中直接加水会出现问题，因为膨润土会继续在水中水化，这将显著地降低混合料的坍落度，使其在下料管与板块中不具备适当的流动特性。在配料期间，需要测量配料车间骨料的含水量，然后通过考虑骨料和水化的膨润土浆料中已有的水量来决定是否需要在混合料中再加入额外的水。

防渗墙的塑性混凝土通常使用导管法进行浇筑，混凝土通过一根导管进行浇筑，并通过自身重力置换沟槽中的膨润土浆料。沟槽中的膨润土浆料能否被完全置换主要取决于回填的塑性混凝土混合料和沟槽中的膨润土浆料的密度差。在进行导管浇筑时，还必须设置用于收集被置换出来的膨润土浆料的程序。

4.3.12.3　其他施工考虑事项

在塑性混凝土防渗墙施工中需要注意的其他事项包括板块的厚度、长度和施工次序，保持墙体的垂直度与完整性，以及板块或沟槽内膨润土泥浆的流失。

1. 板块厚度、长度和施工次序

塑性混凝土防渗墙墙体板块的厚度主要取决于施工设备的类型、混凝土浇筑设备的限制和防渗墙厚度可以允许的误差范围。薄壁防渗墙需要更严格的允许误差和现场监测方法来实现和验证混凝土连接的连续性，而不会发生不良接缝。如果在薄壁防渗墙内发生回填混凝土的拱效应，则应该特别关注由于弯曲变形引起的拉伸应力和应变而导致的材料开裂。

塑性混凝土防渗墙墙体每个板块的长度主要取决于沟槽的稳定性、混凝土浇筑要求和用于挖掘沟槽的施工设备。通常，较长的板块可以减少所需的垂直接缝的数量，这是一个优点，因为这些接缝可能会造成墙体的不连续性。实际最大的板块长度为9m，这时可以使用两个混凝土浇筑导管。

在板块开挖施工时，首先开挖的主板块沟槽一般选择可能的最大开挖长度，而两个主板块之间的间距（即次板块的长度）大约等于随后可以通过现有的开挖设备一次就能完成挖掘的长度。然后，先在主板块内浇筑混凝土，在经过足够的凝结时间以后，开挖位于两个主板块之间的次板块沟槽，并将混凝土注入其中。次板块的长度通常为1.2~2.4m。

2. 墙体垂直度与完整性

浇筑的各个防渗墙板块存在偏差，可能在防渗墙墙体中留下缺陷，因此，必须仔细控制每个板块的垂直度，以满足相邻板块之间所需要的重叠。

在沟槽切割机挖掘板块沟槽期间，垂直度由挖掘设备内置的电子倾斜仪控制，该电子倾斜仪可以测量沟槽切割机在两个方向上的垂直偏差。测量的偏差数据连续地显示在安装在驾驶室内的计算机监视器上，从而可以操控切割机，以修正在开挖中任何垂向的偏移。在开挖完成后，可以使用Koden测量装置来验证每个板块的垂直度。这是一种悬挂在缆索上的可以下降到沟槽中的具有超声波探头的超声波测量装置。该装置能够测量板块在两个方向上的垂直度。通常允许的施工误差为板块高度的1.0%。

3. 沟槽内膨润土泥浆的流失

在板块沟槽开挖过程中，使用膨润土和水混合的悬浮液稳定敞开的沟槽侧壁。这种膨润土和水混合的悬浮液在沟槽内的快速流失可以导致板块沟槽塌陷，并可能影响防渗墙的完整性。导致膨润土泥浆在沟槽内快速流失的因素可能有沟槽内存在高渗透性区域，以及地基土层中有缺陷。

为了管理膨润土泥浆，在开采期间应连续地监测板块沟槽内膨润土泥浆的液面，并及时向沟槽内补充膨润土泥浆，使之维持液面高程。如果检测到沟槽内膨润土泥浆流失量为0.3~2m/h，则应该增加沟槽内膨润土泥浆的黏度。

大规模或快速的泥浆流失，无论是在单个板块内还是在连续沟槽内，均需引起足够重视，并且应当立即采取措施，以稳定板块或沟槽，并立即向板块沟槽内填充粒状材料、膨润土泥浆、砂子或在开挖沟槽时获得的土石料，必须保持板块沟槽的稳定，并且必须在继续开挖之前确定泥浆流失源。

参考文献

［1］ 刘国彬，王卫东. 基坑工程手册（第二版）［M］. 北京：中国建筑工业出版社，2009.

［2］ Bryson L S. Evaluation of the load on shield tunnel lining in gravel ［J］. Tunneling and Underground Space Technology，2002，18（23）：200-240.

［3］ Finno R J，Bryson L S. Response of Building Adjacent to Stiff Excavation Support System Soft Clay J. Perf. Constr. Fac，2002，16（1）：10-20.

［4］ Finno R，Bryson S，Calvello M. Performance of a Stiff Support System in Soft Clay ［J］. Geotech. and Geoenvir，2002，128（8）：660-671.

［5］ Brunner W G（Bauer Maschinen Gmb H）. Specialist foundation construction techniques usedin the reconstruction of the University "Bibliotheca Albertina"［J］. Germany Geotechnical Special Publication，2003，120（2）：248-256.

［6］ Cervia A R D. Construction of the deep cut-off at the Walter F. George dam ［C］. Proceedings of Sessions of the Geosupport Conference：Innovation and Cooperation in Geo，2004.

［7］ Anderson T C. Secant piles support access shafts for tunnel crossing in difficult geologic conditions ［C］. Geotechnical Special Publication，n124. Geosupport 2004：Drilled Shafts，Micropiling，Deep Mixing，Remedial Methods，and Specialty Foundation Systems，Proceedings of Sessions of the Geosupport Conference：Innovation and Cooperation in Geo，2004，299-308.

［8］ Tony S. Conflicting requirement for firm pile concrete in secant pile walls ［J］. Concrete（London），2005，39（6）：26-27.

［9］ 王建山. 钻孔咬合桩在深圳地铁一期工程中的应用门 ［J］. 建井技术，2001，22（2）：37-39.

［10］ 张中安. 钻孔咬合桩在深圳地铁会～购区间施工中的应用 ［J］. 西部探矿工程，2003，15（2）：133-134.

［11］ 胡世山，朱川鄂，石教豪. 钻孔咬合桩在天津地铁3号线华苑站中的应用 ［J］. 土工基础，2005，19（5）：35-38.

［12］ 周裕倩，陈昌祺. 钻孔咬合桩在上海地铁车站围护结构设计中的应用 ［J］. 地下工程与隧道，

2006. 3. (3)：36-38.

[13]　沈明初，王勇. 钻孔咬合桩施工工艺及常见问题处理 [J]. 建筑技术开发，2008，35（10）：68-72.

[14]　周海娜. 钢筋混凝土钻孔咬合桩的施工实践及方法介绍 [J]. 特种结构，2013，30（1）：119-123.

[15]　王宁伟，韩旭，朱峰. 沿江软土地区深基坑工程实例研究 [J]. 岩土工程技术，2014，28（3）：148-151.

[16]　陈清志. 深圳地铁工程钻孔咬合桩超缓凝混凝土的配置与应用 [J]. 混凝土与水泥制品，2002，2：21-23.

[17]　戴嘉明，方成，杜朝辉. 超缓凝混凝土在咬合桩中的应用 [J]. 安徽建筑工业学院学报，2009，17（2）：21-24.

[18]　杨龙才，周顺华. 南京某地铁深基坑围护结构方案的比选研究 [J]. 地下空间与工程学报，2006，2（3）：453-458.

[19]　周顺华，郑剑升，何泽刚，等. 冲淤沉积层中新型咬合桩工法及应用 [J]. 中国铁道科学，2006，27（4）：57-60.

[20]　廖少明，周学领. 咬合桩支护结构的抗弯承载特性研究 [J]. 岩土工程学报，2008，30（1）：72-78.

[21]　陈斌，施斌，林梅. 南京地铁软土地层咬合桩围护结构的技术研究 [J]. 岩土工程学报，2005，27（3）：354-357.

[22]　周学岭，廖少明，宋博，等. 软土地层咬合桩成桩施工引起的邻近建筑物沉降分析 [J]. 岩土工程学报，2006，（28）（增刊）.

[23]　贾洪斌. 钻孔咬合桩的受力机理及在软土地层中的应用 [J]. 山西建筑，2007，33（4）：110、111.

[24]　杨虹卫，杨新伟. 钻孔咬合桩的配筋计算方法 [J] 地下空间与工程学报，2008，4（3）：402-405.

[25]　郭杰. 钻孔咬合桩围护结构设计要点及设计优化研究 [J]. 铁道建筑，2009，6：80-83.

[26]　何世鸣，等. 长螺旋旋喷搅拌帷幕桩技术及其应用 [J]. 探矿工程（岩土钻掘工程），2008，（6）.

[27]　何世鸣，等. 长螺旋旋喷搅拌帷幕桩技术在凯迪克大酒店改造工程中的应用 [J]. 岩土工程界，2008，（7）.

[28]　钱学德，朱伟，徐浩青. 填埋场和污染场地防污屏障设计和施工（上册）[M]. 北京：科学出版社，2017.

[29]　钱学德，朱伟，徐浩青. 填埋场和污染场地防污屏障设计和施工（下册）[M]. 北京：科学出版社，2017.

[30]　张永成. 注浆技术 [M]. 北京：煤炭工业出版社，2012.

[31]　徐至钧. 高压喷射注浆法处理地基 [M]. 北京：机械工业出版社，2004.

[32]　钱征，张清航. 深基坑开挖的降水问题 [C]. 基坑开挖中的岩土工程问题学术讨论会论文集，1992.

[33]　陈幼雄. 井点降水设计与施工 [M]. 上海：上海科学普及出版社，2004.

[34]　丛蔼森. 地下连续墙的设计施工与应用 [M]. 北京：中国水利水电出版社，2001.

[35]　姚天强，石振华. 基坑降水手册 [M]. 北京：中国建筑工业出版社，2006.

[36]　陈幼雄. 井点降水设计与施工 [M]. 上海：上海科学普及出版社，2004.

[37]　花仁荣，常士骠. 基坑降水综述 [C]. 第四届全国岩土工程实录交流会岩土工程实录集，1997.

[38]　吴林高，等. 工程降水设计施工与基坑渗流理论 [M]. 北京：人民交通出版社，2003.

[39] 吴林高，等. 基坑工程降水案例 [M]. 北京：人民交通出版社，2009.

[40] 刘翔鹗，刘尚奇. 国外水平井应用论文集 [M]. 北京：石油工业出版社，2001.

[41] 沈振荣，江林，等. 节水新概念——真实节水的研究与应用 [M]. 北京：中国水利水电出版社，2000.

[42] 霍镜，朱进，胡正亮，等. 双轮铣深层搅拌水泥土地下连续墙（CSM 工法）应用探讨 [J]. 岩土工程学报，2012，S1：666-670.

[43] 杨文华，李江. 确保 CSM 工法施工质量的措施 [J]. 探矿工程（岩土钻掘工程），2014，41（6）：63-66.

[44] 王卫东. 超深等厚度水泥土搅拌墙技术与工程应用实例 [M]. 北京：中国建筑工业出版社，2017.

[45] 龚晓南. 地基处理手册（第三版）[M]. 北京：中国建筑工业出版社，2008.

[46] 上海城地建设股份有限公司. 五轴水泥土搅拌桩（墙）技术标准 DG/TJ 08—2277—2018 [S]. 上海：同济大学出版社，2010.

[47] 陈湘生. 地层冻结法 [M]. 北京：人民交通出版社，2013.

[48] 马芹永. 人工冻结法的理论与施工技术 [M]. 北京：人民交通出版社，2007.

[49] 杨平，张婷. 城市地下工程人工冻结法理论与实践 [M]. 北京：科学出版社，2015.

[50] 陈海兵，梁发云，何招智. 咬合桩在临近高填土基坑中的工程应用与实测分析 [J]. 土木建筑与环境工程，2014. 6，36（3）：1-5.

5 隧道工程地下水控制

李术才，杨磊，刘人太

（山东大学岩土与结构工程研究中心，山东 济南 250061）

伴随国民经济的快速增长与"交通强国""一带一路"等国家倡议的实施，我国隧道工程蓬勃发展，其建设规模与建设速度持续攀升。截至 2019 年底，我国铁路隧道运营里程达 18041km，在建里程 6419km，规划里程 16326km[1]；公路隧道运营里程达 18967km（交通运输部统计数据），且每年新增 1000km 以上；轨道交通隧道运营里程达 4367km，在建和规划的地下线路约 11317km[2]。此外，我国还规划或论证了许多举世瞩目的伟大工程，包括川藏铁路雅安—林芝段隧道群、渤海湾海底隧道等。

由于我国幅员辽阔、地质条件复杂多变，大量隧道工程在建设过程中均面临地下水控制的难题。特别是在西部山区和岩溶地区修建的一批隧道工程具有强富水、高水压、高地应力、强岩溶、围岩软弱等显著特点，由地下水所导致的突水突泥、塌方等重大地质灾害及渗漏水病害频繁发生，严重威胁隧道施工与长期运营安全，情况严重的甚至会诱发地表塌陷、水资源枯竭等一系列环境地质灾害[3,4]，地下水灾害的有效控制已成为保障隧道工程长远发展的迫切需求。本章首先简要介绍隧道工程地下水危害、突涌水灾害及常用的地下水控制方法，其次以破坏性最强的突涌水灾害为重点，总结了相关的注浆治理理论与全寿命周期设计方法，阐述了突涌水灾害治理材料与关键技术，并针对典型的突涌水灾害控制案例进行了介绍，以期为隧道工程地下水灾害防控提供借鉴与参考。

5.1 隧道工程地下水灾害与控制方法概述

5.1.1 隧道工程地下水灾害

1. 地下水及其危害

地下水广泛分布于隧道围岩的空隙结构中，如孔隙、裂隙、溶洞、岩溶管道等。围岩介质的空隙结构特征直接影响地下水的赋存模式与运移规律。根据含水地层的空隙特征，地下水分为孔隙水、裂隙水和岩溶水三种基本类型。其中，孔隙水主要赋存于第四系和少数第三系松散沉积物的孔隙之中，通常呈层状分布，具有层内水力联系好、水量均匀、地下水位统一的特点；裂隙水分布于第四系覆盖层下方的基岩裂隙内，其富集性和运移特征与裂隙发育程度及物理力学性质（方向性、延展性、开度、连通性等）密切相关，通常呈现出明显的不均匀性和各向异性；岩溶水赋存于溶洞溶腔、岩溶管道、岩溶裂隙、地下暗河等各种岩溶构造中，受岩溶发育形态与分布特征的影响，岩溶水水量随位置变化显著，在水力联系方面也表现出较强的各向异性[5]。在我国华南、西南等岩溶强发育区，地下水受大气降水和地表水的补给充沛，岩溶水一般具有水量大、流速快、压力高、致灾性强的特点，在隧道建设中应予以高度重视。

地下水的存在对隧道工程的建设与运营产生诸多不利影响，若处治不当，极易诱发重大地质灾害和工程事故。在隧道建设过程中，当开挖揭露富水断层、岩溶管道等含导水构造时，大量地下水以及与之联系密切的地表水快速侵入隧道内部空间形成突涌水灾害，或携带围岩中的泥砂颗粒形成突泥涌砂灾害，危及施工人员及设备安全，甚至造成工程停工或改线，如图 5.1-1 和图 5.1-2 所示。此外，地下水对隧道软弱围岩具有润滑、孔隙水压力、溶蚀、潜蚀等多种作用[6]，在较大程度上弱化了围岩的力学性能，降低了围岩承载力与整体稳定性，在开挖过程中容易发生大变形、塌方等灾害事故，从而增大了隧道的支护难度。当隧道围岩具有膨胀性和湿陷性时，地下水对隧道施工的威胁更为严重。

图 5.1-1　施工期隧道突涌水灾害

图 5.1-2　施工期隧道突泥灾害

对于运营期隧道来说，如图 5.1-3、图 5.1-4 所示，地下水灾害主要体现在以下方面[7-9]：①地下水压力长期作用于隧道初支及二衬结构上，水压较大时会导致支护结构变形、破裂甚至混凝土脱落坍塌；②地下水通过衬砌结构施工缝、变形缝以及混凝土裂缝渗入隧道内部，形成不同程度的渗漏水病害甚至突涌水灾害，长期渗漏水又进一步导致衬砌混凝土侵蚀风化以及洞内通风、照明等设施的锈蚀破坏；③对于松散软弱地层，地下水的长期潜蚀冲刷会逐步掏空围岩，导致结构受力不均而发生衬砌变形、边墙开裂以及仰拱下沉等多种病害；④在严寒地区的隧道渗漏水会在拱顶、边墙和路面结冰而形成冰害，影响

图 5.1-3　运营期隧道结构破坏

图 5.1-4　运营期隧道渗漏水

行车安全，同时地下水的冻胀作用会对衬砌混凝土造成进一步的损伤破坏；⑤隧道长期排放地下水会导致区域水土流失，造成地下和地表水位下降、地面塌陷、建筑地基沉降等一系列次生灾害。

2. 隧道突涌水灾害及类型

隧道工程中的地下水灾害具有多样性和持续性，灾变影响范围涵盖隧道围岩、支护结构甚至周边地质环境，灾变时间涵盖建设期和运营期。在众多地下水灾害形式中，突涌水灾害是对隧道工程威胁最大、破坏性最强的地质灾害之一。

隧道突涌水灾害是指在施工扰动条件下致灾构造、地下水动力系统以及围岩平衡状态发生急剧变化，大量水体或泥水混合物沿节理、裂隙等结构面或断层、岩溶管道等不良地质构造瞬时涌入隧道内的一种动力破坏现象，其灾变机理复杂，致灾因素众多，呈现出很强的隐蔽性、突发性和致灾性[4,10]。随着我国隧道工程建设速度与规模的迅速提升，工程建设所面临的地质环境日趋复杂，突涌水灾害的发生频率有逐年增大的趋势，对隧道工程的危害也日益严重。据不完全统计，突涌水及其诱发的地质灾害占隧道工程重大安全事故总数的 77.3%[11]。近年来，在我国隧道工程建设中发生的典型突涌水灾害如表 5.1 所示[12-15]。通常来说，隧道突涌水灾害的后果极为严重，往往导致人员伤亡、施工设备损毁、结构破坏、隧道被淹、工期延误以及一系列环境地质灾害，甚至影响社会稳定。

典型的隧道突涌水灾害案例[12-15]　　　　　　　　　　表 5.1-1

工程名称	隧道名称	灾害事故情况
宜万铁路	野三关隧道	2007 年 8 月 5 日发生大型突水突泥灾害,瞬间涌水量达 15 万 m³/h,涌出泥砂及块石 5.4 万 m³,堆满隧道 400m,致 10 人死亡
宜巴高速	峡口隧道	2011 年 12 月 5 日隧道掌子面突水突泥,突泥量约 4500m³,导致隧道被淹,初支破裂,施工严重受阻
吉莲高速	永莲隧道	2012 年 7 月~10 月发生突水突泥 15 次,总量达 7.32 万 m³,导致山顶大规模地表塌陷,塌陷面积达 1300m²
岑水高速	均昌隧道	2013 年 9 月~2015 年 10 月发生大规模突水突泥 4 次,最大涌水量约为 1200m³/h,最大突泥量约 2900m³,造成初支破裂、地表沉陷、房屋受损等
龙永高速	大坝隧道	2013 年 12 月~2014 年 5 月发生多次大规模突涌水灾害,最大涌水量 14000m³/h,造成掌子面坍塌,初支破坏
利万高速	齐岳山隧道	2014 年发生多次涌水灾害,最大涌水量 8.7 万 m³/d,导致隧道被淹,被迫停工近 10 次
广大铁路	祥云隧道	2016 年 9 月 30 日发生突水突泥灾害,涌水量约 850m³/h,造成设备损坏,泥砂及孤石堆积

突涌水灾害形式多样、危害程度各异，对灾害类型进行划分是开展针对性治理工作的基本前提。文献 [16] 对突涌水灾害类型进行了较为系统的研究与总结。按照突涌水的水量大小，突涌水灾害分为突水型、涌-突水过渡型、涌水型、渗水型四个等级，其特点及危害如表 5.1-2 所示。按照突涌水方式的差别，突涌水灾害又可分为瞬时型、稳定型和季节型三类，其中瞬时型为隧道开挖揭露大型含导水构造时突然发生的高压、大流量突涌水，稳定型指灾害前后水量较为稳定、无明显变化的突涌水灾害，而季节型突涌水灾害的水量随季节变化明显（在丰水期地下水补给充分时发生灾害，枯水期则灾害风险大幅下降）。

按水量划分的突涌水灾害类型[16]　　　　　　　　　　　表 5.1-2

类型	水量 $Q(\mathrm{m^3/h})$	突涌水特点及影响
突水型	>10000	水量大、水压高（>0.5MPa）、持续时间长、突发性强，对施工人员、设备安全构成严重威胁
涌-突水过渡型	1000~10000	水量中等并较快稳定、水压<0.5MPa，影响施工安全
涌水型	100~1000	水量、水压较小，对正常施工有一定影响
渗水型	10~100	水量小、水压低、流动缓慢，顺坡施工满足排水要求

含导水通道是导致突涌水灾害的必要条件，也是灾害控制的关键因素。含导水通道的类型在很大程度上控制着灾害源水体及泥水混合物的运移方式与致灾模式。根据含导水通道的特点，突涌水灾害又可分为节理裂隙型、富水断层破碎带型、岩溶管道型、充水溶洞型等常见类型[16]。

（1）节理裂隙型突涌水灾害

隧道工程围岩内存在大量节理、裂隙等原生结构面，此外隧道爆破施工与开挖卸荷也将导致新生裂隙的萌生扩展。这些原生与新生结构面为地下水提供了储存空间和运移通道。当施工揭露含导水节理、裂隙时，通常会发生突涌水灾害。节理、裂隙的发育程度、分布特征、充填状态、连通性对突涌水灾害具有至关重要的影响。一般来说，在地下水补给充分的区域，构造裂隙与岩溶裂隙的致灾性较强，如图 5.1-5 和图 5.1-6 所示。构造裂隙通常与大型地质构造（褶皱、断层等）相互伴生，裂隙发育较为充分，其富水性与连通性较好，地下水补给和运移通畅。岩溶裂隙是原生裂隙经地下水长期溶蚀作用而形成的，其张开度更大、导水能力更强，且经常以岩溶裂隙网络形式存在，经常造成突涌水灾害。例如，利万高速公路（利川—万州）齐岳山隧道穿越岩溶裂隙发育区，施工期发生多次溶蚀裂隙型涌水灾害，涌水量大且持续时间长，导致施工严重受阻[12]。

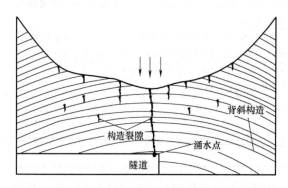　　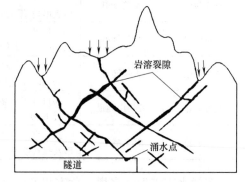

图 5.1-5　背斜区域的构造裂隙及隧道突涌水　　　图 5.1-6　岩溶裂隙及隧道突涌水

节理裂隙型突涌水模式与节理、裂隙的发育程度及空间分布密切相关，常表现为多个股状或线状涌水，在空间上具有非均匀性，涌水量呈非线性变化规律。节理裂隙型突涌水具有发生次数多、持续时间长、影响范围广的特点，含导水裂隙的空间形态探查与补给水源的确定成为该类灾害治理的关键。

（2）富水断层破碎带型突涌水灾害

受构造运动影响，断层附近较大范围内岩体破碎、裂隙密集，形成在宽度和深度方向延伸数十米至数千米的强烈破碎段。由于断层两盘的透水性相对较弱，断层破碎带成为地下水富集的主要区域，并且具有储水空间大、汇水面积广、渗透性强的特点，极易诱发大型突涌水灾害，成为影响隧道安全施工的关键因素之一，如图 5.1-7 所示。

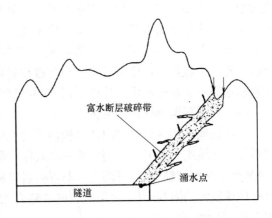

图 5.1-7　富水断层破碎带型突涌水

断层的受力状态、地层岩性、充填特征等因素均对其含导水性产生重要影响[16]。一般来说，张性断层破碎带结构松散，含导水能力强，而压性和扭性断层内多充填糜棱岩和断层泥，结构相对致密，因此张性断层破碎带的致灾性要超过压性和扭性断层。此外，富水断层破碎带的突涌水模式也与充填介质特性直接相关。若充填介质胶结性差、透水性强，隧道开挖揭露时将瞬间爆发突涌水灾害。当充填介质胶结性较好时，在地下水的长期潜蚀冲刷作用下也会导致充填介质渗透失稳，进而诱发滞后型突涌水灾害。

富水断层破碎带型突涌水灾害的灾变过程极为复杂[16]：首先，突涌水过程中水量变化通常呈现出"递增—峰值—衰减—稳定"的非线性变化规律；其次，由于断层内存在的泥砂、碎石等充填介质，可能诱发突泥、突石灾害，导致隧道塌方、冒顶；最后，滞后型突涌水灾害与围岩渗透劣化、断层活化及水力裂纹扩展的程度有关，难以预测灾变时机。总体来说，富水断层破碎带型突涌水灾害规模大、破坏性强，对隧道安全建设构成严重威胁。例如，吉莲（吉安—莲花）高速公路永莲隧道[12] 穿越富水断层破碎带（以断层泥和断层角砾为主），施工期内发生 15 次重大突水突泥灾害，导致工期延误、地表大面积塌陷等一系列问题。

（3）岩溶管道型突涌水灾害

岩溶地质在我国大面积分布，可溶岩地层总面积达 344.4 万 km² （约占国土面积的 1/3），主要分布在华南、西南等地区[17]。可溶岩在地下水的溶蚀作用下，形成了不同类型的岩溶构造。其中，岩溶管道是隧道施工时经常遭遇的一种致灾性构造，其延伸性和连通性强，经常相互交叉形成一定范围的岩溶管道网络，且与地下及地表水系联系密切。当岩溶管道被揭露时，易发生大型突涌水灾害（或突水突泥灾害），如图 5.1-8 所示。

岩溶管道突涌水灾害具有流量大、压力高、持续性强的特点：一方面，岩溶管道所在含水层具有丰富的地下水储量以及充足的补给水源，揭露初期的水量较大且持续较长时间；另一方面，当含水层埋深较大时地下水处于承压状态，使得突涌水

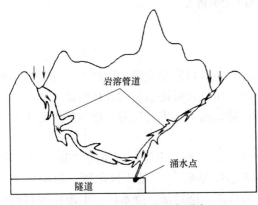

图 5.1-8　岩溶管道型突涌水

流速快、压力高。对于充填型岩溶管道，突涌水灾害前期伴随泥砂涌出，后期转为涌水灾害；对于无充填的岩溶管道，一般以突涌水为主。岩溶管道型突涌水是隧道工程中经常发生的主要地下水灾害类型，严重影响施工安全，甚至会破坏周边生态环境[3]。例如，宜万铁路野三关隧道[18]施工时遭遇与溶腔相连的大型岩溶管道，进而诱发突水突泥灾害，导致隧道洞室大规模崩塌，造成了巨大的经济损失和人员伤亡。

（4）充水溶洞型突涌水灾害

溶洞是地下水对可溶岩内的结构面进行充分溶蚀而形成的较大空洞，其形态各异，规模不等，充填类型多样[19]。溶洞一般赋存于厚度较大的灰岩地层中，此外在地质构造（交叉断层及褶皱轴部）、可溶岩与非可溶岩接触带、地下水活动强烈带等区域，也通常发育有规模较大的溶洞[15]。大型溶洞内常储有大量地下水，导致突涌水灾害风险极高，如图 5.1-9 所示。

充水溶洞型突涌水的灾害程度与溶洞规模、储存水量（包括静水量和补给水量）以及充填介质有关。当施工揭露孤立的充水溶洞时，灾害初期的涌水量极大、破坏性极强，但随着储存水体的释放，涌水量快速衰减；若充水溶洞通过岩溶管道、宽大溶隙与地表水或暗河水力连通，将发生严重的持续性突涌水灾害，控制难度极大。此外，对于富含泥砂的充填型溶洞，还会诱发突水突泥灾害。一般来说，充水溶洞型突涌水灾害的突发性强、灾害规模大，灾害后果严重。例如，龙永高速大坝隧道[15]在开挖过程中揭露多处大型溶洞，地表水与地下水沿溶洞等水力通道迅速涌入隧道内部，造成大规模突涌水灾害。

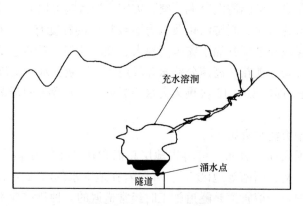

图 5.1-9　充水溶洞型突涌水

5.1.2　隧道工程地下水控制方法

在隧道工程中，地下水几乎无处不在，其危害也难以完全避免。因此，在建设过程中应充分考虑地下水对隧道围岩、支护结构的不利作用以及可能引发的各种地质灾害与环境问题，采取合理的地下水控制方法与处理措施，降低地下水灾害风险，提升隧道施工与长期运营的安全性[20]。

《地下工程防水技术规范》GB 50108—2008 提出了地下水控制应遵循"防、排、截、堵相结合，刚柔相济，因地制宜，综合治理"的总体原则[21]。基于该原则，目前形成了多种隧道工程地下水控制方法，包括注浆法、引排法、冻结法、降水法、电渗法和衬砌结构防水等。由于不同方法在适用性上存在差异，工程中应结合地质条件、地下水灾害状况、工程结构特征以及设计使用要求，因地制宜地选取合理方法，以取得最优的控水效果和经济社会效益。

（1）注浆法

当隧道施工遭遇富水软弱围岩、断层破碎带、岩溶管道及宽大裂隙发育区等不良地质段时，发生大型突涌水灾害或大面积围岩坍塌的风险极高。在该情况下，工程上常采用注浆法对导水通道进行封堵，同时对软弱围岩进行系统加固，以提升其力学性能和抗渗性。注浆法是通过一定压力将具有胶结特性的浆液（如水泥浆液、水泥-水玻璃浆液等）注入目标地层中，浆液以充填、渗透、劈裂、挤密等方式扩散并替换地层空隙中的水分与空气，待浆液凝结硬化后形成强度高、抗渗性好的结石体，从而达到封堵涌水通道和加固围岩的目的[22]。在隧道突涌水灾害治理施工中，通常采用帷幕注浆的方式将地下水封堵在隧道开挖轮廓线一定范围之外。帷幕注浆又包含两种：其一为全断面帷幕注浆，即对注浆堵水加固圈（自开挖轮廓线向外扩大一定范围）以内的全部围岩进行系统的注浆堵水和加固；其二为周边帷幕注浆，即仅对开挖轮廓线与注浆堵水加固圈之间的环状围岩进行注浆处治。这两种方法均能在隧道开挖空间外形成具有一定厚度的阻水圈，避免或减少地下水侵入隧道内部，但全断面注浆涵盖了开挖轮廓线以内的围岩，可有效提升开挖安全性。

注浆法的操作流程如图 5.1-10 所示。在进行注浆之前，应充分分析地质条件（特别是含导水构造空间分布、地下水运移及补给情况等）和工程特点，制定合理的注浆方案，具体包括注浆范围、钻孔设计、材料选型、注浆工艺等。在注浆实施过程中，一般以注浆量、注浆速率和涌水量衰减值作为主要的注浆过程控制参数，以围岩变形值和注浆压力作为主要的安全控制参数[23]，同时根据钻孔揭露的地质信息以及注浆压力、速率等反馈信息，动态调整注浆方案，并密切观察和分析涌水量变化及围岩变形规律等，在保障注浆安全的前提下达到最优的涌水封堵效果。目前，注浆方法及相关技术工艺已较为成熟，具有施工效率高、治理效果好、对复杂隧道环境适用性强的特点，通过注浆能从根本上阻断水力补给通道，实现围岩系统加固，保障隧道建设与运营安全。

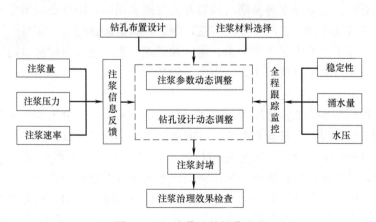

图 5.1-10　注浆法的操作流程

（2）冻结法

冻结法通过向预设冻结钻孔内注入低温盐水或液氮，使隧道附近地层中的水变为冰，临时把天然岩土变成冻土，形成强度高、封水性好的冻土帷幕，然后在冻土帷幕的保护下进行隧道施工，以达到阻隔地下水和固结地层的目的[24]。冻结法适用于含一定水量且流速及含盐量较小的松散地层，在城市隧道工程中有着广泛的应用，对重要地段与建筑物下隧道的地下水控制有一定优势[25]。冻结法是一种环保型的地下水灾害控制方法，基本不受支护范围和支护深度的限制，可人为控制冻结区区域形状及范围，在均匀加固地层的同时不对周边环境造成污染；但是，冷冻法实施的中短期效果好，解冻后围岩将恢复至未冻结状态，依然面临渗漏水及突涌水灾害风险。

（3）降水法

降水法是一种人工降低地下水位以控制地下水害的方法，常用的降水方法主要有轻型井点降水、喷射井点降水、电渗井点降水和管井降水井点降水等。在隧道工程中主要采用的降水方法有洞外深井降水和洞内轻型降水[26]。在洞外深井降水设计时，降水井通常布置在隧道两侧，可根据地下水实际情况动态调整；洞内轻型井点降水主要适用于不能实现地面降水或地面降水达不到开挖要求的情况，通过洞内降水实现局部区域的地下水控制。降水法在隧道工程中有许多成功案例。例如，兰渝铁路胡麻岭隧道[27]，在开挖过程中，由于地下水富集导致掌子面局部涌水涌砂，通过在地表布设超前降水井群后，有效降低了围岩含水率，显著降低了施工风险。

（4）引排法

引排法是通过引排水系统（盲沟、泄水管、中心排水沟、排水侧沟、泄水钻孔等）对地下水进行疏导，以削弱地下水对围岩和隧道结构的不利作用。隧道引排水主要分为重力排水、强制排水以及两者相结合的方法。其中，重力排水通过合理布设排水钻孔、排水坑道来实现，主要适用于土体孔隙或岩石裂隙尺度较大的地层；强制排水可通过井点、管井来辅助实现[10]。然而，重力排水可能因排水通道失效、地下水运移通道改变或补给突然增多而失败，强制排水可能因排水系统故障等原因而导致失效，因此要有针对性的失效控制预案[28]。引排法适用于地下水补给能力有限且排水对环境影响不大的地层，一般要避开雨期作业，防止降水的不断补给。此外，隧道引排水会改变地下水环境，特别是当地下水携带大量泥砂时，长期排水容易削弱围岩并诱发地表塌陷，因此必须根据实际情况进行动态控制。引排方法在隧道工程中应用广泛，例如，圆梁山隧道[29]穿越地层的富水性强且水压较高，在施工中发生了多次突水、涌砂和涌泥灾害，通过引排法对地下水进行控制后，降低了地下水对隧道结构的压力，为施工创造了条件。

（5）电渗法

电渗法是指根据水的电渗透原理，采用一系列低压直流正、负极及脉冲电荷，使水分子在电场作用下向负极方向移动并积聚，从而保护工程结构的方法。在隧道工程中多使用多脉冲智能电渗透系统（MPS）对隧道结构进行防渗、防潮和排水处理，一般将钛合金属丝布设在隧道结构内侧形成正极系统，将铜棒布设在隧道结构外侧形成负极系统，通过人工控制将隧道结构孔隙及裂隙中的水分子电离并排挤到隧道结构外侧的负电极处，可防止隧道外侧地下水的侵入，并能抵抗水头压力影响[30]。电渗法具有清洁环保、效率高的优点，可以有效解决因环境潮湿而造成的衬砌渗漏问题，并能防止混凝土和钢筋的劣化。例如，乌鞘岭公路隧道[31]采用了电渗法对隧道渗漏水病害进行了有效整治，保证了隧道结构的安全性。

（6）衬砌防水

隧道衬砌防水是指以衬砌为基本防水层，以其他防水材料为辅助防水层，将地下水隔离在二次衬砌之外，以保证隧道工程的正常使用[32]。目前隧道中多采用复合式衬砌结构进行防水。复合式衬砌结构是由初期支护、二次衬砌和防水层组成，防水层设置于初期支护与二次衬砌之间，可有效防止地下水的侵入[33]。防水层应具备良好的抗渗性、耐久性、韧性和耐腐蚀性，目前常用的隧道防水层材料有 PVC、ECB（乙烯-醋酸乙烯与沥青共聚物）、EVA（乙烯-醋酸乙烯共聚物）、LDPE（低密度聚乙烯膜）和 HDPE 等[34]。复合式衬砌可以对隧道结构形成一个整体的包围，技术可行且防水效果良好，但难以检测防水效果，如在施工和运营期间被破坏则很难进行修复。

5.2　隧道工程突涌水灾害注浆治理理论与设计方法

5.2.1　动水注浆理论

在隧道工程建设中经常遭遇高水压、大流量、高流速的突涌水灾害，对隧道工程建设构成严重威胁。大量工程实践表明，注浆是封堵导水通道、控制突涌水灾害的有效方法。一般情况下，地下水在节理、裂隙、岩溶管道等导水通道内处于流动状态，当开挖揭露含导水构造后，地下水流速会突然增大。因此，在突涌水注浆封堵过程中，应充分考虑浆液的动水扩散规律与封堵机制。

岩体中的真实裂隙通常具有复杂的几何形貌特征，为理论研究带来极大难度。现有理论成果大多是基于平板裂隙模型获得的，并假设浆液在运动过程中具有连续性、不可压缩性和各向同性。以往研究表明[22,35,36]，在平板裂隙动水条件下水泥基浆液的扩散呈现"U 形"和"非对称椭圆形"两种模式。

浆液的"U 形"扩散模型如图 5.2-1 所示。该情况下，水泥浆液主要沿地下水流场方向扩散，其扩散范围主要受扩散开度和逆水扩散距离两个参数影响，而扩散开度和逆水扩散距离又与注浆速率、动水流速有关[37]。浆液的扩散区域范围可通过公式（5.2-1）进行分析[22]。

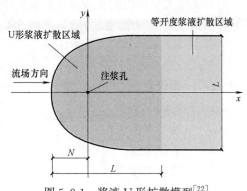

图 5.2-1　浆液 U 形扩散模型[22]

$$
\begin{cases}
y = \pm\dfrac{1}{2}\sqrt{L^2 - (x + N - L)^2} & (-N \leqslant x \leqslant L - N) \\[2mm]
y = \pm\dfrac{1}{2}L & (L - N \leqslant x \leqslant S)
\end{cases}
\tag{5.2-1}
$$

式中　L——扩散开度；

N——逆水扩散距离；

S——顺水扩散距离。

　　平板裂隙内水泥浆液的扩散具有分层分区规律。根据浆液的扩散流态，可将其扩散区域分为充填扩散区、过渡扩散区和分层扩散区[22]。充填扩散区是指注浆口附近流速较大，从而形成了一个较小的非沉积区，在其外围一定范围内浆液充填裂隙。过渡扩散区位于充填扩散区以外，随着扩散范围的增大，浆液由紊流向层流转化，逐渐出现析水分层现象。分层扩散区是指扩散最外层的浆液，浆液和水流上下分层。水泥浆液在扩散过程中，浆液逐渐析水沉积，最终形成充满裂隙空间的有效封堵区域。水泥浆液的堵水效果，主要取决于其沉积充填范围。当浆液局部沉积后，会形成一个阻碍裂隙水运移的障碍区，迫使流场发生改变，进而形成以沉积留核为中心的绕流区。当浆液沉积留核范围扩展到最大时，能够实现对裂隙动水的完全封堵。

　　浆水流量比 ζ [22] 为评价裂隙动水封堵效果的有效参数，其数值与裂隙宽度、动水流速、注浆速率有关，见公式（5.2-2）。当 ζ 在 [0.15，1.50] 范围内时，水泥浆液能够有效沉积，实现对裂隙动水封堵。

$$\zeta = \frac{q}{a v_0 \delta_0} \tag{5.2-2}$$

式中　a——裂隙展布宽度；

　　　v_0——裂隙水流速度；

　　　q——注浆速率；

　　　δ_0——裂隙宽度。

　　针对平板裂隙注浆的"非对称椭圆形"扩散模式，考虑边界条件的影响，主要有无限大平面内的浆液动水扩散和有限边界的浆液动水扩散两类模型[36]。

　　（1）无限大平面内的浆液动水扩散模型：将水和浆液的势函数与流函数进行叠加，经推导得到浆液扩散的渐近线方程，如图 5.2-2 和公式（5.2-3）所示。

$$\frac{y}{x+c} = \pm tg\, \frac{2\pi \rho_w v_0 b}{q \rho_g} \tag{5.2-3}$$

式中　q——浆液单位时间注入量；

　　　t——时间；

　　　v_0——地下水流速；

　　　$2b$——裂隙宽度；

　　　g——重力加速度；

　　　ρ_w——水的密度；

　　　ρ_g——浆液的密度；

　　　c——常数。

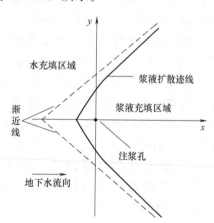

图 5.2-2　浆液扩散迹线[36]

　　（2）有限边界的浆液动水扩散模型：在实际工程中，裂隙具有一定的延展规模，应考虑边界条件对浆液扩散的影响，此时的动水注浆扩散方程见公式（5.2-4）。

$$p_c - p_0 = \frac{3}{2b}\tau_0 (r_c - x_n) + \frac{3 q_1 \mu(t)}{2\pi b^3} \ln \frac{r_c}{x_n} \tag{5.2-4}$$

$$p_c = \frac{3}{2b}\tau_0 (r_c - x_s) + \frac{3 q_2 \mu(t)}{2\pi b^3} \ln \frac{r_c}{x_s}$$

式中　p_0——水流运动上游方向的边界压力；

q_1——逆水扩散流量；

q_2——顺水扩散流量；

p_c——注浆孔处的压力；

r_c——注浆孔半径；

τ_0——宾汉流体屈服剪应力；

$2b$——裂隙宽度。

浆液的"非对称椭圆形"扩散模式主要受浆液逆水扩散距离、顺水扩散距离、扩散开度、浆液扩散中心等控制参数的影响，且浆液扩散范围始终关于 x 轴对称。随着注浆时间的增加，当浆液扩散至过水断面边界时，浆液扩散进入拟稳态阶段，且随着浆液的凝结固化与相态转变，最终实现裂隙动水的封堵。对于水泥基速凝浆液，其注浆堵水判据可表示为[36]：

$$p_c = \frac{3\mu(t)\left(\dfrac{q}{Bb} - ku_\xi\right)}{B^2 - \dfrac{3}{2Bh_0}}(x_c - L) \tag{5.2-5}$$

式中　B——浆液扩散开度；

$\mu(t)$——浆液黏度时间函数；

h_0——宾汉流体流核高；

u_ξ——相界面处水的流速；

L——注浆孔到边界的距离；

k——滑速比。

5.2.2　富水软弱地层注浆加固理论

在隧道建设过程中经常遭遇饱和砂层、软塑状黏土层等富水软弱地层，受饱和地下水弱化作用影响，该类地层往往具有强度低、自稳能力差、易流动等特点，容易诱发施工期突涌水、塌方灾害及运营期渗漏水病害。注浆是治理富水软弱地层的有效方法，通过注浆对岩土体进行加固，不但可以提升其力学强度，还能显著改善其抗渗性能，对于保障隧道建设与运营安全具有重要意义。

1. 富水软弱地层注浆扩散加固模式

在富水软弱地层注浆工程中，受被注介质结构特征、注浆材料物理化学性质、注浆参数等多类因素的影响，注浆过程呈现出不同的扩散加固模式。根据地层可注性及注浆压力的不同，富水软弱地层注浆扩散加固模式可大体划分为渗透模式、劈裂-压密模式及渗透-劈裂-压密模式等类型[38]（图5.2-3）。当注浆压力小于地层起劈压力，且地层可注性为完全可注、注入不充分情况时，注浆扩散加固表现为渗透形式；当注浆压力大于起劈压力，且地层可注性为完全不可注情况时，表现为劈裂-压密形式；当注浆压力大于起劈压力，且地层可注性为完全可注、注入不充分情况时，表现为渗透-劈裂-压密形式。

2. 渗透注浆扩散加固理论

渗透注浆是指浆液在注浆压力作用下填充到被注介质的孔隙中，将孔隙中赋存的气体

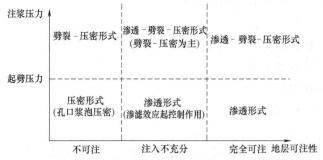

图 5.2-3　富水软弱地层注浆扩散加固模式[38]

和水排出，使得浆液能够在被注介质中均匀扩散，而不改变被注介质的结构[39]。以往研究通常将浆液视为宾汉流体，并基于均匀毛管组模型来描述浆液渗透扩散过程。普通水泥浆液渗透注浆过程中注浆压力与注浆时间的定量关系可通过公式（5.2-6）表示[40]，而速凝类双液浆在注浆扩散区域中具有明显的黏度空间分布不均匀性，其渗透注浆扩散过程相比于普通水泥浆液明显不同，注浆压力与注浆时间的定量关系可通过公式（5.2-7）表示[40]。

① 普通水泥浆液渗透注浆理论模型：

$$p_c = \left[\frac{q\mu(t_m)}{Sk} + \frac{2\tau_0}{3}\sqrt{\frac{2\varphi}{k}}\right]\frac{qt_m}{\varphi S} + p_w \tag{5.2-6}$$

② 速凝类双液浆渗透注浆理论模型：

$$p_c = \int_0^{\frac{qt_m}{\varphi S}}\left[\frac{q}{Sk}\mu\left(\frac{\varphi Sl}{q}\right) + \frac{2\tau_0}{3}\sqrt{\frac{2\varphi}{k}}\right]dl + p_w \tag{5.2-7}$$

式中　p_c——注浆压力；

q——注浆流量；

k——被注介质渗透率；

φ——介质孔隙率；

t_m——注浆时间；

p_w——静水压力；

$\mu(t)$——浆液黏度时间函数；

S——渗透注浆扩散面积；

τ_0——浆液屈服应力。

水泥浆等悬浊液在多孔介质中的渗透扩散过程较为复杂，水泥颗粒的运移受惯性力、吸附力等作用的影响，当水泥颗粒在孔隙中的淤积量超过一定值时，会造成多孔介质堵塞，迫使浆液扩散停止，该现象称为渗滤效应[41]。浆液的渗滤效应会造成浆液的渗流速度、浓度和被注介质的渗透系数、孔隙率均随着时间的推移逐渐减小，距离注浆孔的位置越远，被注介质的水泥含量就越小，最终导致距离注浆孔较近区域渗透注浆效果较好，而距离注浆孔较远区域注浆加固效果相对较差。将浆液简化为牛顿流体，并假设浆液流动为层流运动时，考虑浆液渗滤效应的多孔介质渗透注浆压力与浆液扩散距离的关系，可通过公式（5.2-8）描述[42]。

$$p_c = \int_0^{\frac{\varphi l_0^3}{8\eta K}} \left(-\frac{8q\eta}{S\varphi l_0^2}\mu \right) dl + p_0 \tag{5.2-8}$$

式中　p_c——注浆压力；

　　　p_0——初始注浆压力；

　　　q——注浆流量；

　　　K——被注介质渗透系数；

　　　φ——介质孔隙率；

　　　l_0——初始扩散距离；

　　　μ——浆液的表观黏度；

　　　S——浆液扩散断面面积。

渗透注浆加固主要以浆液的充填胶结作用为主，在浆液扩散区域内，浆液颗粒均匀分布在砂层等松散介质的孔隙中，浆液发生凝胶固化反应并形成空间网络状胶结体，最终将松散介质胶结为一个整体，从而提升其力学性能与抗渗性。

3. 劈裂-压密注浆扩散加固理论

在富水软弱地层注浆工程中，压密注浆与劈裂注浆往往同时存在且依次发生，表现为劈裂-压密注浆模式。劈裂-压密注浆扩散过程可分为两个阶段：①鼓泡压密阶段，在注浆初始阶段注浆压力由小变大，浆液无法克服地层初始应力与抗拉强度，浆液以浆泡的形式在注浆孔周围聚集，随着注浆的进行，浆泡不断变大，注浆压力也不断提升；②劈裂扩展阶段，当注浆压力增大至地层起劈压力时，地层被劈开从而形成劈裂通道并不断扩展延伸，随着浆液扩散范围不断增大，劈裂通道两侧一定范围内的地层被压密。

在鼓泡压密阶段，浆液压密注浆过程可简化为理想土体的球孔扩张问题，基于浆泡的各向同性假设与莫尔-库仑破坏准则，注浆鼓泡压密过程可通过二维平面球孔扩张模型来描述，如公式（5.2-9）所示[43]。在鼓泡压密初始阶段，浆泡尺寸及内部压力较小，当浆泡内的均匀压力达到土体塑性破坏强度时，浆泡半径扩大至临界值，此时浆泡周围的球形区域达到临界破坏状态，当注浆压力进一步增加，土体将发生塑性破坏并产生劈裂通道，注浆过程转入劈裂扩展阶段。

$$(p + c \cdot \cot\varphi)\left(\frac{R}{R_p}\right)^{\frac{4\sin\varphi}{1+\sin\varphi}} = \frac{3(q + c \cdot \cot\varphi)(1+\sin\varphi)}{3-\sin\varphi} \tag{5.2-9}$$

式中　R——浆泡半径；

　　　φ——内摩擦角；

　　　c——黏聚力；

　　　R_p——临界破坏状态对应的浆泡半径；

　　　p——浆泡内压力。

在劈裂扩展阶段，浆液在注浆压力作用下劈开富水软弱地层并使劈裂通道不断扩展，浆液在劈裂通道内由注浆孔不断向起劈位置运移。浆液沿着垂直于小主应力的方向发生劈裂，浆液扩散形态可看作为一个与小主应力方向相垂直的"圆饼"，如图5.2-4所示。

浆液劈裂扩散过程是浆液流动与富水软弱地层压密变形耦合影响的过程。浆液受到来自劈裂通道侧壁及自身黏滞性所引起的阻力，导致浆液压力沿扩散方向衰减。在浆液扩散区域内的任一点，劈裂通道开度与该处的浆液压力呈正相关关系，劈裂通道开度同样沿浆液扩散方向衰减，浆液压力场的分布控制着劈裂通道两侧软弱地层的压缩变形状态。此外，由于劈裂通道开度决定了其对浆液扩散的阻力，因此劈裂通道开度的衰减将导致浆液扩散过程中遇到的阻力不同，从而影响浆液流动状态与扩散半径。在劈裂扩散阶段，注浆压力与浆液最大扩散半径之间的关系可通过公式（5.2-10）表示[44]。

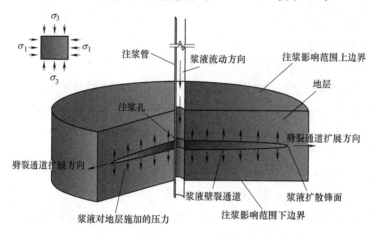

图 5.2-4　富水软弱地层中浆液劈裂扩散过程[45]

$$p_c = \sqrt[4]{\frac{24\mu_B q}{\pi G^3}\ln\left(\frac{r_{max}}{r_0}\right)} + \sigma_3 \qquad (5.2\text{-}10)$$

式中　p_c——注浆压力；

　　　μ_B——浆液表观黏度；

　　　q——注浆流量；

　　　G——土体自身性能参数；

　　r_{max}——浆液最大扩散半径；

　　　r_0——注浆孔半径；

　　　σ_3——地层小主应力。

劈裂-压密模式对富水软弱地层的加固作用主要体现在两个方面：①压密固结作用，即浆脉两侧软弱地层被压密后，地层中的胶结组分对颗粒骨架的粘结作用增强，其抗剪强度、压缩模量得到一定程度的提高，另外，地层被压密后孔隙率及渗透率均会降低，有利于抗渗性能的提升；②浆脉骨架作用，由于浆脉结石体的力学性能及抗渗性能比富水软弱地层要高出若干个数量级，其在注浆加固体中可以起到刚性骨架作用，可显著提高富水软弱地层的整体稳定性。

5.2.3　突涌水灾害治理的全寿命周期设计方法

隧道工程地下水灾害治理的传统观念是以排为主，然而地下水的长期排放易导致地表塌陷、生态环境破坏等问题。同时，地下水携带大量泥砂颗粒，会造成过水通道的进一步扩大和围岩稳定性的降低，增大了运营期隧道结构灾变风险。

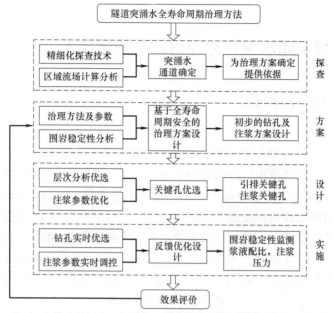

图 5.2-5　隧道突涌水灾害的全寿命周期治理方法[46]

突涌水灾害治理的全寿命周期设计方法[46] 可以很好地解决上述问题，通过注浆封堵隧道围岩内的含导水构造，形成一定范围的堵水加固圈，起到隔绝地下水的作用，使隧道处于全封闭状态。经过系统注浆后，地下水将寻找新的运移通道，实现围岩内部循环，从而达到保护隧道支护结构和减少运营期病害发生的目的。因此，全寿命周期设计方法既能保证施工期涌水通道的有效封堵，又能保障隧道长期运营安全。如图 5.2-5 所示，全寿命周期设计方法的实施包含以下步骤：

(1) 突涌水通道的确定：利用地球物理探测方法查明地下水的分布范围、水源补给及主导水通道的空间形态，并采用水力连通试验等方法明确各涌水治理区间的关联程度，为注浆治理设计和注浆参数选取提供依据。

(2) 基于全寿命周期的治理方案设计：①设计原则为通过注浆封堵突涌水，提升围岩力学与抗渗性能，避免运营期发生渗漏水等灾害；②根据灾害特征及查明的地质条件，明确注浆治理方法及初步设计参数，并基于理论分析及数值计算获得注浆堵水加固圈的安全厚度及隧道全寿命周期内围岩力学性能、渗透性的变化规律，确保运营期内围岩的渗透性及变形破裂程度可控；③形成初步治理设计方案，并进行钻孔和注浆设计。

(3) 关键孔设计与注浆：①根据含导水构造发育特征及围岩富水情况，划定重点治理区域，进行初步钻孔设计；②在重点区域布设钻孔并开展连通试验，划分钻孔质量等级，采用层次分析法确定关键孔；③针对关键孔进行注浆，并根据注浆期间水量、水压和围岩变形监测数据，动态调整关键孔优选方案。

(4) 反馈优化设计：①开展注浆过程中的围岩变形监测，动态调整注浆参数；②综合分析注浆动态信息，优化注浆钻孔、引排泄压孔、截流分散孔与效果检验孔的布设方式，调整浆液凝胶时间及注浆压力，形成系统的治理方案；③通过施工期埋设渗流、渗压、应力及位移传感器，分析施工及运营期围岩物理力学参数变化规律，并进行相应评价和调控。

5.3 隧道工程突涌水灾害治理材料与关键技术

5.3.1 突涌水灾害治理材料

1. 水泥基材料[47]

注浆工程中最常用的是普通硅酸盐水泥，通常要求水灰比不大于 1：1。注浆用水泥必须符合质量标准，不能使用受潮结块的水泥。水泥属颗粒型水硬性材料，最大颗粒粒径为 0.085mm。一般浆液中的水分远大于水泥水化所需水量，所以浆液固化过程中析水较多，硬化需要的时间也较长。虽然水泥浆液有不足之处，但其材料容易取得，成本较低，无毒性，施工工艺简单方便，适用于大多数岩土工程的防渗与加固。

为了满足工程的特殊需要、改善水泥浆的性质，有时需要在水泥浆中掺入各种外加剂，常用的外加剂种类很多，表 5.3-1 列出了水泥浆的常用外加剂及掺量。

常用水泥外加剂及掺量   表 5.3-1

名称	试剂	用量（占水泥比重，%）	说明
速凝剂	氯化钙	1～2	加速凝结和硬化
	硅酸钠	0.5～3	加速凝结
	铝酸钠		
缓凝剂	木质磺酸钙	0.2～0.5	增加流动性
	酒石酸	0.1～0.5	
	糖	0.1～0.5	
流动剂	木质磺酸钙	0.2～0.3	
	去垢剂	0.05	产生气泡
加气剂	松香树脂	0.1～0.2	产生约 10% 的气泡
膨胀剂	铝粉	0.005～0.02	约膨胀 15%
	饱和盐水	30～60	约膨胀 1%
防析水剂	膨润土	2～10	
	纤维素	0.2～0.3	
	硫酸铝	20	产生气泡

现场制浆时，要求加料准确并注意加料顺序，即先往搅拌机中放入规定量的水，然后加入水泥，搅拌均匀后再加入外加剂。关于浆液的搅拌时间，使用普通搅拌机时不少于 3min，使用高速搅拌机时不少于 3s。搅拌时间大于 4h 的浆液应废弃。任何季节注浆浆液的温度应保持在 5～40℃之间。

加入掺合料的水泥浆液称为混合浆液。根据注浆工程需要，可加入的掺合料如下：

砂：应为质地坚硬的天然砂或机制砂，粒径不宜大于 2.5mm，细度模数不宜大于

2.0，SO_3 含量宜小于 1%，含泥量不宜大于 3%，有机物含量不宜大于 3%；

黏性土：塑性指数不宜小于 14，黏粒（粒径大于 0.005mm）含量不宜小于 25%，含砂量不宜大于 5%，有机物含量不宜大于 3%；

粉煤灰：应为精选的粉煤灰，烧失量宜小于 8%，SO_3 含量宜小于 3%，细度不宜小于同时使用的水泥细度。

2. 水泥-水玻璃材料[47]

水泥-水玻璃类浆液，亦称 C-S 浆液。它是以水泥和水玻璃为主剂，两者按一定的比例采用双液方式注入，必要时加入速凝剂或缓凝剂所组成的注浆材料。其性能取决于水泥浆水灰比、水玻璃浓度和加入量、浆液养护条件等。

水泥-水玻璃浆液克服了单液水泥浆凝结时间长且难以控制、结石率低等缺点，提高了水泥注浆的效果，扩大了水泥注浆的适用范围，被广泛地用于地基、大坝、隧道、桥墩、砂井等建筑工程的防渗和加固注浆，尤其在地下水流速度较大的地层中采用这种混合型浆液可达到快速堵漏的目的。这是一种用途广泛、使用效果良好的注浆材料[47]。

水玻璃能大幅缩短水泥的凝胶时间。浆液胶凝时间随水玻璃浓度、水泥浆的浓度（水灰比）、水玻璃与水泥浆的体积比等因素的变化而变化。一般情况下，水玻璃浓度减小，凝胶时间缩短，并呈直线关系；水灰比 W/C 越小，水泥与水玻璃之间的反应越快，凝胶时间越短。总体说来，水泥浆越浓，反应越快；水玻璃越稀，则反应越快。

决定水泥-水玻璃浆液结石体抗压强度的主要因素是水泥浆的浓度（水灰比）。其他条件一定时，水泥浆越浓则结石体抗压强度越高。水玻璃浓度对结石体抗压强度的影响比较复杂。研究表明：当水泥浆浓度较大时，随着水玻璃浓度的增加，抗压强度增高；当水泥浆浓度较小时，随着水玻璃浓度的增加，抗压强度降低；当水泥浆浓度处于中间状态时，其抗压强度变化不大。水泥浆与水玻璃体积比对结石体抗压强度有一定影响。当水泥浆与水玻璃体积比在 1:0.4~1:0.6 时，其抗压强度最高，说明水泥浆与水玻璃有一个适当的配合比，在这个配合比的范围内，反应进行的最完全，强度也最高。

总结水泥-水玻璃浆液的特点为：浆液凝胶时间可控制在几秒至几十分钟范围内；结石体抗压强度较高，可达 10~20MPa；凝结后结石率可达 100%；结石体渗透系数约为 10^{-3}cm/s；材料来源丰富，价格较低；对环境及地下无毒性污染，但有 NaOH 碱溶出，对皮肤有腐蚀性；结石体易粉化，有碱溶出，化学结构不够稳定。

水泥-水玻璃浆液较为合理的组成及配方见表 5.3-2。

水泥-水玻璃浆液组成及配方　　　　　　　　　　　　　　表 5.3-2

原料	规格要求	作用	用量	主要性能
水泥	42.5 或 52.5 普通硅酸盐水泥	主剂	1	凝胶时间可控制在十几秒至几十分钟范围内，抗压强度 5~20MPa
水玻璃	模数:2.4~3.4；浓度:(30~45)°Be	主剂	0.5~1	
氢氧化钙	工业品	速凝剂	0.05~0.20	
磷酸氢二钙	工业品	速凝剂	0.01~0.03	

3. 高效超细水泥基砂层注浆材料（EMCG）

富水砂层具有透水性强、胶结强度低、自稳能力差、流动性差等特点，传统注浆材料在该地层中扩散难控、注浆加固效果难以保证；同时浆液消耗量成倍增加，注浆过程中地表抬动变形极易超限。基于以上原因，优选了水泥熟料、辅助性胶凝材料及有机、无机性能优化材料等，提出水泥基注浆材料粒径优化新方法，通过优化匹配各材料组分，制备了高效超细水泥基注浆材料（EMCG）[48]，测试并优化了注浆材料性能，确保了其在注浆工程中应用的高效性。该材料具有强渗透性、低流动阻力、高早强的特点，可满足富水砂层注浆加固和地表抬动变形控制的双重要求。

（1）流动性。超细颗粒团聚明显，需结合水灰比、组分及分散剂，提高浆液流动性。如不加外加剂，浆液水灰比为1.5：1～2：1时，流动性较好；粉煤灰组分能够降低浆液黏度，其加入量40%～50%时，浆液流动性较优；超塑化剂加入量1.5%～2.0%时，浆液流动性大幅提高。但是超塑化剂含量应≤2.0%，以避免浆液过饱和、不稳定及过于缓凝现象。

（2）析水性。材料颗粒细化降低浆液黏度的同时，极大增加了浆液稳定性，即降低了浆液析水率。浆液水灰比为1：1～1.5：1时，EMCG材料浆液析水率小于5%，呈现稳定状态；而普通水泥浆极不稳定，其析水率约23%～36%。

（3）力学强度。相比超细水泥与普通水泥，EMCG新型注浆材料抗渗压力、力学强度处于较高水平，91d水中及侵蚀液中EMCG的微观结构致密度高。超细矿渣＋超细粉煤灰双掺、三者混掺时，28d抗折、抗压强度超过超细水泥相应值。龄期28d增至91d时，EMCG抗折、抗压强度得到进一步明显增进，结石体91d力学强度均远超相应超细水泥强度。

（4）体积稳定性。结石体收缩率随养护时间增长而增大，超细水泥结石体干缩率最大，单掺粉煤灰效果不如混掺三者降低收缩率效果好。优化后EMCG结石体具有微膨胀特性，钢渣外掺14%、矿渣外掺20%时，浆液结石体91d体积最为稳定，此时91d结石体内水分不易失去。

（5）抗水溶蚀性能。普通水泥结石体侵蚀后，强度较低，出现较明显微观裂缝，凝胶体间的胶凝互连程度低；超细水泥浆液结石体侵蚀后抗蚀系数较低，结构总体疏松，凝胶体内部结构孔隙较明显，凝胶体之间存在一定数量的较大空隙；EMCG浆液结石体抗蚀系数较高，微观结构致密高，凝胶体整体性能强，倾向于整体破坏。

（6）耐久性。普通水泥、超细水泥处于地下水溶蚀或侵蚀液环境中时，$Ca(OH)_2$极易溶出，EMCG结石体微观水化矿物间胶结互连程度高，空隙尺寸小，数量少，耐久性更好。

（7）可注性。分析多因素影响（不同注浆材料、砂层粒径分布、砂层密实度、黏土含量、水灰比及注浆压力）下砂层的可注性状态。结果表明，EMCG浆液砂层（0.3～0.6mm）中能够很好地渗透扩散，扩散距离大于2m，超细水泥仅扩散1.7m，普通水泥仅能完全注入2.0～4.0mm的粗砂（图5.3-1）。

总结EMCG浆液性能与结石体性能研究结果，并基于矿物形成机制，获得了EMCG注浆材料最优配比。EMCG优化剂最优加入量为：1.5%～2.0%超塑化剂、1.5%～3%碱激发剂、0.4%～2.0%调凝剂、5%～8%增强稳定剂。最优配比EMCG具有砂层扩散性强、凝胶时间可控、水化胶凝活性高、抗渗抗蚀微膨胀、高强高断裂韧性、耐久性高、浆-岩胶结能力强、工程适用性强等优点（图5.3-2）。

图 5.3-1 砂层可注性对比

图 5.3-2 EMCG 新型材料产品

4. 新型水泥基动水抗分散注浆材料 (GT-1)

对于岩溶管道裂隙动水封堵，动水冲刷作用会造成材料胶凝体系破坏，材料流失严重，留存率低。为此，基于高分子聚合物改性原理，通过活性官能团络合阳离子，形成空间互穿网络结构将小分子束缚在内部，研发了一种新型水泥基动水抗分散注浆材料 (GT-1)[36]。该材料具有初终凝时间可调、扩散控制性好、动水抗分散、早期强度高、环保无毒等优点，在流速 1.2m/s 的地下水中不分散，留存率最高可达 85%，改变了传统水泥材料动水控制难以奏效的被动局面。

（1）初、终凝时间。GT-1 注浆材料初凝时间在几十秒至几分钟可调，注浆材料的初、终凝时间随水灰比增大而增大及 GT-1 注浆材料随水泥浆与外加剂体积比减小而缩短。GT-1 注浆材料初、终凝时间对温度因素较为敏感，初凝、终凝时间随温度升高大幅缩短，尤其在 5～10℃ 范围内。

（2）强度。GT-1 注浆材料前期强度增长相比传统注浆材料要快，其中水灰比 1∶1，水泥浆与外加剂体积比 5∶1，材料的 1h 抗压强度能够达到 1MPa 以上。材料的 7d 与 28d 抗压强度差别不大，同龄期材料强度随水灰比增大而减小。

（3）结石率。GT-1 注浆材料的结石率随水灰比增大而减少，且 3h 结石率基本在 75% 以上。

（4）可泵性。GT-1 注浆材料水灰比 1∶1，在材料初凝后 0.5h 内基本可持续泵送，能够满足可泵性需求；体积比 5∶1 的材料配比，终凝时间为 28min，注浆材料强度增长较快，材料塑性变形能力大大降低，泵送性能有所降低。

（5）动水抗分散性。GT-1 注浆材料在动水中具有较高的留存率，具有一定的动水抗分散特性。试验表明，在低于 0.4m/s 水流速条件下，材料具有较好的抗分散性；在高于 0.4m/s 水流速条件下，材料流失量大幅度提高。分析认为，高聚物大分子能够与水泥水化产物发生化学反应，生成具有空间网状结构的聚合物-水泥交联体将水泥水化产物连接包络，大幅度提高了水化生成产物的整体性。

（6）黏度时变性。GT-1 浆液黏度初期上升很快，但是在一定时间达到稳定，并持续一段时间；而 C-S 浆液黏度一直增大直至凝固。GT-1 浆液在动水环境中，不仅能够抵抗初期动水冲刷，而且同时具有良好可泵性，利于浆液扩散（图 5.3-3）。

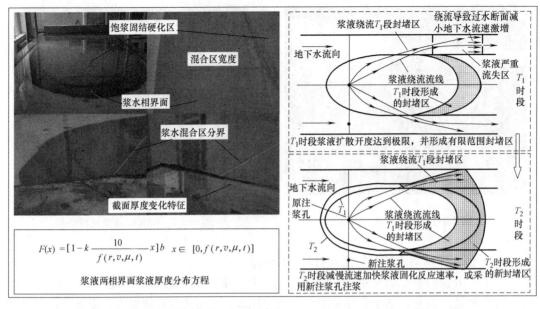

图 5.3-3　GT-1 注浆材料浆-水界面特征、浆-水作用关系与相界面结构函数

GT-1 注浆材料曾成功应用于齐岳山岩溶隧道综合治理工程、山东能源集团龙固煤矿辅二大巷高温高压涌水治理工程、张马屯铁矿大帷幕注浆补幕工程、重庆中梁山隧道断层破碎带突涌水灾害治理工程、江西吉莲高速永莲隧道 F2 断层破碎带突水突泥灾害综合治理工程等，取得了良好的社会效益和经济效益。

根据 GT-1 材料性能和配比参数，依据类似工程注浆经验，初步设计 GT-1 浆液注浆时，浆液密度控制在 $1.2 \sim 1.5 \mathrm{g/cm^3}$ 之间，初凝时间控制在 $30 \sim 200\mathrm{s}$ 之间。基本原则是套管封固采用上限配比，钻孔越深，配比越小。现场施工中根据注浆压力判断地层受注能力，并适时调整浆液配比。

5.3.2　突涌水灾害治理关键技术

1. 含导水构造精细化探测

受限于隧道施工前的勘察工作无法准确查明含导水构造的位置、规模等，因此开展隧道含导水构造精细化探测，进行隧道信息化施工，对减少施工盲目性、确保工程安全有着重要意义。

含导水构造精细化探测主要分为直接法和间接法，直接法包括超前导洞法和超前钻孔法，间接法包括物探法等。导水构造探测技术主要包括：地质分析法（超前导坑、探洞、超前钻探等），地震反射类（隧道负视速度法、隧道地震预报、隧道反射成像、极小偏移距地震波法等），电磁类（地质雷达隧道瞬变电磁等），直流电法类（激发极化法、电阻率法等）以及其他方法（核磁共振法、温度探测法等）[49]。每类技术有各自的适用范围、敏感特性和优缺点。

（1）地质分析法。地质分析法是导水构造探测最基本的方法，包括工程地质调查法、超前导洞法和超前水平钻探法，其他预报方法的解释应用都是在地质资料分析判断基础上进行的。超前导洞法通过开挖导洞，探明前方的地质情况；超前钻孔法通过钻孔岩芯、岩屑、回水情况来判断前方围岩的岩性、级别、含水情况及有害气体等。

（2）地震反射法。地震反射法观测方式主要包括直线测线方式、空间观测方式和极小偏移距观测方式。激发地震波对中小规模的溶洞和与轴线小角度相交的异常体有较好的探测效果，地震波纵横波在双相介质中的传播特性差异可以识别较大规模的水体。

（3）电磁类方法。电磁类方法从水体与围岩的物理特性差异出发，以电阻率差异或介电常数差异等为物理基础的地球物理探测手段会对水体这一要素具有良好的探测效果。其对含水体响应比较敏感，但其探测距离短，主要用于短距离探查。

近年来，在含导水构造精细化探测领域取得了重要进展，提出了基于"三结合"原则的综合超前地质预报方法，即洞内勘察与洞外勘察相结合、地质分析与物探分析相结合、长距离预报与短距离预报相结合。在运用地质分析方法对隧道进行风险分级的基础上，采用与风险等级相对应的综合预报方案。重点突破了三维跨孔电阻率 CT 不等式约束、距离加权约束等反演成像方法，研发了可用于精细化探查的 GEI 型多功能电法仪，并在城市地铁、水利水电等多个重点工程的浅地表勘察领域获得成功应用，较好地解决了地下岩溶、导水通道、含导水裂隙等中小导水构造精细化探测难题（图 5.3-4）。

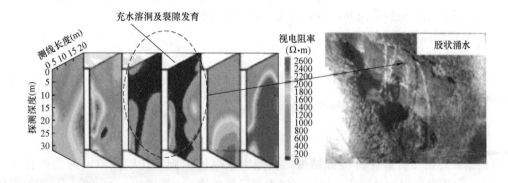

图 5.3-4 跨孔电阻率 CT 成像三维切片成果

2. 孔隙微裂隙型涌水治理关键技术

（1）被注岩体微孔隙结构类型及水文地质特征分析

利用压汞试验及氮吸附试验等手段，研究孔隙率、孔径尺寸及孔隙分布频率特征；利用电镜扫描，对治理区围岩岩样进行薄片分析，从微观上研究孔隙-微裂隙结构特征；运用水文地质分析方法，研究注浆区域内地下水压力分布、径流特征、补给水源等流场特征。由微观和宏观综合判断围岩可注性和渗透性，为注浆材料和注浆工艺选择提供科学依据。

（2）径向注浆参数设计

径向注浆设计参数主要根据被注岩体孔隙结构特点及水文地质特征来确定，并经现场试验后不断完善，一般参数如表 5.3-3 所示。

（3）全过程跟踪监控设计

在注浆过程中应实时监控地下工程内涌水量、涌水水压及围岩变形情况，并根据这些监测数据反馈至钻探参数（钻孔分布及布置方式）及注浆参数调整中，以保证更好的注浆堵水效果。

参数选择表		表 5.3-3

参数类型	参数设计
径向封堵/加固厚度	$(0.2\sim0.5)D$
扩散半径	$0.5\sim1m$
环向间距	$1\sim1.5m$
纵向间距	$0.5\sim1m$
布孔方式	全环梅花形布置

注：D 为地下工程开挖断面洞径（m）。

（4）注浆材料及工艺选择

孔隙微裂隙岩体注浆起到堵水及抗水压作用，在材料选择上综合考虑材料的可注性、耐久性、高强性及收缩性。试验表明，颗粒型注浆材料可注性与地层渗透性或孔隙大小密切相关，普通水泥浆难以注入渗透系数低于 10^{-2}cm/s 的地层和宽度小于 0.2mm 的裂隙中；超细水泥颗粒粒径小，可注入渗透系数 $10^{-2}\sim10^{-4}$cm/s 的岩层中。因此，优先选择超细水泥材料，对于渗透系数小于 10^{-4}cm/s 的地层，采用化学浆液。

注浆工艺采用全孔一次性注浆方式，即注浆钻孔一次完成，在钻孔内安设注浆管或孔口管，然后直接将注浆管路和注浆管连接，进行注浆施工。

3. 节理裂隙型涌水治理关键技术

（1）治理原则

①地质先行，先探后堵；②以堵为主，可控引排；③上游布孔，深部引排；④优选钻孔，关键孔注浆；⑤实时监控，信息化施工。

（2）治理关键技术

① 关键孔注浆

根据最终钻孔质量评价得分结果，按最大隶属度原则，选取注浆治理关键孔（图5.3-5）。由于含导水构造形式多样，可以为平行展布的一个裂隙组，如可溶岩与非可溶岩接触裂隙带；也可以为交叉分布的裂隙组，如沟通含水体的共轭构造裂隙；又可以呈同心放射状展布裂隙，如向斜核部应力集中区。因此，选取的注浆关键孔就不局限于一个或几

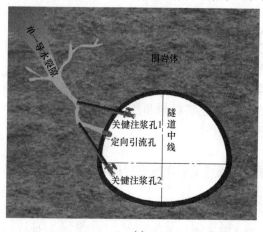

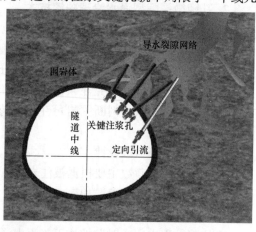

(a)

(b)

图 5.3-5　�泄流型关键孔引流注浆示意图

（a）单一裂隙；（b）导水裂隙网络

个，针对不同的主控导水裂隙组或同组裂隙的不同区段，均可能出现若干关键注浆孔，形成联合注浆关键孔。联合注浆关键孔对涌水区段注浆治理起到决定性作用。

② 劣势围岩加固注浆

构造运动发生强烈的区域，如向斜核部、节理密集带等地应力集中的区域，地层中常发育数十组节理裂隙，破坏了围岩完整性，形成Ⅲ～Ⅴ级围岩等破碎岩体，降低围岩强度，其自稳能力变为差～极差，为保证动水封堵过程的安全性，需要进行浅层围岩注浆加固，以提高围岩稳定性，形成安全注浆岩帽。加固注浆一般采用径向注浆方式，径向注浆设计参数主要根据被注岩体结构特点及水文地质特征来确定，并经现场试验后不断完善，一般参数如表5.3-4所示。

径向注浆钻孔设计参数 表 5.3-4

参数类型	参数设计
径向封堵/加固厚度	(0.2～0.5)D
扩散半径	1～2m
环向间距	2～3m
纵向间距	1～2m
布孔方式	全环梅花形布置

注：D 为地下工程开挖断面洞径（m）。

③ 注浆材料

针对节理裂隙型突涌水具有较高压力及高流速的特点，一般应选择速凝、抗分散的注浆材料。传统速凝材料是水泥-水玻璃双液浆，该类型浆液抗冲刷能力弱，在高流速动水条件下易造成浆液稀释、流失，封堵涌水效果差。GT-1等注浆材料具有凝胶可控、早强、动水抗分散、良好的可泵性和环保无毒的优点，对节理裂隙型突涌水具有良好的封堵效果。浅层加固注浆可采用高分子注浆材料和高强度水泥材料，如改性硫铝酸盐水泥等。

4. 断层破碎带型突涌水治理关键技术

（1）治理原则

①地质与物探相结合；②深部引排泄压与浅部注浆加固相结合；③支护强化与围岩稳定性监控相结合；④治理效果评判与长期稳定保障相结合。

（2）治理关键技术

① 信息综合探查

基于地质构造学及水文地质学原理，在地下工程区域地质勘察基础上，判断致灾水源类型、富水性及与隧道相对位置；研究致灾断层地表或横切面延展特征，判断富水断层破碎带宽度，确定其与区域大断裂构造之间的派生关系；研究断层破碎带剖面形态特征，确定断层的产状、形态及沟通的致灾水源类型、富水特征及与隧道相对位置（静水压力值）；而对于延伸至地表的断层，则需确定致灾断裂带地表形态及排、汇水特征。

基于地球物理探测技术及补充钻探技术，结合相关水文地质试验与土工试验，研究断层破碎带内断层岩类型、充填介质工程地质及水文地质特征。主要是判定断层岩为水联胶结或基质胶结等胶结类型、断层岩粒径分布、级配特征及（抗压、抗剪）强度特征等工程地质性质，断层破碎带的渗透系数及主要径流防线等水文地质特征。同时，研究注浆影响范围内隧道及地下工程围岩结构特征及其围岩等级。

通过以上研究综合确定致灾水源特征及围岩等级，判识断层破碎带内主控含导水构造类型，获得富水断层破碎带突涌水灾害"三位一体"探查信息，为注浆方案制定和实施提供技术参考。

② 注浆影响段强化支护设计

地下工程揭露的断层破碎带，其涌水往往只发生在破碎带内最薄弱处。在注浆处治之前，应加强其他断层破碎带或断裂影响带区域的支护，以针对该区浅层围岩稳定能力被动补强，达到防止浅部围岩垮塌及保证注浆人员和设备安全的目的。

③ 深部引排泄压孔设计

根据前期水文地质及地球物理探测资料，确定致灾含水源及破碎带内地下水主要径流路径，指导深部引排泄压孔设计和布置。对于致灾水源与地下工程相对位置较近的情况，可将引流泄压钻孔钻进至含水层（体）内部，人为改变含水层（体）地下水流场，减少断层破碎带内涌水量；若致灾水源距地下工程开挖较远，甚至是地表水体，则应将引流泄压钻孔布置在破碎带内地下水主要径流通道上游，起到分流和泄压作用，减少地下工程开挖面的涌水量。为防止钻孔堵塞，全孔下入大口径无缝热轧钢管，钢管凿成花管式样，并于外侧用土工布或滤网包裹，而对于全程穿行于破碎带的引排孔，则需将顶部做成尖锥状，防止封堵和利于顶进（图 5.3-6）。

④ 帷幕注浆加固方案设计

根据致灾水源与地下工程开挖面距离及涌水量、静水压力、浅层围岩自稳能力，综合确定地下工程注浆帷幕加固圈厚度、布孔数量及注浆孔深度。注浆加固钻孔的布置应遵循均匀布孔、梅花形布孔及多圈层布孔原则，以求各孔浆液扩散范围适度重叠且无注浆盲区，使加固区内围岩得到均匀加固，形成连续、均匀的注浆加固圈。一般对于揭露部分断层破碎带的地下工程，采用全断面帷幕注浆方法进行围岩加固，而对于已穿过断层破碎带的地下工程，一般采用周边帷幕注浆或局部帷幕注浆方法。

⑤ 注浆材料及工艺选择

富水断层破碎带浅部注浆加固采用凝胶可控性浆液及单液水泥浆相配合的注浆材料，获得浆液扩散可控及加固圈内高强结石体的双重效果，凝胶可控性浆液可选用 C-S 双液浆及 GT-1 新型动水注浆材料。

注浆工艺采用前进式分段控制注浆工艺，即利用钻机进行钻、注交替作业的注浆方式，注浆段一般长 4~5m，防止局部优势薄弱区扩散过远，利于浆液均匀扩散和均匀注浆帷幕圈的形成，可有效避免注浆盲区。

⑥ 预注浆治理

通过信息综合探查可较准确地探明富水断层破碎带的空间展布方向、起止里程，从而使注浆方案的制定做到有的放矢。注浆方式以全孔一次灌注为主，如果出现跑浆则改为下行式为主。注浆材料首先灌注水泥浆液，浓度由稀到浓（$W:C=1:1~0.6:1$），在水泥浆液不能满足注浆要求的情况下，选择化学浆液对其进行补充注浆。加固范围为开挖轮廓线外 5~10m，注浆孔深以 20~30m 为宜，注浆压力为 3MPa。

⑦ 突水后治理

如果隧道内已经发生突涌水地质灾害，立即进行信息综合探查，确定其位置、分布，为钻孔布置提供强有力的支持。针对隧道在断层及其影响带内的不同出水形式，进一步改

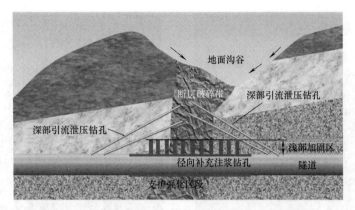

图 5.3-6　断层涌水深部引排、浅层加固治理示意图

善施工环境、加快施工进度、保证施工安全，分别采用分区注浆和引流泄压注浆两种方案。

5. 管道型突涌水治理关键技术

（1）治理原则

① 补充水文地质调查与物探结果相结合；②管道型涌水治理与伴生裂隙涌水治理相结合；③涌水治理与环境保护相结合；④以堵为主与跟踪监控相结合。

（2）治理关键技术

① 关键治理靶区确定

基于隧址区气象水文资料、补充水文地质调查，研究突涌水管道与地表水间联系方式及突涌水管道结构类型与分布规律；基于综合物探手段，对地下工程围岩内含水管道及裂隙进行探查，研究管道空间形态及导水裂隙分布特征。综合确定关键治理靶区，包括其类型及范围特征。

② 突涌水管道治理设计

针对突涌水管道的直接揭露点，直接利用下入孔口管，利用模袋封孔工艺进行固管封固，然后通过注入浆液充填、封堵突涌水管道。若揭露涌水点流量大、水压高，孔口管安置困难，则需要在岩体稳定区利用回转钻机施做大口径探查钻孔若干个，揭露突涌水通道，起到引流泄压作用；探查钻孔在揭露前，应做好孔口管的安置和高压封固，并于端部安装防喷装置及高压阀门，使突涌水可控排放。对于隐伏突涌水构造，可在治理地点利用回转钻机施工钻孔，揭露主要突涌水管道，此后进行注浆封堵（图 5.3-7、图 5.3-8）。

③ 裂隙涌水治理设计

随着突涌水封堵，地下水逐渐蓄势储能，促使裂隙扩展贯通，或使其内部充填物冲出，形成突涌水通道。该类型的突涌水治理一般选择浅层径向注浆加固方法进行处治，即裂隙发育的空间形态，在裂隙发育区遵循均布、梅花形、分序次等原则进行注浆孔布置，注浆加固层厚度为 3~5m，环向间距为 2~3m，纵向间距为 1~2m。

④ 围岩薄弱区注浆监控设计

依据物探探测成果，划分突涌水补给系统及裂隙重点发育区，即隐伏劣势围岩段，注浆过程中加强这些区段围岩变形监控，并根据监测数据反馈至浅层注浆钻孔设计参数及注浆参数的调整，保障工程的安全实施。

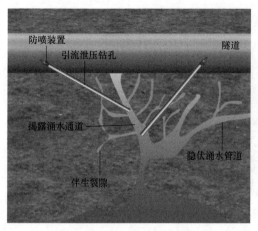

图 5.3-7　突涌水管道治理引流泄压钻孔示意图

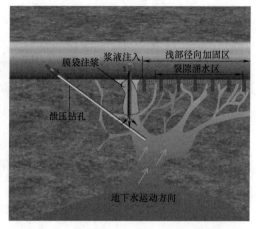

图 5.3-8　管道型突涌水治理示意图

⑤ 注浆材料及工艺选择

注浆材料选择时兼顾环保性及耐久性要求，管道突涌水治理可采用普通水泥浆和双液配合使用；浅部注浆加固宜选择速凝类注浆材料，注浆工艺则主要使用模袋注浆工艺。

6. 充水型溶洞突涌水治理关键技术

（1）治理原则

①超前探测预报原则；②风险评估原则；③施工顺序优化原则；④施工季节选择原则。

（2）治理关键技术

对于充水型溶洞突涌水的治理，应综合考虑其水量大小、水压高低等特征以及现场施工条件，施工中应采取相应的治理措施。

① 岩溶管道型充水溶洞

发育在隧道底板下方、边墙一侧和拱顶上方的岩溶管道充水溶洞，应根据"先探后堵，以堵为主"的原则，采用关键孔注浆加固的方法进行封堵。

② 溶槽型充水溶洞

位于可溶岩与非可溶岩接触带的岩层，易发育溶槽型充水溶洞，应采取可控域超前注浆措施，即"注浆堵水＋管棚措施方案"。主要步骤如下：端部径向注浆加强，根据超前地质预报情况，在拟开挖里程端部 5m 范围，采用梅花形钢管布设方式，径向采用 $\phi48$ 钢管，长 4.5m，间距 1m×1m，注浆材料采用普通水泥浆；对关键孔进行顶水注浆方案，使围岩内地下水沿原地下管道排泄，顶水注浆材料采用水泥砂浆、水泥浆和水泥-水玻璃双液浆；对拟开挖段开挖轮廓线外 3m 或 5m 超前帷幕注浆，使其形成注浆截水帷幕，达到注浆堵水目的，注浆材料采用水泥浆和水泥-水玻璃双液浆；根据岩溶规模及超前钻孔情况进行管棚设计。

③ 过水型溶洞

若隧道设计轴线上发育过水型溶洞，且该过水通道为地下水系的一部分，若采用"堵"的施工方案，将会破坏该处的地下水水系，同时隧道衬砌也将承受巨大的水压力。因此，对于过水型溶洞的治理，宜采用疏导的处治原则，主要有泄水洞方案和梁跨或者拱跨方案。

5.4 典型工程案例

5.4.1 广西岑溪—水汶高速公路均昌隧道突水突泥灾害治理

1. 工程概况

广西岑溪—水汶高速公路是国家高速公路网南北主干线包茂高速的重要路段，均昌隧道为其关键控制性工程[50]。该隧道位于岑溪市岑城镇钓石村及大隆镇均昌村之间，设计隧型为分离式小净距隧道，全长约 4.3km，属特长公路隧道。隧道于 2010 年开工建设，施工期内发生四次严重的突水突泥灾害，导致初支破坏、地表塌陷和严重的工期延误。

均昌隧道建设所面临的地质条件极为复杂：其一，隧道穿越全强风化花岗岩地层，围岩松散破碎，富水性强，为突水突泥提供了储水空间与导水通道；其二，突水突泥高风险区段上方为微盆地地形，为突水突泥提供了强有力的汇水地势；其三，隧址区属亚热带山区季风湿润气候区，降雨充沛，为突水突泥提供了充分的水源补给。上述三个因素的联合作用导致隧道突水突泥强度高、危害大、治理难度大（图 5.4-1）。

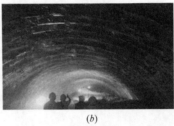

(a)   *(b)*   *(c)*

图 5.4-1 均昌隧道突水突泥灾害[50]

（*a*）掌子面突泥；（*b*）初支变形、掉皮和开裂；（*c*）掌子面上方地表塌陷

2. 突涌水灾害治理方案

针对均昌隧道突水突泥段的地质条件，工程中采用全断面帷幕注浆方法对突涌水通道和软弱围岩进行系统的封堵与加固。灾害治理方案基于全寿命周期设计理念，采用地球物理探测与注浆相结合、系统帷幕注浆与重点区域补充注浆相结合的综合方法，以新型可控速凝注浆材料（GT-1）和精细化注浆控制技术为依托，通过浆液渗透扩散、挤密加固、劈裂浆脉骨架支撑等联合作用模式，达到对隧道富水软弱围岩的堵水加固综合治理效果。

（1）洞内地球物理探测

在治理施工前，利用瞬变电磁等地球物理方法探明掌子面前方围岩内的含导水构造及地下水分布情况等，为每循环的注浆参数设计提供依据，如图 5.4-2 所示。

（2）钻孔设计

全断面帷幕注浆设计整体采用均匀布设方式，同时考虑综合地质分析所划分的富水区分布情况，对集中富水区位置进行局部加密布设。此外，为保证隧道开挖过程中拱顶围岩的稳定性，对拱顶钻孔进行加密布置。全断面帷幕注浆的钻孔分布如图 5.4-3 所示。

（3）注浆材料

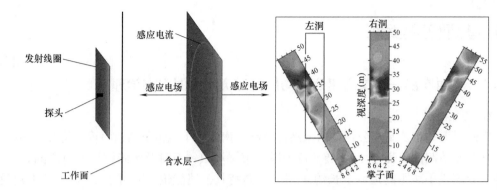

图 5.4-2 瞬变电磁探测原理与探测结果

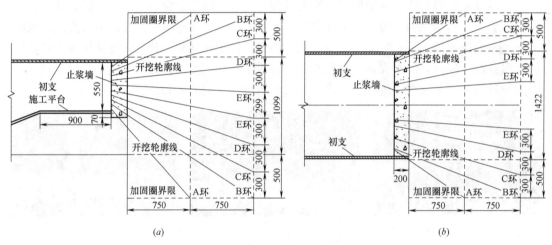

图 5.4-3 全断面帷幕注浆钻孔示意图

（a）垂向剖面；（b）水平剖面

该工程所采用的注浆材料包括普通水泥单液浆、普通水泥-水玻璃（C-S）双液浆和GT-1新型注浆材料。施工过程中依据"突出效果、技术可行、耐久性强、经济环保"的原则动态调整注浆材料的类型与配比：①普通水泥单液浆的结石体强度高、耐久性好，同时注浆操作简单，主要用于深部塌腔的注浆充填与围岩挤密、劈裂加固；②GT-1新型注浆材料具有凝结时间可调、抗动水分散的显著优势，主要用于富水区和深部围岩注浆，解决一般双液浆深部注浆起压快、扩散效果差、动水留存率低的问题；③C-S双液浆的凝结时间快，但耐久性差、深部注浆起压快，主要用于浅部堵水与围岩加固。

（4）注浆工艺与参数

本工程采用了前进式分段注浆、深部定域注浆、注浆压力与速率梯度控制等精细化注浆工艺，保障了注浆治理效果。工程中所采用的具体参数如表5.4-1所示。

3. 灾害治理效果

经注浆治理后的隧道围岩干燥无水，内部存在大量宽大浆脉，表明注浆对含导水通道的封堵效果良好，同时浆脉纵横交错形成网状骨架，对软弱围岩起到很强的支撑作用，如图5.4-4所示。通过注浆，实现了单孔最大涌水量$410m^3/h$高风险区域的快速有效治理，避免了突水突泥灾害的再次发生，保障了隧道的安全掘进。

注浆参数表 表 5.4-1

编号	类型	参数	取值
1	帷幕参数	纵向加固长度(m)	15~20
2		径向加固长度(m)	开挖面及隧道开挖轮廓线外 5~10
3		开孔间距(m)	0.5~1
4		终孔间距(m)	3~3.5
5	注浆参数	注浆加固半径(m)	3
6		注浆终压(MPa)	浅部 2.5,深部 4~5.5
7		注浆速率(L/min)	15~90
8	钻探参数	孔口管直径(mm)	$\phi127$、$\phi108$
9		注浆孔直径(mm)	127、108

图 5.4-4 开挖揭示围岩注浆效果图

5.4.2 湖南省龙永高速公路大坝隧道突涌水灾害治理

1. 工程概况

湖南省龙永高速公路大坝隧道,全线长 2500m,设计为双线分离式,沿线穿越奥陶系灰岩地层,进口端发育 F2、F6 两条断层。受断层影响,隧道进口端 K86+40～K86+220 段岩层风化严重,隧道开挖过程中揭露多处溶洞。其中,大型溶洞两处:Ⅰ号大型溶洞位于右洞 K86+145 里程,与隧道前进方向呈 45°斜交,自右侧拱肩发育至左侧拱脚;Ⅱ号大型溶洞位于 K86+083 里程隧道右侧,长约 10m、高约 6m、宽约 9m。由于开挖阶段溶洞基本无涌水,仅对溶洞进行了混凝土充填与封闭处理,没有严格的防水处理。

2014 年 5 月 14 日暴雨过后,隧道断层影响段(K86+40～K86+220)涌水量暴增,底板及两帮出现多处涌水点,峰值涌水量达 36 万 m³/d。其后,每逢强降雨,该段落涌水量都会激增。持续的涌水对隧道的支护造成严重破坏,涌水段初支混凝土受涌水冲刷,造成剥落,底板受高水压影响,部分区域出现底鼓并形成涌水点。突涌水发生的主要原因为:隧道穿越的灰岩地层,受断层影响,围岩中发育大量溶隙、溶管等天然导水通道;地表强降雨迅速入渗导致地下水位暴涨,并通过岩溶导水通道涌入隧道,最终引发突涌水(图 5.4-5)。

图 5.4-5　涌水点及突涌水情况[51]

2. 岩溶富水区及涌水点的探查

为系统封堵大坝隧道突涌水，在涌水段（K86＋40-K86＋220 里程段）制定了从全局到局部的综合探查方法，首先应用全空间瞬变电磁与高密度电阻率探测方法，对治理段进行全面探测，在关键区域利用跨孔电阻率 CT 探查周边导水通道空间分布情况，最终查明了含导水构造的发育规模及空间展布规律，结果表明：在隧道 K86＋40～K86＋220 涌水段，左、右两洞周边共分布 3 处主要的探测异常区（图 5.4-6）。其中，Ⅰ 号异常区为大型富水区，位于 K96＋050～K96＋100 段；Ⅱ 号异常区为大型溶洞，位于 K96＋130～K96＋160 段；Ⅲ 号异常区为小型富水区，位于 K96＋180～K86＋210 段。

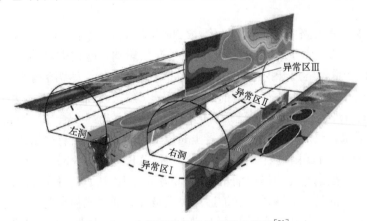

图 5.4-6　大坝隧道地球物理探查结果[51]

3. 突涌水注浆治理

大坝隧道 K86＋40～220 段涌水治理的重点是对已查明溶洞、富水区及涌水点的治理。同时，由于隧道周边浅层岩体完整性较差，裂隙发育较多，强降雨时衬砌搭接缝普遍存在不同大小的淋水。因此，涌水灾害治理分为两个方面：①整个涌水段系统封堵处治；②主要涌水点封堵治理。

为保证突涌水封堵效果，将大坝隧道涌水段左、右洞各分为三个治理区进行分区治理（图 5.4-7），并采用周边帷幕注浆方法对各区段进行全面处理。考虑到注浆封堵范围对围岩防水效果的影响，封堵范围确定为隧道外侧 8m。

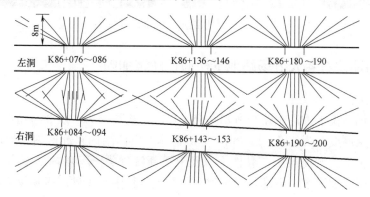

图 5.4-7　大坝隧道突涌水治理方案设计平面示意图[51]

在对隧道涌水段进行全面注浆治理的同时，为保障已有涌水点封堵效果，需要根据涌水点水量、涌水时间、水源及补给路径等特点，分类进行重点处治。对直接连通储水溶洞的涌水点（RW1 和 RW4），注浆治理的重点是对溶洞的回填处理。溶洞充填材料以砂、石骨料为主，同时注入一定比例的水泥浆充填砂石孔隙，并起到胶结作用。对于通过导水通道连通富水区的涌水点（LW1、RW2、RW3、RW6 等），注浆治理以封堵导水通道为主。由于岩溶区导水通道极端复杂，注浆封堵时采用注浆压力作为主要结束标准，以保障导水通道封堵效果，同时加入适当的速凝类材料，防止浆液过度扩散造成浪费（图 5.4-8）。

图 5.4-8　大坝隧道突涌水治理施工

根据大坝隧道突涌水特点，采用 GT-1 速凝可控注浆材料，配合前进式分段注浆工艺、定域控制注浆工艺等高效注浆封堵技术，在保障涌水治理效果的前提下，针对施工过程中遇到的各种技术问题，及时调整选取适当的钻探及注浆施工工艺，最终取得了良好的突涌水封堵效果。治理后隧道进口端总排水量不足 $2m^3/h$（图 5.4-9），涌水封堵率达 95% 以上。

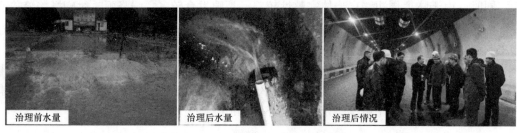

| 治理前水量 | 治理后水量 | 治理后情况 |

图 5.4-9　大坝隧道突涌水治理效果

5.4.3　青岛地铁石老人浴场站地下横通道注浆加固

1. 工程概况

石老人浴场站位于香港东路与海尔路交叉口、结构类型为 2 层 3 跨箱形框架结构。场内第四系砂土层厚度约为 9.5～14.8m，地形整体上由西南向东北倾斜，地层多为海陆交互相沉积的砂类土、淤泥质土、黏性土以及上更新统砂类土。场内地下水主要有两种类型：上部砂土层孔隙潜水、下部基岩裂隙水。开挖过程中富水砂层极易发生涌水、溃砂灾害，导致地表塌陷、交通中断，甚至导致人员伤亡，为此对富水砂层进行超前注浆加固，确保工程安全。

2. 注浆方案设计

（1）材料选择

根据工程具体需求，针对 4 种注浆材料开展性能测试、可注性分析，从材料特性及工程适用性角度出发，遴选适用于本工程需求的注浆材料（表 5.4-2）。

五种浆液性能及经济型对比　　　　　　　　　　　　　　　　表 5.4-2

注浆材料	凝胶时间	凝胶体特征	浆液与砂土均匀混合体强度（MPa）	注浆固砂体强度（MPa）	价格	注浆适用性
普通硅酸盐水泥	45min～6h	流体，易析水	20～25	12～16	最低	性能上不适用
水泥-水玻璃注浆溶液	10s～2min	速凝，块状	1.1～2.7	0.3～0.5	适中	性能上适用
GT-1 注浆材料	45s～30min	膏状，具有可泵性	10～12	3～5	适中	性能上适用
EMCG 超细注浆材料	3h～12h	流体，可泵送	5～6.5	1～3.5	最高	性能上适用

在隧道开挖过程中，拱顶区域的注浆加固效果对开挖安全起关键控制的作用，由于普通水泥颗粒无法在砂层中进行渗透扩散，只能以劈裂形式扩散，不易注入砂层，为控制地表隆起，拱顶区域采用 EMCG 超细注浆材料进行注浆。为保证注浆加固强度，掌子面采用 GT-1 注浆材料进行加固。

（2）工艺设计

① 双层式膜袋注浆工艺

双层式膜袋注浆工艺采用低压向内层膜袋内注入速凝固结材料，在内层膜袋与注浆管间形成第一层屏浆层，达到初步稳固注浆管的目的。待速凝固结材料具有一定强度后，采用较高压力向外层膜袋与内层膜袋间再次注入速凝固结材料建立第二层屏浆层，以使外层膜袋膨胀并与钻孔的孔壁紧密贴合，隔离软弱砂土层，避免了注浆过程中浆液压力对软弱砂土层的扰动破坏，并解决了因单层膜袋破损而导致注浆管封固失败的难题。

② 前进式分段注浆工艺

前进式分段注浆工艺为首先钻设大口径裸孔，并采用速凝类浆材封固孔口管；然后继续钻设 3～5m 深的小口径钻孔，并进行注浆；如此往复，直至完成该孔所有区段的加固（图 5.4-10、图 5.4-11）。

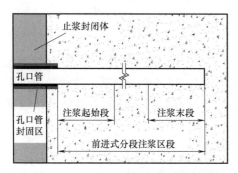

图 5.4-10　前进式分段注浆工艺

图 5.4-11　钻孔施工图

（3）参数设计

① 注浆压力，根据经验公式：

$$p_a = \beta\gamma T + Ck\alpha h \tag{5.4-1}$$

式中　p_a——容许注浆压力（kPa）；

　　　β——系数在 1～3 之间；

　　　γ——注浆段以上土层的重度（kN/m³）；

　　　T——地基覆盖层厚度（m）；

　　　C——与注浆次序有关的系数，为量纲一化的量；

　　　k——与注浆方式有关的系数，为量纲一化的量；

　　　α——与地层性质有关的系数，为量纲一化的量；

　　　h——地面至注浆段的深度（m）。

依据式（5.4-1）得出注浆压力应在 0.43～1.26MPa，因此现场试验的容许注浆压力确定为 1.0MPa。

② 浆液流量

注浆泵采用衡阳中地装备探矿工程机械有限公司生产的 BW-250 型三缸单作用柱塞泵，流量为 90L/min，在 ϕ50 注浆管中浆液的初始速度 $v_0 = 43.8$cm/s。

3. 注浆效果评价

（1）变形分析

注浆过程中，采用 Leica TS60 全站仪对治理区域的地表及地下管线进行实时动态监测，依据变形量调控单孔注浆量及注浆工艺，地表变形值见图 5.4-12。

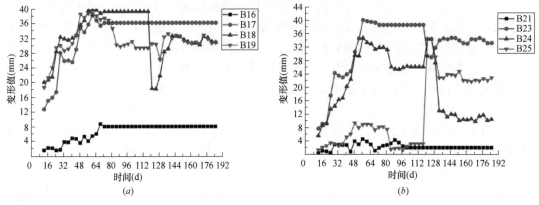

图 5.4-12 地表变形图

（2）加固强度分析

参照《工程地质手册》中关于地基处理的有关规定，待各砂土层某一注浆阶段结束后 7d 进行取芯，取芯部位位于加固砂土层中部，然后对所取芯样进行加工修整及单轴抗压强度试验，单轴抗压强度见表 5.4-3。

固砂体单轴抗压强度　表 5.4-3

距注浆点源距离(cm)	固砂体单轴抗压强度(MPa)		
	中砂层 S10	含淤泥中砂层 S16	含黏性土粗砂层 S11
10	3.91	3.93	3.93
20	3.07	3.16	3.17
30	2.38	2.63	2.68
40	1.62	2.11	2.2
50	0.89	1.54	1.68
60	0.36	0.98	1.15
70		0.52	
80		0.22	

参考文献

［1］ 田四明，巩江峰. 截至 2019 年底中国铁路隧道情况统计［J］. 隧道建设（中英文），2020，40（2）：292-297.

［2］ 《隧道建设（中英文）》编辑部. 中国城市轨道交通 2019 年度数据统计［J］. 隧道建设（中英文），2020，40（5）：762-767.

［3］ 李术才，李树忱，张庆松，等. 岩溶裂隙水与不良地质情况超前预报研究［J］. 岩石力学与工程学报，2007，26（2）：217-225.

［4］ 李术才，王康，李利平，等. 岩溶隧道突水灾害形成机理及发展趋势［J］. 力学学报，2017，49

（1）：22-30.

[5]　唐益群. 工程地下水 [M]. 上海：同济大学出版社，2011.

[6]　蔡美峰，何满潮，刘冬燕. 岩石力学与工程 [M]. 北京：科学出版社，2002.

[7]　覃仁辉，王成. 隧道工程（第三版）[M]. 重庆：重庆大学出版社，2011.

[8]　唐亮. 隧道病害调查分析及衬砌结构的风险分析与控制研究 [D]. 杭州：浙江大学，2008.

[9]　冯浩. 在役城市公路隧道的事故及风险识别 [D]. 重庆：重庆大学，2007.

[10]　焦玉勇，张为社，欧光照，等. 深埋隧道钻爆法开挖段突涌水灾害的形成机制及防控研究综述 [J]. 隧道与地下工程灾害防治，2019，1（1）：36-46.

[11]　周毅. 隧道充填型管道构造突涌水机制与预测预警及工程应 [D]. 济南：山东大学，2015.

[12]　李术才. 隧道突水突泥灾害源超前地质预报理论与方法 [M]. 北京：科学出版社，2015.

[13]　黄鑫，林鹏，许振浩，等. 岩溶隧道突水突泥防突评判方法及其工程应用 [J]. 中南大学学报（自然科学版），2018，49（10）：2533-2544.

[14]　王凯，李术才，杨磊，等. 全风化花岗岩加固特性注浆模拟试验 [J]. 天津大学学报（自然科学与工程技术版），2017，50（11）：1199-1209.

[15]　李术才，许振浩，黄鑫，等. 隧道突水突泥致灾构造分类、地质判识、孕灾模式与典型案例分析 [J]. 岩石力学与工程学报，2018，37（5）：1041-1069.

[16]　李术才. 隧道及地下工程突涌水机理与治理 [M]. 北京：人民交通出版社，2014.

[17]　郭纯青，王莉，王洪涛. 中国岩溶生态地质研究 [J]. 生态环境，2005，14（2）：275-281.

[18]　孙明彰. 宜万铁路野三关隧道602溶腔处治 [J]. 现代隧道技术，2010，47（1）：91-98.

[19]　许振浩，李术才，李利平，等. 基于层次分析法的岩溶隧道突水突泥风险评估 [J]. 岩土学，2011，32（6）：1757-1766.

[20]　李术才，张伟杰，张庆松，等. 富水断裂带优势劈裂注浆机制及注浆控制方法研究 [J]. 岩土力学，2014，35（3）：744-752.

[21]　总参工程兵科研三所. 地下工程防水技术规范 GB 50108—2008 [S]. 北京：中国计划出版社，2008.

[22]　张霄. 地下工程动水注浆过程中浆液扩散与封堵机理研究及应用 [D]. 济南：山东大学，2011.

[23]　张民庆，彭峰. 地下工程注浆技术 [M]. 北京：地质出版社，2008.

[24]　陈文豹，汤志斌. 冻结法施工 [M]. 北京：煤炭工业出版社，1993.

[25]　尚骁林. 人工冻结法施工地铁联络通道冻结设计及实测研究 [D]. 西安：西安科技大学，2019.

[26]　王梦恕. 中国隧道及地下工程修建技术 [M]. 北京：人民交通出版社，2010.

[27]　徐志平. 兰渝铁路胡麻岭隧道第三系含水粉细砂岩地表降水试验研究 [J]. 隧道建设，2015，35（5）：428-434.

[28]　黄世武. 隧道突涌灾害形态分析法 [M]. 北京：科学出版社，2018.

[29]　邹翀，罗琼，李治国，等. 圆梁山隧道衬砌裂缝及渗漏水治理技术 [J]. 现代隧道技术，2004（5）：52-57+64.

[30]　陈心茹，朱祖熹. 隧道与地下工程防排水技术近年来的探索与改进 [J]. 隧道建设，2015，35（4）：292-297.

[31]　张向宇. 乌鞘岭公路隧道渗漏水病害整治技术研究 [D]. 兰州：兰州交通大学，2017.

[32]　李术才，徐帮树，李树忱. 海底隧道衬砌结构选型及参数优化研究 [J]. 岩石力学与工程学报，2005（21）：96-104.

[33]　张庆贺. 隧道与地下工程灾害防护 [M]. 北京：人民交通出版社，2009.

[34]　袁勇，姜孝谟，周欣，等. 我国隧道防水技术的现状 [J]. 世界隧道，1999（4）：3-5.

[35]　李术才，张霄，张庆松，等. 地下工程涌突水注浆止水浆液扩散机制和封堵方法研究 [J]. 岩石

力学与工程学报. 2011, 30 (12): 2377-2396.

[36] 刘人太. 水泥基速凝浆液地下工程动水注浆扩散封堵机理及应用研究 [D]. 济南: 山东大学, 2012.

[37] 刘健, 刘人太, 张霄, 等. 水泥浆液裂隙注浆扩散规律模型试验与数值模拟 [J]. 岩石力学与工程学报. 2012, 31 (12): 2445-2452.

[38] 张连震. 地铁穿越砂层注浆扩散与加固机理及工程应用 [D]. 济南: 山东大学, 2017.

[39] 沙飞, 李术才, 林春金, 等. 砂土介质注浆渗透扩散试验与加固机制研究 [J]. 岩土力学. 2019, 40 (11): 4259-4269.

[40] 张连震, 张庆松, 刘人太, 等. 考虑浆液黏度时空变化的速凝浆液渗透注浆扩散机制研究 [J]. 岩土力学, 2017, 38 (02): 443-452.

[41] 李术才, 郑卓, 刘人太, 等. 基于渗滤效应的多孔介质渗透注浆扩散规律分析 [J]. 岩石力学与工程学报. 2015, 34 (12): 2401-2409.

[42] 李术才, 冯啸, 刘人太, 等. 砂土介质中颗粒浆液的渗滤系数及加固机制研究 [J]. 岩石力学与工程学报, 2017, 36 (S2): 4220-4228.

[43] 李天坤, 刘露. 考虑土体三维剪切破坏的压密注浆理论模型 [J]. 土工基础. 2019, 33 (04): 471-474.

[44] 张庆松, 张连震, 刘人太, 等. 基于"浆-土"界面应力耦合效应的劈裂注浆理论研究 [J]. 岩土工程学报. 2016 (02): 323-330.

[45] 张连震, 李志鹏, 张庆松, 等. 砂层压密特性及其对劈裂-压密注浆扩散过程的影响 [J]. 煤炭学报. 2020, 45 (2): 667-675.

[46] 李术才, 孙子正, 李侨, 等. 一种隧道突涌水全寿命周期治理方法 [P]. CN201510511372.5. 2015-11-11.

[47] 刘文永. 注浆材料与施工工艺 [M]. 北京: 中国建材工业出版社, 2008.

[48] 沙飞. 富水砂层高效注浆材料及其加固机理研究和应用 [D]. 济南: 山东大学, 2018.

[49] 刘斌. 基于电阻率法与激电法的隧道含水地质构造超前探测与突水灾害实时监测研究 [D]. 济南: 山东大学, 2010.

[50] 周文. 均昌隧道富水风化花岗岩不良地质段施工关键技术研究 [M]. 北京: 科学出版社, 2017.

[51] Li X, Zhang Q, Zhang X, Lan X, Duan C, Liu J. Detection and treatment of water inflow in karst tunnel: A case study in Daba tunnel [J]. Journal of Mountain Science, 2018, 15 (7): 1585-1596.

6 基坑工程地下水控制

俞建霖[1,2]

(1. 浙江大学滨海和城市岩土工程研究中心, 浙江 杭州 310058; 2. 浙江省城市地下空间开发工程技术研究中心, 浙江 杭州 310058)

6.1 概述

随着我国城市化建设和地下空间利用的不断发展, 高层、超高层建筑日益增多, 地铁车站、铁路客站、地下停车场、地下商场、地下通道、桥梁基础等各类大型工程不断涌现, 基坑工程的规模、深度和难度都在不断扩大。基坑工程的地下水控制和环境影响控制已成为基坑工程的两个关键技术难题。

基坑工程通过合理的地下水控制措施, 可以为地下结构的施工创造干燥的作业面, 同时保证基坑周边的地下水位变化不会影响周边建(构)筑物和地下管线的安全及正常使用。基坑工程地下水控制主要有止水和降(排)水两种思路(图 6.1-1)。其中, 降水是基坑开挖过程中最为常见的地下水处理方式, 其目的在于降低地下水位、增加边坡稳定性、给基坑开挖创造便利条件。当基坑开挖到基底标高时, 承压含水层上覆土的重量不足以抵抗承压水头的扬压力时, 需要降压或设置竖向、水平向止水帷幕以防止坑底突涌。降水系统的有效工作需要通畅的排水系统, 但除了将坑内抽降的地下水及时排出外, 排水系统还包括地表明水、开挖期间的大气降水等的及时排除。为了避免降、排水造成地面沉降, 影响周边建筑物、市政管线等的正常使用, 需要设置止水帷幕, 切断或减缓基坑内外的水力联系及补给。两种思路地下水处理方式不同, 在基坑工程中常常需要组合使用, 采用止水和降水相结合的方式, 才能保证地下水控制的合理、可行、有效的实施。

$$
\text{地下水控制} \begin{cases} \text{降(排)水} \begin{cases} \text{潜水} \\ \text{承压水} \end{cases} \\ \text{止水} \begin{cases} \text{竖向止水帷幕} \\ \text{水平向止水帷幕} \end{cases} \end{cases}
$$

图 6.1-1 基坑工程地下水控制

具体来说, 基坑工程地下水控制系统可以采用以下几种方式:

1. 基坑降(排)水

降(排)水方法主要分为集水明排、井点降水、管井降水等类型, 适用于各类含水层, 在有条件时可优先考虑采用。通过采取基坑降(排)水措施, 将基坑内的地下水位降低至基底以下不小于 0.5m。根据基坑开挖的需要和基坑降水的水位情况, 对降水设施进行动态管理, 实现按需降水, 尽量减少基坑抽排水量, 以避免过量抽取地下水资源或影响地下水环境。

2. 止水帷幕

当基坑周边环境比较复杂，建（构）筑物和地下管线对地基沉降较敏感，采用基坑降水可能影响临近建（构）筑物和地下管线的安全或正常使用时，可在基坑周边设置封闭的止水帷幕。同时止水帷幕宜尽量插入到坑底以下渗透性相对较低的土层中，形成落底式止水帷幕，以切断基坑内外地下水的水力联系；并选用三轴水泥搅拌桩、TRD 或 CSM 等工法提高止水帷幕的可靠性。

3. 止水帷幕结合控制性降水

对于以下几种情况，可考虑在基坑周边设置止水帷幕并结合控制性降水措施：

（1）基坑周边环境条件相对复杂，但允许地基产生一定量沉降；

（2）基坑开挖深度大，地下水位高，地基土体渗透性强，完全依靠基坑降水难以将地下水位降低至坑底以下；

（3）坑底下存在承压含水层且坑底抗突涌稳定不满足要求，由于施工设备能力的限制，落底式止水帷幕施工困难、止水效果难以保证或经济性差，此时可考虑采用悬挂式止水帷幕结合基坑内外减压降水措施，以满足环境保护要求和坑底抗突涌稳定性要求。目前杭州、天津、上海、武汉等地均有较成熟的经验，但此时必须注意对承压水头降低对环境的影响进行评估，综合决策。

在基坑外采取控制性的降低潜水位措施，可以带来三方面好处：①减小基坑降水对周围环境的影响；②减小作用在围护结构上的侧压力，从而减小围护结构的内力和变形，提高基坑稳定性；③减小基坑内外水头差，降低止水帷幕渗、漏水发生的可能性，同时也有利于在止水帷幕局部渗漏后进行堵漏补救。

4. 坑外降水结合回灌

当基坑外地下水位降低引起的地面沉降对周边环境安全产生影响时，可以考虑采用回灌的方法，控制基坑降水对周边敏感的建（构）筑物的影响。

另外，冻结法通过人工制冷使地层中的水冻结，增加土体的强度和稳定性并隔绝地下水。冻结法已广泛应用于盾构隧道联络通道的施工中，目前也有少量应用在规模较小的深基坑工程中。但在基坑工程中应用冻结法，应充分考虑冻胀和融沉对周边环境的影响，加强环境保护，并与其他地下水控制方法进行技术经济比较。

综上，基坑工程中的地下水控制应根据场地水文地质条件、基坑开挖深度以及周边环境情况等综合考虑确定。地下水处理方案与控制措施都应该满足技术可行和经济合理，并能保障基坑工程本身的安全以及减小对基坑周边环境的影响。

6.2 基坑止水帷幕的设计与施工

6.2.1 止水帷幕设计计算

当悬挂式止水帷幕的底部位于粉土、砂土、碎石和卵石等透水性较大的土层时应进行抗渗流稳定性验算。渗流的水力梯度不应超过临界水力梯度，由此可以确定止水帷幕的设计深度。目前，国内常规单轴和双轴搅拌机施工的水泥搅拌桩止水帷幕的深度可达 15m，三轴搅拌桩止水帷幕深度可达 30m 左右，而 TRD 工法等则可达到 60m 左右。

基坑抗渗流稳定性验算如图 6.2-1 所示。要避免基坑发生流土破坏，需要在渗流出口处保证满足下式：

$$\gamma' \geqslant i\gamma_w \qquad (6.2\text{-}1)$$

式中 γ'，γ_w——土体的有效重度和地下水的重度（kN/m^3）；

i——渗流出口处的水力坡降。

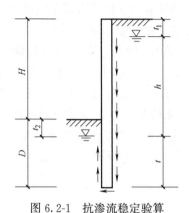

图 6.2-1 抗渗流稳定验算

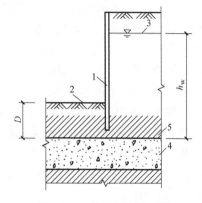

图 6.2-2 抗突涌稳定验算

1—止水帷幕；2—基底；3—承压水测
管水位；4—承压水含水层；5—隔水层

计算水力坡降 i 时，渗流路径可近似地取最短的路径，即紧贴围护结构位置的路线以求得最大水力坡降值：

$$i = \frac{h}{h+2t} \qquad (6.2\text{-}2)$$

根据式（6.2-1）可以定义抗渗流安全系数为：

$$K_s = \frac{\gamma'}{i\gamma_w} = \frac{\gamma'(h+2t)}{\gamma_w h} \qquad (6.2\text{-}3)$$

抗渗流稳定性安全系数 K_s 的取值带有很大的地区经验性。如浙江省《建筑基坑工程技术规程》规定，对于一、二、三级支护工程分别取 1.6、1.5 和 1.4；深圳地区《建筑深基坑支护技术规范》对一、二、三级支护工程分别取 3.00、2.75 和 2.50；而上海市标准《基坑工程设计规程》则规定，当墙底土为砂土、砂质粉土或有明显的砂土夹层时取 3.0，其他土层取 2.0。

当基坑坑底以下有承压水存在时，基坑开挖减小了承压含水层上覆的不透水层的厚度。当不透水层的厚度减小到一定程度时，基坑底部会出现网状或树枝状裂缝，地下水从裂缝中涌出，并带出下部土颗粒，发生流砂、喷水及冒砂现象，形成基坑突涌，给施工带来很大的困难。

承压水作用下的坑底突涌稳定性可按下式验算（图 6.2-2）。当基坑抗突涌稳定性不满足要求时，应考虑承压水减压措施或设置竖向、水平向止水帷幕。

$$K_t = \frac{D\gamma}{h_w \gamma_w} \qquad (6.2\text{-}4)$$

式中　K_t——抗突涌稳定性安全系数，要求不小于1.1；

　　　γ——承压含水层顶面至坑底土层的天然重度（kN/m^3）；对于成层土，可按厚度取加权平均值。

6.2.2　止水帷幕施工

部分基坑围护体系中的挡土结构如地下连续墙、咬合桩和SMW工法桩自身可起到竖向防渗作用，通常无须另行设置止水帷幕。目前常用的竖向止水帷幕包括单轴或双轴水泥搅拌桩、高压旋喷桩，三轴搅拌桩等。近年来新引进的一些独具特色和应用场景的工法，如渠式切割水泥土连续墙（TRD）、铣削搅拌水泥土墙（CSM）、全方位高压喷射工法（MJS）、超高压喷射工法（RJP），也在基坑工程中得到了推广应用。当基坑坑底以下存在承压水且抗突涌稳定性不满足要求时，有时会在坑底设置由双轴或三轴搅拌桩、高压旋喷桩、注浆法、MJS工法或RJP工法形成的水平向止水帷幕，以提高基坑的抗渗流破坏能力，尤其是在面积较小的基坑或局部的电梯井坑中坑。本节主要介绍这些年新引进的止水帷幕施工工法。

6.2.2.1　渠式切割水泥土连续墙（TRD工法）

1. 工艺原理

渠式切割水泥土连续墙（Trench Cutting & Re-mixing Deep Wall Method，简称TRD工法）是由日本神户制钢所开发的一种新型水泥土搅拌墙施工技术。该工法兼有自行掘削和混合搅拌固化液的功能。与传统的SMW工法采用垂直轴纵向切削和搅拌施工方式不同，TRD工法首先将链锯型切削刀具插入地基，掘削至墙体设计深度；在链式刀具围绕刀具立柱转动作竖向切割的同时，刀具立柱横向移动、水平推进并由其底端喷射切割液和固化液。由于链式刀具的转动切削和搅拌作用，切割液和固化液与原位土体进行混合搅拌，如此连续施工而形成等厚度的水泥土连续墙（图6.2-3）。

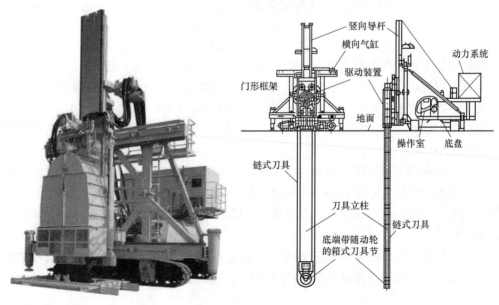

图6.2-3　TRD工法机械

2. 适应范围

TRD 工法机具成墙厚度、深度视设备型号不同而异。TRD-Ⅰ型：成墙厚度 450～550mm，深度 20m；TRD-Ⅱ型：成墙厚度 550～700mm，深度 35m；TRD-Ⅲ型：成墙厚度 550～850mm，深度 60m。

TRD 工法不仅可以适用于 N 值小于 100 的软土地层，还可以在直径小于 100mm，$q_u \leqslant 5MPa$ 的卵砾石、泥岩和强风化基岩中施工，适应地层广泛。

3. TRD 工法的特点

（1）TRD 工法成桩质量好，沿桩长方向水泥土搅拌均匀。在相同地层条件下可节约水泥 25%。相对于传统的水泥土搅拌桩，在相同地层条件下，TRD 工法桩身深度范围内的水泥土强度普遍提高。水泥土无侧限抗压强度在 0.5～2.5MPa 范围之内。

（2）墙体连续等厚度，均匀性和止水性能好。经过 TRD 工法加固的土体渗透系数在砂质土中为 $10^{-7} \sim 10^{-8}$ cm/s，在砂质粉土中约 10^{-9} cm/s。成墙作业连续，无接头。

（3）TRD 工法施工机架重心低、稳定性好。TRD 工法可施工墙体厚度为 450～850mm，深度最大可达 60m，而 TRD 三种型机中施工机梁最大高度仅为 12m。

（4）TRD 工法可将主机架变角度，与地面的夹角最小为 30°，可以施工倾斜的水泥土墙体，满足特殊设计要求。

4. 与 SMW 工法差异

TRD 工法是在 SMW 工法基础上，针对三轴水泥搅拌桩桩架过高，稳定性较差，成墙垂直度偏低和成墙深度较浅等缺点研发的新工法，适用于开挖面积较大、开挖深度较深、对止水帷幕的止水效果和垂直度有较高要求的基坑工程。与目前经常采用的单轴或多轴螺旋钻孔所形成的柱列式水泥土连续墙工法，如 SMW 工法的不同之处在于：

（1）机架高度不同

TRD 工法机械的搅拌装置为多节箱式刀具拼接而成，随挖随拼接；拼接过程中除最顶层的箱式刀具节外，其余刀具节均位于地下。地面以上搅拌装置高度不超过一节箱式刀具节的高度（不超过 4m，主机高度不超过 12m）。理论上，TRD 工法的搅拌装置可以根据搅拌深度无限接长，而地面以上高度始终不超过 4m，大大减小因地面以上机械高度原因对使用机械条件限制的影响。

三轴搅拌机的搅拌深度必须和地面以上搅拌装置高度配套，两者一致。当工程所需搅拌墙深度较深时，要求机械地面以上搅拌装置的高度随之加高。当地面以上搅拌装置过高后，不仅对搅拌施工的效率、机械的功率提出更高要求，而且影响设备进出场的效率、机械自身的稳定性。当工程场地范围存在空中设施时，如高压线时，将由于机械的高度问题带来的安全隐患而限制使用。

（2）搅拌方式不同

三轴搅拌机械为由上至下螺旋式水平搅拌，搅拌土体基本限于同一土层内，是水平向搅拌方式。TRD 工法的链式刀具围绕立柱由上而下转动，刀具沿竖向穿越所有土层，对所有土层进行竖向混合搅拌，是真正意义上的竖向搅拌方式。一旦施工机械的搅拌装置（即箱式刀具）插入地基中后，该搅拌装置可一直在地基中持续搅拌土体；在形成墙体的过程中，无须频繁抬升或下插箱式刀具，从而保证其高效率持续地进行搅拌作业，形成真正意义上的地下连续墙。

（3）加固土体性质不同

三轴搅拌机械的加固土体性质随原有竖向土层性质不同而有所差异。TRD 工法对原位所有土层进行由上至下的混合竖向搅拌，形成的加固体不随土层性质不同而不同，加固体性质更为均一。

（4）切削能力不同

TRD 工法主机功率高，其链式回转的切削方式决定了其切削能力强，适用的土层范围广。对砂砾、硬土、砂质土及黏性土等均可成功切割，也有在卵石地层、硬质岩层的切割及大深度施工的工程实例。

（5）水泥土墙体截面形式不同

TRD 墙体连续等厚度，横向连续，截水性能好，成墙作业连续无接头；内插芯材可按任意间距插入，不受桩位限制。SMW 工法水泥土墙体为非等厚的柱列式墙体，芯材最小间距为桩的中心距，相对连续性弱于 TRD 墙体（图 6.2-4）。

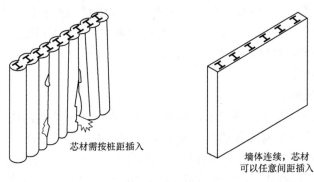

芯材需按桩距插入

墙体连续，芯材可以任意间距插入

图 6.2-4　墙体形状比较

（6）墙体质量不同

TRD 工法施工时，可通过刀具立柱内多段倾斜仪，对施工墙体平面内和平面外实时监测以控制垂直度，实现高精度施工。TRD 工法连续施工，且施工工艺要求回行切割，因此成墙墙体基本无接缝，墙体止水性好。

5. TRD 工法施工流程

TRD 工法施工工艺流程如图 6.2-5 所示，主要步骤如下：

（1）测量放样

根据坐标基点，按设计图放出墙线位置，并设临时控制点，填好技术复核单，提请监理人员复核并验收。

（2）开挖导向沟槽，设置定位钢板或导墙

开挖导向沟槽，设置定位钢板或导墙是控制水泥土墙的关键之一。沟槽边放置定位钢板后，将对其上荷载产生压应力分散作用，一定程度上可提高表层地基的承载力。导墙相对位置固定，定位准确。采用现浇钢筋混凝土导墙时，导墙宜筑于密实的土层上，并高出地面 100mm，导墙净距应比水泥土墙体设计宽度宽 40～60mm。

（3）配制切割液和固化液

为了保证 TRD 工法水泥土墙注入液的质量，注入液制备和注入的各个环节均采用全自动浆液制备和注入装置。该装置不仅能够进行原材料、浆液注入量的全自动量测，还可

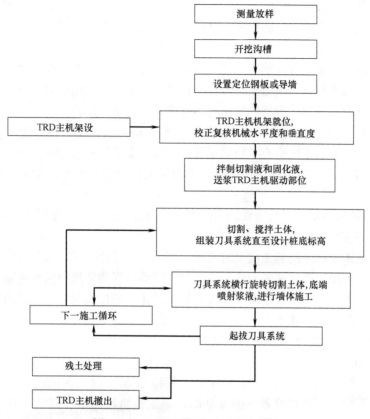

图 6.2-5 TRD 工法施工工艺流程图

根据实际施工墙体的体积调整注入量。因此，相关设备型号选择时应保证具有充足的容量与注入液制备能力，满足每日注入液最大需求量，同时送浆速度应与 TRD 主机的移动速度匹配。

（4）TRD 机械就位并组装刀具系统

TRD 主机应平稳、平正。采用激光经纬仪测量的机架垂直度应小于 1/250。刀具系统组装时，应首先将带有随动轮的箱式刀具节与主机连接；根据逐节连接的箱式刀具长度，逐步加深起始墙幅的成槽深度，直至满足水泥土墙的设计深度要求。

组装过程中，刀具立柱管腔内安装相应管路，包括浆液管路、多段式倾斜仪等。渠式切割水泥土墙体垂直偏差应小于 1/250。

（5）墙体施工

根据土层性质、施工深度等，选择采用一步、二步或三步施工法。应根据土质条件、机具功率确定刀具链条的旋转速度；根据周边环境、土质条件、机具功率确定机械的水平推进速度，即每次切割的前进距离（简称步进距离）。

施工时，步进距离不宜过大，否则容易造成墙体偏位、卡链等现象。不仅影响成墙质量，而且对设备损伤大。一般每次横向切削的长度宜控制在 50mm 以内。

水泥土墙体施工时，应通过刀具系统内安装的多段式倾斜仪，实时监控墙体的施工状态。根据土质条件、机械的水平推力、箱式刀具各组成部位的工作状态及其整体偏位，选择向下或向上开挖方式。必要时，可交错使用上述两种开挖方式。施工过程应跟踪检查刀具链条的工作状态以及刀头的磨损度，及时维修、更换和调整施工工艺。

（6）刀具系统的起拔

水泥土墙施工结束或直线段施工完成后，刀具系统应立即与主机分离。通过履带式起重机起吊、拔出箱式刀具。根据箱式刀具的长度、起重机的起吊能力以及作业半径，确定箱式刀具的分段数量。箱式刀具的拔出与拆分应符合以下规定：

1）拔出前箱式刀具应与主机分离并拆分。拆分后每段长度不得大于 4 个箱式刀具节长度之和，且须满足起重机作业半径的要求；每段重量不应超过起重机的起重量。

2）箱式刀具拔出时，沟槽内应及时注入固化液；固化液填充速度应与箱式刀具拔出速度相匹配。

3）拔出后的每段箱式刀具应在地面作进一步拆分和检查，损耗部位应保养和维修。

（7）涌土清理和管路清洗

水泥土墙施工中产生的涌土应及时清理。若长时间停止施工，应清洗全部管路中残存的水泥浆液。切割液、固化液的制备和注入以及成墙过程均应进行信息化施工，通过全自动浆液制备和注入装置实现浆液制备和传输的自动化，通过实时监控和显示系统实现墙体施工全过程的信息化、可视化。

6.2.2.2 铣削水泥土搅拌墙（CSM 工法）

1. 工艺原理

铣削水泥土搅拌墙（Cutter Soil Mixing，简称 CSM 工法）是德国 Bauer 公司于 2003年发展的一种深层切削搅拌设备（图 6.2-6）。该工法将液压双轮铣槽机和深层搅拌技术相结合，通过两个铣轮绕水平轴旋转切削破碎原位土体，同时注入水泥浆液充分搅拌形成均匀的水泥土墙体，可以用于防渗墙、挡土墙、地基加固等工程。

图 6.2-6 CSM 工法施工设备

图 6.2-7 CSM 工法形成墙体

2. 适用范围

CSM 工法适用于填土、淤泥质土、黏性土、粉土、砂性土、卵砾石等地层。CSM 工法对地层的适应性更高，可以切削坚硬地层（卵砾石地层、岩层），而 TRD 工法在上述坚硬地层中的施工能力相对较弱。

采用 CSM 工法，一次性可形成类似地下连续墙一个槽段的水泥土墙，墙厚 500～1200mm，槽段长度有 2200mm、2400mm 和 2800mm 三种规格。采用钻杆与切削搅拌头连接时，最大施工深度 35m；当采用缆绳悬挂切削搅拌头施工时，最大施工深度可达 70m。图 6.2-7 为一段被挖出的墙体，可见其搅拌质量良好。

3. CSM 工法特点

（1）CSM 工法一次可施工长度 2m 以上的墙体，因此接头数量少，从而减小了帷幕渗漏的可能性。

（2）设备对地层的适应性强，从软土到岩石地层均可实施切削搅拌，尤其适合在坚硬的岩土层中搅拌。

（3）设备成桩深度大，施工过程中几乎无振动；设备重量较大的铣头驱动装置和铣头均设置在钻具底端，因此设备整体重心较低，稳定性高。

（4）设备的自动化程度高，各功能部位设置大量传感器，成桩尺寸、深度、注浆量、垂直度等参数控制精度高，施工过程中实时控制施工质量。

（5）履带式主机底盘，可 360°旋转施工，便于转角施工。可紧邻已有建（构）筑物施工，可实现零间隙施工。

（6）可在直径不是很大的管线下施工，实现在管线下方帷幕的封闭，其施工方法如图 6.2-8 所示。

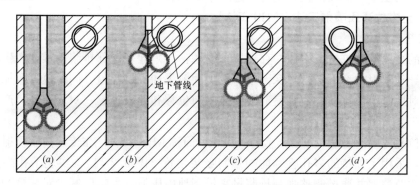

图 6.2-8　CSM 工法施工管线下止水帷幕
（a）施工左侧墙体；（b）施工左下侧墙体；（c）完成左下侧墙体；（d）施工右侧及右下侧墙体

4. CSM 工法施工流程

铣削水泥土搅拌墙由一系列的一期槽段墙和二期槽段墙相互间隔组成（图 6.2-9）。一期槽段墙是指成墙时间相对较早的一个批次墙体，二期槽段墙是指成墙相对较晚的批次。图 6.2-9 中 P1 和 P2 为一期槽段墙，S1 为二期槽段墙，当一期槽段墙达到一定强度后再施工二期槽段墙，一、二期槽段之间相互搭接一定长度（常取 300mm）。

图 6.2-9　一期槽段和二期槽段

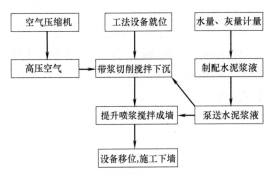

图 6.2-10 CSM工法施工工艺流程图

每个槽段的施工工艺流程（图 6.2-10）如下：

（1）CSM工法墙放样定位。

（2）开挖导向沟槽。根据 CSM 工法墙的轴线开挖导向沟，如插型钢应在沟槽边设置定位型钢，并在定位型钢上标出型钢插入位置。沟槽宽度 1.0～1.5m，深 0.8～1.0m。

（3）CSM工法设备就位。铣头与槽段位置应对正，平面允许偏差应为 ±20mm，并对立柱导向架进行设备自调，同时 2 台经纬仪在 X、Y 两个方向进行校正。

（4）铣轮下沉注水或喷浆切铣原位土体至设计深度。在下钻成槽的过程中，两个铣轮相对旋转，铣削地层。同时通过导杆施加向下的推进力，向下深入切削。同时通过注浆管路系统向槽内注入浆液，直至设计深度。

（5）铣轮提升注浆同步搅拌成墙。在上提成墙的过程中，两个铣轮依然旋转，通过导杆向上慢慢提起铣轮；通过注浆管路系统向槽内注入固化浆液，并与槽内的土体混合。

（6）钻杆清洗，废泥浆收集，集中外运。

（7）移动至下一槽段位置，重复上述六个步骤。

6.2.2.3 全方位高压喷射工法（MJS工法）

1. 工艺原理

传统的高压旋喷桩施工中往往存在以下问题：（1）地基深部排浆困难，产生较高的地内压力，导致喷射效率下降，对深部土体的加固效果和可靠性差，同时也导致加固深度有限；（2）对地基土体扰动大，容易造成土体侧向位移和地表隆起，对周边环境产生不利影响；（3）产生大量的泥浆污染。

全方位高压喷射工法（Metro Jet System，简称 MJS 工法）在传统高压喷射注浆工艺的基础上，采用了独特的多孔管和前端强制吸浆装置（图 6.2-11），实现了孔内强制排浆和地内压力监测，并通过调整强制排浆量来控制地内压力，大幅度减少对环境的影响，而地内压力的降低也进一步保证了成桩直径。在施工过程中，当压力传感器测得的孔内压力较高时，可以通过油压接头来控制吸浆孔的开启大小，从而调节泥浆排出量使其达到控制土体内压力值，大幅度减小对环境的影响，避免出现挤土效应，也就大大减少了施工过程中地表变形、建筑物开裂、构筑物位移等情况的发生。

2. MJS工法适用范围

MJS 工法可应用于以下情况：（1）淤泥质土、黏性土、粉土、砂土等地层中的地基加固或止水帷幕施工；（2）变形要求苛刻的复杂施工环境中的各类软基加固或止水帷幕施工；（3）深厚砂性土层中的止水帷幕补强，如超深地下连续墙外侧接缝补强和各类渗漏止水帷幕的修补等；（4）采用水平与倾斜施工，可进行地面无施工条件的各类软基加固或止水帷幕施工。

3. MJS工法特点

（1）可以"全方位"进行高压喷射注浆施工

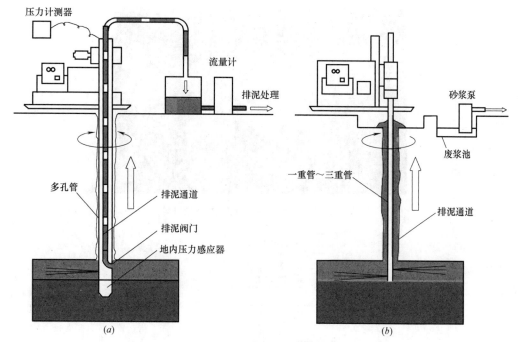

图 6.2-11　MJS 工法与传统高压旋喷桩工艺原理对比
（a）MJS 工法；（b）传统高压旋喷工法

MJS 工法可以进行水平、倾斜、垂直各方向的施工。特别是其特有的排浆方式，使得在富水土层、需进行孔口密封的情况下进行水平施工变得安全可行。

（2）对周边环境影响小，超深施工有保证

传统高压喷射注浆工艺产生的多余泥浆是通过土体与钻杆的间隙，在地面孔口处自然排出。这样的排浆方式往往造成地层内压力偏大，导致周围地层产生较大变形、地表隆起，对周边建（构）筑物和市政设施产生不利影响。同时在加固深处的排泥比较困难，造成钻杆四周的地内压力增大，往往导致喷射效率降低，影响加固效果及可靠性。MJS 工法通过地内压力监测和强制排浆的手段，对地内压力进行调控，可以大幅度较少施工对周边环境的扰动，并保证超深施工的效果。特别适合于在敏感建（构）筑物周边使用。

（3）成桩直径大，桩身质量好

喷射流初始压力达 40MPa，流量约 $90 \sim 130 L/min$，使用单喷嘴喷射，喷射流能量大，作用时间长，再加上稳定的同轴高压空气的保护和对地内压力的调整，使得 MJS 工法成桩直径较大，可达 $2 \sim 2.8m$（图 6.2-12），可以跨越部分障碍物施工形成连续桩体，同时桩身质量较好。

（4）泥浆污染少

MJS 工法采用专用排泥管进行主动排浆，有利于泥浆集中管理，施工场地干净。同时对地内压力的调控，也减少了泥浆"窜"入土体、水体或是地下管道的现象。

（5）适用性强

可在净高 3.5m 以上隧道内、室内及相对狭小的空间施工。

4. MJS 工法施工工艺

MJS 工法施工工艺如下（图 6.2-13）：

图 6.2-12　MJS 工法形成的大直径桩体

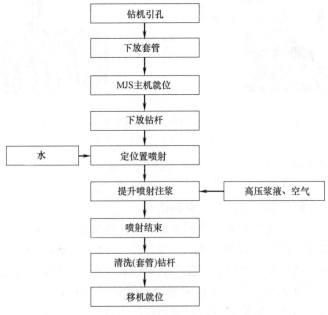

图 6.2-13　MJS 工法施工工艺流程

（1）桩位放样

根据桩中心设计要求，确定 MJS 工法桩位置并放线，沿线挖沟槽。

（2）设备就位及引孔

采用主机进行自引孔或其他专用引孔机进行引孔。钻机就位后对桩机进行调平、对中，调整桩机的垂直度，确保成孔中心与桩位一致，偏差不大于 50mm，同步放入外套管；引孔深度大于设计桩深 1～2m，垂直度控制在 1/200。

（3）下放钻杆

检查设备的运行情况，确保主机、高压泵、空压机、泥浆搅拌系统、MJS 管理装置等都能正常工作，机架放置平稳后开始校零。将 MJS 钻杆逐节下放至设计标高，下放钻杆时需检查每节钻杆的密封圈是否完好，如有缺损及时更换；连接各种数据线和各路管线，钻头和地内压力监测显示器连接，确认在钻头无荷载的情况下清零，管线连接确保密封，使管内没有空气。钻杆下放，即在引孔内将钻杆下放至设计深度，如果在钻杆下放过程中遇到困难，打开削孔水进行正常削孔钻进。严禁下放困难情况下强行下压钻杆。

（4）参数设置

钻头到达预定深度后，开始校零；然后设定各工艺参数，包括摇摆角度、引拔速度、回转数等等。

（5）喷射

定位置喷射，先开倒吸水流和倒吸空气，在确认排浆正常时打开排泥阀门，开启高压水泥浆泵和主空气空压机。

（6）喷浆提升

高压水泥浆泵逐步增压达到指定压力，并确认地内压力正常后，才可开始提升。水切换成水泥浆时，压力会自动上升，压力有突变时方可调节压力。施工时密切监测地内压力，压力不正常时，必须及时调整排浆阀大小控制地内压力在安全范围以内。喷浆过程应连续进行，不得中断，如遇钻机故障或排泥不畅等因素时，应立即停止喷浆。

（7）钻杆拆卸

当提升一根钻杆后，需把水泥浆切换成水后方可对钻杆进行拆卸。注意在拆卸钻杆的过程中，认真检查密封圈和数据线的情况，看是否损坏。

（8）钻机移位

为确保桩顶标高及质量，浆液喷嘴提升至设计桩顶标高以上10cm时停止旋喷，拆卸钻杆后，需及时对钻杆、高压注浆泵、管路进行冲洗及保养。

6.2.2.4 超高压喷射工法（RJP工法）

1. 工艺原理

超高压喷射工法（Rodin Jet Pile，简称RJP工法）是利用超高压喷流体所具有的动能将土层的组织结构破坏后，混合搅拌这些被破坏的土颗粒和硬化材料，从而形成大直径的桩体。RJP工法对土体进行两次切削破坏，第一次是利用上段超高压水（20MPa）与压缩空气复合喷射流体先行切削土体；第二次是利用下段超高压浆液（40MPa）与压缩空气复合喷射流体扩大切削土体，从而形成大直径的桩体（图6.2-14）。

2. 应用范围

RJP工法可应用于：（1）已有止水帷幕加深或新增止水帷幕；（2）深基坑坑底加固或坑中坑支护；（3）环境保护要求高或场地受限区域的基坑支护；（4）深基坑地下连续墙接缝止水补强；（5）对已有建筑结构基础的补强；（6）盾构机进出洞口和隧道间旁通道的施工加固。

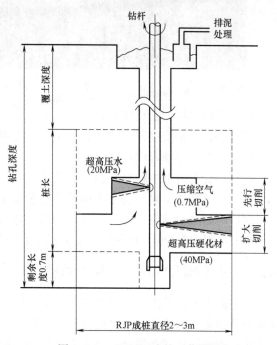

图6.2-14　RJP工法的工艺原理

图 6.2-15 RJP 工法形成的大直径桩体

3. 工艺特点

（1）成桩深度和直径大（图 6.2-15）

实现大深度地基的改良，最大深度可达 60m。大直径圆柱形桩体直径 2.0～3.0m，最大可达 3.5m，同时还可倾斜施工。

（2）可形成扇柱状桩体

超高压水和超高压浆液喷射孔可按同一个转动方向设定，转动角度在 90°～360°之间，可根据设计要求形成扇柱状的桩体。

（3）设备占地面积小，可在场地受限的区域施工

设备占地面积约 350m²，设备高度约 2.4m，作业高度在 5m 左右。钻机具备引孔和成桩双重功能，可紧贴建（构）筑物施工。

（4）可以形成不规则形状的桩体，以避开地下障碍物

4. RJP 工法施工工艺

RJP 工法的施工工艺如图 6.2-16 所示。

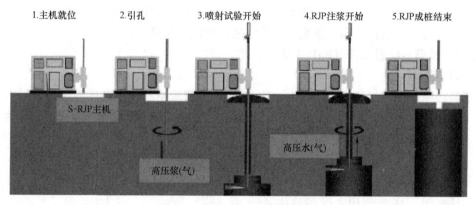

图 6.2-16 RJP 工法施工工艺

（1）桩位放样，主机就位；

（2）引孔，垂直度误差应控制在 1/200 以内；

（3）下套管至预定深度；

（4）在套管内下放钻杆，直至钻头达到设计深度；

（5）打开高压水泵，切削土体进行喷射试验；

（6）喷射试验结束，确认设备正常后，开始提升喷浆；

（7）喷射注浆至设计桩顶后结束喷浆，及时对钻杆进行冲洗及保养，准备下一根桩施工。

6.2.3　止水帷幕的选型和质量检验

对于砂性土地基中的基坑工程，地下水的处理是关键。砂性土地基中由于止水帷幕渗漏或失效引发的基坑事故已是屡见不鲜。因此，应加强止水帷幕的合理选型和质量检验。

止水帷幕的选型和设计，需综合考虑基坑的开挖深度、地基土层的渗透性、周围环境

条件及止水帷幕渗漏的后果、地下水特性、支护结构形式和施工条件等因素。对于漏水后果严重（如建筑物、公共设施损坏等）的基坑，应选择提高止水帷幕的可靠性，选择TRD工法、CSM工法或多排三轴搅拌桩形成止水帷幕。同时在环境条件许可的情况下，采取坑外控制性降水措施，以减小基坑内外的水头差，降低止水帷幕渗漏的风险。选择的止水帷幕的施工工艺还需适合场地的地层特性。支护结构的变形控制设计尚需考虑止水帷幕的抗变形能力，支护结构或土体变形过大可能引起止水帷幕开裂，导致漏水。对于某些支护结构类型，如拉锚式支护结构，地下水位以下的锚杆施工打穿止水帷幕，破坏了帷幕的完整性，极易导致渗漏。

在施工阶段，严格按照相关技术标准、施工工艺、操作规程等精心施工是确保止水帷幕质量的前提条件，但尚有诸多不确定因素会造成隔水结构致命的缺陷。例如，实际地质条件与勘察资料的符合程度，包括砂卵石地层中粒径的大小、表层填土的成分、地下水的流动性等。地下障碍物往往导致止水帷幕不能正常施工，出现搭接不足、桩体缺陷、位置偏移、桩体倾斜等质量问题。

止水帷幕施工质量的评价标准是隔水效果。但在帷幕施工完成后、基坑开挖前，目前还没有行之有效、方便快捷的手段来检测帷幕的渗透性及止水效果。现有的一些检测方法，可间接反映帷幕的施工质量，也是必要的。这些检测方法有：

（1）帷幕固结体的单轴抗压强度检测，以期通过水泥土固结体强度间接推测帷幕质量。在止水帷幕施工完成后，对帷幕固结体的搭接部位钻取芯样，检测帷幕深度、固结体的单轴抗压强度及完整性。检测点的部位应按随机方法选取，同时应选取地质情况复杂、施工中出现异常情况的部位。

（2）轻型动力触探。采用轻型动力触探方法对水泥土固结体的早期强度进行检测。

（3）孔内压水和抽水试验。对水泥土固结体采用钻孔内压水和抽水试验，检测固结体的抗渗能力。

（4）对于落底式止水帷幕，可在基坑开挖前通过在坑内降水，同时观测坑外水位的变化情况来评估止水帷幕的可靠性。如坑外水位在基坑降水前后基本一致，说明止水帷幕封闭性较好，反之则存在渗漏的可能。

6.3　基坑降（排）水的设计与施工

由于场地工程地质和水文地质条件的复杂性，以及基坑开挖规模和深度的不断增加，对基坑降（排）水的要求也越来越高。当基坑开挖深度范围内存在渗透性较强的土层或坑底以下存在承压含水层时，往往需要选择合适的方法进行基坑降水和基坑排水。基坑降（排）水的主要作用为：

（1）防止基坑底面与坡面渗水，保证基坑干燥，便于施工；

（2）增加边坡和坑底的稳定性，防止边坡和坑底的土颗粒流失，防止流砂产生；

（3）减少被开挖土体含水量，便于机械挖土、土方外运、坑内施工作业；

（4）有效提高土体的抗剪强度与基坑稳定性。对于放坡开挖而言，可以提高边坡稳定性。对于支护开挖，可以增加被动区土抗力，减小主动区土体侧压力，从而提高基坑的稳定性，减小围护体系的变形和内力；

（5）减小承压水水头对坑底隔水层的顶托力，防止坑底突涌。承压水水头的降低值可通过基坑抗突涌稳定验算确定。

目前常用的降排水方法和适用条件如表 6.3-1 所示。

常用降排水方法和适用条件 表 6.3-1

降排水方法	降水深度(m)	渗透系数(cm/s)	适用地层
集水明排	<5	$1\times10^{-7}\sim1\times10^{-4}$	含薄层粉砂的粉质黏土,黏质粉土,砂质粉土,粉细砂
轻型井点	<6		
多级轻型井点	6~10		
喷射井点	8~20		
真空管井	>6	$>1\times10^{-6}$	
降水管井(深井)	>6	$>1\times10^{-4}$	
电渗井点	根据选定的井点确定	$<1\times10^{-7}$	淤泥质黏土,粉质黏土,黏土

基坑降排水设计首先要确定基坑的总涌水量，其计算方法可参见第 3 章的相关内容，本章不再赘述。

6.3.1　集水明排法设计与施工

集水明排法是应用最广泛，亦是最简单、经济的方法。其适用范围包括：

（1）地下水类型一般为上层滞水，含水土层渗透能力较弱；

（2）一般为浅基坑，降水深度不大，基坑或涵洞地下水位超出基础底板或洞底标高不大于 2.0m；

（3）排水场区附近没有地表水体直接补给；

（4）含水层土质密实，坑壁稳定（细粒土边坡不易被冲刷而塌方），不会产生流砂、管涌等不良影响的地基土，否则应采取支护和防潜蚀措施。

1. 明沟、集水井设置

明沟、集水井排水多是在基坑的两侧或四周设置排水明沟，在基坑四角或每隔 30~40m 设置集水井，使基坑渗出的地下水通过排水明沟汇集于集水井内，然后用水泵将其排出基坑外（图 6.3-1）。

排水明沟宜布置在拟建建筑基础边 0.4m 以外，沟边缘离开边坡坡脚应不小于 0.3m。排水明沟的底面应比挖土面低 0.3~0.4m。集水井底面应比沟底面低 0.5m 以上，并随基坑的挖深而加深，以保持水流畅通。

沟、井的截面应根据排水量确定，基坑排水量 V 应满足下列要求：

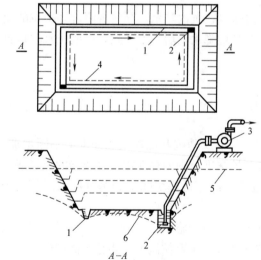

图 6.3-1　明沟、集水井排水方法

1—排水明沟；2—集水井；3—离心式水泵
4—设备基础或建筑物基础边线；5—原地下水位线；6—降低后地下水位线

$$V \geqslant 1.5Q \qquad (6.3-1)$$

明沟、集水井排水，视水量多少连续或间断抽水，直至基础施工完毕、回填土为止。当基坑开挖的土层由多种土组成，中部夹有透水性能的砂类土，基坑侧壁出现分层渗水时，可在基坑边坡上按不同高程分层设置明沟和集水井构成明排水系统，分层阻截和排出上部土层中的地下水，避免上层地下水冲刷基坑下部边坡，造成塌方（图 6.3-2）。

2. 水泵选用

集水明排水是用水泵从集水井中排水，常用的水泵有潜水泵、离心式水泵和泥浆泵。排水所需水泵的功率按下式计算：

$$N = \frac{K_1 QH}{75\eta_1\eta_2} \qquad (6.3-2)$$

式中　K_1——安全系数，一般取 2；

　　　Q——基坑涌水量；

　　　H——包括扬水、吸水及各种阻力造成的水头损失在内的总高度；

　　　η_1——水泵效率，0.4～0.5；

　　　η_2——动力机械效率，0.75～0.85。

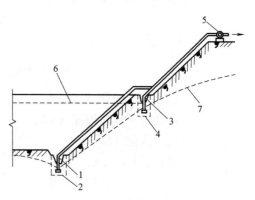

图 6.3-2　分层明沟、集水井排水法
1—底层排水沟；2—底层集水井；3—二层排水沟；
4—二层集水井；5—水泵；6—原地下水位线；
7—降低后地下水位线

6.3.2　轻型井点降水设计与施工

1. 工作原理

轻型井点系统降低地下水位的过程如图 6.3-3 所示，即沿基坑周围以一定的间距埋入井点管（下端为滤管），在地面上用水平铺设的集水总管将各井点管连接起来，在一定位置设置真空泵和离心泵。当开动真空泵和离心泵时，地下水在真空吸力的作用下经滤管进入管井，然后经集水总管排出，从而降低水位。当基坑降水深度较大，常用单级轻型井点难以降水到位时，可采用多级轻型井点来提高降水效果。

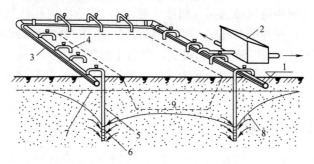

图 6.3-3　轻型井点降低地下水位全貌图
1—地面；2—水泵房；3—总管；4—弯联管；5—井点管；6—滤管；7—初始地下水位；
8—水位降落曲线；9—基坑

2. 轻型井点降水设计

（1）计算每根井点管的最大允许出水量 q_{max}

$$q_{max} = 120 r_w L \sqrt[3]{k} \qquad (6.3-3)$$

式中　q_{max}——单根井点管的允许最大出水量（m^3/d）；

　　　r_w——滤水管的半径（m）；

　　　L——滤水管的长度（m）；

　　　k——土层的渗透系数（m/d）。

（2）计算井点管设计数量 n

$$n \geqslant Q/q_{max} \qquad (6.3-4)$$

（3）计算井点管的长度 L

$$L = D + h_w + s + l_w + \frac{1}{a} r_q \qquad (6.3-5)$$

式中　D——地面以上的井点管长度（m）；

　　　h_w——初始地下水位埋深（m）；

　　　s——地下水位降深（m）；

　　　l_w——滤水管长度（m）；

　　　r_q——井点管排距。单排井点 $a=4$；双排或环形井点 $a=10$。

井点其余符号意义同前。

3. 轻型井点施工

轻型井点的施工主要包括井点成孔施工、井点管埋设和抽水管路布设。

（1）井点成孔施工

常用的轻型井点成孔方法有水冲法和钻孔法。水冲法成孔施工是利用高压水流冲开泥土，冲孔管依靠自重下沉。砂性土中冲孔所需水流压力为 0.4～0.5MPa，黏性土中冲孔所需水流压力为 0.6～0.7MPa。钻孔法成孔施工适用于坚硬地层或井点紧靠建筑物，一般可采用长螺旋钻机进行成孔施工。井点成孔孔径一般为 300mm，不宜小于 250mm。成孔深度宜比滤水管底端埋深大 0.5m 左右。

（2）井点管埋设

水冲法成孔达到设计深度后，应尽快降低水压、拔出冲孔管，向孔内沉入井点管并在井点管外壁与孔壁之间快速回填滤料（粗砂、砾砂）。钻孔法成孔达到设计深度后，向孔内沉入井点管，在井点管外壁与孔壁之间回填滤料（粗砂、砾砂）。回填滤料施工完成后，在距地表约 1m 深度内，采用黏土封口捣实，以防止漏气。

（3）井点管埋设完毕后，采用弯联管（通常为塑料软管）分别将井点管连接到集水总管上。

6.3.3　管井降水设计与施工

降水管井习惯上简称为"管井"，与供水管井的简称完全相同，英、美等国一般称之为"深井（deep well）"或"水井（water well）"。管井是一种抽汲地下水的地下构筑物，泛指抽汲地下水的大直径抽水井，由于供水管井与降水管井均简称为管井，但两者的设计标准、目的均不相同。

1. 工作原理

管井由滤水井管、吸水管和抽水机械等组成（图 6.3-4）。管井设备较为简单，排水量大，降水较深，水泵设在地面，易于维护。适于渗透系数较大，地下水丰富的土层、砂层。但管井属于重力排水范畴，吸程高度受到一定限制，要求土层渗透系数相对较大。

管井降水系统一般由管井、抽水泵（一般采用潜水泵、深井泵、深井潜水泵或真空深井泵等）、泵管、排水总管、排水设施等组成。管井由井孔、井管、过滤管、沉淀管、填砾层、止水封闭层等组成。

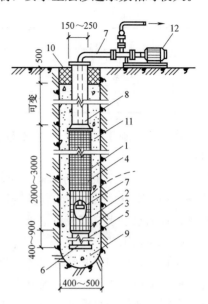

图 6.3-4　管井构造

1—滤水井管；2—ϕ14 钢筋焊接骨架；3—6mm×30mm 钢环@250mm；4—10 号钢丝垫筋@250mm 焊于管骨架上，外包孔眼1～2mm 钢丝网；5—沉砂管；6—木塞；7—吸水管；8—ϕ100～200 钢管；9—钻孔；10—夯填黏土；11—填充砂砾；12—抽水设备

2. 管井降水设计

（1）管井数量

坑内管井总数约等于基坑开挖面积除以单井有效降水面积。在以砂质粉土、粉砂等为主的疏干降水含水层中，考虑砂性土的易流动性以及触变液化等特性，管井间距宜适当减小，以加强抽排水力度、有效减小土体的含水量，便于机械挖土、土方外运，避免坑内流砂。尽管砂性土的渗透系数相对较大，水位下降较快，但重力水的释放仍需要一定要求的降排水条件（降水时间以及抽水强度等）。

除根据地区经验确定降水管井数量以外，也可按以下经验公式确定：

封闭型疏干降水：

$$n = \frac{Q}{q_w t} \tag{6.3-6}$$

半封闭或敞开型疏干降水：

$$n = \frac{Q}{q_w} \tag{6.3-7}$$

式中　q_w——单口管井的流量；

　　　t——基坑开挖前的预降水时间。

（2）管井深度

管井深度与基坑开挖深度、场地水文地质条件、基坑围护结构的性质等密切相关。一般情况下，管井底部埋深应大于基坑开挖深度 6.0m。

（3）管井的最大允许出水量

根据中华人民共和国行业标准《建筑与市政降水工程技术规范》JGJ/T 111 的规定，可按下式计算管井的最大允许出水量：

$$q_{max} = \frac{24l'd}{\alpha'} \tag{6.3-8}$$

式中　l'——过滤器淹没段长度（m）；

　　　d——过滤器外径（mm）；

　　　α'——经验系数，如表 6.3-2 所示。

在降水设计中，必须保证 $q_w < q_{max}$。

3. 降水管井施工

（1）施工工艺流程

经验系数 α' 的取值　　　　　　　　　　　　　　　　表 6.3-2

含水层渗透系数 k（m/d）	α'	
	含水层厚度≥20m	含水层厚度＜20m
2～5	100	130
5～15	70	100
15～20	50	70
30～70	30	50

降水管井施工的整个工艺流程包括成孔工艺和成井工艺，具体又可以划分为以下过程：

准备工作→钻机进场→定位安装→开孔→下护口管→钻进→终孔后冲孔换浆→下井管→稀释泥浆→填砂→止水封孔→洗井→下泵试抽→合理安排排水管路及电缆电路→试抽水→正式抽水→水位与流量记录。

（2）成孔工艺

成孔工艺也即管井钻进工艺，指管井井身施工所采用的技术方法、措施和施工工艺过程。管井钻进方法习惯上一般分为：冲击钻进、回转钻进、潜孔锤钻进、反循环钻进、空气钻进等。选择降水管井钻进方法时，应根据钻进地层的岩性和钻进设备等因素进行选择，一般以卵石和漂石为主的地层，宜采用冲击钻进或潜孔锤钻进，其他第四系地层宜采用回转钻进。钻进过程中为防止井壁坍塌、掉块、漏失以及钻进高压含水、气层时可能产生的喷涌等井壁失稳事故，需采取井孔护壁措施。可根据下列原则，采用护壁措施：①保持井内液柱压力与地层侧压力（包括土压力和水压力）的平衡，是维系井壁稳定的基本方法。对于易坍塌地层，应注意经常维持和调整压力平衡关系。冲击钻进时，如果能保持井内水位比静止水位高 3～5m，可采用水压护壁。②遇水不稳定地层，选用的冲洗介质类型和性能应能够避免水对地层的影响。③当其他护壁措施无效时，可采用套管护壁。④冲洗介质是钻进时用于携带岩屑、清洗井底、冷却和润滑钻具及保护井壁的物质。

常用的冲洗介质有清水、泥浆、空气、泡沫等。钻进对冲洗介质的基本要求是：①冲洗介质的性能应能在较大范围内调节，以适应不同地层的钻进；②冲洗介质应有良好的散热能力和润滑性能，以延长钻具的使用寿命，提高钻进效率；③冲洗介质应无毒，不污染环境；④配置简单，取材方便，经济合理。

（3）成井工艺

管井成井工艺是指成孔结束后，安装井内装置的施工工艺，包括探井、换浆、安装井管、填砾、止水、洗井、试验抽水等工序。这些工序完成的质量直接影响到成井后井损失的大小、成井质量能否达到设计要求的各项指标。如成井质量差，可能引起井内大量出砂或井的出水量大大降低，甚至不出水。因此，严格控制成井工艺中的各道工序是保证成井质量的关键。

1）探井

探井是检查井深和井径的工序，目的是检查井深是否圆直，以保证井管顺利安装和滤料厚度均匀。探井工作采用探井器进行，探井器直径应大于井管直径，小于孔径 25mm；其长度宜为 20～30 倍孔径。在合格的井孔内任意深度处，探井器应均能灵活转动。如发现井身质量不符要求，应立即进行修整。

2）换浆

成孔结束、经探井和修整井壁后，井内泥浆黏度很大并含有大量岩屑，过滤管进水缝隙可能被堵塞，井管也可能沉不到预计深度，造成过滤管与含水层错位。因此，井管安装前，应进行换浆。换浆是以稀泥浆置换井内的稠泥浆的施工工序，不应加入清水，换浆的浓度应根据井壁的稳定情况和计划填入的滤料粒径大小确定，稀泥浆一般黏度为 $16\sim18s$，密度为 $1.05\sim1.10g/cm^3$。

3）安装井管

安装井管前需先进行配管，即根据井管结构设计，进行配管，并检查井管的质量。井管沉设方法应根据管材强度、沉设深度和起重设备能力等因素选定。常用的方法包括：①提吊下管法宜用于井管自重（或浮重）小于井管允许抗拉力和起重的安全负荷；②托盘（或浮板）下管法宜用于井管自重（或浮重）超过井管允许抗拉力和起重的安全负荷；③多级下管法宜用于结构复杂和沉设深度过大的井管。

4）填砾

填砾前的准备工作包括：①井内泥浆稀释至密度小于 1.10（高压含水层除外）；②检查滤料的规格和数量；③备齐测量填砾深度的测锤和测绳等工具；④清理井口现场，加井口盖，挖好排水沟。

滤料的质量包括以下方面：①滤料应按设计规格进行筛分，不符合规格的滤料不得超过 15%；②滤料的磨圆度应较好，棱角状砾石含量不能过多，严禁以碎石作为滤料；③不含泥土和杂物；④宜用硅质砾石。

填砾的方法应根据井壁的稳定性、冲洗介质的类型和管井结构等因素确定。常用的方法包括静水填砾法、动水填砾法和抽水填砾法。

5）洗井

为防止泥皮硬化，下管填砾之后应立即进行洗井。管井洗井方法较多，一般分为水泵洗井、活塞洗井、空压机洗井、化学洗井和二氧化碳洗井以及两种或两种以上洗井方法组合的联合洗井。洗井方法应根据含水层特性、管井结构及管井强度等因素选用，简述如下：

① 松散含水层中的管井在井管强度允许时，宜采用活塞洗井和空压机联合洗井；

② 泥浆护壁的管井，当井壁泥皮不易排除，宜采用化学洗井与其他洗井方法联合进行；

③ 碳酸盐岩类地区的管井宜采用液态二氧化碳配合六偏磷酸钠或盐酸联合洗井；

④ 碎屑岩、岩浆岩地区的管井宜采用活塞、空气压缩机或液态二氧化碳等方法联合洗井。

6）试抽水

管井施工阶段试抽水主要目的不在于获取水文地质参数，而是检验管井出水量的大小，确定管井设计出水量和设计动水位。试抽水类型为稳定流抽水试验，下降次数为 1次，且抽水量不小于管井设计出水量；稳定抽水时间为 $6\sim8h$；试抽水稳定标准为：在抽水稳定的延续时间内井的出水量、动水位仅在一定范围内波动，没有持续上升或下降的趋势，即可认为抽水已经稳定。

抽水过程中需考虑自然水位变化和其他干扰因素影响。试抽水前需测定井水含砂量。

6.3.4 深井降水设计与施工

1. 工作原理

深井井点降水（图 6.3-5）是在深基坑的周围埋置深于基底的井管，通过设置在井管内的潜水泵将地下水抽出，使地下水位低于坑底。该法具有排水量大，降水深；井距大，对平面布置的干扰小；井点制作、降水设备及操作工艺、维护均较简单，施工速度快；部分井点管可以整根拔出重复使用等优点；但一次性投资大，成孔质量要求严格。适于渗透系数较大，地下水丰富，降水深，面积大，时间长的情况。

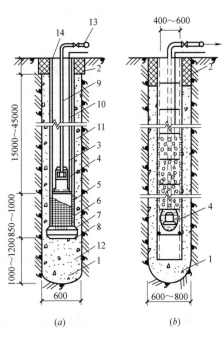

图 6.3-5 深井井点构造

（a）钢管深井井点；（b）无砂混凝土管深井井点

1—井孔；2—井口（黏土封口）；3—$\phi 300 \sim 375$ 井管；4—潜水电泵；5—过滤段（内填碎石）；6—滤网；7—导向段；8—开孔底板（下铺滤网）；9—$\phi 50$ 出水管；10—电缆；11—小砾石或中粗砂；12—中粗砂；13—$\phi 50 \sim 75$ 出水总管；14—20mm 厚钢板井盖

2. 深井降水设计

深井与降水管井原理类似，都属于重力排水范畴，因此二者的设计方法相同，井点构造也比较类似。井点系统设备由深井井管和潜水泵等组成。井管由滤水管、吸水管和沉砂管三部分组成。可用钢管、塑料管或混凝土管制成，管径一般为 300mm，内径宜大于潜水泵外径 50mm。在降水过程中，含水层中的水通过滤水管滤网将土、砂过滤在网外，使地下清水流入管内。滤水管长度取决于含水层厚度、透水层的渗透速度和降水的快慢，一般为 3~9m。通常在钢管上分三段轴条（或开孔），在轴条（或开孔）后的管壁上焊 $\phi 6$ 垫筋，与管壁点焊，在垫筋外螺旋形缠绕 12 号钢丝（间距 1mm），与垫筋用锡焊焊牢，或外包 10 孔/cm^2 和 14 孔/cm^2 镀锌钢丝网两层或尼龙网。吸水管连接滤水管，起挡土、贮水作用，采用与滤水管同直径的实钢管制成。沉砂管在降水过程中，起沉淀砂粒作用，一般采用与滤水管同直径的钢管，下端用钢板封底。

深井井点一般沿工程基坑周围离边坡上缘 0.5~1.5m 呈环形布置；当基坑宽度较窄，亦可在一侧呈直线形布置；当为面积不大的独立的深基坑，亦可采取点式布置。井点宜深入到透水层 6~9m，通常还应比所需降水的深度深 6~8m，间距一般为 10~30m。

3. 深井施工

深井施工方法与降水管井类似。成孔方法可为冲击钻孔、回转钻孔、潜水钻或水冲成孔。孔径应比井管直径大 300mm，成孔后立即安装井管。井管安放前应清孔，井管应垂直，过滤部分放在含水层范围内。井管与土壁间填充粒径大于滤网孔径的砂滤料。井口下1m 左右用黏土封口。

在深井内安放水泵前应清洗滤井，冲洗沉渣。安放潜水泵时，电缆等应绝缘、可靠，并设保护开关控制。抽水系统安装后应进行试抽。

6.3.5 喷射井点降水设计与施工

1. 工作原理

喷射井点工作原理如图 6.3-6 所示。喷射井点的主要工作部件是喷射井管内管底端的扬水装置——喷嘴的混合室；当喷射井点工作时，由地面高压离心水泵供应的高压工作水，经过内外管之间的环形空间直达底端，在此处高压工作水由特制内管的两侧进水孔进入至喷嘴喷出，在喷嘴处由于过水断面突然收缩变小，使工作水流具有极高的流速（30～60m/s），在喷口附近造成负压（形成真空），因而将地下水经滤管吸入，吸入的地下水在混合室与工作水混合，然后进入扩散室，水流从动能逐渐转变为位能，即水流的流速相对变小，而水流压力相对增大，把地下水连同工作水一起扬升出地面，经排水管道系统排至集水池或水箱，由此再用排水泵排出。

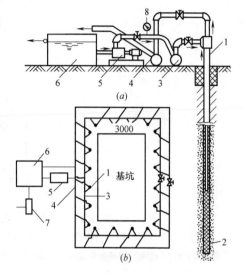

图 6.3-6 喷射井点布置图
（a）喷射井点设备简图；（b）喷射井点平面布置图
1—喷射井管；2—滤管；3—供水总管；4—排水总管；5—高压离心水泵；6—水池；7—排水泵；8—压力表

喷射井点主要适用于渗透系数较小的含水层和降水深度较大（降幅 8～20m）的降水工程。其主要优点是降水深度大，但由于需要双层井点管，喷射器设在井孔底部，有两根总管与各井点管相连，地面管网敷设复杂，工作效率低，成本高，管理困难。

2. 喷射井点降水设计

喷射井点降水设计方法与轻型井点降水设计方法基本相同。基坑面积较大时，井点采用环形布置；基坑宽度小于 10m 时，采用单排线形布置；基坑宽度大于 10m 时，作双排布置。喷射井管管间距一般为 3～5m。当采用环形布置时，进出口（道路）处的井点间距可扩大为 5～7m。

3. 喷射井点施工

（1）井点管埋设与使用

喷射井点管埋设方法宜用套管法冲孔加水及压缩空气排泥。当套管内含泥量经测定小于 5% 时下井管及灌砂，然后再拔套管。对于深度大于 10m 的喷射井点管，宜用吊车下管。下井管时，水泵应先开始运转，以便每下好一根井点管，立即与总管接通（暂不与回水总管连接），然后及时进行单根井点试抽排泥，井管内排出的泥浆从水沟排出，测定井管内真空度，待井管出水变清后地面测定真空度不宜小于 93.3kPa。

全部井点管沉没完毕后，将井点管与回水总管连接并进行全面试抽，然后使工作水循环，进行正式工作。各套进水总管均应用阀门隔开，各套回水管应分开。

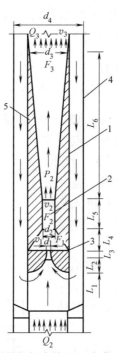

图 6.3-7　喷射井点扬水装置（喷嘴和混合室）构造

1—扩散室；2—混合室；3—喷嘴；4—喷射井点外管；5—喷射井点内管；L_1—喷射井点内管底端两侧进水孔高度；L_2—喷嘴颈缩部分长度；L_3—喷嘴圆柱部分长度；L_4—喷嘴口至混合室距离；L_5—混合室长度；L_6—扩散室长度；d_1—喷嘴直径；d_2—混合室直径；d_3—喷射井点内管直径；d_4—喷射井点外管直径；Q_2—工作水加吸入水的流量（$Q_2 = Q_1 + Q_0$）；P_2—混合室末端扬升压力（MPa）；F_1—喷嘴断面积；F_2—混合室断面积；F_3—喷射井点内管断面积；v_1—工作水从喷嘴喷出时的流速；v_2—工作水与吸入水在混合室的流速；v_3—工作水与吸入水排出时的流速

为防止喷射器损坏，安装前应对喷射井管逐根冲洗，开泵压力不宜大于 0.3MPa，以后逐步加大开泵压力。如发现井点管周围有翻砂、冒水现象，应立即关闭井管后进行检修。

工作水应保持清洁，试抽 2d 后，应更换清水。此后，视水质污浊程度定期更换清水，以减轻对喷嘴及水泵叶轮的磨损。

（2）施工注意事项

1）利用喷射井点降低地下水位，扬水装置的质量十分重要（图 6.3-7）。如果喷嘴的直径加工不精确，尺寸加大，则工作水流量需要增加，否则真空度将降低，影响抽水效果。如果喷嘴、混合室和扩散室的轴线不重合，不但降低真空度，而且由于水力冲刷导致磨损较快，需经常更换，影响降水运行的正常、顺利进行。

2）工作水要干净，不得含泥砂及其他杂物，尤其在工作初期更应注意工作水的干净，因为此时抽出的地下水可能较为混浊，如不经过很好的沉淀即用作工作水，会使喷嘴、混合室等部位很快地磨损。如果扬水装置已磨损，应及时更换。

3）为防止产生工作水反灌现象，在滤管下端最好增设逆止球阀。当喷射井点正常工作时，芯管内产生真空，出现负压，钢球托起，地下水吸入真空室；当喷射井点发生故障时，真空消失，钢球被工作水推压，堵塞芯管端部小孔，使工作水在井管内部循环，不致涌出滤管，产生倒涌现象。

（3）喷射井点的运转和保养

喷射井点比较复杂，在运转期间常需进行监测以便了解装置性能，进而确定因某些缺陷或措施不当时而采取的必要措施。在喷射井点运转期间，需注意以下方面：

1）及时观测地下水位变化。

2）测定井点抽水量，通过地下水量的变化，分析降水效果及降水过程中出现的问题。

3）测定井点管真空度，检查井点工作是否正常。

6.3.6 真空管井降水设计与施工

1. 工作原理

真空管井降水是采用真空负压结合潜水泵抽水，提高土层中的水力梯度，促进重力水释放的复合降水方法。即在井点系统上增设真空泵抽气集水系统，井管除滤管外均严密封闭以保持真空度，并与真空泵吸气管相连，吸气管和各个管路接头均应不漏气。通过真空泵不断抽气，使井孔周围的土体形成一定的真空度，土内孔隙水在大气压及重力作用下由高压向低压流动，流入井管内，然后由设置在井管内的潜水泵将地下水抽出，使地下水位降低，并满足工程所需的排水量和降水深度。真空管井适用于以低渗透性的黏性土为主的弱含水层中。

2. 真空管井降水设计

真空管井与普通降水管井的设计方法相同。在降水过程中，为保证疏干降水效果，一般要求真空管井内的真空度不小于 65kPa。

3. 真空管井施工

真空管井施工方法与降水管井施工方法类似，真空降水管井施工尚应满足以下要求：

（1）宜采用真空泵抽气集水，深井泵或潜水泵排水；

（2）井管应严密封闭，并与真空泵吸气管相连；

（3）单井出水口与排水总管的连接管路中应设置单向阀；

（4）对于分段设置滤管的真空降水管井，应对开挖后暴露的井管、滤管、填砾层等采取有效封闭措施；

（5）井管内真空度不宜小于 65kPa，宜在井管与真空泵吸气管的连接位置处安装高灵敏度的真空压力表监测。

6.3.7 电渗井点降水设计与施工

1. 工作原理

在渗透系数较小的饱和黏土、粉质黏土，特别是淤泥和淤泥质黏土中，使用单一的轻型井点或喷射井点进行疏干降水往往达不到预期的降水目标。为了提高降水效果，可以配合采用电渗井点降水。即利用轻型井点或者喷射井点管本身作为阴极，以金属棒（钢筋、钢管、铝棒等）作为阳极，通入直流电（采用直流发电机或直流电焊机）后，带有负电荷的土粒即向阳极移动（即电泳作用），而带有正电荷的水则向阴极方向移动集中，产生电渗现象，如图 6.3-8 所示。在电渗与井点管内的真空双重作用下，强制黏土中的水由井点管快速排出，井点管连续抽水，从而地下水位逐渐降低。

2. 电渗井点降水设计

电渗现象是一个十分复杂的过程，在电渗井点降水设计与施工前，必须了解土层的渗透性和导电性，以期达到合理的降水设计和预期的降水效果。

（1）基坑涌水量计算与井点布置

基坑涌水量的计算、井点布设与轻型井点降水和喷射井点降水相同。

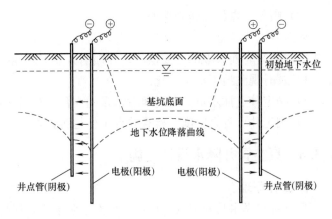

图 6.3-8　电渗井点降水示意图

（2）电极间距

电极间距，即井点管（阴极）与电极（阳极）之间的距离，可按下式确定：

$$L = \frac{1000V}{I\rho\varphi} \tag{6.3-9}$$

式中　L——井点管与电极之间的距离（m）；

　　　V——工作电压，一般为 $40 \sim 110V$；

　　　I——电极深度内被疏干土体的单位面积上的电流，一般为 $1 \sim 2A/m^2$；

　　　ρ——土的比电阻（$\Omega \cdot cm$），宜根据实际土层测定；

　　　φ——电极系数，一般为 $2 \sim 3$。

（3）电渗功率

确定电渗功率常用的公式为：

$$N = \frac{VIF}{1000}, F = L_0 h \tag{6.3-10}$$

式中　N——电渗功率（kW）；

　　　F——电渗幕面积（m^2）；

　　　L_0——井点系统周长（m）；

　　　h——阳极深度（m）。

3. 电渗井点施工

电渗井点埋设程序一般是先埋设轻型井点或喷射井点管，预留出布置电渗井点阳极的位置，待轻型井点降水不能满足降水要求时，再埋设电渗阴极，以改善降水性能。电渗点（阴极）埋设与轻型井点、喷射井点埋设方法相同。阳极埋设可用 75mm 旋叶式电钻钻孔埋设，钻进时加水和高压空气循环排泥。阳极就位后，利用下一钻孔排出泥浆倒灌填孔，使阳极与土接触良好，减少电阻，以利电渗。如深度不大，亦可用锤击法打入。钢筋埋设必须垂直，严禁与相邻阴极相碰，以免造成短路，损坏设备。

电渗井点施工方法简述如下：

（1）阳极用 $\phi50 \sim 70$ 的钢管或 $\phi20 \sim 25$ 的钢筋或铝棒，埋设在井点管内侧，并成平行交错排列。阴阳极的数量宜相等，必要时阳极数量可多于阴极数量。

（2）井点管与金属棒，即阴、阳极之间的距离：当采用轻型井点时，取 $0.8 \sim 1.0m$；

当采用喷射井点时，取 1.2～1.5m。阳极外露于地面的高度为 200～400mm，入土深度比井点管深 500mm，以保证水位能降到要求深度。

（3）阴、阳极分别用 BX 型铜芯橡皮线、扁钢、$\phi 10$ 钢筋或电线连成通路，接到直流发电机或直流电焊机的相应电极上。

（4）通电时，工作电压不宜大于 60V。土中通电的电流密度宜为 0.5～1.0A/m^2。为避免大部分电流从土表面通过、降低电渗效果，通电前应清除井点管与金属棒间地面上的导电物质，使地面保持干燥，如涂一层沥青绝缘效果更好。

（5）通电时，为消除由于电解作用产生的气体积聚于电极附近、土体电阻增大、增加电能消耗，宜采用间隔通电法，每通电 24h，停电 2～3h。

（6）在降水过程中，应对电压、电流密度、耗电量及预设观测孔水位等进行量测、记录。

6.4　基坑降水环境影响的防治措施

基坑降水导致基坑四周水位降低、土中孔隙水压力转移、消散，不仅打破了土体原有的力学平衡，土颗粒有效应力增加；而且水位降落漏斗范围内，水力梯度增加，以体积力形式作用在土体上的渗透力增大。二者共同作用的结果是，坑周土体发生沉降变形。另外，当降水井点反滤层效果不佳时，由于渗透力的作用常会带走许多土颗粒，进一步加剧对周边环境的影响。这些地面沉降和变形都可能导致基坑周围建（构）筑物发生破坏，例如：地面开裂、地下管道拉断、建筑物裂缝（倾斜）、室内地坪坍塌等不利现象。但在高水位地区开挖深基坑又离不开降水措施，因此一方面要保证开挖施工的顺利进行，另一方面又要防范对周围环境的不利影响，即采取相应的措施，减少降水对周围建筑物及地下管线造成的影响。

1. 在降水前认真做好对工程地质和周围环境的调研工作

（1）查明场地的工程地质及水文地质条件，即拟建场地应有完整的地质勘探资料，包括地层分布，含水层、隔水层和透镜体情况，以及其与水体的联系和水体水位变化情况，各层土体的渗透系数，土体的孔隙比和压缩系数等。

（2）查明地下贮水体，如周围的地下古河道、古水池之类的分布情况，防止出现井点和地下贮水体穿通的现象。

（3）查明上、下水管线，煤气管道、电话、电信电缆，输电线等各种管线的分布和类型，埋设的年代和对差异沉降的承受能力，考虑是否需要预先采取加固措施等。

（4）查清周围地面和地下建（构）筑物的情况，包括这些建（构）筑物的基础形式，上部结构形式，在降水区中的位置和对差异沉降的承受能力。降水前要查清这些建（构）筑物的历年沉降情况和目前损伤的程度，是否需要预先采取加固措施等。

2. 合理使用井点降水，尽可能减少对周围环境的影响

降水必然会形成降水漏斗，从而造成周围地面的沉降，但要合理使用井点，把这类影响控制在周围环境可以承受的范围之内。

（1）首先，在场地典型地区进行的相应的抽水试验，进行降水及沉降预测。做到按需降水，严格控制水位降深。

（2）防范抽水带走土层中的细颗粒。在降水时要随时注意抽出的地下水是否有混浊现象。抽出的水中带走细颗粒不但会增加周围地面的沉降，而且还会使井管堵塞、井点失效。为此，首先应根据周围土层的情况选用合适的滤网，同时应重视埋设井管时的成孔和回填砂滤料的质量。必要时可采用套管法成孔，回填砂滤料应认真按级配配制。

（3）适当放缓降水漏斗线的坡度。在同样的降水深度前提下，降水漏斗线的坡度越平缓，影响范围越大，而所产生的不均匀沉降就越小，因而降水影响区内的地下管线和建筑物受损伤的程度也越小。根据地质勘探报告，把滤管布置在水平向连续分布的砂土中可获得较平缓的降水漏斗曲线，从而减少对周围环境的影响。

（4）井点应连续运转，尽量避免间歇和反复抽水。轻型井点和喷射井点在原则上应埋在砂性土层内。对砂性土层，除松砂以外，降水所引起的沉降量是很小的，然而倘若降水间歇和反复进行，现场和室内试验均表明每次降水都会产生沉降。每次降水的沉降量随着反复次数的增加而减少，逐渐趋向于零，但是总的沉降量可以累积到一个相当可观程度。因此，应尽可能避免反复抽水。

（5）基坑开挖时应避免产生坑底承压水突涌、流砂引起的坑周地面沉陷。对于该种情况，可考虑将降水井管设在隔水层下面的承压含水砂层中，降低承压水头，保证坑底稳定。

（6）如果降水现场周围有湖、河、浜等贮水体时，应考虑在井点与贮水体间设置挡土帷幕，以防范井点与贮水体穿通，抽出大量地下水而水位不下降，反而带出许多土颗粒，甚至产生流砂现象，妨碍深基坑工程的开挖施工。

（7）在建（构）筑物和地下管线密集等对地面沉降控制有严格要求的地区开挖深基坑，宜尽量采用坑内降水方法，即在围护结构内部设置井点，疏干坑内地下水，以利开挖施工。同时需利用支护体本身或另设止水帷幕切断或减缓基坑内外的水力联系。施工过程中，应严格管控止水帷幕的施工质量，保证帷幕的封闭性，防止止水帷幕渗漏对周边环境的影响及破坏。

3. 降水场地外侧设置止水帷幕，减小降水影响范围

在有条件的情况下，降水场地外侧或保护对象周边设置止水帷幕，切断降水漏斗曲线的外侧延伸部分，减小降水影响范围，将降水对周围的影响减小到最低程度，如图 6.4-1 所示。常用的止水帷幕包括水泥搅拌桩、咬合桩、钢板桩、地下连续墙等。

4. 降水场地外缘设置回灌水系统

降水对周围环境的不利影响主要是由于地下水位下降引起周围建筑物和地下管线基础的不均匀沉降造成的，因此，在降水场地外缘或保护对象边缘设置回灌水系统，保持需保护部位的地下水位，可消除所产生的危害。回灌水系统包括回灌井以及回灌砂沟、砂井等。

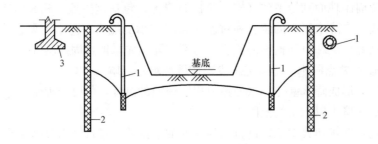

图 6.4-1　设置止水帷幕减小不利影响

1—井点管；2—止水帷幕；3—坑外浅基础、地下管线

7 堤坝工程地下水控制

魏匡民，吉恩跃，李国英

（南京水利科学研究院，江苏 南京 210024）

7.1 概述

堤坝为挡水建筑物，长期工程实践表明，渗流控制是影响堤坝安全的一个主要因素。江河及水库水体是堤坝地下水的主要补给源，所以汛期堤坝工程出现险情的概率也大为增加。在 1998 年长江发生的全流域性大洪水中，长江中下游干堤出现重大险情 698 处，其中堤基管涌占 52.4%，堤基产生险情的主要原因是存在透水性较强的砂层和砂壤土层[1]。国内外因堤坝地基渗流破坏而导致堤坝工程发生事故的案例非常多见[2-5]，因而地下水控制是堤坝工程建设和运行管理的重要内容。堤坝工程主要包括堤防、土石坝、混凝土坝等类型，不同类型的挡水建筑物地下水控制原理和方法有所不同，本章分别以堤防、土石坝、混凝土坝等几种代表性的挡水建筑物为例，阐述堤坝工程中的地下水控制理论与技术。

7.1.1 堤防工程

堤防是江河、湖、海上的重要水利工程，也是水利防洪体系的主要组成部分。堤防工程有着悠久的历史，其建设伴随着人类文明的繁衍和兴起，我国各大河流、湖泊在历史上均有修建堤防的记载[6]。我国劳动人民在与洪水斗争过程中积累了丰富的筑堤、防洪经验，但是受当时科学技术条件限制，对堤防工程的安全控制缺乏系统、科学的认识，在堤防工程地质勘察、水文演算、堤身设计、防渗措施等方面还比较薄弱。另外，部分新建的堤防工程在历史遗留堤防上改建、扩建而成，存在一定的安全隐患[7]，给堤防工程的安全性带来了不确定性和挑战。

一般地，堤防的破坏原因可归结为水文失效和结构失效两个方面[8]：水文失效是指堤防由于水文因素的不确定性造成的破坏，主要指实际发生的洪水高程或流量超过了设计标准造成了堤防破坏，主要为漫顶破坏；结构失效是指组成堤防的材料和结构形式本身的因素导致的堤身破坏，主要包括渗透破坏和失稳破坏。以下重点阐述堤防的渗透破坏和失稳破坏。

（1）渗透破坏在堤防破坏的案例中非常普遍，历史上堤防决口绝大多数与堤身的渗透破坏有关[9]，渗透破坏不仅与堤基和堤身材料渗透性质相关还与堤身断面结构形式、先期裂隙、人为和害堤动物空洞有关。渗流引起的堤防破坏形式主要有管涌、流土、接触冲刷和接触流失。

（2）失稳破坏也是堤防破坏的常见形式之一，导致堤防失稳的原因可能是多方面的，包括渗流、水流冲刷侵蚀、堤身存在结构性问题以及地震液化等原因。文献［10］中，将堤防失稳破坏形式归纳为跌窝、裂缝、崩岸、滑坡（脱坡）、地震险情等。

总的来说，堤防破坏模式中除设计水文因素导致漫顶溃决外，其他的破坏形式都与堤防内地下水控制息息相关，所以在堤防工程的地质勘察、结构设计、抢险加固中应尤其重视堤防地下水控制，形成有效的渗控体系。

7.1.2 土石坝工程

土石坝泛指由当地土料、石料或混合料，经过抛填、辗压等方法堆筑成的挡水坝，是历史最为悠久的一种坝型。近代的土石坝筑坝技术自 20 世纪 50 年代以后得到发展，并促成了一批高坝的建设。可以说，土石坝是世界大坝工程建设中应用最为广泛和发展最快的一种坝型。现今，常见土石坝按照坝型分为：均质土坝、心墙堆石坝、面板堆石坝。

随着我国基础建设的发展、西部大开发的逐步实施以及南水北调的全面落实，许多大中型水库正处于勘察、设计或建设阶段。由于土石坝施工速度较快、设计手段较成熟、易协调变形、筑坝料易就地取材，在大坝的选型中常常被优先考虑。在国内外所有的大坝工程当中，土石坝的占比一直是最大的。我国已建成的大坝绝大多数为土石坝，已建成 9 万多座大坝中土石坝约占 90%。近 40 年来，我国已建成坝高 100m 以上的土石坝数十座，另有多座高 200～300m 级的土石坝正在建设和设计论证之中，例如，澜沧江上的如美心墙堆石坝坝高达 315m，大石峡面板砂砾石坝坝高达 247m，玉龙喀什面板堆石坝坝高达 230.5m。土石坝工程在迅猛发展的同时，也发生过很多事故，有些虽未造成毁灭性的灾害，但也严重影响了安全运营。

据统计[11]，我国的大坝失事原因可归纳为以下五类，即：洪水漫顶，约占 50.6%，大多是因为防洪标准取用偏低及泄洪能力不足造成；设计及施工质量较差，占 38%，主要是坝身和基础防渗及稳定性差造成管涌、滑坡、开裂等事故；运行管理不妥，占 5.3%，主要是人为管理的不足造成的事故；其他，占 4.6%，包括各种不可预见的因素。从国内外土石坝失事统计资料可知，由于渗流破坏发生的事故或溃坝占 30%～40%[12]，由此可见渗流安全对土石坝的重要性。

土石坝渗流是影响工程安全的最主要原因之一，土石坝工程中对于地下水的控制尤为关键。地下水主要通过孔隙静水压力及孔隙动水压力作用于坝体（覆盖层）土体上，前者减小土体的有效应力从而降低其承载能力，后者则通过在土体孔隙中流动带动细颗粒发生迁移，从而引起土体渗透变形。因此，地下水引起的土石坝工程危害，主要是由于地下水升降变化和地下水动水压力作用两个方面的原因造成[13]。水库蓄水后，随着地下水位的抬高，基础孔隙水压力逐渐增加，可以使土体发生管涌、流土、接触冲刷和接触流土等现象，从而引起坝基破坏。此外，若土石坝碾压不密实、防渗系统存在缺陷，可能导致坝体浸润线抬高，也可以引起坝体破坏。对于含有石膏或其他可溶性物质的地基，渗流可以引起地基的侵蚀，使坝体产生不均匀沉降。软弱夹层或断层在渗透水流的作用下，层面强度降低，引起坝基或坝体滑动。同时，水流沿着坝体两岸裂隙、节理、断层或软弱夹层，发生侧岸绕渗，抬高岸坡及坝体的浸润面，给水库蓄水或坝体长期安全带来巨大隐患。目前，由于施工及设计水平的大幅提升，高坝及超高坝发生渗流破坏的事故较罕见，但运行期渗漏量偏大、孔压升高、浸润线抬升等现象时有发生。另外，我国分布有大量 20 世纪兴建的中小老坝，渗透破坏、漏水、甚至溃坝的不在少数。

7.1.3 混凝土坝工程

混凝土坝一般包括混凝土重力坝、混凝土拱坝、混凝土闸坝等，如图 7.1-1 所示。混凝土坝通常建于岩石地基上，地下水控制的主要任务是控制坝基渗透压力和渗漏量，确保大坝稳定和工程效益的正常发挥。

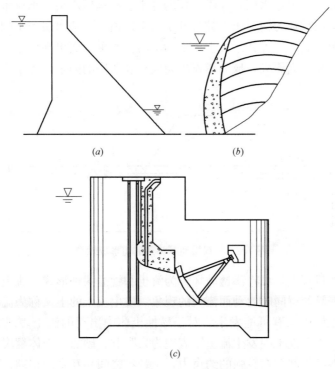

图 7.1-1　几种常见的混凝土坝
(a) 重力坝；(b) 拱坝；(c) 闸坝

本章主要从堤坝工程地下水危害的类型、堤坝工程地下水处理原则和方法、堤坝工程地下水处理设计与计算方法几个方面，阐述堤坝工程地下水控制的理论与技术。

7.2 堤坝工程地下水危害类型

7.2.1 堤防工程地下水危害类型

7.2.1.1 堤防工程渗透破坏

堤防的渗透破坏是指渗透水将土体中的细颗粒冲出、带走或局部土体发生移动。1998年我国长江洪水险情中共出现重大险情 698 处，堤基管涌占 52.4%，其中在长江中下游发生的 7 处溃堤中，5 处都是由管涌导致的，而且在出现的重大溃口险情中如九江、簰洲湾、公安县等溃口都是由渗透破坏导致的，所以防止堤防的渗透破坏是渗流险情中的重中之重[14]。

一般而言，发生渗透破坏的地基都有较为特殊的地层构成，堤防地基从地质结构来看，通常可以分为单一土层结构、双层土结构和多层土结构。不同地质的堤基破坏形式也不一样：单一黏土层地基发生渗透破坏的可能较低，单一砂土层地基易出现渗流冲刷以及堤脚渗流出口处局部渗透稳定问题；双层地基、多层地基、特别是有缺陷的双层地基最容易发生渗透破坏，且具有一定的不可预见性，是堤防安全问题最为突出的地层。我国的长江干堤[15]、松花江、嫩江堤防[16]较为广泛地存在着双层地基。双层地基表层为较薄的弱透水层，下卧较厚的强透水层，在洪水期弱透水层有承压水头，承压水头可能在某处地基有缺陷处产生穿洞破坏为输送土颗粒打开了一个通道，强透水层中土颗粒沿渗漏通道涌出，产生管涌或流土破坏，外在形式上表现为堤防背水侧地面出现隆起，然后出现裂缝或泉眼，随后周围土体不断流失，成为诱发堤防失稳和溃决的因素。图 7.2-1 为双层地基渗透破坏示意。

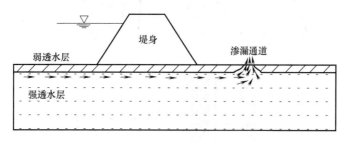

图 7.2-1　双层地基渗透通道形成示意

从渗透破坏的机理上，可将渗透破坏分为流土和管涌两种形式。流土是指在渗透力作用下，土体中某一颗粒群同时启动而流失的现象，发生流土的土又称为流土性土，流土在黏性和无黏性的土体中均有可能发生，对于黏性土体中出现的流土表现为土体隆起、鼓胀、浮动等，对于无黏性土中发生流土则表现为泉眼群、砂沸、土体翻滚被托起，发生流土的机理在于土颗粒之间存在较强的约束力，土颗粒之间相互牵扯移动，流土对堤防的破坏性巨大，因流土会造成土体的整体性破坏，一旦堤防发生流土性渗透破坏得不到及时处理，流土通道就会向上游或横向扩展，引起堤防溃决。管涌是指在渗流作用下土体骨架中的细颗粒沿着渗透通道被逐渐带出，发生管涌的土称为管涌性土。管涌一般发生在砂砾层中，其发生的前提条件是土骨架中有一部分细颗粒与周围颗粒相互作用较弱，在渗流力作用下沿着渗透通道被带走。一般来说，管涌破坏产生的危害小于流土破坏，不会直接造成堤防破坏。当然，管涌和流土破坏并不是绝对的，管涌破坏得不到治理，随着渗漏通道扩展和渗透坡降不断增加，可能发展为流土导致堤防整体破坏。

国内外许多研究者对管涌进行了试验研究，王理芬[17]对荆江大堤砂土管涌进行了砂槽模型试验，分析了管涌发展的阶段，并研究分析了管涌破坏的临界水力比降，并提出管涌发生具有一定的随机性。

毛昶熙等人开展了大量的堤防管涌破坏试验[14]，试验采用的玻璃水槽示意如图 7.2-2所示，该水槽长 8m，宽 0.3m，玻璃水槽中装填堤基砂，砂层上覆 2cm 厚的玻璃板并用螺栓压杆将其压紧，玻璃板上预留开孔模拟管涌通道，堤身以闸板代替，上下游用竖井式平水设备调整水位，砂模型的顶面、侧面、底面都装有测压管记录沿程水头分布。图

7.2-3 为北江大堤芦苞段上细下粗两层砂基管涌试验水头及渗流量变化，图中分别给出了试验开始 1.07h、8.25h、9.92h 时试验槽顶面和地面的沿程水头分布，记录了土体管涌破坏过程，试验表明随着渗透破坏发展，承压水头线由孔口迅速下降并向上游推进，形成陡坎，渗流量也随之增加，然后又因流砂不断拥向孔口，附近水头转而上升，到一定程度，涌向孔口的积砂就会突然冲出孔口而破坏。

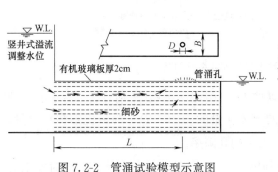

图 7.2-2　管涌试验模型示意图

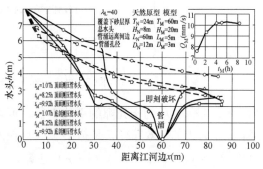

图 7.2-3　北江大堤芦苞段上细下粗两层砂基
管涌试验水头及渗流量变化[14]

以往的研究中，主要从室内试验的宏观现象区分渗透破坏的类型，近些年借助于离散元细观模拟方法，可从细观尺度上模拟流土、管涌现象[18]。

对于堤防工程来说，判断其渗透破坏形式在工程抗渗设计中具有重要的意义。国内外学者基于大量的试验研究在渗透变形形式判别方面做了许多探索，下面介绍应用比较广泛的几种方法：

（1）苏联伊斯托明娜提出的不均匀系数判别法，定义不均匀系数 $C_u = d_{60}/d_{10}$。其中，d_{60} 和 d_{10} 为小于该粒径的颗粒百分含量，分别为 60% 和 10%，其判定方法如表 7.2-1 所示。

渗透破坏的不均匀系数判别法　　　　　　　　　　　　　　表 7.2-1

C_u	<10	10~20	>20
破坏形式	流土型	过渡型	管涌型

一些学者指出[19] 伊斯托明娜法对于 $C_u < 10$ 的土是适用的，但是对于 $C_u \geqslant 10$ 时，无黏性土又分为连续级配和不连续级配，其渗透破坏的类型也是不同的，而不均匀系数 C_u 并不能反映土体级配的连续性。

（2）中国水利水电科学研究院研究人员根据室内试验结果并结合国内外研究人员成果，提出了渗透变形类型判别标准。该标准认为，黏性土一般不会发生管涌，但是分散性土除外，该判断方法对非黏性土的渗透破坏类型影响因素进行了较为全面的归纳，判断方法中考虑了土的不均匀系数、级配的连续性、细粒含量以及孔隙的平均直径等，该判断方法如图 7.2-4[19, 20] 所示。

其中，P 为细粒含量，对于级配不连续的土，是指小于粒组频率曲线中谷点对应粒径的土料含量；对于连续级配的土，是指小于几何粒径 $d = \sqrt{d_{70} \cdot d_{10}}$ 的土粒含量，d_{70}、d_{10} 为小于该粒径的土料含量分别为 70%、10%；d_3、d_5 为小于该粒径的土料含量分别

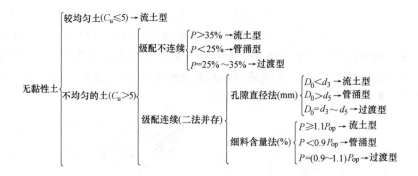

图 7.2-4 天然无黏性土渗透破坏类别判断

为 3%、5%；D_0 为土孔隙的平均直径，可以按 $D_0 = 0.63 \cdot n \cdot d_{20}$ 估算，n 为土的孔隙率，d_{20} 为土的等效粒径，是指小于该粒径的土体含量的 20%；P_{op} 为最优细颗粒含量，可用 $P_{op} = (0.3 - n + 3n^2)/(1-n)$ 估算，n 为土的孔隙率。

（3）南京水利科学研究院沙金煊提出的判别法[21]，根据填料充满骨架孔隙时发生流土这一概念认为下式成立：

$$n_z = \frac{n}{n_{ck}} \tag{7.2-1}$$

式中 n_z——填料本身的孔隙率；

$\quad\quad n_{ck}$——骨架本身的孔隙率；

$\quad\quad n$——包括骨架和填料在内的混合料的孔隙率。

试验表明，发生流土的土体，其 n_z 与 n_{ck} 值很接近，因此又假定 $n_z = n_{ck}$，于是式（7.2-1）可表示为：

$$n = n_{ck}^2 \tag{7.2-2}$$

骨架含量：

$$P_{ck} = \frac{骨架重}{总重} = \frac{1 - n_{ck}}{1 - n} \tag{7.2-3}$$

所以有：

$$n_{ck} = 1 - P_{ck}(1-n) = (1 - P_{ck}) + nP_{ck} = P_z + n(1 - P_z) \tag{7.2-4}$$

将式（7.2-4）代入式（7.2-3）可以得到 P_z 如下：

$$P_z = \frac{\sqrt{n}}{1 + \sqrt{n}} \tag{7.2-5}$$

根据试验资料修正后得到：

$$P_z = \alpha \cdot \frac{\sqrt{n}}{1 + \sqrt{n}} \tag{7.2-6}$$

式中 α——修正系数，$\alpha = 0.95 \sim 1.00$，由此得到下列判别式：

$$P_z' > P_z \rightarrow 流土$$
$$P_z' < P_z \rightarrow 管涌 \tag{7.2-7}$$

式中 P_z'——实有土体的细颗粒含量，一般采用 2mm 为界；

P_z——根据式（7.2-6）计算的土颗粒含量。

7.2.1.2　渗流作用下堤防工程失稳破坏

堤防失稳破坏形式主要有跌窝、裂缝、崩岸、滑坡（脱坡）、地震险情等，其中跌窝、裂缝、滑坡（脱坡）与堤防渗流密切相关。

跌窝是指在雨中或雨后，或者持续高水位运行过程中堤防局部土体突然下陷的现象，形成这种现象的原因主要是害堤生物在堤身内打洞或堤身填筑存在缺陷，江水沿这些空洞灌入后使空洞土体浸泡软化而发生局部陷落，如图 7.2-5 示意。图 7.2-6 为堤防跌窝、塌陷破坏实景图。

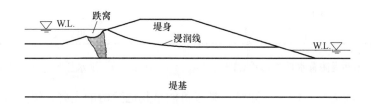

图 7.2-5　堤防工程跌窝破坏机理

图 7.2-6　堤防工程跌窝破坏实景

图 7.2-7　堤防工程滑坡破坏现象[22]

滑坡是指堤防岸坡失稳下滑导致堤防破坏，图 7.2-7 为堤防滑坡现象，堤防滑坡主要发生在汛期，可能出现在堤防的上游坡面或下游坡面，汛期堤防在洪水浸泡下强度有所降低，且在渗透作用下，堤防背水坡可能发生滑动破坏，如图 7.2-8 所示。另外，在洪水骤降期由于坝内渗水的反压作用可能引起堤防迎水坡发生滑动破坏，如图 7.2-9 所示。

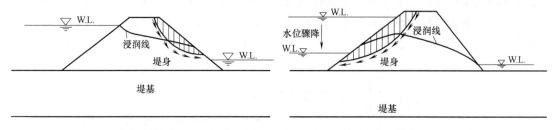

图 7.2-8　汛期堤防背水坡失稳示意图　　　　图 7.2-9　洪水位骤降迎水坡失稳示意图

裂缝是堤防较为常见的一种险情，裂缝可能是其他险情的先兆，堤防裂缝按照成因可分为沉陷裂缝、滑坡裂缝、干缩裂缝。沉陷裂缝主要是由于基础不均匀沉降造成的，滑坡裂缝是由滑坡引起，一般呈弧形向坡面延伸。一般来说，贯穿堤防的裂缝最为危险，可导致集中渗漏，甚至引起溃堤。干缩裂缝一般不会危及堤防安全。

7.2.2　土石坝工程地下水危害类型

7.2.2.1　坝基渗漏

坝基渗漏是指水库蓄水后由于上、下游水头差或汛期地下水位抬升，库水或地下水沿坝基的孔隙、裂隙、溶洞、断层等处向下游的渗漏。坝基渗漏多发生在未进行防渗处理或防渗措施不当之处。坝基渗漏减低了水库的效益，增大了坝底的孔隙压力，还可能引起坝基岩土体潜蚀，导致坝基失稳，如图 7.2-10 所示。

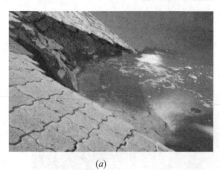
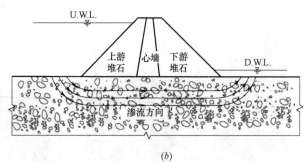

(a)　　　　　　　　　　　　　　　　　　(b)

图 7.2-10　土质心墙坝坝基渗透
(a) 实景图；(b) 示意图

7.2.2.2　绕坝渗漏

绕坝渗漏是指库岸边坡内地下水位抬升，地下水通过两岸的透水岩带渗漏到大坝下游的现象。绕坝渗漏严重地降低水库效益，促使两岸岩体和地下工程围岩的不稳定因素增加，甚至引起滑坡，危及大坝安全，图 7.2-11 为某面板堆石坝绕坝渗漏。

图 7.2-11   某混凝土面板坝绕坝渗漏

7.2.2.3   浸润线抬高

由于汛期地下水位上涨或防渗措施的失效，坝体浸润线上抬，浸润线以下的筑坝料抗剪强度降低，从而导致坝坡稳定性降低，严重的引起滑坡事故。图 7.2-12 为心墙坝和面板坝的浸润线示意。

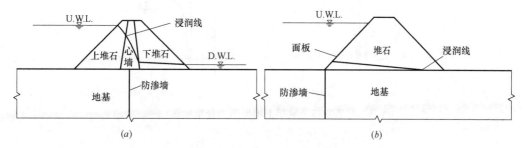

图 7.2-12   土石坝浸润线示意图
（a）心墙堆石坝；（b）面板堆石坝

7.2.2.4   渗透变形破坏

土石坝的渗透破坏与前面所述的堤防工程相同，有管涌（潜蚀）、流土两类，管涌可导致土体的孔隙增大，强度降低，发展下去使得土体呈现"架空结构"，甚至导致塌陷，如图 7.2-13 所示。流土一般发生在坝基内均质土层和粉土层中，它可以使得土体完全丧失强度，危及土石坝的安全稳定，危害性较管涌大，如图 7.2-14 所示。值得注意的是随着管涌的发展、演化，往往会转化为流土。

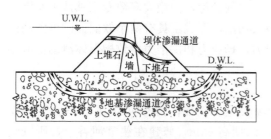

图 7.2-13   土石坝管涌示意图

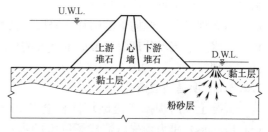

图 7.2-14   土石坝流土示意图

7.2.3　混凝土坝工程地下水危害类型

7.2.3.1　坝基扬压力

由于扬压力是一个铅直向上的力，它减小了坝体作用在地基上的有效压力，从而降低了坝底的抗滑力，影响坝体的稳定性。

如图 7.2-15 为混凝土重力坝和拱坝计算截面上扬压力分布，坝基和坝体内垂直向上的扬压力会减小结构面上有效的法向应力，对坝体的抗滑稳定和坝踵应力状态均不利。

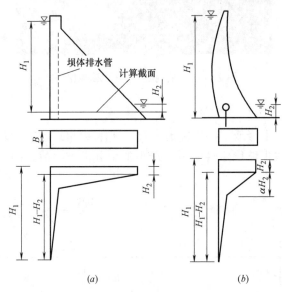

图 7.2-15　混凝土坝扬压力分布示意

（a）重力坝；（b）拱坝

19 世纪末至 20 世纪初，重力坝设计均未考虑扬压力的作用，导致几座已建重力坝在稳定性方面出现了问题[23]，从此扬压力的不利影响逐步受到了重视。1895 年 4 月，坝高 22m 的法国 Bouzey 重力坝发生滑动失稳破坏，事故调查表明，失事的原因是该坝设计时未考虑作用于坝基上的扬压力。

1959 年法国马尔帕塞（Malpasset）坝发生溃决，该坝为双曲拱坝，位于法国南部莱朗（Rayran）河上，坝高 66m，坝基为片麻岩。坝址范围内有两条主要断层，其中一条为近东西向的 F_1 断层，倾角 45°，倾向上游。另一条为近南北向的断层 F_2，倾向左岸，倾角 70°~80°。Malpasset 坝失事事件在坝工界引起了广泛的讨论，众多工程师和学者对大坝失事原因进行了研究和讨论，未取得完全一致的结论，但绝大多数专家都认为左岸坝肩地基条件较差，倾向下游的片麻岩层理被断层切割，形成了具有两个软弱面的可滑动楔体，蓄水后水流沿片理深入形成了巨大的扬压力，扬压力和拱推力导致楔形体滑动，最终导致大坝溃决[5]，如图 7.2-16 所示。

7.2.3.2　坝基渗透破坏

混凝土坝的坝基渗透破坏同样会危害大坝安全。例如，1928 年美国的圣弗朗西斯（St. Francis）重力坝失事造成了巨大的灾难，该坝高 62m，修建在狭窄河谷上，所以溃坝水头高达 40m，造成近 500 名人员死亡。调查表明，该坝坝基由两种岩石组成，河谷底

图 7.2-16　溃决后的 Malpasset 双曲拱坝

部和左坝肩为相对均匀的页岩，右坝肩为砾岩，坝址处还存在顺流向的断层和古滑坡体，在蓄水初期就发现沿坝体、断层和坝肩裂隙存在渗漏。由于砾岩中含有可溶性矿物，在渗透水流冲刷作用下坝基岩石部位出现缺口，是导致右侧坝体失稳的隐因。在上游水压力的作用下，顺河向古滑坡体复活，岩体沿页岩层面楔入坝体左侧基础并将坝体抬高，最终洪水将重达万吨的混凝土块卷走，导致溃坝，如图 7.2-17 所示。

图 7.2-17　溃后的 St. Francis 重力坝

7.3　堤坝工程地下水处理的原则和方法

7.3.1　堤坝工程地下水处理原则

7.3.1.1　堤防工程地下水处理原则

（1）堤防工程修建应该因地制宜，地勘应探明地基中暗沟、古河道、塌陷区、动物巢穴、墓坑、窑洞、坑塘、井窖等缺陷。利用现有堤防和有利地形，修筑在土质较好、性质稳定的滩岸上，应尽量避开软弱地基、深水地带、古河道、强透水地基。

（2）软弱地基上修筑堤防时，应研究软黏土、湿陷性黄土、易液化土、膨胀土、泥炭土和分散性土等软弱地基物理力学和渗透特性，研究其对堤防安全性的影响。当软弱地基难以清除时，可采用设置透水材料等措施加快排水固结，同时防止形成渗漏通道。

（3）在透水性地基上修筑堤防时，应探明透水性地基力学性质、厚度和分布。采用防渗和排渗相结合的原则进行渗控处理。一般来说，对于表层透水地基可用截水槽、铺盖、地下防渗墙等处理；浅层透水地基应采用黏性土截水槽截渗，其设计参数应根据土料性质和相对不透水层允许坡降等综合确定；当透水地基较厚且临水侧有稳定滩地的地基宜采用铺盖防渗措施。当利用天然弱透水层作为防渗铺盖时，应查明弱透水层的厚度、分布、渗透性以及下卧透水层的渗透系数、渗透坡降等；当天然弱透水层存在缺陷时，应采用人工措施进行修补。

（4）复杂多层地基上修筑的堤防可在临水侧进行垂直截渗，背水侧加盖重、减压沟、减压井等处理。表层弱透水层较厚的可采用盖重处理，盖重宜采用透水材料；表层弱透水层较薄的情况，可用减压沟处理。

（5）特殊的岩石堤基（如强风化、裂隙发育、岩溶）也需要进行防渗处理。

（6）在渗流出口应设置反滤保护防止发生渗透变形，只要是比较集中的渗流出口包括内部排渗，都应设置反滤保护层，保护土体不流失。

7.3.1.2 土石坝工程地下水处理原则

土石坝工程中，地下水的处理措施一般应遵循"上堵下排、防排结合"的思想。通过采取"上堵""下排"相结合的措施达到控制坝基地下水渗流的目的。依照该原则，目前土石坝渗流控制的基本方式主要有垂直防渗法、水平防渗法和排水减压法等，前两者体现了上堵的原则，后者则体现了下排的原则。

（1）垂直防渗按照其渗控深度和范围、渗控作用机理、成墙原理以及墙体材料的区别有不同的分类方法。根据渗控深度及范围的区别，可分为箱式、悬挂式和着底式；按作用机理的差别，可分为化学作用、固结、置换、填充及挤密等；按其成墙原理的差异，可分为灌注及置换两种形式；按墙体材料的不同，又可分为刚性渗控措施以及柔性渗控措施两类。垂直防渗一般采用明挖回填截水槽、混凝土防渗墙、灌浆帷幕等基本形式，防渗墙及帷幕灌浆是土石坝工程中最常使用的两种垂直渗控措施。

（2）水平防渗适用于透水层比较厚、不透水层的埋深位置比较深、在临水侧有滩地的工况，主要以延伸渗径以及降低渗流的水力坡降为主要方式来达到渗控效果。土石坝工程中，水平防渗常用防渗铺盖形式。

（3）排水减压主要目的是降低坝基地下水压力，保障坝体和基础的渗透稳定性。排水减压设置的基本要求是要具有足够的排水能力，以便降低坝基地下水压力，保持坝身和基础的稳定。

7.3.1.3 混凝土坝工程地下水处理原则

（1）混凝土坝建基面应尽量避开存在工程地质缺陷的地基。

（2）基础中对渗透性有害的表层夹泥裂隙、风化囊、断层破裂带、节理密集带、岩溶充填物及浅埋软弱夹层等均应挖除，或局部开挖后再进行处理。

（3）混凝土坝基础处理后应具有足够的抗渗性，能满足渗透稳定、控制渗漏量，降低渗透压力的效果。

（4）混凝土坝基应具有水长期作用下的耐久性。

7.3.2 堤坝工程地下水处理方法

7.3.2.1 堤防工程地下水处理方法

堤防工程地下水控制应遵循防渗与排渗相结合的原则，本节中分别从防渗措施和排渗措施两个方面对堤防地下水处理方法进行介绍。

（1）堤防防渗常用措施

1）黏土斜墙

黏土斜墙防渗法是指在堤身中设置黏土斜心墙，达到削减水头的作用，如图7.3-1所示，黏土斜墙法适用于堤身断面尺寸较小且堤身临水侧有足够滩地的场所。

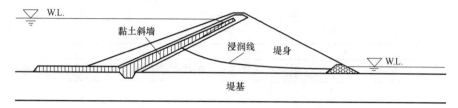

图7.3-1 黏土斜墙防渗法

2）复合土工膜防渗

复合土工膜是将土工织物通过滚压或喷涂使表面浸渍或粘合一层聚合物薄膜。它具有薄膜防渗和织物排水排气的功能，还可改善薄膜的工程性能，是一种较为理想的防渗材料。复合土工膜防渗法适用于堤身临水侧滩地狭窄或堤身附近黏土缺乏的场所。一般来说复合土工膜防渗包括保护层、上垫层、薄膜层、下垫层、支持层等。

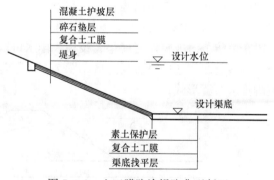

图7.3-2 土工膜防渗堤防典型断面

图7.3-2为某土工膜防渗堤防典型断面，堤防迎水面采用了混凝土护坡、碎石垫层、复合土工膜的组合。

3）防渗铺盖

当堤基相对不透水层埋藏较深，透水层较厚，同时临水侧有稳定滩地的堤基宜采用铺盖防渗措施。实践表明，当地基接近于均匀渗透时，铺盖作用明显，当地基表层渗透系数比底层小很多时，铺盖的防渗效果并不明显。图7.3-3为铺盖防渗示意。

图7.3-3 堤防防渗铺盖示意图

4）截渗槽、截渗墙

对于堤基透水层较薄、隔水层较浅的情况，截水槽、截渗墙底部易达到相对不透水层，形成封闭式防渗幕墙，堤基的渗流量和扬压力可以得到有效控制。图7.3-4（a）、（b）为截水槽、截渗墙示意图。

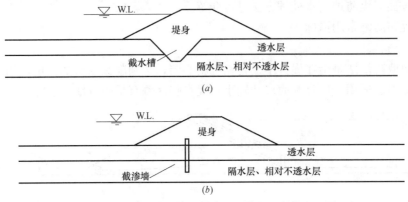

图 7.3-4　堤防截水槽、截渗墙示意图
（a）截水槽；（b）截渗墙

（2）堤防排渗常用措施

1）褥垫、棱柱式排水

在堤防下游坡脚设置褥垫、棱柱式排水可以有效地降低堤身内浸润线，同时在排水体与堤身填土之间还应设置反滤区。图7.3-5为堤防褥垫式排水布置形式，图7.3-6为堤防坡脚排水布置形式。

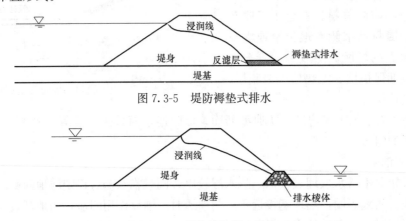

图 7.3-5　堤防褥垫式排水

图 7.3-6　堤防坡脚排水棱体

2）排水沟

排水沟一般适用于双层结构、表土层较薄、下卧透水层较均匀的堤基，透水性均匀的单层结构堤基以及上层透水性大于下层的双层结构堤基[24]，排水沟一般要与背水侧压渗盖重联合使用，如图7.3-7所示。

3）减压井

减压井一般设置在表面为弱透水侧双层地基中，用于提高坝基的渗透稳定性以及减低

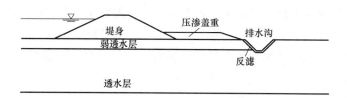

图 7.3-7　堤防排水沟示意

坝基的承压水问题，如图 7.3-8 所示。

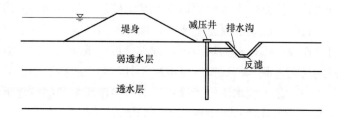

图 7.3-8　堤防排水沟示意

7.3.2.2　土石坝工程地下水处理方法

依据土石坝地下水的处理原则，针对土石坝工程坝基不同渗透特性，采取不同的防渗措施，常见的大坝坝基主要指：砂砾石坝基、岩石坝基、软黏土坝基、黄土坝基。

砂砾石地基指堆积于河床内且厚度大于 30m 的第四纪松散堆积物，主要由漂卵砾石、碎石、粗砂、粉细砂等组成，颗粒组成偏粗大，颗粒级配曲线均呈由粗粒为主体的陡峻型结构到平缓型的细粒结构，通常情况下缺乏中间粒径，岩层不连续，岩性变化大，且透水性强。在深厚砂砾石覆盖层上建坝，对地下水的控制是关键课题。目前，对于砂砾石坝基的处理方法主要为水平铺盖防渗、垂直防渗、排水减压等。

1）水平铺盖防渗

铺盖是一种由黏性土等防渗材料做成的水平防渗设施，通过延长渗径的方式起到防渗的作用，多用于透水层厚，采用垂直防渗措施有困难的场合，如图 7.3-9 所示。铺盖与坝基接触面应大体平整，底部应设置反滤层或垫层，以防止发生渗透破坏。铺盖上面应设置保护层，防止发生干裂或冲刷破坏，两边与岸坡不透水层连接处须密封良好。

水平铺盖防渗方法通常应用在小型土石坝的坝基防渗上，主要的方法就是用黏土铺盖上游河床，将铺盖后的河床与坝身相连接，目的是延长渗径，从而降低渗漏和减小渗流坡度。虽然铺盖防渗方法的效果不如垂直防渗好，但是由于其造价低，并且施工操作简单，故在小型土石坝工程中使用较为广泛。

水平铺盖渗控措施以填筑施工无须特殊设备且简单易行为主要优势，但在工程运行后可能会因为基础变形而引起裂缝、塌坑以及不均匀沉降等

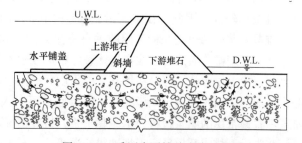

图 7.3-9　采用水平铺盖防渗示意图

不利地质现象，从而对渗控效果产生不良影响，这就需要在工程运行的初期就对其采取有效的监测、检查以及维修手段，相比垂直防渗措施，水平铺盖防渗措施所需要的后期维修费较高。总体来说，就砂砾地基或者多层坝基而言，采用水平铺盖来延长坝基水平渗径，渗控效果不显著。

2）垂直防渗[25]

砂砾石地基上的垂直防渗措施主要包括：明挖回填黏土截水槽[26]、混凝土防渗墙、帷幕灌浆等。

当砂砾石覆盖层厚度小于 20m，且附近有可用黏土料源时，常常使用黏土截水槽作为防渗措施，该方法是使用黏性土来回填透水地基沟槽从而形成坝基防渗体。槽底通常应开挖至不透水基岩，且常须浇筑混凝土垫座或齿墙以加强结合。若为心墙坝，截水槽顶部应与黏土心墙或斜墙连成一体；若为均质坝，截水槽可设于坝轴线的上游部位，可有效保障坝体及坝基的渗流稳定。截水槽底宽度则取决于其与黏性土接触面的允许渗透坡降。

实际土石坝工程中，黏土截水槽施工简单，对减少渗流量和削减地下水水头有显著效果，但只适用于小型土石坝且坝基覆盖层不太厚的情况。

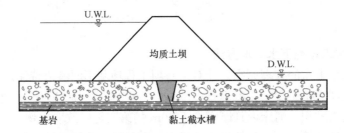

图 7.3-10 明挖回填黏土截水槽防渗示意图

当坝基透水层较厚，采用明挖回填黏土截水槽施工有困难或难以保障大坝渗流稳定时，应采用混凝土防渗墙，如图 7.3-11 所示。这种方法在坝基较厚且坝基地质情况复杂时常常能够有效地阻断地下水渗径，保障大坝渗流稳定性[27]。

混凝土防渗墙是利用大型器械在坝体或者坝基上挖槽、孔，并以泥浆固壁，嵌入弱风化基岩深度为 0.5～1.0m，然后向槽或者孔内浇筑流动性较好的混凝土，防渗墙顶部需嵌入坝体防渗结构一定深度，两端与岸边的防渗设施连接。采用该方法，可以在坝基内形成密封的混凝土墙，从而形成"基岩-混凝土防渗墙-防渗体"一体化防渗结构。

在深厚砂砾石坝基内，采用混凝土防渗墙可以有效地截断或者减少坝基内的地下水渗透水流，降低下游坝基内地下水水头，减小坝基的渗透变形。

采用混凝土防渗墙的优点是施工快、材料省、防渗效果好，但一般需要大型机械设备，且造价较高。因此，在渗流措施要求严格的高坝大库工程中比较常用。

帷幕灌浆防渗也是一种常用的垂直防渗方式，如图 7.3-12 所示。对于透水性较大的岩石地基，常用帷幕灌浆的方式在岩体裂隙中形成阻水帷幕，达到坝基防渗的目的；对于深厚的砂砾石覆盖层地基，可以在坝基上层采用明挖回填黏土截水槽或混凝土防渗墙等措施，在截水槽或防渗墙底部采用帷幕灌浆，帷幕底界可深入基岩相对隔水层，形成组合防渗设施。帷幕灌浆最常用的灌浆材料为水泥黏土浆，特殊情况下还可采用化学灌浆或超细水泥浆。帷幕灌浆常设一排或几排平行于坝轴线的灌浆孔，布置在防渗体底部中心线偏上游部位。

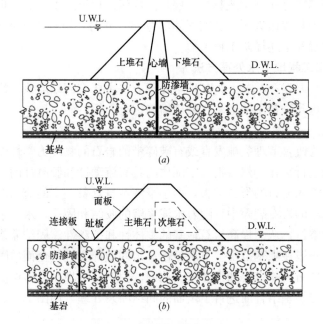

图 7.3-11　坝基内采用防渗墙防渗示意图
（a）心墙堆石坝；（b）面板堆石坝

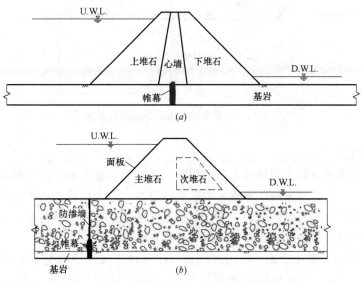

图 7.3-12　坝基内采用帷幕灌浆防渗示意图
（a）心墙堆石坝；（b）面板堆石坝

3）坝体排水层

坝体内设置排水层的主要目的是增加坝体排水性能，降低坝内浸润线，减小坝体坝基孔压，增强坝体稳定性。按设置方向可分为竖向和横向排水层，按结构形式可分为棱体排水、贴坡排水、褥垫式排水。

4）排水沟与减压井

如果砂砾石坝基内存在砂层或黏性土层，且渗流出口排水不畅时，坝基内渗透压力将增加，有可能诱发坝基渗透破坏，影响坝体的稳定。此时，可在下游坝基设置排水设施。排水沟与减压井设置和上述堤防工程类似。

7.3.2.3　混凝土坝工程地下水处理方法

混凝土坝工程一般建在基岩上，其地基处理方法主要有固结灌浆、帷幕灌浆、排水孔幕等，以下分别对这几种常用的地下水处理措施进行介绍。

（1）固结灌浆

固结灌浆是指为改善节理裂隙发育或有破碎带的岩石的物理力学性能而进行的灌浆工程。灌浆过程中先进行钻孔，然后把一定配比的具有流动性和胶凝性的水泥浆液施加一定的压力通过钻孔压注入岩石的裂隙中去，由于浆液本身具备一定的流动性和渗透性，可通过钻孔渗入非常细小的岩石裂隙中，随着水泥浆液的胶结和固化，水泥浆液将破碎的岩石和节理胶结成一个整体，从而提高岩石地基的整体性和抗渗性。固结灌浆是控制高坝地基渗流的重要措施，一般在坝基范围上下游延伸一定区域都要进行全面的固结灌浆，并且在防渗帷幕附近以及岩石破碎带要加强灌浆。例如，白鹤滩拱坝在岩体保护层爆破开挖后的表层岩体及混凝土与坝基结合面进行了全面的固结灌浆处理，如图 7.3-13 所示[28]。

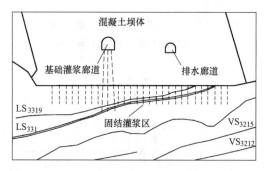

图 7.3-13　白鹤滩拱坝地基固结灌浆示意[28]

（2）防渗帷幕

帷幕灌浆是用浆液灌入岩体或土层的裂隙、孔隙，形成连续的防水帷幕，以减小渗流量或降低扬压力。帷幕灌浆按防渗帷幕的灌浆孔排数，分为单排、双排孔帷幕和多排孔帷幕。地质条件复杂且水头较高时，多采用 3 排以上的多排孔帷幕。按灌浆孔底部是否深入相对不透水岩层划分，可分为封闭式帷幕和悬挂式帷幕。

图 7.3-14 为古贤混凝土重力坝河床剖面，该坝位于黄河中游北干流碛口至禹门口河段，坝高达 200m 级，地基地层中剪切带发育，渗透性强，为降低坝基的扬压力和渗流量，坝基上下游各设置一个防渗帷幕，上游帷幕宽约 2.8m，深约 87m；下游帷幕宽约 1.5m，深约 31m。

（3）排水孔幕

重力坝、拱坝或水闸为了降低坝基的扬压力，往往在岩基中的同一线上布设若干钻孔，称为排水孔幕。图 7.3-14 所示古贤重力坝为降低坝基内的扬压力设置了主、副排水孔幕，排水孔孔径 11cm，主排水孔排距为 2.0m，其他排水孔排距为 4.0m，主排水孔距坝踵的距离为 15m，下游排水孔距坝趾的距离为 10m。

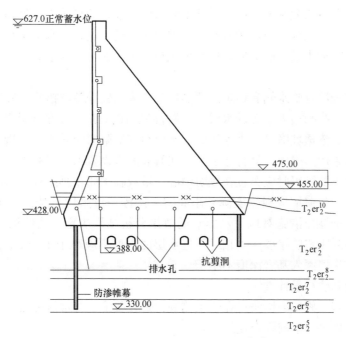

图 7.3-14　古贤重力坝河床剖面[29]

7.4　堤坝工程地下水控制设计与计算

7.4.1　堤防工程地下水控制设计

7.4.1.1　堤身防渗设计

在防渗设计中堤身，结构形式应根据渗流计算和技术经济比较综合确定，一般来说，堤身可采用均质土堤、心墙、斜心墙等形式，防渗材料可采用黏土、混凝土、沥青混凝土、土工织物等。均质土堤应采用黏粒含量为10%～35%、塑性指数7～20的黏性土。铺盖、心墙、斜心墙应采用防渗性好的土，在堤身填土内不应含有植物根系、砖瓦等杂质。

淤泥类土、天然含水率不符合要求、黏粒含量过多、冻土、杂土、膨胀土、分散性土不宜直接作为堤身填土。

采用土工膜作为堤身防渗时，其设计应满足土工合成材料相关设计规范。

7.4.1.2　堤基防渗设计

（1）堤基渗流控制应保证堤基及背水侧堤脚外土层的渗透稳定，堤基处理应探明地基中暗沟、古河道、塌陷区、动物巢穴等缺陷并进行相应的处理。

（2）软弱地基上修筑堤防时薄层软黏土可予以挖除，当厚度较厚无法挖除时，可铺设透水材料加速排水或打排水井、塑料排水带加速排水。砂砾、碎石、土工织物可以作为透水材料使用，但应注意避免成为渗漏通道。如果在黏土层下有承压水并可能危及堤防安全时，应避免排水井穿透黏土层。

（3）透水性地基防渗设计方法

表层透水地基可用截水槽、铺盖、地下防渗墙、灌浆截渗等方法处理；浅层透水地基宜采用黏性土截水槽截渗，截水槽底部应达到相对不透水层，截水槽土料宜和堤身填土采用同种土料填筑，截水槽的底宽应根据回填土料、下卧相对不透水层允许坡降和施工条件综合确定。

当透水地基较厚且临水侧有稳定滩地的地基宜采用铺盖防渗措施，铺盖的长度和断面应通过计算确定。当利用天然弱透水层作为防渗铺盖时，应查明弱透水层的厚度、分布、级配、渗透系数、渗透坡降等，当天然弱透水层存在缺陷时应采用人工措施进行修补。缺乏铺盖土料时可采用土工膜、复合土工膜，在其表面应设置保护层和排气排水系统。如果透水地基设置地下防渗墙时应布置在堤防中心区域或临水侧坡脚附近。当堤身和堤基均需采取防渗措施时，防渗墙应根据实际要求布置，防渗墙可采用悬挂式、半封闭式、封闭式，其形式要根据渗控措施对地下水影响的效果分析结果决定。墙体深度应满足渗透稳定，半封闭式和封闭式防渗墙深入相对不透水层的深度不应小于 1.0m，如果相对不透水层是基岩时，防渗墙深入基岩深度不小于 0.5m。

（4）多层地基防渗设计方法

复杂多层地基上修筑的堤防可在临水侧进行垂直截渗，背水侧加盖重、减压沟、减压井等处理，也可以多种措施联合使用。

表层弱透水层较薄、下层透水层较厚且均匀时可用减压沟处理，减压沟可采用暗沟也可以采用明沟。弱透水层下卧的透水层呈层状沉积、各向异性且强透水层中夹杂黏土或透镜体时，宜采用减压井处理，应根据渗流控制要求和地下土层状况确定井深和井距。

（5）当岩石堤基为强风化或裂隙发育的岩石，或因岩溶等原因造成渗漏量过大，可能危及堤防安全的可采用下面设计方法：①当岩石遭遇强风化可能导致堤基发生渗透破坏时，岩石裂隙可采用砂浆或混凝土封堵，并在防渗体下设滤层。②当地基位于岩溶地区时应查明岩溶发育情况，堵塞渗漏通道或加铺盖防渗。当需要进行帷幕灌浆时，可按照帷幕灌浆的设计施工要求进行灌浆。

7.4.1.3 堤防反滤层设计

堤防反滤应符合下列要求：

（1）被保护土不发生渗透变形；

（2）渗透性大于被保护土，能通畅地排除渗透水流；

（3）不致被细颗粒淤塞失效。

7.4.2 土石坝工程地下水控制设计

7.4.2.1 坝体防渗设计[30,31]

（1）均质土（土质心墙）坝

土质防渗体断面应自上而下逐渐加厚，对于其底部厚度，斜墙不宜小于水头的 1/5，心墙不宜小于水头的 1/4。

为防止土石坝渗流逸出处的渗透破坏、降低坝体浸润线及孔隙压力、改变渗流方向等，应在坝体内设置不同形式的排水设施。排水设施应有充分的排水能力，以保证自由地向下游排出全部渗水；此外，排水设施应按排水反滤准则设计，以保证坝体及地基土不发生渗透破坏，便于监测和检修。

对于棱体排水设施，其顶部高程应超出下游最高水位，超过的高度：1级、2级坝不应小于1.0m，3级、4级和5级坝不应小于0.5m，并应超过波浪沿坡面的爬高；顶部最小宽度不宜小于1.0m。

对于坝内水平排水层，其设置位置、层数和厚度可根据计算确定，其最小厚度不宜小于0.3m。褥垫排水层的厚度和伸入坝体内的深度应根据渗流计算确定，排水层中每层料的最小厚度应满足反滤层最小厚度的要求。

对于贴坡式排水设施，其顶部高程应高于坝体浸润线逸出点，超过的高度应使坝体浸润线在该地区的冻结深度以下，且1级、2级坝不宜小于2.0m，3级、4级和5级坝不宜小于1.5m，并应超过波浪沿坡面的爬高。底脚处应设置排水沟或排水体，其深度应使水面结冰后排水沟或排水体的下部仍有足够的排水断面。

除了坝体内设置排水设施，大坝坝面应设置排水，其范围包括坝顶、坝坡、坝端及坝下游等部位的集水、截水和排水设施。坝坡与岸坡连接处均应设排水沟，其集水面积应包括岸坡集水面积在内。

（2）混凝土面板坝[32]

对于混凝土面板坝，垫层料应是连续级配且内部渗透稳定，压实后渗透系数宜为$1\times10^{-3}\sim1\times10^{-4}$cm/s。坝体用砂砾石料填筑时，下游坝坡以内一定区域宜采用堆石填筑，以增加排水区的排水能力。

趾板地基如遇深厚风化破碎及软弱岩层难以开挖到弱风化岩层时，可以采取如下处理措施：延长渗径（如加宽趾板，设下游防渗板），设混凝土截水墙或者增设伸缩缝。

趾板建基面宜为坚硬不冲蚀和可灌浆的基岩，岩石地基上的趾板宽度按容许水力梯度确定，高坝趾板宜按水头大小分高程段采用不同宽度，趾板最小宽度不宜小于3m。

岩基上趾板厚度可小于与其连接的面板厚度，最小设计厚度应不小于0.3m，高坝底部趾板厚度应不小于0.5m，并可按高程分段采用不同厚度。

7.4.2.2 坝基防渗设计

（1）砂砾石覆盖层坝基

砂砾石坝基渗流控制应优先采用能可靠而有效地截断坝基渗透水流、解决坝基渗流控制问题的垂直防渗措施。深度在20m以内时，可采用明挖回填黏土截水槽；深度超过20m且在120m以内或深度超过120m且经过论证后，可采用混凝土防渗墙。

当混凝土防渗墙与土体为插入式连接时，混凝土防渗墙顶应做成光滑的楔形，插入土质防渗体高度宜为1/10坝高，高坝可适当降低或根据渗流计算确定，低坝不应低于2m。墙底一般宜嵌入弱风化基岩0.5～1.0m，对风化较深或断层破碎带应根据其性状及坝高予以适当加深。采用帷幕灌浆时，帷幕的底部深入相对不透水层不宜小于5m。

如采用黏土铺盖，其范围和厚度应根据水头、透水层厚度以及铺盖和坝基土的渗透特性通过试验或计算确定，铺盖应由上游向下游逐渐加厚，铺盖前缘的最小厚度可取0.5～1.0m，铺盖应采用相对不透水土料填筑，其渗透系数宜小于坝基砂砾石层的1/100，并应小于1×10^{-5}cm/s，应在等于或略高于最优含水率条件下压实。

下游采用排水减压井系统时，在满足排水沟内的泥沙不能进入井内的条件下，出口高程应尽量低，井径一般应大于150mm。进水花管穿入强透水层厚度的50%～100%。进水花管的开孔率宜为10%～20%，孔眼可为条形和圆形。进水花管外应填反滤料，反滤

料粒径 D_{85} 与条形孔宽度之比不应小于 1.2，与圆孔直径之比不应小于 1.0。减压井周围采用砂砾料作反滤时，反滤料的粒径不应大于层厚的 1/5，不均匀系数不宜大于 5。

（2）岩石坝基

坐落于岩石坝基上的土石坝，对于 1、2 级坝及高坝、超高坝，宜同时进行帷幕灌浆和固结灌浆处理，当基岩较破碎、透水性较大时，中低坝也应对防渗体下部基岩进行固结灌浆处理。帷幕灌浆应在有混凝土垫层盖重作用下进行；1、2 级坝和超高坝、高坝应在有盖重作用下进行固结灌浆，并做好混凝土垫层与基岩面的接触灌浆，中低坝固结灌浆可在无盖重下开展。灌浆区的地下水流速不大于 600m/d 时，可采用水泥灌浆；大于此值时，可在水泥浆液中加速凝剂或采用化学灌浆；地下水存在侵蚀性时，可选择具有抗侵蚀性的水泥或采用化学灌浆。

高混凝土面板坝中混凝土趾板建基面宜开挖到弱风化层上部，中低坝可建基于强风化层下部。趾板下的岩石地基应进行固结和帷幕灌浆处理。固结灌浆应采用铺盖式，宜布置 2～4 排，深度应不小于 5m。帷幕灌浆应布置在趾板中部并可与固结灌浆相结合，帷幕深度宜深入相对不透水层 5m，也可根据地质条件按坝高的 1/3～1/2 选定。

7.4.3　混凝土坝工程地下水控制设计

7.4.3.1　固结灌浆设计

混凝土重力坝固结灌浆方案设计应遵循以下基本要求[33]：①当岩体裂隙发育且具有可灌性时，应根据地基应力以及地质条件决定是否进行灌浆；②高坝坝基应进行全面的固结灌浆，坝基上、下游要进行一定范围的延伸；③防渗帷幕附近、存在地质缺陷的地基部位应加强固结灌浆；④固结灌浆的孔距、排距、孔深应根据开挖后的地质条件确定，一般地，孔距、排距可取为 3～4m，孔深取为 5～8m，帷幕上游区孔深可取 8～15m；⑤帷幕附近和有地质缺陷的部位应在有 3～4m 混凝土盖重条件下进行灌浆，经论证可不采用盖重灌浆的区域，可采用找平混凝土封闭等措施。

混凝土拱坝固结灌浆与重力坝要求类似，固结灌浆范围根据基岩裂隙、爆破松弛、地基受力等因素综合确定，灌浆材料和参数可通过灌浆试验确定，一般地，孔深宜取为 5～15m，排距宜取为 2～4m。

7.4.3.2　防渗帷幕设计

混凝土重力坝防渗帷幕的深度应满足以下要求：当坝基下存在可靠的相对隔水层且埋深较浅时，可采用封闭式帷幕，防渗帷幕深入相对隔水层 3～5m。帷幕的防渗标准和相对隔水层的透水率 q，根据不同坝高采用不同的标准，即当坝高≥100m 时，相对隔水层的透水率 $q=1～3Lu$，坝高在 100～50m 之间，相对隔水层的透水率 $q=3～5Lu$，坝高小于 50m，相对隔水层的透水率 $q=3～5Lu$。当坝基下相对隔水层较深或分布无规律时可采用悬挂式帷幕，但应满足减小坝基和绕坝渗漏、防止在坝基软弱面、破碎带产生渗透破坏、防止渗流对坝基和两岸岸坡产生不利影响等条件。两岸坝头部位，防渗帷幕深入岸坡的范围、深度以及帷幕轴线方向应根据工程地质、水文地质条件确定，应延伸到相对隔水层处或正常蓄水位与地下水位相交处，并与河床部位的帷幕保持连续性。防渗帷幕的排数、排距及孔距，应根据工程地质条件、水文地质条件和灌浆试验综合确定。一般地，高坝采用两排，中、低坝可采用一排，帷幕孔距为 1.5～3.0m。

　　混凝土拱坝防渗帷幕布置应根据坝基应力情况布置在压应力区靠近上游面，两岸帷幕轴线的方向以及深入岸坡内的长度应根据工程地质、水文地质和地形条件、坝基的稳定情况、防渗要求研究确定。防渗帷幕深度应满足以下要求[34]：①当坝基下存在相对隔水层时，防渗帷幕应伸入到该岩层内不少于5m，不同坝高的隔水层透水率值规定和重力坝相同；②两岸山体防渗帷幕应延伸到相对隔水层，或正常蓄水位与地下水交汇处；③当坝基下相对隔水层埋藏较深或无分布规律时，帷幕深度可按照渗流计算结果以及工程规模、地质条件、地基的渗透性等因素，按0.3～0.7倍坝前静水头选择；④对于完整性好、透水性弱的岩体，中、低坝帷幕灌浆孔可采用1排，高坝可采用1～2排，对于完整性差、透水性强的岩体地基，中坝可采用1～2排，高坝可采用2～3排；⑤帷幕孔距宜采用1.5～3.0m，排距应略小于孔距。

7.4.3.3　排水孔幕设计

　　重力坝排水孔一般设置在防渗帷幕下游侧，以降低扬压力并排水，主排水孔与帷幕孔的距离不宜小于2m，以防止渗透破坏。高坝可设置2～3排辅助排水孔；中坝和低坝可设置1～2排，主排水孔孔距一般为2～3m，副排水孔孔距可为3～5m，主排水孔深度为帷幕的0.4～0.6倍；中、高坝的主排水孔深不宜小于10m，副排水孔深可为6～12m。

　　拱坝防渗帷幕的下游及两岸坝肩应设置坝基纵横排水幕，主排水幕设置1道，副排水幕设置1～3道，主排水孔孔距宜为2～3m，副排水孔孔距宜采用3～5m。主排水孔孔深宜为帷幕孔深的0.4～0.6倍，副排水孔宜为主排水孔的0.7倍。对于高坝及两岸地形较陡、地质条件复杂的中坝，宜在两岸布置多层纵横向排水平洞。

7.4.4　堤坝工程地下水控制计算

　　堤坝工程渗流计算宜优先考虑有限元数值分析方法，主要计算最大渗透坡降及其位置、坝坡逸出段及出逸坡降、浸润线与孔压分布以及渗流量。有限元应用于堤坝渗流分析目前已经比较成熟，可参考相关文献，本章不再介绍。这里主要介绍堤坝工程中设计常用渗流计算方法。

7.4.4.1　堤防渗流计算

　　（1）不透水地基均质土堤渗流计算（图7.4-1）

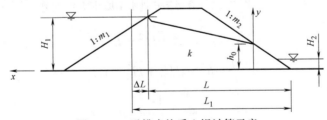

图7.4-1　无排水均质土堤计算示意

$$\frac{q}{k}=\frac{H_1^2-h_0^2}{2(L_1-m_2h_0)} \tag{7.4-1}$$

$$\frac{q}{k}=\frac{h_0-H_2}{m_2+0.5}\left[1+\frac{H_2}{h-H_2+\dfrac{m_2H_2}{2(m_2+0.5)^2}}\right] \tag{7.4-2}$$

其中：

$$L_1 = L + \Delta L \qquad (7.4\text{-}3)$$

$$\Delta L = \frac{m_1}{2m_1 + 1} H_1 \qquad (7.4\text{-}4)$$

浸润线方程为：

$$y = \sqrt{h_0^2 + 2\frac{q}{k}x} \qquad (7.4\text{-}5)$$

式中 q——单位宽度渗流量 $[\mathrm{m^3/(s \cdot m)}]$；

    k——堤身渗透系数；

  H_1——上游水位（m）；

  H_2——下游水位（m）；

  h_0——下游出逸点高度（m）；

  m_1——上游坡坡率；

  m_2——下游坡坡率；

  L——上游水位与上游堤坡交点距下游坡脚或排水体上游端部的水平距离（m）；

 ΔL——上游水位与堤身浸润线延长线交点距上游水位与上游堤坡交点的水平距离（m）；

  L_1——渗流总长度（m）；

  y——浸润线上任意一点距下游坡脚的垂直高度（m）；

  x——浸润线上任意一点距出逸点的水平距离。

（2）坝下有褥垫式排水的渗流计算（图 7.4-2）

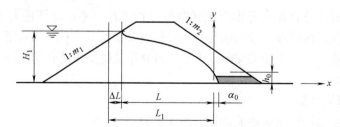

图 7.4-2 有褥垫式排水土堤计算

$$h_0 = \sqrt{L_1^2 + H_1^2} - L_1 \qquad (7.4\text{-}6)$$

$$\frac{q}{k} = h_0 = \sqrt{L_1^2 + H_1^2} - L_1 \qquad (7.4\text{-}7)$$

$$\alpha_0 = \frac{1}{2} h_0 \qquad (7.4\text{-}8)$$

$$y = \sqrt{h_0^2 - 2h_0 x} \qquad (7.4\text{-}9)$$

式中 α_0——褥垫式排水工作强度；L、ΔL、L_1 物理意义如图 7.4-2 所示；其余参数意义与式（7.4-1）～式（7.4-5）相同。

  （3）坝下有棱柱式排水的渗流计算（图 7.4-3）

$$h_0 = H_2 + \sqrt{(cL_1)^2 + (H_1 - H_2)^2} - cL_1 \qquad (7.4\text{-}10)$$

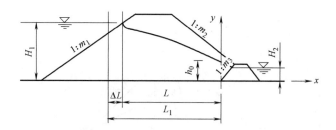

图 7.4-3 有棱柱式排水土堤计算

$$\frac{q}{k}=\frac{H_1^2-h_0^2}{2L_1} \tag{7.4-11}$$

$$y=\sqrt{h_0^2-2\frac{q}{k}x} \tag{7.4-12}$$

式中 c——一个无量纲常数，选取与排水棱体临水坡率 m_3 有关；

其余参数意义与式（7.4-1）～式（7.4-5）相同。

（4）透水地基均质土堤渗流计算（图 7.4-4）

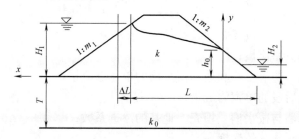

图 7.4-4 透水地基均质土堤渗流计算

单宽渗流量可以将堤身和堤基分开计算，如下式：

$$q=q_D+k_0\frac{(H_1-H_2)T}{L+m_1H_1+0.88T} \tag{7.4-13}$$

式中 q——堤身、堤基单宽流量之和；

q_D——不透水地基上相同排水形式的均质土堤单位宽度流量。

计算透水地基上的均质土堤浸润线时，应根据下游不同排水形式首先计算特征水位水深，然后再计算浸润线，可参考文献[35]。

7.4.4.2 土石坝渗流计算

土石坝渗流计算依据地基的透水特性采用不同的计算公式，具体可分为不透水地基上均质坝及有限深透水地基上的土石坝，其中不透水地基上均质坝的渗流计算又可分为下游有水而无排水设施或有贴坡排水的情况、下游有褥垫排水的情况及下游有堆石棱体排水的情况，而有限深透水地基上土石坝的渗流计算可分为均质坝渗流计算、心墙坝渗流计算及带截水槽的斜墙坝渗流计算。均质坝的渗流计算可参考上一章节均质土堤渗流计算方法，这里重点介绍有限深透水地基上心墙坝渗流计算（图 7.4-5）。

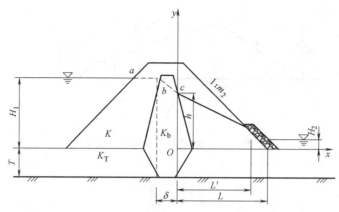

图 7.4-5　透水地基上带截水槽的土石心墙坝渗流计算简图

忽略心墙前坝壳内的水位降落，单宽渗流量按下式计算：

$$\begin{cases} q_1 = k_0 \dfrac{(H_1+T)^2-(h+T)^2}{2\delta} \\[2mm] q_2 = \dfrac{k(h^2-H_2^2)}{2(L-m_2H_2)} + k_T \dfrac{(h-H_2)}{L+0.44}T \\[2mm] q = q_1 = q_2 \end{cases} \tag{7.4-14}$$

式中　　q——单宽渗流量；

　　　　q_1——通过防渗心墙和地基截水槽的单宽渗流量；

　　　　q_2——墙后段的单宽渗流量；

　k_0、k、k_T——心墙与截水槽、坝壳、地基的渗透系数；

　　　　T——透水地基的深度；

　H_1、H_2——上下游水深；

　　　　h——墙后水深；

　　　　δ——心墙平均厚度；

　　　　L——心墙下游距离下游坝坡坡脚的长度；

　　　　m_2——下游的边坡系数。

7.4.4.3　混凝土坝扬压力计算

对于修建在基岩上的混凝土重力坝，地下水渗透产生的坝体扬压力是结构安全计算的重要方面，本节主要介绍基岩上混凝土重力坝、拱坝扬压力计算问题。非基岩上混凝土坝地面的扬压力分布可根据地下轮廓线和地基的渗透特性，通过数值计算研究确定。

（1）重力坝坝基扬压力计算

基岩上重力坝没有防渗帷幕和排水孔时，扬压力分布如图 7.4-6（a）所示，设有防渗帷幕和排水孔时，扬压力分布如图 7.4-6（b）、（c）所示。图中，α 为扬压力强度系数，取值如表 7.4-1 所示。

（2）拱坝坝基扬压力计算

一般拱坝均设有排水孔，扬压力可分为三种情况：

① 坝基设有防渗帷幕和排水帷幕，帷幕灌浆孔以及排水孔布置在位于上、下游的两

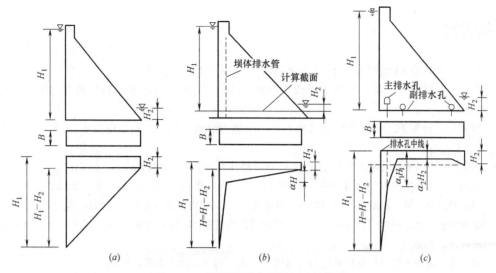

图 7.4-6 混凝土重力坝扬压力计算图

(a) 无帷幕和排水孔；(b) 实体重力坝；(c) 坝基设抽排系统

重力坝扬压力强度系数 表 7.4-1

	设防渗帷幕及排水孔	设防渗帷幕及主、副排水孔并抽排	
	α	α_1	α_2
河床坝段	0.25	0.20	0.50
岸坡坝段	0.35		

个廊道内，坝踵处扬压力为 H_1，防渗帷幕中线上扬压力为 $H_2 + \alpha_1 H$，排水线上扬压力为 $H_2 + \alpha_2 H$，坝趾处为 H_2，扬压力强度系数 α_1、α_2 取值根据坝基地质条件、帷幕排水设施状况确定，α_1 宜取为 $0.4 \sim 0.6$，α_2 宜取为 $0.2 \sim 0.35$，如图 7.4-7 (a) 所示。

② 第一道排水幕紧靠防渗帷幕，帷幕灌浆孔与排水孔在同一廊道内，在第一道排水幕与坝趾之间还设有第二道排水幕，共同形成主、副排水系统，扬压力分布如图 7.4-7 (a) 所示，α_1 宜取为 $0.25 \sim 0.4$，α_2 宜取为 $0.10 \sim 0.20$，α_1 折减线位于廊道中轴线上。

③ 当拱坝的坝体厚度较薄，仅在帷幕后设置一道排水幕，扬压力分布如图 7.4-7 (b) 所示，α 值宜取为 $0.25 \sim 0.4$。

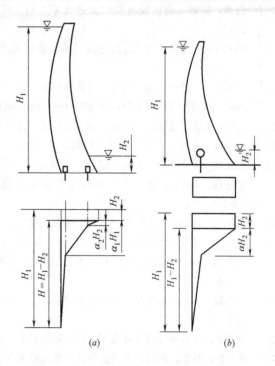

图 7.4-7 混凝土拱坝扬压力计算图

参考文献

[1] 马贵生. 长江中下游堤防主要工程地质问题 [J]. 人民长江, 2001, (09): 3-5.

[2] 朱伟, 山村和也. 堤防地基渗透破坏机制及其治理 [J]. 水利水运科学研究, 1999, (04): 338-347.

[3] 解家毕, 孙东亚. 全国水库溃坝统计及溃坝原因分析 [J]. 水利水电技术, 2009, 40 (12): 124-128.

[4] 陆文海. 石桥水电站溃坝原因分析 [J]. 成都科技大学学报, 1991, (04): 45-51.

[5] 黄小波. 大坝失事案例原因分析及对策探讨 [J]. 湖南水利水电, 2014, (03): 82-85.

[6] 司富安, 李广诚, 白晓民. 中国堤防工程地质 [M]. 北京: 中国水利水电出版社, 2005.

[7] 水利部水利水电规划设计总院. 堤防工程地质勘察规程 SL 188—2005 [S]. 北京: 中国水利水电出版社, 2005.

[8] 邢万波. 堤防工程风险分析理论与时间研究 [D]. 南京: 河海大学, 2006.

[9] 雷鹏, 肖峰, 张贵金. 基于 AHP 的堤防安全评价系统研究 [J]. 人民黄河, 2013, 35 (2): 108-110.

[10] 董哲仁. 堤防抢险加固实用技术 [M]. 北京: 中国水利水电出版社, 1999.

[11] 牛运光. 土石坝裂缝原因分析与防治处理措施综述 [J]. 大坝与安全, 2006, (05): 61-66.

[12] 牛运光. 从我国几座土石坝渗流破坏事故中吸取的经验教训 [J]. 水利水电技术, 1992, (07): 50-54.

[13] 贺桂桦. 前坪水库坝址区渗漏分析及处理措施优化研究 [D]. 郑州: 华北水利水电大学, 2018.

[14] 毛昶熙. 堤坝安全与水动力计算 [M]. 南京: 河海大学出版社, 2012.

[15] 白冰, 周健. 长江堤防基础渗透破坏类型及其防渗治理分析 [J]. 上海国土资源, 2000, 1: 11-14.

[16] 郭丽玲, 李铁男, 马涛. 堤防双层地基破坏机理及控制措施 [J]. 黑龙江水利科技, 2007, 35 (2): 46-47.

[17] 王理芬, 曹敦履. 荆江大堤堤基管涌破坏 [J]. 长江科学院院报, 1991, (02): 44-51.

[18] 刘俊. 流固耦合作用下颗粒体细观分析 [D]. 南京: 东南大学, 2017.

[19] 刘杰. 土的渗透稳定与渗流控制 [M]. 北京: 水利电力出版社, 1992.

[20] 卢廷浩. 土力学 [M]. 南京: 河海大学出版社, 2002.

[21] 毛昶熙. 渗流计算分析与控制 [M]. 北京: 水利电力出版社, 1990.

[22] 曾慧俊. 堤防滑坡原因分析及应急加固措施 [J]. 中国水运 (下半月), 2019, 19 (04): 174-175.

[23] 张有天. 从岩石水力学观点看几个重大工程事故 [J]. 水利学报, 2003, 5: 1-10.

[24] 占洪波. 堤基防渗处理综述 [J]. 治淮, 2010, (1): 14-16.

[25] 滕险峰. 地下水危害及工程勘察水文地质评价 [J]. 中国水运 (下半月), 2015, 15 (04): 189-190.

[26] 李发源. 黏土截水槽在小型水库大坝防渗处理中的应用与施工 [J]. 现代农村科技, 2011, (14): 44-45.

[27] 倪志华. 土石坝渗流破坏机理分析及防治措施 [J]. 河南水利与南水北调, 2011, (22): 14-15.

[28] 樊启祥, 林鹏, 蒋树, 等. 金沙江下游大型水电站岩石力学与工程综述 [J]. 清华大学学报 (自然科学版), 2020, 60 (7): 537-556.

[29] 白正雄，李斌，宋志宇. 古贤水利枢纽工程重力坝典型坝段地基渗流分析 [J]. 水电能源科学，2019，37（01）：85-87＋126.

[30] 中华人民共和国国家发展和改革委员会. 碾压式土石坝设计规范 DL/T 5395—2007 [S]. 北京：中国电力出版社，2007.

[31] 中华人民共和国水利部. 小型水利水电工程碾压式土石坝设计导则 SL 189—1996 [S]. 北京：中国水利水电出版社，1997.

[32] 中华人民共和国水利部. 混凝土面板堆石坝设计规范 SL 228—2013 [S]. 北京：中国水利水电出版社，2013.

[33] 国家能源局. 混凝土重力坝设计规范 SL 319—2018 [S]. 北京：中国水利水电出版社，2014.

[34] 中华人民共和国国家发展和改革委员会. 混凝土拱坝设计规范 DL/T 5346—2006 [S]. 北京：中国水利水电出版社，2006.

[35] 水利部水利水电规划设计总院. 堤防工程设计规范 GB 50286—2013 [S]. 北京：中国计划出版社，2013.

8　边坡排水工程

孙红月

(浙江大学港口海岸与近海工程研究所，浙江 杭州 310058)

8.1　控制坡体地下水防治滑坡灾害

边坡建设和滑坡治理工程实践表明，排水对于提高边坡的稳定性具有十分重要的作用，既是一种提高边坡稳定性的经济有效措施，也是提高滑坡治理实施过程安全性的有效工程方案。因此，应加强边坡排水方法研究，加强边坡工程建设和滑坡治理工程中积极应用排水技术。

8.1.1　地下水影响边坡稳定性

雨水下渗到坡体中可以造成三方面效应：渗透水进入岩土体的孔隙和裂缝中，使岩土的抗剪强度降低；地下水位抬升，减小滑动面的有效法向应力而减小抗滑力；地下水渗流产生渗透力会增大坡体的下滑力。

坡体地下水位上升是一个降雨入渗的累积过程，如果前期没有明显的降雨积累，那么一次强降雨过程，一般不会导致坡体地下水位的大幅上升，也不会引起滑坡的启动。但有前期降雨积累时，坡体处于相对饱和状态，且有较高的初始地下水位，就会因强降雨进一步引起地下水位上升而导致滑坡启动。因此，构建有效的边坡排水系统，减少地表水入渗，及时排出坡体地下水，对滑坡灾害防治具有重要意义。

8.1.2　边坡工程建设应做好排水设计

边坡工程设计中，一般应包含排水工程。边坡排水应满足使用功能要求，排水结构安全可靠，便于施工、检查和养护维修。边坡建设实施过程中，应注意做好临时排水，避免施工过程中出现滑坡、泥石流灾害。边坡临时性排水设施，应满足暴雨和施工用水等的排放要求，有条件时，宜将临时性排水设施纳入滑坡治理工程的永久性排水措施中进行。对于滑坡治理，应注意排水措施与其他处治措施紧密结合，如果主要由于坡体地下水位变化引起的滑坡治理，也可单独采用排水工程进行滑坡治理，但应使实施截排水后的滑坡稳定性达到相关规范的要求，避免由于排水后的稳定性安全储备不足而发生滑坡。

地质环境条件调查是边坡排水设计的基础，排水设计前，应进行地质勘察和调查分析，进行边坡区水文地质条件调查。土质边坡应查明各土层的成因类型、土层结构及下伏稳定土层的埋藏深度或基岩面形态等；岩质边坡应了解地层的类型和组合关系，应鉴定岩石的地质名称和风化程度，对具有互层、夹层、夹薄层特征的岩土体，查明各层的厚度和层理特征；查明含水层和隔水层的分布、土层或岩层的渗透性；地表水调查主要查明边坡区域汇水面积、地表水体分布情况、地表径流情况，确定边坡地表汇水条件和径流特征；地下水调查主要查明地下水分布，分析地下水补给、径流和排泄条件。

规划排水工程时，应根据工程的性质、特点、环境要求，并在充分考虑工程的重要性、安全性的情况下确定。排水工程设计前，应根据边坡工程地质条件、水文地质条件和边坡潜在破坏可能性的勘察结果，对采用排水工程的有效性、经济性及施工可行性做出评估和分析判断。排水工程设计应结合边坡区的工程地质、水文地质和降雨入渗条件进行确定，工程排水应包括排除坡面水、地下水和减少坡面水下渗等措施。地表排水应做到水流顺畅、不出现堵塞、溢流、渗漏、淤积、冲刷等现象，地下排水应做到有效控制坡体地下水位上升到影响滑坡稳定性。

坡面排水、地下排水与减少坡面雨水下渗措施宜统一考虑，形成相辅相成的排水、防渗体系。坡面排水应根据汇水面积、降雨强度、历时和径流方向等进行整体规划和布置，滑坡影响区内、外的坡面排水系统宜分开布置，自成体系。滑坡范围较大时，宜在滑坡体范围内设置树枝状排水沟。

地下排水措施宜根据边坡水文地质和工程地质条件选择，明确坡体地下水位的控制要求，确保地下排水工程设计具有安全性和经济性。地下排水设计前应通过工程地质和水文地质调查、勘察，查明地下水的类型、补径排特性及其有关的水文地质参数。勘察成果应满足地下排水设计的需要。对含水层或地下水富集带宜进行专门的调查和勘测及必要的现场测试，获取设计、施工所需的水文地质参数。地下排水设施的类型、位置及尺寸应根据工程地质和水文地质条件确定，并与坡面排水设施相协调。对地下水丰富的滑坡体，宜采用排水隧洞、排水孔等地下深部排水措施。当地下排水工程处于地下水位以上时，应采取防渗漏措施。

8.1.3 边坡排水技术措施

边坡排水的主要目的就是要减少滑坡灾害。有效的排水方法，可以减免不必要的加固方案，节省成本，并达到标本兼治的效果。对坡体地下水的治理原则为"可疏而不可堵"。根据所排水体的分布特征，排水方法主要分地表排水和地下排水。

地表排水由各种沟渠组成，以排除地表径流为主，目的是截断地表水向滑体裂隙渗透的途径并疏水，按功能可划分为截水沟和排水沟，或合称为截排水沟或统称为排水沟。地表排水一是防止边坡区外坡面汇水进入潜在滑坡体，二是将边坡区内地表水快速引流到坡外减少入渗。地表排水既是边坡工程建设的基本要求，也用于初期的滑坡治理。地表排水沟对地下水渗流拦截无效。

地表排水工程，按其分布位置可分为在滑坡体内和在滑坡体外。在滑坡体内的排水工程，其目的在于减少雨水渗入滑坡体内，故以防渗、汇集和尽快引出为原则。修筑在滑坡体外的地表排水工程，其目的在于减少地表水流入滑坡区，故以拦截、引离为原则。各类坡面排水设施的设置、数量和断面尺寸应根据地形条件、降雨强度、分区汇水面积等因素分析计算确定。在修筑地表排水工程时，应根据滑坡地形条件，充分利用自然沟谷。对滑坡体范围内的泉水、封闭洼地积水，应采用疏排措施，将其引入排水沟。不得将地表水排放到地下排水设施内。

地表排水应考虑表层岩土的渗透性和地表水体分布。在岩土透水性特别强的滑坡区域，或岩土体有天然裂隙或坡面有积水洼地区域，应做防渗工程。可采取对土质地面的裂缝用黏土填塞捣实，对岩石裂缝用水泥砂浆填塞，对松软土质地段铺植草皮和种植树木，对于坡面的洼地和水塘予以填平，加密设置排水沟使地表水尽快归沟，减少地表水下渗。对浅层和渗水严重的黏土滑坡，可在滑坡体上植树、种草、造林等措施来稳定滑坡。

地下排水工程在于控制坡体地下水位的上升幅度，将入渗坡体的地下水迅速排走，故以汇集和尽快从坡体排出为原则。各类地下排水设施设置的位置、数量和断面尺寸应根据滑坡体结构条件、地下水补径排条件、地下水位埋深条件、滑坡规模及稳定性状况等因素分析计算确定。在修筑地下排水工程时，应根据地下水位波动对滑坡稳定性影响的敏感性，确定地下水疏排程度。

常用地下排水工程措施有：地下排水渗沟、仰斜排水孔、虹吸排水孔和地下排水洞等。应根据地下水类型、含水层埋藏深度、地层渗透性、地下水对环境的影响，并考虑与地表排水设施协调等，选用适宜的地下排水设施。当有地下水出露或当地下水埋藏较浅或无固定含水层时，宜采用渗沟；赋存有地下水的坡面，当坡体土质潮湿、无集中的地下水流时，宜设置边坡渗沟或支撑渗沟；当地下水埋藏深较大或为有固定含水层时，宜采用排水隧洞、渗井、仰斜排水孔、虹吸排水孔。

为提高排水效率，应综合考虑地表排水与地下排水的有机结合，充分利用地表排水的经济性和地下排水的有效性，采用立体排水思路，耦合使用各种排水方法，达到有效控制坡体地下水位上升幅度。另外，除滑坡治理抢险等临时排水需要外，边坡工程排水一般不采用主动抽排水技术，因为边坡排水是一个长期的过程，在边坡工程和滑坡治理工程中，永久性排水总是利用免动力排水系统。

8.2 地表排水沟

地表排水主要由各种横断面形状和尺寸的沟渠组成，按功能可划分为截水沟和排水沟，或合称为截排水沟。当边坡上游汇水区域在降雨条件下会产生较大地表径流量时，应在滑坡体外修筑截水沟，防止滑坡体外坡面汇水进入滑坡体。排水沟的作用主要为引排截水沟汇水以及滑坡体附近及坡面低洼处积水或出露泉水等水流。

各种沟渠设计的主要内容为：确定布设位置、横断面形状和尺寸、纵向坡度以及沟渠边墙结构等。布设位置要结合沟渠的功能要求、出水口和地形等因素决定。横断面的形状和尺寸则取决于设计流量的大小，同时排水沟渠的设计应考虑防冲和防淤要求。

对地表排水沟的基本要求、地表排水工程设计计算这里不再进一步介绍。

8.3 地下排水渗沟

渗沟适用于地下水埋藏浅或无固定含水层的土质边坡，用于排除坡体浅表层的地下水。渗沟在整治中小型的浅层滑坡中可起到良好作用，具体表现为：疏干表层土体，增加坡面稳定性；截断及引排地下水，防止土体细颗粒的冲移和侵蚀。渗沟如设置到浅层滑动面以下，还可以起到支撑土体作用。

当坡面无集中地下水，但土质潮湿、含水量高，如高液限土、红黏土、膨胀土边坡，设置渗沟能有效排泄坡体中地下水，提高土体强度，增强边坡稳定性。渗沟按其作用不同，常常分为截水渗沟、支撑渗沟和盲沟等形式。

8.3.1 排水渗沟基本要求

边坡渗沟应垂直嵌入边坡坡体，其基底宜设置在含水层以下较坚实的土层中；其平面形状宜采用条带形布置；对范围较大的潮湿坡体，可采用增设支沟，按分岔形布置或拱形布置。渗沟应每隔30m或在平面转弯、纵坡变坡点等处，设置检查、疏通井。

渗沟迎水面应设置反滤层，在背水面和底面应设置防渗层。防渗层可采用复合土工膜等材料；在渗流沟的迎水面反滤层可采用砂砾石或透水土工布。采用砂砾石反滤层时，应采用颗粒大小均匀的碎、砾石分层填筑，渗沟的渗水部分应采用洁净的透水性粒料充填，粒料中粒径小于2mm的细粒料含量不得大于5%，回填粒料外围应设置反滤层；采用土工织物反滤层宜采用无纺土工布，土工布反滤层采用缝合法施工时，土工布的搭接宽度应大于100mm，铺设时应紧贴保护层，不宜拉得过紧，可在土工织物与沟壁间增设一层厚度0.1~0.15m的中砂反滤层。渗沟渗水材料顶面不应低于坡面原地下水位；透水性回填料的顶部应覆盖厚度不小于15cm的不透水填料。

渗沟应尽可能采用较大的纵坡坡度。其最小纵坡坡度一般不小于0.5%；条件困难时，主沟的最小坡度不得小于0.25%，支沟的最小坡度不得小于0.2%。渗沟出口段宜加大纵坡，出口处宜设置栅板或端墙，出水口应高于坡面排水沟槽常水位200mm以上。

当设置管式渗沟时，排水管管径不宜小于150mm，可选用带孔的硬塑料管、软式透水管等。带孔的排水管，透水孔的内径宜为5~10mm，纵向间距宜为75mm，按4排（管径<300mm）或6排（管径≥300mm）对称地排列在圆管断面的下半截，如图8.3-1（a）所示；带槽的排水管，槽口的宽度宜为3~5mm，按两排间隔165°对称地排列在圆管断面的下半截，如图8.3-1（b）

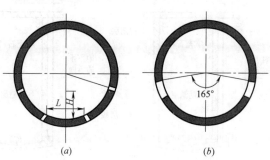

图 8.3-1 排水管的圆孔和槽孔布置示意
(a) 带孔排水管；(b) 带槽排水管

所示。圆孔与槽孔布设应满足表8.3-1所列要求。排水管周围回填透水性材料，管底回填料厚度不得小于15cm，管两侧的回填料宽度不小于30cm。

带孔排水管的槽孔布置尺寸要求 表 8.3-1

| 管径 (mm) | 圆孔 | | | 槽口 | | 管径 (mm) | 圆孔 | | | 槽口 | |
	排数	H (mm)	L (mm)	长度 (mm)	间距 (mm)		排数	H (mm)	L (mm)	长度 (mm)	间距 (mm)
150	4	70	98	38	75	300	6	140	195	75	150
200	4	94	130	50	100	380	6	173	244	75	150
250	4	116	164	50	100	460	6	210	294	75	150

在寒冷地区，应注意渗沟埋置深度不应小于当地的冻结深度，可采用炉渣、砂砾、碎石或草皮等设置保温层，对出水口应采取防冻措施。

边坡上的渗沟宜从下向上分段间隔开挖，开挖作业面应根据土质选用合理的支撑形式，并应随挖随支撑、及时回填，不可暴露太久。

8.3.2 截水渗沟设计

当滑坡范围外有丰富的地下水进入滑坡体时，为了使地下水在流入滑坡体之前就被拦截引离，可在垂直于地下水流方向上设置截水渗沟。它适用于地下水位埋藏深度在15m以内，地下水量较大且为单向流动的滑坡。

截水渗沟设计时一般应符合下列规定：

（1）截水渗沟的位置，一般设置在滑坡体的后缘及其周围，距滑坡可能发展的范围以外不少于5m的稳定土体中，其平面位置呈折线或环状。

（2）截水渗沟的沟底宽度一般不应少于1.0～1.5m，随着沟深的加大，沟底也要相应加宽。截水渗沟沟底纵坡要使水流能够夹带泥砂，故应采用较陡的纵坡坡度，一般排水纵坡不得小于4‰～5‰。

（3）截水渗沟的填料可选用碎石、卵石、粗砂或片石，以有利于排水。在截水渗沟背水面沟壁应设置隔渗层，以防止地下水透过截水渗沟后又渗入滑坡体。隔渗层可用黏土或浆砌片石，其厚度一般为0.3～0.5m（图8.3-2）。

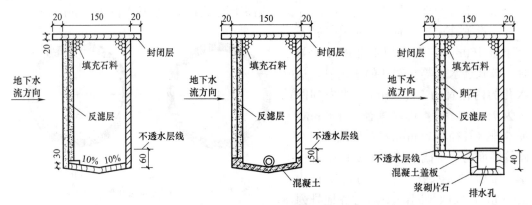

图8.3-2 典型截水渗沟断面形式

（4）截水渗沟的迎水正面应设反滤层，其厚度一般为45～60cm。截水渗沟的基底应埋入含水层以下的不透水层或基岩内，以拦截流入滑坡体的地下水并排出滑坡体之外。

（5）当沟底并非埋入完整基岩时，为防止沟底冲刷或被水泡软，一般用浆砌片石砌筑沟槽。截水渗沟的排水管高度不应小于1m，以方便养护人员检查疏通。

（6）为了防止地表及坡面流泥渗入沟内堵塞填料空隙，在截水渗沟的表面应设置适当的隔水层封顶。当地表坡度较陡时，可用夯填黏土作隔水层，其最小厚度应大于0.5m。黏土表面应呈弧形凸起，可以防止当黏土或填料沉落时渗沟顶面形成积水的凹坑，同时也可以作为截水渗沟位置的标志。

（7）为了防止地表水沿缝隙渗入截水沟内，也可在夯填黏土前先将截水渗沟表面的回填片石大面朝上砌筑平整，并在其上面先均匀地铺一层小碎石，然后再铺上一层草皮作为隔离层，防止地表水下渗。

（8）同时由于截水渗沟一般深而长，因此为便于维修与疏通，在直线段应每隔 30～50m 或转弯，变坡处设置检查井，并在检查井井壁设置若干泄水孔。

8.3.3　支撑渗沟设计

支撑渗沟其主要作用为支撑不稳定土体兼引排土体中的地下水或上层滞水，疏干土体。支撑渗沟主要适用于下列情况：①有较深层（2～10m）滑动面的不稳定边坡；②路堑、路堤坡脚的下部；③在自然沟谷沟壁，由渗流形成的滑塌处；④堆积层或风化岩层边坡上的渗水处；⑤滑坡堆积体的地下水露头处；⑥抗滑挡墙背后与挡墙配合使用。

支撑渗沟分布形式有主干和支干两种。主干一般沿滑坡移动方向平行修筑。支沟应根据坡面汇水情况合理布置，一般其方向可与滑坡移方向成 30°～45°的交角，并可伸展到滑坡体以外，以起拦截地下水的作用。若滑坡推力大，范围广，则可采用抗滑挡墙与支撑渗沟相配合使用，以支撑滑坡体。

支撑渗沟的设计一般应符合下列规定：

（1）支撑渗沟的深度一般以不超过 10m 为宜，同时深度不宜小于 1.5m；断面可采用矩形，宽度一般为 2～4m。其基底应设在滑动面以下的稳定地层内，并设置 2%～4%的排水纵坡。

（2）当滑面较陡时，为了加强支撑渗沟的支撑作用，应将沟底基脚筑成台阶形（图8.3-3），将沟底埋入稳定的岩土层内。台阶的宽度视实际需求而定，台阶宽度应不小于1～2m，台阶的高度不应太高，高度与水平比应为 1∶1.5～1∶2.0，以免施工台阶本身形成坍塌。为防止淤积，在支撑渗沟的进水侧壁及顶端应做 0.2m 厚的砾砂及砂砾反滤层。在寒冷地区，渗沟出口应考虑防冻措施。

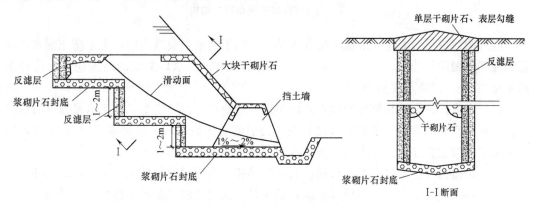

图 8.3-3　典型支撑渗沟典型截面

（3）支撑渗沟填料应为坚硬片石，使得渗沟具有良好的透水性和支撑作用。为保证排水效率，支撑渗沟常常成群使用，间距应根据被疏干滑坡体的类型和地下水分布状况、流量大小而定，一般为 6～8m，最小的可为 3～5m，最大不超过 15m。

（4）在多雨地区，支撑渗沟宜布置成短而密的形式。支撑渗沟出露部分应用石块砌筑完整，在支撑渗沟顶部，一般不设置隔渗层，用大块片石铺砌表面即可，必要时为防止地表水及坡面流泥渗入沟内堵塞填料空隙，可在沟顶铺设夯填黏土，其厚度至少 0.5m，黏土表面夯成弧形凸起，在黏土与填料间应倒铺一层草皮或草垫，以防止黏土落入渗沟填料中。支撑渗沟的结构形式主要有：直条形、枝杈形和拱形。不同土质地段支撑渗沟间距，可根据当地工程实践经验确定，或根据表8.3-2所示的参考值确定。

支撑渗沟横向间距参考表 表 8.3-2

土质	黏性土	粉土	砂土	破碎岩层
间距(m)	6.0～10.0	8.0～12.0	10.0～15.0	15.0

8.3.4 盲沟设计

盲沟主要利用其透水性将地下水汇集到沟内，并沿沟排至指定地点。盲沟最宜用来排除分布于自地表到地表下3m以内的地下水。盲沟是在挖到预定深度的沟中砌成石笼，或是在沟中铺填碎石或安设透水混凝土管的盲暗沟。

盲沟设计时，一般应符合下列规定：

（1）盲沟一般修建在滑坡可能发展的范围以外不小于5m的稳定岩土体中，并与地下水的流向大角度相交，平面分布形式为折线或环状，如图8.3-4所示。

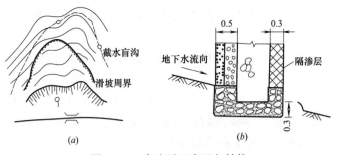

图 8.3-4　盲沟平面布置与结构

（2）沟底应尽可能埋入最低一层含水层以下的不透水层或基岩内，为了防止漏水，在盲沟底部应做防渗处理。沟底应具有1‰～2‰的纵坡，出水口的底面高程应高出沟外最高水位20cm，以防水流倒渗。

（3）在盲沟的上面和侧面则设置砂砾组成的过滤层，以防淤塞，在集水量较多的情况下，也可用有孔的管道。集水暗沟过长时，会引起管道淤塞，一般每隔20～30m需设置一个集水池或检查井，其端头与地表排水沟或排水暗沟连接起来。

（4）沟槽内应全部填满颗粒材料，其中底部和中间填以粒径较大（3～5cm）的碎石。在粗粒碎石两侧和上部，逐层填以较细粒的粒料，逐层填放的粒径大致按6倍递减。

（5）寒冷地区的盲沟，应做防冻保温处理或将盲沟设在冻结线以下。同时盲沟应设置土工织物或粒料反滤层，以防淤塞盲沟，失去排水功能。

8.3.5 渗沟水文水力计算

8.3.5.1 渗沟渗流量计算

如图8.3-5所示，当渗沟底部挖至或挖入不透水层，且不透水层的横向坡度较平缓时，可采用地下水自然流动速度近于零的假设，按式（8.3-1）～式（8.3-4）计算单位长度流入沟内的流量。

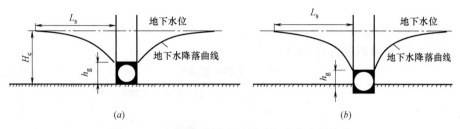

图 8.3-5 不透水层坡度平缓时的渗沟流量计算

（a）沟底设在不透水层上；（b）沟底设在不透水层内

$$Q_s = \frac{k(H_c^2 - h_g^2)}{2L_s} \tag{8.3-1}$$

$$h_g = \frac{I_0}{2 - I_0} H_c \tag{8.3-2}$$

$$L_s = \frac{H_c - h_g}{I_0} \tag{8.3-3}$$

$$I_0 = \frac{1}{3000\sqrt{k}} \tag{8.3-4}$$

式中 Q_s——每延米长渗沟由沟壁一侧流入沟内的流量 $[m^3/(s \cdot m)]$；

H_c——含水层地下水位的高度（m）；

h_g——渗沟内的水流深度（m）；

k——含水层岩土体的渗透系数（m/s）；

L_s——地下水位受渗沟影响而降落的水平距离（m）；

I_0——地下水位降落曲线的平均坡度。

如图 8.3-6 所示，不透水层的横向坡度较陡时，可按式（8.3-5）计算单位长度渗沟由沟壁一侧流入沟内的流量 Q_s。

$$Q_s = kih_s \tag{8.3-5}$$

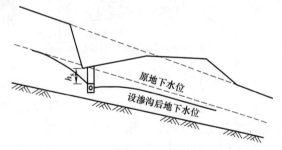

8.3.5.2 填石盲沟泄水量计算

盲沟（填石渗沟）泄水能力 Q_c 应按式（8.3-6）计算。

图 8.3-6 不透水层横向坡度较陡时渗沟流量计算

$$Q_c = w k_m \sqrt{\iota_z} \tag{8.3-6}$$

式中 w——渗透面积（m^2）；

k_m——紊流状态时的渗流系数（m/s），当已知填料粒径 d（cm）和孔隙率 n（％）时，按式（8.3-7）计算，也可参考表 8.3-3 确定。

$$k_m = \left(20 - \frac{14}{d}\right) n \sqrt{d} \tag{8.3-7}$$

设每颗填料均为球体，则 N 颗填料的平均粒径 d（cm）可按式（8.3-8）计算：

$$d = \sqrt[3]{\frac{6G}{\pi N \gamma_s}}$$

(8.3-8)

式中　γ_s——填料固体粒径的重度（kN/m³）；

　　　G——N 颗填料的重力（kN）。

排水层填料渗透系数

表 8.3-3

换算成球形的颗粒直径 d(cm)	排水层填料孔隙率(%)		
	0.40	0.45	0.50
	渗透系数 k_m(m/s)		
5	0.15	0.17	0.19
10	0.23	0.26	0.29
15	0.30	0.33	0.37
20	0.35	0.39	0.43
25	0.39	0.44	0.49
30	0.43	0.48	0.53

8.4　仰斜排水孔

仰斜排水孔一般采用不小于 6°的仰斜角，坡体地下水是在重力作用下沿排水孔自然流出。仰斜排水孔于 1939 年首次在美国加利福尼亚州滑坡治理中应用，目前世界各国均已将仰倾式排水孔作为滑坡排水处置的重要手段，被广泛应用于边坡排水工程中。

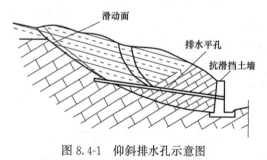

图 8.4-1　仰斜排水孔示意图

8.4.1　仰斜排水孔基本要求

仰斜排水孔具有施工方便和造价低的优势。广泛应用于引排边坡岩土体内地下水，如图 8.4-1 所示，通过坡面打排水孔，以疏干地下水，以解除渗透压力，达到保障坡体稳定。仰斜排水孔设计应满足下列基本要求：

（1）用于引排边坡内地下水的仰斜排水孔的仰角不宜小于 6°，长度应伸至地下水富集部位或潜在滑动面，宜根据边坡渗水情况成群分布。

（2）仰斜排水孔排出的水宜引入排水沟予以排除，其最下一排的出水口应高于地面或排水沟设计水位顶面，且不应小于 200mm。

（3）仰斜排水孔成孔直径宜为 75～150mm，孔深应延伸至富水区。

（4）仰斜排水管直径宜为 50～100mm，渗水孔宜采用梅花形排列，渗水段裹 1～2 层无纺土工布，防止渗水孔堵塞。

（5）排水管应具有足够的刚度和强度，在保证本身完整的同时，防止出现孔壁坍塌。

（6）为保证排水孔排水通畅，排水孔钻进不应采用泥浆护壁的施工方法。

（7）在平面上，依据滑坡体内水文地质条件的不同，排水孔可布置为平行排列或扇形放射状排列，原则上其方向应与滑动方向一致，以减少因滑坡滑动而破坏。在立面上，排水孔进深一般要穿过或伸入滑床，并根据要求排除的地下水层数、疏干的范围，布置单层或多层排水孔。排水孔的位置一般需埋于地下水位以下，隔水层顶板之上，尽量扩大其渗水疏干面积。

（8）钻孔施工必须搭建稳定的钻探平台，或开挖形成钻探施工平台，确保钻孔倾角的有效控制。钻孔过程发生坍孔时须跟管钻进。应在钻孔过程中应做好钻进情况记录。成孔后，拔出套管前，立即安装带透水管。

8.4.2　仰斜排水孔布设

仰斜排水孔利用孔洞的强导水作用，地下水由渗透性小的土体流向渗透性大的滤水管中，而后仅在重力作用下排出坡体。其排水效果的影响因素有排水孔的位置、数量、孔长、孔径、孔间间距等。不同布设方式的仰斜排水孔将直接影响边坡渗流场的分布，进而影响排水孔的排水降压效果。而且排水孔一般数目众多，工程量大，排水孔布设设计对工程质量及投资成本都有着显著地影响。

由于仰斜排水孔安装位置深入边坡体内部，其排水能力需要综合考虑地下水及地质条件等多方面因素，工程设计中常借助数值方法来进行排水孔幕的布设。排水孔的间距应视滑坡体含水层渗透系数和要求疏干的程度而定，一般采用5～10m为宜。具体排水间距的确定可参考公式（8.4-1）。

$$R = \frac{\pi k h_{\max}}{W\left(\ln\dfrac{R}{2r_{\mathrm{w}}} - 1 - \dfrac{2r_{\mathrm{w}}}{R}\right)} \tag{8.4-1}$$

式中　r_{w}——排水孔半径；

　　　W——大气降雨入渗量；

　　　k——渗透系数；

　$h_{\max}$——最大水深，从排水孔中心高程算起；

　　　R——排水孔间距（可用试算法确定）。

为探究最佳的仰斜排水孔布设方式，以期提高其排水工作效率，许多学者开展了相关研究。目前研究认为：加长排水孔的长度比减小排水孔间间距或增加排水孔数量都更能提升其排水能力，但当排水孔长度超过指定长度时，排水的提升量越来越小；仰斜排水孔的孔径与排水量的关系并不能简单采用达西定律确定，增大孔径一定程度会增大排水量，但盲目增大排水孔径，不仅给施工增加了难度，对周围环境的扰动增大，且排水量的增大效果也并不佳，实际工程中宜采用孔径110mm的钻孔。

8.4.3　仰斜排水孔的回渗与淤堵问题

8.4.3.1　仰斜排水孔防止回渗

目前边坡使用的仰斜排水孔大多为全周全长范围内透水，当排水孔用于土质边坡时，孔底地下水在沿排水孔外流过程中，经过地下水位线以上孔段后会重新回渗到坡体（图8.4-2）。回渗不仅失去排水效果，而且会使排水孔发生淤堵。虽然排水孔常采用的透水管外裹土工布的方法防治

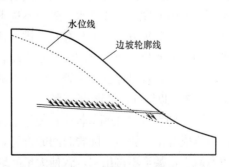

图8.4-2　透水管回渗问题示意图

淤堵，能够阻止大颗粒泥沙石块进入排水管，然而实际应用中的土工布在插入钻孔过程中，仍有细小的泥沙颗粒进入透水管内。地下水在沿排水管外流过程中，进入地下水位线以上孔段后，回渗改变了排水孔的渗流路径，易造成泥沙在透水管中沉积。

针对仰斜排水孔孔底回渗问题，目前工程上常采用改变透水管的打孔方式解决：横断面上部透水、下部不透水（图8.4-3）或内段透水、外段不透水的透水管（图8.4-4）。

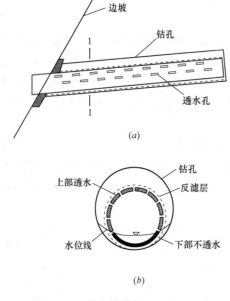

图 8.4-3　排水管横断面下部不透水
（a）纵断面；（b）1-1 横断面

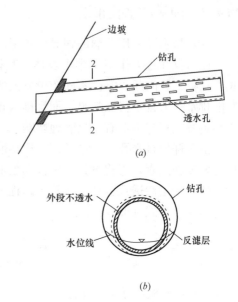

图 8.4-4　排水管内段透水、外段不透水
（a）纵断面；（b）2-2 横断面

透水管横断面上部透水、下部不透水（刘吉福，2002），该方法在工程中应用广泛，通常采用PVC排水管横截面上部2/3范围做成花管用于渗水，下部不透水区域用于集水，管外包纱网或土工布，如图8.4-3所示。但该方法存在两方面问题：一方面是横截面透水部分的比重难确定，若透水部分占比过小，进入排水孔内的地下水有限，单个排水孔的减压排水能力下降，需大量增设排水孔，若透水部分占比过大，又无法解决地下水回渗问题；另一方面是安装排水管时，控制不透水部分位于钻孔的下部较困难。

透水管内段透水、外段不透水。如图8.4-4所示，该方法根据边坡地下水位，将排水管位于富水区的内段设置为全周范围透水的花管，位于非富水区的外段设为不透水管用于防止地下水回渗问题。内段透水、外段不透水的排水孔结构相对于横截面上部透水下部不透水结构而言，安装较方便，但却存在着排水孔不透水段长度难确定的问题。随着天气、气候、季节等因素的变化，地下水位线会发生动态波动，同一边坡的地下水位线在雨期和旱期时区别很大，因而，难以保证排水管透水与不透水段分界线全年处于地下水位线附近。

8.4.3.2　仰斜排水孔淤堵处置

由于仰斜排水孔倾角较小，使用过程中管壁的透水孔易被土颗粒或化学沉淀物堵塞。一般刚修成时出水较多，随着时间的推移，仰斜排水孔的排水能力逐渐下降，一般5～6年后出水减少，甚至不再出水，致使大量的地下水滞留在坡体中，给边坡的安全带来隐患。

事实上，深长的仰斜排水孔会在1～2年就发生淤堵。龙游县官家村滑坡后缘有大范围的汇水斜坡区域，且表层岩土结构松散，降雨入渗条件良好。滑坡地质剖面如图 8.4-5 所示，滑体组成物质为碎石土、含碎石粉质黏土，主体部分属古滑坡堆积，接受大气降水和山上土体渗流补给，地下水埋深 3.20～21.0m，滑床为较完整中风化晶屑凝灰岩，属隔水层。古滑坡宽 650m，最大斜长约 260m，投影面积约 11.3 万 m^2，按平均厚度 20m 计，体积约 226 万 m^3。2002 年底，坡脚公路建设开挖施工，受降雨影响，开挖坡面出现小规模塌方及出露泉点等现象，山坡上出现裂缝，随时间过程变形破坏范围逐渐增大。随后采取了削坡卸荷、抬高路面等措施，但山坡上仍有新的裂缝不断出现，原有裂缝继续扩展，护坡墙出现裂缝，公路内侧路基隆起，滑坡在进一步活动变形。2003 年采用了仰斜排水孔进行深部排水，采用上倾 5% 的坡率，孔深 80～120m（如果在 ZK3 和 ZK4 间布置虹吸排水孔，孔深仅需要 20m），对该滑坡进行治理，完成排水孔施工时出水效果很好，滑坡变形得到了遏制，但随着时间的推移，排水孔出水量逐渐减小，排水效果不再明显。2005 年，坡体上又出现了部分新的裂缝，原有裂缝局部再次变形，公路边沟变形、路面隆起。最后，不得不采用地下排水洞和抗滑桩相结合的方法控制滑坡的变形发展。

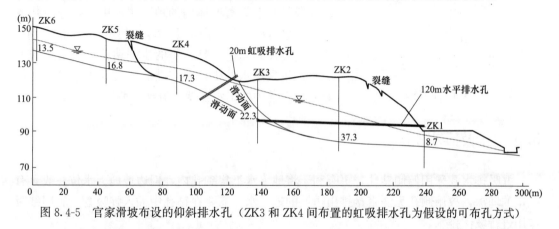

图 8.4-5 官家滑坡布设的仰斜排水孔（ZK3 和 ZK4 间布置的虹吸排水孔为假设的可布孔方式）

仰斜排水孔的淤堵大致可以分为机械、化学、生物、综合四类。机械淤堵是细颗粒土因孔内水流流速较小而发生的沉积，化学淤堵是岩土中的部分物质在水环境条件下发生化学反应而产生的沉淀，生物淤堵是坡面植被的根茎深入到浅部仰斜排水孔中进而堵塞住排水管，综合型淤堵为以上多个因素相伴出现造成仰斜排水孔淤堵。对边坡仰斜排水孔淤堵物质进行分析，表明排水孔的淤堵大多属于机械淤堵，淤堵物主要为粒径小于 0.075mm 的黏土颗粒。

仰角小引起的孔内水流流速小是造成仰斜排水孔淤堵的主要原因，随着仰斜排水孔仰角的增大，管内泥沙沉积量一般呈现先迅速降低后趋于稳定的规律。因而，仰斜排水孔理论上存在一个最佳打设角度。一定程度上，增大仰斜排水孔仰角有利于防治淤堵。

仰斜排水孔实际运行中，由于降雨的间歇性，排水也必然是间歇的。这种间歇性排水的特性也是影响仰斜排水孔淤堵的重要原因之一。每次降雨排水后，进入孔内的泥沙大量沉积，而新形成的沉积物网架一般为高度蜂窝状的结构。仰斜排水孔间歇性排水特性使原沉积物结构在自重或其他外力的作用下变为较密实的平衡状态，密度和粘结力增大，抵抗冲刷的能力也加强。因而，随着降水的间歇时间加长，泥沙沉积量逐渐变大。

同时，对于全周全长透水的仰斜排水孔结构常存在的回渗问题也会加重排水孔的淤堵现象。回渗问题使得渗流路径发生改变，水流流经渗水段时，流速下降，易造成泥沙在地下水位线以上孔段内的沉积。

针对仰斜排水孔淤堵问题，20 世纪 90 年代日本最先采用超高压射水清孔的方法，该方法仍然是目前最常见的清孔方法。国内学者多采用改变排水孔结构的方法解决淤堵。田卿燕等（2016）提出采用可更换的内外双层排水管结构来防治仰斜排水孔的淤堵，外层排水管主要作用是保护孔壁，一旦淤堵发生，内层排水管可以方便快捷地抽取、更换其外包过滤材料，从而达到提高排水孔耐久性的要求。定培中等（2016）提出在传统排水管壁内设置一个可拆卸的多孔泡沫塑料过滤器，使进入排水管内的淤堵物大多沉积于过滤器内，排水孔淤堵后可通过更换或清洗过滤器来恢复管井的排水能力。

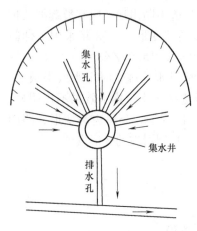

图 8.4-6　与集水井联合应用

8.4.4　仰斜排水孔与集水井等联合使用

仰斜排水孔可单独使用，也可与砂井、竖孔、竖向集水井等联合使用。与砂井或竖孔联合使用时，用砂井或竖井汇集滑坡体内的地下水，用平孔连砂井或竖孔把水排出；与竖向集水井联合使用时，如图 8.4-6 所示，可在其井壁上打以短的水平钻孔，使附近的地下水汇集到集水井中，再在坡面上设置水平钻孔，使竖向集水井中的集水自然地流到滑坡体外。

8.5　虹吸排水孔

虹吸排水孔采用俯倾钻孔，更有利于将地下水汇集到孔内，但边坡地下水位一般具有一定的埋深，故俯倾孔无法直接排出边坡的地下水，需要在钻孔中插入虹吸管，利用虹吸作用进行坡体排水。

边坡虹吸排水研究开始于 20 世纪 80 年代末，虽然开展了大量室内外研究工作，但始终没有解决虹吸的扬程限制问题和虹吸的长期有效性问题，制约了虹吸排水方法的推广应用。直到 2016 年，以首部专著《斜坡虹吸排水理论与实践》的出版为标志，才使虹吸排水孔成为滑坡排水的有效方法。

与仰斜排水孔相比，虹吸排水孔的优势：①虹吸排水孔采用下倾钻孔，更有利于收集地下水位；②可更大程度降低坡体的地下水位；③不会发生地下水沿排水孔流动过程中出现回渗；④虹吸孔排水具很好的抗淤堵能力；⑤布孔位置选择更方便，钻孔长度可以大幅度减小，从而可大幅节约排水系统建设的成本。

与仰斜排水孔相比，虹吸排水孔的劣势：①虹吸排水孔结构较复杂，施工质量控制要求更高；②除排水孔自身外，需要将虹吸排水管在坡面挖沟埋置；③由于虹吸排水管的内径小，各排水孔的排水能力有一定的限制，无法快速降低坡体地下水位。

8.5.1　虹吸原理

虹吸是一种利用液面高度差的作用力推动液体流动的物理现象（图 8.5-1）。将液体充满一根∩形管，将开口高的一端置于装满液体的容器中，容器内的液体就会持续通过虹吸管从开口较低的位置流出，直到∩形管两端的液面高度相同。虹吸的实质是因为重力和分子间黏聚力而产生液体流动。虹吸管内最高点液体在重力作用下往低位管口处移动，产生负压导致高位管口的液体被吸进管内并流向最高点，从而使液体源源不断地流入低位置容器。

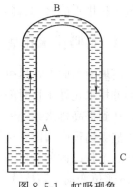

图 8.5-1 虹吸现象

人们很早就发现了虹吸原理，并开始在日常生活中应用。应用虹吸原理制造的虹吸管，在中国古代称"注子""偏提""渴乌"或"过山龙"。东汉末年出现了灌溉用的渴乌。西南地区的少数民族用一根去节弯曲的长竹管饮酒，也是应用了虹吸原理。宋朝曾公亮《武经总要》中，有用竹筒制作虹吸管把峻岭阻隔的泉水引下山的记载。中国古代还应用虹吸原理制作了唧筒，它是战争中一种守城必备的灭火器。宋代苏轼《东坡志林》卷四中，记载有四川盐井中用唧筒把盐水吸到地面的案例。

当前对虹吸现象已经有很明确的认识，虹吸现象是液态分子间引力与位能差所造成的，即利用大气压力，将液体往上压后再流到低处的一种现象。在大气压力相同的情况下，由于液面存在高差，液体进口管端压力大于出口管端压力，导致液体在压力差作用下流动，容器间的液面变成相同高度时，液体便会停止流动。由图 8.5-1 可以看出，当容器 A 液面高于容器 C 液面，且虹吸管内充满液体，受液体重力作用，虹吸管顶点 B 处的压力下降，而容器 A 液面处于大气压力作用下，从而使管口和管顶有一个明显的压力差，驱动容器 A 的液体向管内流动。考虑重力影响，一个标准大气压为 101.325kPa，水的重度为 $10kN/m^3$，在标准大气压条件下，A、B 之间的高差不能大于 10.336m，否则水流不能越过最高点 B，就不能启动虹吸。

山区坡面的大气压力会随高程增加而有所下降，虹吸的最大跨越扬程将小于10.336m，不同高程对应的最大跨越扬程见表 8.5-1。当虹吸启动后，虹吸过程进入一个稳态流动过程。由于 A、C 之间的液面高差，两侧的虹吸管末端有一个压强差形成驱动力，使得容器 A 的液体向容器 C 流动，不考虑沿程水头损失和局部压降，理想状态下，当两侧液面持平时，虹吸现象停止。通过对虹吸现象的描述，我们知道要保证虹吸过程的持续进行，必须满足三个基本条件：①保证虹吸管顶部处于低压状态，即虹吸管内不能积聚过多的空气；②虹吸管顶点距离进水容器液面的高度，不能超过当地大气压所能维持的水柱的高度；③出水口液面高度必须低于进水口液面高度。

不同高程大气压折算水柱高度 表 8.5-1

海拔高度(m)	200	500	1000	2000	3000
大气压力(mH_2O)	10.09	9.74	9.16	8.16	6.97

将虹吸技术应用于斜坡排水，已有 30 余年的发展历史，但至今仍然未能得到推广应用，其原因在于没能解决如何避免虹吸系统崩溃的问题。斜坡虹吸具有间歇性、缓慢流动性以及需要高扬程等特性，虹吸管内的低压环境必然导致水流析出空气，如不能及时使析出的气泡随水流排出虹吸管，就会造成管内空气积累，最后导致虹吸过程中断。但目前已经解决了间歇性高扬程虹吸过程持续有效的技术保障问题，已经具备推广虹吸方法应用于

边坡工程排水的坚实基础。

8.5.2　虹吸排水孔基本要求

沿坡面走向上，尽可能保持的各相邻虹吸排水孔的控制地下水位接近，尽可能避免出现部分排水孔处于长时间停流状态。在剖面上，虹吸排水孔宜穿过渗透系数相对较高的地层，达到提高排水系统的有效性。

虹吸扬程应预留安全裕度，可根据边坡所在区域可能出现的旱期长短确定，持续干旱期在 3 个月以内的地区可预留 3m 允许水位变动区，持续干旱期在 3～6 个月的地区预留 3.5m 水位变动区，持续干旱期在 6 个月以上的地区预留 4m 水位变动区。

应根据孔口与孔底相对高差确定是否在虹吸排水管的出水口设置平衡储水管。当孔口与孔底相对高差大于当地大气压对应的水柱高度时，出水口不设平衡储水管，使虹吸管出水口与孔口的高差大于当地大气压对应的水柱高度；当孔口与孔底相对高差小于当地大气压对应的水柱高度时，虹吸管出水口应设置平衡储水管，确保平衡储水管的出水口高程高于钻孔的底部、平衡储水管的管底高程低于钻孔的底部。

永久性排水工程应采用壁厚大于 2.5mm 的 PA 管作为虹吸管，或采用气密性更好的管材。采用单级虹吸技术方案时，永久性排水工程的虹吸管内径采用 4mm；采用梯级虹吸技术方案时，永久性排水工程的虹吸管内径采用 5～8mm。虹吸管长度根据实际情况取值，不得连接。虹吸管工作压力应大于 3MPa，爆破压力应大于 6MPa，工作温度－20～60℃。虹吸管材料必须采用全新料，不得采用再生料，以确保虹吸管具有良好的物理力学性能和抗老化能力。

每个虹吸排水孔一般放置 3～4 根虹吸管，捆扎后放入透水管内。虹吸管捆扎宜采用自锁式尼龙扎带，不得采用会发生锈蚀腐烂的材料。应确保工程使用期内虹吸管均不暴露地表。应保持虹吸管进水口和出水口均长期处于水面以下。

图 8.5-2　孔底储水管

孔底储水管应满足以下功能要求：保持虹吸管的进水口始终处于地下水位以下；将泥沙隔离，避免泥沙堵塞虹吸管的进水口；利用其刚性和端头的圆润光滑特性，使透水管顺利插入钻孔到达孔底；避免孔底段产生过大的挤压变形，利于地下水的汇集。孔底储水管底部密封、顶部开口（图 8.5-2），可采用 HDPE 材料制作，管的长度 600～800mm、内径 55～65mm。

透水管宜采用内撑 HDPE 打孔波纹管外织滤布（图 8.5-3），应满足以下功能与规格要求：隔离粒径＞1mm 的泥沙石块进入透水管内；有足够的透水能力，使坡体中的地下水顺利进入透水管内；在岩土体压力作用下，有足够的刚度抵抗变形，能保证虹吸管顺利插入透水管内到达孔底；透水管易于放入钻孔，现场安装方便。透水管不得连接。

HDPE 打孔波纹管性能指标要求：最小

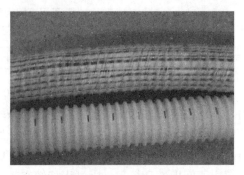

图 8.5-3　透水管：打孔波纹管外织滤布

壁厚≥0.5mm、最小进水面积≥40cm²/m、扁平试验压至1/2不坏、落锤冲击不破裂、坠落试验不破裂。外包滤布性能指标要求：纵向抗拉强度≥1000N/5cm、纵横向伸长率≥12.0%、横向抗拉强度≥800N/5cm、顶破强度≥1100N、渗透系数 K_{20}≥0.10cm/s、等效孔径 O_{95}＝0.06～0.25mm。

虹吸管的坡面布设要求：应利用地形条件减小虹吸管的长度，特别是尽可能减小虹吸管顶部近水平段的长度；应保持坡面虹吸管布设呈单向降低，避免出现波浪起伏；布设在坡面的虹吸管，应埋入地表以下0.5m以上，或采用混凝土覆盖0.3m以上，应采用避免外力破坏的保护措施，并做好标志。

8.5.3 虹吸排水方案

虹吸排水方案包括单级虹吸和梯级虹吸两种。单级虹吸排水剖面结构见图8.5-4，虹吸排水系统由下倾钻孔、透水管、虹吸排水管、孔底储水管组成。利用向下倾斜的钻孔进入坡体深部，通过调节倾斜钻孔的倾角确保孔口与孔底地下水位控制点的相对高差小于当地大气压对应的水柱高度，当坡体的地下水位上升超过钻孔内的地下水位控制点高程后，启动虹吸，实时排出坡体地下水。

单级虹吸排水方案应用条件：坡体地下水渗透系数小于 10^{-5} cm/s；设计计算工况下的单孔涌水量小于2m³/d；虹吸排水主要用于降低坡体的蓄水度，对拦截坡体径流的要求低；区域降雨匮乏，坡体地下水位瞬时大幅上升可能性小；潜在滑坡区外围地下水补给区域面积小；可能出现连续性旱季无地下水补给的时间大于3个月；虹吸管长度一般小于100m。

梯级虹吸排水剖面结构见图8.5-5，梯级虹吸装置用于防止高扬程低水头差虹吸管内空气积累。梯级虹吸装置包括主虹吸排水系统与引起主虹吸管脉动流的次虹吸排水系统。主虹吸排水系统由钻孔、透水管、孔底储水管和虹吸排水管组成；次虹吸排水系统由水位升降管、次虹吸管和出水管组成。利用主虹吸排水系统实时高效排出边坡地层内多余的地下水；在主虹吸系统因低水头差导致低流速的情况下，通过次虹吸排水系统的间歇性工作，使水位升降管产生周期性水位变化，诱发主虹吸管产生脉动流，防止主虹吸管因长时间贴壁流产生空气积累，保证主虹吸系统的长期有效运行。

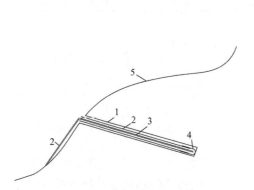

图8.5-4　边坡虹吸排水结构图
1—钻孔；2—透水管；3—虹吸排水管；
4—孔底储水管；5—坡面

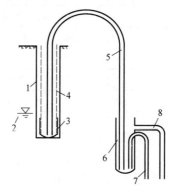

图8.5-5　梯级虹吸装置结构图
1—排水钻孔；2—孔内控制水位；3—孔底储水管；
4—透水管；5—主虹吸管；6—水位升降管；
7—次虹吸管；8—出水管

梯级虹吸排水方案应用条件：坡体地下水渗透系数大于 10^{-5}cm/s；设计计算工况下的单孔涌水量小于 $2m^3/d$；虹吸排水既用于降低坡体的蓄水度，也对拦截坡体径流有较高要求；区域降雨丰富，坡体地下水位瞬时大幅上升可能性大；潜在滑坡区外围地下水补给区域面积大，过程降雨期间需要快速排水；出现连续性旱季无地下水补给的时间小于3个月；虹吸管长度一般大于100m。

采用梯级虹吸排水方案时，次级虹吸排水系统应产生足够的水位波动值，避免主虹吸管产生空气积累，对应内径为5mm、6mm、7mm、8mm虹吸管，次级虹吸系统引起主虹吸管出水口水位波动值应分别大于1.0m、1.2m、1.6m、2.0m。

8.5.4 虹吸排水孔设计要求

虹吸排水孔的基本要求：应根据地下水位降深要求确定钻孔倾角和孔深，保证经虹吸排水后，潜在滑坡区的地下水位下降到稳定性的控制要求；虹吸排水能力应满足强降雨入渗引起的地下水位上升高度不超过控制地下水位；处于当地极限虹吸扬程以下的透水管长度宜不小于10m。

虹吸管排水能力可参考试验测试值选取相似条件下的流量进行估算。当虹吸排水能力取决于扬程时，可按表8.5-2取值计算；当虹吸排水能力取决于进水口与出水口高差时，可参照表8.5-3取值计算；对于重要工程，应根据工程条件进行模拟试验和理论计算相结合确定虹吸管排水能力计算参数。

单根虹吸管排水能力（进出水口高差大于8m）　　表8.5-2

扬程（m）＼流量（L/h）	虹吸管直径	
	4mm	5mm
1	29.62	59.95
2	29.95	59.64
3	29.20	59.96
4	28.21	53.01
5	23.22	46.01
6	19.35	39.78
7	15.87	33.55
8	11.15	24.89
9	6.15	15.04
10	1.01	2.69

不同进出水口高差下单根虹吸管排水能力（虹吸扬程 H_1 为8m）　　表8.5-3

高差（m）＼流量（L/h）	虹吸管直径	
	4mm	5mm
1.07	2.40	6.48
3.00	6.76	15.11
5.08	9.35	20.62
7.03	10.17	22.48
8.10	10.24	22.28
9.00	10.57	22.62
10.33	10.43	22.61
11.00	10.43	22.37
12.60	10.45	22.94
16.80	10.32	22.55

注：扬程为8m、虹吸管长度60m的实验结果

对于打设垂直钻孔的情况，在不考虑排水孔相互干扰条件下，各排水孔的涌水量与含水层厚度、水位降深等因素有关，可按照地下水向潜水完整井的稳定流量计算公式（8.5-1）计算：

$$q = 1.366 \frac{K_0(H_0^2 - h_w^2)}{\lg(R/r_w)} \tag{8.5-1}$$

式中 K_0——土体渗透系数；

  H_0——虹吸排水前的水位；

  h_w——虹吸排水后的水位；

  R——影响半径，$R=2(H_0-h_w)\sqrt{HK_0}$；

  H——含水层厚度；

  r_w——虹吸排水孔的半径。

斜孔可参照式（8.5-1），以钻孔进入地下水位线以下的长度作为含水层厚度进行估算。

进行单孔虹吸管排水能力设计时，可参考表8.5-4单孔涌水量计算结果，作为单孔虹吸管排水能力设计的依据。每个虹吸孔可采用多根虹吸管，以便满足排水能力要求。

单孔涌水量（r_w=3cm）（m^3/d）　　　　　　　　　表 8.5-4

涌水量 渗透系数	孔底地下水位降深 S_w			
	5m	10m	15m	20m
10^{-3} cm/s	10.39	35.85	74.67	126.10
10^{-4} cm/s	1.26	4.23	8.69	14.55
10^{-5} cm/s	0.16	0.51	1.04	1.72
10^{-6} cm/s	0.02	0.07	0.13	0.21

虹吸管出水口的设计要求：当虹吸排水孔的孔口与孔底相对高差大于当地大气压对应水柱高度时，增加钻孔长度，保证孔口与孔底相对高差大于当地大气压对应水柱高度2m以上，出水口不设置平衡储水管；当孔口与孔底相对高差小于当地大气压对应水柱高度时，虹吸排水的出水口应设置平衡储水管，并确保平衡储水管的出水口高程高于钻孔的底部、平衡储水管的管底高程低于钻孔的底部；在虹吸排水孔的孔口与孔底相对高差大于当地大气压对应水柱高度的条件下，虹吸管的出水口与孔口高差应大于15m，并使虹吸管的出水口始终处于水面以下。

8.5.5 虹吸排水孔布置

虹吸排水孔设计应考虑下列要求：虹吸排水宜布置在地下水的水力梯度相对平缓的坡段；潜在滑坡有明显的抗滑段与滑动段时，应首先考虑降低抗滑段的坡体地下水位；坡体地质结构决定着地下水渗流方式，虹吸排水孔的进水段，宜处于透水性相对较好的土层中，以便达到更好的集排水效果；受虹吸排水的最大扬程不超过当地大气压对应水柱高度的物理限制，应根据地下水埋深条件，选择地下水位埋深较浅的部位布置虹吸孔，以便减小钻孔深度；滑坡体厚度较小时，宜将排水的控制地下水位降低到滑动面以下；滑坡体厚度很大时，可以根据滑坡稳定性分析结果，决定是否需要将地下水位降低到滑动面以下；当坡体存在承压含水层时，虹吸排水孔应进入承压含水层。

排水孔排数确定宜考虑下列要求：对地质条件简单的中小型滑坡，一般在滑体中前部设置一排虹吸排水孔；对于纵向长度大或岩土渗透性差的边坡，可考虑将虹吸排水孔布置成两排或多排，进行分级截排水；排孔的延伸方向宜与潜在滑体地下水渗流方向大角度相交。

虹吸排水孔间距应根据岩土的渗透性和截排水的要求按下列方式确定：对应坡体的渗透系数为 $10^{-3}\,\mathrm{cm/s}$、$10^{-4}\,\mathrm{cm/s}$、$10^{-5}\,\mathrm{cm/s}$、$10^{-6}\,\mathrm{cm/s}$ 条件，一般可采用 6m、4m、2.5m 和 1.5m 的虹吸排水孔间距；重要边坡，应根据岩土的渗透性以及排水拦截比的要求，通过计算分析确定；排水孔数量应满足降排地下水的能力要求。

8.5.6 虹吸排水拦截比计算

对于滑面以下岩土的渗透性很低的情况，一般可将穿过潜在滑面的虹吸排水孔作为潜水完整井考虑，排水计算中只把潜在滑动面以上部分坡体看作含水层。垂直虹吸排水孔的情况下，地下水向潜水完整井渗流达到稳定状态后降水浸润曲线如图 8.5-6 所示，潜水位分布方程（浸润曲线方程）为：

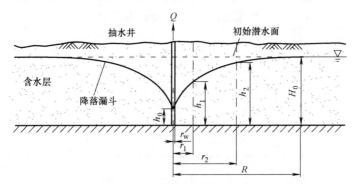

图 8.5-6　地下水向潜水完整井稳定流动的浸润曲线

$$h^2 = h_\mathrm{w}^2 + (H_0^2 - h_\mathrm{w}^2)\frac{\ln\dfrac{r}{r_\mathrm{w}}}{\ln\dfrac{R}{r_\mathrm{w}}} \tag{8.5-2}$$

式中　H_0——潜水位水深；

　　　h_w——排水孔水深；

　　　h——任一点的水深；

　　　r_w——排水孔半径；

　　　R——排水孔影响半径；

　　　r——任一点距离排水孔中心在水平方向的距离。

对于无隔水层的情况，需要按非完整井进行相关计算，可参照有关地下水动力学的计算公式。虹吸排水钻孔在剖面上的影响半径宜通过试验或根据当地经验确定，在缺乏条件时，可按经验公式计算：

潜水含水层

$$R = 2S\sqrt{kH} \tag{8.5-3}$$

承压含水层

$$R = 10S\sqrt{k} \tag{8.5-4}$$

式中　R——降水影响半径（m）；

　　　S——水位降深（m）；

k——渗透系数（m/d）；

H——含水层厚度（m）。

虹吸排水孔的钻孔间距可根据影响半径 R 进行设计，并考虑边坡的地质环境条件，进行虹吸排水孔位间距调整，保证各虹吸排水孔位之间的影响半径有部分重叠而形成干扰井，使边坡虹吸排水后的水位降深能够确保潜在滑坡处于稳定状态。

群孔共同出水时，忽略群孔间的相互影响，根据对称性可得到地下水浸润线如图 8.5-7 所示，可根据边坡需要拦截的地下水流量，计算确定排水孔间距。

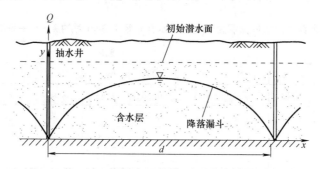

图 8.5-7　群孔出水时地下水浸润线

设置虹吸排水孔前边坡断面的地下水过水面积为 A、渗流量为 Q，设置排水虹吸孔后的边坡断面地下水过水面积为 A_s、渗流量为 Q_s，水力坡度 j 和渗透系数 k，拦截比 λ 为：

$$\lambda = \frac{Q_s}{Q} = \frac{A_s k j}{A k j} = \frac{A_s}{A} \tag{8.5-5}$$

如图 8.5-7 所示，A_s 可按下式计算：

$$A_s = H_0 d - 2 \int_{r_w}^{d/2} \sqrt{h_w^2 + (H_0^2 - h_w^2) \frac{\ln \dfrac{r}{r_w}}{\ln \dfrac{R}{r_w}}} \, dr \tag{8.5-6}$$

假设潜水位水深 H_0 分别为 5m、10m、15m 和 20m，虽然一般钻孔直径大于 90mm，但考虑到钻孔的缩颈作用，最终的排水孔直径仅为透水管直径，故假定排水孔半径 r_w 为 3cm。考虑排水孔内的水位降深为 5m、10m、15m 和 20m，渗透系数分别为 10^{-3}cm/s、10^{-4}cm/s、10^{-5}cm/s、10^{-6}cm/s。根据式（8.5-6）可计算得到表 8.5-5～表 8.5-8 所示的结果，可供地下水径流拦截设计的孔间距选择参考。

排水孔内的水位降深为 5m、排水孔半径为 3cm 时的 $\lambda \sim d$ 关系表　　表 8.5-5

孔距 d 渗透系数	拦截比 λ								
	90%	80%	70%	60%	50%	40%	30%	20%	10%
10^{-3}cm/s	0.11	0.18	0.3	0.51	0.95	1.95	4.48	11.69	34.87
10^{-4}cm/s	0.11	0.16	0.26	0.42	0.71	1.3	2.58	5.68	13.89
10^{-5}cm/s	0.11	0.15	0.22	0.33	0.52	0.85	1.48	2.77	5.59
10^{-6}cm/s	0.1	0.14	0.18	0.26	0.37	0.55	0.84	1.34	2.25

排水孔内的水位降深为 10m、排水孔半径为 3cm 时的 $\lambda \sim d$ 关系表　　　表 8.5-6

孔距 d　　渗透系数	拦截比 λ								
	90%	80%	70%	60%	50%	40%	30%	20%	10%
10^{-3}cm/s	0.12	0.2	0.33	0.61	1.24	2.81	7.36	22.42	79.88
10^{-4}cm/s	0.11	0.18	0.28	0.5	0.92	1.87	4.25	10.89	31.84
10^{-5}cm/s	0.11	0.16	0.25	0.4	0.68	1.24	2.44	5.29	12.72
10^{-6}cm/s	0.1	0.15	0.22	0.32	0.5	0.81	1.41	2.58	5.12

排水孔内的水位降深为 15m、排水孔半径为 3cm 时的 $\lambda \sim d$ 关系表　　　表 8.5-7

孔距 d　　渗透系数	拦截比 λ								
	90%	80%	70%	60%	50%	40%	30%	20%	10%
10^{-3}cm/s	0.12	0.2	0.35	0.68	1.44	3.48	9.84	32.84	129.88
10^{-4}cm/s	0.11	0.19	0.31	0.56	1.08	2.32	5.68	15.94	51.71
10^{-5}cm/s	0.11	0.17	0.27	0.45	0.8	1.54	3.27	7.74	20.62
10^{-6}cm/s	0.1	0.16	0.23	0.36	0.59	1.02	1.88	3.78	8.29

排水孔内的水位降深为 20m、排水孔半径为 3cm 时的 $\lambda \sim d$ 关系表　　　表 8.5-8

孔距 d　　渗透系数	拦截比 λ								
	90%	80%	70%	60%	50%	40%	30%	20%	10%
10^{-3}cm/s	0.12	0.21	0.37	0.73	1.6	4.05	12.11	43.14	183.85
10^{-4}cm/s	0.11	0.19	0.33	0.6	1.2	2.7	6.97	20.88	72.96
10^{-5}cm/s	0.11	0.18	0.29	0.49	0.9	1.8	4.02	10.15	29.1
10^{-6}cm/s	0.11	0.16	0.25	0.4	0.66	1.19	2.32	4.94	11.66

8.6　排水洞

　　排水洞是人工开挖的隧道，并在洞周打设一系列的排水孔，形成一个有效的地下水排泄系统。排水洞具有截水和疏干功能，主要用于截排或引排滑面附近埋藏比较深的地下水。对于滑面以上的其他含水层，也可在排水隧洞顶上设置若干渗井或渗管将水引进。对于排水洞以下的承压含水层，也可在排水洞底部设置渗水孔将水引进洞内予以排出。

8.6.1　排水洞的基本要求

　　排水洞一般平行边坡走向布置，必要时可在其他方向布置支洞，以穿过可能的阻水带，扩大控制地下水的范围。当滑坡的地下水来源主要为滑坡体以外的上方或一侧时，排水洞可布置在滑坡体以外或滑坡体的中上部，其轴线应与地下水流向尽量垂直，截断地下水流入滑坡体或流入滑坡的中下部；当滑坡体内有大量积水或坡体前缘地下水位较高时，可在滑坡中前部设排水洞将积水排出。

　　排水洞的埋置深度应根据主要含水层的埋藏深度确定，一般排水洞的洞身应置于滑动面以下不小于 0.5m 的稳定地层内，应避免在活动的土体中开挖排水洞。当潜滑动面在纵剖面上倾角变化较大时，排水洞应尽可能布置在滑面相对平缓的位置；当潜滑动面在横剖面上倾角变化较大时，可考虑沿滑面埋深较大部位设置纵向排水洞。

对滑动面以上的其他含水层，宜采用在排水洞顶上设置渗井或渗管等将地下水引入排水洞中。排水洞洞底以下存在承压含水层时，宜在洞底设置渗水孔将水引进洞内。

排水洞横断面净高不宜小于 1.8m，净宽不宜小于 1.0m。排水洞平面轴线宜顺直，洞底纵坡应不小于 0.5%，不同纵坡段可采用设台阶跌水或折线坡等形式连接。排水洞出口应位于滑坡体以外的稳定区域，排水洞出口宜进行封闭处理，以免引发安全问题。应保证排水洞围岩稳定，隧道结构设计应满足相关规范的要求。

8.6.2 排水洞系统的结构形式

目前排水洞的形式按将坡体地下水导入排水洞的方式来区分，主要分为两类：截水帷幕式排水洞和集水廊道式排水洞。

截水帷幕式排水洞：排水孔洞系统的结构形式如图 8.6-1 所示，每隔一定距离从地表向排水洞钻探集水孔或集水井，形成从排水洞的洞顶贯穿到坡体表面的截水帷幕，将坡体中的地下水导入排水洞。当滑坡体的厚度较小且潜水位埋深较浅时，适用于该类型排水洞系统的施工。大多数堆积层滑坡和部分岩质滑坡采用了该类型排水洞系统，因此截水帷幕式排水洞系统较常见。

集水廊道式排水洞：在排水洞内向围岩钻设放射状仰斜集水孔，把排水洞周围岩土体中的地下水导入排水洞中，通常应用于地下水埋深大且滑体厚度较大的水文地质条件的滑坡。当潜在滑动面埋深较大且岩体完整程度相对较高时，采用截水帷幕式排水洞系统所需的经济成本高，采用集水廊道式排水洞则相对较经济。

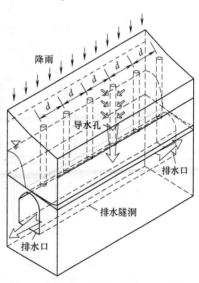

图 8.6-1 截水帷幕式排水洞系统

8.6.3 排水洞的设计

排水洞设计时，应分析滑坡体各层地下水的联系，如地下水流的位置、性质及相互补给关系。为合理确定排水隧洞洞身的平面位置，可在勘探时每隔 40～60m 打一钻孔，并每隔 20～30m 加设一电探点，或尽可能在排水隧洞施工中开挖竖井，结合渗井及竖井开挖后所探明的地下水分布情况，进一步调整隧洞的纵断面位置，使设计更加切合实际。

排水隧洞的横断面，应视地下水埋藏深度、排水要求、建筑材料、结构形式而定。在排水隧洞平面转折处，纵坡由陡变缓处及中间适当位置应设置检查井，其间距不宜大于 100m。

检查井的结构形式多采用圆形的混凝土、钢筋混凝土预制的井筒或砖砌的井壁，内径不小于 1.0m。检查井深度在 30m 以内时，可采用圆形混凝土衬砌，其井筒壁厚应为 0.2～

0.3m；如深度不大时亦可用圆形钢筋混凝土衬砌，其井筒壁厚为 0.1m。当地层复杂、稳定性差或地下水丰富的地带，为了保证井壁有足够的强度，在设计时应根据当地地层岩土的坚实程度和井深，按侧压力计算来设计支撑和衬砌断面。一般井壁上部薄一些，下部厚一些，并注意将井筒接头接牢。检查井井壁均应在上下左右每隔 2.0m 设置一处泄水孔，孔径为10～15cm，孔后填小卵石等反滤层便于集水，以减少土体对井壁的侧压力。井口一般高出地面约 0.5m，并加设井盖。

为了保证排水隧洞洞身的稳定，洞身应放置在滑动面以下的基岩或稳定地层中。当上覆岩层有丰富地下水时，为了加强排水隧洞疏干土体的作用，可在排水洞顶部采用钻孔、渗井或渗管收集上层地下水，并经由隧洞排出（图 8.6-2）。渗井一般用于地下水丰富的强渗透性坡体，一般坡体应采用渗管。

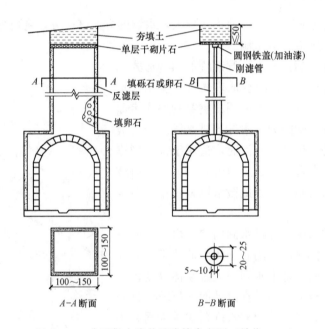

图 8.6-2　典型集水渗井及渗管参考图（单位：cm）

渗井、渗管的间距根据集水半径设计。一般渗管间距可取 2～3m 设置一处渗管；渗井间距一般每隔 10～20m 设置一处。渗管利用带孔的铁管、钢管或塑料管放入钻孔中，四周回填粗砂、砾石等渗水填料而成。渗井、渗管连接于隧洞上侧或直接连于隧洞顶上。在渗井、渗管与隧洞连接处应特别加固，以防隧洞承压过大遭致破坏。当滑坡床以下有承压水补给滑坡体时，可以在隧洞下加渗管，引承压水入隧洞内排走。

排水隧洞可修建在坡体内，但整个隧洞需要在滑动面以下，其深度视滑坡堆积体的岩土状况而定。当隧洞因受地形限制或排水的需要，必须将隧洞设置在不太稳定地层内或滑坡体内时，为了避免土体滑移破坏隧洞，可在初期进行临时隧洞，待滑动体稳定后再改为永久性衬砌。当山坡地下水埋藏情况复杂，有时单靠修建一条排水隧洞不能把所有的地下水集中流出，往往还要修建支洞。一般情况下，先修好主洞再修建支洞。支洞可修成 T 形、Y 形或叉形。支洞的断面可采用与主洞一样的尺寸，亦可以用较小的尺寸。

参考文献

［1］　中华人民共和国行业设计标准. 公路排水设计规范 JTG/T D33—2012 ［M］. 北京：人民交通出版社，2013.

［2］　崔云，孔纪名，倪振强，等. 强降雨在滑坡发育中的关键控制机理及典型实例分析 ［J］. 灾害学，2011，26（3）：13-17.

［3］　张玉成，杨光华，张玉兴. 滑坡的发生与降雨关系的研究 ［J］. 灾害学，2007，22（1）：82-85.

［4］　刘吉福，刘启党，杨春林. 深层排水管在边坡加固中的应用 ［J］. 工程勘察，2002，（4）：28-31.

［5］　定培中，周密，张伟，等. 可拆换过滤器在排水管井中的应用 ［J］. 岩土工程学报，2016，38（S1）：94-98.

［6］　田卿燕，钱尼贵，郝钟钰. 公路边坡新型仰斜排水孔机械淤堵室内试验研究 ［J］. 公路，2016，（7）：39-44.

［7］　孙红月，尚岳全，蔡岳良. 斜坡虹吸排水理论与实践 ［M］. 北京：科学出版社，2016.

9 高承压水控制技术

汪明元[1,3,4]，赵留园[1,4]，崔皓东[2]，王宽君[1,4]，周力沛[1,4]

(1. 中国电建集团华东勘测设计研究院有限公司，浙江 杭州 311122；2. 长江水利委员会长江科学院，湖北 武汉 430010；3. 浙江省深远海风电技术研究重点实验室，浙江 杭州 311122；4. 浙江华东建设工程有限公司，浙江 杭州 310004)

9.1 高承压水的危害及其机理

随着我国国民经济的发展，各类工程的建设也随之快速发展，修建了大量的山岭隧道、水下隧道、矿山坑道、城市地铁等地下工程，以满足交通、市政、矿山等各个方面的需求。这些工程穿越各种复杂的地质构造单元，所通过的地层中均存在着或多或少的断层破碎带、岩脉侵入带等不良地层，而且遇到的地下水大部分都具有一定的压力，尤其是沿海深基坑工程开挖中，承压含水层影响工程安全。例如，在隧道施工过程时，由于地下承压水的影响，在施工中极易产生突水、突泥等灾难性事故，是隧道、基坑等工程施工中最具危害性的灾害之一[1]。

典型灾害一[2-8]：在高承压水上采煤造成的矿井突水，是目前煤矿生产中的重大灾害之一。随着矿井向深部延伸和开采工艺的改革，工作面底板含水层受压状态发生明显改变，增大了底板突水的危险性。特别是高承压水影响及表现出突水灾变的瞬时性，均使得底板突水通道形成特征、规律、模式与浅部突水研究相比产生明显的差异性。煤层底板突水问题一直是困扰我国华北地区煤田煤炭工业可持续发展的主要水患。

底板突水是一个复杂的非线性、非平衡的演化过程，突水前后围岩应力场、损伤场及渗流场连续动态耦合变化，仅仅从煤层地质条件、水压力及围岩应力场的变化很难准确描述突水的动态变化。有学者将承压水采煤问题看成是一个固流耦合问题[5]，认为承压水条件及底板渗透性是底板突水的基本因素，地质构造是突水的决定因素，开采布局则是底板突水的控制因素。也有学者认为深部采动下完整底板突水通道的形成机理可归结为由采动与高水压共同作用下造成底板裂隙不断演化、贯通而成。通过力学分析，在高水压作用下的采场底板，当工作面推进一定程度时，前方煤壁和开切眼位置下方完整底板岩层下界面区域容易破坏，承压水首先沿此向上导升；完整底板岩层上界面在采空区中部区域将向下破坏产生裂隙。

全国有 285 座重点煤矿遭受水害，受水威胁储量达数百亿吨。矿井水害是煤矿安全的重大隐患，1956~1986 年的 30 年间，共发生淹井事故 222 起，突水事故 1600 次，死亡1318 人。矿井突水是煤矿安全生产中急待解决的实际问题。地应力、矿山采动压力、底板隔水层的厚度与结构、承压水的水头、底板岩溶裂隙含水层的富水性、断裂构造，这些因素决定了是否会发生底板突水。煤层底板岩层一般存在大量结构面或节理裂隙。开采造成应力重分布，可能使断裂面重新张开，或者产生新的拉剪裂缝，使断裂带岩体的渗透性增大，承压水形成裂隙渗流，进而引起底板突水。

煤层底板突水中，断层突水占绝大部分，断层突水一般是正断层，且一般位于断层上盘。断裂突水分为两种类型，一是导水断裂引发的突水，二是断裂本身不导水，受采动影响，断裂带扩展引起突水。导水断裂突水，开展揭露即可引发，如断裂具有富水性和导水性，一般引发爆发型突水。断裂带扩展引起突水，一般是时间长短不一的滞后突水。

1944 年，匈牙利韦格-弗伦斯提出了底板隔水层的概念，并建立了水压、隔水层厚度与底板突水的关系，着重于底板岩体结构的阻水能力和抗破坏能力，后来匈牙利国家矿业技术委员会将相对隔水层厚度列入《矿业安全规程》。相对隔水层的作用，涉及采空区引起的应力变化对相对隔水层厚度的影响、水流和岩石结构，以及岩溶和断裂的探测技术、承压水的防治等。20 世纪 80 年代后，美国研制了地电探测仪，GD 公司开发了多道信息增强型地震仪，德国的槽波地震仪，日本研制的全自动地震勘探仪，可较准确地探测煤层底板岩溶发育特点及分布特征，超前探测底板和围岩的导水性。匈牙利、南斯拉夫采用偶极电阻率法，激发极化法、无线电波透视法探测地下含水岩层、岩溶、不连续面以及近期澳大利亚的微震法探测采场围岩破坏范围等。

国内对突水机理主要有 5 种理论：①山东矿业学院李白英等人提出的"下三带"理论，认为煤层底板自上而下存在三个带：采动破坏带、完整岩层带带、导升高度带，得到了底板破坏深度与采面斜长的线性关系。②煤炭科学院北张金才、刘天泉提出的"板壳"理论，将底板分为采动破坏带和底板隔水带，将隔水带处理为四周固支，受均布荷载的薄板，用弹塑理论计算出底板承受的极限水压荷载。③中国矿业大学黎良杰、钱鸣高提出的"关键层"理论，认为顶底板隔水层中承载能力最强的岩层为关键层，关键层的强度决定着顶底板的破坏形式，底板突水是因为关键层破坏。④煤炭科学院王作宇等提出的"原位破裂"理论，认为底板受水平挤压和支承压力及水压的联合作用，工作面前方的超前压力段在煤层底板上半部产生水平挤压，下半部受引张，在中部的底界产生无应力的张裂隙，即原位破裂，沿原来的构造裂隙扩大。高承压水沿原位裂隙上升和底板破坏带相接后引起突水。⑤煤炭科学院王经明提出的"递进导升"理论，认为在煤层底板隔水层和承压含水层之间存在着导升，高承压水沿上覆隔水层的裂隙带入侵，在采动矿压和水压的共同作用下，裂隙开裂、扩展，入侵高度递进发展，当和上部的底板破坏带相接时即发生突水。

突水系数常作为突水预测标准，是指单位隔水层厚度承受的极限水压值：

$$T_s = P/M$$

式中　　T_s——突水系数；

　　　　P——水压（MPa）；

　　　　M——隔水层厚度（m）；

考虑隔水层分层岩石力学性质不同，对突水系数作了修正：

$$T_s = P/(\sum_i M_i m_i - C_p)$$

式中　　M_i——隔水层底板各分层厚度（m）；

　　　　m_i——各分层等效厚度换算系数。

采用临界突水系数分析矿井底板突水,临界突水系数定义为单位隔水层厚度所能承受的最大水压。

突水系数法是《矿井水文地质规程》(1984)推荐的方法,在一些矿区中具有较为丰富的经验。

也有采用突水指数法判断并预测突水,突水指数法是综合考虑影响保护层阻水能力的各种因素,包括厚度、岩性、岩石力学性质、裂隙发育程度、承压水压力等,采取单因素分析、综合确定的原则,建立突水指数与各相关因素的关系式。

典型灾害二[1,9]:随着深地下工程、基坑工程越来越多,大量的地下工程建设施工开挖过程中不可避免地会遇到承压水问题。高承压水基坑施工常因隔水层厚度不足而诱发坑底突涌,盲目地坑内降水又会造成基坑周边地表不均匀沉降、基坑内外水位突变、周边环境变形等问题,从而导致基坑事故频发。

承压水对基坑的危害,目前规范明确规定的仅有坑底抗突涌一种。其控制机理为防止承压水水头顶破覆盖层,对应计算方法为:抗突涌安全系数是覆盖层质量与承压水作用于覆盖层底面的静水压之比。用渗流分析的眼光来看待基坑工程中的承压水问题,可知承压水对基坑工程的危害至少包括下列类型。

危害一:基坑渗流破坏

基坑工程施工过程中,周围或坑内土体发生渗流破坏是承压水危害的最常见形式。根据成因和发生的部位又可分为三种类型:坑底突涌、坑侧渗漏、底侧突涌,其表现形式和成因如下。

坑底突涌:这是工程界最早认识到的承压水危害形式,突涌包括坑底顶裂、坑底流砂、坑底"沸腾"等多种形式。例如,上海地区覆盖层通常相对软弱,加上基坑内一般都有立柱桩、地质探孔等薄弱环节,表现形式多为坑底薄弱处涌水、涌砂,坑底大面积开裂、突涌情况倒不多见。

坑侧渗漏:由于围护结构缺陷造成开挖面以上渗漏,如图 9.1-1 所示。这种渗漏往往被认作和潜水作用下的渗漏没有本质区别,但从渗流角度看,承压水作用下的渗漏属于有

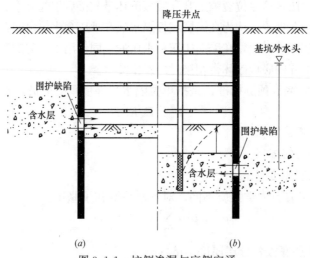

图 9.1-1 坑侧渗漏与底侧突涌
(a) 坑侧渗漏;(b) 底侧突涌

压渗流，而潜水渗漏属于无压渗流。前者随渗漏发生，水位也随之降低，往往能形成相对稳定的边界，而后者属于有压渗流，并不随着渗漏持续降低，一旦发生险情如不能快速处置，坍方区可能会持续扩大。

底侧突涌：这种危害形式即开挖面以下围护结构渗漏导致坑底涌水，在基坑工程中颇为常见。这种形式渗流出口一般发生在围护墙附近，且夹着大量涌水、流土。在承压水地层发生这一问题时，一般已经采取了井内降水措施，但由于围护结构插入深度范围内存在缺陷，导致坑内局部水头升高，进而发生地基土渗流破坏。

危害二：坑外地层固结沉降

施工降承压水引起坑外地层固结沉降是必然的，在空旷的野外不会造成危害，但是在城市环境下施工，在密集的建（构）筑物中降水，沉降问题却可能成为一个严重的制约因素。理论上说，诱发沉降的影响因素包括：降深——含水层和其他地层（存在越流补给时）孔隙水压降低数量；压缩层厚度降水影响厚度，包括含水层与越流补给造成其他受影响地层的厚度；降压时间等。

虽然降水造成地面沉降这一现象已被认识很久，而且成为水文地质领域的一项重要研究课题。但对于施工降承压水引起的沉降规律，探索才刚刚开始，尚无法进行准确的定量计算、分析，因此采用工程类比的定性分析，综合治理措施更为重要。21 世纪初以来，随着地铁、大型隧道等大型深基坑在全国尤其是长三角地区建设，承压水降压诱发沉降问题是不能忽略的。

值得指出的是，对于围护部分插入含水层的基坑，即使抗突涌安全系数大于规范要求，有效应力降低的危害仍然存在，这些基坑仍然可能会表现出围护变形踢脚比偏大，立柱桩隆起量偏大的问题，如设计冗余度不足容易并发其他险情。随着深基坑工程建址分布日益广泛，规模日益扩大，环境日益复杂，发生了许多以往不曾遇到的新问题，以往以"水位控制"为主，简单地抽降承压水，防止产生坑底突涌的思路已经不适应新形势的要求。因此，在大量工程实践经验与教训的基础上，需要考虑"以水位控制为前提，以沉降控制为中心的承压水危害综合治理"的危害防治思路。

9.2 基坑工程高承压水防治技术

9.2.1 背景介绍

随着我国城市地铁隧道以及地下空间的开发利用，超深超大基坑工程越来越多，深基坑开挖中经常出现施工安全问题，已是目前岩土工程中最受关注的问题之一。深基坑开挖中，经常遇到的两大问题是基坑支护以及地下水控制。在长三角、珠三角等地下水极其丰富区域，承压水层分布广泛，深基坑工程经常面临着承压水突涌的风险。因此，在这些地下水丰富区域，相比于基坑支护而言，地下水控制更加困难且重要，尤其是在砂性土地层中经常赋存有承压水。承压水是充满于两隔水层（弱透水层）之间含水层（强透水层）的水，在前期地质勘察中对于可能富含高承压水的地层需要特别注意，特别在承压水层埋藏较浅的地区，如上海、杭州、无锡等地，以免遗漏导致后期在深基坑施工时出现工程事故。在深基坑开挖过程中，基坑底部距离承压水层的厚度（隔水顶板）越来越小，能够

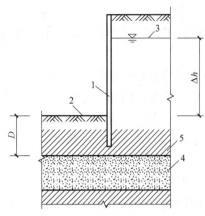

图 9.2-1　基坑底部突涌验算示意图
1—截水帷幕；2—基底；3—承压水测管水位；
4—承压水含水层；5—隔水层

抵抗承压水头的压力正逐渐卸除，当隔水顶板的自重应力无法承受承压水头的压力时，就会引起基坑底部突涌（图 9.2-1）。

在河流附近的基坑工程中，地下水补给丰富，当基坑内部潜水疏干后使得底部隔水层和承压水层中存在向上的越流现象[10]，当水力坡度较大时也可能形成管涌现象，一旦出现管涌现象，由于附近河流的地下水补给能力极强，一般的降水方法杯水车薪，很难控制，造成严重的经济损失，目前除了完全截断地下水补给来源外，也无更好方法，因此在工程当中应当杜绝这种情况的发生。

另外，还存在非常规承压水突涌事故[11]，例如人为原因造成的孔洞（钻孔和注浆孔等）未严格封堵，导致孔洞成为承压水突涌的有利通道，最终开挖引起基坑涌水，酿成事故。

9.2.2　基坑工程高承压水突涌原因

承压水即地表以下充满于两个稳定隔水层之间承受静水压力的含水层中的重力水，它的形成过程与所在地区的地质发展史关系密切，也是产生地下工程危害的主要因素之一。当基坑之下有承压水存在，开挖基坑减小了含水层的上覆不透水层厚度，当不透水层厚度减小到一定程度时，承压水的水头压力能顶裂和冲毁基坑底板的不透水层，从而造成突涌：①基坑顶裂，出现网状或树枝状裂缝，地下水从裂缝里涌出，并带出下部的土颗粒；②基坑底发生流砂现象，从而造成边坡或基坑围护结构失稳和整个地基悬浮流动；③基坑底部发生类似于"沸腾"的喷水现象，使基坑积水，地基土扰动。

基坑突涌的主要影响因素有：

1）承压水的水压力：承压水压力是基坑突涌的激发因素，它作为一种横向面力作用于基坑底板上，当隔水底板形成裂隙后，承压水和砂土在压力的作用下涌入基坑。一般情况下，承压水压力越大，发生突涌的可能性越大。

2）基坑底部隔水层厚度及重度：隔水层土体的厚度是防止基坑突涌的主要因素之一，隔水层厚度越大，自重越大，并且刚度也大，抗变形和抗突涌能力也越强。

3）基坑底部隔水层土体的抗剪强度：隔水层土体的抗剪强度是抑制基坑突涌的主要因素之一，一般情况下，土体的抗剪强度越大，突涌发生的可能性越小。

4）基坑的平面尺寸：基坑的平面尺寸越大，周围的约束对基坑底板的中部作用越小，在其他条件一定时，突涌形成的可能性增加。

5）基坑深度：基坑深度影响上覆土体对隔水层周边的约束作用，基坑开挖深度越大，坑底的卸荷作用越显著。

6）基坑底隔水层的变形指标：土体变形指标反映了土体变形的难易程度，由于土体的抗拉能力弱，在变形不大时即可出现拉张裂缝，因此变形指标越小，越易导致突涌。

产生基坑突涌的主要原因有：

1) 针对承压水的地质勘察不详或有误：勘探孔打入深度较浅，未揭露场地内承压含水层的分布；未揭示承压含水层和相邻含水层之间的水力联系，提供的承压水层水力参数（渗透系数、承压水头等）与实际情况存在差异；承压水层的顶板埋深位置不准确等。

2) 基坑施工过程超挖：开挖卸荷会引起基坑内土体回弹和围护结构侧向挤压引起隆起变形，同时基坑开挖过程中常存在超挖现象，导致部分位置的抗突涌稳定可能未满足要求，而发生局部破坏。

3) 基坑施工过程减压井失效：在采取降压措施的基坑施工过程中，由于降压井停电或堵塞等原因导致无法正常降水，减压水头未能达到要求，引发承压水头回升，最终导致基坑突涌破坏。

4) 坑内封底加固质量不佳：采取封底加固措施如水泥土搅拌桩或高压旋喷桩的基坑工程，如果封底质量不佳或存在未加固的区域，则可能成为基坑突涌发生的潜在区域。

5) 止水帷幕失效：通过隔断承压含水层防突涌的基坑工程，如果止水帷幕出现失效（咬合桩出现开叉、连续墙接头处理不当、旋喷桩止水帷幕质量较差等），都会诱发基坑突涌破坏。

6) 场地内孔洞处理不当：深基坑工程上部荷载较大，桩端持力层一般埋深较深，至少进入砂层一定深度，勘察过程中留下的孔洞成为承压水与潜水的水力联系通道，当钻孔的封孔措施不到位或封堵不严密，当基坑开挖至一定深度时，承压水会沿着孔洞进入基坑，导致基坑突涌事故。个别工程在桩基施工后发现具有缺陷，需要进行桩壁后注浆，增加承载力。当注浆工艺不合理时，会出现注浆压力和注浆量不足等现象，同时注浆管的处理也往往被忽视。如果浆液质量较差，浆液在土层中的劈裂作用会形成承压水上涌的不规则小通道。浙江杭州钱江新城工程中就出现过注浆孔引起的承压水上涌事故。钻孔灌注桩施工过程中常采用泥浆护壁，泥浆稠度较大容易导致桩基础表面泥皮过厚，如果浇筑混凝土时的充盈系数过小，则承压水会沿着桩侧表面出现上涌的现象。

9.2.3 基坑工程高承压水控制技术

承压水控制技术一直是基坑工程中的难点，学术界相关研究也较少[12]。随着我国城市地铁工程的快速发展，城市深基坑工程比比皆是[13]。对于深基坑工程，承压水引起的基坑突涌是巨大的安全隐患，特别在承压水层埋藏较浅的地区（上海、杭州等），突涌防治更是基坑工程中的重中之重[14]。

承压水的处理比上层潜水要困难许多，一般情况下对于承压水基坑的地下水处理方法包括：全止水、全降水、止水＋降水结合、封底加固。

基坑开挖深度较小，并且周围建筑物对降水不敏感（沉降较小）时，可考虑采用全降水方案，全降水过程中需要保证电力供应，如突发情况断电，可能会引起基坑回水，出现危险。

当周围建筑对降水较为敏感时，过量抽取基坑下部承压水，极易造成基坑周边建筑开裂，可以考虑采用全止水的方式，设置较深的地下连续墙等隔水帷幕，穿越承压含水层进入不透水层，以隔断基坑内外承压水的水力联系，但是造价会偏高，同时对施工质量要求很高。

当开挖深度较大同时周围建筑对降水较为敏感时，单纯采用全降水方案无法满足要求，并且采用全止水方案造价颇高，可以考虑采用止水＋降水相结合的方法，优先采用隔水帷幕切断承压含水层再结合减压降水的措施，如果承压水头较低时，也可以采用悬挂式止水帷幕集合坑内减压降水的方法，可以降低一定的造价[15]。

封底加固方法一般用于微承压水情况，即上覆土重力略小于承压水的上浮力，整个基坑基本满足抗突涌要求，只有部分区域（电梯井等）无法满足要求时，可以单独对该区域进行封底加固[11]，一般采用水泥搅拌桩或高压旋喷桩等加固土体，加固后土体重度和抗剪强度都有所提高，达到抵抗承压水浮托力的要求。

归纳来看，目前承压水的控制技术采用降水与隔水相结合的方法。承压水降水设计需要根据含水层位置、厚度、周围环境的降水限制条件、隔水帷幕的深度、维护结构特点、基坑面积和开挖深度等因素，综合考虑减压井深度、结构和布置后给出。

降水方式通常有坑内减压降水和坑外减压降水两种[16]。

坑内降水（图 9.2-2）顾名思义就是将减压降水井布置于基坑内部，需要注意的是，减压井的过滤器底端深度不能超过隔水帷幕底端的深度，坑外的承压水绕过隔水帷幕底端进入坑内，下部含水层中的水垂向经底流进入基坑，在基坑内部承压水降到安全埋深时，坑外的水位降深较小，因此对坑外的地面沉降影响较小，才是真正意义上的"坑内降水"。如果减压井的过滤器底端深度超过隔水帷幕底端，则大量地下水来源于隔水帷幕以下承压水的水平径流，使得坑外降水深度变大，坑外地面变形依旧较大，失去了坑内降水的意义。

当满足下列条件之一时，可以采用坑内减压降水方案：

1）当隔水帷幕部分进入承压含水层，隔水帷幕进入承压含水层顶板下长度不小于含水层厚度的二分之一或者 10m，隔水帷幕对基坑内外承压水的渗流有明显阻隔效应；

2）隔水帷幕穿透承压含水层，进入弱透水层中，隔水帷幕完全阻断基坑内外承压水的渗流路径。

需要注意的是，隔水帷幕的底端都需要进入含水层顶板以下，同时在承压含水层形成有效隔水边界，其进入承压水层的深度对群井抽水过程中的三维渗流场影响较大，一般情况需要采用三维数值方法对降水设计方案进行验算。

坑外降水（图 9.2-3）即将减压降水井布置于基坑外部，同时减压井的过滤器底端深度超过隔水帷幕深度，才能够保证减压降水效果；如果过滤器底端深度低于隔水帷幕底端深度，则出现坑内水位需要绕过隔水帷幕底端后才能进入降水井，导致降水效率低下

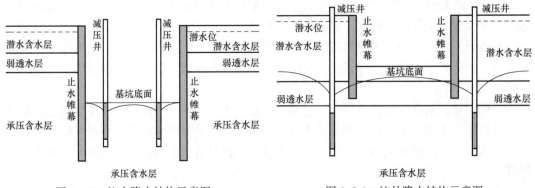

图 9.2-2　坑内降水结构示意图　　　　图 9.2-3　坑外降水结构示意图

或导致降水失效。隔水帷幕未在降水目标承压含水层中形成有效的隔水边界时，或者隔水帷幕进入降水目标承压含水层顶板以下长度远小于承压含水层厚度，且不超过 5m 时，可以考虑采用坑外减压降水方法。在现场客观条件无法满足坑内和坑外减压条件时，可以综合现场的水文地质条件、基坑周围环境条件、施工条件等，选用合理的坑内—坑外联合减压降水方法。

承压水降水过程中需要进行严格的运行控制，保证通过承压水降水能够将承压水头控制在设计埋深之下，同时避免过量抽水引起基坑周边环境沉降过大。注意事项如下：①按需减压降水，综合考虑环境因素和承压水位、施工工况，确定各个施工阶段的降水控制标准，制定详细降水减压方案。②需要严格执行减压降水方案，当施工工况变化时，需要及时调整并修改方案。③减压井的水泵出口应安装有计量装置和单向阀，现场排水能力需要考虑到所有减压井的工作能力。④降水过程需要进行严格的全过程监控，防止水位变化引起的基坑事故，并及时整理监测过程资料，绘制相关曲线，预测可能发生的问题，并给出解决方案。⑤当环境条件复杂，降水引起的基坑外地表沉降量大于控制标准时，可以采用地下水回灌或其他有效的保护措施。⑥停止降水后，需要采取可靠的封井措施。

9.3　轨道交通与地下工程高承压水防治技术

根据目前工程建设经验，轨道交通工程建设中涉及承压水时，针对不同部分（基坑工程、区间盾构隧道、旁通道、进出洞）采取的承压水控制方法如下[9,17]：

①承压水减压降水技术；②地层冻结技术；③注浆堵漏技术；④区间隧道盾构施工防渗技术；⑤基于沉降控制的承压水层抽灌一体化技术。

9.3.1　承压水减压降水技术

在地下工程施工期间，对于深度较大的基坑工程，为防止因深层承压水水头的顶托作用而可能发生的坑底土层突涌、基坑倒塌，通常必须采用深层减压降水的办法，降低深层承压含水层地下水水头，达到基坑稳定与施工安全的目的。

由于地下工程施工周期较长，连续降低地下水位一般延续数月至一年以上，导致浅层地下水位下降及深层承压水头的大幅度下降。地下水位（头）下降不仅改变了含水层组内的渗流场，而且改变了含水层组内各层土骨架的有效应力场的时空分布，从而导致地层变形，并由此引起相邻建（构）筑物的变形与破坏，相邻地面产生沉降。目前的研究成果表明，地下水位下降导致地层发生压密变形，地下水位上升导致地层发生膨胀变形。因此，地下水对地下工程的施工安全性具有重要影响，地下水位的升降对相邻建筑环境的安全性具有重要的影响。

目前，在轨道交通建设中，大多数工程的承压水减压降水效果可确保施工顺利安全进行，且未对环境造成不良影响。例如，在上海轨道交通四号线董家渡隧道修复工程中，基坑开挖最大深度达 41.00m，开挖深度范围内已揭露第一承压含水层，且第一、二、三承压含水层连通，基坑减压降水的风险极大。经过精心设计与施工，在减压降水控制承压水方面取得了很好的效果。但是，少数工程的减压降水效果令人担忧，对工程建设及环境产生了不良影响。

根据大量工程资料分析，影响轨道交通工程承压水减压降水质量的因素较多，主要包括[17]：①对基坑降水区域的地质与水文地质条件特征缺乏全面与充分的认识；②降水方案欠合理，尤其是未与基坑围护设计方案协调；③减压降水井的施工质量不好，或挖土时被破坏；④没有应急预案，或应急预案的可行性差。

9.3.2　地层冻结技术

利用人工制冷技术使地层中的水冻结，将天然状态下的土体变成冻土，增加其强度和稳定性，隔绝地下水与地下工程之间的联系，以便在冻土壁保护下，进行隧道、竖井和地下工程的开挖、衬砌施工等。地层冻结技术的实质是利用人工制冷技术，临时改变天然岩土体的状态以固结地层，从而达到控制地下水，尤其是控制承压水对地下工程不利影响的目的。

目前，在上海市轨道交通工程建设中，在旁通道、部分进出洞位置采用冻结技术控制承压水。长期积累的工程经验表明，冻结技术本身是成熟可靠的，但少数工程中仍存在质量隐患。

影响冻结技术控制承压水效果的主要因素包括：冻结区域的土层和地下水特性未查明，尤其是用于冻结设计必需的土水参数欠完整；设计方案欠合理，安全系数不满足规范要求；冻结施工方法不当，影响冻结质量；出现险情时，未采取有效的应急措施等。

9.3.3　注浆堵漏技术

在含承压水的砂土层中进行地下工程施工，一旦发生渗漏情况，必须及时进行堵漏处理，否则后果不堪设想。注浆技术是一种设备简单、施工方便、见效快的堵漏施工工艺，在地下工程防渗处理中得到较多的应用，并取得了较好的效果。根据其技术特点，注浆施工工艺比较适合于解决范围较小的渗漏水问题[17]。

在含承压水的砂土层中，地下工程的渗漏水情况具有下述特征：水头压力大，漏水量较大，土体流失迅速。注浆堵漏施工必须根据工程的实际情况，合理选择施工工艺和注浆浆液，才能取得良好的效果。

注浆施工的浆液在一定压力下进入土体中，浆液的快凝早强对注浆压力的消散产生负面影响。因此，注浆堵漏施工可能会对邻近建（构）筑物及周边环境产生不利影响，注浆堵漏施工中应对邻近建（构）筑物及周边环境进行严密的监测。

目前，在基坑工程、区间隧道、进出洞等地下工程施工中，均可能需要采用注浆堵漏防渗技术。尤其在工程抢险中，该方法更是快速抑制事故进一步扩大的有效手段。根据大量工程资料分析，轨道交通工程中影响注浆堵漏效果的主要因素包括：渗漏水位置不准确；渗漏的原因不明确；注浆量及配比不合适；注浆施工工艺欠合理等。

9.3.4　区间隧道盾构施工防渗技术

盾构施工技术是软土区区间隧道建设中最常用的施工技术之一。当盾构隧道涉及承压含水层时，可通过调整施工参数，保证开挖面稳定，防止承压水涌入；在管片之间设置止水带，可防止承压水渗漏。

目前，随着区间隧道盾构设计、施工技术的不断积累，对减少承压水风险事件的发生，起到了积极的作用。但随着轨道交通大规模的建设，从业单位的技术水平及工程经验差异大，盾构掘进中（尤其是进出洞时），承压水的涌入及渗漏险情仍有发生。

大量工程经验表明，轨道交通工程中影响对承压水控制效果的主要因素包括：对工程区域的承压含水层分布特性未查明；遇承压含水层时，盾构施工参数未及时调整，发生开挖面涌水涌砂；因管片质量、差异沉降大等原因，导致管片及管片之间的止水带防渗效果差；进出洞位置遇承压水时，未采取有效的地基加固方法，导致承压水涌入[17]。

9.3.5 基于沉降控制的承压水层抽灌一体化技术

随着城市建设的大规模发展，地下工程项目大量涌现，其规模和深度均在不断加大，工程安全风险变得越来越高。例如，基坑周边的环境变得越来越复杂，环境控制要求越来越高。深基坑开挖采用降水的方法降低开挖土层中可能引起基坑底板承压水突涌的含水层中地下水位是十分必要的。但随着地下水位的降低，地基中原水位以下土体的有效自重应力增加，导致地基土体固结，进而造成降水影响范围内的地面和建（构）筑物产生不均匀沉降、倾斜、开裂等现象[8]。

因此，在轨道交通、地下工程建设中必须采取有效措施消除或降低基坑降水对周边环境的不利影响。控制因降水引起的工程性地面沉降，最直接有效的办法是控制地下水水位，而在控制地下水水位的措施中，地下水人工回灌是一种相对经济可靠的措施。

抽灌一体化设计是指系统布置抽水井与回灌井的数量及空间位置，确保基坑内承压水水头降深满足克服基坑底板由于承压水造成基坑突涌的危害，同时又能消除或减少因施工降水引起的基坑周边保护建（构）筑物的水位变化，抽水与回灌管路应系统布置，确保抽取出的水能有效进入回灌管路中。

抽水井与回灌井设计的一体化，其一体化不是降水设计方案与回灌方案的简单叠加，而必须考虑到抽水井与回灌井间存在明显的干扰影响，回灌坑外的地下水将直接影响基坑内水位及降水井涌水量，进而影响坑内抽水井的设计，而抽水井的设计又将影响坑外水位的再次变化，影响回灌井的功效，因此深基坑降水设计与回灌设计应作为一个统一系统进行设计，才能有效协调控制坑内外的水位变化，其设计关键是确保基坑和保护建（构）筑物的水位到达控制要求。

回灌水水质控制也很重要，水源一般来自于抽取出的水，抽水管路与回灌管路应进行一体化的设计施工。有效利用抽取出的地下水作为同层含水层回灌水源，不仅可避免回灌含水层的污染，大大节约水资源，确保自然生态系统中水资源的相对平衡，而且可减少采用自来水回灌的回灌成本。

回灌机理[8]：降水（抽取地下水）引起地层压密而产生的地面沉降，是由于含水层（组）内地下水下降，使有效应力增加。由此可知，降水后，孔隙水压力减少，有效应力增加，进而引起土层压缩。鉴于此，为消除或减弱降水对环境的变形影响，应及时有效地减少有效应力的增加，即抬高土层水头，增加相应孔隙水压力。基坑工程地下水管井回灌是一种通过增加保护建（构）筑物处下土层水位，增加相应孔隙水压力，及时有效地减少有效应力的增加，达到控制建（构）筑物处变形的措施。

基坑工程地下水管井回灌是指在抽水井和被保护建筑物之间（靠近被保护建筑物一侧）设一排回灌井，如图 9.3-1 所示，在抽水的同时通过回灌井向地下灌水，二者共同作用使基坑周围被保护地域实际地下水位保持不变或变化在允许的范围内，即通过孔隙水压力的维持，确保有效应力增加最小。将水注入回灌井里，井周围的地下水位就会不断地上升，上升后的水位称之为回灌水位，由于回灌井中的回灌水位与地下水位之间形成一个水头差，注入回灌井里的水才有可能向含水层里渗流。当渗流量与注入量保持平衡时，回灌水位就不再继续上升而稳定下来，此时在回灌井周围形成一个水位的上升锥，其形状与抽水的下降漏斗相似，只是方向正好相反。

回灌井的回灌量与含水层的渗透性有密切关系，在不同渗透性能的含水层中，井的回灌量差别很大。在保持一定的回灌量与满足回灌效果的前提下，渗透性好的含水层中，回灌井中所需的回灌水位较小；反之，渗透性越差，回灌井中所需的回灌水位就越高。

需要指出，地下工程地下水回灌的需要保证工程安全的同时减少水资源浪费，保护水资源平衡，解决降水过程中外排水量大而导致的市政排水问题。基于水资源控制的工程地下水回灌与常规水资源型回灌的差异主要表现为：工程地下水回灌还需分析回灌对基坑内水位及建（构）筑物区水位的影响。因此，该类型回灌需要考虑最大量将原外排地下水回灌至原地层中，同时确保基坑内水位控制在安全水位内。

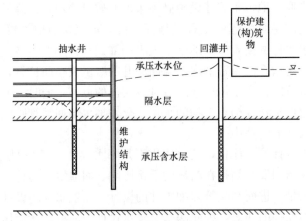

图 9.3-1　工程地下水回灌井原理示意图

9.4　山体隧洞工程高承压水防治技术

近年来，随着我国国民经济的发展，为满足交通、国防、市政、矿山等需求，修建了大量山岭隧道等工程。随着工程建设中深埋长隧洞数量和规模的不断增加，当隧洞开挖过程中遇到地下水类型复杂、高水头、地下水活动强烈的地段时，经常发生隧洞突水突泥地质灾害。隧洞涌突水除了会造成财产损失、工期延误，严重时会导致人员伤亡，酿成重大灾难事故。在此背景下，针对高承压水条件下的山体隧洞防排水研究受到广泛重视，相关技术发展迅速[18]。

9.4.1　山体隧洞防排水设计原则

在我国隧道规范中，对地下水的处理原则虽然有排有堵，但一度是以排为主，而且对排堵没有定量标准，不具备可操作性，因此带来一系列负面效应[19]。随着隧洞排水引起的环境问题逐步显现和隧道技术的不断发展，隧洞防排水设计理念从以只考虑隧道安全与功能性防水的"以排为主"，逐步向同时考虑环境保护的"以堵为主，限量排放"转变[20]。王星华等[1]基于含承压水的山岭隧洞设计特点，将其防排水的设计原则总结为"以堵为主，限量排放，刚柔结合，多道防线，因地制宜，综合治理"。

山体隧洞对于地下水的处理方式，主要分为排水法和防水法两类。排水法是在高水位以及不允许过量排放地下水处修建隧道时，降低地下水位及工作面的涌水压力，使岩土层脱水压实，改善岩体结构。采用排水法时，必须保证排水系统畅通。目前常用的排水法主要分为自然排水（钻孔排水、导坑排水等）和强制排水（井点排水、深井排水等）两类。而防水法主要通过采取各种措施，将水封堵在隧道衬砌之外，目前常用的防水法主要有注浆法、冻结法及压气法三种。

实际上，防水法与排水法不能截然分开，经常相互配合使用。在选择上述方法时，首先要进行详细的涌水调查，掌握地下水的动态和水量的大小及动向，同时考虑围岩条件、涌水量、埋深、周边环境条件等综合因素决定。

9.4.2 隧洞突水超前预报技术

隧洞超前地质预报是通过不同的方法和技术手段，查明施工掌子面前方主要不良地质条件的性质、类型、位置和规模；确定施工掌子面前方遇到的各种不良地质条件而引发涌泥突水、围岩强烈变形、塌方和岩爆等地质灾害的可能性。综合超前地质预报主要包括工程地质分析与不良地质宏观预报、长期超前预报、中期超前预报和短期超前预报[21]。

工程地质分析与不良地质宏观预报，主要是根据地质资料，对重点区段进行深入的地面地质调查，并通过不良地质分析，对可能遇到的不良地质类型、规模、大概位置，以及可能发生地质灾害的类型和可能性进行宏观预报。

长期超前预报，是采用地震波勘探仪（TSP）等仪器探测手段，预测开挖掌子面前方约300m范围内的地质状况，并提出预测分析报告。

中期超前预报，是采用超前钻孔探水、红外线探测仪仪器探测手段，在临近裂隙、管道或断层带前方30m左右，通过钻孔探水，结合红外探测方式，探测地下水情况。

短期超前预报，是指地质专业人员根据出露围岩状况，结合物探、超前钻孔资料，对开挖面前方短距离内的高压水、突涌水、岩溶等存在的位置、走向、规模等提出报告。

9.4.3 山体隧洞防水设计方法

目前，常用的上提隧洞防水设计方法主要有冷冻法、压气法和注浆法三种。冷冻法是利用人工制冷技术，使地层中的水冻结，把天然岩土变成冻土，增加其强度和稳定性，隔绝地下水与地下工程的联系，以便在冻结壁的保护下进行隧洞开挖、衬砌施工的特殊施工技术[22]。但该方法需要庞大的制冷设备与管理系统，投资高、工期长，一般遇到特别不良地层时才考虑使用。压气法多用在软弱层，常与盾构法一起使用。但由于人员在气压下作业受0.3MPa气压限制，因此该方法仅在水压不大于0.3MPa条件下使用，且单次作业时间也有所限制。注浆法是目前国内外隧洞工程中最为常用的一种止水方法，通过浆液使松软围岩胶结硬化，同时封闭裂隙、空洞，截断渗水通路达到防水作用。注浆法尤其适用于高水压地区的山体隧洞，但由于其效果难以事先判断，故需要现场进行注浆试验，以确定合适的材料和施工方法。

针对高承压水山体隧洞工程的注浆防水法，除了常规措施外，当隧洞附近有可能因水库、溪流、地下水等渗入隧道时，应采取防止或减少其下渗的处理措施。

（1）预注浆：有学者指出[23]，当高压富水地层的隧洞施工引起的渗漏量超过地下水补给量时，应根据差值大小，采用预注浆措施，保证地下水环境平衡。且不必全面封堵，分区排水，有限排放，根据渗水量进行注浆设计。

（2）喷射混凝土防渗：喷射混凝土可形成密贴围岩的防水隔离层，能消除地下水沿开挖轮廓的转移[24]。对于暴露在有侵蚀性或腐蚀性地下水环境的山体隧洞，当采用喷射混凝土作为防水层时，为提高防水质量，应对围岩基面进行处理，对喷射混凝土背后空隙进行注浆，加强养护以减少裂纹，调整混凝土配合比或添加外加剂，以提高混凝土的抗渗能力。

（3）防水层：防水层是高承压水山岭隧道防排水设计的核心，应根据水头大小采取不同的防水层设计。对于地下水丰富的隧道，建议采取分区防水技术，区段长度根据渗水量大小确定。应采用带注浆管的背贴式止水带，并根据渗透情况及时进行补注浆。

（4）施工缝、变形缝防水：施工缝和变形缝是山体隧洞中最易发生渗漏的地方，若处理失当，除了造成裂缝及漏水外，严重时会降低结构强度和耐久，影响隧洞正常使用。对于纵向施工缝，可采用中埋式镀锌钢板止水带加遇水膨胀橡胶止水条止水；环向施工缝可采用全环背贴式橡胶止水带及中埋式钢边橡胶止水带双道防水。对于变形缝，可在外侧设置全环背贴式橡胶止水带，中间设置中埋式钢边橡胶止水带，背水侧设置全环PVC管，并设置三通与隧道侧沟相连[25]。

（5）防水混凝土：隧道二次衬砌混凝土是外力承载结构，同时也具有防水防渗功能，因此除了强度要求外，还需要具备一定的抗渗能力。隧道二次衬砌混凝土可通过调整级配并掺入外加剂，以配制具有一定抗渗性和耐久性的防水混凝土。

（6）衬砌背后回填注浆：为填充二次衬砌与防水板之间的空隙，在完成二次衬砌后，应进行衬砌背后回填注浆。当衬砌混凝土达到70%强度后，使用小于0.5MPa的注浆压力进行注浆。

9.4.4 山体隧洞排水设计方法

由于山体隧洞大量排水后有可能导致地下水流失，形成地下空洞甚至地表塌陷，降低围岩稳定性，改变当地自然环境，因此排水设计除了考虑运行费用外，还需要考虑周边环境影响。

（1）锚喷支护结构：喷射混凝土施工时，应在渗漏点挂设环向排水半管，将渗漏水引排到隧道排水沟，然后喷射混凝土至设计厚度。针对集中涌水和裂隙水发育区，则必须先注浆堵水，形成固结体阻塞地下水连接通道，再通过盲管引排。

（2）复合式衬砌：复合衬砌排水系统主要包括环向排水盲管、纵向排水盲管、侧沟、横向排水盲管和中央排水管（沟）体系[19]。隧道衬砌按照新奥法原理设计，采用复合式衬砌形式。隧道衬砌两边墙脚在防水板和初支喷射混凝土间设置弹簧软管各一道，纵向贯通。两边墙底部设置横向泄水管各一道。衬砌背后环向设软式弹簧透水盲沟或（环向盲沟）。路面以下设置塑料矩形盲沟用以引排路面下地下水。环向盲沟、两侧纵向盲沟、墙脚横向泄水管均采用正交塑料三通连接，接头处外缠无纺布，使衬砌背后渗水由环向、纵向盲沟通过横向泄水管排入隧道两侧水沟中。环向弹簧软管用膨胀螺栓和钢丝将弹簧软管固定在初支喷射混凝土层上，以保证其顺直、位置准确。

9.4.5 岩溶地区隧洞的防排水设计

岩溶是地表水和地下水对可溶性岩层进行化学侵蚀、崩解作用或机械破坏、搬运、沉积作用所形成的各种地表和地下溶蚀现象的总称。当隧洞穿越可溶性岩层地层节理、裂隙、渗透、断层等结构不连续面时，易遇到溶溪、溶管、溶洞、溶腔、暗河等类型溶岩地质。针对高承压水溶岩地区隧洞，应首先根据地质报告，对隧道涌水量做出计算，再根据涌水量的大小采取相应的防排水措施，对于不同涌水级别地段采取针对性的防排水方案，并对暗河、溶洞、溶管等制定专项治理方案[26]。

（1）超前预警机制：根据岩溶地区隧洞突水风险等级评价（Ⅰ级～Ⅳ级），结合施工信息，判断突水可能的危害程度、紧急程度和发展态势，将预警等级对应分为红色、橙色、黄色和蓝色四级。并根据规模、涌水量、水压、隧洞周边位移、钢拱架应力等突水预警指标，制定相应防治对策[27]。

（2）帷幕注浆法：若溶洞较大且有未流动稀泥浆，可采用注浆封堵泥浆和硬结泥浆，使其具有自稳能力，再进行初期支护加固。

（3）位移法：若溶洞与地表连通，为地表的泄水或泄洪洞，应在地表进行改沟，并在洞口加盖盖板，同时在隧道一侧增加导管，把上下溶洞连通，确保隧洞支护不承受水压。

（4）暗河处理：针对地下暗河的处理方案，应根据暗河与隧洞的相对位置采取不同方案。当暗河位于隧洞仰拱上部，则采用改河方法，沿拱腰、边墙修筑不小于原河流断面的输水导管，把水向下引入原暗河流道；当暗河位于仰拱下部时，若体积较小，则在隧洞底部设置暗涵跨越；若体积规模较大，则可采用桥梁跨越方法。

（5）溶管处理：溶管涌水量小，但长流水，且所含泥砂容易堵塞排水通道。采用外排法容易使溶管中的水汇集在隧洞支护之后，增加附加压力，因此可采用图9.4-1的连通方案。

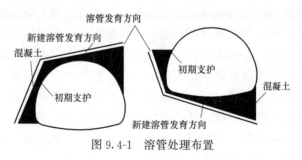

图9.4-1 溶管处理布置

9.5 采场和井巷高承压水防治技术[6,28]

9.5.1 概述

多年以来，国内外对岩体底板结构、水文探测技术、承压水防治措施进行了研究并积累了经验。矿井突水防治可划分为疏水、堵水两种方法，或者二者结合的方法。

疏水是在含水层抽排水，使水位下降至开采区以下，防止发生突水。堵水则是向含水岩层、断裂破碎带、隔水层的节理裂隙中注入低渗透性浆液，改变其透水性能，提高其隔水能力，切断突水通道。

疏水降压，在底板受控的条件下通过专门的工程技术措施对矿井的充水含水层进行超前预疏水或疏降水压，减少或消除承压水对矿井或巷道底板安全的威胁。疏水降压法一般在地面垂直钻孔，用潜水泵疏干含水层。疏水降压技术一般应用的矿井水文地质条件包括[29]：①矿井主要充水含水层属于直接充水含水层。②矿井主要充水含水层属于自身充水含水层。矿井的主要工程活动位于含水层中，或矿井的采掘活动直接揭露充水含水层。为减少或消除大量水短时涌入矿井造成淹井事故，需预先对含水层进行疏放。③煤层底板存在高承压含水层，且煤层与含水层之间的隔水层厚度较薄，隔水层不能阻抗高压水的破坏和侵入，需疏放承压水，降低含水层压力水头，实现带压开采。④矿井主要充水含水层以静储水量为主，动态补给量有限。

地下帷幕注浆堵水法，在松散层中修建帷幕，进行开挖、护壁、清渣。一般着重于隔水层的隔水机理、突水量和构造裂隙的关系、高压突水机理以及隔水层稳定性、临界水力阻力等研究，以充分利用隔水层，减少排水量。一般可采用物探对注浆效果进行探测，如采用槽波地震法探测落差大于煤厚的断层，采用井下数字地震仪探测岩层应力分布[30]。

9.5.2 采场和井巷高承压水防治技术

底板水害防治步骤一般包括：①水文地质条件探查与评价。根据矿井勘探成果，评价底板水文地质条件，预测底板突水可能性及范围，进行防治水工程设计。采用物探结合钻探的方法，物探方法包括瞬变电磁法、工作面CT法、无线电波透视法、音频电透视法、直流电法等，钻探在物探成果的基础上实施，以查明底板隔水层岩性、厚度、结构、强度；查明底板含水区域、含水量、富水性。根据探查结果，评价底板突水危险性，确定水害防治方案，完善防治水设计。底板水害治理施工结束后，评价安全开采可行性，验收合格实施回采。②"疏水降压"与底板局部加固结合。通过疏放能降低水头，减少突水系数时，可采用疏水降压。同时对底板薄弱带进行注浆加固，提高底板的抗水压能力。③底板含水层改造。对含水丰富、补给条件好，水头高的承压含水层，或含水层疏降规模受到矿井排水能力限制，不宜采用疏水降压，采用底板含水层改造方法。采用井下钻探、地面注浆站高压注浆加固，改造底板隔水层，增加隔水层厚度，降低突水系数，增强富水异常区和构造破碎带煤层底板的整体强度。矿井水害治理，从矿井、采区到工作面，从预测、探测、治理到评价，需要综合防治以实现安全开采。底板突水属隐蔽工程，以防为主，防治结合，预测预报，先探后掘，先治后采[31]。

中煤科工集团西安研究院牵头开展了"十二五"国家科技支撑计划课题"煤矿水害隐患探查与防治关键技术及示范"科研攻关。针对煤矿存在的主要水害隐患，采用老空区地面高密度三维地震精细探测技术，进行老空区及小窑采掘活动三维地震精细探测；采用垂向导水通道井下三维电磁探测技术与装备，提出垂向导水通道三维电磁立体成像方法，研发井下三维电磁探测技术与装备；采用奥灰顶部利用与注浆改造技术，确定奥灰顶部有效隔水层段以及需要改造的目标层段，建立奥灰顶部注浆改造工艺技术。

针对煤矿老空水、奥灰水及垂向导水通道等重大水害隐患，取得了一批科研成果：开展了基于弹性波波动方程的地震波数值模拟，研发了基于多 GPU 计算平台的三维三分量（3D3C）弹性波正演模拟软件，降低了三维数值模拟计算的存储问题，提高了三维弹性波数值模拟的计算效率；开展了十字交叉排列域 3DFKK 方法的研究，形成了高分辨率地震资料处理流程；研发了专门用于地震监测的矿用节点式地震仪和数据处理软件，可用于小煤窑地面被动震源监测和地面长时被动地震监测；开发完成了整套井下三维多功能电法仪探测装备，实现了数据的自动采集、收发自主通信、数据自动处理和成像解释等功能，提高了煤矿井下的施工效率；开发了井下三维电磁法正演程序，可在较宽频率范围内针对不同电性差异以及复杂电性结构等情况进行正演模拟；实现了基于三维电阻率反演的垂向导水构造三维电磁立体成像技术，包括任意方向的二维切片、三维异常区域提取等功能，满足深部煤炭资源开采防治水工作的需求；进行了煤矿地面注浆系统优化及自动化控制软件开发，开展了复合注浆材料配比试验研究，研发了奥灰顶部高效注浆改造工艺，优化了注浆材料的配比方案。研制的微震监测数据处理软件、井下三维电磁探测技术与装备、奥灰顶部阻水性能评价与改造层段划分技术、奥灰顶部高效注浆改造工艺技术进行了推广应用。研究成果服务于煤矿安全生产，查明老窑采空区的位置，圈定采空区边界和范围，提高采空区和巷道的探测精度，提高煤矿井下垂向导水通道的探测准确率，对奥灰顶部岩层进行选择利用与注浆改造。实现了煤矿水害隐患探查与防治关键技术的突破，提升了煤矿水害防治技术，为受水害威胁的煤炭资源安全高效开采提供了技术支撑[32]。

根据合山矿区防治水的成功范例，因采煤引发的绝大部分井下突水点采用防、排、堵、躲、截和减压疏降等经验方法治理[33]。

（1）地面防水。①帷幕式。灌浆孔布在勘探查明的岩溶管道，多个堵截灌浆孔连线形成连续的帷幕。注浆断面位置放在滩面地带，为减少钻探进尺，在导水通道上游堵截以收到最佳堵水效果。②截堵式。灌浆孔布在矿井查明的岩溶管道上，注浆断面位置放在岩溶导水通道进行封堵。③堵水点式。灌浆孔布在矿井查明的岩溶管道的突水点上，注浆断面位置放在矿井突水点的岩溶导水通道咽喉部位进行封堵。④地面铺盖。滩上局部明显渗漏塌陷坑处，或明显的小窑口进行封堵处理，混凝土铺设面积达到完整基岩处为止。

（2）井下防治水。对于井下渗水、淋水、透水、突水等地段进行防、排、堵、躲、截和减压疏降等方法进行防治水。①坚持有疑必探、先探后掘的原则，提高防治水害的效果。②井下设置防水闸门、防水墙等设施，在矿井井底车场、中央泵房两侧设置防水闸门，并根据防治水需要修建挡水墙。③实行分层、分区开采。由于强、弱富水条带在平面上相间展布，可分区开采，先采简单区，后采复杂区。有条件的矿井可利用采空区分洪，对可能发生的突水，采空区可以缓冲水害，为抢救和处理突水点赢得时间，突水带出的大量河砂、碎石、泥浆可在采空区沉淀后进入水仓，保证水泵吸水安全。分区开采时，需要留足防隔水煤岩柱，并与矿井相连的通道设置临时防水闸门。④加强井下排水、保证矿井有足够的排水能力，各矿井均具备完善的排水系统和足够的排水能力，保证发生大涌水量时矿井安全。⑤对含水层底板进行疏干降压，采用疏干井、矿井疏水巷道、疏水钻孔、多矿井联合疏降等形式，减少承压含水层的威胁。⑥井下帷幕注浆截流也是行之有效的方法。

（3）矿井周边采空区积水的防治。①矿井周边留足防隔水边界煤岩柱，严禁开采。

②通过各种途径查明威胁各矿井的积水区边界，预测积水量。③利用废弃的井筒或选择适当位置打水文观测孔至积水区，进行水位监测，开展老空水疏排工作，减轻对深部矿井或相邻采区的威胁。④各积水区视同巨型积水溶洞，和岩溶地下水发生密切联系，通过水位观测和水质化验辨别，一旦发生联系，采取注浆堵水加固等措施[33]。

9.6 堤坝工程高承压水防治技术

9.6.1 概述

我国堤防总长达 41 万 km，3 级以上 7 万 km，其中长江堤防总长 3 万 km，干流堤防 3904km[34]。堤防安全影响因素众多，特别是汛期险情时有发生。堤防发生险情的原因主要有堤身和堤基结构复杂、堤防及其构筑物性状演化、渗流及河流冲刷动态作用、人类与动植物活动影响等。其中汛期洪水条件下在特殊二元地层（上层黏土或壤土下层为砂层）形成的高承压水对堤防安全带来的风险最为突出，这类险情主要表现为管涌等，据 1998 年险情统计长江中下游管涌占险情总数的 70%[35]，2016 年长江中下游管涌占险情总数超 60%。

本章节内容参考梳理国内重点研究单位及专家学者的相关研究成果，重点从堤防工程中承压水造成的危害、成因及治理对策等方面进行简要介绍。

9.6.2 堤防工程中常见的承压水危害类型及成因

堤防出险包括渗透破坏、滑坡、开裂和漫溢，其中渗透破坏为主。而渗透破坏主要表现为集中渗漏、管涌、流土、接触冲刷和接触流土。渗透破坏也属于堤基压水造成的危害。

堤防工程由于临水侧和背水侧水头差的存在，堤防渗流就会产生，尤其是汛期洪水位不断升高，堤身浸润线逐步形成并逐渐抬高。此时，堤身背水侧容易产生散浸甚至渗透破坏，危及堤身安全。同时堤基地层内的渗透压力也逐渐增大，尤其是在典型二元地层堤段，会形成承压水。当承压水压力达到一定值，土层内渗透比降大于土层临界比降，土体将产生渗透破坏，最典型的破坏类型为管涌。堤内的隐患会加速这种破坏发生和发展。以下就简要介绍承压水作用下堤防典型的破坏类型及成因，厘清堤防工程中承压水危害类型，也为治理对策提供理论依据和参考。

1. 堤防工程中承压水破坏类型

在堤防工程中渗透破坏也称渗透变形，由于渗流条件和土体条件的差异，渗透破坏发生的机理、过程和后果也有所不同，从渗透破坏发生的机理角度，渗透破坏可以分为以下四种类型[35]。

（1）流土

随着土体内部的渗透压力的增加，土体中的颗粒群同时启动而流失或鼓起的现象叫流土。这种破坏类型在黏性土和非黏性土中均可能发生。黏性土发生流土破坏的现象主要表现为：土体隆起、鼓胀、浮动、断裂等。无黏性土发生流土的外观表现主要是：泉眼群、砂沸、土体翻滚最终被渗透托起等。

（2）管涌

在渗透压力作用下，土体中的细颗粒沿着土体骨架颗粒间的空隙移动或者被带出土体，这种现象叫管涌。它通常发生在砂砾石地层中。管涌口径小的几毫米，大的达几十厘米，孔隙周围多形成隆起的砂环。管涌发生时，水面出现翻砂，随着外江水位升高，持续时间延长，险情不断恶化，大量涌水翻砂，使堤防堤基土壤骨架被破坏，孔道扩大，基土被掏空，以致引起建筑物塌陷，造成决堤事故。据统计，历史上长江干堤溃决，90%以上是由堤基管涌造成的。

（3）接触冲刷

渗流沿着两种不同的介质的接触面流动并带走细颗粒的现象称为接触冲刷。如穿堤建筑物与堤身结合面以及裂缝的渗透破坏等。

（4）接触流土

渗流垂直于两种不同的介质的接触面运动，并把一层土的颗粒带入另一土层的现象称为接触流土。这种现象一般发生在颗粒粗细相差较大的两种土层的接触带，如反滤层的机械淤堵等。对于黏性土，只有流土、接触冲刷和接触流土三种破坏形式，不可能产生管涌破坏。而无黏性土，则四种破坏形式均可发生。

2. 堤防工程中承压水渗透破坏成因

堤防迎水侧和背水侧的水位差，可在上覆相对弱透水地层的堤基强透水地层形成承压水，在堤内不同土体结构中形成不同的渗透破坏形式。堤防工程中对渗透破坏的分类主要从宏观现象考虑。比如，由于堤基渗透破坏在后期多表现为集中渗流对土体的冲刷，并往往冒水翻砂，形如管中涌水（砂），因此在堤防工程中统称为管涌（亦称泡泉）。一般来讲，堤防堤基的表层土极少是砂砾层，因此，堤基的渗透破坏一般均为土力学中的流土破坏。堤基渗透破坏产生的原因是：随着汛期水位的升高，背水侧堤基的渗透出逸比降增大，一旦超过堤基的抗渗临界比降就会产生渗透破坏。渗透破坏首先在堤基的薄弱环节出现，如坑塘或表层土较薄的位置或地表有缺陷的部位。对于近似均质的透水堤基，渗透破坏首先发生在堤脚处。堤基管涌，尤其是近堤脚的管涌，发展速度快，容易形成管涌洞，一旦抢险不及时或者措施不得当，就有溃堤灾难发生的危险。因此，汛期对于管涌堤段应及时抢险，汛后应及时除险加固。

9.6.3 堤防工程中常见的承压水危害治理对策

我国水利部门及相关研究机构，长期以来尤其重视堤防工程中的渗透破坏危害。其中中国水利水电科学研究院、南京水利科学研究院、黄河水利科学研究院及长江科学院始终致力于堤防病害研究和治理。其中长江科学院针对长江堤防的研究自中华人民共和国成立从未间断且成果丰富，如荆江和杜家台分洪工程、长江中游重要堤防隐蔽工程设计科研及其他重要的基础科研工作等，其中堤防工程中承压水带来的渗透破坏问题是工程治理的重点[36]。

针对堤防工程中承压水带来的危害类型，开展相应的治理对策，其中针对渗透破坏，汛期应急抢险主要是迎截背导（或称前堵后排），导压兼施，降低渗压，防止渗流带出泥砂。主要采用导滤（反滤围井、滤水压浸台、导滤堆）、反压（透水盖重、蓄水反压、养水盆）等[37]。

修建于双层或多层地基、透水地基、岩石地基上的堤防，经渗流计算，堤基、背水坡或堤后地面渗流出逸比降不能满足规范要求，或者汛期曾经出现过严重的渗漏、管涌或者流土破坏险情的，应采取汛后除险加固措施。而汛后工程除险加固治理，还要根据险情发生的类型和原因，从渗流控制的角度采取针对性治理措施。主要措施有填塘固堤、临水侧防渗铺盖、堤基垂直防渗及堤身灌浆、背水侧压渗盖重、排水减压沟井、水平排水褥垫等，有时是在某堤段采用单一措施或几种措施综合应用。以下就盖重、垂直防渗（防渗墙、灌浆）及减压井做简要介绍。

（1）堤内盖重

盖重是指在堤内（背水侧）一定范围内，铺填足够重量的土料，以防止发生渗透破坏的防护措施。在堤防工程中，治理承压水带来的危害，盖重是个较为有效的除险加固方法。

对均质透水堤基且背水侧没有天然铺盖或铺盖有缺陷的情况，是否需要设置背水侧压渗盖重，可以根据布莱蠕变比进行近似判断，如图9.6-1所示。

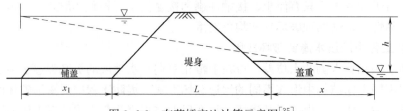

图9.6-1　布莱蠕变比计算示意图[35]

实际上，工程中的堤身和堤基均质情况很少，有些堤基地层结构复杂，此时则需要通过渗流计算，判断堤内地层出逸比降，或者根据汛期历史险情调查资料综合考虑。盖重宽度一般至少为50m，但也不应超过200m。根据长江荆江大堤的经验，控制宽度为200m，此宽度可控制历史管涌险情90%以上，对堤外有民垸的宽滩堤段，控制宽度为100m。黄河堤防背水侧放淤固堤宽度，险工段为100m，平工段为50m[4]。

堤后盖重又分为机械（或人工）填土及吹填或放淤两类，实际工程中依据当地条件和经济比较后选定。

中华人民共和国成立后长江荆江大堤曾采用放淤试验，以治理荆江大堤堤内地势低洼，渊塘密布，地表土层破坏，砂层外露，洪水期在堤内脚易形成严重管涌险情问题。1998年洪水以后，长江中下游堤防治理中部分堤段也曾用吹填盖重方式进行除险加固。另外，在鄱阳湖区圩堤除险加固也常以堤内填塘固堤作为治理措施。黄河采用放淤盖重也比较普遍。

根据历年堤防工程实践，采用吹填和放淤是可行的，造价也相对较低，具有推广应用价值。

（2）垂直防渗

作为堤防除险加固手段，垂直防渗也是常被采用的渗流控制措施，在国内外工程中应用非常广泛[37-39]。

目前在堤防垂直防渗加固中比较适用的技术有灌浆（包括锥探灌浆、劈裂灌浆、压密灌浆）和修筑各类防渗墙（如用置换法、深层搅拌法、高压旋喷法、垂直铺塑法及振动挤压法）。

在堤防除险加固工程中，防渗方法的选择原则主要取决于以下几个方面：功能性、可实施性、经济性及环境和安全性。垂直防渗方法的选择主要应考虑工程的性质和条件，可满足工程防渗目的和要求，有一定的防渗标准，工程费用较低等因素。防渗标准直接关系到堤防的安全性，以及工程量、工程进度和造价等。堤防垂直防渗是渗流控制措施的一部分，应尽可能符合前堵后排的原则，以及堤身和堤基渗流控制措施统一考虑的原则，并与渗流控制方案结合在一起，经技术经济比较后确定。

以下针对典型的集中防渗措施做简要介绍。

1）防渗墙

防渗墙是垂直防渗措施中最为有效的措施之一。合理设计的防渗墙能有效地改善堤身、堤基的渗流状态，使渗透稳定和抗浮稳定状态得以满足，并明显地降低自由面和出逸段高度。根据堤基的地层结构、防渗墙的施工技术以及加固工程的投资情况，防渗墙有悬挂式、半封闭式和全封闭式 3 种结构形式。

国内学者针对以防渗墙作为加固措施的长江重要堤防典型条件，采用有限元方法对渗流场进行模拟，开展了不同防渗墙深度和地层渗透性等条件下的渗流控制效果对比研究[40]，分析了悬挂式防渗墙的防渗效果和变化规律、半封闭式防渗墙在各种因素作用下防渗效果的变化规律，对全封闭式防渗墙指出了可能影响防渗效果的因素；研究了不同结构形式防渗墙的应用条件和设计原则；提出了悬挂式防渗墙设计的防渗墙贯入比—比降曲线法，以及半封闭式防渗墙设计的防渗依托层渗透性—比降曲线法、厚度—比降曲线法和B值—比降曲线法，并开展了堤基渗透变形扩展过程及防渗墙控制作用的试验和模拟研究[41-42]。这些研究工作为 1998 年大洪水之后，垂直防渗墙措施在长江重要堤防加固工程中的广泛运用提供了技术支撑。

2）灌浆

灌浆技术是利用压力将能固结的浆液通过钻孔注入岩土孔隙或建筑物的裂隙中，使其物理力学性能获得改善的一种有效的防渗方法。按作用划分，灌浆可分为固结灌浆、帷幕灌浆和接触灌浆。

灌浆的作用主要有充填、压密、黏合及固化，作用效果随被灌岩土体的性状、灌浆材料类型、压力大小和施工工艺而定。一般说来，被灌载体的孔隙度愈大，灌入的浆材越多，灌浆所产生的作用也就越大。

在堤身和堤基加固工程中锥探灌浆、劈裂灌浆、高喷灌浆及深层搅拌法技术应用较多，其施工工艺及质量控制方法较为成熟[36]，此处不再详述。

（3）减压井

减压井作为堤防工程中常见的渗控措施，其可有效控制承压水造成的二元地层条件下的渗透破坏。长江沿岸堤防，有相当多的堤基为二元结构，即上部为黏性土层，厚度较小，下部为深厚透水层，汛期这些堤段是管涌等险情的多发地带。对于此类堤段，采用封闭式垂直防渗幕墙成本太高或不可能（有的堤基下透水层深达 100m 以上）。采用单一吹填盖重的措施，势必占用大量的耕地，且工程量大，造价高。从渗流理论来讲，合理的排水减压井系统能有效达到渗流控制的目的，与其他的渗控措施相比，又具有造价低、灵活性大、占用施工场地少、对环境影响较小等特点[43,44]。因此，在 1998 年大洪水后的堤防加固工程中，有些堤段仍然采用了减压井作为工程加固措施。

长江科学院从 20 世纪 60 年代就开始了针对减压井淤堵机理的研究，特别是 1998 年长江大洪水后，减压井淤堵机理及应对淤堵的措施研究有了较大的发展，2007 年获准列入水利部科技重点推广计划。在总结减压井淤堵机理及其应对措施的基础上，结合过滤器可拆换式减压井的实际工程应用跟踪试验验证、对运行时间达 8 年之久的过滤器可拆换式减压井进行现场起拔和过滤器更换，验证了其实际可操作性，并结合过滤器可拆换式减压井的实际施工、设计以及运行维护管理，编写了《过滤器可拆换式减压井实用手册》[45]。书中对新型减压井的工作原理、科研、设计、施工及运行维护等方面做了详细的阐述，此处不再赘述。

参考文献

[1] 王星华，涂鹏，周书明，等. 地下工程承压地下水的控制与防治技术研究 [M]. 北京：中国铁道出版社，2012.

[2] 曹胜根，姚强岭，王福海，等. 承压水体上采煤底板突水危险性分析与治理 [J]. 采矿与安全工程学报，2010 (03)：66-70.

[3] 罗立平，彭苏萍. 承压水体上开采底板突水灾害机理的研究 [J]. 煤炭学报，2005 (04)：53-56.

[4] 孙文斌，张士川，朱磊. 深部采动高承压水完整底板突水通道形成模式分析 [J]. 矿业安全与环保，2016 (3)：100-102.

[5] 沈荣喜，邱黎明，李保林，等. 采场底板高承压水突水"三场"演化研究 [J]. 采矿与安全工程学报，2015 (02)：43-48.

[6] 张文泉，矿井底板突水灾害的动态机理及综合判测和预报软件开发研究 [D]. 青岛：山东科技大学，2004.

[7] 曹吉胜. 高承压水作用下工作面突水机理数值模拟研究 [D]. 青岛：山东科技大学，2006.

[8] 彭苏平，王金安. 高承压水体上安全采煤 [M]. 北京：煤炭工业出版社，2004.

[9] 吴林高，朱雁飞，娄荣祥，等. 深基坑工程承压水危害综合治理技术 [M]. 北京：人民交通出版社，2016.

[10] 张杰. 杭州承压水地基深基坑降压关键技术及环境效应研究 [D]. 杭州：浙江大学，2014.

[11] 叶向前. 杭州钱江新城区域承压水特征及工程应用 [D]. 杭州：浙江大学，2014.

[12] 崔永高. 悬挂式帷幕基坑底侧突涌的坑内水头抬升研究 [J]. 工程地质学报，2017，25 (3)：699-705.

[13] 丁春林. 软土地区弱透水层承压水基坑突涌计算模型研究 [J]. 工程力学，2008，25 (10)：194-199.

[14] 徐长节，徐礼阁，孙凤明，於锦，杨迪. 深基坑承压水的风险控制及处理实例 [J]. 岩土力学，2014，35 (S1)：353-358.

[15] 宋炜卿. 超深基坑承压水控制技术 [J]. 地基基础，2019，10：1802-1804.

[16] 刘国彬，王卫东. 基坑工程手册 [M]. 北京：中国建筑工业出版社，2009.

[17] 刘军，潘延平. 轨道交通工程承压水风险控制指南 [M]. 上海：同济大学出版社，2008.

[18] 朱克常. 地下水对山岭隧道影响及其防治 [J]. 公路交通科技（应用技术版），2018，14 (02)：230-232.

[19] 袁海清，傅鹤林，郑浩，周明. 山岭隧道防排水设计原则与设计方法研究 [J]. 公路工程，2015，40 (02)：163-168＋173.

[20] 干昆蓉，蒋肃，李元海. 山岭隧道高压涌水的环境危害与治理 [J]. 铁道工程学报，2008（09）：71-76.

[21] 刘汉东，路新景. 输水隧洞断层带高承压水处理措施研究 [M]. 北京：科学出版社，2016.

[22] 李戈. 高承压水粉细砂地层中地铁隧道联络通道冷冻法施工技术 [D]. 西安：长安大学，2012.

[23] 王伟，苗德海. 高水压富水山岭隧道设计浅谈及工程实例 [J]. 现代隧道技术. 2007，44（5）：24-29.

[24] 夏润禾. 山岭高速公路隧道防排水设计及施工工艺研究 [J]. 交通科技，2009（S2）：89-91.

[25] 张宏亮，牛黎明. 山岭隧道防排水技术研究及应用 [J]. 公路，2014，59（09）：177-181.

[26] 李利平. 高风险岩溶隧道突水灾变演化机理及其应用研究 [D]. 济南：山东大学，2009.

[27] 葛颜慧. 岩溶隧道突水风险评价与预警机制研究 [D]. 济南：山东大学，2010.

[28] 孟庆石. 采场底板断层突水机理及防治技术研究 [D]. 青岛：山东科技大学，2014.

[29] 葛家德，王经明. 疏水降压法在工作面防治水中的应用 [J]. 煤炭工程，2007（08）：63-65.

[30] 周秀玲. 我国煤矿防治水概述，2004.

[31] 吴基文，张朱亚，赵开全，等. 淮北矿区高承压岩溶水体上采煤底板水害防治措施 [J]. 华北科技学院学报，2009（04）：83-86.

[32] 刘其声. 煤矿水害隐患探查与防治关键技术及示范，科技计划成果，2017，10.

[33] 唐景忠. 合山煤田矿井水害防治措施探讨 [J]. 中国煤炭地质，2009（02）：38-42.

[34] 水利部长江水利委员会. 长江流域防洪规划 [R]. 武汉：水利部长江水利委员会，2008 年.

[35] 董哲仁，等. 堤防除险加固实用技术 [M]. 北京：中国水利水电出版社，1998.

[36] 田方玺，曹敦履，杨德珩. 荆江大堤堤基涌水翻砂险情调查报告 [R]. 长江水利科学研究院土工室，1962.

[37] 李思慎，等. 堤防防渗工程技术 [M]. 武汉：长江出版社，2006.

[38] 毛昶熙，等. 堤防工手册 [M]. 北京：中国水利水电出版社，2009.

[39] 刘杰，谢定松，堤防渗流控制基本原理与方法 [M]. 北京：中国水利水电出版社，2011.

[40] 张家发，等. 堤防加固工程中防渗墙的防渗效果及应用条件研究 [J]. 长江科学院院报，2001，18（5）：56-60.

[41] 张家发，吴昌瑜，朱国胜. 堤基渗透变形扩展过程及悬挂式防渗墙控制作用的试验模拟 [J]. 水利学报，2002，33（9）：0108-0111.

[42] 张家发，朱国胜，曹敦侣. 堤基渗透变形扩展过程和悬挂式防渗墙控制作用的数值模拟研究 [J]. 长江科学院院报，2004，6：47-50.

[43] 张家发，朱国胜，曹敦侣. 堤基渗透变形扩展过程和悬挂式防渗墙控制作用的数值模拟研究 [J]. 长江科学院院报，2004，21（006）：47-50.

[44] 吴昌瑜，张伟，李思慎，等. 减压井机械淤堵机制与防治方法试验研究 [J]. 岩土力学，2009（10）：313-319.

[45] 张伟，朱国胜. 过滤器可拆换式减压井使用手册 [M]. 武汉：长江出版社，2014.

10   地下水回灌技术

俞建霖[1,2]

(1. 浙江大学滨海和城市岩土工程研究中心，浙江 杭州 310058；2. 浙江省城市地下空间开发工程技术研究中心，浙江 杭州 310058)

10.1   概述

在基坑工程中，为保证土方开挖及基础施工处于干燥状态，提高基坑边坡的稳定性，常采用降水方法将坑内地下水位降低至开挖面以下。对于坑底存在承压含水层的情况，当基坑抗突涌稳定性不满足要求时，往往还需采取减压降水措施。这些降水措施都会引起地下水位下降，导致地基中原水位线以下土体的有效应力增加，地基土体产生固结，进而造成降水影响范围内的地面和建（构）筑物产生不均匀沉降、倾斜、开裂等现象，严重时可能危及其安全和正常使用。另外，在我国一些大中城市和北方干旱、半干旱地区，由于大量开采地下水，也出现了地下水位持续下降、水质恶化、海水入侵以及地面沉降等一系列严重问题。因此，地下水人工回灌技术，即采用人工措施将地表水或其他水源的水注入地下以补充地下水，也随之成了控制基坑降水的环境影响以及保护地下水资源的重要且有效的措施。

20 世纪 60 年代以来，随着水资源供需矛盾和环境问题日益突出，世界各国开展地下水人工回灌的工作发展得很快。1970 年在英国里丁召开了地下水人工回灌讨论会。1973年，在美国新奥尔良召开了地下废液管理与人工回灌地下水的国际学术讨论会。据统计，人工回灌地下水的数量占地下水开采量的比例为：德国为 30%，瑞士为 25%，美国为 24%，荷兰为 22%，瑞典为 15%，英国为 12%。中国从 20 世纪 50 年代开始研究以储冷为目的的地下水人工回灌工作。至 20 世纪 60 年代，上海市用人工回灌地下水来控制地面沉降和储冷、储热。20 世纪 70 年代以来，华北平原地区由于大量开采地下水，使地下水水位大面积持续下降，形成了 30 多处地下水位区域下降漏斗，产生了一系列环境问题。为此，在北京、天津两市和河南、河北、山东三省的城乡地区，相继开展了浅层地下水和深层承压地下水的回灌试验；河北省在南宫市开展了利用古河道的含水层作为地下水库、人工回灌、调蓄河道洪水的试验研究。

10.2   地下水位降低引起地面沉降的分析方法

降水引起的各种地面沉降计算方法详见表 10.2-1。

降水引起地面沉降的计算方法 表 10.2-1

分类	特点	计算方法	说明
简化计算方法	常用综合水力参数描述各向异性的土体，忽略了真实地下水渗流的运动规律；计算简单方便，误差较大	含水层： $s = \Delta h E \gamma_w H$ 隔水层： $s = \sum s_i = \sum \dfrac{a_{vi}}{2(1+e_{0i})} \gamma_w \Delta h H_i$	s——土体沉降量(m)； Δh——含水层水位变幅(m)； E——含水层压缩或回弹模量； H——含水层的初始厚度(m)； H_i——第 i 层土的厚度(m)； e_{0i}——第 i 层土的初始孔隙比； a_{vi}——第 i 层土的压缩系数(MPa^{-1})；
用贮水系数估算法	将抽水试验所得水位降深的 $s\text{-}t$ 曲线，用配线法求解 S_s，预测地面沉降	$S = S_e + S_Y$ $s(t) = U(t)s_\infty = U(t)S\Delta h$	S——贮水系数； S_e——弹性贮水系数； S_Y——滞后贮水系数； $U(t)$——t 时刻地基土的固结度； s_∞——土体最终沉降量(m)；
基于经典弹性理论的计算方法	基于 Terzaghi-Jacob 理论，假定含水层土体骨架变形与孔隙水压力变化成正比，忽略次固结作用；不考虑固结过程中含水层水力参数变化	$s = H\gamma_w m_v \Delta h$ 或 $s = H\dfrac{\Delta\sigma'}{\gamma_w}S_s$	m_v——压缩层的体积压缩系数(kPa^{-1})； $\Delta\sigma'$——有效应力增量(kPa)； S_s——压缩层的储水率(m^{-1})； k_0、n_0——含水层初始渗透系数、初始孔隙率； σ'——有效应力(kPa)；
考虑含水层组参数变化的计算方法	土层压密变形与孔隙水压力变化成正比；考虑土体固结过程中的水力参数变化，更符合土体不能完全恢复非弹性变形的实际	$k = k_0\left[\dfrac{n(1-n)}{n_0(1-n)^2}\right]^m$ $S_s = \rho g\left[\alpha + n\beta\right]$ 或 $S_s = 0.434\rho g\dfrac{C}{\sigma'(1+e)}$ $\alpha = \dfrac{0.434C}{(1+e)\sigma'} = \dfrac{0.434C(1-n)}{\sigma'}$	$C = \begin{cases} C_c, & \sigma' \geqslant P_c \\ C_s, & \sigma' < P_c \end{cases}$ C_c、C_s——压缩指数和回弹指数； P_c——先期固结压力(kPa)； α——土体骨架的弹性压缩系数(kPa^{-1})； β——水的弹性压缩系数(kPa^{-1})； m——与土性质有关的幂指数

1. 简化计算方法

各国家和地区根据土体特征，采用过不同的方法。对于黏性土，沉降计算有如下方法：

（1）日本东京采用一维固结理论公式计算总沉降量及预测数年内的沉降值

$$s = H_0 \frac{C_c}{1+e_0} \log \frac{P_0 + \Delta P}{P_0} \qquad (10.2\text{-}1)$$

式中　s——包括主固结与次固结的总沉降量（m）；

　　　e_0——土体的初始孔隙比；

　　　C_c——土的压缩系数；

　　　P_0——初始垂直有效应力（kPa）；

　　　ΔP——固结完成时作用于土层的垂直有效应力增量（kPa）；

　　　H_0——土层的厚度（m）。

（2）上海用一维固结方程，以总应力法将在各水压力单独作用时所产生的变形量叠加，得到地表的最终沉降。参考试验数据和工程经验选择计算参数，并通过实测资料反复试算校正。主要步骤如下：

① 分析沉降区的地层结构，按工程地质、水文地质条件分组，确定主要和次要沉降层。

② 做出地下水位随时间变化的实测及预测曲线。

③ 依次计算每一地下水位差值下某土层最终沉降值 s_∞：

$$s_\infty = \sum_{i=1}^{n} \frac{a_{1\sim2}}{1+e_0} \Delta PH \tag{10.2-2}$$

或

$$s_\infty = \frac{\Delta P}{E_{1\sim2}} H \tag{10.2-3}$$

式中　e_0——固结开始前土体的孔隙比；

　　　H——计算土层厚度（m）；

　　　ΔP——由于水位变化而作用于土层上的应力增量（kPa）；

　　　$a_{1\sim2}$——压缩系数，当水位回升时取回弹系数 a_s（kPa^{-1}）；

　　　$E_{1\sim2}$——水位下降时为体积压缩模量，$E_{1\sim2}=(1+e_0)/a_{1\sim2}$（kPa）；水位上升时取回弹模量 $E_s'=(1+e_0)/a_s$。

④ 按选定时差计算每一水位差作用下的沉降量 s_t。

$$s_t = u_t s_\infty \tag{10.2-4}$$

式中　u_t——固结度。

⑤ 将每一水位差作用下的沉降量叠加即为该时间段内总沉降量，做出沉降与时间曲线。

砂土透水性能良好，短时间内即可固结完成，无须考虑滞后效应，可用弹性变形公式计算。一维固结的计算公式为：

$$s = \frac{\gamma_w \Delta h}{E_{1\sim2}} H \tag{10.2-5}$$

式中　s——砂层的变形量（m）；

　　　γ_w——水的重度（kg/m^3）；

　　　Δh——水位变化值（m）；

　　　H_0——砂层的原始厚度（m）；

　　　$E_{1\sim2}$——砂层的压缩模量（kPa）。

在降水期间，降水面以下的土层通常不可能产生较明显的固结沉降量，而降水面至原始地下水面的土层因排水条件好，将会在所增加的自重应力条件下很快产生沉降。通常降水引起的地面沉降以这一部分沉降量为主，因此可用下列简易方法估算降水所引起的沉降值：

$$s = \Delta P \Delta H / E_{1\sim2} \tag{10.2-6}$$

式中　ΔH——降水深度，为降水面和原始地下水面的深度差（m）；

　　　ΔP——降水产生的自重附加应力（kPa），$\Delta P = 0.5\gamma_w \Delta H$。

2. 用地基土储水系数估算基坑降水引起的地面沉降

基坑降水引起的地面沉降量与土体的压密性质参数、地下水位 h、降水的水位降深 Δh、时间 t、施工方法等许多因素有关。在众多影响因素中，储水系数 S 是一个重要的水文地质参数。承压含水层的储水系数数量级一般为 $10^{-3}\sim10^{-6}$，无压含水层的储水系

数数量级一般为 $10^{-1} \sim 10^{-2}$。

Boulton 假定无压含水层排的水由弹性释放的水和滞后重力疏干排出的水两部分组成，其储水系数为弹性储水系数和滞后重力排水的储水系数之和；提出了考虑滞后疏干的无压含水层中地下水非稳定渗流的理论解。用双对数坐标将 Boulton 理论解绘制成定流量的抽水标准曲线（图 10.2-1）。根据抽水试验资料，在透明的双对数坐标纸上绘制实测的水位降深 $s \sim$ 时间 t 曲线，采用配线法确定地基土的储水系数。

$$S = S_e + S_y = \frac{4Tt_1}{r^2(l/u_d)} + \frac{4Tt_2}{r^2(l/u_y)} \tag{10.2-7}$$

式中　　　　S——无压含水层的储水系数；

　　　　　　S_e——无压含水层的弹性储水系数；

　　　　　　S_y——之后重力排水的储水系数；

　　　　　　T——含水层导水系数（m^2/s）；

t_1、u_d，t_2、u_y——在 A 组和 B 组曲线上的最佳重合点对应的数值。

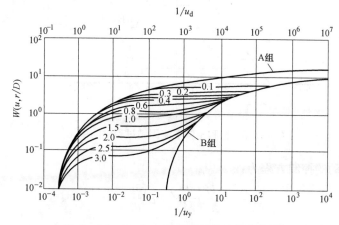

图 10.2-1　Boulton 潜水完整井流标准曲线

3. 基于经典弹性理论的地面沉降计算

太沙基（Terzaghi）于 1925 年提出了土体的一维单向固结理论，其适用条件为荷载面积远大于压缩土层厚度，地基中孔隙水主要沿竖向渗流，如图 10.2-2 所示。比奥（Boit）从较为严格的固结机理出发推导了准确反映孔隙压力消散与土体骨架变形相互关系的三维固结方程，实现了孔隙水压力和土体变形的耦合。

太沙基理论只能近似计算土体的固结沉降，比奥固结理论则可以同时求解土体的固结沉降和水平位移。但实际上，土体的非线性变形包括弹性变形、蠕变和塑性变形，仅以弹性理论计算土体变形，不可避免与实际有一定差异。

4. 考虑含水层组参数变化的地面沉降计算

地下水渗流计算中，下层承压水运动的控制方程为：

$$\frac{\partial}{\partial x}\left(kM\frac{\partial h}{\partial x}\right) + \frac{\partial}{\partial y}\left(kM\frac{\partial h}{\partial y}\right) + \varepsilon(x,y,t) = S\frac{\partial h}{\partial t}, t>0, (x,y) \in D \tag{10.2-8}$$

式中　　　　k——承压水层的渗透系数；

　　　　　　M——承压水层厚度；

H——承压水层水头；

$\varepsilon(x,y,t)$——承压水层单位时间单位面积的源汇项；$\varepsilon(x,y,t)=q,t>0,(x,y)\in\Gamma_2$；

或 $\varepsilon(x,y,t)=\dfrac{H-h}{h-M}k'$，$t>0$，$(x,y)\in D$。

S——承压水层的贮水系数，无压情况下为给水度 μ；

D——所研究区域范围；

h——潜水层地下水头；

k'——潜水层渗透系数。

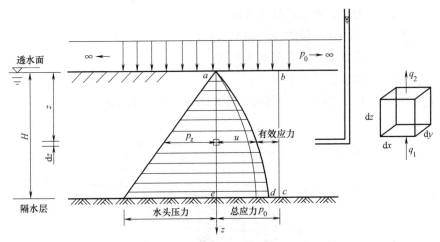

图 10.2-2　饱和土体渗流固结过程中的单元体

上层潜水流动的控制方程为：

$$\frac{H-h}{h-M}k'=\mu'\frac{\partial h}{\partial t} \tag{10.2-9}$$

式中　μ'——潜水层给水度。

结合定解条件，可解得潜水层地下水头 h 和承压水层地下水头 H。

土层固结过程中由于土体压密，其孔隙度和孔隙比减小，故渗透系数 k 和贮水率 S_s 发生了变化。若按照土体的水力参数为常数进行计算，必然与实际有较大的偏差。通过 Kozeny-Carman 方程建立渗透系数 k 与孔隙率 n 之间的关系。

设某土层厚度为 M_i，由于降水引起的垂直沉降量为 s_i，假定不考虑土层的侧向变形，则对于固结过程中的孔隙度 n 有：

$$n=n_0-\frac{s_i}{M_i-S_i}\approx n_0-\frac{s_i}{M_i} \tag{10.2-10}$$

由 $e=n/(1-n)$ 和固结曲线 e-$\log p$ 的斜率，即压缩指数 C_c 得到的 $m_v=0.434C_c/[(1+e)\sigma']$，得出：

$$S=S_sM=\gamma_w\left[0.434\frac{C_c}{(1+e)\sigma'}+n\beta\right]M \tag{10.2-11}$$

由此建立了渗透系数 k 和贮水系数 S 随孔隙比 e 或孔隙率 n 的变化关系，可以处理含水层组参数变化的非线性固结问题。

318

5. 有限单元法

基坑降水引起的地面沉降是土体和地下水共同引起的流固耦合问题，可以采用比奥固结理论计算。该计算过程很复杂，一般采用数值分析方法实现，最常用的方法是有限单元法。采用有限单元法进行数值计算分析基坑降水对周围环境的影响时，可以将岩土视作弹塑性材料，非线性本构关系，考虑三维地下水的渗透作用。数值模拟中对不同地质模型，承压水以及有越流补给和实际工程条件中的井管、过滤管、止水帷幕等分别处理。

不可压缩流体的连续性方程为：

$$\frac{\partial}{\partial x}\left(k_x\frac{\partial h}{\partial x}\right)+\frac{\partial}{\partial y}\left(k_y\frac{\partial h}{\partial y}\right)+\frac{\partial}{\partial z}\left(k_z\frac{\partial h}{\partial z}\right)+\varepsilon(x,y,t)=S_s\frac{\partial h}{\partial t} \tag{10.2-12}$$

这是渗流场中水头 h 在求解区域内必须满足的基本方程，水头 h 还应满足边界条件：

(1) 水头边界条件，即边界上的水头为已知水头，$h=h_0$。

(2) 流量边界条件，假设对应边界上沿此边界表面法线单位面积的渗流量为 q，则 $k_x\frac{\partial h}{\partial x}+k_y\frac{\partial h}{\partial y}+k_z\frac{\partial h}{\partial z}=-q$。式中 n_x、n_y、n_z 表示边界表面外法向在 x、y、z 方向余弦。

10.3 基坑工程中常用的地下水回灌方法

基坑降水造成基坑周边地下水位成漏斗形下降，使得降水影响范围内的建（构）筑物和市政设施可能因不均匀沉降而受到不同程度的损伤。通过在基坑外缘设置地下水回灌系统，保持基坑周边保护对象的地下水位基本不变，可以消除由于地下水位下降所产生的危害。常用的地下水回灌的方法有回灌砂沟、回灌砂井和回灌井点。

1. 回灌砂沟、砂井

在降水井点与被保护区域之间设置砂井、砂沟作为回灌通道。将井点抽出来的水适时适量地排入砂沟，再经砂井回灌到地下，从而保证被保护区域地下水位的基本稳定，达到保护环境的目的。

回灌砂沟属于地表入渗补给，其优点是施工简单、便于管理且费用低廉，但占地面积大，单位面积的入渗率低，且入渗量总是随时间而逐渐减少。在回灌砂沟中冲设回灌砂井，可以提高对地基深部土层的回灌效果。

2. 回灌井点

在降水井点和要保护的地区之间设置一排回灌井点，在利用降水井点降水的同时利用回灌井点向土层内灌入一定数量的水，形成一道水幕，从而减少降水以外区域的地下水流失，使其地下水位基本不变，达到保护环境的目的。井点回灌系统由回灌井点、回灌总管、回灌支管、流量计、水箱、水源等组成。补给水源从水箱先后经回灌总管、流量计、回灌支管进入回灌井点管，对地下水进行补给。

3. 回灌方法选择

当保护对象与基坑距离较远，且地基为均匀透水层，中间无隔水层时可采用回灌砂沟。当保护对象与基坑距离较近，且地基为弱透水层或存在隔水层时，应采用回灌砂井或回灌井点。

回灌井点、回灌砂井或回灌砂沟与降水井点的距离一般不宜小于 6m，以防降水井点仅抽吸回灌井点的水，而使基坑内水位无法下降，失去降水的作用。砂井或回灌井点的深度应按降水水位曲线和土层渗透性来确定，一般应控制在降水曲线以下 1m。回灌砂沟应设在透水性较好的土层内。

4. 回灌水质要求

由于回灌水时会有 $Fe(OH)_2$ 沉淀物、活动性的锈蚀及不溶解的物质积聚在注水管内，在注水期内需不断增加注水压力才能保持稳定的注水量。对注水期较长的大型工程可以采用涂料加阴极防护的方法，在贮水箱进出口处设置滤网，以减轻注水管被堵塞的对象。回灌过程中应保持回灌水的清洁。

如果回灌水量充足，但水质很差，回灌后使地下水遭受污染或使含水层发生堵塞。地下水回灌工作必须与环境保护工作密切相结合，在选择回灌水源时必须慎重考虑水源的水质。

回灌水源对水质的基本要求为：

1）回灌水源的水质要比原地下水的水质略好，最好达到饮用水的标准；

2）回灌水源回灌后不会引起区域性地下水的水质变坏和受污染；

3）回灌水源中不含使井管和滤水管腐蚀的特殊离子和气体；

4）采用江河及工业排放水回灌，必须先进行净化和预处理，达到回灌水源水质标准后方可回灌。

10.4 回灌系统设计方法

回灌系统的设计内容主要包括：回灌井点的深度、布置、回灌水量以及回灌水箱水位。

（1）回灌井点深度的确定

回灌井点的深度应根据井点降水水位曲线和土层渗透性来确定，通常可控制在降水水位曲线 1m 以下。

具体步骤：先求解井点抽水后（未回灌）基坑周围的降水水位曲线，然后计算各保护对象在降水后的地下水位标高，由此确定回灌井点滤管顶标高，要求在降水水位曲线下至少 1.0m。回灌井点滤管长度应大于抽水井点滤管的长度，通常为 $2\sim2.5m$。

（2）回灌井点布置

回灌井点间距通常为 $1.0\sim3.0m$。先根据相关工程经验布置回灌井点，然后按第（3）、（4）步骤验算回灌后的地下水位，再根据计算结果进行调整。

（3）回灌水量设计

① 回灌群井的水位曲线方程

在计算回灌水量之前应确定回灌井点的水位曲线方程。将每根井点管作为一口井，为简便起见，近似按潜水完全井考虑，采用圆形补给边界条件。由流体力学可知，抽水群井的水位曲线方程（图 10.4-1a）为：

$$z^2 = H^2 - \frac{0.73Q}{k}\left[\lg R - \frac{1}{n}\lg(r_1 r_2 \cdots r_n)\right] \tag{10.4-1}$$

式中　z——计算点的水位（m）；

　　　H——含水层厚度（m）；

　　　Q——群井总抽水量（m^3/s）；

　　　k——地基土体渗透系数（m/s）；

　　　R——群井降水影响半径（m）；

　　　r_i——计算点到第 i 个井的距离（m）；

　　　n——群井个数。

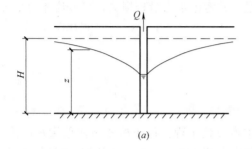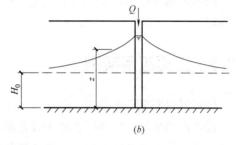

图 10.4-1　抽水及灌水水位曲线

（a）抽水水位曲线；（b）灌水水位曲线

则灌水群井的水位曲线方程（图 10.4-1b）为

$$z^2 = H_0^2 + \frac{0.73Q}{k}\left[\lg R - \frac{1}{n}\lg(r_1 r_2 \cdots r_n)\right] \tag{10.4-2}$$

式中　H_0——灌水影响半径以外的地下水位（m）；其余参数同式（10.4-1）。

② 回灌水量计算

回灌水量的计算可通过求解联立方程组得到。首先根据降水水位曲线，在保护对象中选出水位最高点 A 和最低点 B（假设降水后水位分别为 z_1' 和 z_2'）。假设此两点在回灌群井作用下的水位分别为 z_1 和 z_2（尚未与降水后的地下水位叠加），回灌井滤管顶水位为 z_3，则由式（10.4-2）有：

$$z_1^2 = H_0^2 + \frac{0.73Q}{k}\left[\lg R - \frac{1}{n}\lg(r_{11} r_{12} \cdots r_{1n})\right] \tag{10.4-3}$$

$$z_2^2 = H_0^2 + \frac{0.73Q}{k}\left[\lg R - \frac{1}{n}\lg(r_{21} r_{22} \cdots r_{2n})\right] \tag{10.4-4}$$

$$z_3^2 = H_0^2 + \frac{0.73Q}{k}\left[\lg R - \frac{1}{n}\lg(r_{31} r_{32} \cdots r_{3n})\right] \tag{10.4-5}$$

式中　r_{1i}、r_{2i}——A 点和 B 点到第 i 个回灌井的距离（m）。

要求 A 点与 B 点在回灌后地下水位相同（以保证保护对象在回灌后地下水位基本均匀），可得：

$$z_1 + z_1' = z_2 + z_2' \tag{10.4-6}$$

回灌井点的灌水影响半径 R 可按库萨金公式计算，即：

$$R = 3000(z_3 - H_0)\sqrt{k} \tag{10.4-7}$$

式（10.4-3）~式（10.4-7）五个方程共有 z_1、z_2、H_0、Q、R 五个未知数，通过求

解联立方程组可得回灌水量 Q。

（4）水位验算

根据第（3）步计算结果，利用式（10.4-2）分别计算保护对象上各特征点由于回灌引起的水位上升值，并与降水后（回灌前）的地下水位叠加，可求得采取回灌措施后各特征点的地下水位。如地下水位低于天然水位（或设计水位），则可通过调整回灌井点的深度和间距等参数，并重复步骤（3）、（4），直至满足设计水位要求。

（5）回灌水箱水位计算

回灌水箱水位必须保证出水量大于回灌水量，并考虑水力沿程损失，可按流体力学公式确定。

10.5　工程应用实例

（1）工程概况

杭州市四堡污水处理厂扩建工程是浙江省重点市政工程，位于杭州市四堡污水厂内、钱塘江畔。消化池单体工程位于整个扩建工程的东南部，由三个蛋形壳体钢筋混凝土构筑物（图 10.5-1 中 A～C）组成，每个消化池高 44.5m。其规模目前居亚洲第一，世界第二位。

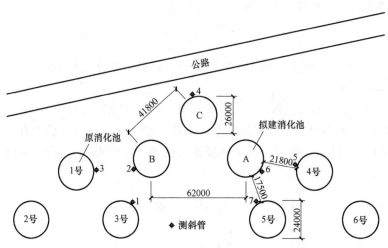

图 10.5-1　场区平面布置图

在拟建消化池（A～C 池）周围已建有 6 个直径 24m 的圆柱形消化池（1～6 号），基本呈左右对称，与拟建消化池的最小距离为 17.5m（图 10.5-1）。其中，1～3 号消化池基础为预制桩基础，4～6 号消化池为天然地基上的浅基础。场地自然地面标高为 8.2m，基坑实际开挖深度为 13.6m。在基坑开挖过程中必须保证原有消化池的安全及正常运行。

根据勘察报告，本场区各主要土层物理力学性质指标见表 10.5-1。地下水位在地表下约 2.2m，平时主要接受大气降水补给。

（2）基坑开挖、降水方案

消化池基坑采用四级放坡开挖。第一级挖深 1.5m，第二级挖深 3.6m，第三级挖深 3.8m，第四级挖深 4.7m。另外对坡面采用挂网喷浆工艺进行加固。

各土层物理力学性质指标　　　　　　　　　　　　　　　表 10.5-1

层次	土层名称	厚度 (m)	含水量 (%)	重度 (kN/m³)	孔隙比	压缩系数 (MPa⁻¹)	压缩模量 (MPa)	固结快剪	
								φ (°)	c (kPa)
①	填土	4.8							
②	砂质粉土	8.7	21.4	20.6	0.89	0.25	7.6	34	3
③	粉砂	7.2	29.3	19.1	0.836	0.20	10.0	34	6.4
④	淤泥质黏土	8.0	40.8	18.2	1.115	0.54	3.94	16	16.5

　　由于基坑降水深度近 12m 且处于砂性土地基中，成功的降水系统是基坑开挖顺利进行的关键。降水方案采用三级轻型井点结合深井降水。每级轻型井点均布置成闭合的环形回路，井点管长度为 8m，间距为 1.0m，在每个消化池基坑的中央布置一个深井井点。

　　（3）回灌系统的设计

　　本基坑降水深度达 11.9m，在拟建消化池周围有 6 个原有消化池需保护（放坡后最小净距离仅 12m），不允许原有消化池出现较大的沉降和不均匀沉降。根据基坑周围的保护对象比较集中（即原有消化池）的特点，决定取消止水帷幕，而针对保护对象采取回灌措施。

　　1）回灌系统设计参数

　　将④层淤泥质黏土（埋深约 21m）近似作为不透水层，含水层厚度为 18.8m。降水至基坑底面下 0.5m，降水深度为 11.9m，渗透系数为 8×10^{-4}cm/s。

　　2）回灌井点布置

　　将拟建消化池基坑视为三个"大井"，按群井理论计算。经计算抽水影响半径 $R=102$m，总涌水量 $Q=631$m³/d，降水曲线方程为：

$$z=\sqrt{169\lg(r_1 r_2 r_3)-658.6} \qquad (10.5-1)$$

式中　r_1、r_2、r_3——计算点到三个基坑中心的距离。

　　图 10.5-2 为降水后原有消化池上各特征点的地下水位分布（天然地下水位标高为 6.0m）。由图 10.5-2 可见，2 号、6 号消化池所受的影响相对较小，而其余四个消化池水位产生了较大幅度的下降，且消化池两侧产生了明显的地下水位差，最大值达到 4.0m，必须采取回灌措施。

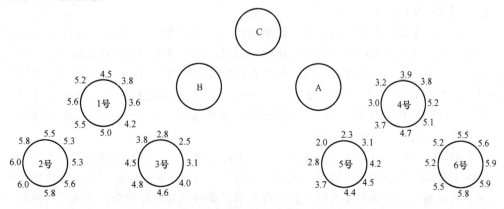

图 10.5-2　降水后原有消化池各特征点地下水位分布

取回灌井点滤管顶位于降水曲线下 2.0m，与抽水井点的最近距离约 10m，回灌井点间距取 2.0m。由于整个场地近似呈左右对称，原消化池周围回灌井点亦采用对称布置，3 号、5 号消化池周围的回灌井点管长 10m，其中滤管长 2.5m；1 号、4 号消化池周围的回灌井点管长 9m，其中滤管长 2.5m。2 号、6 号消化池因所受影响较小，未采取回灌措施。图 10.5-3 为 4 号、5 号消化池周围回灌井点布置图，1 号、3 号消化池的回灌井点与其对称布置。

3）回灌后地下水位分布

为简化计算和安全起见，在水力计算中仅考虑同一消化池周围回灌井点的群井作用，而忽略其他消化池周围的回灌井点对其影响。设计要求回灌后地下水位保持在原天然地下水位。

根据前述设计方法和步骤，可得回灌后原有消化池上各特征点的地下水位分布如图 10.5-4 所示。由图可见，4 号、5 号消化池回灌后地下水位基本上保持在自然地下水位（标高 6.0m）左右，且地下水位分布比较均匀。图 10.5-4 中未考虑 4 号、5 号消化池周围回灌井点对 6 号消化池的影响，事实上由于回灌井点的作用，6 号消化池地下水位也将出现抬升。

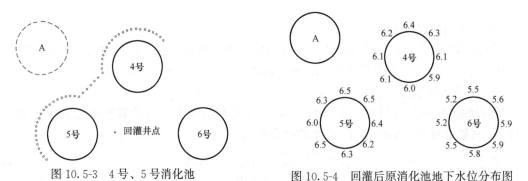

图 10.5-3　4 号、5 号消化池
回灌井点布置图

图 10.5-4　回灌后原消化池地下水位分布图

4）水箱水位计算

根据流体力学公式可推得，回灌水箱的水位必须保持在地表 4.0m 以上，且 1 号和 3 号、4 号和 5 号消化池分别共用一个回灌水箱，以减少水力沿程损失。

（4）回灌系统的实施

回灌系统由水源、水箱、流量计、回灌总管、支管及回灌井点构成。本工程回灌水源采用自来水，回灌水箱系采用散装水泥罐改装而成，在回灌水箱与总管间设置流量计以控制水量。回灌井点管的构造及埋设方法与普通轻型抽水井点管相同，只是回灌井点管的滤管较长，为 2.5m，而后者一般仅为 1.0~1.5m。另外，为促使回灌水量在回灌井点上均匀分布，由回灌总管引出多根支管，每根支管上布置回灌井点 3~4 根，以保证每根回灌井点上分摊到的回灌水量比较均匀。

回灌系统启用后，对原有消化池的地下水位控制得较好，基本能维持在原天然地下水位。但由于基坑降水后基坑与回灌井点间的水头差及回灌水量的不断增大，部分回灌水流入基坑，造成基坑靠近回灌井点的坡面出现渗水，威胁到基坑的安全。而基坑因平面尺寸限制，很难再增加井点降水系统。因此，在对原消化池加强沉降和水位观测的基础上，决定适当降低回灌后地下水水位，以缓解对基坑降水的压力。经反复试验观测后，确定回灌后地下水位控制在标高 3.50m。

（5）施工监测

在基坑开挖及回灌过程中进行地下水位、沉降及深层土体水平位移观测，实行信息化施工，以保证基坑和周围消化池的安全。

① 地下水位

通过水位观测可对回灌井点的回灌水量进行动态控制，这是回灌法成败的关键。一方面，应避免回灌量过小导致地下水位下降而引起地表沉降；另一方面，若回灌量过大则增加水头差，加速地下水的流动，也会带来不利影响。另外，考虑到井点的施工质量、土体渗透系数各向异性等各种因素的影响，实际的水位曲线与计算曲线可能存在一定差异，必须通过地下水位观测对回灌井点进行调控。

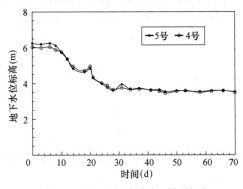

图 10.5-5 地下水位与时间关系

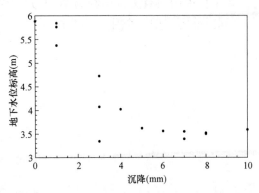

图 10.5-6 4 号消化池地下水位与沉降关系曲线

本工程回灌地段的水位观测管长 5m，其余地段管长 8m，共设 69 根。图 10.5-5 为 4 号、5 号消化池回灌后地下水位标高与时间关系曲线，由图可见，在施工前期，地下水位被控制在天然水位（标高 6.00m）附近，后因对基坑安全及降水带来影响，经调整后地下水位均控制在标高 3.50m 左右，达到了预期目标。

② 沉降

沉降观测主要针对原有 6 个（1～6 号）消化池，表 10.5-2 为各消化池的最大沉降量。由表可见，各消化池的沉降量较小，最大仅 9.1mm。

各消化池的最大沉降量 表 10.5-2

消化池编号	1 号	2 号	3 号	4 号	5 号	6 号
最大沉降量(mm)	5.3	3.6	8.2	8.0	9.1	5.7

③ 深层土体水平位移

由于新建消化池基坑开挖深度大，与原有消化池距离近，在基坑开挖过程中，即使保证了原有消化池地下水位的稳定，仍可能由于基坑开挖的卸载作用，导致原消化池产生不均匀沉降。因此必须对基坑和原有消化池的深层土体水平位移进行监测，以及时反馈结构物的变形，指导下一步施工，共布置测斜管 7 根（1～7 号，见图 10.5-1）。表 10.5-3 为各测斜管情况简表。由表可见，土体水平位移较小，说明基坑开挖方案是成功的。

各测斜管基本情况表 表 10.5-3

测斜管编号	1 号	2 号	3 号	4 号	5 号	6 号	7 号
有效深度(m)	28.0	27.0	27.0	24.5	28.5	27.5	28.0
最大位移(mm)	30.1	25.6	17.4	25.6	19.3	21.8	24.9

④ 地下水位与沉降量的关系

图 10.5-6 为 4 号池在施工过程中，地下水位与最大沉降量的关系曲线。由图可见，当地下水位标高控制在 4.0m 以上时，消化池的沉降量小于 4mm；而当地下水位标高介于 3.5～4.0m 之间时，消化池沉降量增长相对加快，最大达到 8.0mm。如果能将地下水位标高控制在 4.0m 左右，则回灌的效果更为理想。

（6）经济比较分析

本工程采用回灌法费用约为 70 万元（含测试费），仅为高压旋喷桩止水帷幕费用的 1/7，同时缩短工期 2 个月。

11 工程案例

11.1 黄土高填方工程地下水控制技术——以延安新区为例

郑建国[1,2,3]，曹 杰[1,2]，高建中[4]，梁小龙[1,2]

（1. 机械工业勘察设计研究院有限公司，陕西 西安 710043；2. 陕西省特殊岩土性质与处理重点实验室，陕西 西安 710043；3. "三秦学者"岗位科研创新团队，陕西 西安 710043；4. 延安新区管理委员会，陕西 延安 716001）

随着我国经济社会发展与城市化进程的迅速推进，产业结构调整、人口聚集、基础设施建设等对土地的需求不断增加，许多地区与城市都出现了建设用地紧张这一局面。延安城区位于黄土丘陵沟壑区，沿狭长河谷地带发展布局，属于典型的"线"形城市，城市半径扩大仅可增加极其有限的建设用地。实现老区人民的安居梦和保护历史文化遗产成为亟须解决的难题。2011 年，在多方论证的基础上，延安市确定在紧邻城区的桥沟流域，通过系列工程技术手段，在黄土丘陵沟壑区造地，建设延安新区。

造地用于城市建设，首先要确保用地安全，其中，地下水的疏导与控制是黄土地区造地工程主要技术难题之一。工程造地改变了自然环境，地下水原有平衡被打破，如不予以疏导与排泄，水位必将上升，在填筑体内形成新的水体或滞水层，引起填筑体的湿化变形与沉降，不仅关乎造地面与边坡的安全，还涉及生态问题。因此，本节将以延安新区综合开发工程为例，就黄土高填方工程造地实践过程中地下水的疏导与控制予以介绍和总结。

11.1.1 工程概况

1. 地形地貌特征

工程区主要位于延安市桥沟流域，原始地形如图 11.1-1 所示，总体上由西北向东南逐渐变低，主沟（桥沟）为向东南开口的谷状地形。原始地貌特征主要受到大地构造影响，地貌类型基本分为三类：沟谷两侧堆积地貌、沟谷剥蚀侵蚀地貌以及重力作用地貌。堆积地貌主要分布在梁峁区，梁峁区海拔较高，由于黄土颗粒特性，边坡较陡，局部接近 90°，坡高平均在 100~150m。侵蚀地貌分布在沟谷和河谷中，桥沟及各支沟呈带状分布，上游窄、下游宽，沟谷多发育为"V"形，部分"U"形是人类活动改造而成。沟谷切割边坡角度在 30°~40°，局部近似 90°。

延安新区造地工程建设面积 10.5km²，南北向长度约 5.5km，东西向宽度约 2.0km。

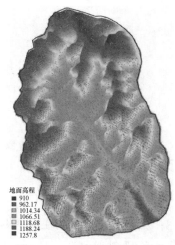

图 11.1-1 延安新区综合开发
工程场地原始地形地势特征图

场区内地形起伏大，地面高程 955～1263m，总高差 308m，其中南侧沟口及附近山头地面高程 955～1171m，高差 216m，北侧沟端及附近山头地面高程 1040～1263m，高差 223m。该项目涉及挖填方总量 3.6 亿 m³，其最大挖方高度为 118m，最大填方深度为 112m。

工程采取"大平小不平"的场地平整设计原则，建成后的全区总体地势由西北至东南逐渐降低，南端造地高程控制在 1070～1120m 左右，南北方向整体坡度控制在 1‰～2‰，在控制线主沟东西两侧，地势逐渐抬高，两侧挖方区坡度控制在 1‰～3‰，核心地段按 1.0‰～1.5‰考虑，局部控制在 5‰以内。图 11.1-2 为工程建设区地貌演变过程。

图 11.1-2 延安市新区地貌实景

（a）原始地貌；（b）造地过程中地貌变化；（c）造地工程竣工后地貌；（d）正在建设的延安新区

2. 气象条件概况

延安市为中纬度城市，为半干旱、季风气候，四季分明，温度、湿度随着季节的变化十分明显：春季为 3 月到 5 月，降雨量少，气温上升快，时有沙尘天气和寒流发生；夏季为 6 月到 8 月，降雨集中，气温高，暴雨、洪水、冰雹灾害时有发生；秋季为 9 月到 11

月，温度下降快，早晚温差大，气候湿润；冬季为 12 月到次年 2 月，降雨量少，气温低。研究区年均温度 10.3℃，年最低温度为-5.2℃（1 月），年最高温度为 23.5℃（7 月），具体见图 11.1-3。

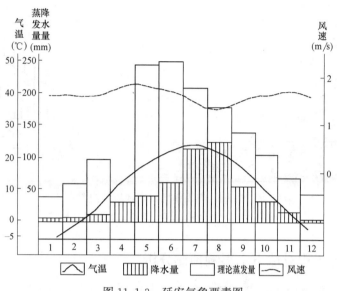

图 11.1-3　延安气象要素图

根据当地 1951～2005 年气象资料，多年降水量平均为 562mm，最大值为 871mm，最小值为 330mm，日最大降水量 139.9mm（1981 年），近 20 年来，年平均降水量为 496mm。降雨主要集中在 6～9 月，多以雷阵雨形式出现，集中了全年约 70%的降雨量，其次是 4 月、5 月和 10 月，其他月份降雨量很少。极端气候下，尤其是 7～9 月，常常暴发洪水灾害，如 2013 年 7 月 1～26 日期间，延安市发生强降雨，造成黄土沟谷区山体滑坡，房屋倒塌，公路、农田、水库等受损严重。

3. 水文地质概况

区内主沟（桥沟）属延河水系，为延河左岸小支流，流域面积约 13km²，沟道长度约 7.5km，比降 18.33‰，枯水期流量一般小于 5L/s。其流域特征与西川河、杜甫川等其他延河支流相似。根据西川河下游枣园站水文系列资料（1971～1989 年），采用水文比拟法估算，桥沟多年平均径流量约为 32.87 万 m³。水流量随季节变化大，枯水季节流量小，仅在雨期有断续洪流，但区域内可见下降泉出露，流量较小。出露地层主要为第四系、新近系和侏罗系，典型横向水文地质结构如图 11.1-4 所示。

场地地势高，为地面沟谷水系的上游末端，周边河谷地势低，为自然排泄通道；地下水分布微弱，径流补给来源少，水环境主要受地面雨水下渗影响，原始地形山高坡陡，大气降水以地表径流快速排泄，地下渗入量很少，地下水总体贫乏，未形成连续稳定的地下水位，仅在局部淤积土与河谷下游砂砾土中、基岩顶面风化裂隙带与上伏黄土接触处存在少量地下水。

地下水类型为第四系孔隙潜水和侏罗系基岩裂隙水两大类。第四系孔隙潜水主要分布于河谷区，基岩裂隙水全区分布，二者在河谷区水力联系密切，构成双层介质统一含水体。第四系含水层主要为洪积层，厚度一般小于 10m；基岩含水层主要为砂岩风化层，强风化带的厚度一般小于 4m。地下水补给来源为大气降水，以泉水溢出、蒸发及人工开采等方式排泄。天然条件下，地下水自周边分水岭地带顺地势向沟谷径流汇集，转化为地表径流排泄于区外。

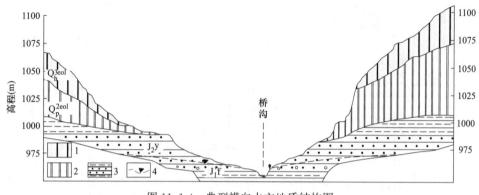

图 11.1-4　典型横向水文地质结构图

1—马兰黄土；2—离石黄土；3—砂岩、泥岩；4—水位线

11.1.2　高填方工程对地下水影响预测分析

高填方工程引起原始地貌发生巨大改变，主沟、次沟、支沟均被填埋，挖方区大孔隙、垂直节理发育湿陷性黄土层被挖除，剩余地层主要以非湿陷性黄土层（Q_2）为主，填方区为重塑压实填土层。工程活动直接影响到地下水的补径排，补给方面改变了降雨入渗量，径流方面的路径从黄土含水层到侏罗系含水层变长，排泄方面则是地表径流的排泄和泉的排泄遭到抑制，从而改变了原有地下水流系统。因此，很有必要通过数值仿真技术对填方工程建成后的地下水重构趋势加以预判。数值模拟的基本思路是：

（1）在分析工程建设区水文地质条件的基础上，建立原始地貌水文地质概念模型与数学模型，确定边界、水文地质参数初始输入值，建立原始地貌的地下水流模型，获得研究区天然渗流场特征。

（2）以原始场地地下水流数值模型为基础，建立高填方造地工程水文地质概化模型，并根据试验情况确定合理的水文地质参数，得到高填方工程地下水流数值模型。

（3）基于上述填方工程数值模型，进行不同工况条件下的地下水位模拟计算，分析各工况地下水位空间和时间特征，获得各工况地下水位变化规律。

初步参数选择时，根据现场抽水试验以及相关岩性的经验值获取相应渗透系数和给水度等原始水文地质参数。场地地势、填土压实度、渗透特性等参数则依据设计文件和相关试验获取。

1. 数值模型生成

数值建模时采用不规则的三角剖分法，在研究区边界、岩性分区边界和淤积坝等渗透性差异大的区域进行网格加密。原始和挖填数值模型剖分如图 11.1-5、图 11.1-6 所示。

2. 地下水变化预测

如图 11.1-7 和图 11.1-8 所示，分别为原始地形地貌条件下的天然渗流场等值线分布和工程竣工后的造地面高程。从图 11.1-7 中可看出，造地之前的渗流场主要受原始沟谷地形控制，地下水整体上由南西、北东两侧向桥沟径流，然后由北西向南东径流流出区外。

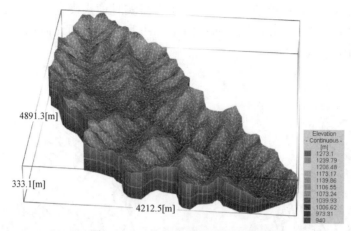

图 11.1-5 造地工程前研究区模型

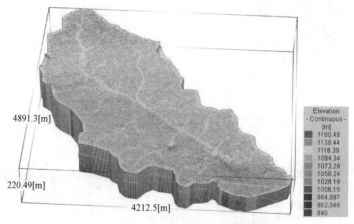

图 11.1-6 造地工程后研究区模型

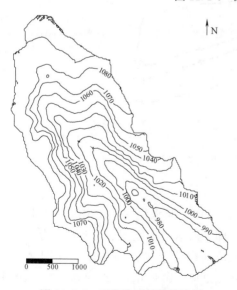

图 11.1-7 天然渗流场等值线图

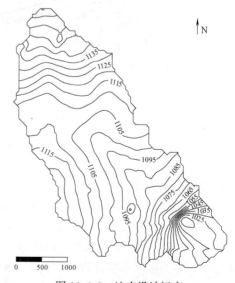

图 11.1-8 地表设计标高

为了研究大面积填方工程对区域性地下水的影响，特设定两种工况：工况 A 仅进行土方压实但地表不进行硬化处理；工况 B 为土方压实且地表硬化工况。数值模拟所得地下水位趋于新的平衡后，其等值线分布如图 11.1-9 所示。自西北向东南，沿主沟的水位剖面如图 11.1-10 所示。

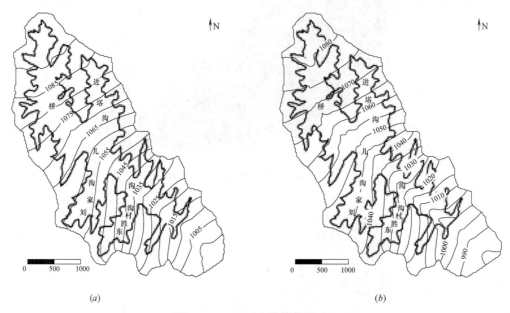

图 11.1-9　地下水位等值线对比

（a）工况 A；（b）工况 B

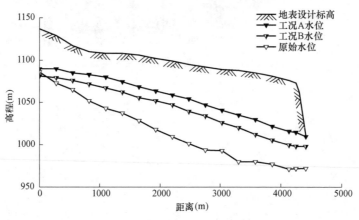

图 11.1-10　沿主沟地下水位模拟对比图

计算结果表明：

（1）从全区地下水位等值线可知（图 11.1-9），两种工况水位均呈现出北高南低的趋势，上游水位等值线密度均小于下游等值线密度，即上游水力梯度均小于下游水力梯度。

（2）图 11.1-10 中，数值模拟所得主沟原始水位高程位于 972～1086m，工况 A、工况 B 中，主沟区域水位高程分别位于 1000～1090m、990～1080m；工况 A 水位、工况 B 水位、原始水位埋深分别位于设计造地面以下 27～60m、38～76m、58～105m。即工况

A造地面未做硬化处理，在填方工程完成且地下水位趋于新的平衡后，地下水位有大幅抬升；工况B中，地表硬化措施虽对地表水下渗具有一定阻隔作用，但地下水位仍有明显抬升，对于最大填方厚度超过100m的实际工程而言，存在大范围湿化变形与沉降的风险。

（3）从主沟剖面水力梯度看，总体水力梯度呈现出工况B>工况A的规律，但两工况的计算结果差异性并不明显。图11.1-10中，原始地下水平均水力梯度为2.40%，而工况A和工况B的平均水力梯度明显小于沟谷原始水力梯度，分别为1.83%和1.88%，且两种工况地下水位线近乎平行，即与工况A相比，造地面硬化措施并不能显著增大地下水的水力梯度。

综上所述，黄土高填方工程如果仅采取土方压实措施，将存在地表水入渗、地下水位上升和大范围湿化变形与沉降的风险。造地面硬化处理措施虽有利于阻隔地表水入渗，仍无法显著改变地下水的水力梯度，其地下水综合控制效果并不理想。因此，在实际工程实践中，很有必要在造地面硬化措施基础上，增设完善的人工地下排水系统，增强上、下游的水力联系，以达到"减源"与"增排"的双重目的，有效疏排高填方地下水，合理控制地下水位，降低填方体的湿化沉降风险。

11.1.3 地下水控制设计与施工

相关研究表明，黄土经充分压实后（压实系数0.93）的湿陷性已消除，并具有较高的强度。但黄土高填方工程建成后，地形地貌的改变会引起地下水补给、径流和排泄条件变化，进而造成地下水位上升（如上节所述），致使饱和后的压实黄土长期遭受渗水影响，其结构发生软化，强度和模量降低，从而逐渐产生湿化变形与沉降。压实黄土的湿化变形量级虽然比原状黄土湿陷变形小，变形速率也较为缓慢，但因其一般发生在工后，且易引起不均匀沉降甚至地面开裂，影响造地工程的正常使用。

因此，黄土的水敏特性，使得"环境水"因素对黄土高填方工程具有重要影响，完善的排水措施对整个黄土高填方造地工程质量的把控与评判起到至关重要的作用。"环境水"主要由地表水和地下水两部分组成，针对其设置的排水措施包括地下排水（原始沟谷地表径流排水）、坡面排水、填筑体排水、人工集水等内容。本节仅针对延安新区高填方工程地下水疏排的设计与工程实践进行介绍。

1. 地下排水设置基本原则

平面布置原则：在工程范围内，根据原有水系分布，结合原始沟谷地形，以不改变或破坏原有水系及流向为基本原则，设置地下排水系统。对汇水面积和流量大的冲沟（或低洼沟渠）设置主盲沟；在小冲沟（或沟谷）位置设置次盲沟；此外，每一个泉眼或渗流点，均设置排水支盲沟，支盲沟底面的标高低于泉水出水口底面。全区次盲沟与主盲沟相连接，而支盲沟与主盲沟或次盲沟相连接，总体呈树枝状布置（图11.1-11）。

坡度控制原则：主盲沟纵向坡度不小于0.5%，次盲沟和支盲沟纵向坡度不小于1%。盲沟的埋置深度，满足渗水材料的顶部不低于原有地下水位的要求。

局部强排原则：在主盲沟和次盲沟连接部位、淤积坝下游部位设置若干地下水水位观测和抽水井，以监测和控制关键部位地下水；在谷底基岩陡坎初露区域，则人为铺设过渡坡体，保持盲沟系统运行通畅。

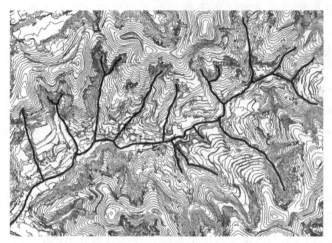

图 11.1-11　地下盲沟排水系统示意图

组织协调原则：地下排水设置与沟谷地基处理相结合，当与地基处理不相互影响时，可同时或提前进行；当存在软弱地层时，首先进行地基处理，以保证盲沟基槽开挖稳定性，避免盲沟铺设后发生过大变形；大面积场地排水系统铺设一般都是分段施工，但是，当下游盲沟尚未完全建成时，不与上游盲沟接通；雨期施工时，设置临时排水系统，并对在建的永久排水结构进行保护，避免泥水进入后造成盲沟淤堵。

2. 排水盲沟设计与施工

（1）盲沟结构选型

该项目的主、次盲沟均采用了管式盲沟形式，管式盲沟是在盲沟底部布置钢筋混凝土管（刚性管）、HDPE 管（柔性管）等作为主要排水通道，涵管周围填充碎石过滤或收集周边渗水。管身可开槽孔作为进水孔，也可采用短管节的实体管，利用两管间预留缝隙进水。与全碎石盲沟相比，管式盲沟具有通水能力大，水流速度快，不易堵塞，对碎块石强度指标要求较低等优点。所以，对于石料缺乏地区或对水流排泄能力要求较高时，可选择管式盲沟形式。

该项目的支盲沟则采用了全碎石形式，该类盲沟断面是由碎石、块石组成，碎、块石块外包裹土工布反滤，全碎石盲沟具有造价低，施工方便、质量易于保证等优点。在高填方场地中，具备以下条件时可选用全碎石盲沟：①原始沟道水流量较小，碎石盲沟足以有效排除地下渗水；②盲沟所用的碎块石可就地取材，无须远距离购买、运输；③碎石强度、软化系数、粒径及形状均能满足设计要求。

一般来讲，当采用碎石盲沟方案时，施工工序较为简单；当采用管式盲沟方案时，施工工序相对较复杂，虽然该方案的排水效果更好，但涵管在上覆巨大填土荷载作用下，具有发生破坏的可能性，排水能力将有所折减。因此，现场施工过程中的保护与避让措施必不可少。

（2）主盲沟

对于高填方工程，为了避免下方涵管发生高压破损或者过大变形，需对其进行适当的保护。可在管顶设置塑料盲沟等柔性材料，减小碎石对管顶挤压，起到缓冲作用；也可采用异形涵管，如在管中增加竖向支撑，提高其自身承压能力。图 11.1-12 和图 11.1-13 为延安新区高填方工程主盲沟的结构示意图，涵管顶部则专门设置了卵石垫层，在涵管下部两侧 45°范围内，用碎石填充进行保护。当盲沟底部为基岩开挖面时，在涵管上方和下方均需分别铺设碎石保护垫层；对非基岩开挖面，仅在涵管上方铺设碎石保护垫层即可。图 11.1-14 和图 11.1-15 分别为铺设过程中的上、下游主盲沟的主体涵管。

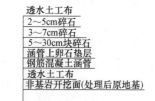

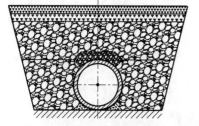
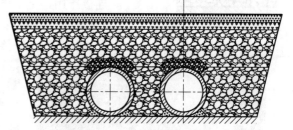

图 11.1-12　上游主盲沟结构示意图　　　　图 11.1-13　下游主盲沟结构示意图

　图 11.1-14　铺设中的上游主盲沟　　　　　图 11.1-15　铺设中的下游主盲沟

（3）次盲沟

如图 11.1-16 所示，上、下游次盲沟的结构形式完全相同，只是具体尺寸存在差异，上游断面尺寸一般不小于 1.0m×1.2m，下游断面一般不宜小于 1.5m×1.5m，均采用碎石包裹软式透水管的结构形式，碎石粒径由内向外逐级减小。图 11.1-17 为次盲沟现场施工照片。

（4）支盲沟

当冲沟存在有以下降泉形式出露的地表水流时，还应以支盲沟将其引入主盲沟或次盲沟，支盲沟断面尺寸在现场根据其流量确定。基本结构形式如图 11.1-18 所示，现场施工

透水土工布
2～5cm碎石
3～7cm碎石
5～30cm块碎石
透水土工布
处理后原地基

软式透水管

图 11.1-16　次盲沟结构示意图

如图 11.1-19 所示。

（5）接头处理

盲沟接头处理主要包括主盲沟内涵管间的拼接处理以及主、次盲沟间的接头处理，以上均属于地下排水系统的薄弱环节，设计和施工处理不当时容易造成地下排水系统的淤堵甚至失效。

为了便于涵管运输，并能很好地适应地形变化，涵管采用分节、不连续埋设方法，两节涵管间距 10cm 左右，涵管间的连接采用土工格栅包裹，起到保护和韧性连接作用，土工格栅包裹每节涵管宽度不小于 20cm，涵管接头断面示意图如图 11.1-20 所示，图 11.1-21 为涵管现场吊装、拼接施工图。

图 11.1-17　次盲沟现场施工图

透水土工布
3～7cm碎石
透水土工布
处理后原地基

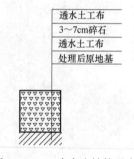

图 11.1-18　支盲沟结构示意图

图 11.1-19　支盲沟现场施工图

土工格栅
土工布
钢筋混凝土涵管

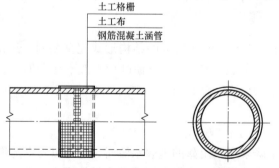

图 11.1-20　主盲沟涵管连接处结构示意图

图 11.1-21　主盲沟涵管现场吊装、拼接施工图

　　如图 11.1-22 所示，主、次盲沟接头处，其底面处于同一标高，并保证次盲沟软式透水管深入主盲沟碎石层内至少 50cm 以上，图 11.1-23 为主、次盲沟的现场接头处理。

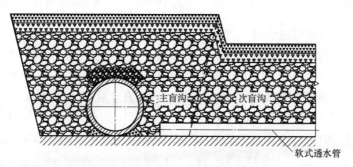

图 11.1-22　主、次盲沟连接结构示意图

图 11.1-23　主、次盲沟连接现场施工图

3. 特殊区域排水设计与处理

（1）沟底陡坎地段排水设计与处理

　　工程现场原状沟谷地基出现岩质陡坎、小沟时，盲沟铺设难以满足设计坡度要求，可局部进行专门处理，使沟体完整。当陡坎高度不大于 2m 时，对陡坎进行爆破处理以形成

不陡于 1：1 的斜坡后再铺设涵管；当陡坎高度大于 2m 时则专门设置过渡段，以保证涵管中的水流通畅，过渡段的设置如图 11.1-24 所示，坡度应根据陡坎高度和地形确定，现场实际施工见图 11.1-25。

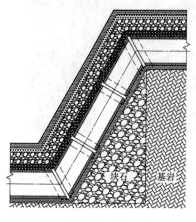

图 11.1-24　基岩陡坎处盲沟设置断面示意图　　　图 11.1-25　基岩陡坎处盲沟铺设现场施工

（2）陡立直坡地段排水设计与处理

当坡体局部区域基岩初露或存在陡立直坡时，为了防止裂隙水和雨水沿着填土与岩质坡体交接面下渗，可紧贴岩壁每隔 50～100m 增设竖向支盲沟。当岩壁顶部设置有盲沟时，竖向支盲沟与顶部盲沟相连（图 11.1-26）；当直立陡壁大面积渗水明显时，可紧贴岩体加铺一定宽度碎石层代替竖向支盲沟，以增大竖向排水体面积，对外渗裂隙水进行疏导；无论是增铺竖向盲沟还是竖向的成片碎石层均与土方填筑同步施工（图 11.1-27）。

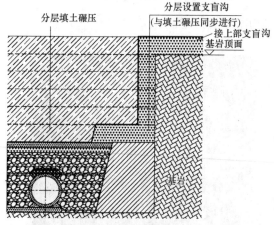

图 11.1-26　陡壁支盲沟设置断面示意图　　　图 11.1-27　陡壁支盲沟与土方填筑同步施工

4. 环境水控制辅助性措施

（1）施工期临时排水措施

在地基处理及土方施工过程中，尤其是施工期或造地面硬化前的大气降水形成较大的汇水面后，若任其漫流可能对施工作业面或临时造地面产生冲刷破坏（图 11.1-28）。因此，黄土填方工程施工期需提前规划和安排雨期临时排水措施。

图 11.1-28　某工程雨期造地面冲蚀破坏

施工期主要临时排水措施包括：①分段施工时，当原地基下游盲沟尚未建成时，不宜与上游盲沟接通，应设临时并行排水沟（图 11.1-29），并应对施工中的盲沟主体进行实时防护（图 11.1-30），防止淤堵。②土方填筑时，施工作业面上的临时排水设施，应满足地表水（含临时暴雨）、地下水和施工用水等的排放要求，并与地面工程的永久性排水措施相结合。造地面形成后，应根据需要在主要建筑区域进行补强与硬化作业。③大范围土方填筑时，可人为设置多处蓄水池（图 11.1-31）和拦水坝（图 11.1-32），对大面积汇水进行分级蓄存与拦截。

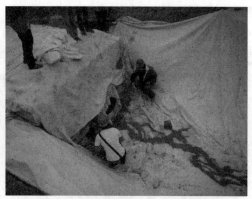

图 11.1-29　施工期的临时排水沟　　　　　图 11.1-30　施工期的永久排水系统防护

图 11.1-31　施工期临时蓄水池　　　　　　图 11.1-32　施工期临时拦水坝

图 11.1-33　施工期防扬尘处理

施工期临时排水的主要作用包括：①通过临时性辅助排水，防止原地基排水系统在施工期发生淤堵；②通过防洪拦水坝实现"错峰泄洪"，拦截泥沙，减少对施工场区外居民区的污染；③通过蓄水池、拦水坝等措施，起到部分"预浸水"作用，加速施工期填方体沉降，减小工后沉降量；④夏季时填料水分蒸发较快，难以达到压实度要求时，可抽取临时蓄水池和拦水坝中的蓄存水进行喷洒，调节填料含水率，减小填筑施工难度，兼具施工期防扬尘作用（图 11.1-33）。

（2）人工集水与利用措施

西北黄土高原，干旱少雨，水资源十分紧张，因此，对地表水与地下水应予以收集与充分利用。可在主盲沟每隔一定距离、主盲沟与次盲沟连接部位、淤积坝下游部位、集中的汇水点等位置设置集水井。集水井与土方同步施工至造地面设计标高，其平面位置应注意避开规划中的建筑和交通道路。并且预埋钢筋护手，以便下井检修（图 11.1-34）。集水井可辅助实现场地地下水的综合利用，其主要作用包括：①施工期间可作为防扬尘取水井；②竣工后可以作为绿化带浇灌、景观（水池、溪流）等用水；③可作为地下水环境（水位、水质等）变化的监测井（图 11.1-35）；④原地基排水系统若局部失效时，可人工强排，降低水位，对填方工程的长期运营安全具有辅助作用。

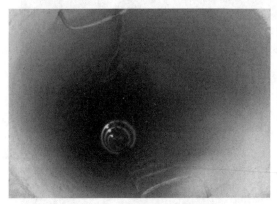

图 11.1-34　集水井井下检修

图 11.1-35　地下水监测用井

综上所述，延安新区的高填方造地工程采用了多种盲沟排水形式，制定了详细的地下盲沟铺设方案，兼顾了施工期的排水系统保护与辅助排水措施，建成了系统性的地下排水网络。如图 11.1-36 所示，延安新区高填方工程在竣工初期，主盲沟出水口的水质较为浑浊，主要原因在于块、碎石料自身具备一定含泥量，且在盲沟施工期间混入了少量周边土料；如图 11.1-37 所示，竣工数月后，盲沟内的泥沙排泄干净，主盲沟出水口的水质逐渐变得清澈。因此，工程实践结果表明，上述系列的地下水疏排设计方案合理，处理措施得当，工后的隐蔽地下排水系统运营良好。

图 11.1-36 排水系统建成初期（水质混浊）　　图 11.1-37 排水系统建成数月（水质清澈）

11.1.4 黄土高填方工程地下水监测结果

为了研究高填方工程施工过程及竣工后，原地基及填筑体内部的水环境动态变化规律，设置了地下水位、盲沟出水量、地表水下渗深度等监测点，建立了一套填方工程相关水环境监测网。其中，地下水位采用电接触悬锤式水位计法监测；出露泉流量和盲沟水流量，采用堰槽法及流速仪面积法测量；地表水下渗深度采用钻探取样、烘干法测定。

1. 地下水位变化规律

地下水位观测孔主要布置在边坡、主盲沟与次盲沟中心线附近、主盲沟与次盲沟交汇处、地下泉露头部位、淤地坝区域等，用于监测盲沟、排水通道附近的地下水位变化情况，判断盲沟排水系统的有效性和地基土的固结排水情况。水位观测孔孔底穿过土层进入基岩以内，以实现对原地基和填筑体内的地下水位监测。除专门设置水位观测孔外，还利用场地中的监测抽水井、测斜孔、分层沉降孔等进行水位观测。

场区内典型支沟的地下水位监测点布置如图 11.1-38 所示，地下水位变化的历时曲线如图 11.1-39 所示。其中，位于沟谷上游的监测点 SW-1，水位持续下降，位于沟谷中下游和沟口的监测点 SW-2 和 SW-3，水位先上升后小幅波动（水位升降小于 1m）。监测点 SW-4 位于主沟中，竣工一年后，地下水位已降低至土岩分界面以下，因水位观测孔孔底高于水位面，此后该孔中一直无水。图 11.1-38 中 SW-1 监测点位于淤地坝中部，且位置紧邻支沟排水盲沟，因此，地下水位持续降低，已从施工前的 1039.95m（2012 年 3 月 1 日）降低至工后的 1034.19m（2015 年 9 月 4 日），表明盲沟可

图 11.1-38 填方区支沟地下水位观测孔布置图

以在短期内快速降、排地下水。

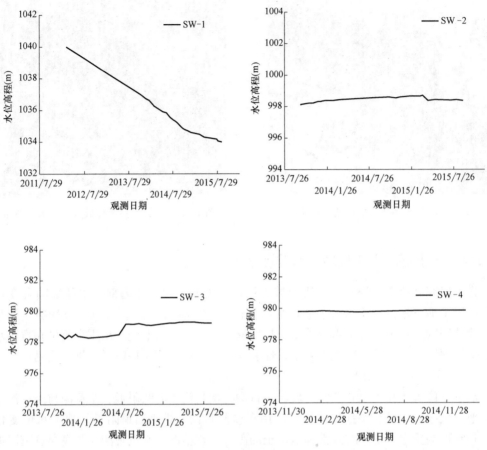

图 11.1-39　填方区支沟短期地下水位变化历时曲线

　　填方施工前，该支沟地处淤地坝区域，在原始自然淤积后，呈可塑状态，地下水位附近及其下的淤积土多呈软塑～流塑状态；地基处理时，通过碎石垫层强夯加固地基，并铺设方格网状的碎石排水盲沟等方式进行地下水疏排，加速地基土的排水固结；填方竣工后，上游淤积坝中地下水补给量下降，使地下水位不断下降，通过地下盲沟等排渗设施不断排出，表明坝内设置的排渗设施对促进淤积土的排水固结起到较好的作用。中下游地下水位小幅上升的现象表明，填方施工改变了地下水渗流场，尤其是下游填方厚度大，上覆荷载量明显增大，填方荷载在一定程度上抬高了沟谷下游的地下水排泄基准面，以保证有足够的水力梯度使地下水流出。场区地下水位的变化表明，高填方地基中的地下水系统正逐步从分散、局部的第四系孔隙潜水和侏罗系基岩裂隙水转变为具有稳定水位的地下水流系统。

　　由于受施工等因素影响，图 11.1-39 中短期观测水位时程曲线会出现小幅波动，但是，从主沟断面的长期观测结果看，自西北向东南的主沟实测水位如图 11.1-40 所示。截至 2020 年 6 月，各测点水位已趋于稳定，未出现地下水位明显起伏的异常现象。

　　经计算，图 11.1-40 中主沟实测平均水力坡降为 2.94%，甚至高于数值模拟所得原始水力梯度 2.40%（图 11.1-10）。由此可知，原沟谷地基中修建的地下排水盲沟系统能够

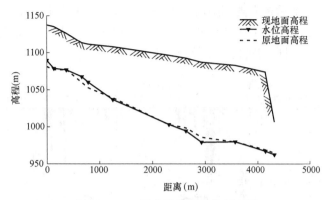

图 11.1-40　沿主沟实测水位剖面图

维持，甚至是增大地下水的水力梯度，使得全区地下水得以顺利宣泄，表明地下排水盲沟系统发挥作用且运营良好。

2. 盲沟流量变化规律

在锁口坝坡脚盲沟出水口处设置了水流量监测点，用于监测整个填方场地主盲沟总排水量（图 11.1-41）。除水流量监测外，搜集同时期当地气象部门发布的降雨资料，对比二者的关联性。

盲沟水流量和当地降雨量监测结果如图 11.1-42 所示，盲沟出水量峰值一般出现在 6 月至 8 月，低值一般出现在 11 月至次年 4 月，即降水量的季节分配影响着盲沟流量的变化，但地下盲沟水流量响应

图 11.1-41　主盲沟水流量监测

较降水的时间略有滞后。究其原因在于地下水在土体或基岩裂隙中运动，属于介质流，渗透速度较为缓慢；大面积填方场地的地下水系统具有较大的储容空间，渗透、排泄能力有限，集中或间断性的降水补给可作为储蓄量，在季节变动时缓慢释放。

图 11.1-42 中，盲沟出水量变化主要经历 6 个阶段：

（1）2012 年 10 月底至 2013 年 2 月底，在冬歇停工期间，主盲沟出水量减少，从最初监测时的 32.6m³/h 降低至 18.3m³/h。

（2）2013 年 3 月初至 2013 年 5 月底，流量进一步降低，本阶段水流量维持在低值范围内，平均值为 14.4m³/h，水流量变化与春季复工后上游施工抽取地下水及该时期大气降水较少等因素有关。

（3）2013 年 6 月至 2013 年 9 月间，雨期大气降水较多，地下水获得补给，且施工抽水量减少，盲沟出水量逐步增大，水流量小幅波动，盲沟出水量逐步增大至峰值流量21.7m³/h。

（4）2013 年 10 月后，进入秋冬季节，填方施工大部分已经完成，降水减少，地下水外部补给减少，水流量又开始逐步降低，但变化幅度明显低于施工期，水流量随季节变化的规律更加明显。

（5）2014 年清明节后进入雨期降雨逐步增多，水流量也逐步增加。

（6）2014 年秋冬季，地下水外部补给减少，2014 年 11 月 18 日桥沟盲沟出水口水流量为 18.5m³/h，之后因盲沟附近施工停止监测。

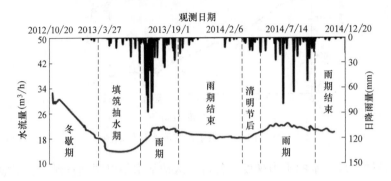

图 11.1-42　盲沟水流量与降雨量关系曲线

　　填方施工前，监测点上游出露的 26 处泉眼在枯水期总排水量为 9.1m³/h，河流断面的地表流量为 9.4m³/h，流域面积约 7.84km²。枯水期河流流量可看作是降水入渗补给量。竣工后，2014 年枯水期最小水流量出现在 2 月 18 日，实测水流量为 17.8m³/h，大于填方施工前监测点上游同期各泉总流量。全年平均水流量为 20.2m³/h，年径流量约为 17.7 万 m³/a，是填方施工前年径流量的 53.8%。

　　综合地下水位和盲沟水流量监测结果可知，高填方竣工 1 年后，盲沟水流量随季节变化呈现周期性波动，地下水顺利宣泄，表明地下排水设施可有效排出高填方体内部的地下水，地下水的补给、径流、排泄逐步趋于平衡和稳定。水流量未发生持续性陡增或陡降，且工后水质持续保持清澈，无明显泥沙流出。综合来看，施工期的盲沟出水量受工程扰动而发生明显变化，竣工后则与当地降雨有着基本一致的响应关系，地下水经过一个动态调整过程趋于新的平衡状态。

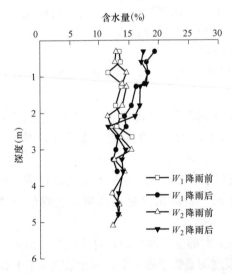

图 11.1-43　降雨前后填土含水率测试结果

3. 地表水入渗特征

　　2013 年 7 月至 8 月，建设场地经历多次连续强降雨。其中，自 7 月 1 日至 8 月 12 日，出现了一次长达 11 天的连阴雨天气。为了确定降水在填方区的下渗深度，6 月 25 日在填方区沟谷中心线低洼地带，选择了两处含水率测试点，测定填土的含水率，8 月 19 日现场取土测定降雨后地表水下渗深度，期间共发生降雨 25 天，累计降雨量达 599.6mm。降雨前后的填土含水率测试结果如图 11.1-43 所示。降雨前，填土表层和深层的变化趋势基本一致；降雨后，一部分地表水以地表径流和蒸发的形式排泄，另一部分地表水在重力的作用下通过黄土孔隙以渗透重力水的形式下渗，上层土体的含水率明显增大。与 6 月 25 日测定的 W_1、W_2 点的含水率测试数据相比，实测降雨的影响深度仅为 $2.0\sim3.0m$。

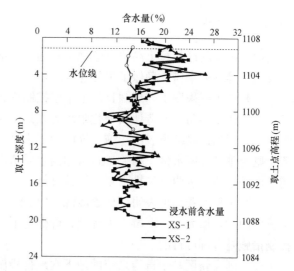

图 11.1-44　积水浸润深度测试结果

为了获得极端条件下，地表积水的入渗情况，从 2013 年 7 月初至 9 月末，在防洪坝（图 11.1-32）前填方区局部进行了专门蓄水试验，通过在防洪坝坝顶紧邻积水区水面边缘 2.5m 处设置两个钻探取样孔，测定土体含水率沿深度方向的变化情况，测试结果如图 11.1-44 所示。根据图中的含水率测试结果并结合现场钻探揭示，新完成填方区地表经受近 3 个月的长期蓄水，测试点处积水的最大下渗深度约为 7m。

值得注意的是，图 11.1-44 中 3 个月极端条件下的入渗试验是在施工期临时作业面填土尚未固结且无任何硬化处理的情况下开展的，实际工程竣工后根据城市规划需求，大部分造地面均将依据用地需求采取进一步的硬化处理措施。即便是在施工期，7m 的极端下渗深度，相对于最大填方厚度 112m、平均填厚度 36m 的高填方工程而言，足以表明其压实质量的可靠性。

此外，通过室内试验研究发现，天然黄土渗透系数一般为 $0.02\sim0.30m/d$，经压实或夯实后，渗透系数一般为 $0.001\sim0.110m/d$，个别点的渗透系数达 $1.1\times10^{-5}m/d$，天然土和压实土的渗透系数均表现出明显的离散型，但压实填土的渗透性低于天然黄土 $1\sim2$ 个数量级。由于压实填土较低的渗透系数，且地下水埋藏深度大，短时期的地表积水尚无法通过包气带达到潜水面，难以形成对地下水的有效补给。但是，在黄土高填方工程中，因不均匀沉降等原因常会引发填方区裂缝出现，在裂缝地带容易形成冲沟或低洼区，而这些负地形又成为地表水的汇聚点，使其成为地表水入渗的隐患通道，当地表水沿裂缝下渗时，易形成落水洞。因此，在黄土高填方工程建设过程，应加强巡查，注意裂缝、落水洞等不良地质现象，及时发现并进行补强处理，以切断地表水直接下渗的通道。

综上所述，通过对延安新区高填方工程环境水监测，得到了以下认识：

（1）施工期的盲沟出水量受工程作业扰动显著，竣工后则与当地降雨的季节分配具有明显的响应关系，其流量与降水量正相关，并随季节周期性波动。地下水经过一个动态调整过程达到新的平衡状态后，盲沟水质清澈，水位趋于稳定。

（2）施工期 3 个月的长期浸水最大下渗深度仅为 7m，表明填方体经压实处理后，已不具备天然黄土地层的垂直节理特征，短时期的地表积水无法通过包气带达到潜水面，难以对地下水产生直接补给。

（3）通过对监测成果的分析，全区地下水位并无明显上升现象发生，可研判现场土方压实填筑质量可靠，地下水控制系统运行良好。

11.1.5 结论

（1）延安新区的黄土高填方造地工程通过"前期多方论证""过程严格把控""持续监测反馈"等系列举措，确保了工程建设质量。

（2）该工程采取了因地制宜的地下水控制措施，通过原地基盲沟疏排、特殊区专项处理、填筑体压实防渗、造地面硬化阻隔等系列方法，构建了立体式的排水系统。

（3）现场监测结果表明，施工期的地下水受工程扰动而发生明显变化，竣工后的盲沟流量则与季节性降水量正相关，且盲沟内水质清澈，场区内各监测点长期水位稳定，并无明显波动态势，表明盲沟排水系统运营良好。

（4）工程实践结果表明"地表减源""地下增排"的系列排水措施能在减少地下水补给量的同时，增大上、下游水力梯度，确保地下水疏排通畅，该工程所采取的系列环境水控制措施是合理可行的。

（5）延安新区基于盲沟系统的地下水疏排措施虽然取得了满意的效果，但在后续类似工程建设过程中仍有进一步优化与改进的空间。此外，由于各建设领域的关键性控制因素不同、工程性状不同、地形地貌不同、水文补给不同、应力状态不同，类似工程应根据其具体特点与条件，制定针对性的地下水疏排和控制方案。

参考文献

[1] 本书编委会. 延安新区黄土丘陵沟壑区域工程造地实践 [M]. 北京：中国建筑工业出版社，2019.

[2] 蔡怀恩，张继文，郑建国，张瑞松，梁小龙. 浅析延安黄土丘陵沟壑区水文地质特征 [J]. 岩土工程技术，2019，33（05）：288-292.

[3] 蔡怀恩，张继文，秦广平. 浅谈延安黄土丘陵沟壑区地形地貌及工程地质分区 [J]. 土木工程学报，2015，48（S2）：386-390.

[4] 延安市新区一期综合开发工程地基处理与土方工程施工图设计 [R]. 北京：中国民航机场建设集团公司，2012.

[5] 延安新区北区二期综合开发工程岩土工程施工图设计 [R]. 西安：机械工业勘察设计研究院有限公司，2015.

[6] 张茂省，谭新平，董英，等. 黄土高原平山造地工程环境效应浅析—以延安新区为例 [J]. 地质论评，2019，65（06）：1409-1421.

[7] 延安市新区（北区）一期工程 1：2000 水文地质环境地质勘察报告 [R]. 西安：西安地质矿产研究所，2012.

[8] 张继文，于永堂，李攀，等. 黄土削峁填沟高填方地下水监测与分析 [J]. 西安建筑科技大学学报（自然科学版），2016，48（04）：477-483.

[9] 何建东. 延安市新区造地工程地下水流数值模拟研究 [D]. 合肥：合肥工业大学，2015.

[10] 高远，郑建国，于永堂，等. 压实黄土（Q_2）溶滤变形特性研究 [J]. 岩石力学与工程学报，2019，38（1）：180-191.

[11] 高远，于永堂，郑建国，等. 压实黄土在溶滤作用下的强度特性 [J]. 岩土力学，2019，40（10）：3833-3843.

[12] 关亮，陈正汉，黄雪峰，等. 非饱和填土（黄土）的湿化变形研究 [J]. 岩石力学与工程学报，2011，30（8）：1698-1704.

[13] 曹杰，张继文，郑建国，等. 黄土地区平山造地岩土工程设计方法浅析 [J]. 岩土工程学报，2019，41 (Supp. 1)：109-112.

[14] 谢定义. 试论我国黄土力学研究中的若干新趋势 [J]. 岩土工程学报，2001，23 (1)：4-13.

[15] 王立忠. 岩土工程现场监测技术及其应用 [M]. 杭州：浙江大学出版社，2000.

[16] 张炜，张继文，于永堂. 第七届全国岩土工程实录交流会特邀报告——黄土高填方关键技术问题与工程实践 [J]. 岩土工程技术，2016，30 (01)：12-19＋38.

[17] 延安新区一期综合开发工程可行性研究报告 [R]. 北京：空军工程设计研究局，2011.

[18] 延安新区一期综合开发工程场地平整水保规划方案 [R]. 延安：延安市水土保持监测服务站，2012.

[19] 宋德朝，王庭博，刘宏. 高填方机场地下水潜蚀模型试验研究 [J]. 路基工程，2013 (02)：108-110.

[20] 李攀峰，刘宏，张倬元. 某机场高填方地基的地下水问题探讨 [J]. 中国地质灾害与防治学报，2005 (02)：136-139.

[21] 段旭，董琪，门玉明，常园，等. 黄土沟壑高填方工后地下水与土体含水率变化研究 [J]. 岩土工程学报，2018，40 (09)：1753-1758.

[22] 张洪举，凌天清，杨慧丽. 山区填方路基的地下水渗流防治 [J]. 重庆交通学院学报，2006 (01)：61-64.

[23] 谢春庆，钱锐. 大面积高填方工程地下水后评价探讨 [J]. 勘察科学技术，2014 (06)：1-4＋64.

[24] 延安黄土丘陵沟壑区工程建设重大地质与岩土工程问题研究 [R]. 西安：信息产业部电子综合勘察研究院，2016.

11.2　外海人工岛水位控制技术与实践

李斌[1,2,3,4]，侯晋芳[1,2,3,4]，刘爱民[1,2,3,4]

(1. 中交天津港湾工程研究院有限公司，天津 300222；2. 港口岩土工程技术交通行业重点试验室，天津 300222；3. 天津市港口岩土工程技术重点试验室，天津 300222；4. 中交第一航务工程局有限公司，天津 300461)

11.2.1　概述

1. 工程背景

港珠澳大桥是我国继三峡工程、青藏铁路、南水北调、西气东输、京沪高铁之后又一重大基础设施项目，采用桥岛隧组合方式。作为举世瞩目的世界级跨海通道，承载着我国内地、香港、澳门三地区人民的厚望，对经济发展具有重大作用。

港珠澳大桥岛隧工程是港珠澳大桥主体工程中技术难度最高的部分。岛隧工程中用于桥隧转换的人工岛分别为东、西两个海中人工岛，两岛间平面距离约 5.6km。西人工岛靠近珠海侧，东侧与隧道衔接，西侧与青州航道桥的引桥衔接。东人工岛靠近香港侧，西侧与隧道衔接，东侧与桥梁衔接。人工岛平面基本呈椭圆形，如图 11.2-1 所示，岛长 625m（展开长度 1450m），横向最宽处约 183m（东岛约 215m），面积约 10 万 m²，工程区域天然水深约 $-8.0 \sim -10.0$m，岛内回填标高为 $+5.0$m。人工岛内隧道分为暗埋段和敞开段，岛内隧道纵向坡度为 2.98%，岛内隧道暗埋段与预制沉管对接处的结构底标高为 -12.5m。

图 11.2-1 港珠澳大桥人工岛效果图

港珠澳大桥采用两个外海人工岛进行桥隧转换在国际上尚无先例。人工岛的建设不仅涉及外海无掩护条件下在深厚软土地基上构筑岛壁结构、形成陆域以及加固软基等大量复杂工程的设计和施工，同时需要提供稳固的深基坑支护结构，优质快速地现浇岛上段隧道形成沉管隧道安装对接条件，确保整个工程的施工进度，其建设难度在国际上是罕见的。近年我国通过一系列工程建设和科学研究，在桥梁、隧道以及外海施工领域取得了长足的进步，积累了一定的经验，但在外海修筑功能如此特殊、建设条件如此复杂、技术难度如此之高和施工进度如此紧迫的人工岛尚属首次。

离岸人工岛工程是岛隧工程的先导工程，其建设具有以下特点：

（1）需要尽快为首节沉管提供安装对接条件，外海、深水、无掩护及深厚软土地基条件下修筑安全可靠的人工岛的建设工期极为紧迫。

（2）隧道人工岛内须提供使用期长达 5 年的，具有高可靠度止水能力的，地处于外海的，结构安全、可靠，具备强大防台能力的深基坑干施工环境，来保障岛上现浇隧道的高效和优质的施工。

（3）人工岛是沉管隧道安装对接的基点，同时也是岛上隧道和建筑结构的支撑，同时还是实现隧道基础纵向刚度均匀和协调的重要一环，人工岛的工后沉降要求严格。人工岛修筑需回填约 20m 厚松散砂，且下卧有 30~50m 软黏土，快速密实回填砂及加固深厚软土地基，并高标准地控制沉降是巨大的挑战。

如何使在港珠澳大桥全线里作为基石和起点的人工岛快速建成，成为了岛隧工程建设的重大技术关注焦点。深插式钢圆筒快速筑岛方案被设计团队提出，钢圆筒作为岛壁兼岛上隧道施工时深基坑围护结构，快速筑岛的同时，形成整岛止水的围护结构，以解决外海离岸、深厚软土地基上，较大外荷载作用下，人工岛和深基坑围护结构的工期、稳定、止水、沉降、海事安全和环保等问题。该方案施工速度快，为外海工程提供了施工据点，取消了隧道施工时的支撑结构，方便了人工岛岸壁和岛上隧道施工，保障了现浇隧道的施工质量。

港珠澳大桥桥隧转换人工岛所处工程地质条件和环境条件复杂，采用深插钢圆筒筑岛可系统地解决工期、稳定、止水、沉降和环保问题。但该结构用于外海筑岛兼深基坑止水围护结构，尚属国内外首次，无相关设计标准可循、无工程经验可借鉴，人工岛要为现浇隧道提供长达 5 年外海深基坑干施工条件，人工岛工期紧张、工后沉降要求严格，基于人工岛岸壁采用深插大直径钢圆筒结构并形成整岛止水这一条件，研究并采用一种可控制外海人工岛水位变化，并同步密实砂土和加固软土地基方法和技术尤为必要。因此，深井降水密实饱和回填砂及超载预压深层软土地基同步快速加固技术被提出，为实现该地基加固技术要求并达到预期效果，需要对人工岛周边钢圆筒围堰止水、深层软土固结排水、上覆回填砂排水以及二者同步排水等一系列关键技术开展研究。

港珠澳大桥人工岛项目拟采用降水联合堆载预压技术进行地基处理，在外海离岸人工岛工程环境下，如何形成封闭的结构以满足降水需要将是建造者需要面对的第一个难点，封闭结构的施工质量也关系着地基处理的成败。其次，外海海域进行超载预压施工时，堆载体的选择以及吊运将对施工组织和施工安全产生影响。另外，人工岛内地基为深厚软土上覆砂层，为保证人工岛地基长期稳定和工后沉降，排水通道布设形式和深度极为严苛，超深排水通道的打设需专门研发打设设备以满足施工要求。最后，人工岛地基处理监测按照路上基坑监测要求进行检测及预警，但是陆上施工与海上不同，在施工过程中应密切关注数据变化，不断调整预警值、监测频率等指标，以保证施工安全。

2. 国内外研究概况

人工岛多处于滨海或外海，海底一般为全新世淤积软土或松散砂，筑岛材料一般为砂或邻近海域疏浚航道产生的淤泥，国内外常用的地基处理方法有换填法、排水固结法、水泥土搅拌法、碎石桩法、挤密砂桩法、注浆法、强夯法、振冲法、土工聚合物和托换技术等。鉴于人工岛填筑面积大、地基加固范围广的特点，采用水泥土搅拌法、碎石桩法、挤密砂桩法、注浆法等形成复合地基的造价高，施工速度慢，一般大面积筑岛工程采用排水固结法进行深层软土地基加固，之后采用振冲或强夯法密实上部回填砂石。排水固结法根据加载方式又分为堆载预压、真空预压及降水预压，而降水预压应用实例较少。

中国港珠澳大桥珠澳口岸人工岛填海工程筑岛面积约 208 万 m^2，填筑中粗砂约 3200 万 m^3，采用真空联合堆载预压和堆载预压排水固结法（设置塑料排水板为竖向排水通道）进行软基加固，最后回填砂采用强夯和振冲处理。

中国港珠澳大桥香港口岸人工岛工程筑岛面积约 135 万 m^2，筑岛材料为中粗砂、香港惰性材料，采用堆载预压排水固结法（设置塑料排水板为竖向排水通道）进行软土地基处理，中粗砂和惰性料分层碾压密实。

中国澳门国际机场填海工程筑岛面积约 115 万 m^2，筑岛材料为砂、石，采用开挖换填、堆载预压排水固结法（设置塑料排水板为竖向排水通道）进行软土地基处理，回填砂采取振冲加固措施。

日本关西机场人工岛填筑海砂，采用堆载预压排水固结法（设置砂井为竖向排水通道）加固软土地基。以上现有的地基加固技术不能满足我国港珠澳岛隧人工岛工程快速同步密实上覆饱和回填砂及加固下卧深厚软土地基的要求。

降水联合堆载预压法就是通过在软土地基地表层加载外荷载，促使土体孔隙水慢慢被排出，土体孔隙水逐渐全部转化为土体有效应力，地基土体发生固结沉降变形，从而提高软土地基土体密实度、强度、地基承载力等。

鲁绪文等人采用降水联合堆载预压法处理深厚软土地基，从而加大加快了土体孔隙水的排出，提高了处理后软土地基的固结度，同时也能够起到减少软土地基工后固结沉降给建设工程带来的不利影响。

李国维等通过研究不同超载预压比、不同超载预压时间情况下的一维固结沉降试验，得出软土地基在超载预压作用下的固结沉降变形机理。研究表明，加载在软土地基土体上的荷载预压作用时间越长，软土地基的最终固结沉降变形量就越大，工后的固结沉降变形量就越小，过大的超载预压比对减少工后沉降变形量是完全没有必要的，同时超载预压能够起到提前完成次固结沉降，从而减少次固结沉降给建设工程带来的不利影响。

周顺华等采用降水联合堆载预压法处理软土地基，使软土地基固结沉降大部分在外荷载加载期间和外荷载超载预压期间就已基本完成，工后沉降几乎为零。

现有研究都是基于陆地的大范围内的降水联合堆载预压，其加固效果明显，对于像港珠澳大桥西人工岛加固区域处于密闭空间内的降水联合堆载预压施工工艺和处理效果的研究尚处于空白阶段。

11.2.2 大超载比降水预压关键技术

1. 工程概况

港珠澳大桥人工岛平面呈椭圆形，采用"蚝贝"主题设计，总面积约 10 万 m^2，岛长 625m。人工岛的基本功能是实现海上桥梁和隧道的顺利衔接，满足岛上建筑物布置需要，并提供基本掩护功能，保障主体工程（岛上隧道）的顺利建设和正常运营。

钢圆筒及其副格形成了人工岛的岛壁结构，根据工期要求将岛内区中分为大岛区和小岛区，分区示意图见图 11.2-2。港珠澳大桥人工岛地基与其他软土地基不同，首先，地基处于由钢圆筒围堰形成的闭合区域内；其次，人工岛地基以海相沉积的淤泥和淤泥质黏土为主，其含水率大、透水性差，这些都将延长其固结时间；最重要的是由于工期安排，需要在短时间内完成软基的加固处理，以便进行下一步施工。

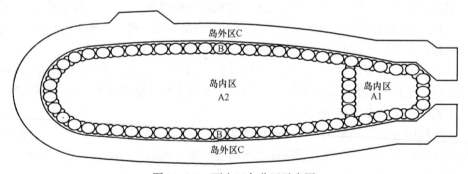

图 11.2-2 西人工岛分区示意图

人工岛地层主要由第四纪覆盖层（地层代号①～④）、残积土（地层代号⑤）和全、强、中、微风化混合花岗岩（地层代号⑦$_1$～⑦$_4$）组成。

（1）第一大层

①$_1$ 淤泥（Q_4^m）：灰色，流塑状，个别钻孔呈流动状，高塑性，含有机质，有臭味，局部混少许粉砂，平均标贯击数 $N<1$ 击。该层厚达 1.50～4.50m。

①$_2$ 淤泥（Q_4^m）：灰色，流塑状，高塑性，含有机质，有臭味，局部混少量粉细砂，

夹粉细砂薄层和贝壳碎屑。平均标贯击数 $N<1$ 击。

①₃ 淤泥质土（$Q_4{}^m$）：褐灰色，流塑～软塑状，中塑性，局部夹粉细砂薄层和少量贝壳碎屑。部分钻孔该层夹有淤泥夹层及透镜体。平均标贯击数 $N=1.8$ 击。

第一大层的层底高程为 $-25.00\sim-41.10\text{m}$。

（2）第二大层

②₁₋₁ 粉质黏土（$Q_3{}^{al+pl}$）：灰黄色，可塑状，局部软塑状，中塑性，混较多粉细砂，夹粉细砂薄层，偶见钙质结核。平均标贯击数 $N=5.6$ 击。该层仅在部分钻孔中揭露。

（3）第三大层

③₂ 粉质黏土夹砂（$Q_3{}^{m+al}$）：褐灰色，灰黄色，粉质黏土为主，可塑～硬塑状，中塑性，混大量粉砂，夹粉砂薄层，土质不均匀。平均标贯击数 $N=13.0$ 击。该层仅在 XB、XC、XD 三剖面中东段钻孔中揭露。

③₃ 粉质黏土（$Q_3{}^{m+al}$）：褐灰色，灰黄色，可塑状～硬塑状，中塑性，混粉细砂，局部夹粉砂薄层和腐殖质。平均标贯击数 $N=8.8$ 击。

③₄ 黏土（$Q_3{}^{m+al}$）：褐灰色，灰黄色，可塑状～硬塑状，高塑性，混粉细砂，局部夹粉砂薄层。平均标贯击数 $N=9.8$ 击。

③₃ 粉质黏土（$Q_3{}^{m+al}$）与③₄ 黏土（$Q_3{}^{m+al}$）呈互层分布。

在个别钻孔该层上部分布有软塑状淤泥质粉质黏土透镜体。

（4）第四大层

④₁ 粉细砂（$Q_3{}^{al}$）：灰色，灰黄色，稍密状～中密状，混黏性土。平均标贯击数 $N=28.3$ 击。

④₃ 中砂（$Q_3{}^{al}$）：灰色，灰黄色，密实状为主，局部中密状，混黏性土，局部夹圆砾薄层和粉质黏土薄层，偶见腐殖质和朽木。平均标贯击数 $N=38.2$ 击。该层多以夹层形式存在于④₅ 粗砾砂（$Q_3{}^{al}$）层上部。

④₅ 粗砾砂（$Q_3{}^{al}$）：灰色，灰黄色，密实状为主，局部中密状，混黏性土，局部夹圆砾薄层和粉质黏土薄层，偶见卵石、腐殖质和朽木，土质不均匀。在 XA 和 XD 剖面中该层分布有较连续中密～密实状细砂夹层。平均标贯击数 $N=41.5$ 击。

2. 设计方法

在深插钢圆筒形成密闭的人工岛区域进行软基处理时，为缩短施工工期并考虑施工成本，确定用海砂作为预压荷载物，经过对人工岛地基处理方案综合比较，降水联合堆载预压方案具有施工简单、施工工期短、施工费用低、加固效果显著等特点，故岛内区使用此方案进行岛内软基处理。

人工岛多为上覆回填砂下卧深厚软土地基条件，而探索一种既能密实砂层同时又加固下卧软土的地基处理方法意义重大。众所周知，水向上渗透时会引起管涌、流土、接触流土和接触冲刷等渗透破坏；相反，如果水自上而下渗透时，渗流必然对每个土颗粒有推动、摩擦和拖曳的作用力，这种拖曳力即为渗透力。当渗透力作用向下时，对砂土有显著的密实作用。基于砂中自由水垂直下渗产生对砂土密实有利的渗透力，在深厚的饱和回填砂中设置管井排水系统，将回填砂中自由水从砂层底部抽出，使其自上而下形成渗流，进而形成渗流力密实回填砂。管井降水密实饱和回填砂系统原理如图 11.2-3 所示。

降水预压法作为加固软黏土层的一种方法，它适合于黏土层和透水层相连的情况，通

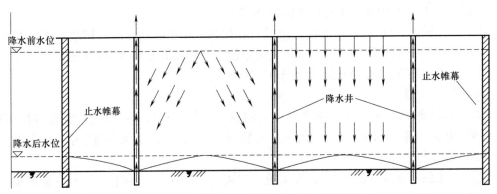

图 11.2-3　深井降水密实饱和回填砂原理图

过降低透水层中的地下水位或水压，软黏土层中的孔隙水压力也随之开始降低，在土层总应力不变的情况下，有效应力相应提高。图 11.2-4 中阴线部分为降低透水层中地下水位后，土层最终所增加的有效应力，可见回填砂中水位每降低 1.0m，就会对下卧软土地基增加 10kPa 预压荷载。

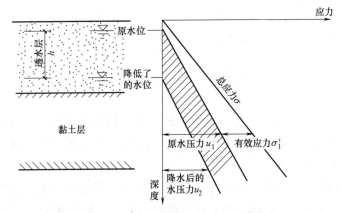

图 11.2-4　降低地下水位和增加有效应力

采用深井降水技术可形成向下的渗流力密实回填砂，同时水位降低使水下饱和回填砂重度变为天然重度超载预压深层软土地基，形成深井降水密实饱和回填砂及超载预压深厚软土地基同步快速加固技术。

本工程基于人工岛围闭钢圆筒围堰，结合回填砂与下卧深厚软土相连的地基条件，使人工岛具备了采用深井降水密实饱和回填砂及超载预压深层软土地基同步快速加固技术的条件。采用该地基加固技术的关键为人工岛周边钢圆筒止水围堰止水及岛内深层软土和上覆回填砂排水技术。

（1）钢圆筒围堰止水技术研究

港珠澳大桥主体工程岛隧工程采用围闭的钢圆筒围堰，岛内回填砂降水效率取决于钢圆筒围堰的止水能力，切断岛内回填砂与岛外海域的联系是降水的关键。主要在两个方面进行止水，一是钢圆筒及副格结构深度范围内止水，二是钢圆筒及副格下土层止水。

1）圆筒及副格止水

钢圆筒及副格采用整体钢板，仅钢圆筒与副格连接处的锁口存在渗水的风险。钢圆筒上宽榫槽与副格仓两端焊接钢板形成 T 形锁口连接，在宽榫槽外侧安装防渗角型胶皮，经研究宽榫槽内采用膜袋压浆填充止水材料，锁口结构及填充料成型见图 11.2-5 和图 11.2-6。格仓内渗水试验表明平均渗水量仅为 $1.764m^3/h$，证明钢圆筒围堰具有较好的止水功能。

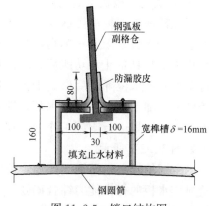

图 11.2-5　锁口结构图

图 11.2-6　填充料成型图

2）圆筒及副格下部土层止水

研究岛外设计高水位、岛内降水降至最低时，岛外海水及岛下承压水通过深层黏土进入岛内渗水量，评定下部土层止水效果。副格打设深度最浅时，岛外水最容易从副格底部绕渗至岛内，以副格仓中心位置作为研究断面，采用有限元渗流分析计算，计算结果表明最大渗流量为 $8.48m^3/d/10000m^2$，渗入量小，止水效果优。

（2）排水技术研究

深井降水密实饱和回填砂及超载预压深厚软土地基同步快速加固技术关键是同时将软土地基和饱和回填砂的水同步排出，通过在软土层中设置排水通道及回填砂中深埋管井可实现这一目标。

1）深层软土地基固结排水研究

① 深层软土地基排水系统的选择

本工程分布 30～50m 深厚弱透水性的软黏土层，如纯粹依托天然土自身的渗透，需要约 20 年的时间才能达到设计要求的固结度，为了加快软土地基排水固结速度，需在软土地基中设置砂井或塑料排水板等竖向排水通道，与上部砂层相连，构成排水系统。

竖向排水系统既可在水上也可在陆上实施，水上作业多依托于如挤密砂桩船、碎石桩船及塑料排水板船等专用船舶，陆上作用多采用砂桩或塑料排水板。岛隧工程人工岛面积小，如采用水上施工作业，施工船舶与钢圆筒振沉船舶交叉作业，施工风险高、工期速度慢。

通过止水分析表明钢圆筒围堰具有围闭止水功能，待钢圆筒围堰围闭后向岛内填砂筑岛形成干施工作业条件，即可在基坑内陆上设置排水系统。陆上打设塑料排水板具备施工速度快、费用低、质量有保证的特点，且国内外有陆上深插塑料排水板的经验做参考，故优先选用陆上深插塑料排水板的施工工艺。

② 深插塑料排水板研究

人工岛地基为岛上隧道及建筑提供支撑，工后沉降要求严格。地基控沉要求塑料排水

353

板最深插板标高为－46.0m，软土层顶标高为－18.0m，回填砂顶标高为＋5.0m，在回填砂顶面进行插板须穿透23m厚中粗砂，28m厚软黏土，总的板长51.0m。经调研国内外尚无穿透23m厚中粗砂、板长51m塑料排水板的应用，如何减少塑料排水板穿透砂层的厚度以及塑料排水板的长度是深插塑料排水板研究的关键。通过研究分析，提出两种有效方法，一方面是降低插板施工标高，其次是改进插板设备，提高插板机深插能力。

图 11.2-7　降低回填标高打设塑料排水板

降低插板施工标高。钢圆筒围闭后仅回填部分中粗砂至某一标高，待锁口填充止水材料具备止水功能后，岛内水明排至岛外，水位降低后形成干施工作业条件进行陆上打设塑料排水板，即相当于在深基坑里进行干施工作业，现场施工如图 11.2-7 所示。

这一回填标高根据钢圆筒稳定要求及塑料排水板的打设能力综合确定，最终确定西人工岛回填砂标高至－5.0m，东人工岛回填砂至－6.0m，在此标高进行陆上塑料排水板打设。

深插塑料排水板设备。东人工岛最深插板深度为－46m，即使插板标高降低至－6.0m，塑料排水板仍需穿透12m厚砂、28m厚软黏土，塑料排水板长度打设深度需40m，普通插板机不具备该施工能力，因此对液压插板机进行了改进。通过增加液压马达功率、增加插板机配重、改进桩管结构及断面，桩管断面改进见图 11.2-8，使塑料排水板具备了穿透深厚砂土及软土的能力，实现了40m超深板长的打设。

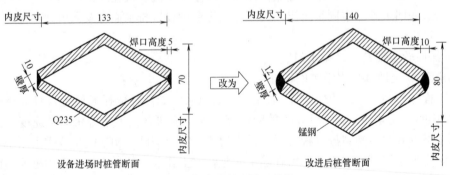

图 11.2-8　桩管改进断面图（单位：mm）

③ 深层软黏土同步快速排水加固研究

如何实现深井降水同步快速密实回填砂及加固深层软土，关键点之一是应使深层软土中的水快速排至上覆砂土中，经讨论研究可采用以下方法：

采用排水效果好的原生料 D 型塑料排水板，在侧压力 350kPa 作用下原生料 D 型塑料排水板打设深度可至 50m，纵向通水量大于 55cm³/s。

设置合理的排水板间距加快水平向排水固结速度，从而加速软土中水排至上覆砂层，排水板设置太疏，排水速度慢；太密，井阻和涂抹效应突出，反而降低排水固结速度，根据计算及经验，排水板间距 1.0～1.2m 是合理的。

延长塑料排水板进入上覆砂土层的长度，一般塑料排水板进入上覆砂土层 1～2m。本工程回填料为中粗砂、含泥量均匀且小于 10%，渗透性好，为加快下卧软土排水至上覆砂层，延长塑料排水板在砂层中的长度，最终确定通长打设塑料排水板。通长塑料排水板既可加快排水又可加快施工速度。

通过上述方法可将深层软土快速排入上覆砂土层，若同步做好回填砂中水的排放，即可实现同步快速加固的目标。

2）回填砂排水研究

为了实现同步快速加固，除了需提供深层软土地基快速向上覆砂土层排水的条件，还应通过合理措施使回填砂能够快速排水。

① 回填砂排水类型及降水方法的选择

具有止水功能钢圆筒围堰隔断岛内外含水层之间的地下水联系，属封闭型疏干降水。本工程回填砂约 20m 且渗透性较好，回填砂降水深度约 16.5～18.5m，适合采用管井降水，研究采用钢质管井降水。

② 管井数量及布置的研究

根据封闭型疏干降水理论计算包括饱和回填砂自由水和深层软土固结排水量在内的总涌水量，研究分析了单井出水能力，给出了有关岛内降水管井的所需数量和布置方式的推荐意见。建议每 10000m² 布置 7 口井，并按照 30m 间距正方形布置，以保证降水速度及降水效果。圆筒与副格是独立封闭的系统，每个圆筒和副格内各设置 1 口管井。如图 11.2-9 所示。

图 11.2-9 管井现场布置图

③ 管井施工研究

改进管井施工工艺和研究确定合理的管井结构可提高管井排水能力，研究提出了振动沉管成孔工艺代替传统的泥浆护壁成孔工艺，实现了泥浆零排放，避免了形成"死井"的同时，保证了井壁周边填料及砾料的渗透性，又可加快成井速度。由于管井直径、过滤器长度、管井周边填料、滤膜等渗透情况都直接或间接影响管井进水能力，经研究分析，推荐管井直径为 300mm，过滤器长度 10m，进入下卧黏土层不少于 4.5m，过滤层选用碎石或粗砂，厚度不小于 360mm。

本工程管井成井深度约为 20m，须穿透约 15m 中粗砂，通过研究后提出了两种措施改进解决深井埋设的施工方法。一是使用 160t 大功率液压振动锤打设套管；二是套管振沉至设计标高后，向其内灌水，减少下井管及上拔套管时井管与套管的摩擦，防止井管上的滤膜损坏。

（3）同步快速加固研究

回填砂深井降水的过程即为同步快速密实饱和回填砂及超载预压深层软土地基过程，关键是如何保证回填砂快速降水，经研究快速降水条件及方法如下：

筑岛材料含泥量应小于 10％且均匀的中粗砂，含水中粗砂厚度不宜小于 6.0m。采用无泥浆全套管成井方式以确保管井周边回填料渗透性。确定合理的管井间距、井的结构以及井的埋设深度，确保回填砂自由水快速排出。

港珠澳大桥岛隧工程人工岛围闭钢圆筒围堰是大超载比降水预压得以实行的基础；利用海砂作为超载预压荷载来源，施工便捷，处理完成后海砂亦可以作为人工岛回填料留在岛内，减少了运输预压荷载时繁琐的人力物力。堆载料上方可正常进行施工，应用改造的液压插板机实现了深插排水板关键技术，排水板最深达 40m，并穿过近 20m 砂层；打设降水井进行降水后形成大超载比降水预压。

此种方法与传统堆载预压方法相比，由于采用回填砂后降水预压方式，大大降低了堆载高度，同时也减少了堆载料的运输成本，并且保证了钢圆筒围堰的稳定安全。具有加固速度快、节省堆载材料、对围堰稳定有利、经济性好等优点，值得在相关工程中推广应用。

3. 现场实施过程

通过对上述关键技术的研究，形成具体的实施措施如下，超载联合降水预压实施示意图如图 11.2-10 所示。

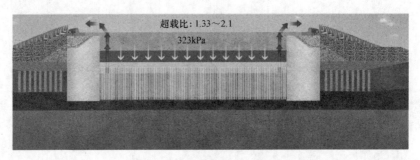

图 11.2-10 降水预压示意图

基槽开挖泥至标高−16.0m；施打圆筒和副格仓形成陆域围护结构；西小岛分层回填中粗砂至标高−5.0m；开挖降水井降水至−6.0m，深井施工质量好坏，直接影响降水效果，根据降水工程的经验，本人工岛工程深井建议采用钻孔直径为 600～800mm，滤管采用高强度 PVD 井管材，直径为 300mm，外包 2～3 层滤布。空压机洗井的风管、水管的安装有同心式和并列式两种形式，出水管采用钢管，下端配有混合器。并列式洗井时，风管每 2m 要用钢丝捆绑在出水管上，以避免橡胶风管抽打井管造成破损。洗井要求各含水层洗井出水、水清砂净，上下含水层串通，形成合理的混合水位。设置管井井管时，接头处对正不留孔隙；控制滤料粒径不得过大，滤水管包网严实，以防出水含砂量超出规定。

完成降水井打设并开始降水，形成陆上插板的施工条件；采用液压插板机实现陆上施打塑料排水板；圆筒区回填至标高＋2.5m后施打塑料排水板。塑料排水板采用原生料D型板，正方形布置，大岛区打设间距为1.2m，打设底标高为−34～−40m；小岛区打设间距为1.0m，打设底标高为−33m；圆筒区打设间距为1.2m，打设底标高为−33～−36m。回填中粗砂后埋设降水井，降水井间距为30m，按正方形布置。降水井开孔和终孔直径约为270cm，井底标高为−22.50m。

同时进行回填堆载施工，利用皮带自卸船将中粗砂抛填至人工岛上，然后采用推土机、装载机进行推平，整平后继续回填，回填过程中接高降水井，并注意降水井的保护。回填砂水位降低效果直接影响回填砂密实程度及下卧软土地基的预压荷载，为保证降水效果应实时监控降水过程。众所周知，管井降水会形成降水漏斗，离降水井越远降水效果越差，降水井呈正方形布置，四口降水井中心区域为降水最薄弱位置，该薄弱位置设置观测井。观测井水位监测结果显示30d水位降低至设计要求水位，如图11.2-11所示，表明管井布置形式、数量、结构及埋设深度合理，降水效果显著。

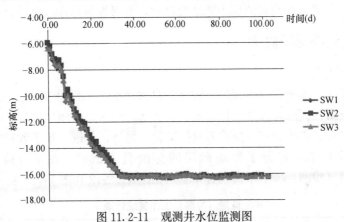

图11.2-11　观测井水位监测图

分级堆载中粗砂至静态标高＋5.0m后降水至−16.0m，进行降水联合堆载预压加固残留的淤泥、淤泥质土和可压缩的黏性土层；对于所加固土层的顶面，预压荷载为回填的中粗砂，荷载约为323kPa，根据上部结构、基坑开挖深度不同，地基的使用荷载不同。对于没有上部结构、未开挖区域，按照使用荷载20kPa考虑，对于所加固土层的顶面，使用荷载约为243kPa，超载比约为1.33；对于岛头基坑开挖最深处，即E1沉管端部位置，所加固土层的顶面使用荷载约为152kPa，超载比约为2.1。

根据监测资料分析加固效果满足设计要求：（1）根据实测地面沉降-时间曲线分别推算的地基固结度不低于80%；（2）工后残余沉降要求不大于500mm（120年内）时停止抽水，卸载。

4. 人工岛地基处理监测预警值确定

人工岛地基设计时，根据相关规范，给出的堆载施工期地基监测控制标准如下：

① 地表沉降：沉降速率≤20mm/d；

② 孔隙水压力：$\sum \Delta U / \sum \Delta P \leqslant 0.6$。

该监控标准是针对周围无约束的软土地基上进行堆载预压施工所作的控制规定，而对像港珠澳大桥人工岛这样特殊的情况，此标准的适用性值得商榷。

首先，人工岛岛壁打设有插入硬土层的钢圆筒来作为钢围堰，钢圆筒的存在约束了软土地基的变形，阻碍了一定荷载作用下软土地基滑动面的形成，大大降低了地基剪切破坏的发生。再加上人工岛地基在堆载前，先填$-16 \sim -5$m厚达11m的回填砂，然后再进行堆载，由于上覆有如此厚的回填砂，软土地基破坏隆起相比直接在软土地基上堆载更不容易发生。因此，像人工岛这样的特殊地基，特别是西小岛地基，与规范规定的普通软土地基荷载作用下的破坏情况已不相同，沉降控制标准也应突破规范规定。实际上，在人工岛实际施工过程中，沉降控制值已大于该控制标准，地基并未发生任何开裂、破坏等现象。

所以，根据计算结果，同时结合现场实测数据，港珠澳大桥人工岛堆载施工期地基沉降控制值及报警值建议为：

① 地表沉降限值可达 $7 \sim 9$cm/d；

② 孔隙水压力$\sum \Delta U / \sum \Delta P \leqslant 0.88$。

应该说明的是：该限值只适用于本工程，在其他工程中还应根据实际情况进行计算分析，尤其应注意远离钢围堰的软土地基的分析。但可以肯定地说，在今后对类似港珠澳大桥人工岛这样具有钢围堰约束的软土地基设计时，沉降控制标准应突破该规范限值。

11.2.3 地基处理现场监测

1. 监测仪器布置

西小岛地基处理监测主要内容是地表沉降盘观测、分层沉降观测、孔隙水压力观测、深层侧向位移观测、钢圆筒沉降位移观测和地下水位观测，检测项目包括原位取土和标贯试验、原位十字板剪切试验和原位静力触探试验。另外，为进一步了解回填中粗砂的密实情况，根据设计要求，进行了回填砂层的标准贯入试验。监测（检测）工作量见表11.2-1，监测（检测）项目平面位置布置图见图11.2-12和图11.2-13。

监测（检测）工作量统计表　　　　　　　　　　　　　表 11.2-1

项目	表层沉降盘	孔隙水压力计	深层分层沉降	地下水位	深层侧向位移	钢圆筒沉降位移	原位取土和标贯试验	原位十字板剪切试验	原位静力触探试验	标准贯入试验(回填砂)
单位	只	组	组	孔	孔	点	孔	孔	孔	孔
数量	6	3	3	4	2	17	3	5	1	5

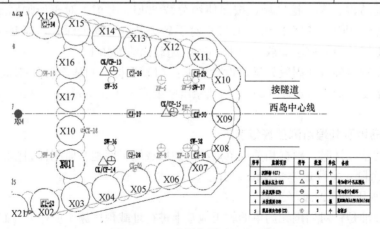

图 11.2-12　监测仪器平面布置图

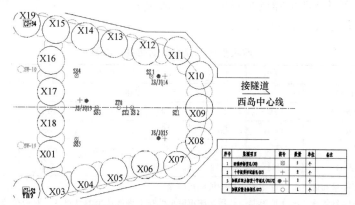

图 11.2-13　检测项目平面布置图

监测频率为加载期间 1～2 次/d，特殊情况时进行加密观测或连续观测，满载后第一个月 1 次/d，一个月后 1 次/2d，直至卸载完成后一周结束。

现场监测及检测过程中使用的主要的监测仪器、设备见表 11.2-2。

配备本工程主要的监测仪器、设备表　　　　　　　　　表 11.2-2

仪器设备类型	仪器设备名称	埋设仪器规格/测量(试验)仪器型号	单位	测点或设备编号	数量
安装埋设仪器	沉降盘	1m×1m	套	CJ-26,CJ-27,CJ-28,CJ-29,CJ-30,CJ-31	6
	孔隙水压力计	1MPa	孔	CK-13,CK-14,CK-15	3
	水位管	—	孔	SW-35,SW-36,SW-37,SW-38	4
	测斜管	3英寸(in)	孔	CX-05,CX-18	2
	钢圆筒沉降位移点	—	个	(对应小岛钢圆筒编号)	17
测量仪器	水准仪	Dini03	台套	YT0013	1
	振弦式频率测定仪	DGK403	台	YT0079	1
	水位尺	TGCS-1	台	YT0135	1
	分层沉降仪	TGCS-1	台	YT0287	1
	测斜仪	TGCX-1-100	台套	YT0057/YT0063	2
原位测试设备	100 型钻机	XY-1	台套	YT0244	1
	十字板剪力仪	AS-1	台套	YT0257	1
	标准贯入设备	$N_{63.5}$	套	YT0240	1
	静探探头	15cm^2	套	YT0239	1

2. 监测结果分析

（1）地表沉降观测

塑料排水板打设前后分别按照 10m×10m 方格网测量场地标高，经计算后得到插板期地基沉降为 638mm。降水联合堆载预压加固地基，各沉降盘这期间（2011 年 9 月 5 日～2012 年 2 月 6 日）发生的沉降在 1417～1859mm 之间，平均为 1596mm。因此整个地基加固过程的总体平均沉降为 2234mm，且卸载前 10d 的实测地表平均沉降速率不大于

2.0mm/d，各沉降盘的沉降量及固结度汇总见表 11.2-3，西人工岛固结沉降计算结果见表 11.2-4，沉降曲线见图 11.2-14。

地表平均沉降量及固结度汇总表　　　　　　　　　表 11.2-3

沉降盘编号	CJ26	CJ27	CJ28	CJ29	CJ30	CJ31	平均
打板沉降(mm)	638						638
目前沉降量(mm)	1515	1859	1417	1658	1684	1440	1596
最终沉降量(mm)	1778	2073	1615	1933	1890	1664	1826
固结度(%)	85.2	89.7	87.8	85.8	89.1	86.5	87.3
残余沉降(mm)	264	214	198	275	206	224	230

注：1. 目前沉降量和最终沉降量均不包括插板期沉降量。

2. 最终沉降量和残余沉降是根据恒载后实测沉降曲线按双曲线法推测计算的，对应荷载均为当前预压荷载。

3. 拟合曲线的相关度为 0.99 以上。

西人工岛固结沉降计算结果　　　　　　　　　表 11.2-4

西人工岛		CKD09	CKD44	XKD46	XB2	CKD14	XKD48	CKD45	XKD49	CKD18
插板底标高(m)		−33	−35	−35	−35	−35	−36	−36	−36	−36
使用荷载 (20kPa)	插板区沉降(m)	1.72	1.39	1.45	1.25	1.32	1.37	1.41	1.64	1.47
	非插板区沉降(m)	0.29	0.31	0.36	0.32	0.32	0.23	0.24	0.14	0.23
	总沉降(m)	2.01	1.70	1.81	1.57	1.64	1.60	1.65	1.78	1.70
施工荷载 (170kPa)	插板区总固结沉降(m)	2.17	1.93	2.01	1.92	1.78	1.89	1.91	2.19	1.88
	80%～90%固结度时插板区固结沉降(m)	1.89	1.68	1.75	1.67	1.55	1.64	1.66	1.91	1.64
	非插板区总固结沉降(m)	0.37	0.46	0.67	0.50	0.48	0.31	0.32	0.22	0.29
	降水结束后非插板区固结度(%)	26	26	21	23	26	31	30	40	31
	降水结束后非插板区沉降(m)	0.09	0.12	0.14	0.12	0.12	0.10	0.10	0.09	0.09
	施工期总沉降(m)	1.98	1.80	1.89	1.78	1.67	1.74	1.76	2.00	1.73
残余沉降	插板区残余沉降(m)	0	0	0	0	0	0	0	0	0
	非插板区残余沉降(m)	0.20	0.19	0.22	0.20	0.20	0.13	0.14	0.05	0.14
	使用期总残余沉降(m)	0.20	0.19	0.22	0.20	0.20	0.13	0.14	0.05	0.14

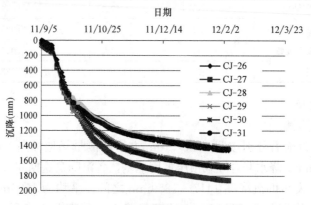

图 11.2-14　地表沉降-时间关系曲线

固结度及最终沉降的推算主要分析表层沉降及分层沉降数据，通过表层沉降推算整个受压土层平均固结度。主要有三种分析方法，分别为三点法、双曲线法及 Asaoka 法，由于双曲线法数据较充足，更能准确、真实地推算出固结度及最终沉降，因此该处采用双曲线法进行分析。

（2）分层沉降观测

根据预压期间实测分层沉降资料可知淤泥和淤泥质土两个土层均得到了良好的固结压缩；这期间（2011 年 9 月 1 日～2012 年 2 月 6 日）各组分层沉降曲线见图 11.2-15。

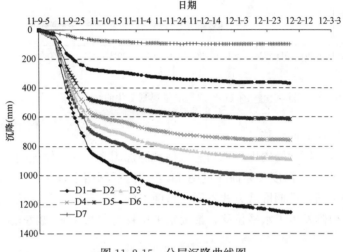

图 11.2-15　分层沉降曲线图

（3）孔隙水观测

根据孔隙水压力观测结果可知，各加固区土体的孔隙水压力发生了明显的消散，这期间（2011 年 8 月 31 日～2012 年 2 月 6 日）孔隙水压力消散曲线见图 11.2-16。

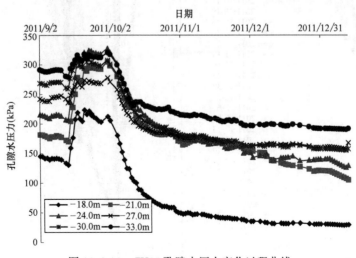

图 11.2-16　CK15 孔隙水压力变化过程曲线

（4）水位观测

根据水位观测结果可知，在预压过程中（2011 年 9 月 3 日～2012 年 2 月 6 日），水位先升高后降低，到 2011 年 10 月 16 日基本稳定维持在－16.0m 以下，水位观测曲线见图 11.2-17。

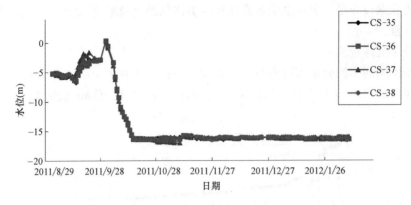

图 11.2-17　水位观测变化曲线

（5）钢圆筒深层侧向位移

在 05 号和 18 号钢圆筒内埋设测斜管以便观测加固区外的土体侧向位移情况，控制施工速度。深层水平位移-深度关系曲线见图 11.2-18。观测结果表明：05 号测斜与 18 号测斜因埋设位置的不同，后期堆载方式不同，这两点的变化趋势并不一致。但两者所在的钢圆筒均向加固区内侧发生了水平位移，最大水平位移为 153.9～178.6mm，主要发生在地表附近。

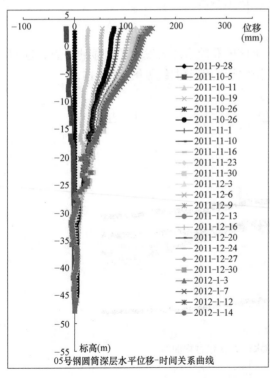

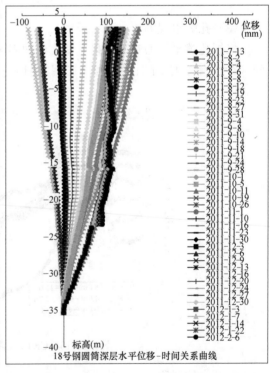

图 11.2-18　深层水平位移-深度曲线

3. 地基长期沉降预测

图 11.2-19 为 1-1 断面岛中心线处地基沉降全施工过程发展曲线，此曲线是由数值模拟施工期沉降后根据监测数据进行拟合，获得全过程沉降发展曲线以预测断面最终沉降，由图可知，岛内地基在经过回填成岛及降水预压过程呈持续下沉的趋势，而降水完成后由于小岛开挖卸载则发生了一定量的回弹，随后经过一段时间的岛内隧道结构施工，沉管安放以及再次覆盖回填后，总沉降量预计约为 2.74m。

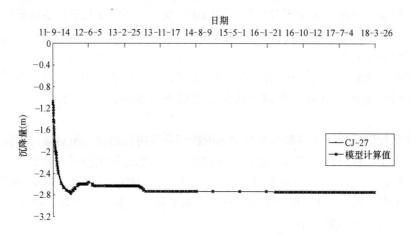

图 11.2-19　1-1 断面岛中心线处地基沉降全过程发展曲线

11.2.4　问题探讨

1. 影响固结速率的因素

根据工程经验可知，在软基承载能力范围内，上覆预压荷载越大，固结速率越快；对于钢圆筒不透水围堰中的地基可快速回填砂并通过降水进行预压。若对比瞬时加载和分级加载的固结速率，前期前者沉降速率稍快，后期由于分级加载的荷载增加，沉降速率大致相当，但分级加载工况对软土处理效果优于瞬时加载工况。

地基土体应力历史对软土地基固结沉降计算是不可忽略的因素，在整个软土地基处理过程中，软土地基固结系数是随着外荷载加载时间的慢慢作用不断地减少，到加载后期，地基土体固结会越来越慢；软土地基先期固结压力会随着历史最大荷载的增大而增大，所以软土地基产生的固结沉降量会随着地基土体应力历史中前期固结压力的增大而减少。

2. 降水联合堆载预压的设计要点

在实际工程中，超载预压需要解决以下两个问题，一是确定所需超载压力值，以保证设计荷载作用下预期的总沉降量在给定的时间内完成。超载压力值的确定应根据实际工程的场地、土体情况、堆载荷载以及经济状况选取综合决定，如果条件允许，超载压力值越大，固结速率越快，但应考虑人工以及经济成本。另一个是确定在给定超载下达到预定沉降量所需时间即确定卸载时机。港珠澳大桥人工岛软土地基由于其特定工程环境，超载预压的限值、沉降速率等突破规范规定，实际工程中应根据实际情况参照规范确定。

11.2.5 结论

1. 效果评价

大超载比降水预压法进行软基处理首次提出并成功应用于港珠澳大桥人工岛软基处理项目，钢圆筒和副格仓并榫槽灌浆形成围闭围堰为此法提供了条件，改进的液压打板机可将排水板打设至底标高－33～－40m，采用海砂作为预压荷载物有效减少了荷载施加和卸载过程中的倒运，此种方法加固效果好、加固速度快，可以满足快速施工的需要。本工程采用大超载比降水预压的方案进行软基加固处理后，地基得到了较好的改良，且人工岛基础整体稳定性满足要求。

（1）根据降水联合堆载预压期间实测地表沉降资料，地基在施工过程中发生了较大的沉降，卸载时根据地表沉降推算的当前预压荷载下的地基固结度为 87.3%，满足设计要求。

（2）根据加固后的取土试验结果与加固前勘察结果进行对比分析可知，加固过程中地基土的物理力学指标有较大改善。通过加固后原位十字板剪切试验可以看出，加固土层的抗剪强度有较大提高。十字板抗剪强度平均值由加固前的 32.1kPa 增加到加固后63.3kPa。通过标准贯入试验可以看出，加固土层的贯入击数增长明显：平均击数由加固前的 0 击增长为加固后的 5 击。

（3）在今后对类似本工程这样具有围堰约束的软土地基设计时，沉降控制标准应突破规范限值。

综合以上分析结果，软基加固后土体强度指标达到了设计要求，并且由于堆载预压荷载的超载比较大，缩短了软基处理所需时间。

2. 技术拓展与应用推广

在今后对类似港珠澳大桥人工岛这样具有钢围堰约束的良好围闭条件下进行软土地基设计时，宜采用大超载比降水预压方法进行软基处理，此方法施工便捷、易于操作、加固效果好且资金投入较小。

参考文献

[1] 中交第四航务工程勘察设计院有限公司. 港珠澳大桥主体工程岛隧工程施工图设计 [R]，2011.

[2] 中交公路规划设计院有限公司，中交第一航务工程勘察设计院有限公司. 港珠澳大桥主体工程施工图设计阶段工程地质勘察报告（西人工岛）第二分册（第一部分）[R]，2009.

[3] 中交第四航务工程勘察设计院有限公司，中交公路规划设计院有限公司. 港珠澳大桥主体工程岛隧工程补充地质勘察（西人工岛区）岩土工程勘察报告第二册（第一分册）[R]，2011.

[4] Francavilla A，Zienkiewicz O C. A note on numerical computation of elastic contact problems [J]. International Journal for Numerical Methods in Engineering，2010，9（4）：913-924.

[5] 中交第一航务工程勘察设计院有限公司，等. 港口工程荷载规范 JTS 144－1－2010 [S]. 北京：人民交通出版社，2011.

[6] 孙立强，闫澍旺，何洪娟，等. 吹填土地基真空预压加固过程分析及有限元法的研究 [J]. 岩石力学与工程学报，2009，27（1）：1-7.

[7] Indraratna B，Balasubramaniam A S，Ratnayake P. Performance of embankment stabilized with ver-

tical drains on soft clay [J]. Journal of Geotechnical Engineering，1994，120（2）：257-273.

[8] Indratna B，Redana I W. Plane-strain modeling of smear effects associated with vertical drains [J]. Journal of Geotechnical and Geoenvironrnental Engineering，1997，123（5）：474-478.

[9] Jin Chun Chai，Shui Long Shen，Norihiko Miura，et al. Simple method of modeling pvd-improved subsoil [J]. Journal of Geotechnical and Geoenvironmental Engineering，2001，11：965-972.

[10] 董志良，陈平山，莫海鸿，张功新. 真空预压法有限元计算比较 [J]. 岩石力学与工程学报，2008，27（11）：2347-2353.

[11] 叶观宝，李志斌，徐超. 塑料排水板处理软弱地基的平面应变简化方法探讨 [J]. 结构工程师，2006，22（1）：51-55.

[12] 刘汉龙，彭劫，陈永辉，等. 真空堆载预压处理高速公路软基的有限元计算 [J]. 岩土力学，2003，24（6）：1029-1033.

[13] 钱家欢，殷宗泽. 土工原理与计算 [M]. 北京：中国水利水电出版社，1996.

[14] 中交第一航务工程局有限公司. 挤实砂桩材料汇编 [R]，2009.

[15] 莫景逸，黄晋申. 挤密砂桩在海洋接岸地基加固工程中的应用 [J]. 水运工程，2009，1：87-92.

[16] 中国建筑科学研究院. 建筑地基处理技术规范 JGJ 79－2012 [M]. 北京：中国建筑工业出版社，2013.

[17] 陈仲颐，周景星，王洪瑾. 土力学 [M]. 北京：清华大学出版社，2009.

11.3　地下水处治的典型工程案例

薛炜[1,2]，张文超[1,2]，彭海华[1]，古伟斌[1]

（1. 中科院广州化灌工程有限公司，广东 广州 510650；2. 广东省化学灌浆工程技术研究开发中心，广东 广州 510650）

11.3.1　概述

地下水作为岩（土）体的组成部分，直接影响着岩（土）体的性状和动态变化，同时也影响建（构）筑物的稳定性、耐久性和安全性。例如，土体中地下水流失导致建（构）筑物地基基础变形，产生不均匀沉降；基坑侧壁渗漏或涌水、坑底管涌，轻则对周边环境产生不利影响，重则危及周边建（构）筑物及基坑本身的安全；对地下水抗浮处理不当引起建（构）筑物底板开裂、结构破坏甚至倾斜，影响结构安全；大面积抽排地下水引起区域性地下水水位下降，对区域地质环境和安全造成危害等。

大约 70%～80% 的岩土工程事故与地下水有关，因此在岩土工程设计与施工中，应特别重视对地下水的处理。本节介绍几个地下水处治的典型工程案例。

11.3.2　化学灌浆联合地下水回灌法处治基坑侧壁渗漏水工程案例[1-4]

1. 工程概况

某商业广场项目设计地上 3 层，地下 2～3 层，分三期开发。其中三期为三层地下室，基坑开挖深度 10.0～12.35m，面积为 15628m²，周长 602m，三期基坑南侧为已建挡土墙，距离基坑边约 8～11m，挡墙高 4.00m，均为使用多年的浆砌块石挡墙。挡墙南侧为

3～8 层住宅建筑，建筑边线距离挡墙 1～2m，距离基坑支护边线 9～13m，场地北侧、东侧施工过程中未受地下水影响（图 11.3-1）。

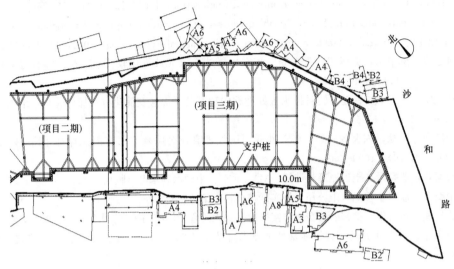

图 11.3-1　三期基坑周边环境平面图

2. 水文地质工程地质条件

项目所在地早期是农田及鱼塘，地势西高东低，属白云山脉南麓山间洼地微地貌单元。

根据勘察报告，地层主要为：①填土、②粉质黏土、③淤泥、④粉质黏土、⑤中粗砂、⑥粉质黏土、⑦砂质黏性土。

场地有多层含水丰富的砂层分布，为层状孔隙水，具微承压性质，补给及径流条件好；其余第四系土层属弱含水层或隔水层；全、强风化花岗岩呈坚硬土状或半岩半土状，中风化岩裂隙发育，渗透性相对较好。场地地下水位埋藏浅，实测钻孔地下水埋深 0.20～1.50m，场地靠西侧钻孔孔口有溢水现象。地下水主要接受大气降水、地表水及同层侧向渗透补给，地下水补给源较丰富。

3. 基坑支护设计方案

基坑采用灌注桩＋钢筋混凝土内支撑＋局部预应力锚索＋三轴搅拌桩＋桩间旋喷桩的综合方案构成基坑支护体系（图 11.3-2）。二期与三期基坑分界线处采用放坡支护，设一排三轴搅拌桩做止水结构。

4. 地下水控制技术

（1）施工过程中出现的问题

一期、二期基坑土方开挖至设计标高后，基坑内有少量涌水，采取坑内抽排水的措施。监测显示基坑外地下水位有变化，且基坑南侧建筑已经不同程度发生了沉降变形，但未超出设计监测报警值。

三期基坑 2015 年 9 月底开挖至坑底设计标高以上约 2.5m 处时，南侧坑内涌水量突然增大。为保证施工正常进行，施工单位在坑内增加水泵加大抽排水作业。2015 年 10 月 16 日起，基坑南侧 85-5、67-2 两栋住宅建筑（图 11.3-3）沉降变形速率突然增大，超出

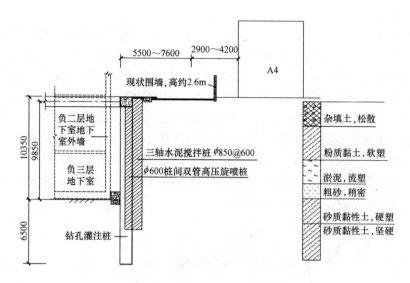

图 11.3-2　基坑支护典型剖面图

了报警值[3]（图 11.3-4）。

　　监测数据反映支护结构和挡土墙的水平位移变化速率很小，支撑轴力在 2015 年 10 月开始呈现减小的趋势，在结构水平位移变化很小的情况下，轴力减小自然与外侧水土压力减小有关，也间接说明沉降并非由于土体侧移引起，建筑物不均匀沉降主要由于基坑底的抽水使基坑外的地下水水位下降，形成降水漏斗，使土体因失水固结沉降，部分土体细颗粒也随地下水被冲刷带走，从而造成建筑物的不均匀沉降。

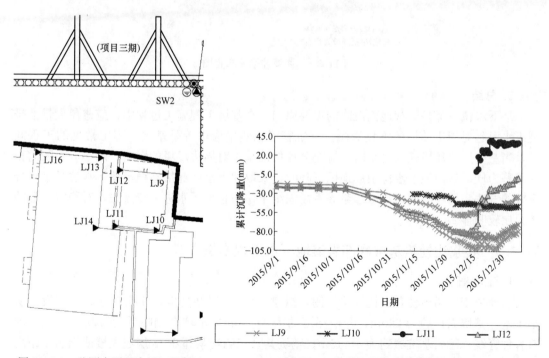

图 11.3-3　监测点平面布置（局部）　　　图 11.3-4　基坑南侧建筑物累计沉降

（2）处理措施

基于上述分析，决定在基坑南侧与发生不均匀沉降的建筑物之间布置两排回灌井（图11.3-5），采取地下水回灌措施遏制建筑物继续沉降。布置的回灌井水平间距为2m，排距为2m，深度约12~15m。回灌工作于2015年11月5日开始，同时在基坑内涌水处采用化学灌浆方法进行止水，保证坑内不再涌水[4]。回灌地下水15d后地下水位逐渐回升，待建筑物沉降速率开始逐渐变小并有稳定趋势时，遂在发生沉降的建筑物周边采用化学灌浆法对周边土体和建筑物地基进行加固，在化学灌浆处理后期，基坑外水位基本稳定。12月15日各观测点的观测数据显示沉降曲线开始反转，建筑物开始缓慢抬升（图11.3-4）。2016年1月10日后，在建筑物沉降变形已经稳定的情况下，采用了化学灌浆联合锚杆静压桩纠偏技术对住宅建筑进行了纠偏加固。

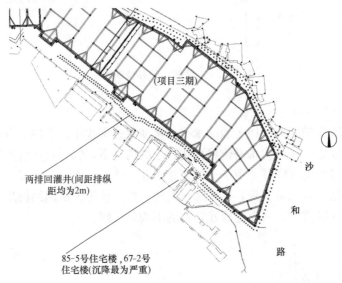

（项目三期）

两排回灌井(间距排纵
距均为2m)

85-5号住宅楼,67-2号
住宅楼(沉降最为严重)

沙

和

路

图 11.3-5　回灌井平面布置图

5. 总结

地下水位下降是引起地面沉降的重要原因，在基坑工程施工过程中，应避免大量抽排地下水引起对周边环境的不良影响。基坑管涌、侧壁渗水等是基坑工程中常见的工程问题，当基坑周边环境较为复杂时，应充分评估抽排水对周边环境的影响，以形成封闭的止水帷幕为佳。若因地下水位引起地面沉降时，采取地下水回灌措施稳定地下水位是个十分有效的方法，回灌的同时结合灌浆等手段固结土体防止地下水进一步流失，对稳定变形的效果比较明显。

11.3.3　灌浆法处治基坑底部岩溶地下水工程案例[5,10]

1. 工程概况

场地位于广州市桂花岗机场路西侧，拟建一栋35层办公楼，冲孔桩基础，下设三层地下室。基坑周长约为290m，开挖深度约为12.40m。基坑东侧临近的市政主干道下埋有各种管线，距离基坑边约为6~10m；基坑其余三侧均紧邻6~8层居民楼或酒店，距离约为6~13m（图11.3-6）。

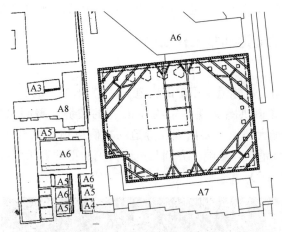

图 11.3-6　基坑周边环境平面图

2. 水文地质和工程地质条件

根据勘察报告，场地属覆盖型岩溶区，覆盖层厚 11.15～20.15m。钻孔溶洞见洞率为 70%。溶洞内多充填流塑状黏性土，钻进时漏水严重。溶洞顶板埋深为 11.83～30.65m，洞高为 0.13～2.55m；个别钻孔连续揭露有 3～4 个串珠状溶洞，在地表 30m 下微风化岩层中仍揭露有溶洞分布。

本场地地下水包括孔隙潜水和岩溶水，以岩溶水为主。表层松散填土含季节性上层滞水，残积土层中夹石灰岩碎屑，有少量孔隙水。岩溶水主要赋存于溶洞和溶蚀裂隙中，属承压水；钻孔钻至基岩层和溶洞时，有漏水现象，说明石灰岩裂隙或溶洞发育，连通性较好。岩溶裂隙水分布极不均匀，在岩溶不发育的地段水量少，在岩溶裂隙集中分布区，水量丰富。地下径流是场地地下水的主要补给源，少量的地表降水以渗透方式补给地下水。

3. 基坑止水方案

本基坑工程的难点，一方面是场地内石灰岩埋藏较浅，溶洞规模较大，溶隙、溶洞和溶蚀沟槽等已扩展为相互连通的地下暗河，地下水丰富；另一方面是周边环境条件复杂，分布有城市主干道及大量民房，安全等级要求严格；周边地铁工程和市政桥梁施工时曾出现多次涌水和坍塌事故。

经综合分析，基坑采用支护桩＋内支撑＋桩间旋喷桩止水的综合支护形式构成基坑的支护体系，旋喷桩桩底至灰岩面，岩面与桩底结合部采取灌浆方法封闭，同时在基坑内全场采用灌浆方法进行封底。

基坑内按 2m×2m 方形网格布置灌浆孔。灌浆孔成孔时，如揭露较大溶洞，灌浆孔间距加密至 1.2m，灌浆深度自基坑底以下不少于 15m。

对较大的溶洞灌浆材料采用 M10 水泥砂浆或 C15 细石素混凝土，灌浆压力为 6～8MPa，采用混凝土泵压入。对较小的溶洞灌浆材料采用水泥浆，水灰比为 0.8～1.0，灌浆压力一般为 1～2MPa。遇灌浆量漏失严重时，采用双液灌浆。

4. 总结

本案例场地内溶洞规模较大、地下水极为丰富，周边类似项目在施工过程中因对岩溶水认识不足，多次出现涌水和坍塌事故，故本项目设计采用桩间旋喷桩止水＋桩底与基岩结合部灌浆封闭＋基坑全场灌浆止水封底的方法，形成完整封闭的止水帷幕，顺利完成了基坑施工，未发生涌水坍塌事故，也未对周边道路、市政设施和建筑物造成不利影响。

11.3.4 灌浆法封堵隧道涌水工程案例[8-10]

1. 工程概况

湖南省某高速公路寸石隧道采用矿山法施工。在 ZK26＋353～358 里程区间左线隧道岩体在施工过程中沿隧道拱圈突现一条约 3cm 宽的裂缝，瞬间出现突涌水，涌水量达 $500m^3/h$ 左右，涌水最大部位主要出现在隧道的左侧拱顶和拱脚部位。突如其来的涌水不仅使山涧的泉水衰减消失，影响了方圆几里地村民的正常生活用水，而且直接威胁着隧道施工的安全（图 11.3-7）。

图 11.3-7　隧道内照片

2. 隧道渗漏水治理的原则

隧道涌水治理遵循"堵排结合、多道防线、因地制宜、综合治理"的原则，对于裂缝漏水量较大的部位，采用化学灌浆堵漏措施为主，并预留好引排水措施。在反复多次灌浆堵漏后把大漏水点或漏水裂缝封堵后，再采用有组织的引排水措施把小水引出。

3. 实施过程

根据现场实地考察及提供的相关资料、施工技术要求和以往的工程经验，对此隧道的突发涌水采取以下处理方法：

（1）采用有机-无机速凝复合快速封堵灌浆材料[10,11]，该种材料将高分子有机材料的速凝、低黏度、高渗透、固化时间可调节等特点与无机硅酸盐材料的高强度、低造价等特点相结合，既能快速处置突涌水，又能满足处置部位需不低于隧道混凝土高强度的要求。

（2）根据现场涌水部位裂缝的宽度与涌水量大小，每隔 0.5～1.0m 布置一个灌浆管，骑缝钻孔或斜向钻孔至裂缝深部，孔深 2～4m。

（3）对于涌水特别大的部位，先采用化学灌浆材料进行灌浆封堵，同时埋设排水孔或在初衬结构顶部设接水槽或导水管将水引排到排水沟内或消防池中。

（4）为确保灌浆封堵效果，采用至少两次以上的多次灌浆。

4. 效果

通过采用具有高渗透性、固化时间可调节、具有良好的粘结性能及固结体强度高的复合灌浆材料对隧道的涌水及渗漏水部位封堵和处理，隧道得以继续掘进施工，完全满足了隧道建设的要求，达到了治理隧道突涌水的目的。

11.3.5 排水固结法处理软土地基工程案例[6]

1. 工程概况

项目位于珠海市高栏港经济开发区的装备制造区，位于十字沥闸水道西面，场地东北面为正在修建的海工路，与南水大道相连并连接各市政道路，东南面为一期项目场地，目前已在使用，西南面为黄茅海，已建有海堤。东西方向长约955m，南北方向宽约410m，总面积约37万 m^2。

2. 场地工程地质条件

场地岩土层情况见表11.3-1。

场地工程地质情况 表11.3-1

层号	岩土层名称	岩土特性	平均层厚（m）	层底高程（m）
①	人工填土层	海上吹填粉细砂及淤泥而成，饱和，流塑	10.84	−10.70～−5.12
②₁	淤泥	以淤泥为主，局部为淤泥质土、淤泥质粉土、淤泥质粉质黏土	5.37	−19.30～−9.29
②₂	粉质黏土	由黏土和少量粉细砂组成，饱和，可塑，局部软塑	5.47	−26.24～−10.92
②₃	淤泥质土	饱和，流塑～软塑，具腐臭味，含少量粉细砂和贝壳碎屑	5.72	−35.09～−12.57
②₄	粉砂	主要为石英砂，含少量淤泥质土或黏土，以粉砂为主，饱和，松散	5.26	−39.61～−19.62
②₅	粉质黏土	由黏土和中细砂组成，局部为黏土层，饱和，可塑，局部软塑	3.87	−44.73～−15.07
②₆	淤泥质土	具腐臭味，含少量粉细砂和贝壳碎屑，饱和，软塑	6.65	−41.94～−18.17
②₇	角砾/砾砂	上部以中细砂、砾砂为主，下部以角砾、砾砂为主，饱和，稍密～中密	7.21	−50.22～−34.96
③	残积层	砾质黏性土，主要为黏性土及石英砾砂，局部含有块石，可塑～硬塑	3.48	−53.33～−39.58
④₁	全风化花岗岩	岩芯土柱状，原岩结构可辨，硬塑～坚硬，极软岩	3.49	−62.09～−40.36
④₂	强风化花岗岩	原岩结构较明显，风化裂隙发育，岩芯呈半岩半土状，软岩	6.74	−80.90～−39.06

3. 排水固结法处理软基设计方案

（1）设计技术要求

地基承载力要求：交工面地基承载力不小于80kPa；地基处理后残余沉降量：工后沉降≤20cm。

（2）设计方案及参数

根据场地各功能区及施工场地作业条件特点的不同，软基处理分别采用了不同的处理方案，平面分区见图11.3-8，软基处理方案见表11.3-2。

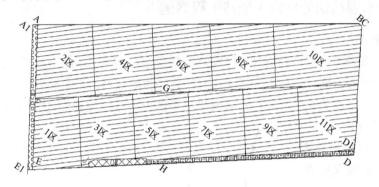

真空预压   堆载预压   强夯   插板固结

图11.3-8 软基排水固结处理平面分区图

软基排水固结处理设计方案   表11.3-2

区域	地基处理方案	软基施工面积(m²)	备 注
1~11区	真空预压	353453	排水板呈正方形布置，间距1.1m，排水板外露长度0.7m
D区	堆载预压	7028	排水板呈正方形布置，间距1.1m，排水板外露长度0.2m，堆载高度3.5m
C区	插板固结	6149	排水板呈正方形布置，间距1.1m
Q区	强夯施工	3011	两遍点夯，夯击能2500～3000kN·m；一遍普夯，夯击能1000kN·m
合计		369821	

4. 排水固接法处理软基施工技术

（1）土工织物加筋垫层施工技术

土工织物加筋垫层施工流程为：竹架铺设→土工格栅铺设→编织土工布铺设（图11.3-9）。

图11.3-9 土工织物加筋垫层施工流程

（2）吹填中细砂垫层施工技术

吹填中细砂垫层施工工艺流程为：施工准备→布设水陆吹填管线→吹填管线对接→泵

船就位→运砂船运砂至加固区附近→吹填中细砂施工（图 11.3-10）。

（3）塑料排水板施工技术

塑料排水板采用 SPB-B 型再生料板，按正方形布置，根据设计要求间距采用 1.1m，排水板底部穿透淤泥层并进入下卧黏土层 0.5m 终止。塑料排水板施工工艺流程：排水板位放样→插板机就位→桩排水板桩靴→下插桩管至设计标高→上拔桩管至地面以上 1.0m→切割排水板，外露不小于 0.7m→移机下一板位→排水板验收→回填排水板桩孔。

图 11.3-10　吹填砂工作垫层施工

（4）淤泥搅拌桩施工技术

真空预压区周边泥浆密封墙均采用双排搅拌桩，墙体厚度不得小于 1.2m，打设深度以穿透吹填土层，进入原状淤泥层 0.5m 为准，平均深度暂按 8～14m。

（5）真空预压施工技术

本工程真空预压面积约 353453m^2，共分 1～11 区进行真空预压处理。

真空预压施工工艺流程为：施工准备→测量放线→埋设真空管路和膜下测头→铺设双层密封膜→踩密封膜→布设电路→安装调试射流泵→试抽真空→真空恒载不少于 90d→固结度及检测沉降速率满足设计要求→停泵卸载。

① 埋设真空管路：采用通径为 $\phi40mm$ 的滤管布设水平管路，然后将排水板与滤管绑扎连接（图 11.3-11）。

② 铺设密封膜：铺设两层聚乙烯（或聚氯乙烯）膜，密封膜在工厂热合一次成型。两层密封膜铺设完毕后，分层将密封膜边缘人工踩入淤泥搅拌墙深不小于 1.2m。

③ 安装真空泵：真空射流泵额定功率不小于 7.5kW，且在泵出口处能形成不小于 96kPa 的真空压力。真空泵进水口和出膜口保持同一平面，以保证真空泵能发挥到最大功效。

④ 真空预压抽气：空载调试真空射流泵，当真空射流泵出口处真空度达到 96kPa 以上，开始试抽真空。仔细检查有无漏气情况，发现后及时修复。

⑤ 抽真空恒载维护：持续抽真空时间为 90d（图 11.3-12）。

图 11.3-11　排水板与滤管绑扎连接

图 11.3-12　真空恒载维护

⑥ 卸载：由实测沉降曲线推算固结度不小于 90％，且连续监测 5d，沉降速率小于 0.2cm/d 后，即可停泵卸载。

（6）堆载预压施工技术

堆载预压施工工艺流程：开挖块石→回填中细砂层垫层→铺设编织布→铺设中粗砂排水垫层→插设塑料排水板→分级堆载预压（分 2 级，堆载高度 3.5m）→维持恒载 110d→检测合格→卸载。

分级堆载预压：以沉降速率不超过 10mm/d，侧向变形速率不超过 5mm/d 进行控制。

卸载：恒载期满 110d，并由实测沉降曲线推算固结度不小于 93％，及连续 5d 监测沉降速率小于 0.2cm/d，即可卸载。

5. 处理效果

通过真空预压排水固结和堆载预压排水固结处理后的淤泥层达到了设计要求。

排水板真空预压法、排水板堆载预压法主要是施加外部荷载，将土体内的地下水沿排水板（竖向排水体）排出，减小土体的含水量，达到土体固结目的，提高地基承载力，减小地基工后沉降。广义上讲，排水固结法是一种软弱土层地下水控制技术。

11.3.6　降水卸压法处理地下室结构抗浮工程案例[7]

1. 工程概况

保利世贸中心位于广州市琶洲 PZB1501 地块，场地北侧为新港东路，中段为地铁琶洲站出口，东侧为会展南四路，场地西侧为会展南三路，场地南侧为凤浦中路（图 11.3-13）。

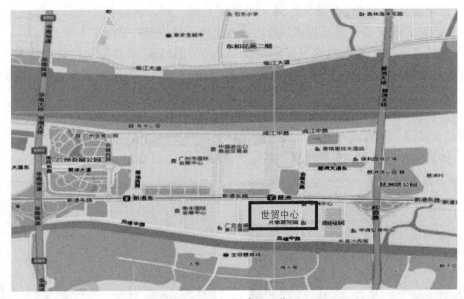

图 11.3-13　拟建场地位置

该建筑拟建两层地下室，基坑开挖深度 11m，单层面积约 8 万 m²，平面呈矩形，长约 335m，宽约 223m，支护结构为地下连续墙结构。原设计抗浮构造采用 1000 余条大直径（1.2～2.0m）灌注桩作为抗拔桩，造价相当高，而且工期长。经设计计算后，改变思路，变抗拔为降水减压，取消所有抗拔桩，在地下室布设减压井，减少地下水对地下室底板的向上压力，达到抗浮的目的。

2. 水文地质和工程地质条件

根据场地岩土工程勘察报告，本场地地层自上而下有人工填土层、海陆交互相沉积层、残积层及白垩系碎屑沉积岩组成。其中第四系海陆交互相沉积层自上而下主要有淤泥质土、粉砂、细砂、中砂、粗砂、砾砂等，砂土层厚度大，分布普遍，透水性好，除淤泥质土外该土层是地下水的主要通道。白垩系碎屑沉积岩的强风化带在地块场区大部分钻孔均有揭露，风化强烈，裂隙很发育，富含一定量的裂隙水，也是地下水不容忽视的渗透通道。局部地区全风化层和强风化层缺失，砂层和中风化层直接相接，可能对防渗墙防渗效果有一定影响。

场区地下水主要是赋存于第四系海陆交互相沉积层砂层中的孔隙水，以承压水为主。场区砂土层分布普遍，厚度较大，透水性好，富水性强。

3. 地下室减压井布置方案

为了满足地下室底板的抗浮稳定要求，在渗流场模拟计算的基础上，对各种减压井布置方案进行了分析和比较。

为了减少地下室内布置的减压井对地下室使用的影响，并尽可能减少从减压井内抽水的水泵数量，可在地下室底板以下通过水平向水管将若干个减压井内的水汇集在一个减压井内，只需在此减压井内布置水泵抽水即可（图 11.3-14）。

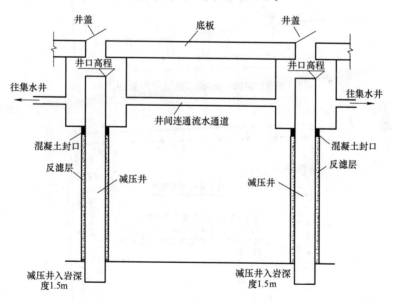

图 11.3-14　减压井结构剖面图

为了对多种可能的减压方案进行分析比对，分别对在地下室布置 15 个（图 11.3-15）、20 个（图 11.3-16）和 28 个（图 11.3-17）减压井的三个方案进行分析。

减压井按照基坑周边均匀布置的原则，三个对比方案中减压井均距防渗墙 10m 左右，井的位置可以在 10m 范围内变动，对结果影响不大。各种工况的计算结果对比如表 11.3-3所示。

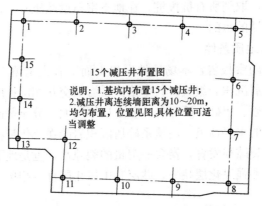

图 11.3-15　方案一减压井布置简图

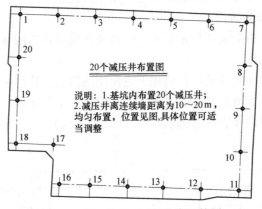

图 11.3-16　方案二减压井布置简图

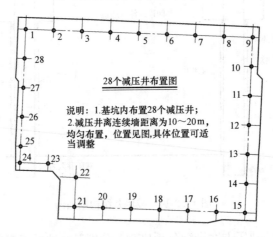

图 11.3-17　方案三减压井布置简图

4. 结论

三种减压井布设方案的计算结果和实际应用表明：（1）井数增多，井的总出水量增加，但增加幅度有限；井数增多，底板水头也降低但降低幅度不大。（2）在抽水泵功能相

各种工况下减压井计算结果对比

表 11.3-3

井数(个)	井口高程(m)	流量(l/s)	总出水量(m³/d)	单井最大出水量(m³/d)	单井最小出水量(m³/d)	单井平均出水量(m³/d)	底板所受浮力(kN/m²)				
							A	B	C	D	E
15	−3.5	20.31	1754.78	183.86	83.78	116.99	无水压	无水压	无水压	无水压	无水压
	−2.5	18.15	1568.16	162.55	76.51	104.55	7.30	8.20	8.80	8.00	8.00
	−1.5	15.91	1374.62	141.66	67.78	91.63	16.90	17.60	18.10	17.50	17.40
	−0.5	13.57	1172.45	120.77	57.37	78.17	26.50	26.80	27.50	27.00	26.90
	0	12.38	1069.63	110.31	51.63	71.29	31.20	31.70	32.20	31.70	31.60
	1	9.94	858.82	89.18	39.50	57.22	40.80	41.10	41.50	41.20	41.10
	2	7.44	642.82	68.05	25.86	42.84	50.30	50.50	50.90	50.70	50.50
20	−3.5	20.69	1787.62	140.27	49.69	89.37	无水压	无水压	无水压	无水压	无水压
	−2.5	18.47	1595.81	124.01	45.69	79.80	6.50	6.90	7.00	7.60	7.00
	−1.5	16.18	1397.95	107.98	40.00	69.91	16.10	16.40	16.60	17.10	16.50
	−0.5	13.83	1194.91	92.37	32.37	59.76	25.80	26.00	26.20	26.60	26.20
	0	12.61	1089.50	84.39	27.68	54.50	30.60	30.80	31.00	31.40	30.90
	1	10.15	876.96	68.49	17.90	43.83	40.30	40.40	40.60	41.00	40.50
	2	7.15	617.76	52.30	6.15	30.75	50.00	50.00	50.30	50.50	50.20
28	−3.5	21.08	1821.31	107.24	31.43	65.06	无水压	无水压	无水压	无水压	无水压
	−2.5	18.46	1594.94	90.84	29.95	56.98	5.80	5.80	6.40	6.40	6.00
	−1.5	16.28	1406.59	80.75	26.17	50.22	15.50	15.60	16.00	16.10	15.80
	−0.5	13.47	1163.81	67.86	20.97	41.57	25.60	25.50	26.00	26.00	25.70
	0	12.77	1103.33	63.88	17.34	39.42	27.90	27.90	27.50	27.50	30.30
	1	10.23	883.87	51.74	9.94	31.56	39.90	39.90	40.30	40.30	40.00
	2	7.63	659.23	39.93	0.62	23.54	49.70	49.70	50.00	50.00	49.80

同的前提下，井口高程升高或降低，对减压井的出水量影响较大。井口高程升高，则出水量减少，底板水头增加；井口高程降低，则出水量增加，底板水头减少。井口高程的高低比减压井数量的增减对减压效果的影响要敏感得多。（3）当井口高程低于底板底 60cm 时，底板下均无水压；当井口高程与底板底相同时，此时水位面还未到底板顶，可不做任何防渗措施也能达到底板抗浮稳定的要求；当井口高程高出地下室底板顶标高时，则对地下室底板做相应的防水防渗处理措施后可以满足地下室底板的抗浮要求，此工况的优点是抽水量较小。

通过减压井孔口高程的控制可调节出水量和底板水压力，可满足地下室的抗浮要求。

本节部分工程案例由广州市城市规划勘测设计研究院彭卫平、肖淑君、林青芝，华南理工大学潘泓，中交四航工程研究院周红星、林军华提供，蔺青涛、许景慧参与整理，在此一并表示感谢。

参考文献

[1] 某商业广场基坑周边建筑化学灌浆止沉设计及施工方案［R］. 中科院广州化灌工程有限公司，2015.

[2] 某商业广场基坑地下水回灌设计施工图［Z］. 广州市城市规划勘测设计研究院，2015.

[3] 某商业广场周边房屋安全鉴定报告［R］. 广州华特建筑结构设计事务所，2016.

[4] 中科院广州化灌工程有限公司. 一种灌浆联合预应力锚杆静压桩纠偏加固方法［P］. 中国，CN106522292A. 2017-03-22.

[5] 中央海航酒店项目（一期）基坑支护设计施工图［Z］. 广州市城市规划勘测设计研究院，2009.

[6] 番禺珠江钢管海洋装备制造二期真空预压设计施工图［Z］. 中交四航工程研究院有限公司，2014.

[7] 曹洪，潘泓，骆冠勇. 保利世界贸易中心地下水渗流及地下室抗浮分析报告［R］. 华南理工大学，2015.

[8] 寸石隧道灌浆堵漏施工验收报告［R］. 中科院广州化灌工程有限公司，2015.

[9] 中科院广州化灌工程有限公司. 一种粉料-丙烯酸盐复合灌浆材料及其制备方法与应用［P］：中国，CN103772868A. 2014-05-07.

[10] 中科院广州化灌工程有限公司. 一种聚氨酯-水玻璃复合灌浆材料及其制备方法与应用［P］：中国，CN103756291A. 2014-04-30.

11.4　临湖高水头地下室盲沟排水抗浮与渗流分析

左人宇，张成武

（深圳市工勘岩土集团有限公司，广东 深圳 518054）

11.4.1　引言

近几年，随着城市人口密度增大，城市车辆保有量的大幅增长，人们对地下室所需空间亦水涨船高。相应的，在有限的单体建筑面积下，通过增加地下室的层数增加地下室的停车面积。因此，随着地下室深度增加，对建筑物的抗浮设计要求相应增大。

在众多的地下室结构抗浮设计中，盲沟排水措施利用地下水的静止水压力主动降低地下室抗浮水位，具有结构简单，施工简便，经济环保等优点。本节简要总结了盲沟排水的设计方法及施工和维护注意事项，并以项目为例，结合计算分析，详细阐述盲沟的设计参数及施工工艺，总结分析碎石盲沟排水的应用经验。

11.4.2　盲沟排水设计与施工

盲沟排水设计常用于地下水位较低的城市建筑或水力梯度变化较大的边坡建筑中。通过疏排地下水，降低水头高度达到抗浮的目的。已有较多的工程采用了此方法进行地下室抗浮设计。2020 年 3 月 1 日起实施的《建筑工程抗浮技术标准》JGJ 476—2019 指出，排水限压法、泄水降压法也是主要的抗浮手段之一。

在设计阶段，对场地地下水的情况和结构荷载分布、周边环境等应充分了解。掌握地水位的变化情况，对地下水流量、渗流场进行分析计算，对周边环境的影响进行评估。

施工阶段，应严格按照设计要求进行施工，选用合格的工程材料。

维护阶段，应建立标准的维护手册，特别是在工程竣工交由物业管理时，应做好安全交底，将排水抗浮作为一项日常工作进行。应注意水泵等的维护，应急措施的演练，地下水位监测等工作。

11.4.3　工程案例

"泰丰花园二期"项目位于惠州市大亚湾西区响水河，东侧与一期隔湖相望，南侧与泰丰学校相邻，西侧与龙山八路相邻，北侧与熊猫国际相邻（图 11.4-1）。"泰丰花园二期"总建筑面积 221426.98m²。项目设置 3 层地下室，正负零标高 34.30m 和 33.50m，地下室底标高是 20.184m 和 20.95m。

根据勘察报告，本场地地下室抗浮设防水位建议按标高 30.01m 考虑。根据建筑结构设计要求，地下水浮力大。因此地下室车库采用疏排水的抗浮方案，即盲沟排水方案降低地下水位，以解决地下室的抗浮问题。

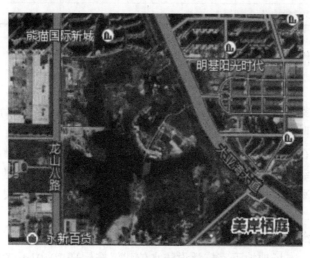

图 11.4-1　基坑与周边环境图

11.4.4　工程水文地质情况

拟建场地原始地貌为剥蚀残丘和冲积阶地，根据场地地貌单元以及勘察报告，场地岩土层分布为：①第四系人工填土层（Q^{ml}），素填土；②第四系冲积层，淤泥质粉土、粉质黏土、粗砂；③第四系残积层（Q^{el}），粉质黏土；④白垩系基岩（K），全风化泥质粉砂岩、强风化泥质粉砂岩、中风化泥质粉砂岩。

根据钻探揭露，场地地下水主要为大气降雨和西侧鱼塘水侧向补给，排泄主要依靠地表蒸发、向低洼地段潜流。拟建场地地下水位随地形及季节变化，地下水体埋藏较浅，其动态变化具季节性周期，雨季地下水位明显上升，旱季地下水位回落下降，年变化幅度较大，年变化幅度为 2.00～4.00m。施工期为旱季，根据勘察期间测得钻孔混合水位埋深为 3.80～7.20m，水位标高为 24.46～27.79m。场地钻孔初见水位比稳定水位埋深高0.20m，水位标高为 24.66～27.99m。局部分布的粗砂具弱承压性，采用下管直接测量，测得承压水水头高度为 1.50m，场地北侧高，南侧低，拟建场地周边排水条件较好。本场地地下室抗浮设防水位建议按标高 30.01m 考虑。

岩土体力学参数取值见表 11.4-1，典型地质剖面图及勘察水位线见图 11.4-2。

<table>
<tr><td colspan="6" style="text-align:center">岩土体力学参数表　　　　　　　　　　　表 11.4-1</td></tr>
<tr><th>序号</th><th>岩性</th><th>天然重度
（kN/m³）</th><th>内摩擦角
（°）</th><th>黏聚力
（kPa）</th><th>渗透系数
k（m/d）</th></tr>
<tr><td>1</td><td>素填土</td><td>15.00</td><td>9</td><td>6</td><td>0.30</td></tr>
<tr><td>2</td><td>淤泥质粉土</td><td>16.90</td><td>10</td><td>11</td><td>0.05</td></tr>
<tr><td>3</td><td>粉质黏土</td><td>19.00</td><td>12</td><td>20</td><td>0.08</td></tr>
<tr><td>4</td><td>粗砂</td><td>19.50</td><td>25</td><td>—</td><td>30</td></tr>
<tr><td>5</td><td>粉质黏土</td><td>19.30</td><td>16</td><td>30</td><td>0.08</td></tr>
<tr><td>6</td><td>全风化泥质粉砂岩</td><td>19.50</td><td>22</td><td>36</td><td>0.10</td></tr>
<tr><td>7</td><td>强风化泥质粉砂岩</td><td>21.50</td><td>—</td><td>—</td><td>—</td></tr>
<tr><td>8</td><td>中风化泥质粉砂岩</td><td>—</td><td>—</td><td>—</td><td>—</td></tr>
</table>

11.4.5　工艺流程及操作要点

1. 工艺原理

碎石盲沟是主要由碎石和粗砂组成的一道排水的渗流通道，在盲沟外采用土工布包裹，起到过滤土体颗粒的作用。在盲沟底铺设两根 ϕ150mm 的塑料盲管，作为排水路径（图 11.4-3）。通过在地下室抗浮水位下合理布置盲沟，形成排水暗渠，利用地下水的静止水压力降低地下室水位，使地下室周围的水位低于抗浮水位，保证地下室所受浮力在允许范围内。组成盲沟的原材料价格低廉，获取简便，其排水性能可靠、安全，具有经济、节能、环保的特点。

2. 排水盲沟设计

根据勘察报告，本场地地下室抗浮设防水位建议按标高 30.01m 考虑，而地下室底标高为 20.18m 和 20.95m。因此地下室车库采用盲沟排水方案降低地下水位，以解决地下

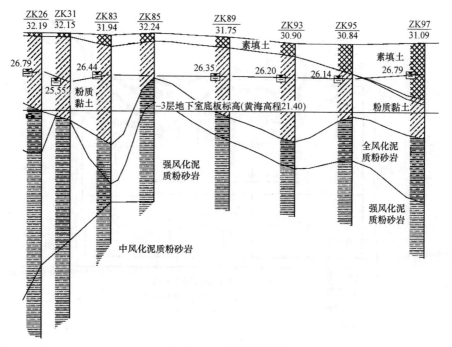

图 11.4-2　地质剖面图

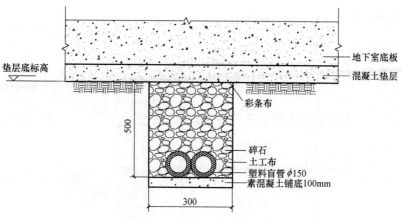

图 11.4-3　盲沟横断面大样图

室的抗浮问题。在地下室外墙外侧设置排水盲沟，排水盲沟管底设置于标高 28.50m 上，每隔 25m 布置一口集水井于盲沟管下，后经排水管将各个集水井内的地下水排入到雨水系统中。通过该方案，将场地地下室范围抗浮水位调整到 28.50m，平面布置图如图 11.4-4 所示，典型剖面图如图 11.4-5 所示。

11.4.6　计算模型的建立

经过盲沟排水后的地下室底板底面的压力水头是盲沟排水设计最重要的内容[6]，本节采用岩土有限元商用软件 MIDAS-GTSNX 建模，计算不同工况下经过盲沟排水后的地下室底板底面的压力水头。

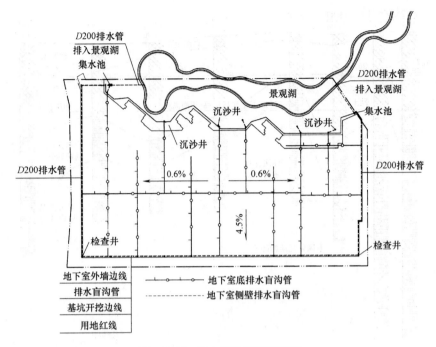

图 11.4-4　排水盲沟平面布置图

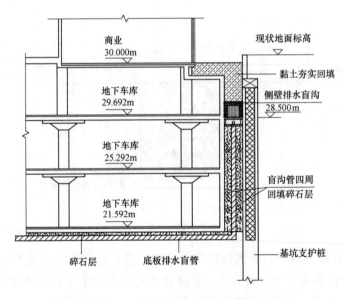

图 11.4-5　排水盲沟剖面布置图

1. 模型建立

根据勘察钻孔资料，地下室底板处在粉质黏土层中，因此将场地土层合并为两层，分别为素填土和粉质黏土，渗透系数根据勘察报告进行选取，盲沟根据《土工合成材料应用技术》规范取 0.8m/d。考虑到建模的简便，将地下室简化成矩形，整个分析模型如图 11.4-6、图 11.4-7 所示，整个模型尺寸为 $360 \times 150 \times 32$m。

图 11.4-6 渗流分析模型示意图   图 11.4-7 排水盲沟系统

2. 边界条件设置

三维有限元模型的 X 轴两侧与 $-Y$ 轴侧为定水头边界，根据勘察报告，总水头取最不利工况为 30.01m，盲沟出水处定水头边界，压力水头为 0。其中，地下室侧壁与底板均为不透水边界。

3. 计算结果分析

本节所取的地下水水头按最不利工况进行模拟，即地下室周边土层的水头为恒定水头 30.01m，通过设置不同盲沟出水口的数量取不同工况计算分析。工况一为全部出水口均可顺利排水，其计算结果如图 11.4-8 所示，在地下室周边土体恒定水头 30.01m 的工况下，通过该排水盲沟系统排水，可使地下室范围内的底板水头保持在 28.50m，保证地下室底板所能承受的地下水浮力在安全范围内，侧面印证了该排水盲沟系统的可行性。工况二为右半侧出水口可顺利排水，其余排水口假设因堵塞无法排水，其计算结果如图 11.4-9 所示，左半侧排水盲沟因堵塞无法排水，致使左半侧的地下室底板所受的地下水水头压力超出设计允许值。

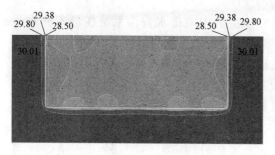

图 11.4-8 工况一：全部出水口排水

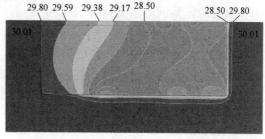

图 11.4-9 工况二：右半侧出水口排水

工况三为仅地下室外墙两侧出水口可顺利排水，其计算结果如图 11.4-10 所示，工况四为除地下室两侧出水口堵塞外，其余出水口均可顺利排水，其计算结果如图 11.4-11 所示。工况三仅在地下室北侧存在局部区域水头超出设计允许值，而工况四中地下室区域水头高出设计允许值主要存在于地下室左右两端较大面积处。对比分析上述两种工况，在本次模型未考虑地下室外侧肥槽内级配碎石对地下室周边地下水的汇集作用下，地下室两侧出水口对降低地下室底板水头的贡献依然较中间区域的出水口大。因此，在类似盲沟系统的设计中可适当加大地下室侧壁四周的排水盲沟截面面积，或采取一些有效措施，降低地下室侧壁排水盲沟的堵塞风险，可有效提高地下室抗浮设计的安全系数。

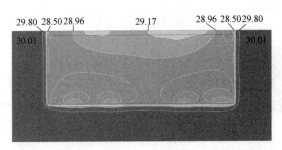

图 11.4-10　工况三：左右两端出水口排水

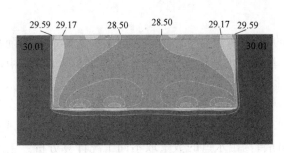

图 11.4-11　工况四：中间出水口排水

11.4.7　结论

盲沟排水通过主动降低建筑物区域及附近地下水水位，减少地下水浮力，相较抗浮锚杆及抗拔桩基措施，盲沟施工工艺简单，其原材料简便易得，经济环保，且通过主动降低地下水水位，能有效降低地下水对地下室结构的侵蚀。

通过对该案例的建模计算分析可知：（1）该案例中的排水盲沟系统在最不利水头 30.01m 工况下，亦能保证地下室结构的抗浮要求。（2）地下室两侧排水口对降低地下室底板水头的贡献依然较中间区域的排水口大。因此，在类似盲沟系统的设计中可适当加大地下室侧壁四周的排水盲沟截面面积，或采取一些有效措施，降低地下室侧壁排水口的堵塞风险，可有效提高地下室抗浮设计的安全系数。

参考文献

［1］　汪四新，屈娜. 某坡地建筑地下室抗浮问题绿色技术处理方法［J］. 建筑技术，2012，43（10）：925-928.

［2］　俞建强. 深大基础工程中的新技术——静力释放层的应用［J］. 建筑施工，1999，21（2）：19-21.

［3］　刘波，刘钟，张慧东，等. 建筑排水减压抗浮新技术在新加坡环球影城中的设计应用［J］. 工业建筑，2011，41（8）：138-141.

［4］　李明书. CMC 静水压力释放技术原理及运用［J］. 地工材料，2011，（60）：1～8.

［5］　何春保，黄菊清. 降水加固方案在地下室抗浮事故处理中的应用［J］. 广东土木与建筑，2008，（6）：9-11.

［6］　王贤能，叶坤. 抗浮盲沟技术在地下结构抗浮工程中的应用［J］. 工程勘察，2018，06：33-37.

11.5 武汉长江 I 级阶地某地铁深基坑工程实施案例

李忠超[1]，梁荣柱[2]，肖铭钊[1]

（1. 武汉市市政建设集团有限公司，湖北 武汉 430023；2. 中国地质大学（武汉），湖北 武汉 430074）

11.5.1 工程简介及特点

图 11.5-1 为拟建设地铁 12 号线园林路站基坑平面示意图。该地铁车站呈南北走向沿园林路敷设，采用地下三层岛式结构，车站南北端均为盾构始发井。南侧紧邻地铁 4 号线，基坑东侧和西侧各有一个堆土区。堆土成分主要为粉质黏土、砂土及建筑废弃的渣土。西侧土堆距基坑围护结构约 15m，东侧土堆距基坑围护结构约 20m，土堆平面上为不规则形状，最大高度达到 10m。

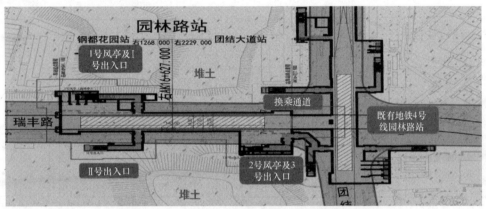

图 11.5-1 地铁 12 号线园林路站基坑平面示意图

地铁站主体基坑长 176.8m，基坑开挖总面积达 4288.2m²。标准段外包宽 23.5m，盾构端外包宽 29m，基坑开挖标准段开挖深度约 26.5m，盾构工作井开挖深度为 27.9m，基坑底部位于富有承压水的细砂层中（图 11.5-2）。

图 11.5-2 地铁 12 号线园林路站现场实景图

由于基坑开挖深度大、地质条件及周边环境复杂、地下承压水头高，为一级超深基坑，开挖过程中环境效应明显。基坑开挖将会对支护结构、邻近管线、房屋建筑和既有地铁 4 号线园林路站结构产生不利的影响。尤其是深基坑两侧堆土荷载较大，其对基坑工程实施过程中的影响如何，也是在本基坑工程实施前需要重点考虑的关键因素。

11.5.2　工程地质条件

1. 场地工程地质及水文地质条件

基坑施工场地地形平坦，坡降较缓，地面高程一般在 21.61～22.41m 之间，地貌为堆积平原区，属长江冲积 I 级阶地，具有明显的二元地层结构特征。该车站基坑开挖范围内由上而下主要地层分布为：素填土、粉质黏土、淤泥质粉质黏土、粉质黏土夹粉土、粉砂、粉细砂、中粗砂夹砾卵石、强风化泥质粉砂岩、中风化泥质粉砂岩。地层物理力学参数如图 11.5-3 所示。其中粉质黏土与粉土互层透水性弱，具有隔水性，而下部的粉细砂、细砂层渗透性高，与 3km 外长江有水力联系，具有承压性，承压水位标高约 18.0～18.8m，并呈现季节性变化。

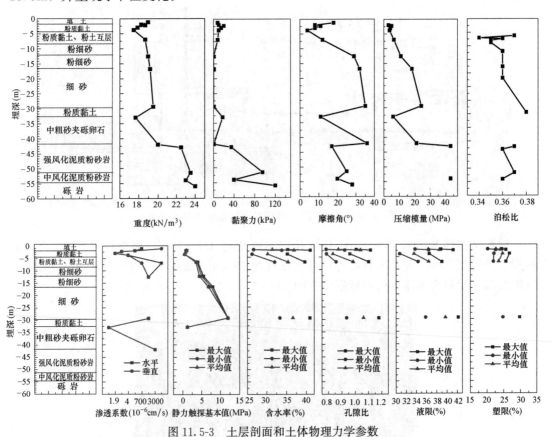

图 11.5-3　土层剖面和土体物理力学参数

2. 典型工程地质剖面

为减少具有承压性的富水砂层对基坑开挖过程的不利影响，本工程采用落底式止水帷幕，围护结构形式主要为地下连续墙＋3 道混凝土支撑＋2 道钢支撑系统，典型支护结构断面如图 11.5-4 所示。地下连续墙厚度为 1200mm，墙深 45m，接头采用工字钢刚性接头，地下连续墙嵌入中风化泥质砂砾岩 1m。地连墙顶设冠梁。同时采用"深井降水"的方式对承压水进行处理，即基坑内外设置深井降水管井进行减压降水。

在地铁车站基坑的两端分别设立两个工作面，按主体结构施工节段分段开挖，两端头井相向施工最终在基坑中部实现对接。基坑开挖采取纵向分段、分块，竖向分层放坡开挖，纵向放坡综合坡比控制在 1：3。本基坑开挖工程采用明挖顺作法施工，开挖工况主要如下：

（1）开挖至地表下 2.1m 处，浇筑第一道钢筋混凝土支撑；

（2）开挖至地表下 8.9m 处，安装第二道钢管支撑，并施加预应力；

（3）开挖至地表下 13.7m 处，浇筑第三道钢筋混凝土支撑；

（4）开挖至地表下 18.7m 处，浇筑第四道钢筋混凝土支撑；

（5）开挖至地表下 23.9m 处，安装第五道钢管支撑；

（6）开挖至地表下 26.9m 处，到达设计基坑深度。

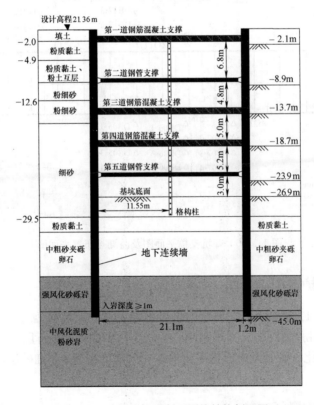

图 11.5-4 基坑标准断面围护结构剖面图

11.5.3 基坑周边环境情况

如图 11.5-1、图 11.5-2 所示，该地铁车站基坑位于交通干道下方，全路段实行封闭打围施工，周边建构筑物较少，除南侧近邻地铁 4 号线车站外，均无其他建构筑物。

11.5.4 基坑围护平面图

基坑两端为盾构始发井，采用 5 道截面尺寸为 1000mm×800mm 的混凝土支撑。基坑标准段第一道、第三道和第四道支撑采用钢筋混凝土支撑，各支撑的水平间距为 6m；第一道混凝土支撑截面尺寸为 1000mm×800mm，第三道和第四道支撑截面尺寸为 1200mm×1000mm，钢筋混凝土支撑的水平间距均为 6m。第二道和第五道支撑采用直径 800mm、壁厚 20mm 钢管支撑作为内支撑体系，钢管采用 Q235 钢材，钢管之间的水平间距均为 3m（图 11.5-5）。

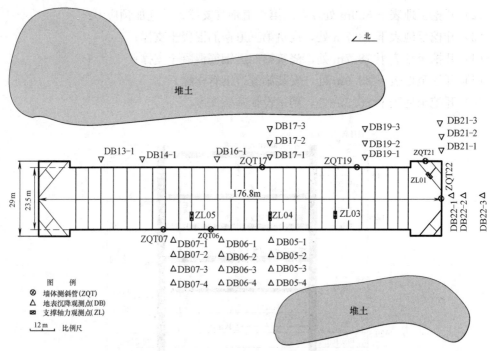

图 11.5-5 基坑支撑平面图及监测点布置平面图

11.5.5 基坑围护典型剖面图

典型剖面如图 11.5-6 所示。场地内主要地层为 3-6 层粉质黏土、粉土、粉砂互层，4-1 粉细砂层，4-2 粉细砂层，4-3 细砂层，4-4 层中粗砂夹砾卵石层，下覆基岩为强风化泥质粉砂岩，中风化砂砾岩及中风化泥质粉砂岩。基坑底为 4-3 细砂层，围护结构地下连续墙进入基岩。

11.5.6 简要实测资料

1. 基坑开挖引起地表变形

园林路站主体基坑自 2018 年 9 月初开始进行土方开挖，并在 2018 年 12 月 25 日完成底板封底施工，并于 2019 年 5 月 15 日完成顶板封顶。在施工过程中，主要采用基坑内降水施工，在基坑开挖至基坑底，即开挖深度达到 26.5～28.5m 时，采用坑外局部减压降水配合施工，减小坑外水土压力。

图 11.5-7 是监测断面 DB21、DB22、DB05 和 DB17 地表沉降随着开挖工况的发展曲线。可见在基坑开挖至不同阶段时，沉降随测点到基坑距离的增大而增大。由图 11.5-7（a）可知，监测断面 DB21 位于端头井附近，地表沉降随着开挖深度的增加而持续增大，开挖至 23.9m 时最大沉降为 30mm。监测断面 DB22 位于基坑南侧端头井处，由图 11.5-7（b）可知，地表沉降先增大后趋于稳定，在开挖至基底时达到最大沉降为 45mm，即开挖深度的 0.17%。监测断面 DB05 和 DB17 位于基坑两侧同一断面，由图 11.5-7（c）和图 11.5-7（d）可知，该断面地表沉降量不断增大，最大沉降量为 40mm，约为开挖深度的 0.15%。由图 11.5-7 可知当开挖深度较浅时，地表沉降不明显，趋于稳定。当开挖到 18.7m 时，地表沉降急剧增加，是因为开挖至含承压水地层，基坑降水引起地表沉降明显。随着开挖深度的增加地表沉降的影响范围逐渐增大。

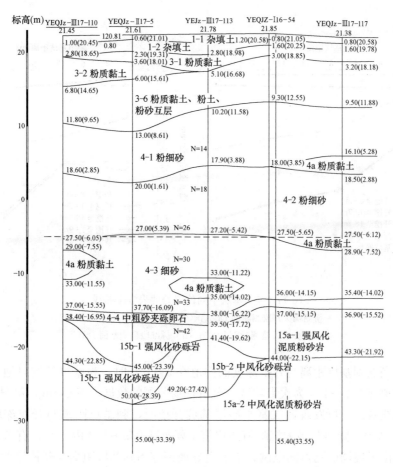

图 11.5-6　车站主体基坑地质剖面图

图 11.5-8 为现场监测沉降数据与经验预测曲线对比，纵轴为每次开挖阶段各测点沉降值与最大沉降值的比值，横轴为各测点到基坑距离与开挖深度的比值。Clough[1] 指出当测点到基坑距离与开挖深度的比值在 0～0.75 时，地表沉降会出现最大值，当比值在 0.75～2.0 时，地表沉降逐渐减小。Hsieh[2] 通过对台北软土基坑开挖时地表沉降数据整

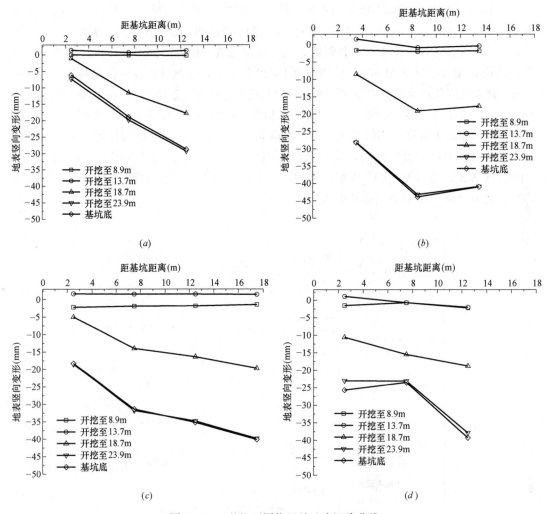

图 11.5-7　基坑不同位置处地表沉降曲线

（a）南侧端头井监测断面 DB21；（b）南侧端头井监测断面 DB22；

（c）标准段监测断面 DB05；（d）标准段监测断面 DB17

理，定义当测点到基坑距离与开挖深度的比值在 0～2.0 时，为基坑开挖对地表沉降的主影响区，比值在 2.0～4.0 为次影响区。分析现场监测的数据，与 Clough 和 Hsieh 提出的沉降预测曲线对比，可发现武汉富水砂层基坑开挖时，到基坑距离与开挖深度的比值在 0～0.5 时，地表沉降值与最大沉降值的比值主要落在 0.5～1.0 内，并且有着较为明显的下降趋势。由于现场监测点的限制，不能更好地探究当到基坑距离与开挖深度的比值大于 0.5 时，地表沉降值与最大沉降值的比值的关系。通过上面的比较发现武汉长江 I 级阶地富水砂层基坑开挖对周边地表沉降的影响与软土地区不同，主要是因为富水砂层基坑内外降水会对地表沉降造成一定影响。

图 11.5-9 为地表沉降随基坑开挖时间发展曲线。由图可知，随着基坑开挖深度的增加，地表沉降持续增大。这可能是基坑结构卸载变形和持续的基坑降水共同导致地表沉降的持续发展。

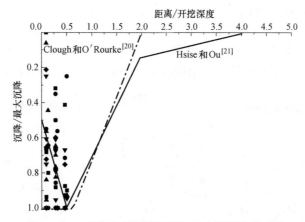

图 11.5-8　现场监测沉降数据与经验预测曲线对比

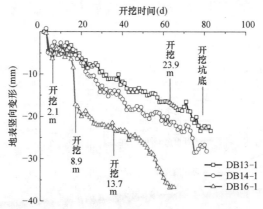

图 11.5-9　地表沉降随基坑开挖时间发展曲线

2. 地下连续墙侧向变形分析

图 11.5-9 为基坑地下连续墙不同位置处测斜管水平位移随开挖深度的变化曲线。图中正值表示墙体朝向坑内变形，而负值为朝向坑外变形。总体上来看，除了数值大小外，各个测点变化规律较为一致：随着开挖深度增加，墙体水平位移不断增大，水平位移曲线呈现"弓形"模式，最大水平位移位置随深度增加而下移。

考虑到各个测点的变形规律较为相似，仅以基坑西侧测斜管 ZQT07 为例分析基坑开挖过程墙体的水平变形规律。由图 11.5-10（a）可知，当开挖深度为地表下 2.1m 时，地下连续墙的侧向变形很小，基本无明显变化。随着开挖深度的增加，开挖至地表下 8.9m 时，墙体水平位移朝向坑内迅速发展，测斜曲线呈现"弓形"变形模式，地下连续墙侧向变形最大位置位于开挖面下 4m，最大水平位移值达到 15mm。随着开挖的进行，围护结构侧向位移进一步增大。当开挖至地表下 13.7m 时，最大水平位移达到 19mm，最大水平位移增加了 4mm，且最大水平位移出现在开挖面附近。当开挖至 18.7m 时，墙体最大水平位移进一步下移到开挖面附近，墙体最大水平位移增加到 22mm，最大水平位移增加了 3mm。当开挖至 23.9m 时，墙体水平位移发生了较大增幅，最大水平位移达到了 35mm，墙体最大水平位移增加约 59%，最大水平位移也下移到开挖面附近。除测斜管

ZQT22（可能是坑角效应缘故），其他测斜管如 ZQT06、ZQT21、ZQT17、ZQT19 均发现在开挖至 23.9m 后，墙体发生较大水平的侧向位移，其中测斜管 ZQT17 最大水平位移达到了 60mm，其增幅超过 156%。本次开挖导致墙体水平位移的大幅度增加，其原因可能是开挖断面全面进入了承压性的富水细砂层，较大的水压力导致墙体外表面经受了较大

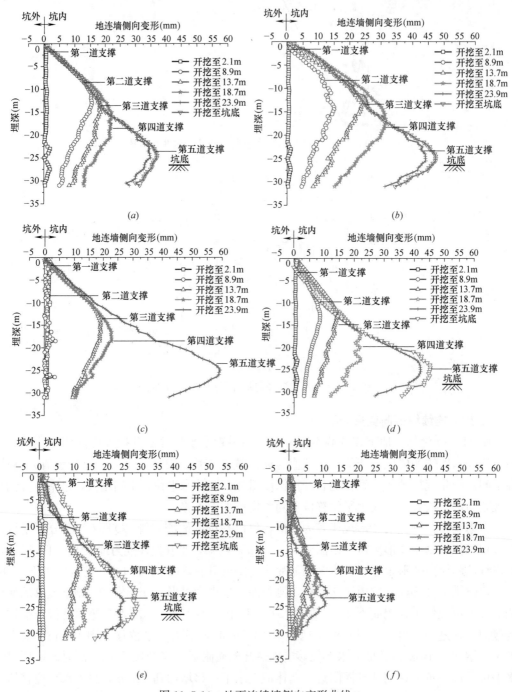

图 11.5-10　地下连续墙侧向变形曲线

（a）ZQT07 测点；（b）ZQT06 测点；（c）QT17 测点；（d）ZQT19 测点；（e）ZQT21 测点；（f）ZQT22 测点

的水平压力；此外，第五层支撑采用了水平刚度相对较弱的钢管支撑导致对墙体水平位移的限制能力有限，从而引发了墙体较大的侧向位移。可见，在含承压水土层中设计和施工深基坑，应进一步考虑含水层的承压特性，增大水平支撑的刚度以避免墙体的大位移出现。尽管基坑部分位置的水平位移达到 50～60mm，但是基坑围护结构并没有出现破损或地下水渗漏等不利现象，可见采用 1.2m 厚的地下连续墙支挡地下水土压力具有一定的结构韧性，可以抵御较大结构变形。而随着基坑开挖至设计标高，测斜管 ZQT07 水平位移略有增加，随着底板的施做，最大水平位移值稳定在 37mm。

观察图 11.5-10（f）明显发现，在同一个开挖工况下，测斜管 ZQT22 的监测得到的水平位移值远远小于其他测斜管水平位移值。为了分析不同围护结构位置墙体水平变形的差异，给出了开挖到 23.9m 时各个测斜管的水平位移变化如图 11.5-10 所示。图中可见，当基坑施工至 23.9m 深度时，ZQT22 处最大墙体位移仅为 8.6mm，ZQT21 处最大墙体水平位移为 29mm。两个测点水平位移值均小于其他部位的墙体水平位移。特别是标准段测斜管 ZQT17 与基坑短边 ZQT22 的最大水平墙体位移差值达到了 55mm 之多。究其原因，是测点 ZQT22 位于基坑围护结构的短边，ZQT21 亦位于坑角处。本项目基坑长边与短边的比值为 6.1∶1，属于狭长形基坑，坑角部位存在明显的空间效应。同时，基坑端头部位五层支撑均采用钢筋混凝土支撑，支护刚度大，对深层土体的水平位移具有极大的限制作用。可见，在富水地层开挖深基坑，依然存在开挖的空间效应。

观察图 11.5-10 可发现，对于处在标准围护结构的测斜管，在基坑开挖至 23.9m，明显发现测管最大水平位移有如下关系：ZQT17＞ZQT19＞ZQT06＞ZQT07。究其原因，可能是与地表堆土有较大的关系。由图 11.5-1 可以清楚知道各测点与地表堆载的相对位置关系，测斜管 ZQT17 位于基坑东侧大面积堆土的影响范围的中部，其受到堆载影响最大。当开挖至 23.9m 时，地下连续墙的侧向变形最大，达到 60mm。墙体在堆载的附加水平荷载下发生了附加的水平位移。而 ZQT19 位于东侧堆土的边缘，其受到附近大面积堆载的影响小于 ZQT17，因此墙体水平位移小于 ZQT19，最大差值达到 15mm。

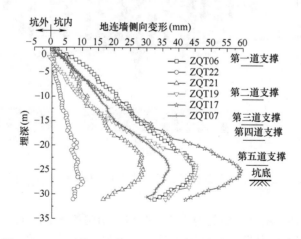

图 11.5-11　开挖至地表下 23.9m 处各测点地连墙侧向变形

可以发现，在基坑同一侧，越靠近堆载中部，地连墙侧向变形越大。对于 ZQT07 和 ZQT06 而言，测点 ZQT06 更靠近西侧的大面积堆土，因此导致 ZQT06 位置处的墙体位移大于 ZQT07 所测的值。测点 ZQT07 和 ZQT17 关于基坑中心对称，且 ZQT17 靠近东侧堆载中部，ZQT07 远离西部堆载，对比两测点处地连墙侧向变形，可以发现，在堆载影响下，两者最大差值达到 25mm，反映出基坑周边堆载对地连墙变形有较大影响，越靠近堆载变形越大。基坑设计时，对于存在基坑周边堆土的情况应进一步考虑其对围护结构变形的影响。

3. 邻近地铁车站结构变形监测结果

主体基坑开挖引起邻近地铁 4 号线地铁车站结构变形如图 11.5-12 所示，由图可知：

（1）在 12 号线园林路站主体基坑开挖期间，基坑开挖引起的 4 号线园林路站车站轨道板竖向变形基本小于 5mm，没有超过地铁运营要求；车站结构变形总体随着基坑开挖深度增大而增大，并最终在车站结构中板完成后趋于稳定。

（2）在基坑开挖过程中，车站结构变形不仅仅与基坑开挖深度相关，而且可能与地下水控制相关。在基坑开挖到底过程中，尤其是从 11 月份开始，开始采取局部坑外减压降水，车站结构周边地下水位降低了 3～5m，土层所受有效应力增加，出现地层沉降，并引起了车站结构的沉降变形。底板完成后，车站结构变形呈现减小趋势，这可能与底板完成后，基坑坑外局部减压降水停止，地下水位回升，使得车站结构沉降变形减小，并最终在中板完成后趋于稳定。

（3）12 号线园林路站基坑开挖是造成车站结构变形主要原因，坑外降水造成车站结构变形相对较小。

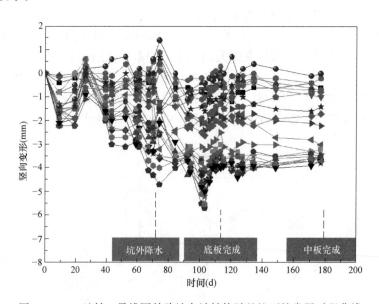

图 11.5-12　地铁 4 号线园林路站车站结构随基坑开挖发展时程曲线

地铁 12 号线主体基坑开挖引起地铁 4 号线车站结构各测点的变形如图 11.5-13 所示。由图可知，地铁 4 号线园林路车站结构变形并不相对 12 号线车站主体基坑对称，而是形成了一段变形较大的区间。这主要与基坑东西两侧既有堆载较大且不均衡相关。由于基坑东侧堆载区域及荷载相对更大，因此造成了东侧地连墙变形也相对更大，而车站结构变形也表现出类似规律，车站偏东侧结构变形更大，但变形均处于允许范围内。

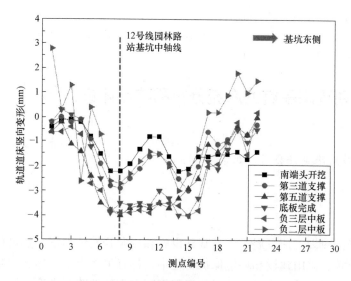

图 11.5-13　地铁 4 号线园林路站车站结构各测点变形

11.5.7　点评

（1）基坑四周地表竖向变形量最大达到开挖深度的 $0.15\%\sim0.17\%$，在开挖初期地表竖向变形较小，随着开挖深度增加，变形也在增加，开挖影响范围增大。当开挖至 18.7m 后进入承压性的富水细砂层后，受基坑降水影响，地表竖向变形显著增加。当开挖完成后，地表变形趋于稳定。

（2）随着基坑开挖深度增加，墙体位移不断增大，墙体侧向位移曲线呈"弓形"模式，最大水平位移位置随深度增加而下移。当开挖进入承压性的富水细砂层后，地下连续墙侧向变形明显增大，最大增幅达到 156%。

（3）基坑长宽比为 $6.1\sim7.5$，基坑中部围护结构水平位移与边角部变形比值达到 $3:1\sim5:1$，基坑标准段墙体变形要远大于基坑端头部围护结构侧向变形，最大差值达到 55mm，基坑空间效应明显。

（4）基坑中部受东西两侧边载影响，水平位移最大达到 $50\sim60$mm，超过设计值 40mm，设计施工应充分考虑边载对基坑影响。基坑围护结构并没有出现破损或地下水渗漏等不利现象，可见采用 1.2m 厚的地下连续墙支挡地下水土压力具有一定的结构韧性，可以抵御较大结构变形。

（5）基坑开挖引起的 4 号线园林路站车站轨道板竖向变形基本小于 5mm。底板完成后，坑外减压降水停止，车站轨道道床变形减小并趋于稳定。地铁 12 号线基坑轴线处对应轨道道床沉降最大；受到基坑东侧堆载影响，轴线东侧轨道道床沉降偏大，与西侧沉降模式不对称。

参考文献

［1］　Clough G W，O'Rourke T D．Construction induced movements of in-situ walls [J]．Geotechnical special publication，1990，25：429-470.

[2] Hsieh P G，Ou C Y. Shape of ground surface settlement profiles caused by excavation [J]. Canadi-an Geotechnica. 1998，35（6）：1001-1017.

11.6 复杂地基深基坑的渗流分析和防渗体设计

丛蔼森

（北京远通达科技有限责任公司，北京 100193）

11.6.1 引言

目前我国经济建设飞速发展，各类基础设施和资源开发工程正火热进行中。在各种大型桥梁、高层建筑、矿山建设和环境保护工程中，都有很多大型、超深的基坑工程正在进行设计和施工。由于设计、施工、地质和运行管理方面的缺陷和失误，导致了不少基坑发生了质量事故，造成了不必要的损失。其中，80%～90%的基坑事故是由地下水引起的。

根据多年从事地基基础工程设计、施工、科研、咨询和管理工作的体会，笔者认为目前大型深基坑工程还存在着以下一些问题和隐患：

（1）设计。应当说绝大部分的深基坑设计工作都是搞得很好的，但是也有一些基坑设计搞得不太符合实际或者失误。比如，在存在着地下水特别是承压水时，只考虑满足基坑支护结构（如地连墙和排桩）的强度和稳定要求，没有进行专门的渗流计算，而将墙或防渗体底放在透水层中，成为"悬空"结构，因而发生了很多基坑透水、管涌和突涌事故；在东南沿海的燕山期花岗岩地层中，没有进行渗流稳定分析，导致基坑底部残积土管涌流泥，基坑无法下挖。

（2）工程地质和水文地质勘察深度不够，数据不准确；设计、施工人员对其认识不足，导致施工过程中发生事故。

（3）施工草率，质量缺陷太多，导致地连墙或其他防渗体（水泥搅拌桩、高压喷射灌浆、注浆等）出现开裂（裤衩），使基坑外侧地下水"短路"，直接涌入基坑。还有施工过程中，运行维护不够，降水（抽水）工作突然中断，造成事故。

（4）有关规范条文不能适应目前复杂的地质条件和基坑规模；尤其是对多层地下水（承压水）地层、以花岗岩为代表的基岩风化层中的承压水地层、超深超大深基坑等缺乏应对措施。规范中也没有提出进行渗流稳定核算的要求。

对于深基坑工程来说，地下水是个很重要的事。对于存在多层承压水的基坑来说，尤其麻烦。基坑深度越深，则坑内外水位差（水头）也就越大；基坑面积越大，则隔水层的平面连续性越差，甚至出现"漏洞"，发生事故的可能性也就越大。

对于岩石地基上的基坑或者底部位于岩石地基中的大型深基坑来说，渗流稳定问题有时必然存在的。比如基坑底部位于风化岩或软岩中时，当坑内外水位差很大而支护结构底部嵌入深度不足时，就会出现坑底大量漏水而很难排干，或者渗水把岩体中的细颗粒或易溶于水的物质挟带出来，导致基坑破坏。

本节将根据笔者多年从事地基基础（特别是地下连续墙和深基坑）设计、施工、科研、咨询和管理的经验和体会，对于深基坑设计中的渗流分析与控制进行探讨，特别提出对于大型深基坑应进行专门的渗流计算方法，提出相应的渗流控制措施，供参考。

11.6.2 对基坑支护设计的基本要求

（1）应补充完善有关工程地质、水文地质和周边环境等方面的设计基本资料。

地连墙与桩基础受力特点不同，所以对地基的要求也不尽相同。桩基础是以承受垂直荷载为主的，它对地基的主要要求是桩侧摩阻力和桩端垂直承载力；而基坑支护结构是以承受水平荷载为主的，它对地基的主要要求是抗剪强度、变形特性和透水特性等。

因此基坑工程地质勘察与桩基础应当有所区别的。如果采用地下连续墙或灌注桩做基坑支护结构，则应当对工程初期的地质勘察资料进行复核，必要时应进行补充勘察工作。

（2）根据不同阶段的勘察报告及有关资料和支护结构的受力特点，结合水文和工程地质条件进行分析计算；进一步优化结构设计。

（3）必须进行深基坑渗流稳定计算分析，以确保工程安全。很多深基坑工程地质条件复杂，其地下水位有时还受潮汐影响，出现渗流破坏的可能性很大，尤应引起注意。

11.6.3 基坑渗透稳定的基本要求

1. 基坑的渗流特性

土体是由固体、液体和气体组成的三相体系。土中的自由水在压力作用下，可在土的孔隙中流动，这便是渗流；而土体在外荷载或自重作用下，也会发生运动，对孔隙水也会产生压力；因此可以说，水的渗流是土与水相互作用的结果。

随着基坑的不断往下开挖，基坑内外的土体的物理力学性能都发生了很大变化。其中渗透水流对土体的作用和影响也发生了很大变化。开始时，作用在基坑外侧的渗透水流的作用力是向下的，它对土体产生了压缩作用，墙后土压力加大；同时由于渗流的作用，作用在地连墙等支护结构上的水压力小于静水压力，这对于基坑稳定都是有利的。

当渗流穿过墙底进入基坑内侧时（见后面图 11.6-5），渗透水流的方向变成了向上，渗流水压力就变成了浮托力，使土体重度减少，使墙前被动土压力减小。

2. 对基坑渗透稳定的基本要求

渗透稳定需要的入土深度：当支护结构深入基坑底部以下深度太浅时，可能在宽度为 0.5 倍入土深度范围内发生土体的渗透破坏（图 11.6-1）。为保持基坑的渗透稳定，入土深度不能太小。

当基坑底部为碎石土或砂土时，地连墙等支护结构的入土深度除满足结构强度和稳定的要求外，还要满足：

$$h_d \geqslant \beta \gamma_0 h_w$$

式中　β——抗渗透系数，可取 1.2，也有取 1.15 或更小的。

另外，规范对地连墙等支护结构深入不

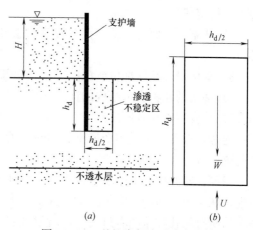

图 11.6-1　基坑底部渗透稳定验算

透水层内的深度 t 要求是：

$$t \geqslant 0.2h_w - 0.5b$$

式中　　h_w——水头；

b——墙厚。

此时，还应当核算该不透水层的剩余厚度内的渗透比降是否在允许范围之内。

11.6.4　深基坑抗渗设计要点

（1）在取得基本资料——初勘、详勘和补勘设计参数之后，应参考已建成类似工程的经验，进行分析对比之后，选择较为适当的一组或几组参数，进行对比计算；从中选定一组较为合理的计算参数作为设计依据。

（2）选用多种计算方法，进行对比计算分析。

当工程地质条件复杂，基坑规模大，承受的荷载变化很大时，应综合考虑各种因素，选用多种计算参数和计算方法，进行计算分析对比，以保证设计、施工工作的安全进行。

（3）有些深基坑的渗流问题非常复杂，我们应当慎重对待。例如，从某工程的初勘报告发现，岩石弱（中）风化层的透水性比常规大得多，并通过补充勘探而得到证实，此层的透水性不但比岩石表层的全风化和强风化层大，甚至比表层的第四系砂层还大。因此，不能认为渗透破坏只发生在第四系的软弱地层（如淤泥和砂层）中。实际上，在超深（例如 30～40m 以上）基坑中，其底部透水性较大的岩层中也可能发生渗透破坏。

（4）通常情况下，应当根据多种不同的计算方法和程序，专门进行基坑渗流计算。渗流计算方法主要有：

1）三维空间有限差分法；

2）平面有限元法；

3）手算法。

这里要指出的是，对于超深基坑来说，现有的基坑设计规范中有关渗流的计算公式不是完全适用的，应进行专门计算。

（5）最不利的计算情况：

1）地基上部没有（或极薄）隔水层，下面砂层和透水基岩互相连通，此时最易产生渗透不稳定状况。

2）从基坑平面看，某些存在着薄弱地层（如淤泥、流砂）部位或者隔水层突然变薄部位。

3）基坑局部超深部位或深度突然变化部位。

4）基坑的几种支护结构的连接部位。

5）承受特殊荷载部位。

通常，选取一个或多个最不利的断面进行分析计算；但有些时候，也可能需要针对整个基坑，进行整体稳定计算。

关于计算断面选取问题，这里有必要补充几句。笔者在核算某高楼基坑的渗流稳定时发现，从几个地质剖面图上显示，其底部不透水层厚度均在 2.7m 以上，但是，当把平面图上的所有钻孔柱状图看过之后，就发现有好几处只有 0.9～1.2m（图 11.6-2），在底部承压水的作用下，这些地方最容易发生突涌破坏，故应选此部位作为计算断面。

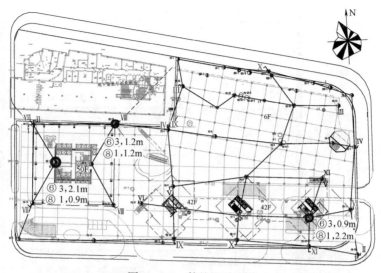

图 11.6-2 某基坑平面图

（6）基坑防渗与降水的基本原则。通常在进行抗渗设计时，都是要把对渗透水流的防渗和降水统一考虑的。如果只考虑一项，那就可能对基坑的渗透稳定和周边环境（楼房和地下管线）造成很不利的影响。例如某个深基坑工程，基坑深度达 30m，地下水位很高且存在着几层承压水，有一部分地连墙墙底未深入隔水层内，使基坑就像一个没有底的水桶（图 11.6-3）一样，其后果是造成降水工程很被动，必须打很多水井，抽走很多地下水；而且，由于抽取深层承压水过多，对周边环境（楼房和地下管线）造成很不利的影响，大大增加了工程投资。

从上例可以看出，虽然地连墙做短（浅）了，其工程造价可以省一些，但是降水费用则会大大增加，而且可能造成不好的环境影响。这里就提出了一个问题：什么样的防渗和降水方案是比较合理的？我认为，适当的地连墙深度（通常是要加长一些）和足够的降水系统结合起来，使得工程投资较少、对周边环境影响较小的方案，才应看作是最合理的；从基坑安全考虑，应当把地连墙防渗体底部深入到不透水层内。

（7）关于入土深度 h_d 的讨论。入土深度是指地连墙等支护结构在基坑坑底以下的入岩（土）深度 h_d。基坑是否安全稳定是由多方面因素决定的。地连墙等支护结构具有足够的强度和钢筋用量固然是很重要的，但是各个行业的多个工程实例都证明，基坑破坏的主要原因不是钢筋配得太少，而是坑底入岩（土）深度不够，与周边环境不协调；或者是对软弱地层和地下水认识有误，没有采取合理的防渗降水措施；或者是施工质量太差，从而造成管涌、"突水"事故后再引发滑动、踢脚等破坏，最终造成基坑的总体破坏。这样的例子举不胜举。在很多情况下，人们忽视了渗水造成的危害，因而付出了很大的代价。

对于任何一个基坑来说，当它存在着渗流破坏问题时，都要根据该工程的具体情况，通过渗流计算，确定一个最小入土深度 h_d。h_d 通常不是由基坑结构计算确定的，而是应当由渗流计算结果来加以确认。

h_d 应保证基坑不会因渗流而发生事故。h_d 的大小，关系到基坑工程安全和工程造价，应当慎重选择。

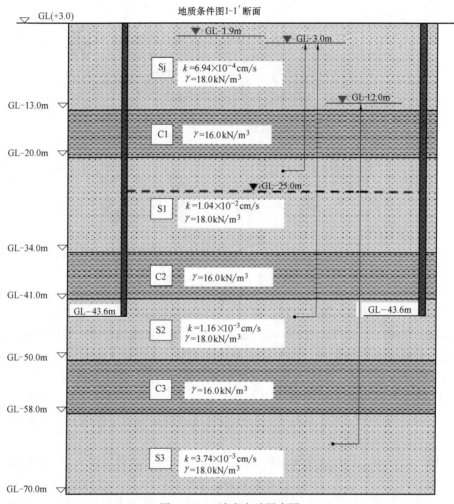

地质条件图1-1′断面

GL(+3.0)

▽ GL-1.9m

▽ GL-3.0m

Sj $k=6.94×10^{-4}$cm/s
$\gamma=18.0$kN/m³

▽ GL-12.0m

GL-13.0m

C1 $\gamma=16.0$kN/m³

GL-20.0m

▽ GL-25.0m

S1 $k=1.04×10^{-2}$cm/s
$\gamma=18.0$kN/m³

GL-34.0m

C2 $\gamma=16.0$kN/m³

GL-41.0m

GL-43.6m

GL-43.6m

S2 $k=1.16×10^{-3}$cm/s
$\gamma=18.0$kN/m³

GL-50.0m

C3 $\gamma=16.0$kN/m³

GL-58.0m

S3 $k=3.74×10^{-3}$cm/s
$\gamma=18.0$kN/m³

GL-70.0m

图 11.6-3 墙底在砂层中图

h_d 不但要满足基坑和墙体的稳定和强度要求,还要满足渗透稳定要求,也就是要满足平均渗透比降和最大出逸比降以及抗流土的要求。

笔者在进行某深基坑计算时,曾选取 $h_d=4$m、8m、10m、13m 进行比较,发现 h_d 与墙体内侧弯矩成反比关系,即 h_d 越小,内侧弯矩越大;h_d 越小,则墙底渗透比降也越大,越容易造成基坑涌水破坏。由此看来,应当综合考虑几方面的影响,进行分析比较计算,再选择合适的 h_d。

11.6.5 渗流计算

1. 基坑渗流计算和控制的目的

应当达到以下几个目标:

(1) 坑内地基中的任何部位在整个施工期间都不会发生灾难性的管涌和流土破坏。

(2) 基坑底部地层不会因承压水的顶托而产生突涌(水)、流土流泥、隆起等不良地质现象。

（3）基坑四周和底部涌（出）水量不能太大，不能由于抽水量太大或抽水时间太长而影响基坑开挖和混凝土的浇筑工作，对周边环境造成破坏。这种情况对于岩石强风化带透水性很强的基坑或者是很软弱的土基坑来说，是一个必须验算的项目。

（4）要使基坑内的软土（特别是含水量很大的淤泥质土）能够尽快地脱水固结，便于大型设备尽快下入坑内挖土，加快施工进度。

2. 渗流计算内容

渗流计算应包括以下内容：

（1）基坑整体渗流计算。通过计算，得到各计算点的渗透水压力和基坑内的渗透流量和总的出水量。

（2）核算基坑底面的渗流出逸比（坡）降是否满足要求，判断是否会发生管涌。

（3）检验地连墙墙底进入隔水层内的深度是否满足渗透稳定要求。如果该隔水层的厚度比较薄，不能满足要求时，应将墙底再向下加深到新的隔水层内，直到满足要求为止。

（4）核算基坑底部抵抗承压水突涌的能力。

此时应进行两方面计算：

1）核算基坑底部土体抗流土和抗管（突）涌能力并且具有足够的安全系数。

2）坑底为不均匀的成层地基，而隔水层厚度较薄时，还必须进行渗透安全（水力比降）核算。

3）核算基坑抽水井设计是否满足要求。有些基坑（如岩石基坑）底部涌水量很大，虽然不影响地基的渗透稳定，但是过大的出水量可能造成降水很困难，使开挖和浇筑无法进行。

4）通过分析计算和方案比较，提出该基坑的渗流控制措施。

下面结合笔者参与过的一些工程实例，介绍一些基坑渗流计算方法。

3. 三维空间有限差分法

（1）广州某悬索桥锚碇基坑渗流分析模型如图 11.6-4 所示，为一井壁不透水、井底透水、井壁超深的临河圆井，也就是悬索桥的锚碇竖井。渗流基本方程为不考虑降雨渗入的地下水渗流偏微分方程组。将河流视为单侧恒水头补给边界。基本水动力方程为不考虑降雨渗入的地下水渗流偏微分方程组。

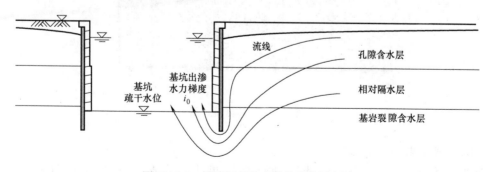

图 11.6-4 锚碇竖井的有限差分法示意图

方程组的解算方法为极坐标的三维有限差分法。垂直计算深度至基岩裂隙含水层底面。

（2）基坑的渗流计算结果分析：$h_d = 3.0$m 时，北基坑最大出逸比降 $i_{max} = 2.151$，远远大于强风化层的允许比降 0.7，可能会发生渗透破坏；同样在 $h_d = 3.0$m 的南基坑，其最大出逸比降达 1.568，渗透破坏会很严重。因此，最小入岩深度 $h_d = 3.0$m 是不安全的。

通过上述基坑渗流计算可知，只采用的墙底入土（岩）深度 $h_d = 3.0$m，虽然结构和稳定计算结果均能满足要求；但渗流计算得到的最大出逸比降为允许比降的 3 倍多，会发生渗透破坏，故总体是不安全的。而当把入岩深度加大到某一深度并在墙底进行帷幕灌浆时，渗流即无大碍。由此可见，应当把渗流计算出来的 h_d 作为确定基坑地连墙入土（岩）深度的主要依据。

4. 平面有限元法

（1）计算模式

用平面有限元法计算渗流，就是在基坑中选取一个或几个地质剖面，把渗流看成是二维水流问题来处理（图 11.6-5）。可根据基坑深度、支护结构形式和地下水变化等资料，制定一个或多个计算情况，分别计算不同部位（特别是基坑底部和支护结构的底部）水流的压力、比降和渗透水流量以及相应的变化曲线，

下面仍以前述基坑为例，加以说明。

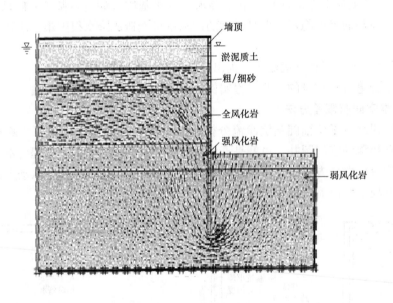

图 11.6-5　计算模式图

（2）计算结果

这里只列出压力水头等值线图和计算结果表，分别见图 11.6-6 和表 11.6-1、表 11.6-2。请注意上述计算是在假定坑中心地下水位低于坑底以下 0.5～1.0m 的情况下进行的。

计算成果见表 11.6-1 和表 11.6-2。

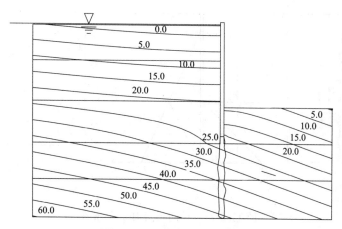

图 11.6-6　压力水头等值线

北基坑渗流计算结果　　　　　　　　　　　　　　　　　　　　　　　表 11.6-1

方案	入土深度 (m)	帷幕	剩余水头 (m)	流量 (m³/d)	备注
1	6.0	无	10.56	11.41	
2	9.0	无	9.31	9.33	
3	9.0	10 米长	5.25	7.24	帷幕 $k=0.001$
4	9.0	10 米长	−0.10	0.295	微风化岩 $k=0$

南基坑渗流计算结果　　　　　　　　　　　　　　　　　　　　　　　表 11.6-2

方案	入土深度 (m)	帷幕	剩余水头 (m)	流量 (m³/d)	备注
1	9.0	无	8.92	10.22	
2	9.0	进入微风化岩	−0.22	0.286	帷幕 $k=0.001$ 微风化岩 $k=0$
3	9.0	进入微风化岩	1.6	4.6	帷幕 $k=0.001$ 微风化岩 $k=0.131$

　　从计算结果表可以看出，$h_d \leqslant 6.0\text{m}$ 时基坑不安全；如果墙底帷幕灌浆深入到微风化层并采取灌浆措施，则基坑是稳定的。

5. 手算法

　　1）在均匀地基中，假定水头损失与渗径长度成正比，图 11.6-7 就是它的渗流计算示意图。图 11.6-7（b）中的虚线表示静止水压力，实线表示渗流时的水压力。由图可以看出，由于渗流的作用，使坑外的水压力变小，坑内侧水压力增加，对坑底地基抗渗透不利。

　　2）在分层地基中，可以认为总的水头损失等于由各分层地基中水头损失之和，且各层土的渗透系数 k 和渗透比降 i 成反比。由此我们首先求得最小的渗透比降 i（其渗透系数 k 最大），然后推求其余各层的渗透比降 i 值，再分段求出其水头损失值和总的水头损

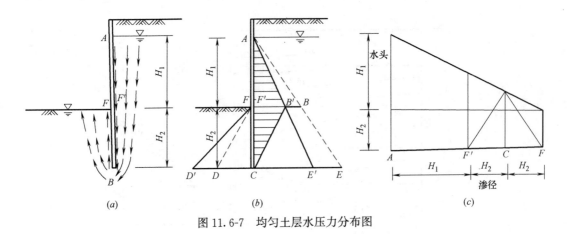

图 11.6-7 均匀土层水压力分布图

失值，最后可得到地连墙上的全部渗透水压力图形，并且可以据此判断基坑底部渗流是否稳定。其计算简图见图 11.6-8。

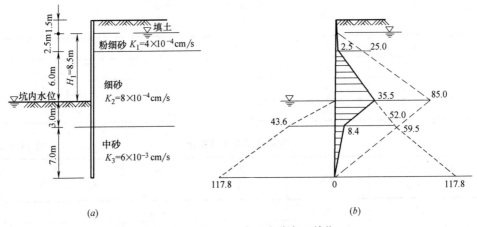

图 11.6-8 层状土剖面及水压力分布（单位：kN）

（a）剖面；（b）水压力分布

图 11.6-9 是利用手算法绘制的某工程基坑的渗透水压力图。该基坑是一个直径达73m、最深 33m 的大型锚碇基坑，其地连墙底深入到弱风化的砂岩中。根据对三维有限

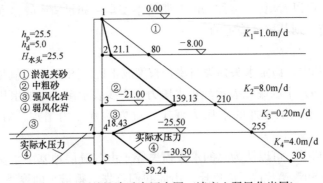

图 11.6-9 基坑渗透水压力图（墙底入弱风化岩层）

差分法、平面有限元法和手算结果的综合分析，认为光靠地连墙还不足以解决渗透稳定和涌水量过大问题，决定在墙底下做 10～15m 深的岩石灌浆帷幕。经开挖检验，效果很好。

图 11.6-10 是某基坑的渗透水压力图。它的平面图见图 11.6-1。该基坑深 19.66m，坑底直接位于粉砂层中，大部分地连墙底穿过隔水层进入了粉砂层中，坑底和墙底均在透水层中（渗透系数 $k=0.6～1.2\mathrm{m/d}$）；地基中有两层微承压水，其水位埋深约 6m；这些对坑底渗透稳定都是不利的。基坑开挖后，可能会发生管涌和坑底突涌问题。

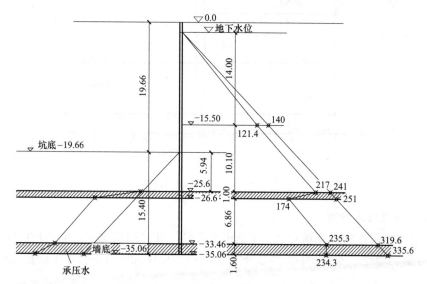

图 11.6-10　不均匀土层渗透水压力图

这里要特别指出的是，由于墙底穿透隔水层，进入粉砂层中，此时基坑内侧的浮托力（扬压力）已经不是墙底内侧的渗透水压力（约 244kN），而是直接作用于底面的第二层承压水的压力 290kN，这当然是很不利的。这种穿透隔水层的事情一定要避免。

6. 基坑底部渗流稳定计算

通常，基坑底部的渗流稳定计算，应包括以下两个方面：

（1）当坑底上部为不透水层，而其下的透水层中有承压水时，应进行抗流土的稳定性计算，即要保证使透水层顶板以上到基坑底部之间的土体重量大于水的浮托力 P。

即
$$\frac{\gamma_{\mathrm{sat}} \cdot t}{\gamma \cdot h_{\mathrm{w}}} \geqslant 1.1～1.2$$

式中　γ_{sat}——土的饱和重度（$\mathrm{kN/m^3}$）；

$P=\gamma \cdot h_{\mathrm{w}}$——承压水的浮托力（kN）；

　　t——透水层顶板以上到坑底的不透水层厚度；

　　h_{w}——透水层顶板以上的水头（m）；注意这里的 h_{w} 不是基坑的开挖深度 h_{p}，而是承压水水位与透水层顶板高程之差。

（2）坑底以下为粉土和砂土时，要验算抗管涌稳定性，也就是要使该地基的渗透比降 i 小于该地层的允许渗透比降 $[i]$。通常粉细砂地基 $[i]=0.1～0.2$。

（3）当基坑底部以下地基为黏性土与砂土层互（成）层时，应进行上面两项渗流稳定核算（图 11.6-11），特别是当黏性土很薄时，应当核算该层土的渗透比降是否满足要求。

此时黏土的允许比降可近似取为 $4\sim8$。

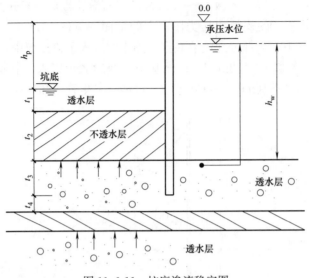

图 11.6-11　坑底渗流稳定图

7. 渗流计算成果分析

通过基坑渗流计算，使我们了解了它的重要性。在多数情况下，应当把渗流计算出来的 h_d 作为基坑地连墙入土（岩）深度的主要依据，以保证基坑不会发生渗透破坏事故。

11.6.6　深基坑防渗体设计

1. 基本思路

这里所说的基坑防渗体是指基坑上部的地连墙或其他支护结构和下部的帷幕灌浆的综合体。

基坑设计宜做到三个三结合：

1）地基土、地下水和结构物三结合；

2）侧墙防渗、坑底防渗和降水三结合；

3）工程质量、安全和经济性三结合。

做到这些，就能使我们客观看待工程设计的各个环节，提出合理可行的设计。

2. 基坑渗流控制措施

（1）对于超深基坑，宜首先采用地下连续墙做支护；深度较浅的基坑，可采用咬合桩、灌注桩与高喷桩或水泥土搅拌桩、土钉墙作为支护结构，总之要因地制宜才好。采取上述措施后，应确保基坑不会发生管涌、流土（砂）、突涌等破坏。

（2）当采用上述支护结构不能完全满足基坑抗渗透要求时，可采用以下措施：结构底部加长（底部不放钢筋）；底部灌浆（岩石地基）；坑内或坑外侧高压喷射灌浆（土层）；坑内降水（承压水或潜水）；坑外降水（承压水或潜水）；基坑坑底加固（高压旋喷灌浆或水泥搅拌桩）。

下面分别加以说明。

1）结构底部接长

通常是指地连墙作为支护结构时，由于结构强度（配筋）所需要的入土深度常常较小，所以为了防渗需要而接长的那段内，一般不必配置或少配钢筋。我们在天津深基坑地连墙中，这段长度已经做到 8～10m。

至于是否采用底部接长方案以及接长多少，应当通过技术经济比较后选定。

2）支护结构底部的止水帷幕

我们把在支护结构底部进行岩石帷幕灌浆或高压喷射灌浆，称为止水帷幕。当支护结构深入岩石的时候，如果基坑的渗透稳定有问题时，可考虑在其底部基岩中灌浆，深度和其他参数由设计和现场试验确定。

在软土基坑中的支护结构底部，可采用高压喷射灌浆或灌（注）浆来做止水帷幕。有时也可在支护结构外侧布置帷幕灌浆或高压喷射灌浆的止水帷幕，它的好处是不需在结构内部预埋灌浆管，施工干扰少。当基坑周边的墙（桩）接缝或其内部出现漏水通道时，这种布置方式能够起到堵漏作用。

3）基坑降水

这里所说的降水，不但是指基坑开挖过程中的降潜水，也是指降低基坑内外的承压水水位。当上覆土重不足以克服承压水的浮托力或不满足土的渗透比降要求时，就需要降低承压水的压力水头。

通常，降水宜在坑内进行；但是，降低深层承压水时，往往对坑外的周边环境造成不利影响，有时需要在坑外设置回灌井，以减少坑外地下水的不利影响。有时也需要在坑外降水。

这里有两个问题值得探讨：

① 关于分层降水问题

在有些基坑中，往往表层是透水性小的软土，而下部透水性很大，其渗透系数相差十几倍或更多。在两层土之间存在着隔水层的情况下，当开动降水井抽水时，强透水的砂卵石层中的水会先被大量抽走；而表层软土内水则排出很慢，土体固结得慢，不利于及早开挖。在这种情况下，基坑内的地下水不是由上向下逐渐往下降落的。

② 关于基坑底部最低水位问题

规范要求"设计降水深度在基坑范围内不宜小于基坑底面以下 0.5m。"对于承压水来说，降水的深度还要大一些。

如果只是开挖一条管道，基坑底部保持一定的浮托力，未尝不可；但是，对于大型的深基坑来说，这样做的风险是很大的。首先，在原本连续的地基中建造的防渗墙和支护桩围成的基坑，已经破坏了地基的完整性，何况还要在坑内打上几十到几百根大口径灌注桩和临时支撑桩，很多根降水井和观测井以及勘探孔。上述这些人工构筑物在基坑底部地基中穿了很多孔洞，而使承压水很容易沿着这些薄弱带向上突涌，酿成大事故。有的工程就是由于在基坑打了直径仅 5～6cm 的小钻孔，而导致基坑发生大量突水事故。一些地铁基坑多次发生基坑突涌事故，与承压水有很大关系。由此可见，对于大型的深基坑来说，必须按照规范的要求，来进行基坑的防渗和降水设计。

4）基坑底部防渗加固

当基坑底部没有适当的隔水层可供利用时，则可对基坑底部进行水平封底的方法，形成一个相对隔水层。但是，实践证明，特别是武汉地区 20 世纪 90 年代的经验证明，在大面积的基坑底部，使用高压旋喷桩形成的水平封底结构，它的连续性很差，透水性非常大，基坑底部土体发生强烈突（管）涌，最后不得不采用深层降水的方法，才解决了问题。

人工建造水平隔水层的问题很多，这里不再赘述。

在墙内侧易发生管涌的部位，可利用高喷或深层搅拌桩密集加固该部位，不但提高被动土压力，还可提高抗管涌的能力。

11.6.7 结语

（1）根据有关资料，采用多种计算方法进行结构和渗流计算，综合进行技术经济比较，确定地连墙等支护结构的入土（岩）深度 h_d 和墙底止水帷幕深度，并由此计算和选定弯矩以及配置钢筋等。

（2）地连墙等支护结构底部入土深度是保证基坑开挖期间的安全稳定的关键，也就是说入土（岩）深度 h_d 的大小应当由渗流稳定和结构强度稳定综合确定，通常是由渗流稳定求出的 h_d 起控制作用。在保证基坑稳定的情况下，可通过渗流计算，得出最小的入岩深度 h_d。

（3）以上仅为我们在设计、施工工作中的一点体会，相信会对优化、改进设计施工方案有所帮助。不当之处请指正。

参考文献

[1] 丛蔼森. 地下连续墙的设计施工与应用 [M]. 北京：中国水利水电出版社，2001.
[2] 钱家欢，殷宗泽. 土工原理与计算 [M]. 北京：中国水利水电出版社，1996.
[3] 周景星，李广信等. 基础工程 [M]. 2版. 北京：清华大学出版社，2007.

11.7 岩溶地区工程案例

蒋良文，杜宇本
（中铁二院工程集团有限责任公司，四川 成都 610031）

中华人民共和国成立以来，我们在岩溶地区已建成多条铁路，运行状况一直良好，并在国民经济建设中发挥了巨大作用。由于岩溶地区岩溶地质十分复杂，铁路工程在建设、运营中发生了不少岩溶工程地质问题，尤其以岩溶水危害、岩溶水漏水导致一系列环境工程地质问题最为突出。

11.7.1 岩溶地表水危害

岩溶地表水对工程的危害，主要表现在岩溶洼地、谷地中，洪水时冲刷、淹没桥涵及路基，洼地积水浸泡路堤，引起路堤下沉或坍塌等。这些危害往往是由于对岩溶地区地表水径流的特点认识不足所致。20 世纪 80 年代前，修建的铁路主要以路基、矮桥、短隧道工程为主，岩溶地表水部分地段危害较为严重，80 年代后提高了岩溶地区修建铁路的技术标准，工程以高桥、长隧道为主，有效地避免了对岩溶地表水的危害。

岩溶地区的地表水与一般非岩溶地区的地表水，具有下列不同的特点：

（1）岩溶地区的地表水与地下水关系极为密切，且具有负向补给，因而流量不易计算；

（2）岩溶地区的河、沟水流多随季节变化而有间歇性；

（3）汇水面积不仅应根据地形分水岭圈定，且应结合地质条件圈定；

（4）岩溶洼地积水、消水具有反复性和间歇性。

以上特点，由于受自然因素影响较多，使流量计算不准，以致所设排水建筑物的类型、位置及过水断面不适当，因而造成水害。

工程实例：南昆铁路砂锅寨 2 号隧道岩溶水害

1. 地形、地质

砂锅寨 2 号隧道（K592＋666.23～K594＋360.23）长 1694m，位于威舍至昆明段中寨至新安区间。隧道出口端紧邻下米车洼地。线路纵坡分别为＋10.2‰、＋11.7‰、＋11.5‰、＋12.4‰，前后均为连续紧坡地段。隧道地处构造侵蚀、溶蚀中低山区，地形起伏较大，相对高差约 300m。区内发育典型的岩溶地貌，溶沟、溶槽、石芽、溶蚀洼地、漏斗、落水洞、暗河等岩溶形态十分发育。隧道地处亚热带高原季风型气候区，干湿季分明，年平均降水量为 1400～1700mm。地表多被第四系冲洪积、坡残积砂黏土覆盖，下伏基岩为三叠系中统个旧组（T_2g）泥质灰岩、灰岩、白云岩夹砂泥岩（图 11.7-1）。

隧道位于岩溶地下水分水岭区，居地下水垂直渗流带。岩溶主要发育在 T_2g 之白云岩、灰岩地层中，规模不一，形态多变，以邻近隧道出口附近之 K594＋277 段较为严重。地表溶蚀洼地多呈串珠状分布，排列方向与线路呈 80°相交。

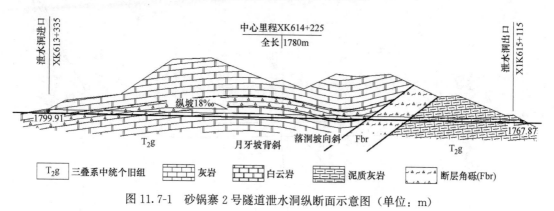

图 11.7-1　砂锅寨 2 号隧道泄水洞纵断面示意图（单位：m）

2. 水害情况

（1）洞外路基段

K594＋360～＋492 段，1993 年 8 月，施工图设计采用调查推算的百年水位高程为 1805.05m，路肩设计高程为 1806.27～1807.89m。该段工程展开后，分别于 1993 年 7 月、1994 年 6 月和 7 月连续 3 次出现较大洪水，观测水位为 $H_{1993}＝1805.43$m，$H_{1994}＝1806.24$m，超过原设计推算百年水位 0.38～1.19m。而该两年观测洪水复查推算频率仅为 1/20～1/50。根据水文复查，采用洪水调查法及水量平衡法，经调蓄计算，隧道出口段下米车洼地百年洪水位高程均应为 1807.00m，路肩设计高程应不低于 1807.50m，复查水位超过原设计百年水位 1.95m，隧道出口段路肩设计高程按《规范》要求偏低 1.23m。

（2）隧道洞内

原设计预测隧道洞内总涌水量为 7884m³/d。在 1993 年 8 月，施工于 K594+309 揭示溶洞，出现了较大的承压涌水，水柱高达 50cm，直径约 0.35m，致使掌子面淹没高度超过 2m。据抽水实测，该段涌水量达 31795m³/d。1994 年 6、7 月暴雨期间，出口段又两次被淹没，全隧道共揭示较大涌水点 20 余段（处）。根据施工期间两次水文复查，隧道内最大涌水量可达 $5 \times 10^4 \mathrm{m}^3/\mathrm{d}$，远远超过了原施工图设计水量。也大于洞内侧沟排水能力。

按上述分析，洞内若不进一步采取分流引排的措施，在雨期出现较大降水过程后，洞内现有排水设施的排水能力将难以满足排水要求。

3. 整治情况

砂锅寨 2 号隧道出口段水害整治包括以下两个方面内容：

（1）增建砂锅寨泄水洞

泄水洞位于砂锅寨 2 号隧道线路右侧，全长 1780m。该洞进口位于隧道出口 K594+377 右侧 116m，泄水底面高程为 1799.91m。出口位于隧道进口外 K592+517 左侧 15m 处，紧邻砂锅寨 2 号桥昆明端桥台，泄水底面高程为 1767.87m。泄水洞于 K592+534 处与线路立交，其拱顶至路肩高差为 14.07m（图 11.7-2）。

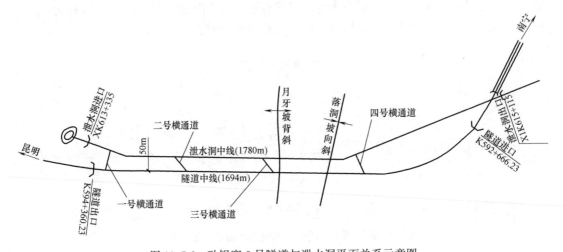

图 11.7-2　砂锅寨 2 号隧道与泄水洞平面关系示意图

泄水洞最大通过流量为 24.1m³/s，其洞内最大水深为 1m，最大流速为 8.07m³/s。当发生百年一遇设计洪水时，泄水洞最大流量可达 20.2m³/s。泄水洞内净宽设计为 3m，净高为 2.8m。由于泄水洞通过地层岩性及构造与隧道相同，岩溶发育，岩体较破碎，构造复杂，故泄水洞采用模筑混凝土衬砌，铺底材料与拱墙相同。泄水洞进出口均设置混凝土沟槽，进口端部设阻拦漂浮物的钢轨拦污栅，出口紧接急流槽。为防止人员误入，进出口均设置钢栅门。为充分利用泄水洞排除地下水，降低地下水水位，减轻隧道排水设施的负担，结合施工通风、排水的需要，于泄水隧洞与隧道间设置4处横通道。

（2）修建泄水洞出口急流槽及改河工程

泄水洞出口紧接的急流槽，长96.28m。急流槽入口高程为1767.69m，出口高程为1739.90m，落差为27.79m，平均纵坡289‰，最大纵坡达497‰。为加大糙率，降低流速，采用平坡顺齿台阶式糙面。因部分槽身穿过较厚的弃渣，急流槽的边墙设计为挡墙式，圬工部分采用C15混凝土，部分采用MU10浆砌片石。急流槽基础均置于泥质石灰岩地层上。

11.7.2 岩溶地下水危害

岩溶地下水对工程的危害，主要表现为雨期时路基基底涌水，使路堤坍滑或冲毁；桥基坑涌水增加排水困难或基坑坍塌，妨碍施工；隧道大量涌水或突水，且伴随涌泥、涌砂，增加施工、运营困难。又因水位、水量变幅大，致使排水工程不易奏效，以及地下水位下降造成地面塌陷而危及工程结构安全。其中隧道大量涌水突泥造成危害较为突出，导致施工难度增加、给工程造成经济损失、危及人身安全、淹没机具设备、影响隧道结构安全。造成岩溶隧道涌水突泥危害，主要因隧道岩溶地下水具有以下特点：

（1）地下水与降雨量密切相关，地下水位与流量随降雨多寡而有很大变幅；

（2）岩溶发育本身具高度不均一性、隐蔽性、复杂性等特点，裂隙与岩溶管道并存，加之岩溶地下水的不均匀性，导致岩溶水埋藏条件不易查清，勘察难、评估难；

（3）由于地质构造关系和地下分水岭的存在，使地下水变得格外复杂，地下水量的计算不易准确，因而易造成水害；

（4）岩溶水具有水动力剖面的分带性，各带的水文地质条件不同，直接影响工程位置的选择；

（5）具有集中突水和承压性，且伴随涌泥、涌砂等；

（6）受控于大型褶皱等富水构造以及现代岩溶作用下，在特殊深部岩溶时，现代深部岩溶大规模（高压）涌水突泥是铁路深埋岩溶隧道建设中遇到的新的岩溶工程地质问题。

工程实例1：南昆铁路干桥隧道岩溶涌水突泥

（1）概况

干桥隧道位于兴义至清水河东区间，全长1869m。隧道进口接打埂大桥，出口邻清水河东车站（缓开站）。

隧道贯通后的第二个雨期，于1997年6月1日在隧道出口段发生大涌水，并伴随大量泥砂涌出。洞内最高水位高于轨顶10cm。主要涌水点为K465+392处左右侧水沟底及K465+656处右侧水沟底，涌水结束后3处涌水点变换为消水点。此次涌水造成K465+322~+372段左侧水沟被挤坏、盖板掀翻、钢轨隆起（隆起最高达9cm），K465+376~+400左侧边墙内倾（墙顶最大位移达14.8cm）；墙腰纵向开裂（宽1~3mm），涌水所携带的大量泥沙淤塞水沟，污染道床。

（2）地质概况

隧道出口段为岩溶峰丛洼地区，岩溶槽谷发育，漏斗、洼地多沿槽谷呈串珠壮排列。

隧道于 K465+332~+452 横穿岩溶槽谷，埋深仅 30 余米。

段内揭示地层有三叠系中统个旧组第一段（T_2g^a）、下统永宁镇组上、下段（T_1y^b、T_1y^a）和飞仙关组上段（T_1f^b），发生涌水地段主要为永宁镇组下段中至厚层灰岩夹泥质灰岩，岩溶发育。

飞仙关组上段为薄至中厚层石英砂岩夹泥岩、页岩及灰岩，灰绿、紫红、灰黄、灰色，节理发育，风化严重。

隧道揭示的 T_2g^a、T_1y^a 两层可溶岩为岩溶强烈发育带，且岩溶发育较为集中，多沿可溶岩和非可溶岩接触呈带状分布。地表多溶蚀洼地、漏斗、落水洞，并呈串珠状排列，形成岩溶槽谷，其下对应为故古-大蚌暗河。因 F3 断层的作用，将 T_2g^a、T_1y^a 之间的 T_1y^b 非可溶岩错断，使两层可溶岩直接接触，故古-大蚌暗河上游沿 T_1y^b、T_1y^a 接触带发育，穿过断层后暗河下游沿 T_2g^a、T_2g^b 接触带发育。

隧道于 K465+332~+452 横穿岩溶槽谷。槽谷内发育 3 个大的落水洞，分别位于 K465+286 右 120m，K465+292 右 380m，K465+402 左 40m，其中，K465+292 右 380m 落水洞有一地表径流由此汇入暗河，是暗河水的主要来源。暗河于 K465+352 处以 N450W 方向通过隧道，据推测，暗河位于隧底 30~40m。

（3）病害原因分析

该隧道岩溶水害发生后，1997 年 6 月 1 日，洞内涌水峰值流量为 131328m³/d，共涌水 35193m³。经补勘证实，隧道通过的 T_2g^a、T_1y^a 地层中垂直岩溶管道水及暗河水上升是涌水的主要来源。6 月 1 日，隧顶共降水 20000m³，而隧道涌水达 35200m³，尚有 15200m³ 为暗河水灌入隧道中。按隧道涌水 11h 计算，暗河容许通过流量为 172000m³/d。

根据洞内涌水现象及对结构的破坏形式分析：雨期时，位于隧底 30m 左右横穿线路的故古-大蚌暗河在线路附近受"瓶颈"制约，宣泄不及，导致暗河水位上升，涌入隧道。上升暗河水是此次涌水的重要来源。故古-大蚌暗河"瓶颈"上游受线路所在区域 6.6km² 地表汇水补给，该范围内 71% 流量于故古村汇成地表径流，于 K465+292 右侧落水洞补给暗河。因此，控制暗河水位上升是防止隧道岩溶水害的关键。

（4）整治方案研究

病害整治共研究了四个方案（图 11.7-3）。

Ⅰ方案（明渠分流Ⅰ方案）：

由 1.6km 长的地表明渠在 K465+292 线路右侧 380m 处暗河入口进行截排分流，分流流量为 $67×10^4$ m³/d（大于隧道涌水量），使进入暗河水量不大于暗河允许通过流量，暗河水流不致因宣泄不及而上升涌入隧道。

Ⅱ方案（明渠分流Ⅱ方案）：

采用明渠分流Ⅰ方案，但不利用清水河东站落水洞泄洪。明渠继续沿既有灌溉沟从清水河东站右侧山坡经 K467+465 一孔径 3m 拱涵将水引至线路左侧自然沟排出。此方案明渠长 2.6km。

Ⅲ方案（泄水洞Ⅰ方案）：

该方案于线路右侧设泄水洞。泄水洞进口位于线路左侧，于 K464+447 处以 25°交角

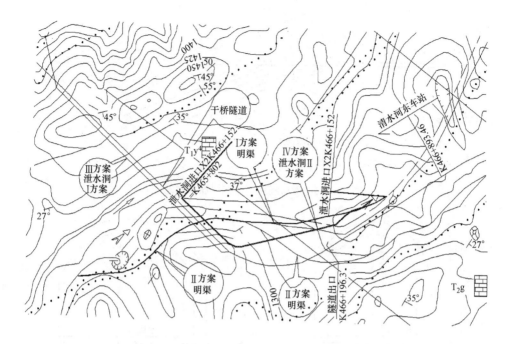

图 11.7-3　干桥隧道涌水整治方案平面示意图（单位：m）

从隧道底板以下穿过，该处泄水洞底面比隧道边墙底低 12.95m。然后，泄水洞设于隧道右下侧，与中线间距 20m。泄水洞纵坡 5‰，全长 1395m。泄水洞（含横通道）采用单车道断面，为方便施工每隔 300～400m 设置错车道一处，每处长 40m，所有断面均采用模筑混凝土衬砌。为有效地截排前述 3 处的集中涌水，分别设置横通道将隧道涌水引入泄水洞；泄水洞水流向隧道进口打埝河排泄。

Ⅳ方案（泄水洞Ⅱ方案）：

该泄水洞位于线路左下方 K465＋302～＋626 段，与中线间距 20m。泄水洞全长 850m，纵坡-5‰，衬砌断面及横通道设置原则同Ⅰ方案。泄水洞水流由长 280m 明渠引至清水河东落水洞，由故古-大蚌暗河排泄。

（5）方案比选及推荐意见

Ⅰ、Ⅱ方案（明渠方案）均以拦截进入故古-大蚌暗河水量为出发点，其拦截流量系据雨期地表汇水及今年洞内涌水情况计算分析确定。考虑到岩溶地区岩溶水文地质条件的复杂性，该流量准确定量存在一定难度。同时，两方案均受 K465＋332 线路右侧落水洞至清水河东站落水洞间故古-大蚌暗河过水能力制约，该暗河一旦淤塞，其病害仍然存在。

Ⅲ方案（泄水洞Ⅰ方案）能有效地解决暗河及非暗河水对隧道的危害，做到一次根治不留隐患，但投资最高，施工难度大，施工周期长，要确保 1998 年 5 月雨期前形成排泄功能，工期相当紧迫。

Ⅳ方案（泄水洞Ⅱ方案）投资仅次于Ⅲ方案，但能解决隧道涌水，工期也允许。综上所述，推荐采用Ⅳ方案。泄水洞纵断面如图 11.7-4 所示，代表性衬砌断面如图 11.7-5 所示。

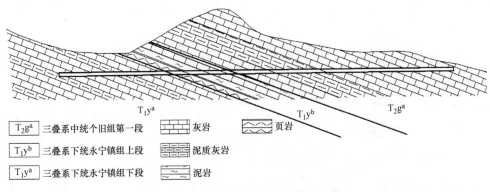

T_2g^a 三叠系中统个旧组第一段		灰岩		页岩
T_1y^b 三叠系下统永宁镇组上段		泥质灰岩		
T_1y^a 三叠系下统永宁镇组下段		泥岩		

图 11.7-4　干桥隧道泄水洞纵断面示意图

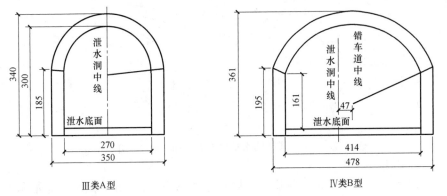

图 11.7-5　干桥隧道泄水洞衬砌断面示意图（单位：cm）

工程实例2：渝怀铁路圆梁山隧道高压涌水突泥

（1）概况

圆梁山隧道全长 11km，2002 年 9 月 10 日 14 时，DK354＋879 下导坑掌子面突然发生爆响，瞬间突出 4000 多立方米硬塑～可塑状黏土及黏稠状泥浆，迅速填满长 244m 的正洞下导坑空间，受气浪和泥石冲击，洞内设施损坏，并将距掌子面约 200m 远的电瓶车、梭式矿车向外推移 50m。

发生突泥的地段位于毛坝向斜东翼，埋深近 500m，其岩层为二叠系茅口组灰岩，实测水压为 4MPa。突泥部位为一直径约 2m 的近直立管道，向上逐渐加大并与地面岩溶洼地相通。这一上下连通的岩溶管道是由于硬质岩层在褶曲作用下形成的层间滑脱空腔的基础上溶蚀贯通，形成储存高压地下水、压缩气体及细颗粒黏土堆积物的"水-气-泥"复杂岩溶系统，一旦从下部开挖便呈爆炸型突泥，瞬间涌出。

圆梁山隧道地处斜坡地带，施工揭示 1 号、2 号、3 号大型充填溶洞，低于侵蚀基准面 400～500m，赋存高压地下水，充填细颗粒黏土堆积物，揭示溶洞后发生较大规模涌水突泥，属典型的断裂-向斜复合构造控制型现代深部岩溶（图 11.7-6～图 11.7-8）。

（2）整治措施

① 首先施工 1 号、2 号迂回导坑，避开该段正洞、平导溶洞区，在大里程形成工作面继续施工。

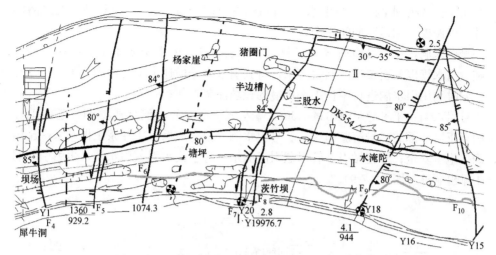

图 11.7-6 圆梁山隧道毛坝向斜段岩溶水文地质略图

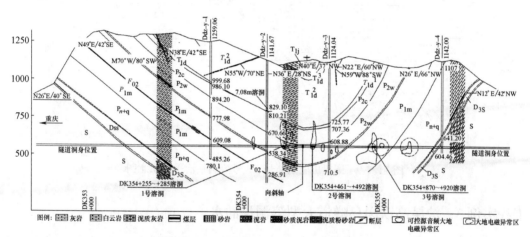

图 11.7-7 圆梁山隧道毛坝向斜地质构造

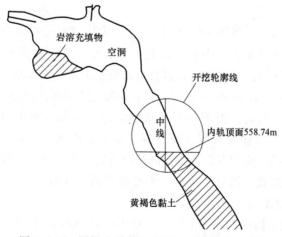

图 11.7-8 圆梁山隧道 3 号溶洞正面形态示意图

② 增设一号引水洞、二号引水洞，以达到提前降水压，为正洞和平导通过溶洞区创造条件，确保施工和运营期间安全。

一号引水洞：从6号横通道于正洞、平导之间设置引水洞至正洞上部的二号溶腔边缘，施做引水管以截引二号溶洞岩溶水，将其引入6号横通道沉淀池中，再经由平导排出洞外；同时利用引水洞进行维护工作环境的充填注浆工作。

二号引水洞：于平导 PDK354＋608.37 左侧沿原二号溶洞地质探洞（已回填）设置引水洞至正洞上部的二号溶腔边缘。二号引水洞开挖完成后，于注浆工做洞末端施做止水墙，确保施工安全；并施做引水管以截引溶洞水，将水集中引入引水洞，再由引水洞引至平导中排出洞外（图 11.7-9）。

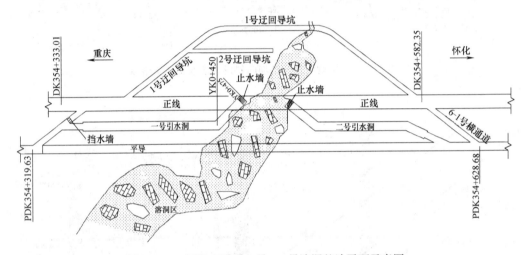

图 11.7-9　圆梁山隧道2号、3号溶洞整治平面示意图

工程实例3：沪昆高铁岗乌隧道大型溶洞及涌水

岗乌隧道（D1K868＋415～D1K881＋602）地处云贵高原斜坡地带，位于关岭车站至普安车站区间，隧道长 13187m，隧道纵坡设计为 15‰ 和 25‰ 的单面下坡，最大埋深约 550m。

隧道洞身主要穿越中三叠统杨柳井组（T_2y）块状白云岩夹角砾状白云岩，底部见溶塌角砾岩，顶部为浅灰色灰岩。中三叠统关岭组二段（T_2g^2）薄至中厚层状灰岩、蠕虫状泥质灰岩，夹少量泥质白云质、白云岩及白云质黏土岩；泥质灰岩中夹石膏假晶和板柱状石膏晶簇。三叠系中统关岭组一段（T_2g^1）中厚层状泥质白云岩与紫红色、灰绿色泥岩、页岩交互成层，夹灰岩、泥质灰岩及盐溶角砾，局部含薄层石膏，底部厚 2～5m，为碱性玻屑凝灰岩与永宁镇组分界。下三叠统永宁镇组第三、四段（T_1yn^{3+4}）上部为灰、黄灰色薄至中厚层状泥质白云岩、角砾状白云岩。下部为灰、浅灰色中厚层至块状灰岩及深灰色泥质灰岩组成。隧道穿越葫芦井-樱桃窝断层（图 11.7-10）。

（1）建设期间涌水危害

2012年4月，施工揭示 D1K871＋775～D1K871＋809 段上台阶左侧横向发育的一半充填溶洞，溶洞底部充填块石夹黏土，地下水不发育。

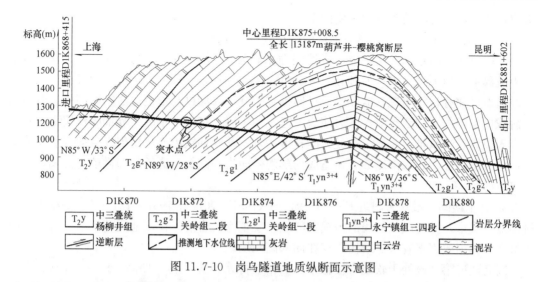

图 11.7-10 岗乌隧道地质纵断面示意图

2012 年 7 月 12 日 23 时开始突降暴雨，7 月 13 日 6 时雨势变小。溶洞内有少量出水，并不断增大，7 月 13 日 6 时 50 分，溶洞突然涌水，最大涌水量约 136.8 万 m³/d，冲毁洞口弃渣所垫施工场地，并将一辆出渣车冲至沟底，而后涌水量衰减较快，7 月 13 日 22 时，无水涌出（图 11.7-11）。

图 11.7-11 岗乌隧道 D1K871+775～D1K871+809 段溶洞和涌水照片

岗乌隧道 D1K871+775～D1K871+809 段溶洞地处云贵高原斜坡地带，隧道洞身位于垂直渗流带，岩溶强烈发育，该段大型溶洞与富水溶腔连通，隧道施工过程中由于强降雨引起隧道上方由于富水溶腔水位突变诱发涌水。

（2）运营期间病害

2017 年 1 月 5 日，贵阳高铁工务部门测量反映，K1953+600～+700、K1953+050～+350 两段轨道结构发生异常抬升，且局部轨道板及仰拱填充顶面发现有裂纹，影响列车正常运营。

从测量资料显示，截至 2017 年 4 月 12 日，监测期间数据显示，右线最大上拱处为 K1953+625，内最大上拱值为 6.9mm；左线最大上拱处为 K1953+625 附近，内最大上拱值约为 1mm，该段变化范围内呈上拱趋势。相对而言右线较左线上拱值明显。

隧道本段埋深 90～155m，地层岩性为三叠系中统杨柳井组中厚层状白云岩夹角砾状白云岩，属硬质岩，单斜构造，勘探揭示地下水位 0.9～1.2m，隐伏岩溶不发育。在该地质环境下，引起轨道抬升的主要因素有：

① K1953＋603～＋615 隧底结构内存在局部高水压

本段位于岩溶水季节交替带，岩溶裂隙水较发育。施工在 K1953＋603～＋615 段揭示为破碎带，地下水呈淋雨状流出。本次旱季勘探揭示地下水位为 0.9～1.2m，混凝土中裂缝发育并有过水痕迹，地下水通过仰拱施工缝进入仰拱与填充层之间，高铁运营后在动荷载反复作用下的超孔隙水压力使施工缝逐渐扩展，在地下水的反复抽吸作用下，将泥沙带入裂缝后难以排走，最终造成无砟轨道抬升，并使仰拱填充层出现纵横向开裂。地下水也同时作用在中心水沟侧壁上，造成局部沟壁向沟心倾斜，沟壁与仰拱填充分离，形成纵向裂缝。

② 施工期间本段病害附近 K1956＋911～K1957＋067、K1957＋437～＋462 段雨期时衬砌漏水严重，并造成二衬局部破损。隧底未发现隐伏岩溶。在该地质环境下，可能引起轨道抬升的主要因素有隧底结构内存在局部高水压。

岗乌隧道第 2 段处于软硬岩接触带，岩溶裂隙水发育。施工期间，K1957＋002 拱顶靠右侧发育溶洞，有股状水流出，雨期流量 2568m³/h。K1957＋457～＋462 段沿裂缝有股状水涌出，涌出水量估算约 600～750m³/h，并造成上台阶底板隆起高度 50～100cm。

旱季勘探揭示地下水位为 0.12～5.36m，雨期更高，当混凝土有缺陷时，地下水易进入结构中的各种裂缝，导致地下水通过仰拱施工缝进入仰拱与填充层之间，高铁运营后在动荷载反复作用下的超孔隙水压力使施工缝逐渐扩展，在地下水的反复抽吸作用下，泥沙进入裂缝后难以排走，最终引起无砟轨道抬升上拱，并使仰拱填充层出现纵横向开裂。结构中的地下水除来自基岩裂隙水外，也可来自中心水沟上游。

（3）运营期间病害整治

运营期间病害整治主要包括中心水沟封闭、锚杆加固、隧底注浆加固、增设降压孔等。为根除隐患，于 K1953＋622 线路左侧增设泄水洞。

泄水洞起点里程为 XSD7K0＋000，对应正洞里程 K1953＋622；终点里程为 XSD7K0＋255。泄水洞全长 255m，纵坡 3‰。泄水洞中线与线路小里程方向呈 57°夹角。泄水洞起点距离隧道（K1953＋622）左线线路中线约 30m。XSD7K0＋000 处坑底面高程较对应正洞内轨顶面低约 9m，以预留泄水洞下穿正洞的土建标高条件（图 11.7-12）。

11.7.3　地质环境破坏

由于隧道中大量岩溶水的涌出、流失，地下水位急剧下降，破坏了地下水补给、径流与排泄的天然平衡状态，农田、井、泉疏干，影响居民生产生活，同时会发生岩溶地面塌陷。

工程实例：渝怀铁路歌乐山隧道岩溶水

（1）概况

渝怀线歌乐山隧道全长 4050m，隧道位于重庆市区，地表为歌乐山森林公园，被誉为重庆市自然生态环境绿色屏障，地表有约 6.4 万居民生产、生活。隧道近垂直穿越歌乐山山脉，隧道的地貌、地层特征受观音峡背斜控制。该背斜为区域性地质构造，轴线近南北走向，与山脉的走向基本一致。背斜两翼为泥岩夹砂岩及须家河组煤系地层（隧道穿越

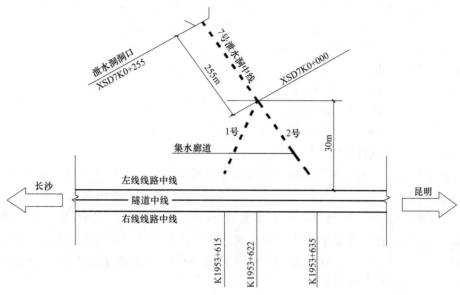

图 11.7-12　7 号泄水洞方案示意图

1600m），以基岩裂隙水为主；核部为雷口坡组、嘉陵江组、飞仙关组灰岩、白云岩、泥灰岩及泥岩等可溶岩地层（隧道穿越 2450m），以岩溶水为主，地表漏斗、洼地、溶洞、落水洞、溶沟、溶槽等岩溶现象发育。隧道最大埋深 280m，隧道最高水头为 220m，预测最大涌水量为 $5.3 \times 10^4 \mathrm{m}^3/\mathrm{d}$（图 11.7-13）。

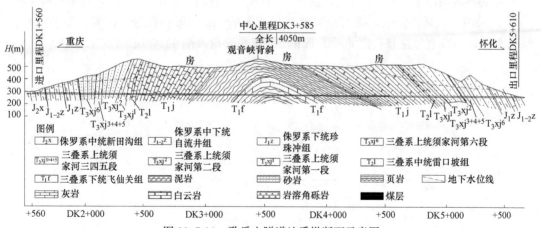

图 11.7-13　歌乐山隧道地质纵断面示意图

（2）整治措施

由于本隧地下岩溶水丰富，且水压较高，同时歌乐山地表为重庆市自然生态环境绿色屏障，居民众多，因此针对本隧地下水制定的设计原则为：非可溶岩段对地表生态无影响的地下裂隙水以排为主，但不排除对个别流水量较大的出水点进行局部堵水；可溶岩段地下水坚决以堵为主。堵水注浆的指导方针为：先探水、预注浆、后开挖、补注浆、再衬砌，并在隧道建成后进行长期监测。隧道堵水的目的是不因为隧道施工失水而影响地表水环境，保护生态环境，目标为隧道建成后平均出水量≤1m³/（m·d）。

由于本隧道的水量大，且山上居住大量的居民，为防止隧道开挖后围岩中地下水大量涌出，严重影响山上居民的生活、生产，破坏生态环境，防止隧道施工时产生高压水害，影响隧道的施工，特进行围岩预注浆处理。

① 注浆里程：DK2+410～DK2+450

              DK2+898～DK2+938

              DK4+224～DK4+264

              DK4+775～DK4+815

              共计注浆长度160m。

② 隧道开挖前，根据围岩裂隙、岩溶发育情况，打超前探水孔（或采用地质雷达等物探手段），每次探水段长15m，开挖12m，保留3m。若探水孔出水并大于$10m^3/h$时，需进行全断面围岩预注浆堵水；总涌水量虽小于$10m^3/h$，但个别探水孔出水量大于$2m^3/h$时，则需对这些孔眼进行局部预注浆，在预注浆前，应根据超前探水孔所预报的涌水位置、涌水量、涌水压力、温度、水质、岩石分类、破碎程度等情况，对预注浆设计参数及注浆段落进行相应地调整。

③ 预注浆设计参数

A. 注浆压力：设计注浆压力（终压值）为测定水压力的2～3倍。

B. 注浆加固范围：拱墙注浆范围为5m，隧底注浆范围2m，即孔底位置控制在：拱墙外5m，隧底外2m。

C. 注浆单孔有效扩散半径2.5m，孔底间距<3.25m。

④ 隧道注浆段采用全断面开挖，故对终孔在同一里程的注浆孔，可同时进行钻孔和注浆。

⑤ 采用二次循环注浆，提前在有效注浆范围前7m施做钻孔进行注浆，每一循环注浆长27m，每段有效注浆长度40m，保留5m止浆岩盘（图11.7-14～图11.7-20）。

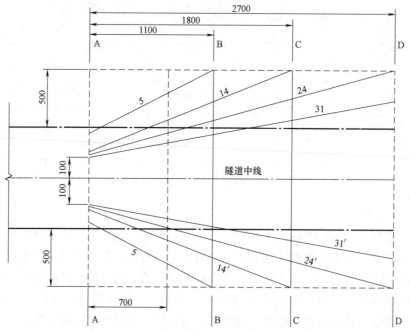

图11.7-14 注浆孔平面布置示意图（单位：cm）

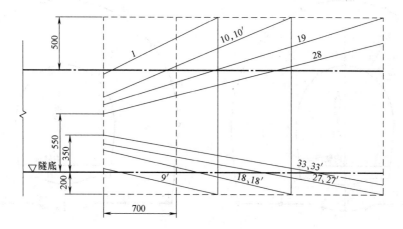

图 11.7-15　注浆孔立面布置示意图（单位：cm）

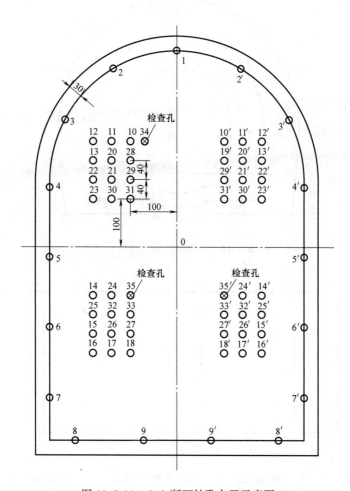

图 11.7-16　A-A 断面钻孔布置示意图

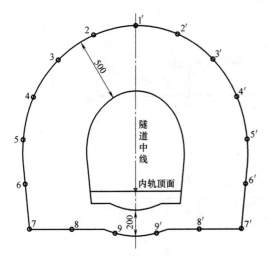

图 11.7-17 B-B断面钻孔布置示意图

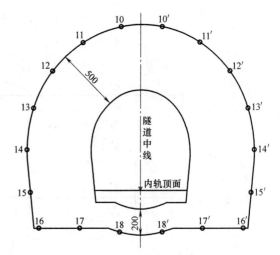

图 11.7-18 C-C断面钻孔布置示意图

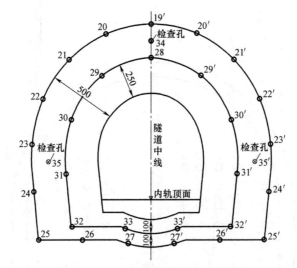

图 11.7-19 D-D断面钻孔布置示意图

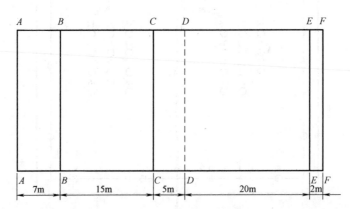

点位: A—第一环注浆起点; B—有效注浆加固范围起点; C—第二环注浆起点;

D—第一环注浆终点; E—有效注浆加固终点; F—第二环注浆终点

图 11.7-20 注浆点位示意图

⑥ 注浆结束标准和注浆效果评定

A. 注浆压力逐步升高，当达到设计终压并继续注浆 10min 以上。

B. 单孔注浆量与设计注浆量大致相同，注浆结束时的进浆量，一般在 20～30L/min 以下。

C. 检查孔：工作面预注浆每段设 3 个检查孔，并检查量测孔内的涌水量。

一般地段应小于 0.4L/(min·m)，且某一处漏水小于 10L/min，或进行压水检查，在 0.75MPa 压力下，进水量小于 2L/min；检查孔采取岩心，观测注浆的填充情况；测试检查孔水压，水压应小于 0.75MPa。

歌乐山隧道是我国铁路隧道建设史上第一座对地下岩溶水实施全方位堵水的隧道，设计和施工均在摸索中不断地进行完善。从现场施做的效果看，是比较成功的，使我国铁路岩溶隧道堵水水平往前迈进了一大步。随着国家对环保、水保的日益重视，在以后的铁路建设中必将会对更多的岩溶隧道实施堵水，以保护水资源，保护生态环境。

11.8　地质雷达法预报岩溶地下水关键技术研究与工程实践

陈文华，黄世强

（中国电建集团华东勘测设计研究院有限公司，浙江 杭州 311122）

11.8.1　引言

岩溶伴随着构造而生，水经过断层、裂隙、接触带等构造对可溶性岩石（如石灰岩、白云岩、泥灰岩等碳酸盐类岩石）产生流水溶蚀。岩溶是水对岩石溶蚀的结果，因此岩溶中一般富含地下水。在中国，岩溶主要集中在西南地区。

随着西部大开发战略的实施，水利水电、铁路、公路等国家基础设施建设常遇到岩溶山区等工程地质与水文地质条件极端复杂的西部地区，隧道与地下工程的建设难度成倍增加，已面临诸多挑战。据统计，全国范围内，由突涌水灾害及处置不当造成的安全事故占到隧洞工程建设事故的 80%；由于塌方、涌水等地质灾害事故造成的停工时间约占总工期的 30%，有些隧道甚至被迫停建或改线。此外，突涌水灾害若不能有效治理，极易诱发水资源枯竭、地表塌陷等环境地质灾害，严重威胁社会稳定与经济发展。尤其是在西南部的岩溶地区，隧道修建过程中与岩溶灾害有关的各种环境问题及负效应显得尤为突出，给当地脆弱的生态环境造成了不可弥补的损失。因此，隧道与地下工程建设时，开展岩溶地下水预报，对减少施工事故，保证施工人员生命安全和施工进度具有十分重要的意义。

锦屏二级水电站就位于西南地区，水文与地质条件特别复杂，开挖隧洞总里程达数百公里，最大埋深 2525m。在勘测设计阶段，测得单点最大瞬时集中涌水量达 7.3m³/s，稳定流量为 2～3m³/s；初始水压力约为 10MPa，稳定水压力约为 2.4MPa。在隧洞施工阶段，跟随隧洞掘进施工实施全过程的地质超前预报（重点是岩溶突涌水预报），历时 8 年积累了丰富的复杂水文和地质条件下的岩溶地下水预报经验，有效指导隧洞洞室群的开挖施工，为保障施工安全和工程顺利完工起到重要的作用。

岩溶地下水预报的物探方法主要有 TSP 法（Tunnel Seismic Prediction）、TRT 法

（True Reflection Tomography）、地质雷达法、红外探测法和BEAM法（Bore-Tunneling Electrical Ahead Monitoring）。TSP法、TRT法主要探测具有一定规模或延伸长度的目标体，适用于长距离预报，有效预报距离一般为100～200m，但预报精度相对较低；红外探测法要求地下水与围岩存在温度差异，适用于短距离预报，但锦屏二级水电站地下水与围岩温度长年在13℃左右，不适合使用；BEAM法适用于TBM掘进施工方式适的短距离预报，一般小于30m；地质雷达法是利用目标体与围岩相对介电常数的显著差异来探测目标体，适用于短距离（＜30m）预报岩溶地下水。

地质雷达作为一种高精度、连续无损、经济快速、图像直观的高科技物探仪器，它是通过向隧洞掌子面前方及侧壁岩体发射高频电磁波，并接收反射波来判断隧洞前方及周边岩体的异常情况。依托锦屏二级水电站工程的岩溶地下水预报项目，对地质雷达法基本理论与工作原理、相对介电常数现场测定、观测系统布置、雷达图像特征识别、岩溶构造定位等关键技术进行全面系统的研究，并通过现场试验和工程实践，积累了丰富的岩溶地下水预报经验，可为其他类似工程借鉴。

11.8.2 工程概况

1. 锦屏二级水电站简况

锦屏二级水电站位于四川省凉山彝族自治州雅砻江干流锦屏大河湾上，该河段长150km，通过长约16.67km的引水隧洞，截弯取直，获得水头约310m。电站总装机容量4800MW，单机容量600MW。工程枢纽主要由首部拦河闸、引水系统、尾部地下厂房三大部分组成，为一低闸、长隧洞、大容量引水式电站。电站引水系统由进水口、引水隧洞、上游调压室、高压管道、尾水出口事故闸门室以及尾水隧洞等建筑物组成。在平面位置上，2条锦屏辅助洞、1条施工排水洞、4条引水隧洞共7条穿越锦屏山的地下洞群自南而北依次平行布置，如图11.8-1～图11.8-3所示。

图11.8-1　大河湾地理位置示意图

图 11.8-2　大河湾实景图

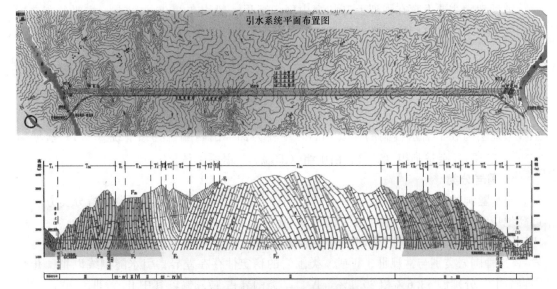

景峰桥 — 大水沟引水隧洞纵剖面图

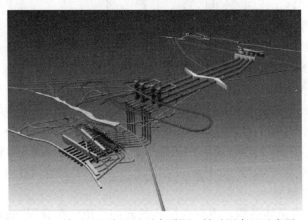

图 11.8-3　锦屏二级水电站引水隧洞、辅助洞布置示意图

2. 地形地貌

　　引水隧洞所处锦屏山以近南北向展布于河湾范围内，山势雄厚，重峰叠嶂，沟谷深切，峭壁陡立。山脊多呈尖棱状、主脊两侧山梁呈梳状排列。高程在 3000m 以上的山峰

甚多，呈 SN 向的地形主分水岭稍偏于西侧，分水岭两侧地形不对称，东侧宽而西侧窄；区内山势展布与构造线基本一致，地表起伏大，高差悬殊，山高谷深坡陡，是工程区地形地貌的基本特点。一级支沟大多与雅砻江近于直交，且沟谷密度大，两岸高耸，切割较深，终年有水。

区内广布的碳酸盐岩地层，由于经受强烈的区域变质和急剧的上升作用，岩溶不甚发育，岩溶地貌景观不很普遍。碳酸盐岩组成的山体峻峭挺拔，尖峰毕露，碎屑岩组成的山体雄厚平缓，两者地貌景观有明显差别。

岩溶地貌在区内不甚发育，以深切干谷和尖棱状的山脊为主，洼地、漏斗等典型的岩溶形态发育较少，小片石芽和少数天生桥、岩房零星分布。地下岩溶形态主要有溶洞、岩溶斜井、落水洞、溶孔和溶蚀裂隙。

冰蚀地貌主要发育在强烈上升的高山区，高程一般均在 3000m 以上。主要分布在罐罐山、干海子、毛家沟南、甘家沟与鸡纳店沟交汇处以北等地区，各种冰蚀地貌标志较为明显。

3. 地层岩性

引水隧洞工程区内出露的地层为前泥盆系～侏罗系的一套浅海～滨海相、海陆交替相地层。区内三叠系广布，分布面积约占 90% 以上，其中碳酸盐岩出露面积占 70%～80%。三叠系地层构成了引水隧洞的主要围岩，主要为锦屏山西侧三叠系下统（T_1）、盐塘组（T_{2y}^4～T_{2y}^6）、杂谷脑组（T_{2z}）、白山组（T_{2b}）、三叠系上统（T_3）。

4. 围岩分类

引水隧洞的围岩分类预测采用 JPF 分类体系，该分类是在常用水电围岩分类方法经过高地应力、高外水压力修正后的 JPHC 分类为主，JPQ 和 JPRMR 为辅助分类手段。JPF 分类考虑了因高地应力引起而发生岩爆的不同围岩类别（II_b、III_b、IV_b、V_b 类围岩），这种围岩类别与常规III、IV 或 V 类围岩的稳定性存在差异。引水隧洞线以III、II 类围岩为主，分别占 53.6% 和 29.1%，IV、V 类围岩占 17.3%，其中 II_b、III_b、IV_b、V_b 类围岩分别占 18.5%、17.8%、11.0%、1.7%。

5. 地质构造

区内结构面主要表现为顺层挤压和 NNE 向的逆冲断层性质。按不同构造形迹和展布方位大体可归纳分为：NNE 向、NNW 向、NE～NEE 向、NW～NWW 向四个构造组。NNE 向构造控制了区内主要构造线和主体山脉的延伸，共发育有 16 条，其中 I 级结构面有两条，主要为 F_4（青纳断裂）、F_6（锦屏山断裂），其余 14 条均为二级结构面；NNW 向结构面主要发育有 F_{20}、F_{21} 两条断层，均为II 级结构面；NE～NEE 向结构面主要发育有 F_1、F_{15}、F_{17}、F_{22}、F_{25}、F_{26} 六条断层，均为II 级结构面；NW～NWW 向结构面主要发育有 F_8、F_{12}、F_{13}、F_{16}、F_{23}、F_{24}、F_{27} 七条断层，均为II 级结构面。

6. 岩溶和水文地质

工程区岩溶发育总体微弱，不存在层状的岩溶系统。在高程 2000m 以下，岩溶发育较弱并以垂直系统为主，深部岩溶以 NEE、NWW 向的构造节理及其交汇带被溶蚀扩大了的溶蚀裂隙为主。具体而言，东部盐塘组地层岩溶形态为溶隙型，岩溶发育深度已到了雅砻江高程，在隧洞线高程的岩溶发育程度，为中、小溶隙介质；西部大理岩由于岩溶层组和构造的影响，其岩溶发育程度较强。中部白山组大理岩岩溶发育受两大泉地下水循环深度的控制，在高程 1730～1870m 以下岩溶发育微弱，为中、小型的溶蚀裂隙介质。因此，认为在引水隧洞高程（1600m）附近的岩溶形态以溶蚀裂隙为主，溶洞少，且规模不大。在不设置防渗措施的情况下，预测两条辅助洞、四条引水隧洞和一条排水洞同时开挖后，七条隧洞的稳定总涌水量为 25.45～28.95m³/s。

11.8.3 地质雷达探测基本理论与工作原理

1. 基本理论

根据波动理论，在均匀无限介质中，若无自由电荷和传导电流，由麦克斯韦电磁场方程组可解出一维情形下的波动方程：

$$\frac{\partial^2 E}{\partial x^2} = \frac{1}{u^2} \frac{\partial^2 E}{\partial t^2} \tag{11.8-1}$$

$$\frac{\partial^2 H}{\partial x^2} = \frac{1}{u^2} \frac{\partial^2 H}{\partial t^2} \tag{11.8-2}$$

式中 $u = \frac{1}{\sqrt{\varepsilon\mu}}$，为电磁波传播速度。

电磁波在介质中传播可近似为均匀平面波，极化方式为线性极化，则电磁波波动方程表达式为：

$$p = |p| e^{-j\omega t} e^{jkr} \tag{11.8-3}$$

式中 $k = \omega\sqrt{\mu\left(\varepsilon + j\frac{\sigma}{\omega}\right)}$，为平面电磁波的传播常数，且是一个复数量，若 $k = \alpha + i\beta$，则波动方程可写成：

$$p = |p| e^{-j(\omega t - \alpha r)} e^{-\beta r} \tag{11.8-4}$$

式中 α——相位系数；

β——吸收系数，其表达式为：

$$\alpha = \omega\sqrt{\mu\varepsilon}\sqrt{\frac{1}{2}\left(\sqrt{1 + \left(\frac{\sigma}{\omega\varepsilon}\right)^2} + 1\right)} \tag{11.8-5}$$

$$\beta = \omega\sqrt{\mu\varepsilon}\sqrt{\frac{1}{2}\left(\sqrt{1 + \left(\frac{\sigma}{\omega\varepsilon}\right)^2} - 1\right)} \tag{11.8-6}$$

式中 ω——角频率；

μ——介质磁导率；

ε——介质介电常数；

σ——介质的电导率。

2. 电磁波传播速度与相对介电常数

根据电磁波波动方程，α 与电磁波速度 v 的关系为：

$$v = \frac{\omega}{\alpha} \tag{11.8-7}$$

考虑低耗介质极限情况：$\frac{\sigma}{\omega\varepsilon} \ll 1$ 时，$\alpha \approx \omega\sqrt{\mu\varepsilon}$，则：

$$v = \frac{1}{\sqrt{\mu \varepsilon}} \tag{11.8-8}$$

上式表明，电磁波速度与电导率无关，而与 $\sqrt{\varepsilon}$ 成反比。由于非磁性介质中的相对磁导率为 1，代入真空中的磁导率 μ_0、真空的介电常数 ε_0 以及介质的相对介电常数 ε_r，则介质中电磁波速度可按下式计算：

$$v = \frac{1}{\sqrt{\mu_0 \varepsilon_r \in_0}} = \frac{c}{\sqrt{\varepsilon_r}} \tag{11.8-9}$$

式中　c——真空中的电磁波传播速度。

因此，可根据实测介质电磁波传播速度计算介质的相对介电常数。介质的相对介电常数可按下式计算：

$$\varepsilon_r = \frac{c^2}{v^2} \tag{11.8-10}$$

3. 界面反射系数

电磁波在传播过程中，遇到不同的波阻抗（Z_w）界面时将产生反射波和透射波。对于均匀平面电磁波，若 $\mu_1 = \mu_2$，则反射系数计算公式如下：

平行极化时：

$$R_\parallel = \frac{\sqrt{\dfrac{\varepsilon_2}{\varepsilon_1} - \sin^2\theta_1} - \dfrac{\varepsilon_2}{\varepsilon_1}\cos\theta_1}{\sqrt{\dfrac{\varepsilon_2}{\varepsilon_1} - \sin^2\theta_1} + \dfrac{\varepsilon_2}{\varepsilon_1}\cos\theta_1} \tag{11.8-11}$$

垂直极化时：

$$R_\perp = \frac{\cos\theta_1 - \sqrt{\dfrac{\varepsilon_2}{\varepsilon_1} - \sin^2\theta_1}}{\cos\theta_1 + \sqrt{\dfrac{\varepsilon_2}{\varepsilon_1} - \sin^2\theta_1}} \tag{11.8-12}$$

式中　θ_1——入射角。

在平行极化时，当入射角 $\theta_1 = \theta_p = \tan^{-1}\sqrt{\dfrac{\varepsilon_2}{\varepsilon_1}}$ 时，不存在反射波，θ_p 称为儒斯特角。

在电磁波垂直入射情况下，平行极化和垂直极化的反射系数为：

$$R = \frac{\eta_2 - \eta_1}{\eta_2 + \eta_1} \tag{11.8-13}$$

式中，$\eta = \sqrt{\dfrac{\mu}{\varepsilon}}$。对于大多数介质，$\mu_1 = \mu_2$，反射系数按下式计算：

$$R = \frac{\sqrt{\varepsilon_{r1}} - \sqrt{\varepsilon_{r2}}}{\sqrt{\varepsilon_{r1}} + \sqrt{\varepsilon_{r2}}} \tag{11.8-14}$$

式中　ε_{r1}、ε_{r2}——反射界面两侧的相对介电常数。

4. 工作原理

地质雷达法是借助发射天线定向发射的高频（10～1000MHz）短脉冲电磁波在地下

传播，检测被地下地质体反射回来的信号或透射通过地质体的信号来探测地质目标的电磁波勘探方法。

地质雷达通过向地下发射电磁波并接收来自目标体的反射电磁波来达到地质探测的目的。地质雷达接收到的信号通过模数转换处理后送到计算机，经过滤波、增益恢复等一系列数据处理后形成雷达探测图像。地质雷达图像是资料解释的基础图件，只要地下介质中存在电性差异，就可在雷达图像剖面中反映出来。从雷达图像中读取反射波旅行时 T，代入介质的电磁波速 V，可由下式计算目的层的深度 h：

$$h = \frac{1}{2}\sqrt{V^2 T^2 - x^2} \tag{11.8-15}$$

式中　h——目的层的深度；

　　　x——发射天线和接收天线的间距；

　　　V——介质中的电磁波速度。

地质雷达工作原理如图 11.8-4 所示。

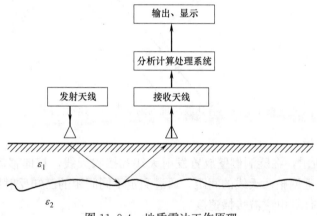

图 11.8-4　地质雷达工作原理

11.8.4　现场参数测定与分析

典型介质的相对介电常数及电磁波速度见表 11.8-1。但实际工程中，岩石介质是比较复杂的，可通过现场测定电磁波速度并计算得到相对介电常数。

典型介质的相对介电常数和电磁波速度表

表 11.8-1

介质	相对介电常数	速度(cm/ns)	介质	相对介电常数	速度(cm/ns)
空气	1	30	页岩(干)	4~9	15.0~10.0
水	81	3.3	页岩(饱和)	9~16	10.0~7.5
花岗岩(干)	5	13.4	砂(干)	2~6	21.2~12.2
花岗岩(湿)	7	11.3	砂(湿)	10~30	9.5~5.4
灰岩(干)	7	11.3	黏土(干)	4~10	15.0~9.5
灰岩(湿)	8	10.6	黏土(湿)	10~30	9.5~5.4
砂岩(干)	2~5	21.2~13.4	混凝土	4~40	15.0~4.7
砂岩(湿)	5~10	13.4~9.5			

1. 电磁波速度现场测定方法

电磁波速度现场测定的方法主要有直达波法、宽角反射法和窄角反射法。

（1）直达波法

如图 11.8-5 所示，在两相交的隧洞中分别放置发射天线和接收天线，固定发射天线，移动接收天线改变两天线间的直线距离，通过测定不同距离的电磁波从发射天线到达接收天线的旅行时间，按下式计算电磁波传播速度：

$$v = \frac{S}{t} \tag{11.8-16}$$

式中　v——电磁波速度；

　　　S——发射天线至接收天线的距离；

　　　t——电磁波旅行时间。

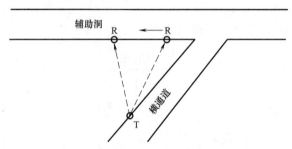

图 11.8-5　直达波法现场测定电磁波速示意图

（2）宽角反射法

如图 11.8-6 所示，在隧洞侧壁放置发射天线和接收天线，相向移动雷达发射天线与接收天线，由近及远调整两天线的间距，通过测定不同间距的已知反射界面的反射电磁波旅行时间，按下式计算电磁波传播速度。

$$v = \frac{\sqrt{4h^2 + x^2}}{t} \tag{11.8-17}$$

式中　x——发射天线至接收天线的距离；

　　　h——共反射点深度。

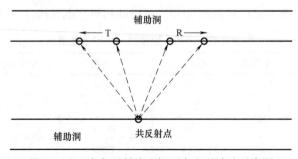

图 11.8-6　宽角反射法现场测定电磁波速示意图

（3）窄角反射法

如图 11.8-7 所示，在隧洞侧壁放置发射天线和接收天线，并保持一定的距离，同步移动雷达发射天线与接收天线，测量已知反射界面的反射电磁波，通过分析反射界面距离及反射电磁波旅行时间，按下式计算电磁波传播速度：

$$v = \frac{2h}{t}$$ (11.8-18)

式中 h——反射界面（洞壁）厚度。

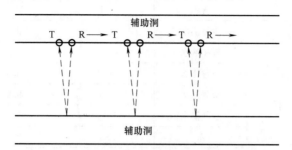

图 11.8-7 窄角反射法现场测定电磁波速示意图

2. 现场测定成果分析

采用三种不同现场测定方法对各洞段围岩进行了电磁波速度测试和相对介电常数计算。各工程区不同岩性、不同围岩类别以及岩体的富水状况下围岩的电磁波速度及相对介电常数见表 11.8-2。

工程区不同围岩的电磁波速度及相对介电常数成果表　　　　表 11.8-2

序号	地层岩性	围岩类别	含水性	电磁波速度（cm/ns）	相对介电常数	相对介电常数范围/平均
1	T_{2y}^4	Ⅲ	干	10.1	8.9	7.7～8.9/8.3
2			干	10.8	7.7	
3	T_{2y}^{5-1}	Ⅲ	含水	9.1	11.0	9.3～11.0/10.2
4			湿	9.8	9.3	
5			干	10.2	8.7	8.7/8.7
6			干	10.2	8.7	
7	T_{2y}^{5-2}	Ⅱ	干	10.4	8.3	8.3～8.5/8.4
8			干	10.3	8.5	
9			湿	10.1	8.9	8.9/8.9
10		Ⅲ	节理渗水	10.6	8.0	8.0～8.4/8.2
11			破碎带渗水	10.4	8.3	
12			零星滴水	10.4	8.3	
13			湿	10.4	8.4	
14			干	10.6	8.0	8.0/8.0
15		Ⅳ	含水	9.9	9.2	9.2/9.2
16	T_{2y}^6	Ⅱ	湿	8.9	11.4	11.4/11.4
17		Ⅲ	干	9.9	9.2	9.2～10.6/9.9
18			干	9.4	10.2	
19			干	9.2	10.6	

序号	地层岩性	围岩类别	含水性	电磁波速度（cm/ns）	相对介电常数	相对介电常数范围/平均
20	T_{2y}^6	Ⅲ	干	9.7	9.6	9.2~10.6/9.9
21			含水	9.1	11.0	11.0/11.0
22	T_{2b}	Ⅲ	少量滴水	10.1	8.8	8.8~9.8/9.2
23			零星滴水	9.8	9.3	
24			节理渗水	9.8	9.3	
25			节理渗水	9.6	9.8	
26			少量滴水	10.0	9.0	
27			湿	10.0	9.0	
28			节理渗水	9.9	9.2	
29			渗水	9.3	10.4	10.4/10.4

11.8.5 隧洞中地质雷达测线布置

　　在隧洞中布置测线，要考虑探测方便、占用时间少、周围磁场及施工干扰少等情况，一般在隧洞掌子面、左右侧壁、底板及顶面布置测线，理想的测线布置形式如图 11.8-8 所示，称之为"U"形测线，即"1234"和"5678"为"U"形测线。其中"23"和"67"布置在隧洞掌子面；"56"和"78"布置在隧洞侧壁；"12"布置在隧洞底板；"34"布置在隧洞顶面。

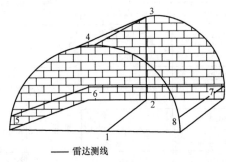

图 11.8-8　隧洞中地质雷达测线布置示意图

—— 雷达测线

　　在实际工程中，测线"5678"能实现，但测线"1234"难做到，特别是隧洞顶面的"34"测线，探测难度较大，常采用"L"形测线布置，即"123"测线为"L"形测线。根据现场实际情况，"5678"测线也可调整为"L"形测线，如"567"测线或"678"测线。在掌子面上，也可采用"23"测线加"67"测线的"十"字形测线布置。在特定条件下，也可采用"一"字形测线布置，如"12"测线、"23"测线、"56"测线及"67"测线等。

　　因此，在隧洞中雷达探测地质构造的测线布置可为"U"形、"L"形、"十"字形或"一"字形。

11.8.6 岩溶地下水的雷达图像特征分析

1. 雷达反射波波形特征

　　一般水的相对介电常数为 81，大理岩的相对介电常数为 8~12，富水结构面或富水地质体界面的雷达反射系数为 −0.52~0.44，其绝对值远大于岩性界面和非含水破碎带的雷达反射系数（一般在 0.1 左右），富水结构面或富水地质体的雷达反射波信号幅值将显著增强，呈"亮线"或"亮点"反射，其雷达反射波的首波相位与入射波反向，如图11.8-9所示。而对于溶蚀空腔或非含水张性结构面，虽然雷达反射波的反射系数也高达0.48～0.52，同样呈"亮线"或"亮点"反射，但其反射波的首波相位与入射波同向，如图11.8-10所示。

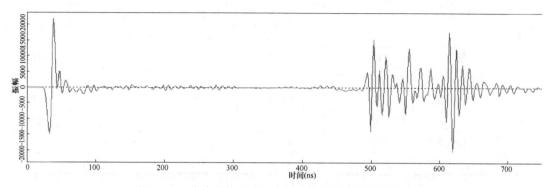

图11.8-9　富水结构面或富水地质体界面雷达反射波波形

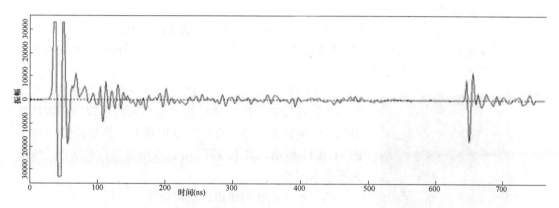

图11.8-10　溶蚀空腔或非含水张性结构面雷达反射波波形

2. 特征结构面电磁波反射系数

根据现场测定电磁波速度计算的相对介电常数，按式（11.8-12）～式（11.8-13）计算垂直入射与反射条件下的特征结构面电磁波反射系数，工程区主要特征结构面对应的理论反射系数见表11.8-3。可知，洞壁、富水结构面、溶蚀空腔及充水、泥溶蚀构造等雷达反射系数远大于一般结构面和岩性界面，且首波相位也有所不同，从而判断岩溶构造内是否含地下水。

特征结构面电磁波反射系数及反射波首波相位　　　　　　　　表11.8-3

序号	特征结构面	结构面两侧介质	介质1相对介电常数	介质2相对介电常数	理论反射系数	相位
1	地层界面	T_1 / T_{2z}	12.0	9.0	0.07	同相
2		T_{2z} / T_3	9.0	12.0	-0.07	反相
3		T_3 / T_{2z}	12.0	9.0	0.07	同相
4		T_{2y}^4 / T_{2y}^{5-1}	7.7～8.9	8.7～11.0	-0.09～0.01	

序号	特征结构面	结构面两侧介质	介质1相对介电常数	介质2相对介电常数	理论反射系数	相位
5	地层界面	T_{2y}^{5-1} / T_{2y}^{5-2}	8.7~11.0	8.0~8.9	−0.01~0.08	
6		T_{2y}^{5-2} / T_{2y}^{6}	8.0~8.9	9.2~11.4	−0.09~−0.01	
7		T_{2y}^{6} / T_{2b}	9.2~11.4	8.8~9.8	−0.02~0.06	
8	洞壁	岩层/空气	7.7~12.0	1	0.48~0.52	同相
9	非富水结构面	较完整/破碎带	8.0~10.0	10.0~12.0	−0.1~0.0	
10	富水结构面	围岩/水	8.0~10.0	81	−0.52~−0.48	反相
11	溶蚀空腔	围岩/空气	8.0~10.0	1	0.48~0.52	同相
12	充水溶蚀构造	围岩/水	8.0~10.0	81	−0.52~−0.48	反相
13	充泥溶蚀构造	围岩/黏土	8.0~10.0	10~30	−0.32~0.00	反相

3. 不同地层雷达图像特征分析

（1）层理雷达图像特征

工程区岩层层理走向大多为 N0°~35°E，与辅助洞及引水隧洞掌子面的走向 N32°E 相近。在掌子面探测时，层理雷达图像基本为平行或小夹角的层状细小同相轴；而在两侧壁探测时则没有层理雷达反射波。

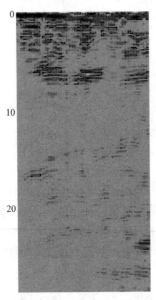

图 11.8-11　地层层理雷达探测图像

层理内如果含有铁锰质渲染，其反射信号较强，不含铁锰质渲染层理，反射信号较弱。含水的层理，其雷达反射强度相对较强，呈"亮线"反射信号。典型层理图像如图 11.8-11 所示，其中浅部 7m 深度附近为含水层理，深部为不含水层理。

（2）不含水结构面雷达图像特征

工程区内以 NNE 向的顺层节理和近 EW（NWW 和 NEE）向的张扭性节理最为发育，前者多呈闭合状，后者多呈张开，且为主要导水通道。NWW 和 NEE 向的张扭性节理与掌子面呈较大夹角，在掌子面探测时没有雷达反射波，而在两侧壁探测时，雷达反射同相轴明显。在节理张开部位或铁锰质强烈渲染的节理，雷达反射波信号强，同相轴清晰，呈"亮线"反射；在节理闭合部位或细小节理，雷达反射波信号较弱，同相轴模糊，但连续性较好。不含水结构面的波形特征：反射信号主要集中在波形的两个周期内，反射同相轴连续性较好。强同相轴的周围相位周期内信号较弱，表现为图像较"干净"，如图 11.8-12 所示。

（3）含水结构面雷达图像特征

结构面雷达图像反射信号较强，含水节理同相轴断断续续但主同相轴脉络仍存在；含水节理间雷达图像反射信号不甚强、较杂乱，无连续反射主同相轴，呈斑点状，深部雷达图像反射信号衰减较快，如图 11.8-13 所示。

（4）含水溶蚀管道雷达图像特征

含水溶蚀管道雷达图像表现为互相平行的同相轴，反射信号强，反射信号集中在两个电磁波周期内；同相轴呈断续状延伸，呈"亮线"反射，如图11.8-14所示。

（5）结构面伴生地下水溶蚀管道雷达图像特征

溶蚀通道伴生于结构面，结构面雷达图像反射信号强，初至同相轴清晰且连续性好，续至多个同相轴也呈强反射，续至反射延续较长且同相轴较杂乱。以结构面为界两侧信号强弱变化明显，强反射一侧同相轴呈鱼鳞状，如图11.8-15所示。

（6）含水溶蚀破碎带雷达图像特征

溶蚀破碎区内雷达反射信号强，反射波组明显不连续，同相轴错断，波形杂乱、不连续，如图11.8-16所示。

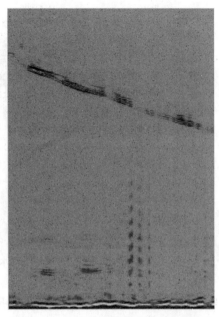

图11.8-12　不含水结构面典型雷达图像

2K14+587　　2K14+614　　2K14+642　BK11+733 BK11+753　BK11+773

图11.8-13　含水结构面典型雷达图像

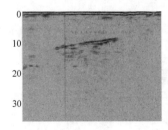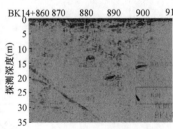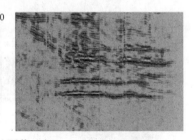

图11.8-14　含水溶蚀管道典型雷达图像

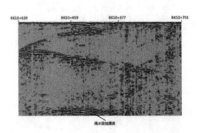

图11.8-15　结构面伴生地下水溶蚀管道典型雷达图像

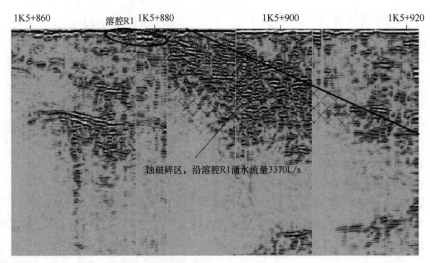

图 11.8-16　含水溶蚀破碎带典型雷达图像

11.8.7　引水隧洞预报典型实例分析

在锦屏二级水电站引水隧洞群施工开挖全过程，利用地质雷达法预报岩溶地下水的研究成果，进行了 2189 次岩溶地下水突涌水超前预报，准确率达到 90% 以上，取得了良好预报效果。现举若干典型实例分析于表 11.8-4～表 11.8-7。

1 号引水隧洞引$_{(1)}$ 4+604 雷达地质超前预报成果及验证情况		表 11.8-4

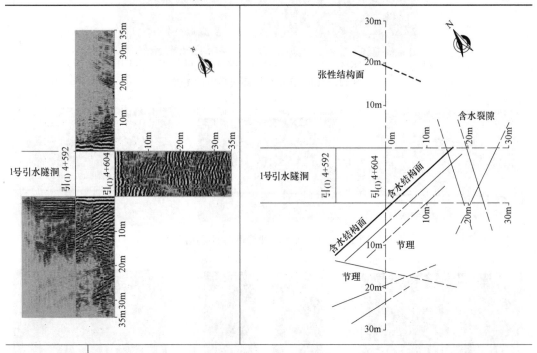

岩溶地下水预报	①近 EW 向含水结构面；②NNE 和 NE 向含水节理；探测范围内岩体溶蚀破碎，推测局部已形成空腔；岩溶发育处局部股状涌水

隧洞揭露 地质情况	引$_{(1)}$4+607 南侧边墙沿近 EW 向溶蚀破碎见三个溶蚀孔洞,直径 0.3～0.5m,最下一个见小股流水,水量 20～30L/s;另掌子面北侧小股流水,水量 20～30L/s,该洞段水量约 60～70L/s。	 引$_{(1)}$4+607股状涌水揭露照片

1 号引水隧洞引$_{(1)}$5+893 雷达地质超前预报成果及验证情况　　　　表 11.8-5

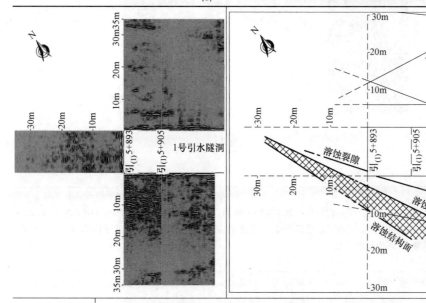

岩溶 地下水预报	南侧边墙发育 NW 向溶蚀裂隙和溶蚀结构面,向掌子面前方延伸。南侧边墙 NW 向溶蚀结构面富水,延伸至掌子面前方,NW 向溶蚀结构面揭露仍将出现股状涌水

隧洞揭露 地质情况	1 号引水隧洞引(1)5+879～881.5m 南侧边墙揭露溶洞,出现涌水,水质浑浊,有压力,含泥沙,初始水量约为 3370L/s,南侧边墙沿产状 N30°W,NE∠75°结构面发育溶腔[大小 17.5×(2.5～1.5)m],充填物为碎块石、泥质、岩屑及铁锰质。溶洞揭露前在引$_{(1)}$5+887～883 段掌子面和南侧边墙多处涌水,喷距较远。出水点附近岩性为 T$_{2b}$ 灰白色厚层状细晶大理岩	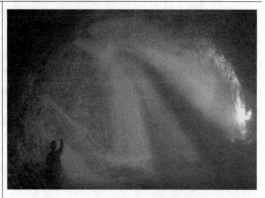 引$_{(1)}$5+885股状水揭露照片

2号引水隧洞引$_{(2)}$ 14＋687 雷达地质超前预报成果及验证情况		表 11.8-6

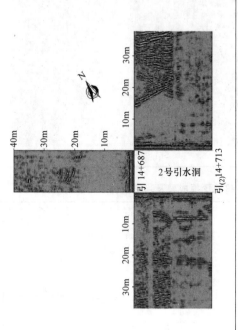

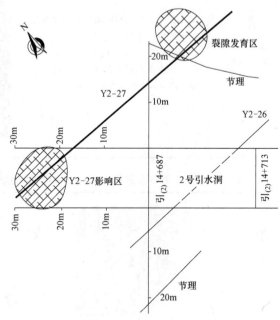

岩溶地下水预报	NEE 向结构面 Y2-27 从右侧壁向掌子面前方延伸,推测为含水构造;其影响范围为掌子面前方17～30m,影响区内节理裂隙较发育,可能存在密集滴水现象或股状涌水。掌子面前方 0～16m 节理不发育,岩体相对较完整
隧洞揭露地质情况	在桩号引$_{(2)}$14＋656 附近,揭露出的最大流量约 100L/s。出水点附近岩性为 T_{2y}^5 灰～灰白色厚层状中粗晶大理岩,并主要发育:N80°E SE∠75～80°溶蚀裂隙,张开 3～15cm,沿面流水～涌水,沿面溶蚀,充填钙化,平行发育,间距25～40cm,其中北边墙及掌子面涌水,水量约 100L/s  引$_{(2)}$14＋656 股状地下水揭露照片

2号引水隧洞引$_{(2)}$ 14＋570雷达地质超前预报成果及验证情况   表11.8-7

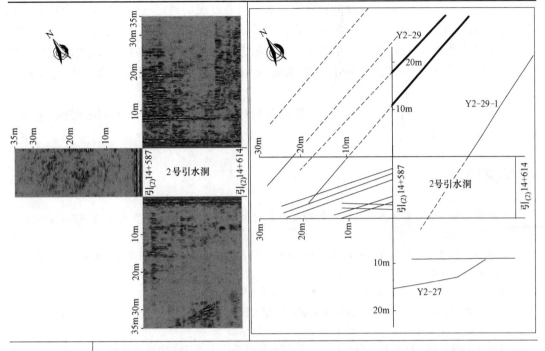

岩溶 地下水预报	NEE向含水节理组Y2-29在距右侧洞壁11～30m深度范围内发育,Y2-29由多条相互平行节理构成,延伸至掌子面前方9～30m;左侧壁Y2-27结构面逐渐偏离掌子面;掌子面前方9～30m范围Y2-29含水节理组通过;预测节理组内含少量地下水,局部呈股状涌水
隧洞揭露 地质情况	桩号引$_{(2)}$14＋570附近,揭露出的最大流量约250L/s。出水点附近岩性为T_{2y}^5灰～灰白色厚层状中粗晶大理岩并主要发育:N75～80°E SE∠80～85°节理,面弯曲,粗糙,平行发育,间距约40cm,沿面涌水,在南边墙及顶拱涌水,总水量约250L/s  引$_{(2)}$14+570股状涌水揭露照片

11.8.8 结语

电磁波传播理论分析表明：介电常数差别越大，反射系数越大，反射波强度越大；电导率差别越大，反射系数越大，反射波强度越大，越接近1。水的介电常数和电导率均远大于岩石，电磁波对水和含水率高的介质的反射强烈，反射波强度大；而且从含水层反射的电磁波，相对于入射波，其相位会反相（相差180°）。因此，地质雷达法探测岩溶地下水理论依据是充分的。

在隧洞中采用地质雷达法预报岩溶地下水，应通过现场测定电磁波速度，合理选取相对介电常数和界面反射系数；应在两侧墙、掌子面、底板和拱顶布置尽量多测线；应正确识别雷达图像特征，对岩溶构造雷达信号同相轴进行校正，有条件时进行结构面三维计算定位。锦屏二级水电站实践表明，地质雷达法用于岩溶地下水预报的准确率达到90％以上。

采用地质雷达法预报岩溶地下水，现场探测对隧洞施工干扰少，且方便快捷、可靠实用，值得推广应用。

参考文献

[1] 白冰，周健. 地质雷达测试技术发展概况及其应用现状 [J]. 岩石力学与工程学报，2000，20 (4)：527-531.

[2] 黄世强，孟繁兴，程武伟. 锦屏辅助洞地质超前预报涌突水构造雷达图像特征研究 [J]. 山东大学学报（工学版），2009，39 (S2)：103-105.

[3] 李大心. 地质雷达方法与应用 [M]. 北京：地质出版社，1994.

[4] 李镐，仲晓杰，韩煜. 地质雷达在隧道富水区超前预报中的应用 [J]. 土工基础，2010，24 (4)：89-90.

[5] 李术才，薛翊国，张庆松，等. 高风险岩溶地区隧道施工地质灾害综合预报预警关键技术研究 [J]. 岩石力学与工程学报，2008，27 (7)：1297-1307.

[6] 苏利军，付成华. 锦屏二级水电站引水隧洞施工期地下水探测技术研究 [J]. 水利水电技术，2011，42 (3)：16-18，34.

[7] 钟世航，孙宏志，李狱，等. 隧道施工地质预报的最新进展 [J]. 山东大学学报（工学版），2009，39 (S2)：1-10.